电子信息科学与电气信息类基础课程

高频电子线路

（第 4 版）

高吉祥　高广珠　主编

陈　和　副主编　韦文生　编著

電子工業出版社

Publishing House of Electronics Industry

北京 · BEIJING

内 容 简 介

本书是普通高等教育"十一五"国家级规划教材，是为高等学校电子类和其他相近专业而编著的教材。本书共分为11章。主要介绍了简单谐振回路及各种滤波器，高频小信号放大器，噪声与干扰，高频功率放大器和功率合成技术，各类正弦振荡器，频谱变换电路，数字调制及解调电路，反馈控制电路，频率合成技术，无线电接收与发射设备，大规模集成VCO的宽带频率合成器。

根据教育部教学大纲的要求、多年来教学实践的体会及各类大学生电子设计制作的需要，本书不仅包括先行者编著的高频电子线路教科书的基本知识和理论，而且还增加了目前应用比较广泛的功率合成技术、频率合成技术、模拟和数字接收与发射设备的原理及应用。

本书可作为高等学校本科生和研究生教材，同时也可为参加各类电子制作竞赛的人员和从事电子工程的工程师提供有益的参考资料。

图书在版编目(CIP)数据

高频电子线路 / 高吉祥等主编. —4版. —北京：电子工业出版社，2016.6
ISBN 978-7-121-28112-9

Ⅰ. ①高… Ⅱ. ①高… Ⅲ. ①高频－电子电路－高等学校－教材 Ⅳ. ①TN710.2

中国版本图书馆CIP数据核字(2016)第022314号

策划编辑：陈晓莉
责任编辑：陈晓莉
印　　刷：北京盛通商印快线网络科技有限公司
装　　订：北京盛通商印快线网络科技有限公司
出版发行：电子工业出版社
　　　　　北京市海淀区万寿路173信箱　邮编100036
开　　本：787×1092　1/16　印张：21.75　字数：588千字
版　　次：2003年3月第1版
　　　　　2016年6月第4版
印　　次：2023年7月第13次印刷
定　　价：45.00元

凡所购买电子工业出版社图书有缺损问题，请向购买书店调换。若书店售缺，请与本社发行部联系。联系及邮购电话：(010)88254888，(010)88258888。

质量投诉请发邮件至zlts@phei.com.cn，盗版侵权举报请发邮件至dbqq@phei.com.cn。

本书咨询联系方式：(010)88254540，chenxl@phei.com.cn。

第4版前言

《高频电子线路》一书自出版以来，使用近15个年头，现已被许多高校采用作为主教材，深受广大读者的喜爱，并反馈了许多宝贵意见。在初版、第2版、第3版的基础上，再次进行修订，使本书更加适合当前电子技术课程教学的需要。

目前在各个高校电子电气类教学中，普遍存在重软件、轻硬件；重数电、轻模电；重低频、怕高频的问题。

这种趋势必须扭转，应该是软硬件并重、模数并重、低高频并重。以高频电子线路为例不应停留在kHz、MHz的水平，应向GHz方向迈进。跟上时代前进的步伐。

近几年来，我国的电子技术和电子工业得到飞速发展，新技术、新工艺和新器件日新月异。特别是移动通信、广播、电视、无线电防范报警、射频识别(RFID)、无线电遥控遥测、雷达、电子对抗及无线电精密制导(含北斗星制导)等技术的飞速发展，对人才的培养提出了更高的要求。本书除了继承先行者所编著的《高频电子线路》的基本内容——三器(高频放大器、振荡器及调制/解调器)、三控(自动增益控制、自动频率控制及自动相位控制)等外，还增加了三技(频率合成技术、功率合成技术及宽带技术)和两机(发射机和接收机)等内容。这次修订又加深了频率合成技术和宽带技术，使频率上升到GHz量级。

修订后的教材具有以下鲜明特色：

1. 基础部分与发挥、拓宽部分相结合，以基础为主。本书前8章主要是基础部分，后3章全部以及2.4.4.节射频宽带放大器、4.8节高频宽带放大器设计举例等内容属于拓宽、发挥部分。其基础部分是经过先行者几代人的努力写出来的，非常经典，很难突破。关键在于拓宽、发挥部分，它可以随时代的发展和科技的进步完善和修订，使之紧跟时代前进的步伐。

2. 模数结合，模数并重。高频电子线路按习惯分类，属于模电类，但随着数字技术、计算机技术的发展，当代的高频电子技术已经离不开数字技术。在本书中，介绍了模拟信号的调制与解调技术；在第7章中，相应地介绍了数字信号的调制与解调技术；在第9章中，介绍以PLL为基础的模拟频率合成技术，同时也介绍了直接数字频率合成(DDS)技术。在第10、第11章中涉及到PLL构成的频率合成器，大规模集成芯片MC145152和ADF4351内部均含用寄存器，其控制部分也离不开单片机。

3. 分立元件与大中小集成电路相结合。基础部分采用分立元件、中小规模集成电路，便于讲清电路的基本原理；拓宽发挥部分采用大规模集成芯片，例如书中涉及的AD603、AD9850/51/52/54、MC145152、CXA1019、CXA1238和ADF4351等均属于大规模集成芯片。使拓宽、发挥部分跟上时代前进的步伐。

4. 全国大学生电子设计竞赛精品题目与全国卓越工程师项目相结合。本书部分吸收了全国大学生电子设计竞赛精品内容和当代市面上流行的FM广播收发系统内容，有利于培养学生的动手能力、创新思维、拓展视野，同时对工程技术人员也是一本值得参考的资料。

5. 通过一个实例分析，概括、总结全书的内容。通过第 10 章 FM 收发系统的介绍，概括、总结了全书的内容。

在第 4 版修订前(2009 年 5 月)，凌永顺院士、傅丰林教授、王志功教授、甘良才教授、蔡自兴教授、刘力教授等在长沙对高吉祥主编的“电子技术基础”系列教材成果进行鉴定，与会专家对这套教材给予了很高的评价。特别是《高频电子线路》教材，一致认为在国内同类教材中具有一流水平。

第 4 版的修订工作由高吉祥、高广珠等人完成的。由于编者水平有限，难免会有一些错误和不足，敬请读者批评指正，我们表示万分感谢。

作者

2016 年 3 月

“电子技术基础”系列教材
成果鉴定意见

2009 年 3 月 29 日，国防科技大学在长沙主持召开“以人才培养为目标，以教学改革为契机，建设高水平电子技术基础系列教材”成果鉴定会，鉴定委员会听取了系列教材建设的成果汇报，审查了系列教材总结报告和相关材料，经讨论，一致认为该成果具有以下主要特色及创新点：

1. 总体结构设计思想清晰，注重系统配套

该系列教材横向包括 5 个子系列，即电路分析基础系列、模拟电子技术基础系列、数字电子技术基础系列、高频电子线路系列和全国大学生电子设计竞赛培训系列；每个子系列纵向又分为 6 个部分，即主干教材、学习辅导及习题详解、实验教材、教师参考用书及配套多媒体课件光盘。整套教材总体结构全面系统，配套性好。

2. 重基础和基本技能训练

该系列教材既保留了对经典基础知识论述精辟、配套习题丰富的特点，又特别注重对学生基本实践技能的培养，为每门课的重点内容均编写了相应的实验指导内容，强化了学生基本实验技能的训练。

3. 注重学生创新能力的培养，拓宽学生的知识面

系列教材在四门主干教材的基础上，增加了电子设计竞赛培训教程等拓宽教材，编写了大量综合设计实验及课程设计，引进了许多新技术、新方法、新器件及新设计思路的讲解。实践证明：该系列教材极大地拓宽了学生知识面，促进了学生创新能力的培养。

4. 教学、科研和设计相结合，构建特色鲜明的教材体系

系列教材在编写过程中立足于电子信息科技发展前沿，依托高水平科研成果，将科研成果有机融合到教材编写中，形成了教材建设、教学实践和科学研究相互促进的良性互动机制。

鉴定委员会一致认为：该系列教材系统性强、配套性好，具有很高的实用和推广价值。其中《高频电子线路》属“十一五”国家级规划教材，在国内同类教材中具有一流水平，《全国大学生电子设计竞赛培训系列教程》（共 5 册）填补了此类教材编写的空白。该系列教材现已正式出版 16 种，发行 17 万余册，对推进教学改革，促进人才培养起到了重要作用。

鉴定委员会主任：

委员：

目　录

绪 论

本书主要讨论用于各种无线电技术设备和系统中的高频电子线路。无线电技术已广泛应用于无线电通信、广播、电视、雷达、导航等主要设备和系统中，尽管它们在传递信息形式、工作方式和设备体制等方面有差别，但它们的共同特点都是利用高频（射频）无线电波来传递信息，因此设备中发射和接收、检测高频信号的基本功能电路大都相同。本书主要结合无线电通信及FM广播接收机讨论设备和系统中高频电路的线路组成、工作原理及工程设计计算。

0.1 无线电通信发展简史

信息传输是人类社会生活的重要内容。从古代的烽火到近代的旗语，都是人们寻求快速远距离通信的手段。直到19世纪电磁学的理论与实践已有坚实的基础后，人们才开始寻求用电磁能量传送信息的方法。1837年莫尔斯(F. B. Morse)发明了电报，创造了莫尔斯电码，开创了通信的新纪元。1876年贝尔(Alexander G. Bell)发明了电话，能够直接将语言信号变为电能沿导线传送。电报，电话的发明，为迅速准确地传递信息提供了新手段，是通信技术的重大突破。电报、电话都是沿导线传送信号的。能否不用导线，在空间传送信号呢?答复是肯定的，这就是无线电通信。目前，网络通信和移动无线电通信已经普及到家庭和个人。

1864年英国物理学家麦克斯韦(J. Clerk Maxwell)发表了“电磁场的动力理论”这一著名论文，总结了前人在电磁学方面的工作，得出了电磁场方程，从理论上证明了电磁波的存在，为后来的无线电发明和发展奠定了坚实的理论基础。1887年德国物理学家赫兹(H. Hertz)以卓越的实验技巧证实了电磁波是客观存在的。他在实验中证明：电磁波在自由空间的传播速度与光速相同，并能产生反射、折射、驻波等与光波性质相同的现象。麦克斯韦的理论得到了证实。从此以后，许多国家的科学家都在努力研究如何利用电磁波传输信息的问题，这就是无线电通信。其中著名的有英国的罗吉(O. J. Lodge)，法国的勃兰利(Branly)，俄国的波波夫(A. C. nOHOB)与意大利的马可尼(Gugliemo Marconi)等。在以上这些人中，以马可尼的贡献最大。他于1895年首次在几百米的距离用电磁波进行通信获得成功，1901年又首次完成了横穿大西洋的通信。从此，无线电通信进入了实用阶段。但这时的无线电通信设备是：发送设备用火花发射机，电弧发生器或高频发电机等；接收设备则用粉末(金属屑)检波器。只有到了1904年，弗莱明(Fleming)发明电子二极管之后，才开始进入无线电电子学时代。

1907年李·德·福雷斯特(Lee de Forest)发明了电子三极管，用它可组成具有放大、振荡、变频、调制、检波和波形变换等重要功能的电子线路，为现代千变万化的电子线路提供了“心脏”器件。因而电子管的出现，是电子技术发展史上第一个重要里程碑。

1948年肖克利(W. Shockley)等人发明了晶体三极管，它在节约电能、缩小体积与重量、延长寿命等方面远远胜过电子管，因而成为电子技术发展史上第二个重要里程碑。晶体管在许多方面已取代了电子管的传统地位，成为极其重要的电子器件。

20世纪60年代开始出现的将“管”、“路”结合起来的集成电路，几十年来已取得极其巨大的成就。中、大规模乃至超大规模集成电路的不断涌现，已成为电子线路，特别是数字电路发展的主流，对人类进入信息社会起了不可估量的推动作用。这可以说是电子技术发展史上第三个重要里程碑。

1958 年美国制成了第一块集成电路,1967 年研制成大规模集成(LSI) 电路,1978 年研制成超大规模集成(VLSI) 电路,从此电子技术进入了微电子技术时代。从无线电技术诞生到现在,它对人类的生活和生产活动产生了非常深刻的影响。20 世纪初首先解决了无线电报通信问题。接着又解决了用无线电波传送语言和音乐的问题,从而开展了无线电话通信和无线电广播。以后传输图像的问题也解决了,出现了无线电传真和电视。20 世纪 30 年代中期到第二次世界大战期间,为了防空的需要,无线电定位技术迅速发展和雷达的出现,带动了其他科学的兴起,如无线电天文学、无线电气象学等。20 世纪 40 年代电子计算机诞生了,它能对复杂的数学问题进行快速计算,代替了部分脑力劳动,因而得到飞速发展。20 世纪 50 年代以来,宇航技术的发展又促进了无线电技术向更高的阶段发展。在自动控制方面,由于应用了信息论和控制论,不仅能使生产高度自动化,而且具有各种功能的机器人也已制造出来了。

所以,无线电技术的发展是从利用电磁波传输信息的无线电通信扩展到计算机科学、宇航技术、自动控制以及其他各学科领域的。可以说,上至天文,下至地理,大到宇宙空间,小到基本粒子等科学的研究,从工农业生产到社会、家庭生活,都离不开无线电技术。无线电技术的发展过程是不断延伸和扩展人的感觉器官和大脑部分功能的过程。无线电话、电视、雷达延伸和扩展了眼、耳功能,电子计算机延伸和扩展了大脑的部分功能。人类的感觉器官和大脑联合工作,能感知、传递和处理信息,现在已发展起来的各种控制系统正部分地模拟、延伸和扩展了人类对于信息的感知、传递和处理的综合运用功能。无线电技术的发展虽然头绪繁多、应用极广,但其主要任务是解决信息传输和信息处理问题。高频电子线路所涉及的单元电路都是从传输与处理信息这两个基本点出发来进行研究的。因此,我们仍以普遍应用的、典型的无线电通信系统为例来说明它的工作原理和工作过程。

0.2 通信系统的组成

通信既是人类社会的重要组成部分,又是社会发展和进步的重要因素,广义地说,凡是在发信者和收信者之间,以任何方式进行消息的传递,都可称为通信。实现消息传递所需设备的总和,称为通信系统。19 世纪末迅速发展起来的以电信号为消息载体的通信方式,称为现代通信系统。其组成框图如图 0.1 所示。各部分的主要作用简介如下。

图 0.1 通信系统基本组成框图

1. 输入换能器

输入换能器的主要任务是将发信者提供的非电量消息(如声音、景物等) 变换为电信号,它能反映待发的全部消息,通常具有“低通型” 频谱结构,故称为基带信号。当输入消息本身就是电信号时(如计算机输出的二进制信号),输入换能器可省略而直接进入发送设备。

2. 发送设备

发送设备主要有两大任务: 一是调制,二是放大。所谓调制,就是将基带信号变换成适合信道传输特性传输的频带信号。它是利用基带信号去控制载波信号的某一参数,让该参数随基带信号的大小而线性变化的处理过程。例如,在连续波调制中,简谐振荡有三个参数(振幅,频率和初相位)可以改变,利用基带信号去控制这三个参数中的某一个,对应三种调制方式: 调幅、调频和调相。通常又将基带信号称为调制信号,将高频振荡信号称为载波信号,将经过调制后的高频振荡信号称为已调信号或已调波。

所谓放大,是指对调制信号和已调信号的电压和功率放大、滤波等的处理过程,以保证送入信道足够大的已调信号功率。

3. 信道

信道是连接发、收两端的信号通道，又称传输媒介。通信系统中应用的信道可分为两大类：有线信道（如架空明线，电缆，波导、光缆等）和无线信道（如海水、地球表面、自由空间等）。不同信道有不同的传输特性，相同媒介对不同频率的信号传输特性也是不同的。例如，在自由空间媒介里，电磁能量是以电磁波的形式传播的。然而，不同频率的电磁波却有着不同的传播方式。1.5MHz 以下的电磁波主要沿地表传播，称为地波，如图 0.2 所示。

由于大地不是理想的导体，当电磁波沿其传播时，有一部分能量被损耗掉，频率越高，趋肤效应越严重，损耗越大，因此频率较高的电磁波不宜沿地表传播。1.5 ～ 30MHz 的电磁波，主要靠天空中电离层的折射和反射传播，称为天波，如图 0.3 所示。电离层是由于太阳和星际空间的辐射引起大气上层电离形成的。电磁波到达电离层后，一部分能量被吸收，另一部分能量被反射和折射到地面。频率越高，被吸收的能量越小，电磁波穿入电离层也越深。当频率超过一定值后，电磁波就会穿透电离层而不再返回地面。因此频率更高的电磁波不宜用天波传播。30MHz 以上的电磁波主要沿空间直线传播，称为空间波，如图 0.4 所示。由于地球表面的弯曲，空间波传播距离受限于视距范围。架高收发天线可以增大其传输距离。

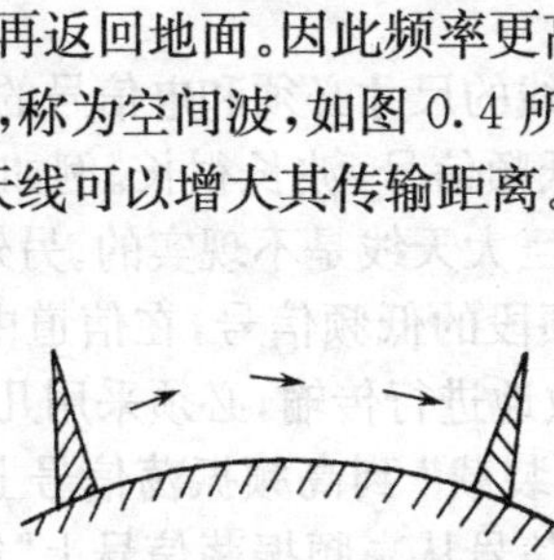

图 0.2 电磁波沿地表绕射

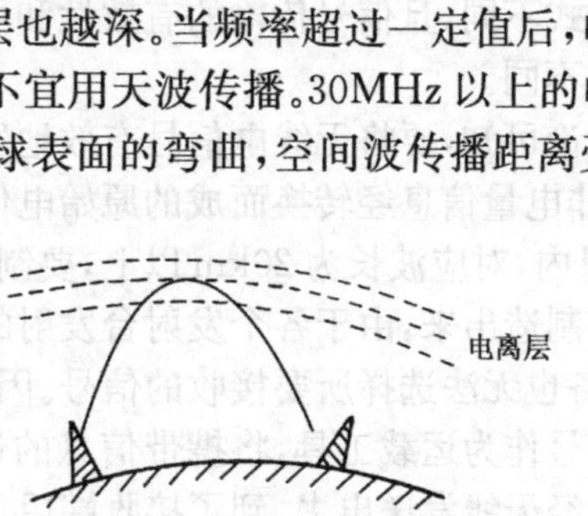

图 0.3 电磁波的折射与反射

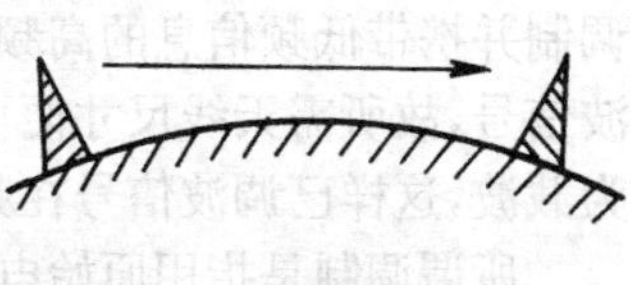

图 0.4 电磁波的直射

为了讨论问题的方便，将不同频率的电磁波人为地划分成若干频段或波段，其相应名称和主要应用举例列于表 0.1 中。应该指出，各种波段的划分是相对的，因为各波段之间并没有显著的分界线，但各个不同波段的特点仍然有明显的差别。无线通信系统使用的频率范围很宽阔，从几十千赫兹到几百兆赫兹，甚至更高。习惯上按电磁波的频率范围划分为若干个区段，称为频段或波段。无线电波在空间传播的速度 $c = 3\times10^{8}\text{m/s}$，则高频信号的频率与其波长的关系为

$$\lambda = \frac{c}{f}$$

式中，频率 f 单位取 Hz，波长 λ 单位用 m。

表 0.1 波段的划分

波段名称		波段范围	频率范围	频段名称
超长波		10 000 ～ 100 000m	3 ～ 30kHz	甚低频(VLF)
长波		1000 ～ 10 000m	30 ～ 300kHz	低频(LF)
中波		100 ～ 1 000m	0.3 ～ 3MHz	中频(MF)
短波		10 ～ 100m	3 ～ 30MHz	高频(HF)
超短波(米波)		1 ～ 10m	30 ～ 300MHz	甚高频(VHF)
微波	分米波	10 ～ 100cm	0.3 ～ 3GHz	特高频(UHF)
	厘米波	1 ～ 10cm	3 ～ 30GHz	超高频(SHF)
	毫米波	1 ～ 10mm	30 ～ 300GHz	极高频(EHF)
	亚毫米波	0.1 ～ 1mm	300 ～ 3 000GHz	超极高频

4. 接收设备

接收设备的任务是将信道传送过来的已调信号进行处理，以恢复出与发送端相一致的基带信

号,这种从已调波中恢复基带信号的处理过程,称为解调。显然解调是调制的逆过程。又由于信道的衰减特性,经远距离传输到达接收端的信号电平通常是很微弱的(微伏数量级),需要放大后才能解调。同时,在信道中还会存在许多干扰信号,因而接收设备还必须具有从众多干扰信号中选择有用信号、抑制干扰的能力。

5. 输出换能器

输出换能器的作用是将接收设备输出的基带信号变换成原来形式的消息,如声音、景物等,供收信者使用。

根据分类方式的不同,通信系统的种类很多。按传输的消息的物理特征,其可以分为电话、电报、传真通信系统、广播电视通信系统和数据通信系统等;按传输的基带信号的物理特征,其又可以分为模拟和数字通信系统;而按传输媒介的物理特征,则可分为有线通信系统和无线通信系统。

在无线模拟通信系统中,传输媒介是自由空间。根据电磁波的波长或频率范围,电磁波在自由空间的传播方式不同,且信号传输的有效性和可靠性也不同,由此使得通信系统的构成及其工作机理也有很大的不同。

由天线理论可知,要将无线电信号有效地发射出去,天线的尺寸必须和电信号的波长为同一数量级。由原始非电量信息经转换而成的原始电信号一般是低频信号,波长很长。例如音频信号一般仅在15kHz以内,对应波长为20km以上,要制造出相应的巨大天线是不现实的。另外,即使这样巨大的天线能够制造出来,由于各个发射台发射的均为同一频段的低频信号,在信道中会互相重叠、干扰,接收设备也无法选择所要接收的信号。因此,为了有效地进行传输,必须采用几百千赫兹以上的高频振荡信号作为运载工具,将携带信息的低频电信号"装载"到高频振荡信号上(这一过程称为调制),然后经天线发送出去。到了接收端后,再把低频电信号从高频振荡信号上"卸取"下来(这一过程称为解调)。其中,未经调制的高频振荡信号称为载波信号,低频电信号称为调制信号,经过调制并携带低频信息的高频振荡信号称为已调波信号。采用调制方式以后,由于传送的是高频已调波信号,故所需天线尺寸便可大大缩小。另外,不同的发射台可以采用不同频率的高频振荡信号作为载波,这样已调波信号在频谱上就可以互相区分开了。

所谓调制是指用原始电信号去控制高频振荡信号的某一参数,使之随原始电信号的变化规律而变化;而解调就是从高频已调波中恢复原来的调制信号。若采用正弦波信号作为高频振荡信号,由于其主要参数是振幅、频率和相位,因而出现了振幅调制、频率调制和相位调制(后两种合称为角度调制)等不同的调制方式。

图0.5给出了无线电通信系统中发送设备与接收设备的方框图。由图可见,通信系统所涉及的基本功能电路包括:小信号放大电路、功率放大电路、正弦波振荡电路、调制和解调电路、倍频电路、混频电路等。其中,混频电路起频率变换作用,其输入是各种不同载频的高频已调波信号和本地振荡信号,输出是一种载频较低而且固定(习惯上称此载频为中频)的高频已调波信号(习惯上称此信号为中频信号)。也就是说,混频电路可以把接收到的不同载频的各发射台高频已调波信号变换为同一载频(中频)的高频已调波信号,然后送入中频放大器进行放大。中频放大器由于工作频段较低而且固定,其性能可以做得很好,从而达到满意的接收效果。这种接收方式称为超外差方式。倍频电路的功能是把高频振荡信号或高频已调波信号的频率提高若干倍,以满足系统的需要。

在以上这些基本功能电路中,大部分属于高频电子线路。另外,包括自动增益控制、自动频率控制和自动相位控制(锁相环)在内的反馈控制电路也是高频电子线路所研究的重要对象,因为这是通信系统中必不可少的部分。

在高频电子线路中,大部分是非线性电路,如振荡电路、调制和解调电路、混频电路、倍频电路等。非线性电路必须采用非线性分析方法。非线性微分方程是描述非线性电路的数学模型,但在工程上常采用一些近似分析和求解的方法。

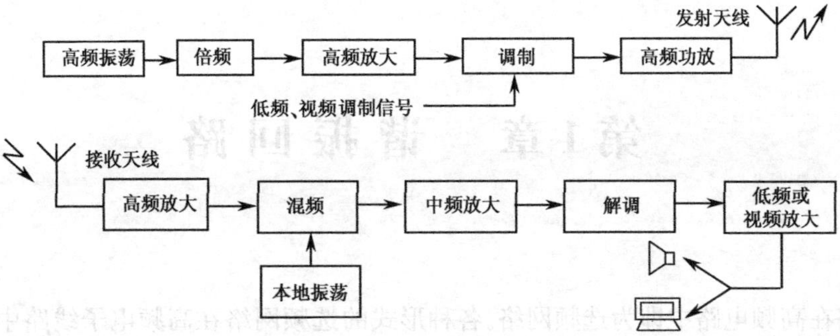

图 0.5 无线电通信系统的发送、接收系统方框图

0.3 本课程的特点

应用于电子系统和电子设备中的高频电子线路几乎都是由线性的元件和非线性的器件组成的。严格来讲，所有包含非线性器件的电子线路都是非线性电路，只是在不同的使用条件下，非线性器件所表现的非线性程度不同而已。比如，对于高频小信号放大器，由于输入的信号足够小，而又要求不失真放大，因此，其中的非线性器件可以用线性等效电路来表示，分析方法也可以用线性电路的分析方法。但是，本书的绝大部分电路都属于非线性电路，一般都用非线性电路的分析方法来分析。

与线性器件不同，对非线性器件的描述通常用多个参数，如直流跨导、时变跨导和平均跨导，而且大都与控制变量有关。在分析非线性器件对输入信号的响应时，不能采用线性电路中行之有效的叠加原理，而必须求解非线性方程（包括代数方程和微分方程）。实际上，要想精确求解十分困难，一般都采用计算机辅助设计（CAD）的方法进行近似分析。在工程上也往往根据实际情况对器件的数学模型和电路的工作条件进行合理的近似，以便用简单的分析方法获得具有实际意义的结果，而不必过分追求其严格性。精确的求解非常困难，也不必要。因此，在学习本课程时，要抓住各种电路之间的共性，洞悉各种功能之间的内在联系，而不要局限于掌握一个个具体的电路及其工作原理。当然，熟悉典型的单元电路对识图能力的提高和电路的系统设计都是非常有意义的。近年来，集成电路和数字信号处理（DSP）技术迅速发展，各种通信电路甚至系统都可以做在一个芯片内，称为片上系统（SOC）。但要注意，所有这些电路都是以分立器件为基础的，因此，在学习时要注意“分立为基础，集成为重点，分立为集成服务”的原则。在学习具体电路时，要掌握“管为路用，以路为主”方法，做到以点带面，举一反三，触类旁通。

高频电子线路是在科学技术和生产实践中发展起来的，也只有通过实践才能得到深入的了解。因此，在学习本课程时必须高度重视实验环节，坚持理论联系实际，在实践中积累丰富的经验。随着计算机技术和电子设计自动化（EDA 技术）的发展，越来越多的高频电子线路可以采用 EDA 软件进行设计、仿真分析和电路板制作，甚至可以做电磁兼容的分析和实际环境下的仿真。因此，掌握先进的高频电路 EDA 技术，也是学习高频电子线路的一个重要内容。

高频电子线路主要介绍了三器、三控、三技和两机。

三器：1. 高频放大器（LC 串联与并联谐振放大器、功率放大器、高频宽带放大器），2. 振荡器（振荡器），3. 调制 / 解调器。

三控：1. 自动增益控制（AGC），2. 自动频率控制（AFC），3. 自动相位控制（APC）。

三技：1. 宽带技术，2. 频率合成技术，3. 功率合成技术。

两机：1. 调频发射机，2. 调频接收机。

第1章　谐振回路

内容提要

谐振回路在高频电路中即为选频网络。各种形式的选频网络在高频电子线路中得到广泛的应用,它能选出我们需要的频率分量和滤除不需要的频率分量,因而掌握各种选频网络的特性及分析方法是很重要的。

通常,在高频电子线路中应用的选频网络分为两大类：第一类是由电感和电容元件组成的振荡回路(也称谐振回路),它又可分为单谐振回路和耦合谐振回路；第二类是各种滤波器,如LC集中参数滤波器,石英晶体谐振器,陶瓷滤波器和声表面波滤波器等。

本章首先讨论组成谐振回路的无源元件、有源器件和组件的基本高频特性,对第二类滤波器,因应用日益广泛,也给予一定重视。所讨论的各种电路形式和特性以及计算所得的结论将在后面几章中直接应用。

1.1　高频电路中的元器件

各种高频电路基本上是由有源器件、无源元件和无源网络组成的。高频电路中使用的元器件与在低频电路中使用的元器件基本相同,但是注意它们在高频使用时的高频特性。高频电路中的元件主要是电阻(器)、电容(器)和电感(器),它们都属于无源的线性元件。高频电缆,高频接插件和高频开关等由于比较简单,这里不加讨论。高频电路中完成信号的放大,非线性变换等功能的有源器件主要是二极管,晶体管和集成电路。

1.1.1　高频电路中的元件

1. 电阻器

一个实际的电阻器,在低频时主要表现为电阻特性,但在高频使用时不仅表现有电阻特性的一面,而且还表现有电抗特性的一面。电阻器的电抗特性反映的就是高频特性。一个电阻R的高频等效电路如图1.1.1所示,其中C_R为分布电容,L_R为引线电感,R为电阻。分布电容和引线电感越小,表明电阻的高频特性越好。电阻器的高频特性与制造电阻的材料、电阻的封装形式和尺寸大小有密切的关系。一般来说,金属膜电阻比碳膜电阻的高频特性要好,而碳膜电阻比绕线电阻的高频特性要好；表面封装(SMD)电阻比绕线电阻的高频特性要好；小尺寸的电阻比大尺寸的电阻的高频特性要好。频率越高,电阻器的高频特性表现越明显。在实际应用时,要尽量减小电阻器的高频特性的影响,使之表现为纯电阻。

图1.1.1　电阻的高频等效电路

2. 电感线圈的高频特性

电感线圈在高频频段除表现出电感L的特性外,还具有一定的损耗电阻r和分布电容。在分析一般长、中、短波频段电路时,通常忽略分布电容的影响。因而,电感线圈的等效电路可以表示为电感L和电阻r串联,如图1.1.2所示。

电阻r随频率的提高而增加,这主要是集肤效应的影响。所谓集肤效应是指随着工作频率的提高，流过导线的交流电流向导线表面集中这一现象，可以参考图 1.1.3，当频率很高时，导线中心部位几乎完全没有电流流过，这相当于把导线的横截面积减小为导线的圆环面积，导电的有效面积较直流时大为减小，电阻 r 增大。工作频率越高，圆环的面积越小，导线电阻就越大。

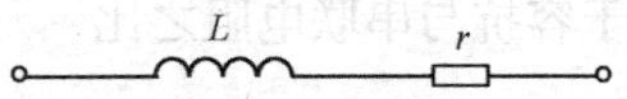

图 1.1.2　电感线圈的串联等效电路

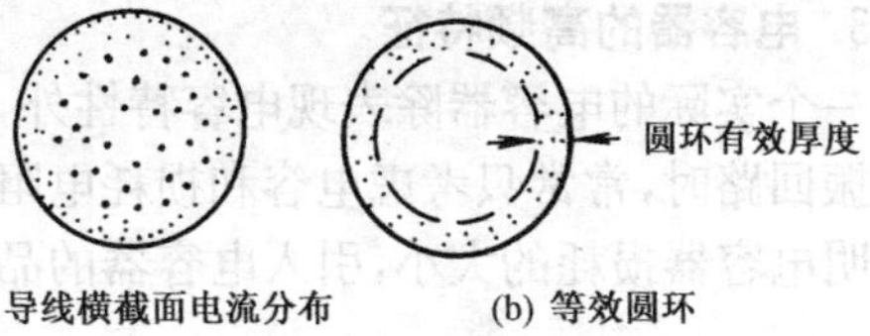

图 1.1.3　集肤效应示意图

在无线电技术中通常不是直接用等效电阻 r，而是引入线圈的品质因数这一参数来表示线圈的损耗性能。品质因数定义为无功功率与有功功率之比，即

$$Q=\frac{\text{无功功率}}{\text{有功功率}} \tag{1.1.1}$$

设流过电感线圈的电流为 I，则电感 L 上的无功功率为 $I^2\omega L$，而线圈的损耗功率，即电阻 r 的消耗功率为 I^2r，故由式(1.1.1) 得到电感的品质因数为

$$Q=\frac{I^2\omega L}{I^2 r}=\frac{\omega L}{r} \tag{1.1.2}$$

Q 值是一个比值，它是感抗 ωL 与损耗电阻 r 之比。Q 值越高损耗越小，一般情况下，线圈的 Q 值通常在几十到一二百左右。

在电路分析中，为了计算方便，有时需要把图 1.1.4(a) 所示的电感与电阻串联形式的线圈等效电路转换为电感与电阻的并联形式。如图 1.1.4(b) 所示，图中的 L_p，R 表示并联形式的参数。根据等效电路的原理，在图 1.1.4(a) 中 1-2 两端的导纳应等于图 1.1.4(b) 中 $1'$-$2'$ 两端的导纳，即

$$\frac{1}{r+j\omega L}=\frac{1}{R}+\frac{1}{j\omega L_p} \tag{1.1.3}$$

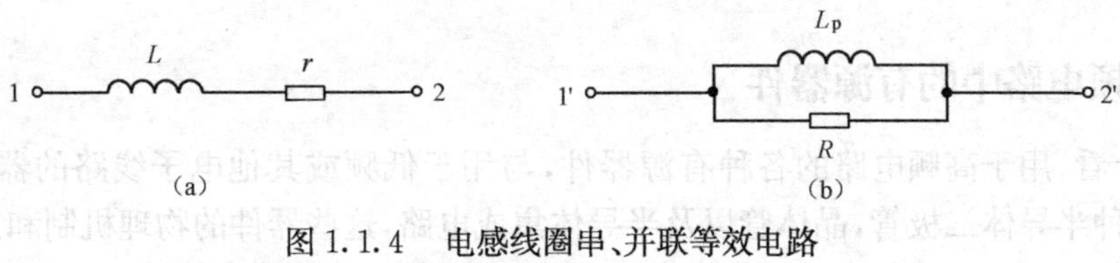

图 1.1.4　电感线圈串、并联等效电路

由上式，并用式(1.1.2) 就可以得到

$$R=r(1+Q^2) \tag{1.1.4}$$

$$L_p=L(1+1/Q^2) \tag{1.1.5}$$

一般情况 $Q\gg 1$，则

$$R\approx Q^2 r=\frac{\omega^2L^2}{r} \tag{1.1.6}$$

$$L_p\approx L \tag{1.1.7}$$

由上述结果表明，一个高 Q 电感线圈，其等效电路可以表示为串联形式，也可以表示为并联形式。在两种形式中，电感值近似不变，串联电阻与并联电阻的乘积等于感抗的平方。由式(1.1.6) 看出，r 越小，R 就越大，即损耗小，反之，则损耗大。一般地，r 为几欧姆的量级，变换成 R 则为几十到几百千欧。

Q 也可以用并联形式的参数表示。由式(1.1.6) 有

$$r\approx\frac{\omega^2L^2}{R} \tag{1.1.8}$$

上式代入(1.1.2)得
$$Q=\frac{R}{\omega L}\approx\frac{R}{\omega L_p} \tag{1.1.9}$$
上式表明,若以并联形式表示 Q 时,则为并联电阻与感抗之比

3. 电容器的高频特征

一个实际的电容器除表现电容特性外,也具有损耗电阻和引线电感。在分析一般米波以下频段的谐振回路时,常常只考虑电容和损耗电阻。电容器的等效电路也有两种形式,如图 1.1.5 所示。为了说明电容器损耗的大小,引入电容器的品质因数 Q,它等于容抗与串联电阻之比
$$Q_c=\frac{1}{\omega C}\Big/r=\frac{1}{\omega Cr} \tag{1.1.10}$$
若以并联等效电路表示,则为并联电阻与容抗之比
$$Q_c=R\Big/\frac{1}{\omega C_p}=\omega C_pR \tag{1.1.11}$$
电容器的损耗电阻的大小主要由介质材料决定。Q 值可达几千到几万的数量级,与电感线圈相比,电容器的损耗常常忽略不计。同理,可以推导出图 1.1.5 所示串、并联电路的变换公式
$$R=r(1+Q_c^2) \tag{1.1.12}$$
$$C_p=C\frac{1}{1+\frac{1}{Q_c^2}} \tag{1.1.13}$$

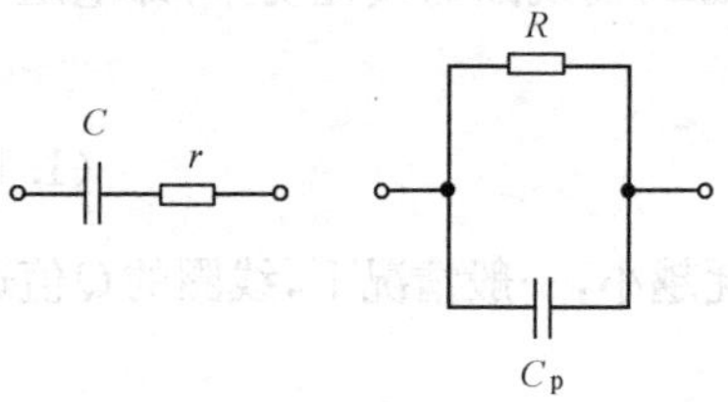

图 1.1.5 电容器的串、并联等效电路

当 $Q\gg1$ 时,它们近似式为
$$R\approx rQ_c^2=\frac{1}{\omega^2C^2r} \tag{1.1.14}$$
$$C_p\approx C \tag{1.1.15}$$
上面分析表明,一个实际的电容器,其等效电路可以表示为串联形式,也可以表示为并联形式。两种形式中电容值近似不变,串联与并联电阻的乘积等于容抗的平方。

1.1.2 高频电路中的有源器件

从原理上看,用于高频电路的各种有源器件,与用于低频或其他电子线路的器件没有根本不同。它们是各种半导体二极管,晶体管以及半导体集成电路,这些器件的物理机制和工作原理,在有关课程中已详细讨论过。只是由于工作在高频范围,对器件的某些性能要求更高。随着半导体和集成电路技术的高速发展,能满足高频应用要求的器件越来越多,也出现了一些专门用途的高频半导体器件。

1. 二极管

半导体二极管在高频中主要用于检波、调制、解调及混频等非线性变换电路中,工作在低电平。因此主要用点接触式二极管和表面势垒二极管(又称肖特基二极管)。两者都利用多数载流子导电机理,它们的极间电容小,工作频率高。常用的点接触式二极管(如2AP系列),工作频率可到100～200MHz,而表面势垒二极管,工作频率可高至微波范围。

另一种在高频中应用很广的二极管是变容二极管,其特点是电容随偏置电压变化。我们知道,半导体二极管具有PN结,而PN结具有电容效应,它包括扩散电容和势垒电容。当PN结正偏时,扩散效应起主要作用; 当 PN 结反偏时,势垒电容将起主要作用。利用 PN 结反偏时势垒电容随外加反偏电压变化的机理,在制作时用专门的工艺和技术经特殊处理而制成具有较大电容变化范围的二极管就是变容二极管。变容二极管的记忆电容 C_j 与外加反偏电压 u 之间呈非线性关系。变容二极

管在工作时处于反偏截止状态，基本上不消耗能量，噪声小。将它用于振荡回路中，可以做成电调谐器，也可以构成自动调谐电路等。变容管若用于振荡器中，可以通过改变电压来改变振荡信号的频率。这种振荡器称为压控振荡器(VCO)，压控振荡器是锁相环路的一个重要部件。电调谐器和压控振荡器也广泛用于电视接收机的高频头中。具有变容效应的某些微波二极管(微波变容器)还可以进行非线性电容混频、倍频。还有一种以 P 型，N 型和本征(I) 型三种半导体构成的 PIN 二极管，它具有较强的正向电荷储存能力。它的高频等效电阻受正向直流电流的控制，是一种可调电阻。它在高频及微波电路中可以用做电可控开关、限幅器、电调衰减器或电调移相器。

2. 晶体管与场效应管

在高频中应用的晶体管仍然是双极型晶体管和多种场效应管，这些管子比用于低频的管子性能更好，在外形结构方面也有所不同。高频晶体管有两大类型：一类是做小信号放大的高频小功率管，对它们的主要要求是高增益和低噪声；另一类为高频功率放大管，除了增益外，要求其在高频有较大的输出功率。目前双极型小信号放大管，工作频率可达几吉赫兹(GHz)，噪声系数为几分贝。小信号的场效应管也能工作在同样高的频率，且噪声更低。一种称为砷化镓的场效应管，其工作频率可达十几吉赫兹(GHz) 以上。在高频大功率晶体管方面，在几百兆赫兹以下频率，双极型晶体管的输出功率可达十几瓦至上百瓦。而金属氧化物场效应管(MOSFET)，甚至在几吉赫兹(GHz) 的频率上还能输出几瓦功率。有关晶体管的高频等效电路，性能参数及分析方法将在以后章节中进行较为详细的描述。

3. 集成电路

用于高频的集成电路的类型和品种要比用于低频的集成电路少得多，主要分为通用型和专用型两种。目前通用型的宽带集成放大器，工作频率可达一、二百兆赫兹，增益可达五、六十分贝，甚至更高。用于高频的晶体管模拟乘法器，工作频率也可达一百兆赫兹以上。随着集成技术的发展，也生产出了一些高频的专用集成电路(ASIC)。其中主要包括集成锁相环、集成调频信号解调器、单片集成接收机以及电视机中的专用集成电路等。

由于多种有源器件的基本原理在有关前修课程中已讨论过，而它的具体应用在本书各章节中将详细讨论，这里只对高频电路中有源器件的应用进行概括性的综述，下面将着重介绍和讨论用于高频中的无源网络。

1.2　简单谐振回路

谐振回路就是由电感和电容串联或并联形成的回路。只有一个回路的振荡电路称为简单振荡回路或单振荡回路。简单振荡回路的阻抗在某一特定频率上具有最小或最大值的特性称为谐振特性，这个特定频率称为谐振频率。简单振荡回路具有谐振特性和频率选择作用。这是它在高频电子线路中得到广泛应用的重要原因。

1.2.1　串联谐振回路

图 1.2.1(a) 是最简单的串联回路。图中 r 是电感线圈 L 中的电阻，r 通常很小，可以忽略，C 为电容。

振荡回路的谐振特性可以从它们的阻抗频率特性看出来。对于图 1.2.1(a) 的串联振荡回路，当信号角频率为 ω 时，其串联阻抗为

$$Z_s = r + j\omega L + \frac{1}{j\omega C} = r + j\left(\omega L - \frac{1}{\omega C}\right) \tag{1.2.1}$$

回路电抗 $X = \omega L - 1/\omega C$，回路阻抗的模 $|Z_s|$ 和辐角 φ 随 ω 变化的曲线分别如图 1.2.1(b)、(c) 和

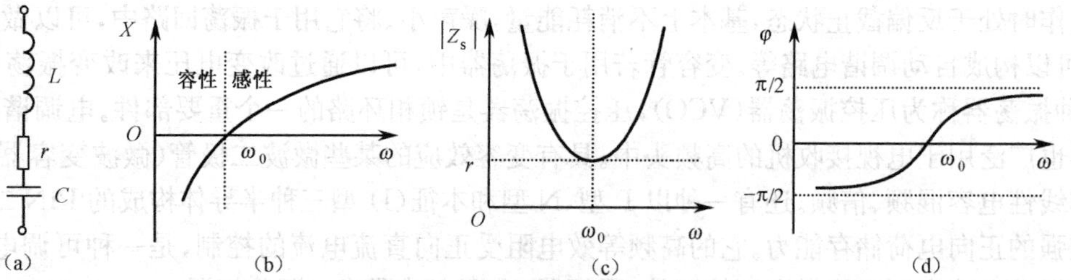

图 1.2.1　串联谐振回路及特性

(d) 所示。由图可知,当 $\omega < \omega_0$ 时,回路呈容性;当 $\omega > \omega_0$ 时,回路呈感性;当 $\omega = \omega_0$ 时,感抗与容抗相等,$|Z_s|$ 最小,并为纯电阻 r,我们称此时发生了串联谐振,且串联谐振角频率 ω_0 为

$$\omega_0 = \frac{1}{\sqrt{LC}} \tag{1.2.2}$$

串联谐振频率 ω_0 是串联振荡回路的一个重要参数。

若在串联振荡回路两端加一恒压信号 $\dot{U}$,则发生串联谐振时因阻抗最小,流过电路的电流最大,称为谐振电流,其值为

$$\dot{I}_0 = \frac{\dot{U}}{r} \tag{1.2.3}$$

在任意频率下的回路电流 I 与谐振电流之比为

$$\frac{\dot{I}}{\dot{I}_0} = \frac{\dot{U}/Z_s}{\dot{U}/r} = \frac{r}{Z_s} = \frac{1}{1+\mathrm{j}\dfrac{\omega L - \dfrac{1}{\omega C}}{r}} = \frac{1}{1+\mathrm{j}\dfrac{\omega_0 L}{r}\left(\dfrac{\omega}{\omega_0} - \dfrac{\omega_0}{\omega}\right)} = \frac{1}{1+\mathrm{j}Q\left(\dfrac{\omega}{\omega_0} - \dfrac{\omega_0}{\omega}\right)} \tag{1.2.4}$$

其模为

$$\frac{I}{I_0} = \frac{1}{\sqrt{1+Q^2\left(\dfrac{\omega}{\omega_0} - \dfrac{\omega_0}{\omega}\right)^2}} \tag{1.2.5}$$

式中

$$Q = \frac{\omega_0 L}{r} = \frac{1}{\omega_0 C r} \tag{1.2.6}$$

Q 被称为回路的品质因数,它是振荡回路的另一个重要参数。根据式(1.2.6) 画出相应的曲线如图 1.2.2 所示,称为谐振曲线。由图可知回路的品质因数越高,谐振曲线越尖锐,回路选择性越好。另外一个反映回路选择性好坏的参数 —— 矩形系数的概念将在后面提出,在高频中通常 Q 远大于 1(一般电感线圈的 Q 值为几十到一、二百)。在串联回路中,电阻、电感、电容上的电压值与电抗值成正比,因此串联谐振时电感及电容上的电压为最大,其值为电阻上电压值的 Q 倍,也就是恒压源的电压值的 Q 倍。发生谐振的物理意义是,此时电容和电感中储存的最大能量相等。

在实际应用时,外加的频率 ω 与回路谐振频率 ω_0 之差 $\Delta\omega = \omega - \omega_0$ 表示频率 ω 偏离谐振频率 ω_0 的程度,称为失谐。当 ω 与 ω_0 很接近时

$$\frac{\omega}{\omega_0} - \frac{\omega_0}{\omega} = \frac{\omega^2 - \omega_0^2}{\omega_0 \omega} = \left(\frac{\omega + \omega_0}{\omega}\right)\left(\frac{\omega - \omega_0}{\omega_0}\right) \approx \frac{2\omega}{\omega}\left(\frac{\Delta\omega}{\omega_0}\right) = 2\,\frac{\Delta\omega}{\omega_0} \tag{1.2.7}$$

令

$$\xi = 2Q\,\frac{\Delta\omega}{\omega_0} = 2Q\,\frac{\Delta f}{f_0} \tag{1.2.8}$$

为广义失谐量,则式(1.2.5) 可写成

$$\frac{I}{I_0} \approx \frac{1}{\sqrt{1+\xi^2}} \tag{1.2.9}$$

当保持外加信号的幅值不变而改变其频率,将回路电流值下降为谐振值的 $1/\sqrt{2}$ 时,所对应的

频率范围称为回路的通频带，亦称回路带宽，通常用 B 表示。令式(1.2.9) 等于$1/\sqrt{2}$，则可以推得 $\xi=\pm 1$，从而可得带宽为

$$B=2\Delta f_{0.7}=\frac{f_0}{Q} \tag{1.2.10}$$

应当指出以上所用到的品质因数都是指回路没有外加负载时的值，称为空载 Q 值或 Q_0。当回路有外加负载时，品质因数要用有载 Q 值或 Q_L 来表示。

串联振荡回路的相位特性与其辐角特性相反。在谐振时回路中的电流、电压关系如图 1.2.3 所示。图中 $\dot{U}$ 与 $\dot{I}_0$ 同相，$\dot{U}_L$ 和 $\dot{U}_C$ 分别为电感和电容上的电压。由图可知，$\dot{U}_L$ 和 $\dot{U}_C$ 反相。

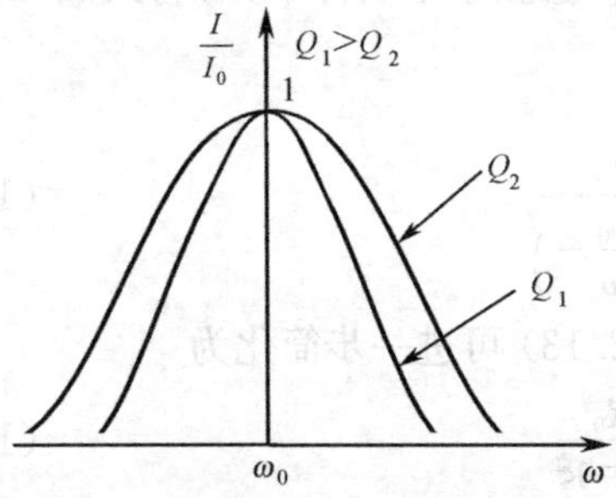

图 1.2.2 串联谐振回路的谐振曲线

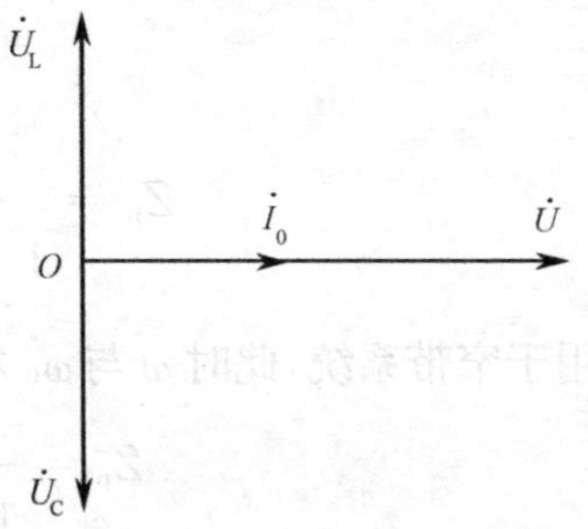

图 1.2.3 串联电路在谐振时的电流、电压关系

1.2.2 并联谐振回路

串联谐振回路适用于电源内阻为低内阻(如恒压源) 的情况或低阻抗电路(如微波电路)。当频率不是非常高时，并联谐振回路应用最广。

1. 并联谐振回路原理

并联谐振回路是与串联谐振回路对偶的电路[如图 1.2.4(a) 所示]，其等效电路，阻抗特性和辐角特性分别如图 1.2.4(b)、(c) 和(d) 所示。

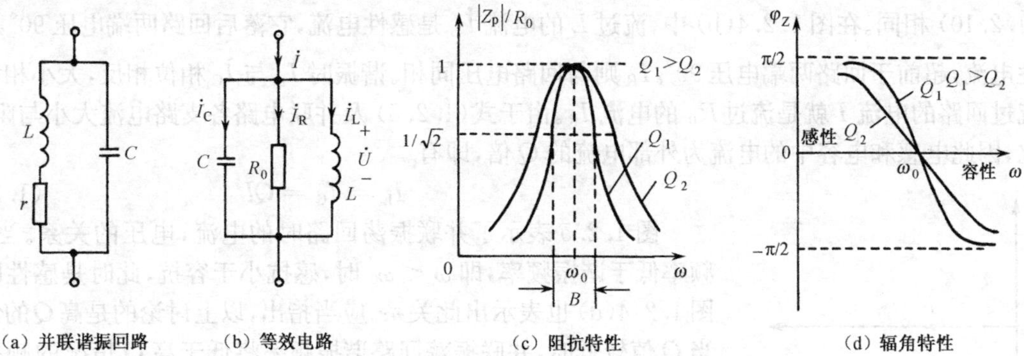

图 1.2.4 并联谐振回路及其等效电路，阻抗特性和辐角特性

并联谐振回路的并联阻抗为

$$Z_p=\frac{(r+j\omega L)\dfrac{1}{j\omega C}}{r+j\omega L+\dfrac{1}{j\omega C}} \tag{1.2.11}$$

同时定义使感抗与容抗相等的频率为并联谐振率 ω_0，令 Z_p 的虚部为零，求解方程根为

$$\omega_0=\frac{1}{\sqrt{LC}}\sqrt{1-\frac{1}{Q^2}}$$

式中,Q为回路的品质因数,有

$$Q=\frac{\omega_0 L}{r}=\frac{1}{\omega_0 C r}$$

当$Q\gg 1$时,$\omega_0=1/\sqrt{LC}$。回路在谐振时的阻抗最大,唯一电阻R_0为

$$R_0=\frac{L}{Cr}=Q\omega_0 L=\frac{Q}{\omega_0 C} \tag{1.2.12}$$

我们还关心并联回路在谐振频率附近的阻抗特性,同样考虑高Q条件下,可将式(1.2.11)表示为

$$Z_p=\frac{\dfrac{L}{Cr}}{1+jQ\left(\dfrac{\omega}{\omega_0}-\dfrac{\omega_0}{\omega}\right)} \tag{1.2.13}$$

并联回路通常用于窄带系统,此时ω与ω_0相差不大,式(1.2.13)可进一步简化为

$$Z_p=\frac{R_0}{1+jQ\dfrac{2\Delta\omega}{\omega_0}}=\frac{R_0}{1+j\xi} \tag{1.2.14}$$

式中$\Delta\omega=\omega-\omega_0$。对应阻抗模值与辐角分别为

$$|Z_p|=\frac{R_0}{\sqrt{1+\left(Q\dfrac{2\Delta\omega}{\omega_0}\right)^2}}=\frac{R_0}{\sqrt{1+\xi^2}} \tag{1.2.15}$$

$$\varphi_z=-\arctan\left(2Q\frac{\Delta\omega}{\omega_0}\right)=-\arctan\xi \tag{1.2.16}$$

上述特性可以在图1.2.4中反映出来。在图1.2.4(b)中,并联电阻R_0是等效到回路两端的并联谐振电阻,电感和电容中没有损耗电阻。从图1.2.4(c)、(d)可以看出Q值越高,阻抗和辐角在谐振频率附近变化就越快。对于并联谐振回路,若将阻抗下降为$R_0/\sqrt{2}$的频率范围称为通频带B,则它与式(1.2.10)相同。在图1.2.4(b)中,流过L的电流$\dot{I}_L$是感性电流,它落后回路两端电压90°,$\dot{I}_C$是容性电流,超前于回路两端电压90°。$\dot{I}_R$则与回路电压同相。谐振时$\dot{I}_L$与$\dot{I}_C$相位相反,大小相等。此时流过回路的电流I就是流过R_0的电流I_R。由于式(1.2.5)及并联电路各支路电流大小与阻抗成反比,因此电感和电容中的电流为外部电流的Q倍,即有

$$I_L=I_C=QI \tag{1.2.17}$$

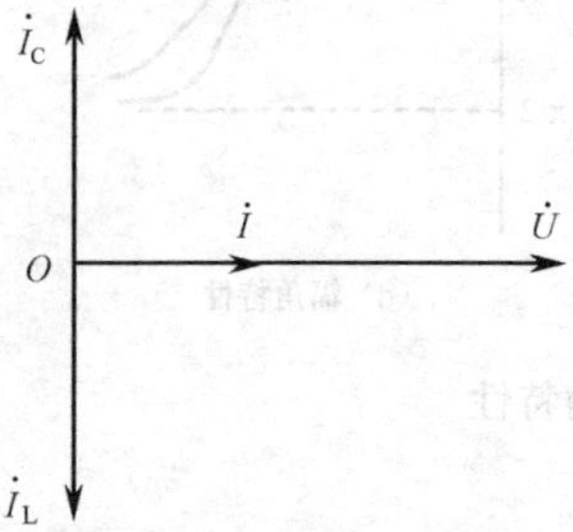

图1.2.5　并联振荡回路的电流、电压的关系

图1.2.5表示了并联振荡回路时的电流,电压的关系。当信号频率低于谐振频率,即$\omega<\omega_0$时,感抗小于容抗,此时是感性阻抗。图1.2.4(d)也表示出此关系。应当指出,以上讨论的是高Q的情况,当Q值较低时,并联振荡回路谐振频率将低于高Q情况的频率,并使谐振曲线和相位特性随着Q值而偏离。下面举例说明简单并联振荡回路的计算。

【例1.2.1】 设一放大器以简单并联振荡回路为负载,信号中心频率$f_S=10\text{MHz}$,回路电容$C=50\text{pF}$,(1)试计算所需的线圈电感值。(2)若线圈品质因数为$Q=100$,试计算回路谐振电阻及回路带宽。(3)若放大器所需的带宽$B=0.5\text{MHz}$,则应在回路上并联多大的电阻才能满足放大器所需带宽要求?

解 (1) 计算L值，由式(1.2.2)可得

$$L=\frac{1}{\omega_0^2 C}=\frac{1}{(2\pi)^2 f_0^2 C}$$

将f_0以兆赫兹(MHz)为单位，C以皮法(pF)为单位，L以微亨(μH)为单位，上式可变为一实用计算公式

$$L=\left(\frac{1}{2\pi}\right)^2\frac{1}{f_0^2 C}\times 10^6=\frac{25330}{f_0^2 C}$$

将$f_0=f_S=10\text{MHz}$代入上式得：　$L=5.07\ \mu\text{H}$。

(2) 回路谐振电阻和带宽由式(1.2.12)有

$$R_0=Q\omega_0 L=100\times 2\pi\times 10^7\times 5.07\times 10^{-6}=3.18\times 10^4=31.8(\text{k}\Omega)$$

回路带宽为：$B=f_0/Q=100\ \text{kHz}$。

(3) 求满足0.5MHz带宽的并联电阻。设回路上并联电阻为R_1，并联后的总电阻为$R_1//R_0$，总的回路有载品质因数为Q_L。由带宽公式有$Q_L=f_0/B$，此时要求的带宽$B=0.5\text{MHz}$，故$Q_L=20$，回路的总电阻为

$$\frac{R_0R_1}{R_0+R_1}=Q_L\omega_0 L=20\times 2\pi\times 10^7\times 5.07\times 10^{-6}=6.37(\text{k}\Omega)$$

$$R_1=\frac{6.37\times R_0}{R_0-6.37}=7.97(\text{k}\Omega)$$

2. 信号源内阻和负载电阻对并联谐振回路的影响

以上对并联谐振回路的分析没有考虑负载的影响。当存在信号源内阻R_S和负载电阻R_L时，并联谐振回路的等效电路如图1.2.6所示。由于R_S和R_L的接入，使回路的等效Q_L下降。为分析方便，我们将R_S,R_P,R_L改写为电导形式：$G_P=1/R_P$,$G_S=1/R_S$,$G_L=1/R_L$，有

$$Q_L=\frac{1}{\omega_p L(G_P+G_S+G_L)}=\frac{Q_0}{1+R_P/R_S+R_P/R_L}$$

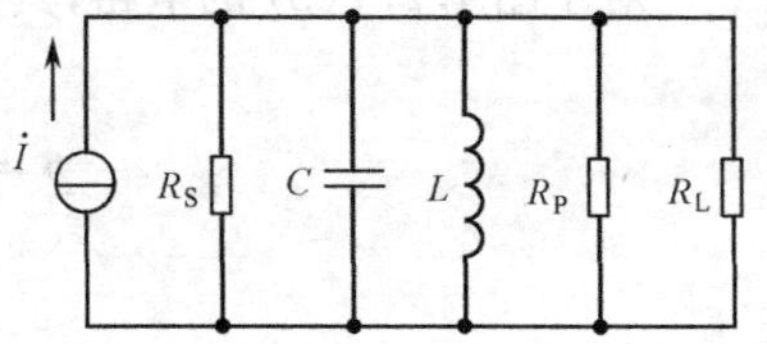

图1.2.6　考虑R_S和R_L后的并联振荡回路

式中，Q_0为回路无载时(回路本身)的品质因数

$$Q_0=1/(\omega_p L G_P)$$

由此可见，R_S和R_L越小，Q_L下降越多，和并联回路相同。负载电阻有时不是一个，必须将有关电阻合成一个电阻，再由上式计算回路的等效品质因数Q_L。

3. 抽头并联振荡回路

在实际应用中，常常用到激励源或负载与回路电感或与电容部分连接的并联振荡回路，即抽头并联振荡回路，图1.2.7是几种常用的抽头振荡回路。采用抽头回路，可以通过改变电感抽头位置或电容分压比来实现回路与信号源的阻抗匹配[见图1.2.7(a)、(b)]，或进行阻抗变换[见图1.2.7(d)、(e)]。也就是说，除了回路的基本参数ω_0，Q_0和R_0外，还增加了一个可以调节的因子。这个调节因子就是接入系数(抽头系数)p。它被定义为：与外电路相连的那部分电抗与本回路参数分压的同性质总电抗比。p也可以用电压比来表示，即

$$p=\frac{U}{U_T}\tag{1.2.18}$$

因此，又把抽头系数称为电压比或变比。下面简单分析图1.2.7(a)、(b)两种电路。仍考虑窄带高Q的实际情况。对于图1.2.7(a)，设回路处于谐振失谐不大时，流过电感的电流I_L仍比外部电流

大得多,即 $I_L \gg I$,因而 U_T 比 U 大。当谐振时,输入端呈现的电阻设为 R,从功率相等的关系看,有

$$\frac{U_T^2}{R_0} = \frac{U^2}{R} \quad 或 \quad R = \left(\frac{U}{U_T}\right)^2 R_0 = p^2 R_0 \tag{1.2.19}$$

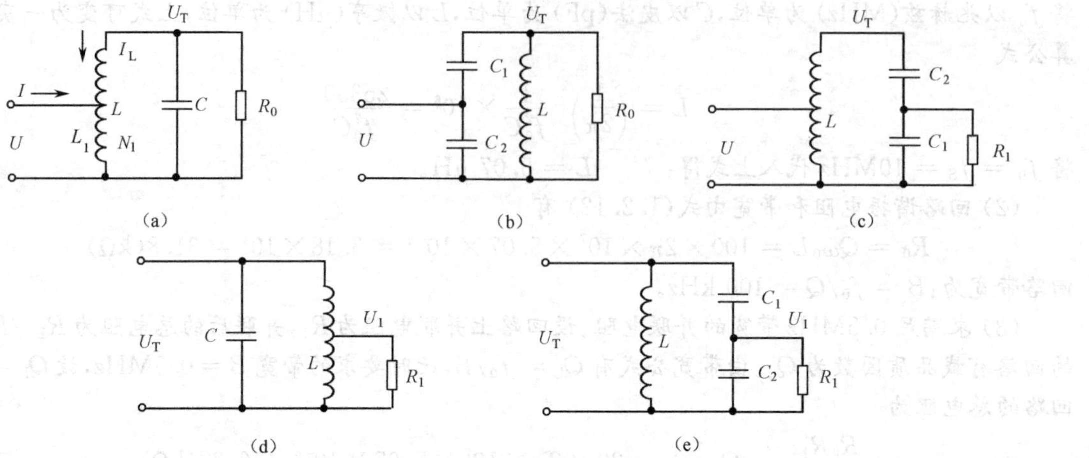

图 1.2.7 几种常见的抽头振荡回路

其中,接入系数 p 用元件参数表示时则要复杂些,仍假设满足 $I_L \gg I$,并设抽头部分的电感为 L_1,若忽略两部分间的互感,则接入系数为 $p = L_1/L$。实际上,一般是有互感的,设上下两线圈间的互感值为 M,则接入系数 $p = (L_1 + M)/L$。对于紧耦合的线圈电感(即后面将介绍的带抽头的高频变压器),设抽头的线圈匝数为 N_1,总匝数为 N,因线圈上的电压与匝数构成正比例,其接入系数为 $p = N_1/N$。

对于图 1.2.7(b) 的电路,其接入系数中可直接用电容比值表示为

$$p = \frac{U}{U_T} = \frac{\dfrac{1}{\omega C_2}}{\dfrac{1}{\omega \dfrac{C_1 C_2}{C_1 + C_2}}} = \frac{C_1}{C_1 + C_2} \tag{1.2.20}$$

在实际中,除了阻抗需要折合外,有时信号源也需要折合。对于电压源,由式(1.2.20) 可得

$$U = pU_T$$

对于如图 1.2.8 所示的电流源,其折合关系为

$$I_T = pI \tag{1.2.21}$$

需要注意,对信号源进行折合时的变比为 p,而不是 p^2。

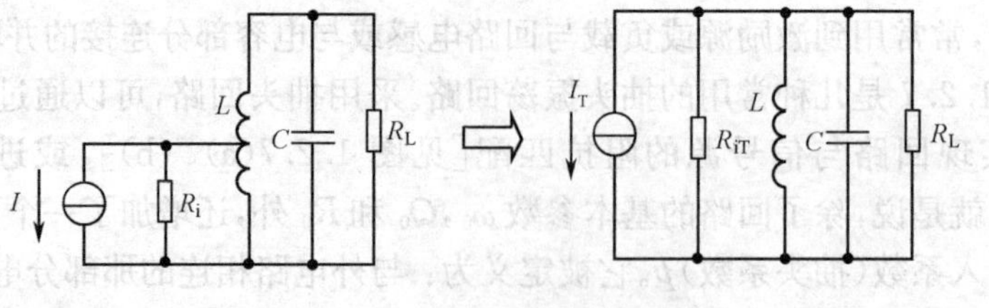

图 1.2.8 电流源的折合电路

【例 1.2.2】 如图 1.2.9 抽头回路由电流源激励,忽略回路本身的固有损耗,试求回路两端电压 $u(t)$ 的表示式及回路带宽。

解 由于忽略回路本身的固有损耗,因此可以认为 Q 趋向于无穷大。由图可知回路电容为

$$C = \frac{C_1 C_2}{C_1 + C_2} = 1000(\text{pF})$$

谐振角频率为　$\omega_0 = \frac{1}{\sqrt{LC}} = 10^7(\text{rad/s})$

电阻 R_1 的接入系数　$p = \frac{C_1}{C_1 + C_2} = 0.5$

等效到回路两端的电阻为　$R = \frac{1}{p^2}R_1 = 2000(\Omega)$

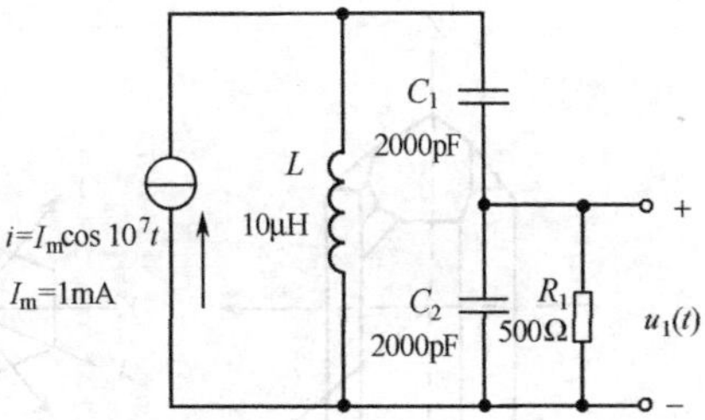

图 1.2.9　例 1.2.2 的抽头回路

回路两端电压 $U(t)$ 与 $I(t)$ 同相，电压振幅 $U_m = I_m R = 2\text{V}$，故

$$u(t) = 2\cos 10^7 t(\text{V})$$

输出电压为　$u_1(t) = pu(t) = \cos 10^7(\text{V})$

回路有载品质因数　$Q_L = \frac{R}{\omega_0 L} = \frac{2000}{100} = 20$

回路带宽　$B = \frac{\omega_0}{Q_L} = 5 \times 10^5(\text{rad/s})$

在上述近似计算中，$u_1(t)$ 与 $u(t)$ 同相。考虑到 R_1 对实际分压比的影响，$u_1(t)$ 与 $u(t)$ 之间还有一定的相移。

1.3　滤波器

在高频电子线路中，除应用上述的单振荡回路及耦合振荡回路作为选频网络外，目前还广泛应用各种滤波器。下面分别介绍 LC 集中选频滤波器、石英晶体谐振器、陶瓷滤波器和声表面波滤波器的工作原理和特性。这类滤波器的优点、应用范围和具体电路在后面的有关章节中介绍。

1.3.1　石英晶体谐振器

在高频电路中石英晶体谐振器是一个重要的高频部件，它广泛应用于频率稳定性高的振荡器中，也用做高性能的窄带滤波器和鉴频器。

1. 物理特性

石英晶体谐振器是由天然或人工生成的石英晶体切片制成的。石英晶体是 SiO_2 的结晶体，在自然界中以六角锥体出现。它有三个对称轴：*ZZ* 轴（光轴），*XX* 轴（电轴），*YY* 轴（机械轴）。各种晶片就是按与各轴不同角度切割而成的。图 1.3.1(b) 就是石英晶体形状的各种切型的位置图。在晶片的两面制作金属电极，并与底座的插脚相连，最后以金属壳封装或玻璃壳封装（真空封装），成为晶体谐振器，如图 1.3.2 所示。

石英晶体谐振器之所以能成为电的谐振器，是由于它具有压电效应。所谓压电效应，就是当晶体受外力作用而变形（如伸缩、切变、扭曲等）时，就在它对应的表面上产生正负电荷，呈现出电压，称为正压电效应。当在晶体两面加电压时，晶体又会发生机械形变，这称为反压电效应。因此若在晶体两端加交变电压，晶体就会发生周期性的振动。同时由于电荷的周期变化，又会有交流电流通过晶体。由于晶体是有弹性的固体，对于某一种振动方式，有一个机械的振动频率（固有谐振频率）。当外加电信号频率在此自然频率附近时，就会发生谐振现象。它既表现为晶片的机械振动，又在电路上表现为电谐振。这时有很大的电流通过晶体，产生电能和机械能的转换。晶片的谐振频率与晶片的材料、几何形状、尺寸及振动方式（取决于切片方式）有关，而且十分稳定，其温度系数（温度变化 1 度时

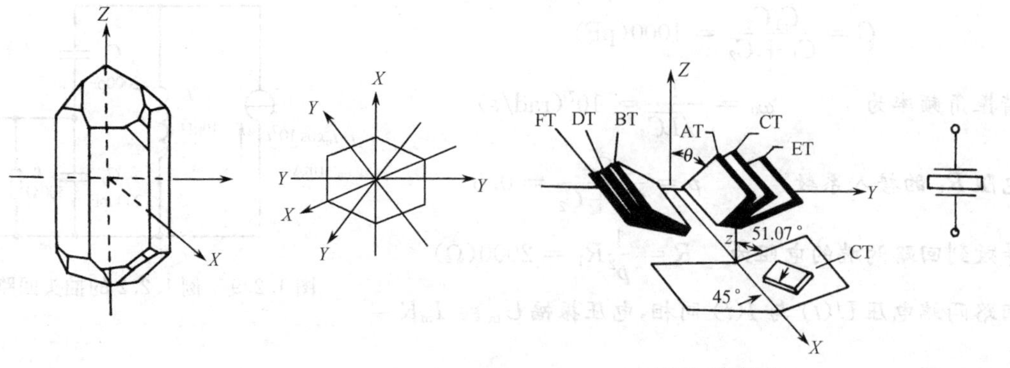

(a) 形状　　　(b) 不同切型的位置　　　(c) 电路符号

图 1.3.1　石英晶体的形状、各种切型的位置及电路符号

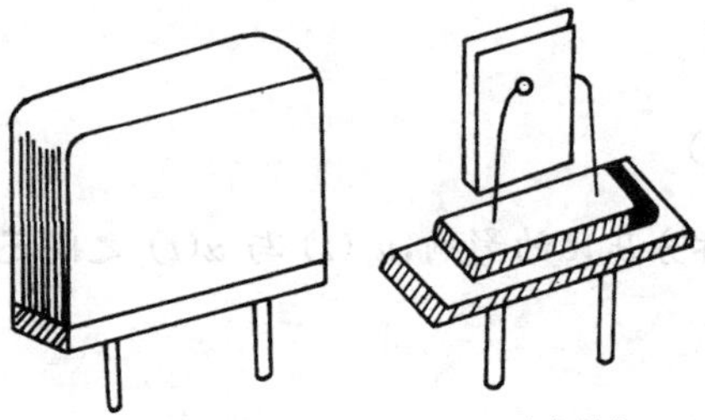

(a) 外形　　　(b) 内部结构

图 1.3.2　石英晶体谐振器

引起的固有谐振频率相对变化量）均在 10^{-6} 或更高数量级上。实践证明，温度系数与振动方式有关，某些切型的石英片(如GT型和AT型)，其温度系数在很大范围内都趋近于零。而其他切型的石英片，只在某一特定温度附近的小范围内才趋近于零，通常将这个特定温度称为拐点温度。若将晶体管置于恒温槽内，槽内温度就应控制在此拐点温度上。

用于高频的晶体切片，其谐振时的电波长常与晶片温度成正比，谐振频率与厚度成正比。正如我们平常观察到的某些机械振动那样(比如琴弦的振动)，对于一定形状和尺寸的某一晶体，它既可以在某一基频上谐振(此时沿某一方向分布1/2个机械波长)，也可以在高次谐波(谐频或泛音)上谐振(此时沿同一方向分布3/2,5/2,7/2个机械波长)。通常把利用晶片基频(音)共振的谐振器称为基频(音)谐振器，频率通常用kHz表示。把利用晶片谐频的谐振器称为泛音谐振器，频率通常用MHz表示。由于机械强度和加工的限制，目前，基音谐振频率最高只能达到25MHz左右，泛音谐振频率可达250MHz以上，通常能利用的是3、5、7之类的奇次泛音。同一尺寸晶片，泛音工作时的频率比基频工作时要高3、5、7倍。应该指出，由于是机械谐振时的频率，它们与电谐振频率之间并不是准确的3、5、7次的整数关系。

2. 等效电路及阻抗特性

图1.3.3是石英晶体谐振器的等效电路。图1.3.3(a)是考虑基频及各次泛音的等效电路，由于多次谐波频率相隔较远，互相影响较小，对于某一具体应用(如工作于基频或工作于泛音)，只须考虑此频率附近的电路特性，因此可以用图1.3.3(b)来等效。图中，C_0 是晶体作为电介质的静电容，其数值一般为几皮法至几十皮法。L_q、C_q、r_q 是对应于机械经压电转换而呈现的电参数。r_q 是机械摩擦和空气阻尼的损耗。

由图1.3.3(b)可以看出，晶体谐振器是一个串并联的振荡回路，其串联谐振频率 f_q 和并联谐振频率 f_0 分别为

$$f_q = \frac{1}{2\pi\sqrt{L_q C_q}} \tag{1.3.1}$$

$$f_0 = \frac{1}{2\pi\sqrt{L_q\dfrac{C_0 C_q}{C_0 + C_q}}} \approx \frac{1}{2\pi\sqrt{L_q C_q}}\sqrt{1+\frac{C_q}{C_0}} = f_q\sqrt{1+\frac{C_q}{C_0}} \tag{1.3.2}$$

与通常的谐振回路比较，晶体的参数 L_q 和 C_q 与一般线圈电感 L、电容元件 C 有很大的不同。现

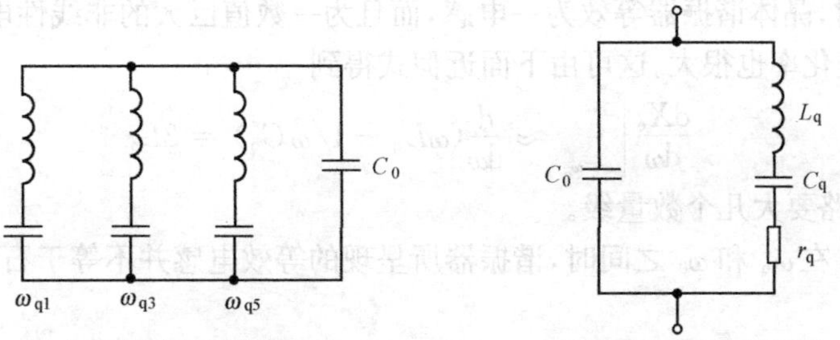

(a) 包括泛音在内的等效电路　(b) 谐振频率附近的等效电路

图 1.3.3　晶体谐振器的等效电路

举一例,国产 B45 型 1MHz 中等精度晶体的等效参数为

$$L_q = 4.00\text{H}, \quad C_q = 0.0063\text{pF}, \quad r_q = 100 \sim 200\Omega, \quad C_0 = 2 \sim 3\text{pF}$$

由此可见,L_q 很大,C_q 很小。与同样频率的 LC 元件构成回路相比,L_q、C_q 与 L、C 的数值要相差 4～5 个数量级。同时,晶体谐振器的品质因数也非常大,一般为几万甚至几百万,这是普通 LC 电路无法比拟的。在上例中

$$Q_q = \frac{\omega_q L_q}{r_q} \geqslant (125\,000 \sim 250\,000)$$

由于 $C_0 \gg C_q$,晶体谐振器并联谐振频率 f_0 与串联谐振频率 f_q 相差很小。由式(1.3.2)考虑 $C_q / C_0 \ll 1$,可得

$$f_0 = f_q\left(1 + \frac{1}{2}\frac{C_q}{C_0}\right) \tag{1.3.3}$$

上例中,$C_q / C_0 = (0.002 \sim 0.003)$,相对频率间隔

$$\frac{f_0 - f_q}{f_q} = \frac{1}{2}\frac{C_q}{C_0}$$

仅为千分之一到千分之二。

此外,$C_q / C_0 \ll 1$,也意味着图 1.3.3(b) 所示的等效电路的接入系数 $p \approx C_q / C_0$ 也非常小。因此晶体谐振器与外电路的耦合必然很弱。在实际电路中,晶体两端并联有电容 C_1,在这种情况下,接入系数将变为 $p \approx C_q / (C_0 + C_1)$,相应地并联谐振频率 f_0 将减小。显然,C_1 越大,f_0 越靠近 f_q。

图 1.3.3(b) 所示的等效电路的阻抗的一般表示为

$$Z_e = \frac{-j\dfrac{1}{\omega C_0}\left[r_q + j\left(\omega L_q - \dfrac{1}{\omega C_q}\right)\right]}{r_q + j\left(\omega L_q - \dfrac{1}{\omega C_q}\right) - j\dfrac{1}{\omega C_0}}$$

在忽略 r_q 后,上式可化简为

$$Z_e = jX_e \approx -j\frac{1}{\omega C_0}\frac{1 - \dfrac{\omega_q^2}{\omega^2}}{1 - \dfrac{\omega_0^2}{\omega^2}} \tag{1.3.4}$$

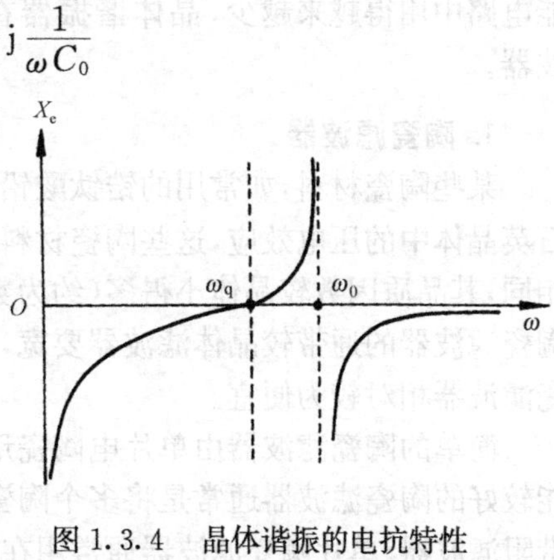

图 1.3.4　晶体谐振的电抗特性

由此式可得晶体谐振的电抗特性,如图 1.3.4 所示,要注意它是在忽略晶体电阻 r_q 后得出的。由于晶体的 Q 值非常高,除了并联谐振频率附近外,此曲线与实际电抗曲线(即不忽略 r_q)很接近。

由图可知:当 $\omega < \omega_q$ 时,晶体谐振器等效呈容性;当

ω 在 ω_q 和 ω_0 之间时，晶体谐振器等效为一电感，而且为一数值巨大的非线性电感。由于 L_q 很大，即使在 ω_q 处其电抗变化率也很大。这可由下面近似式得到

$$\left.\frac{\mathrm{d}X_e}{\mathrm{d}\omega}\right|_{\omega=\omega_q} \approx \frac{\mathrm{d}}{\mathrm{d}\omega}(\omega L_q - 1/\omega C_q) = 2L_q \tag{1.3.5}$$

计算数值比普通回路要大几个数量级。

必须指出，当 ω 在 ω_q 和 ω_0 之间时，谐振器所呈现的等效电感并不等于石英晶体片本身的等效电感 L_q。

晶体谐振器与一般振荡回路比较，有几个明显的特点：

(1) 晶体的参数 L_q、C_q、C_0 由晶体尺寸决定，由于晶体的物理特性，它们受外界因素(如温度、震动)影响小。

(2) 晶体谐振器有非常高的品质因数。一般很容易得到数值上万的 Q 值，而普通的线圈和回路 Q 只能达到 $100 \sim 200$。

(3) 晶体谐振器的接入系数非常小，一般为 10^{-3} 数量级，甚至更小。

(4) 晶体在工作频率附近电抗变化率大，有很高的并联谐振电抗。所有这些特点决定了晶体谐振器频率稳定度比一般振荡器回路要高。

3. 晶体谐振器的应用

晶体谐振器主要应用于振荡器中。振荡器的振荡频率决定于振荡回路的频率。在许多应用中，要求振荡频率稳定。将晶体谐振器用做振荡器的振荡回路，就可以得到稳定的工作频率。这些在以后正弦波振荡器中将详细研究。

晶体振荡器的另一种应用是用它做成高频窄带滤波器。

1.3.2 集中滤波器

随着电子技术的发展，高增益、宽频带的高频集成放大器和其他高频处理模块(如高频乘法器、混频器、调制解调器等)越来越多，应用也越来越广泛。与这些高频集成放大器和高频处理模块配合使用的滤波器虽然可以用前面所讨论的高频调谐回路来实现，但用集中滤波器做选频电路已成为大势所趋。采用集中选频滤波器，不仅有利于电路和设备的微型化，便于大量生产，而且可以提高电路和系统的稳定性，改善系统性能，同时也使电路和系统的设计更加简化。高频电路中常用的集中选频滤波器主要有 LC 式集中滤波器、晶体谐振器、陶瓷滤波器和声表面波滤波器。早些年使用的机械滤波器现在很少使用。LC式集中滤波器实际上就是由多调谐回路构成的LC滤波器，在高性能电路中用得越来越少，晶体谐振器在上面已讨论过。下面主要讨论陶瓷滤波器和声表面波滤波器。

1. 陶瓷滤波器

某些陶瓷材料，如常用的锆钛酸铅[$Pb(ZrTi)O_3$]，经直流高压电场给以极化后，可以得到类似石英晶体中的压电效应，这些陶瓷材料称为压电陶瓷材料。陶瓷谐振器的等效电路也和晶体谐振器相同，其品质因数较晶体小得多(约为数百)，但比 LC 滤波器要高，串、并联频率间隔也较大。因此，陶瓷滤波器的通带较晶体滤波器要宽，但选择性稍差。由于陶瓷材料在自然界中比较丰富，因此，陶瓷滤波器相对较为便宜。

简单的陶瓷滤波器由单片电陶瓷形成双电极或三电极，它们相当于单振荡回路或耦合回路。性能较好的陶瓷滤波器通常是将多个陶瓷谐振器接入梯形网络而构成的。它是一种多极点的带通或带阻滤波器。单片陶瓷滤波器通常用在放大器射极电路中，取代旁路电容。图 1.3.5 是一种两端口的陶瓷滤波器的原理电路，其中图(a)、(b) 分别为两个和五个谐振片连接成的四端网络陶瓷谐振

器。谐振片数目越多，滤波器性能越好。由于陶瓷谐振器的 Q 值通常比电感元件高，所以，滤波器通带内衰减小而带外衰减大，矩形系数也较小。这类滤波器通常都封装成组件供应。高频陶瓷滤波器的工作频率范围约为几兆赫兹至一百兆赫兹，相对带宽为千分之几至百分至十。图 1.3.5 中陶瓷滤波器的电路符号与晶体谐振器的相同。

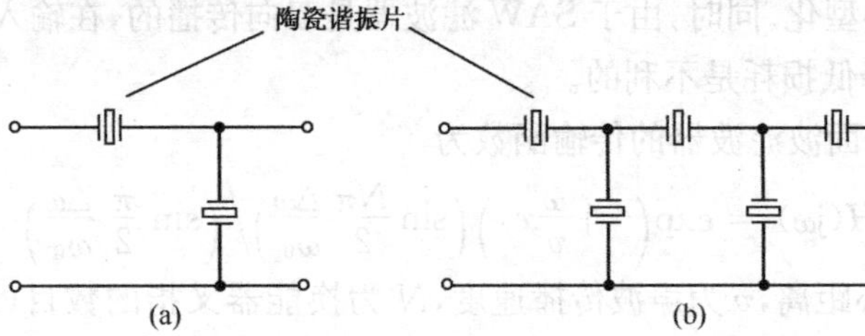

图 1.3.5　陶瓷滤波器原理电路

2. 声表面波滤波器

近几十年来，一种称为声表面波(Surface Acoustic Wave，SAW) 滤波器得到了广泛应用，它是沿表面传播的机械振动波的弹性固体器件。所谓 SAW，是在压电固体材料表面产生并传播弹性波，起始振荡随深入固体材料的深度而迅速减小。与沿固体介质内部传播的体声波(BAW) 比较，SAW 有两个显著特点：一是能量密度高，其中约为 90% 的能量集中于密度等于一个波长的表面；传播速度慢，约为纵波速度的 45%，是横波速度的 90%，在奇数情况下，SAW 的传播速度为(3 000 ～ 5 000)m/s。根据这两个特性，人们不仅可以研制出功能不同的 SAW 器件，如通过机电耦合，可以做成电的滤波器和延迟线，也可以做成多种信号处理器，如匹配滤波器(对某种高频已调信号的匹配)、信号相关器和卷积器等。如果与有源器件结合，还可以做成声表面波振荡器和声表面波放大器等。这些 SAW 器件体积小、重量轻、性能稳定可靠。图 1.3.6(a) 是声表面波滤波器的结构示意图。在某些具有压电效应材料(常用石英晶体，锆钛酸铅 PZT 陶瓷，铌酸锂 $LiNbO_3$ 等) 的基片上，制作一些对(叉) 指形电极做换能器，称为叉指形换能器(IDT)。当对指形两端加有高频信号时，通过压电效应，在基片表面激起同频率的声表面波，并沿轴线方向传播。除一端被吸取材料吸收外，另一端的换能器将它变为电信号输出。

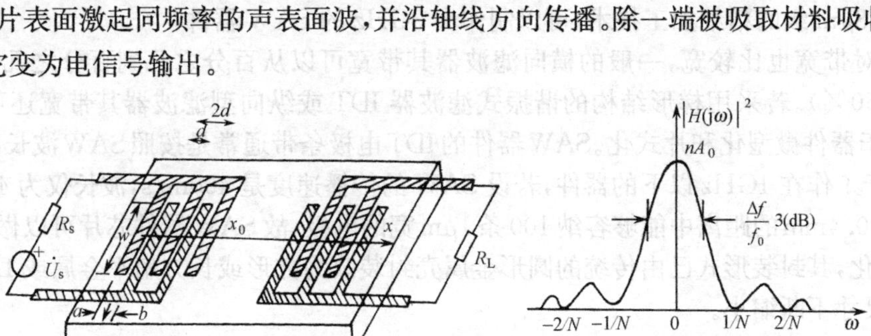

(a) 声表面波滤波器的结构示意图　　(b) 幅频特性

图 1.3.6　声表面波滤波器结构及其幅频特性

SAW 滤波器的原理可以说明如下：声波在固体介质传播的速度大约为光速的十万分之一。因此，同样频率的信号以声波传播时，其波长为自由空间电波的十万分之一。比如 $f = 30\text{MHz}$，$\lambda_0 = 10\text{m}$ 的信号，其声波波长仅为 0.1mm。当叉指形电极的间距(图 1.3.6 上的 d) 为声波波长的二分之一时，相邻叉指激起的声波将在另一端同相相加，这是因为相邻指间的电场方向相反(相位差

180°),而传播延迟了半个波长,又会产生 180° 相移。在偏离中心频率的另一频率上,则由于传播引起的相移差(指两个对指产生的波),多个对指在输出端的合成信号互相抵消,这样就产生了频率选择作用。这种滤波器属于多抽头延迟线构成的滤波器,又称为横向滤波器。这种结构的优点是设计自由度大,但当要求通频带宽与中心频率之比较小和通频带宽与衰减带宽之比较大时,则需要较多的电极条数,难以实现小型化。同时,由于 SAW 滤波器是双向传播的,在输入/ 输出 IDT 电极上分别产生 1/2 的损耗,对降低损耗是不利的。

图 1.3.6(a) 中声表面波滤波器的传输函数为

$$H(\mathrm{j}\omega) = \exp\left(-\mathrm{j}\,\frac{\omega}{v}x_0\right)\left(\sin\frac{N\pi}{2}\,\frac{\Delta\omega}{\omega_0}\right)\Big/\left(\sin\frac{\pi}{2}\,\frac{\Delta\omega}{\omega_0}\right) \tag{1.3.6}$$

式中,x_0 为两换能器中心距离,v 为声波传播速度,N 为换能器叉指的数目(N 为奇数),ω_0 为中心(角) 频率,幅频特性为

$$|H(\mathrm{j}\omega)|^2 = \left|\frac{\sin\dfrac{N\pi}{2}\,\dfrac{\Delta\omega}{\omega_0}}{\sin\dfrac{\pi}{2}\,\dfrac{\Delta\omega}{\omega_0}}\right|^2 \tag{1.3.7}$$

对应的幅频特性曲线如图 1.3.6(b) 所示。

由式(1.3.7) 和图 1.3.6(b) 可以看出,N 越大,频带就越窄。在声表面波滤波器中,由于结构和其他方面限制,N 不能做得太大,因而滤波器的带宽不能做得很窄。

在声表面波滤波器中,如果不采用上述均匀叉指换能器,而采用指长、指宽或者间隔变化的非均匀换能器,也就是对图 1.3.6(a) 中的 a、b 进行加权,则可以得到声表面波滤波器幅频特性。从式(1.3.6) 中的相位因子可以看出,声表面波滤波器还具有线性的相位频率特性,即多频率分量的延时相同,这在某些要求信号波形失真小的场合(如传输电视信号) 是很有用的。

声表面波滤波器件有如下主要特性:

(1) 工作频率范围宽,可以从几兆赫兹到几吉赫兹。对于 SAW 器件,当压电基材选定后,其工作频率则由 IDT 指条宽度决定,IDT 指条越窄,频率则越高。利用目前较普通的 0.5μm 级的半导体工艺,可以制作出约 1 500MHz 的 SAW 滤波器;利用 0.35μm 级的光刻工艺,能制作出 2GHz 的器件;借助 0.18μm 级的精细加工技术,可以制作出 3GHz 的 SAW 器件。

(2) 相对带宽也比较宽,一般的横向滤波器其带宽可以从百分之几到百分之几十(大的可以到 40% ~ 50%)。若采用梯形结构的谐振式滤波器 IDT 或纵向型滤波器其带宽还可以更宽。

(3) 便于器件微型化和片式化。SAW 器件的 IDT 电极条带通常是按照 SAW 波长的 1/4 来进行设计的。对于工作在 1GHz 以下的器件,若设 SAW 的传播速度是 400m/s,波长仅为 4μm(1/4 波长是 1μm),在 0.4mm 的距离中能够容纳 100 条 1μm 宽的电极。故 SAW 器件芯片可以做得非常小,以便实现微型化,其封装形式已由传统的圆形金属壳封装改为方形或长方扁平金属或 LCC 表面贴装款式,并且尺寸不断缩小。

(4) 带内插入衰减较大。这是 SAW 器件最突出的问题,一般不低于 15dB。但是通过开发高性能的压电材料和改进 IDT 设计(如单方向的 IDT 或方向性变换器),可以使器件的接入损耗降低到 4dB 以下,甚至更低(如 1dB 左右)。

(5) 矩形系数可做到 1.1 ~ 2。

与其他滤波器比较,它的主要特点是: 频率特性好,性能稳定,体积小,设计灵活,可靠性高,制造简单且重复性好,适合大批生产。目前已广泛用于通信接收机、电视机和其他无线电设备中,图 1.3.7 就是一种用于通信机的声表面波滤波器的传输特性,可见其特性几乎接近矩形。其矩形系数(图中 −40dB 与 3dB 之比) 可小到 1.1。

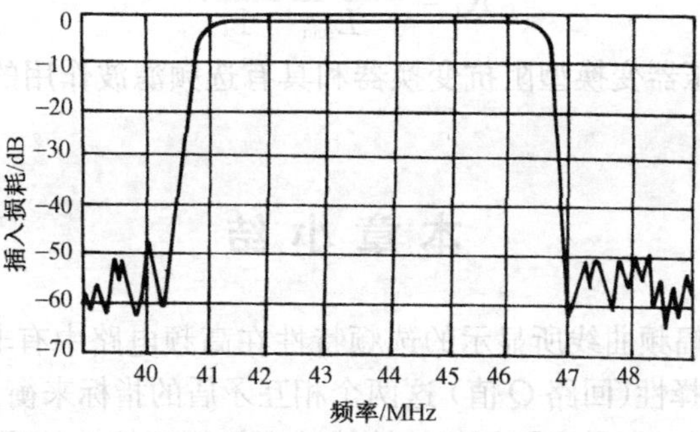

图 1.3.7 一种用于通信中的声表面波滤波器特性

1.3.3 衰减器与匹配器

普通的电阻器对电信号都有一定的衰减作用，利用电阻网络可以制成衰减器(Attenuator)和具有一定衰减的匹配器组件。在高频电路中，器件的终端阻抗和线路的匹配阻抗通常有50Ω和75Ω两种。

1. 高频衰减器

利用高频衰减器可以调整信号传输通道上的信号电平。高频衰减器分为固定衰减器和高频可变(调)衰减器两种。除了微波衰减器可以用其他形式构成外，高频衰减器通常都用电阻网络、开关电路或PIN二极管实现。

构成高频固定衰减器的电阻网络的形式很多，如T形、π形、O形、L形、U形、桥T形等，其中，选定的固定电阻的数值可由专门公式计算得到。

将固定衰减器中的固定电阻转换成可变电阻，或者用开关网络就可以构成可变衰减器，也可以用PIN二极管电路来实现可变衰减。这种用外部电信号来控制衰减量大小的可变衰减器又称为电调衰减器。电调衰减器被广泛应用在功率控制、自动电平控制(ALC)或自动增益控制电路中。

2. 高频匹配器

如果相连接的两部分高频电路阻抗匹配，则可以直接相连。但如果阻抗不匹配，就需要用高频匹配器或阻抗变换器来连接。

高频电路中最常用的匹配器或阻抗变换器是50～75Ω的变换器，通常有电阻衰减型和变压器变换型两种方式。对于图1.3.8所示的T形电阻衰减网络，Z_1、Z_2分别为两端的匹配阻抗，匹配器最小衰减量为

$$L_{\min}=\frac{2Z_1}{Z_2}+2\sqrt{\frac{Z_1}{Z_2}\left(\frac{Z_1}{Z_2}-1\right)}-1$$

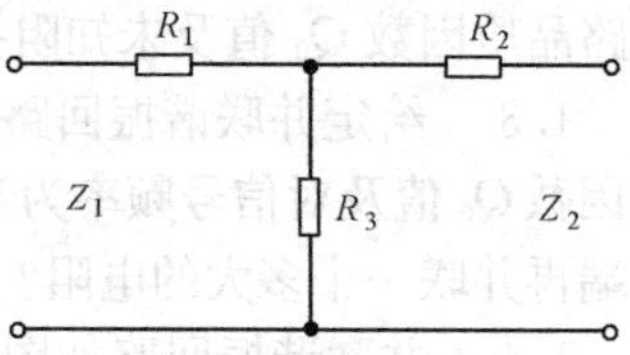

图 1.3.8 T形电阻衰减网络

根据两端的匹配阻抗和匹配器的最小衰减量，可以用下面公式分别计算匹配器中的电阻值。

$$R_1=\frac{Z_1(L_{\min}+1)-2\sqrt{Z_1Z_2L_{\min}}}{L_{\min}-1}$$

$$R_2=\frac{Z_2(L_{\min}+1)-2\sqrt{Z_1Z_2L_{\min}}}{L_{\min}-1}$$

$$R_3 = \frac{2\sqrt{Z_1 Z_2 L_{\min}}}{L_{\min} - 1}$$

关于耦合振荡器、变压器变换型阻抗变换器和具有选频滤波作用的LC匹配网络在本章中不予讨论。

本章小结

1. LC并联谐振回路幅频曲线所显示的选频特性在高频电路中有非常重要的作用,其选频性能的好坏可由通频带和选择性(回路Q值)这两个相互矛盾的指标来衡量。矩形系数则是综合说明这两个指标的一个参数,可以衡量实际幅频特性接近理想幅频特性的程度。矩形系数越小,则幅频特性越理想。

2. LC并联谐振回路阻抗的相频特性是具有斜率的单调变化曲线,这一点在分析LC正弦波振荡电路的稳定性时有很大作用,而且可以利用曲线的线性部分进行频率与相位的线性转换,这在相位鉴频电路中得到了应用。同样,LC并联谐振回路阻抗的幅频特性曲线中的线性部分也为频率与幅度转换提供了依据,这在斜率鉴频电路里得到了应用。

3. LC串联谐振回路的选频特性在高频电路中也有应用,比如在LC正弦波电路里可作为短路元件工作于振荡频率点,但其用途不如并联回路广泛。LC并联回路与串联谐振回路的参数具有对偶关系,在分析和应用时要注意这一点。

4. LC阻抗变换电路和选频匹配电路都可以实现信号源内阻或负载的阻抗变换,这对于提高放大电路的增益是必不可少的。区别在于后者仅可以在较窄的频率范围内实现较理想的阻抗变换,而前者在较宽的频率范围内实现较理想的阻抗变换,但各频率点的变换值有差别。

习 题 一

1.1　给定串联谐振回路的$f_0 = 1.5\text{MHz}$,$C_0 = 100\text{pF}$,谐振时电阻$r = 5\Omega$。试求Q_0和L_0。又若信号源电压振幅$U_{\text{sm}} = 1\text{mV}$,求谐振时回路中的电流$I_0$及回路上的电压$U_{\text{Lom}}$和$U_{\text{com}}$。

1.2　串联回路如图P1.1所示。信号源频率$f_0 = 1\text{MHz}$,电压振幅$U_{\text{sm}} = 0.1\text{V}$。将1-1端短接,电容$C$调到100pF时谐振。此时电容$C$两端的电压为10V。如1-1端开路再串联一阻抗$Z_x$(电阻与电容串联),则回路失谐,$C$调到200pF时重新谐振,电容两端电压变成2.5V。试求线圈的电感L,回路品质因数Q_0值及未知阻抗Z_x。

1.3　给定并联谐振回路的$f_0 = 5\text{MHz}$,$C = 50\text{pF}$,通频带$2\Delta f_{0.7} = 150\text{kHz}$,试求电感$L$,品质因数$Q_0$值及对信号频率为5.5MHz时的失调阻抗幅值。若又把$2\Delta f_{0.7}$加宽至300kHz,应在回路两端再并联一个多大的电阻?

1.4　并联谐振回路如图P1.2所示,已知通频带为$2\Delta f_{0.7}$,电容为C_0,若回路总电导为$g_\Sigma = (G_S + G_P + G_L)$,证明$g_\Sigma = 4\pi\Delta f_{0.7}C$。若给定$C = 20\text{pF}$,$2\Delta f_{0.7} = 6\text{MHz}$,$R_P = 10\text{k}\Omega$,$R_S = 10\text{k}\Omega$,求$R_L$。

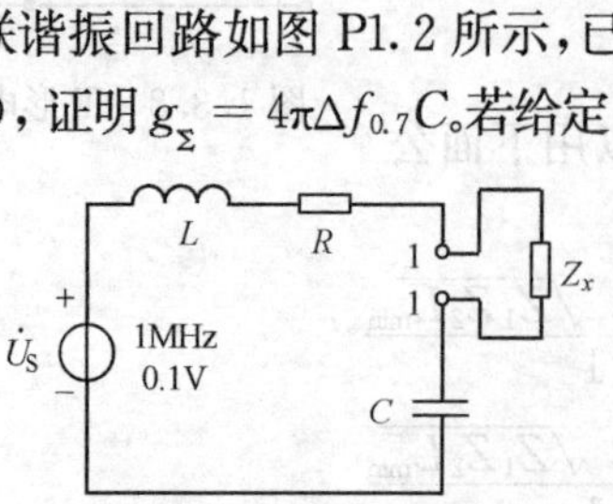

图P1.1　习题1.2图

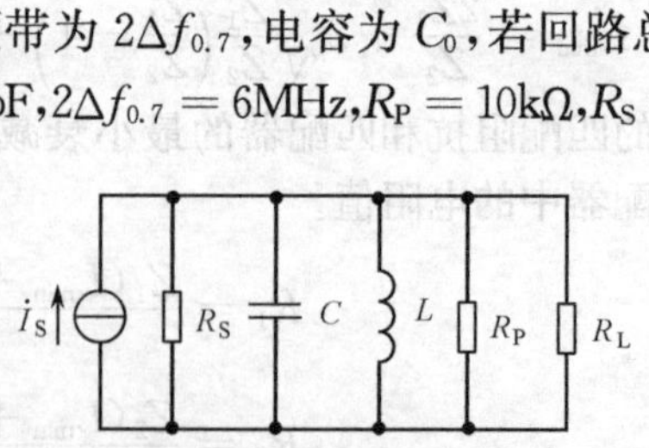

图P1.2　习题1.4图

1.5　如图 P1.3 所示，已知 $L=0.8\text{mH}$，$Q_0=100$，$C_1=C_2=20\text{pF}$，$C_i=5\text{pF}$，$R_i=10\text{k}\Omega$，$C_o=20\text{pF}$，$R_o=5\text{k}\Omega$。试计算回路谐振频率，谐振阻抗，有载 Q_L 值和通频带。

1.6　如图 P1.4 所示电路，已知 $L=100\mu\text{H}$，$C_1=C_2=200\text{pF}$，$Q_0=40$，$I_S=20\text{mA}$，$R_S=10\text{k}\Omega$。求谐振时的总电流 I，回路电流 I_L，电压 U_{C1} 和 U_L，以及回路损耗的功率。

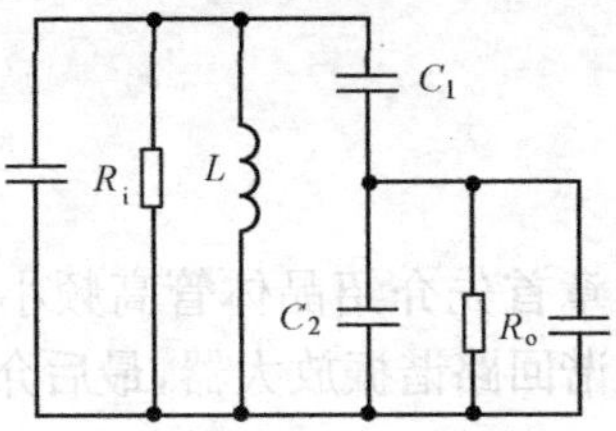

图 P1.3　习题 1.5 图

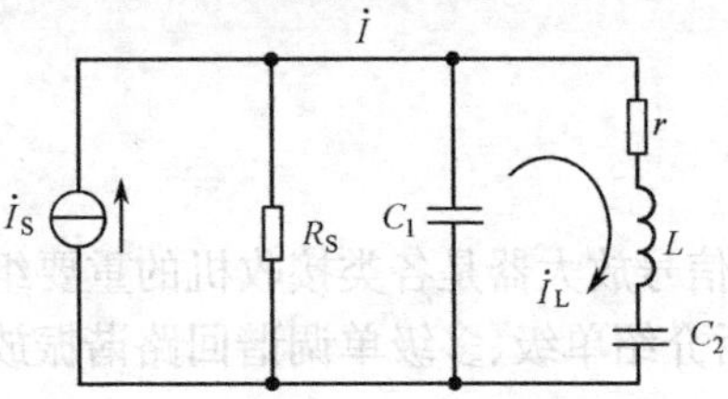

图 P1.4　习题 1.6 图

1.7　给定并联谐振回路 $f_0=10\text{MHz}$，$C=56\text{pF}$，$B=150\text{kHz}$，求 L，Q_0，以及对 $\Delta f=600\text{kHz}$ 信号的选择性。若又把 B 加宽为 300kHz，应在回路两端并接一个多大的电阻？

1.8　图 P1.5(a)，(b)，(c) 三种并联回路可归纳为(d) 所示的一般形式。在元件的品质 Q 值较高时，证明回路发生并联谐振的条件是 $X_1+X_2=0$。

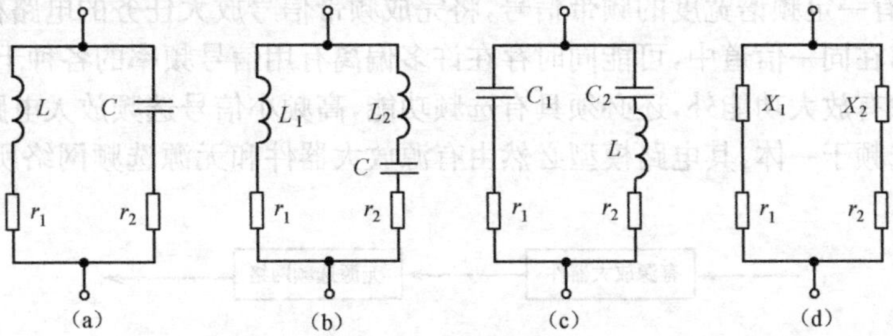

图 P1.5　习题 1.8 图

第2章　高频小信号放大器

内容提要

高频小信号放大器是各类接收机的重要组成部分。本章首先介绍晶体管高频小信号等效电路与参数，然后介绍单级、多级单调谐回路谐振放大器、双调谐回路谐振放大器，最后介绍宽频带谐振放大器。

2.1　概述

在通信系统中，收、发两地一般相距甚远，信号经过信道传输，受到很大衰减，到达接收端的高频信号电平多在微伏数量级。因此，必须先将微弱信号进行放大再解调。在多数情况下，信号不是单一频率的，而是占有一定频谱宽度的频带信号，将完成频带信号放大任务的电路称为高频小信号频带放大电路。另外，在同一信道中，可能同时存在许多偏离有用信号频率的各种干扰信号，因此高频小信号放大电路除有放大功能外，还必须具有选频功能，高频小信号选频放大电路又可视为有源滤波器，它集放大、选频于一体，其电路模型必然由有源放大器件和无源选频网络所组成，如图 2.1.1 所示。

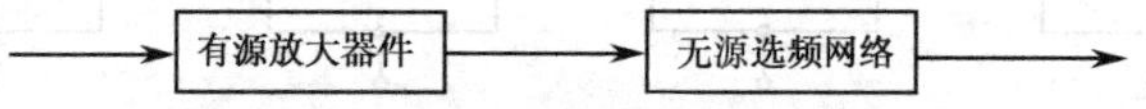

图 2.1.1　高频小信号选频放大电路组成

作为放大器件，可以是晶体管、场效应管或集成电路。选频网络可以是 LC 谐振回路，或者是声表面波、陶瓷、晶体滤波器。不同的组合方法，构成了各种各样的电路形式。本章以 LC 谐振放大电路和声表面波集中选频放大电路为例，讨论高频小信号放大电路的选频特性及其有关问题。

高频小信号放大器电路分为窄频带放大电路和宽频带放大电路两大类。前者对中心频率在几百千赫兹到几百兆赫兹，频谱宽度在几千赫兹到几十兆赫兹内的微弱信号进行不失真的放大，故不仅需要有一定的电压增益，而且需要有选频能力。后者对几兆赫兹至几百兆赫兹较宽频带内的微弱信号进行不失真的放大，故要求放大电路的下限截止频率很低(有些要求到零频，即直流)，上限截止频率很高。

窄频带放大电路由双极型晶体管(以下简称晶体管)、场效应管或集成电路等有源器件提供电压增益，由 LC 谐振回路、陶瓷滤波器、石英晶体滤波器或声表面波滤波器等器件实现选频功能。它有两种主要类型：以分立元件为主的谐振放大器和以集成电路为主的集中选频放大器。

宽频带放大电路也是由晶体管、场效应管或集成电路提供电压增益的。为了展宽工作频带，不但要求有源器件的高频性好，而且在电路结构上采取了一些改进措施。

高频小信号放大电路是线性放大电路。Y 参数等效电路和混合 π 型等效电路是分析高频晶体管电路线性工作的重要工具。高频小信号放大电路主要技术指标介绍如下。

(1) 中心频率 f_0

中心频率就是调谐放大电路的工作频率，一般在几百千赫到几百兆赫兹。它是调谐放大器的主要指标，是根据设备的整体指标确定的。它是设计放大电路时选择有源器件、计算谐振回路元件参数的依据。

(2) 增益

增益是表示放大电路对有用信号的放大能力。通常用在中心频率上的电压增益和功率增益两种方法表示，即

电压增益 $$A_{uo}=\frac{U_o}{U_i} \tag{2.1.1}$$

功率增益 $$A_{po}=\frac{P_o}{P_i} \tag{2.1.2}$$

式中，U_o、U_i 分别为放大电路中心频率上输出、输入的电压有效值；P_o、P_i 分别为放大电路中心频率的输出、输入功率。通常用分贝表示。

(3) 通频带

为保证频带信号无失真地通过放大电路，要求其增益频率响应特性必须有与信号带宽相适应的平坦宽度。放大电路电压增益频率响应特性由最大值下降 3dB 时，将对应频率宽度作为放大器的通频带。通常以 B 或 $2\Delta f_{0.7}$ 表示，如图 2.1.2 所示。

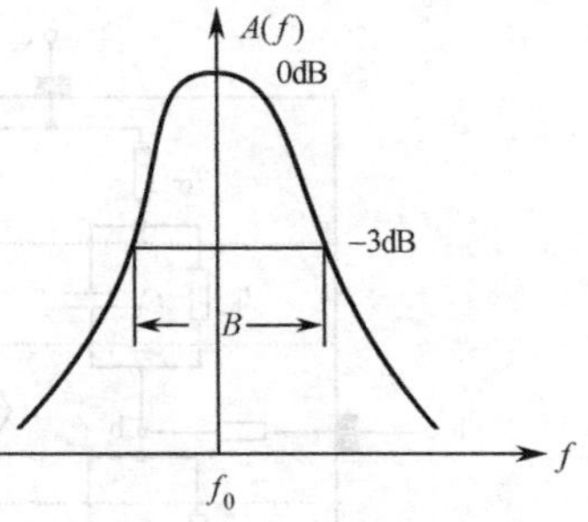

图 2.1.2　通频带的定义

(4) 选择性

选择性是指对通频带之外干扰信号的衰减能力，有两种描述方法：一是用矩形系数 $k_{r0.1}=\frac{B_{0.1}}{B_{0.707}}$ 来说明邻近波道选择性的好坏；二是用抑制比(或称抗拒比)来说明对带外某一特定干扰频率 f_N 信号抑制能力的大小，其定义为

$$\alpha=\frac{A_p(f_0)}{A_p(f_N)} \tag{2.1.3}$$

式中，$A_p(f_0)$ 是中心频率上的功率增益；$A_p(f_N)$ 是某一特定干扰频率 f_N 上的功率增益。抑制比用分贝表示则为

$$\alpha(\text{dB})=10\lg\frac{A_p(f_0)}{A_p(f_N)} \tag{2.1.4}$$

(5) 工作稳定性

工作稳定性是指当放大电路的工作状态、元件参数等发生可能的变化时，放大器的主要性能的稳定程度。不稳定现象表现在增益变化、中心频率偏移、通频带变窄、谐振曲线变形等上。不稳定状态的极端情况是放大器自激振荡，以致放大器完全不能工作。

引起不稳定的原因，主要是由于寄生反馈作用的结果。为消除或减少不稳定现象，必须尽力找出寄生反馈的途径，力图消除一切可能产生反馈的因素。

(6) 噪声系数

噪声系数是用来描述放大器本身产生噪声电平大小的一个参数。放大器本身产生噪声电平的大小对所传输信号，特别是对微弱信号的影响是极其不利的。

上述指标相互之间，既有联系又有矛盾。例如，增益和稳定性，通频带和选择性等。应根据实际需要决定主次，进行合理设计调整。

2.2 晶体管高频小信号等效电路与参数

2.2.1 共发射极混合 π 型等效电路

晶体三极管由两个PN结组成，且具有放大作用，其结构如图2.2.1(a)所示，如忽略集电极和发射极体电阻 r_{cc} 和 r_{ee}，电路如图2.2.1(b)所示，称为混合 π 型等效电路。这个等效电路考虑了结电容效应，因此它适用的频率范围可以到高频段。如果频率再高，引线电感和载流子渡越时间不能忽略，这个等效电路也就不适用了。一般来说，它适用的最高频率约为 $f_T/5$。f_T 为晶体管的特征频率，可从晶体管手册中查得。

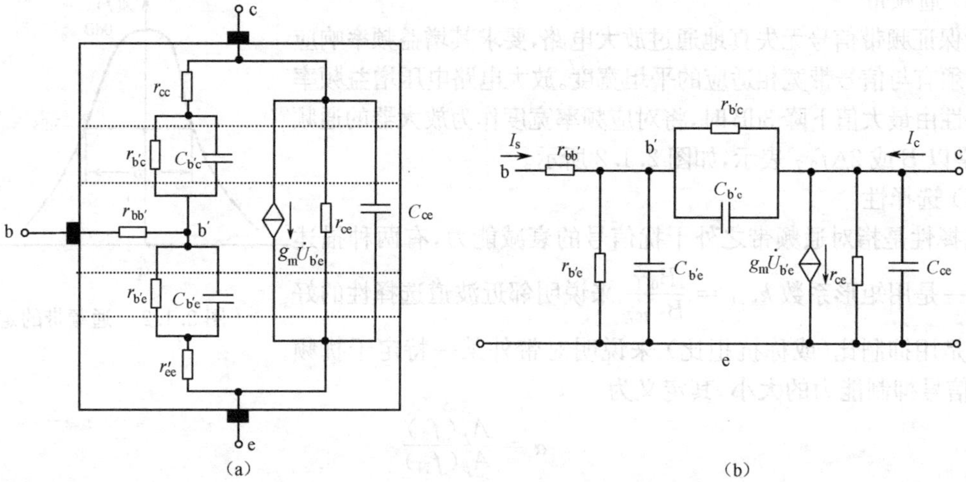

图2.2.1　晶体管结构示意图及其等效电路

下面讨论混合 π 型等效电路中各元件参数的物理意义：

① 基极体电阻 $r_{bb'}$，它是基区纵向电阻，其值在几十欧姆到一百欧姆，甚至更大。

② 等效基极到发射极之间的电阻 $r_{b'e}$，它是发射结电阻 r_e 折合到基极回路的等效电阻。流过 r_e 的电流是发射极电流 i_e，但在等效电路中，流过其等效电阻 $r_{b'e}$ 的是基极电流 i_b，由此可以得到 $r_{b'e}$ 和 r_e 间的关系是

$$r_{b'e} = (1+\beta_0)r_e \approx \beta_0 r_e \tag{2.2.1}$$

若把 $r_e = \dfrac{U_T}{I_E}$ 代入上式，则

$$r_{b'e} = (1+\beta_0)\frac{U_T}{I_E} \approx \beta_0 \frac{U_T}{I_E} \tag{2.2.2}$$

式中，U_T 是温度的电压当量，常温(300K)下，$U_T \approx 26\text{mV}$ I_E 为工作点射极电流，单位为mA。由于发射结正偏，r_e 值较小，因此 $r_{b'e}$ 值也不很大，一般在几十欧姆到几百欧姆之间。

③ 发射结电容 $C_{b'e}$，它包括发射结的势垒电容 C_T 和扩散电容 C_D，由于发射结正偏，所以 $C_{b'e}$ 主要是指扩散电容 C_D，一般在 $100 \sim 500\text{pF}$ 之间。

④ 集电结电阻 $r_{b'c}$，由于集电结反偏，因此 $r_{b'c}$ 很大，约在 $100\text{k}\Omega \sim 10\text{M}\Omega$ 之间。

⑤ 集电结电容 $C_{b'c}$，也由势垒电容 C_T 和扩散电容 C_D 两部分组成，因集电结反偏，所以 $C_{b'c}$ 主要是指势垒电容 C_T，其值一般为 $2 \sim 10\text{pF}$。

⑥ 受控电源流 $g_m\dot{U}_{b'e}$，它模拟晶体管放大作用。当等效基极 b′ 到发射极 e 之间加上交流电压

$\dot{U}_{b'e}$ 时，集电极电路就相当于有一电源流 $\dot{I}_c = g_m\dot{U}_{b'e}$ 存在。g_m 称为晶体管的跨导，它反映晶体管的放大能力，即

$$g_m = \frac{\dot{I}_C}{\dot{U}_{b'e}}$$

在低频情况下
$$g_m = \frac{\beta_0 i_B}{r_{b'e} i_B} = \frac{\beta_0}{r_{b'e}} = \frac{\beta_0}{(1+\beta_0)r_e} \approx \frac{1}{r_e} \tag{2.2.3}$$

⑦ 集－射极间电阻 r_{ce}，它表示集电极电压 U_{ce} 对集电极电流 I_c 的影响，一般在几十千欧姆以上。

⑧ 集－射极间电容 C_{ce}，由引线或封装等构成的分布电容，这个电容很小，一般在 2～10pF 之间。

在高频段工作时，通常满足 $\frac{1}{\omega C_{b'c}} \ll r_{b'c}$ 和 $R_L \ll r_{ce}$，即将 $r_{b'c}$ 和 r_{ce} 忽略，C_{ce} 并入负载回路电容中，则可得简化的混合 π 型等效电路，如图 2.2.2 所示。

在图 2.2.2 中，基极体电阻 $r_{bb'}$ 在低频小信号三极管中常近似取 300Ω，在高频三极管中 $r_{bb'}$ 是由手册给出的。$r_{b'e} = r_{be} - r_{bb'} = (1+\beta)\frac{26}{I_{EQ}}$。$C_{b'c}$ 的值在一般手册上是标明的，而 $C_{b'e}$ 的值在一般手册上未标明，但可由手册上查得三极管的特征频率 f_T，然后根据下式估算 $C_{b'e}$。

$$C_{b'e} \approx \frac{g_m}{2\pi f_T} \approx \frac{I_{EQ}}{2\pi U_T f_T} \tag{2.2.4}$$

在图 2.2.2 所示电路中，电容 $C_{b'c}$ 跨接在 b′ 和 c′ 之间，将输入回路与输出回路直接联系起来，将使解电路过程变得十分麻烦。为此，可以利用密勒定理将问题简化，即用两个电容来等效代替 $C_{b'c}$，它们分别接在 b′e 和 c、e 两端，各自的容量为 $(1-k)C_{b'e}$ 和 $\frac{k-1}{k}C_{b'c}$，其中 $k \approx \frac{\dot{U}_{ce}}{\dot{U}_{b'e}}$。经过简化，得到图 2.2.3 所示的单向化的等效电路。图中

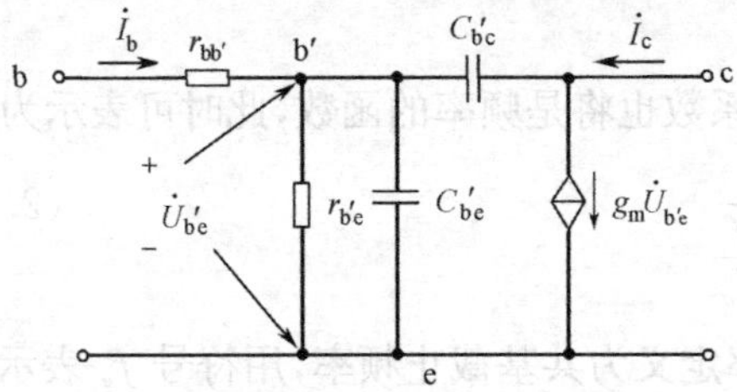

图 2.2.2　简化混合 π 型等效电路

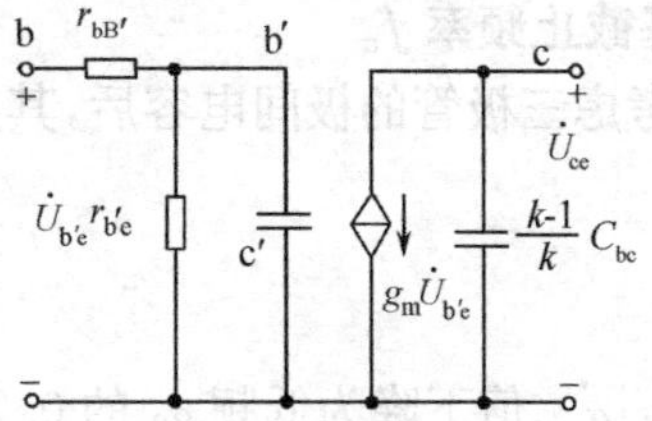

图 2.2.3　单向化的混合 π 型等效电路

$$C' = C_{b'e} + (1-k)C_{b'c} \tag{2.2.5}$$

对于单管共射放大电路，式(2.2.5) 可改写为

$$\begin{cases} C' = C_{b'e} + (1+g_m R_L')C_{b'c} \\ \frac{k-1}{k}C_{b'c} \approx C_{b'c} \end{cases} \tag{2.2.6}$$

高频三极管有三个频率参数，即共射截止频率 f_β、特征频率 f_T 和共基截止频率 f_α。

1. 共射截止频率 f_β

在中频时，一般认为三极管的共射电流放大系数 β 是一个常数。但当频率升高时，由于存在极间电容，因此三极管的电流放大作用将被削弱，所以电流放大系数是频率的函数，可以表示如下

$$\dot{\beta}=\frac{\beta_0}{1+\mathrm{j}\dfrac{f}{f_\beta}} \tag{2.2.7}$$

式中，β_0 是三极管低频时的共射电流放大系数，f_β 为三极管的 $|\dot{\beta}|$ 值下降至 $1/\sqrt{2}\beta_0$ 时的频率，习惯将 f_β 称为共射截止频率。

式(2.2.7)也可分别用 $\dot{\beta}$ 的模和相角表示，即

$$|\dot{\beta}|=\frac{\beta_0}{\sqrt{1+\left(\dfrac{f}{f_\beta}\right)^2}},\quad \varphi_\beta=-\arctan\left(\frac{f}{f_\beta}\right) \tag{2.2.8}$$

当 $f=f_\beta$ 时，有

$$|\dot{\beta}|=\frac{\beta_0}{\sqrt{2}}\approx 0.707\beta_0 \tag{2.2.9}$$

2. 特征频率 f_T

一般以 $|\dot{\beta}|$ 值降为1时的频率定义为三极管的特征频率，用符号 f_T 表示。当 $f=f_T$ 时，$|\dot{\beta}|=1$，$20\lg|\dot{\beta}|=0$，所以 $\dot{\beta}$ 的对数幅频特性与横坐标轴交点处的频率即是 f_T。

特征频率是三极管的一个重要参数。当 $f>f_T$ 时，$|\dot{\beta}|$ 值将小于1，表示此时三极管已失去放大作用，所以不允许三极管工作在如此高的频率范围。

将 $f=f_T$ 和 $|\dot{\beta}|=1$ 代入式(2.2.8)，得

$$1=\beta_0\Big/\sqrt{1+\left(\frac{f_T}{f_\beta}\right)^2}$$

由于通常 $\dfrac{f_T}{f_\beta}\gg 1$，所以可将分母根号中的1忽略，则该式可化简为

$$f_T\approx\beta_0 f_\beta \tag{2.2.10}$$

3. 共基截止频率 f_α

显然，考虑三极管的极间电容后，其共基电流放大系数也将是频率的函数，此时可表示为

$$\dot{\alpha}=\frac{\alpha_0}{1+\mathrm{j}\dfrac{f}{f_\alpha}} \tag{2.2.11}$$

通常将 $|\dot{\alpha}|$ 值下降为低频 α_0 的0.707倍时的频率定义为共基截止频率，用符号 f_α 表示。

已知 $\dot{\alpha}$ 和 $\dot{\beta}$ 之间存在以下关系

$$\dot{\alpha}=\frac{\dot{\beta}}{1+\dot{\beta}} \tag{2.2.12}$$

将式(2.2.7)代入式(2.2.12)，可得

$$\dot{\alpha}=\frac{\dfrac{\beta_0}{1+\mathrm{j}\,f/f_\beta}}{1+\dfrac{\beta_0}{1+\mathrm{j}\,f/f_\beta}}=\frac{\dfrac{\beta_0}{1+\beta_0}}{1+\mathrm{j}\dfrac{f}{(1+\beta_0)f_\beta}} \tag{2.2.13}$$

将式(2.2.13)与式(2.2.11)进行比较，可知

$$\begin{cases}\alpha_0=\beta_0/(1+\beta_0)\\ f_\alpha=(1+\beta_0)f_\beta\end{cases} \tag{2.2.14}$$

可见，f_α 比 f_β 高得多，等于 f_β 的$(1+\beta_0)$倍。

综上所述，可知三极管的三个频率参数不是独立的，而是互相有关的，三者的数值大小符合以下关系

$$f_\beta < f_T < f_\alpha$$

2.2.2 形式等效电路(网络参数等效电路)

前面讨论了混合 π 型等效电路，它是从模拟晶体管的物理机构出发，用集总参数元件 r、C 和受控源表示晶体管内的复杂关系。这种等效电路称为物理模拟等效电路。它的优点是，各元件参数物理意义明确，在较宽的频带内这些元件值基本上与频率无关。缺点是，随器件不同而有不少差别，分析和测量不便。因此，混合 π 型等效电路比较适合分析宽频带放大器。

y 参数等效电路是从测量和使用的角度出发，把晶体管看做一个有源线性四端网络，用一组网络参数来构成其等效电路，这种等效电路称为形式等效电路。它的优点是，导出的表达式具有普遍意义，分析和测量方便；缺点是：网络参数与频率有关。但由于高频小信号谐振放大器的相对频带较窄，一般只须在工作频率 f_0 上进行参数计算，故分析高频小信号谐振放大器时采用 y 参数等效电路是合适的。

图 2.2.4(a) 将共射接法的晶体管等效为有源线性四端网络。图中 $\dot{U}_b$、$\dot{U}_c$ 表示晶体管输入和输出电压，$\dot{I}_b$、$\dot{I}_c$ 为其对应电流。若以 $\dot{U}_b$、$\dot{U}_c$ 为自变量，$\dot{I}_b$、$\dot{I}_c$ 为因变量，则描述它们之间关系的线性方程可以写成

$$\begin{cases} \dot{I}_b = y_{ie}\dot{U}_b + y_{re}\dot{U}_c \\ \dot{I}_c = y_{fe}\dot{U}_b + y_{oe}\dot{U}_c \end{cases} \tag{2.2.15}$$

式中，y_{ie}、y_{re}、y_{fe}、y_{oe} 是描述这些关系的参数，这 4 个参数具有导纳的量纲，故称为四端网络的导纳参数，即 y 参数。我们注意到，在式(2.2.15) 中，若令 $\dot{U}_c = 0$，即将网络输出端交流短路可得

$$y_{ie} = \left.\frac{\dot{I}_b}{\dot{U}_b}\right|_{\dot{U}_c=0}, \quad y_{fe} = \left.\frac{\dot{I}_c}{\dot{U}_b}\right|_{\dot{U}_c=0} \tag{2.2.16}$$

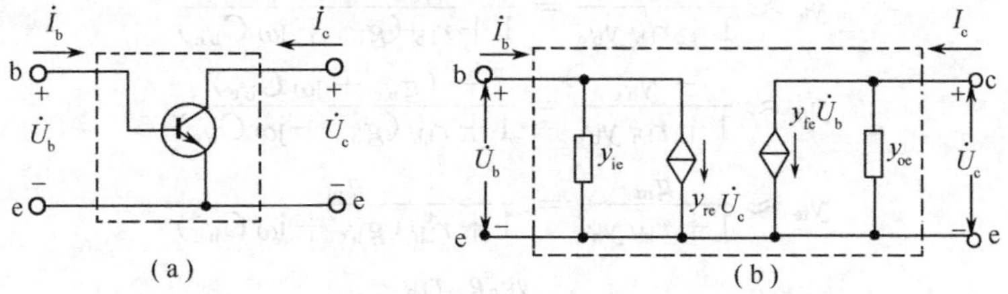

图 2.2.4　晶体管的 y 参数模型

同理，令输入端交流短路，即 $\dot{U}_b = 0$，可得

$$y_{re} = \left.\frac{\dot{I}_b}{\dot{U}_c}\right|_{\dot{U}_b=0}, \quad y_{oe} = \left.\frac{\dot{I}_c}{\dot{U}_c}\right|_{\dot{U}_b=0} \tag{2.2.17}$$

由式(2.2.16)、式(2.2.17) 可以看出，y_{ie} 是输出交流短路时的输入电流与输入电压之比，称为输出端交流短路时的输入导纳，它说明了输入电压对输入电流的控制作用。y_{re} 是输入端交流短路时输入电流与输出电压之比，称为输入端交流短路时的反向传输导纳，它说明输出电压对输入电流的控制作用。y_{fe} 是输出端交流短路时的输出电流与输入电压之比，称为输出端交流短路时的正向传输导纳，它说明输入电压对输出电流的控制作用。y_{oe} 是输入交流短路时的输出电流与输出电压之比，称为输入端交流短路时的输出导纳，它说明输出电压对输出电流的控制作用。因此 y 参数有时又称

为短路导纳参数。

根据式(2.2.16) 和式(2.2.17) 可以得到如图 2.2.4(b) 所示的 y 参数等效电路。图中 $y_{fe}\dot{U}_b$ 和 $y_{re}\dot{U}_c$ 是受控电流源,正向传输导纳 y_{fe} 越大,晶体管的放大能力越强;反向传输导纳 y_{re} 越大,晶体管的内部反馈越强。y_{re} 是使调谐放大器自激的根源,减小 y_{re} 有利于放大器的稳定工作。

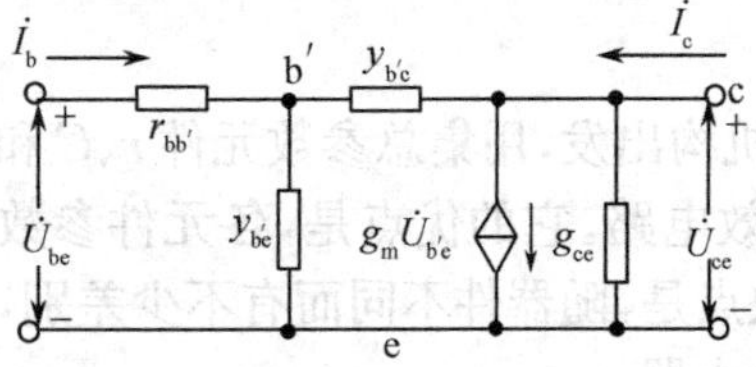

图 2.2.5 共射 y 参数等效电路

利用混合 π 型电路参数可以推导出相应的 y 参数。为了便于推导,将图 2.2.4(b) 等效为图 2.2.5,图中

$$\begin{cases} y_{b'e} = g_{b'e} + j\omega C_{b'e} \\ y_{b'c} = g_{b'c} + j\omega C_{b'c} \end{cases} \tag{2.2.18}$$

以 b′ 和 c 为节点,可列出两个节点电流方程和以 bb′ 之间的电压、电流关系列出欧姆定律方程,得

$$\begin{cases} \dot{I}_b = \dfrac{\dot{U}_{be} - \dot{U}_{b'e}}{r_{bb'}} \\ \dfrac{\dot{U}_{be} - \dot{U}_{b'e}}{r_{bb'}} + (\dot{U}_{ce} - \dot{U}_{b'e})y_{b'c} = \dot{U}_{b'e}y_{b'e} \\ \dot{I}_c = (\dot{U}_{ce} - \dot{U}_{b'e})y_{b'c} + \dot{U}_{b'e}g_m + \dot{U}_{ce}g_{ce} \end{cases} \tag{2.2.19}$$

消去上式中 $\dot{U}_{b'e}$,经整理可得

$$\dot{I}_b = \frac{y_{b'e} - y_{b'c}}{1 + r_{bb'}(y_{b'e} + y_{b'c})}\dot{U}_{be} - \frac{y_{b'c}}{1 + r_{bb'}(y_{b'e} + y_{b'c})}\dot{U}_{ce} \tag{2.2.20}$$

$$\dot{I}_c = \frac{g_m - y_{b'c}}{1 + r_{bb'}(y_{b'e} + y_{b'c})}\dot{U}_{be} + \left[g_{ce} + y_{b'c} + \frac{y_{b'c}r_{bb'}(g_m - y_{b'c})}{1 + r_{bb'}(y_{b'e} + y_{b'c})}\right]\dot{U}_{ce} \tag{2.2.21}$$

将式(2.2.20) 和式(2.2.21) 与式(2.2.15) 比较,并考虑到 $y_{b'e} \gg y_{b'c}$,$g_m \gg y_{b'c}$,$g_{ce} \gg y_{b'c}$,则对应的 y 参数为

$$y_{ie} \approx \frac{y_{b'e}}{1 + r_{bb'}y_{b'e}} = \frac{g_{b'e} + j\omega C_{b'e}}{1 + r_{bb'}(g_{b'e} + j\omega C_{b'e})} \tag{2.2.22}$$

$$y_{re} \approx \frac{-y_{b'c}}{1 + r_{bb'}y_{b'e}} = \frac{-(g_{b'c} + j\omega C_{b'c})}{1 + r_{bb'}(g_{b'e} + j\omega C_{b'e})} \tag{2.2.23}$$

$$y_{fe} \approx \frac{g_m}{1 + r_{bb'}y_{b'e}} = \frac{g_m}{1 + r_{bb'}(g_{b'e} + j\omega C_{b'e})} \tag{2.2.24}$$

$$\begin{aligned} y_{oe} &\approx g_{ce} + y_{b'c} + \frac{y_{b'c}g_m r_{bb'}}{1 + r_{bb'}y_{b'e}} \\ &\approx g_{ce} + j\omega C_{b'c} + \frac{r_{bb'}g_m(g_{b'c} + j\omega C_{b'c})}{1 + r_{bb'}(g_{b'e} + j\omega C_{b'e})} \end{aligned} \tag{2.2.25}$$

由上述各式可知,y 参数是工作频率的函数,当工作频率不同时,即使是同一晶体管,其 y 参数也将不一样,当工作频率比较低,电容效应的影响可以不考虑时,晶体管的 y 参数才可以认为近似不变,由式(2.2.22) 至式(2.2.25),若忽略 y 参数的虚部,则可得低频工作的 y 参数值

$$y_{ie} \approx g_{ie} = \frac{g_{b'e}}{1 + r_{bb'}g_{b'e}} \tag{2.2.26}$$

$$y_{re} \approx \frac{-g_{b'c}}{1 + r_{bb'}g_{b'e}} \tag{2.2.27}$$

$$y_{fe} \approx \frac{g_m}{1 + r_{bb'}g_{b'e}} \tag{2.2.28}$$

$$y_{oe} \approx g_{ce} + \frac{g_m r_{bb'} g_{b'c}}{1 + r_{bb'} y_{b'e}} \tag{2.2.29}$$

晶体管的 y 参数还与工作点的电流、电压有关。图 2.2.6 画出了当发射极电流 I_e 改变时 y 参数的对应变化曲线。例如，当发射极电流 I_e 增加时，输入与输出电导将加大，即输入与输出电阻将减小，从而影响放大器高频增益的提高。

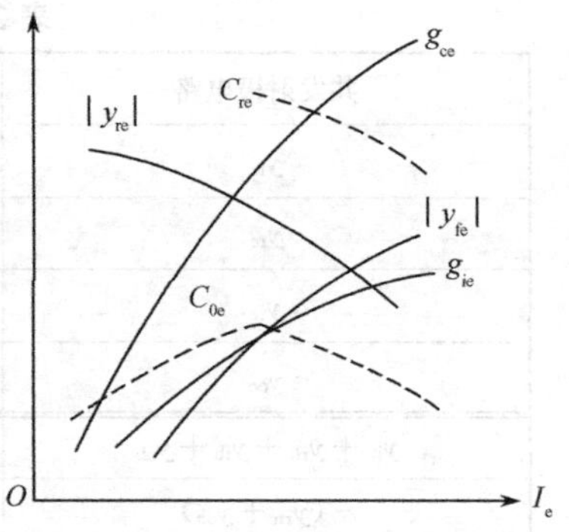

图 2.2.6　y 参数与 I_e 的关系

最后还应指出，一般晶体管手册上给出共射组态的 y 参数，而在实际应用中有时需要将共射组态的 y 参数转换成共基或共集组态的 y 参数。现以共射组态的 y 参数转换到共基组态的 y 参数为例，推导如下：

已知共射电路的 y 参数方程组为

$$\begin{cases} \dot{I}_b = y_{ie}\dot{U}_{be} + y_{re}\dot{U}_{ce} \\ \dot{I}_c = y_{fe}\dot{U}_{be} + y_{oe}\dot{U}_{ce} \end{cases} \tag{2.2.30}$$

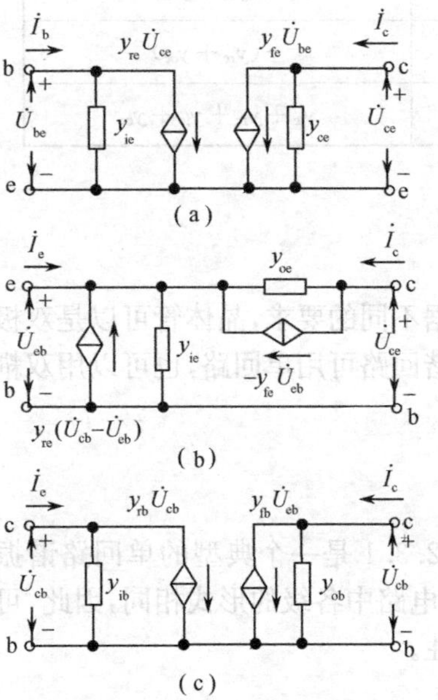

图 2.2.7　晶体管 y 参数共射、共基等效电路互换对照图

共射 y 参数等效电路如图 2.2.7(a) 所示，将其换算成共基电路时，只要把各端互换一下，各端点之间的电路不变，如图 2.2.7(b) 所示。但是，两者的端电压不同，在共基电路中输入电压为 $\dot{U}_{eb}$，输出电压为 $\dot{U}_{ce}$，显然

$$\dot{U}_{be} = -\dot{U}_{eb}$$

$$\dot{U}_{ce} = \dot{U}_{cb} - \dot{U}_{eb}$$

所以，共基电路中的两个电流源在用 $\dot{U}_{eb}$ 和 $\dot{U}_{cb}$ 表示时，应做这样的换算

$$y_{fe}\dot{U}_{be} = y_{fe}(-\dot{U}_{eb}) = -y_{fe}\dot{U}_{eb}$$

$$y_{re}\dot{U}_{ce} = y_{re}(\dot{U}_{cb} - \dot{U}_{eb})$$

由图 2.2.7(b) 可以列出方程组

$$\begin{cases} \dot{I}_e = -y_{re}(\dot{U}_{cb} - \dot{U}_{eb}) + y_{ie}\dot{U}_{eb} + y_{fe}\dot{U}_{eb} + y_{oe}(\dot{U}_{eb} - \dot{U}_{cb}) \\ \quad = (y_{ie} + y_{re} + y_{fe} + y_{oe})\dot{U}_{eb} - (y_{re} + y_{oe})\dot{U}_{cb} \\ \dot{I}_c = y_{oe}(\dot{U}_{cb} - \dot{U}_{eb}) - y_{fe}\dot{U}_{eb} = -(y_{ce} + y_{fe})\dot{U}_{eb} + y_{oe}\dot{U}_{cb} \end{cases} \tag{2.2.31}$$

将图 2.2.7(b) 与共基 y 参数等效电路图 2.2.7(c) 等效，则可写出

$$\begin{cases} \dot{I}_e = y_{ib}\dot{U}_{eb} + y_{rb}\dot{U}_{cb} \\ \dot{I}_c = y_{fb}\dot{U}_{eb} + y_{ob}\dot{U}_{cb} \end{cases} \tag{2.2.32}$$

比较式(2.2.31) 和式(2.2.32)，便可得到由共射 y 参数换算到共基 y 参数的关系式

$$\left.\begin{aligned} y_{ib} &= y_{ie} + y_{re} + y_{fe} + y_{oe} \\ y_{rb} &= -(y_{re} + y_{oe}) \\ y_{fb} &= -(y_{fe} + y_{oe}) \\ y_{ob} &= y_{oe} \end{aligned}\right\} \tag{2.2.33}$$

用同样的方法可以得到不同组态的 y 参数的转换，现将各种组态 y 参数的换算关系列于表 2.2.1 中。

表 2.2.1　三种组态的 y 参数换算关系

共发射极电路	共集电极电路	共基极电路
y_{ie}	y_{ie}	$y_{ie}+y_{re}+y_{fe}+y_{oe}$
y_{re}	$-(y_{ie}+y_{re})$	$-(y_{re}+y_{oe})$
y_{fe}	$-(y_{ie}+y_{fe})$	$-(y_{fe}+y_{oe})$
y_{oe}	$y_{ie}+y_{re}+y_{fe}+y_{oe}$	y_{oe}
$y_{ib}+y_{rb}+y_{fb}+y_{ob}$	$y_{ib}+y_{rb}+y_{fb}+y_{ob}$	y_{ib}
$-(y_{rb}+y_{ob})$	$-(y_{ib}+y_{fb})$	y_{rb}
$-(y_{fb}+y_{ob})$	$-(y_{ib}+y_{rb})$	y_{fb}
y_{ob}	y_{ib}	y_{ob}
y_{ic}	y_{ic}	y_{oc}
$-(y_{ic}+y_{rc})$	y_{rc}	$-(y_{fc}+y_{oc})$
$-(y_{ic}+y_{fc})$	y_{fc}	$-(y_{rc}+y_{oc})$
$y_{ic}+y_{rc}+y_{fc}+y_{oc}$	y_{oc}	$y_{ic}+y_{rc}+y_{fc}+y_{oc}$

2.3　谐振放大器

晶体管谐振放大电路由晶体管和调谐回路两部分组成。根据不同的要求,晶体管可以是双极型晶体管,也可以是场效应晶体管,或者是线性模拟集成电路。调谐回路可用单回路,也可以用双耦合回路。

2.3.1　单级单调谐放大电路

单级单调谐放大器是由晶体管和并联谐振回路组成的。图 2.3.1 是一个典型的单回路谐振放大电路。这种级联电路有时可多达 5 ~ 6 级。由于图 2.3.1 多级电路中各级的形式相同,因此,可以只分析其中一级的特性,其后利用级联的方法研究其多级总特性。

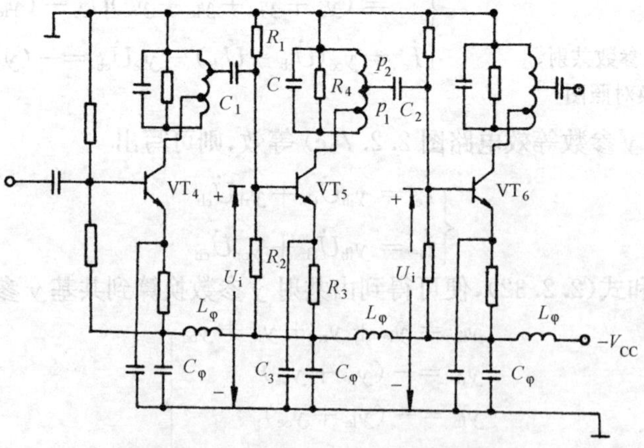

图 2.3.1　典型单回路谐振放大电路

自本级基极开始到下一级基极输入端的电路作为一级放大电路。前一级设为信号源,用电流源 $\dot{I}_s$

和输出导纳 Y_s 表示，后一级作为本级的负载，用输入导纳 Y_{ie} 表示。图 2.3.2 是一个单级谐振放大器的高频等效电路，图中忽略了 Y_{re} 的影响，其中 $g = g_p + 1/R_4$。

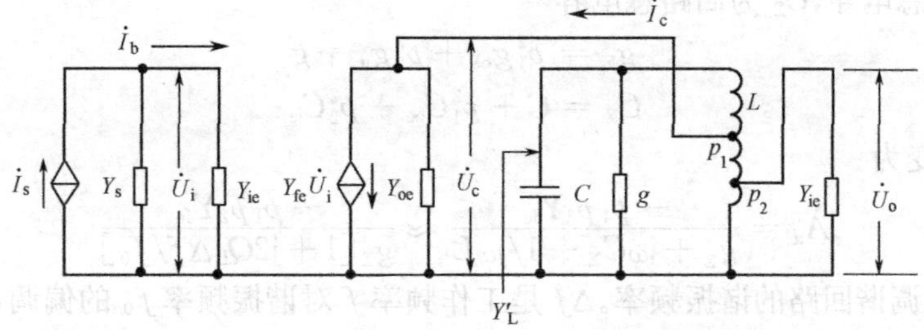

图 2.3.2　单级谐振放大器的高频等效电路

下面分析该放大器主要技术指标。

1. 电压放大倍数 $\dot{A}_u$

单级放大器的电压放大倍数定义为输出电压 $\dot{U}_o$ 与输入电压 $\dot{U}_i$ 的比值

$$\dot{A}_u = \frac{\dot{U}_o}{\dot{U}_i} \tag{2.3.1}$$

为了求出 $\dot{U}_o$，可先求出晶体管的集电极电压 $\dot{U}_c$，设由集电极和发射极两端向右看的回路导纳为 Y'_L，则

$$Y'_L = \frac{1}{p_1^2}\left(g + j\omega C + \frac{1}{j\omega L} + p_2^2 Y_{ie}\right) = \frac{Y_L}{P_1^2} \tag{2.3.2}$$

于是，通过集电极的电流 $\dot{I}_c$ 为　$\dot{I}_c = -\dot{U}_c Y'_L$　(2.3.3)

式中，负号表示电压 $\dot{U}_c$ 与电流 $\dot{I}_c$ 相位相反。又由(2.2.15)可知

$$\dot{I}_c = Y_{fe}\dot{U}_i + Y_{oe}\dot{U}_c \tag{2.3.4}$$

将式(2.3.3)代入式(2.3.4)可得

$$\dot{U}_c = \frac{-Y_{fe}}{Y_{oe} + Y'_L}\dot{U}_i \tag{2.3.5}$$

根据并联回路中电压变换关系，集电极电压 $\dot{U}_c$ 和输出电压 $\dot{U}_o$ 之比，等于它们在线圈 L 上接入系数 p_1 和 p_2 之比

$$\dot{U}_c = \frac{p_1}{p_2}\dot{U}_o \tag{2.3.6}$$

因此，将式(2.3.5)和式(2.3.6)代入式(2.3.1)可得

$$\dot{A}_u = \frac{\dot{U}_o}{\dot{U}_i} = \frac{-p_2 Y_{fe}}{p_1(Y_{oe} + Y'_L)} \text{ 或 } \dot{A}_u = \frac{-p_1 p_2 Y_{fe}}{p_1^2 Y_{oe} + Y_L} \tag{2.3.7}$$

式中，$Y_L = p_1^2 Y'_L$ 是负载回路两端的导纳，它包括回路本身元件 L、C、g 和下一级的输入导纳 Y_{ie}，即

$$Y_L = \left(g + j\omega C + \frac{1}{j\omega L}\right) + p_2^2(g_{ie} + j\omega C_{ie}) \tag{2.3.8}$$

为了更清楚表明放大器电路各元件和放大倍数的关系，进一步把 Y_L 和 Y_{oe} 代入式(2.3.7)并令

$$Y_{oe} = g_{oe} + j\omega C_{oe} \tag{2.3.9}$$

式中，g_{oe} 和 C_{oe} 分别是放大器的输出电导和输出电容，则

$$\dot{A}_u = \frac{-p_1 p_2 Y_{fe}}{(p_1^2 g_{oe} + p_2^2 g_{ie} + g) + j\omega(C + p_1^2 C_{oe} + p_2^2 C_{ie}) + 1/j\omega L} \tag{2.3.10}$$

令 g_Σ 为回路总电导,C_Σ 为回路总电容

$$\begin{aligned} g_\Sigma &= p_1^2 g_{oe} + p_2^2 g_{ie} + g \\ C_\Sigma &= C + p_1^2 C_{oe} + p_2^2 C_{ie} \end{aligned} \tag{2.3.11}$$

于是式(2.3.10)变为

$$\dot{A}_u = \frac{-p_1 p_2 Y_{fe}}{g_\Sigma + j\omega C_\Sigma + 1/j\omega L} \approx \frac{-p_1 p_2 Y_{fe}}{g_\Sigma[1 + j2Q_L \Delta f/f_0]} \tag{2.3.12}$$

式中,f_0 为放大器调谐回路的谐振频率。Δf 是工作频率 f 对谐振频率 f_0 的偏调,Q_L 是回路的有载的品质因数。

$$f_0 = \frac{1}{2\pi\sqrt{LC_\Sigma}} \tag{2.3.13}$$

$$\Delta f = f - f_0 \tag{2.3.14}$$

$$Q_L = \frac{\omega_0 C_\Sigma}{g_\Sigma} = \frac{1}{\omega_0 L g_\Sigma} \tag{2.3.15}$$

式(2.3.12)表明,谐振放大器的电压放大倍数 $\dot{A}_u$ 是工作频率 f 的函数。在实际应用中,我们最关心谐振时($\Delta f = 0$)的情况,其值用 $\dot{A}_{uo}$ 表示,则

$$\dot{A}_{uo} = \frac{-p_1 p_2 Y_{fe}}{g_\Sigma} = \frac{-p_1 p_2 Y_{fe}}{g + p_1^2 g_{oe} + p_2^2 g_{ie}} \tag{2.3.16}$$

由上式可以看出,在谐振时的电压放大倍数 $|\dot{A}_{uo}|$ 和回路总电导 g_Σ 成反比,和晶体管正向传输导纳 $|Y_{fe}|$ 成正比,$|Y_{fe}|$ 越大 $|\dot{A}_{uo}|$ 越大。式(2.3.16)中的负号表示输入和输出电压有 $180°$ 的相位差。此外,Y_{fe} 本身是一个复数,也有一个相角 φ_{fe}。因此,一般地说,输出电压 $\dot{U}_o$ 和输入电压 $\dot{U}_i$ 之间的相位差并不正好等于 $180°$,而是 $180° + \varphi_{fe}$,只有在工作频率较低,不考虑正向传输导纳的相移(即 $\varphi_{fe} = 0$)时,才能认为 $\dot{U}_o$ 与 $\dot{U}_i$ 相位差为 $180°$。

2. 功率放大倍数 $\dot{A}_p$

功率放大倍数 $\dot{A}_p$ 对于小信号谐振放大器本身并无重要意义,但是,通过功率放大倍数的推导,可以获得晶体管最高振荡频率和最大电压放大倍数的概念。

当放大器输入电路和输出电路处于调谐状态时,图 2.3.2 所示电路的输入功率 P_i 和输出功率 P_o 可写成

$$P_i = U_i^2 g_{ie}, \quad P_o = U_o^2 g_{ie}$$

由于前后级选用相同的晶体管且电路工作条件相同,所以,以上两式中的输入电导 g_{ie} 也是相同的。但前一式的 g_{ie} 表示本级的输入电导,而后一式的 g_{ie} 则表示下一级的输入电导。

定义功率放大倍数为输出和输入功率的比值,即

$$A_p = \frac{P_o}{P_i}$$

放大器谐振时其功率放大倍数

$$A_{po} = \frac{P_o}{P_i} = \frac{U_o^2}{U_i^2} = (A_{uo})^2 \tag{2.3.17}$$

将式(2.3.16)代入上式可得

$$A_{po} = \frac{(p_1 p_2)^2 |Y_{fe}|^2}{g_\Sigma^2} \tag{2.3.18}$$

在理想情况下，回路本身为无损电路，即 $g_p=0$，输出端处于匹配状态，则

$$p_1^2 g_{oe}=p_2^2 g_{ie} \tag{2.3.19}$$

此时，放大器有最大功率放大倍数 A_{pm}，其值可由式(2.3.18)和式(2.3.19)求得

$$A_{pm}=\frac{|Y_{fe}|^2}{4g_{oe}g_{ie}} \tag{2.3.20}$$

上式说明小信号调谐放大器的最大功率增益只与晶体管本身的参数 Y_{fe}、g_{oe}、g_{ie} 有关，而与回路元件无关。为了用晶体管内部的物理参数表示最大功率放大倍数，引用式(2.2.22)至式(2.2.25)并设 $f>f_\beta$，即 $\omega C_{b'e}>g_{b'e}$，$\omega C_{b'e}>1/r_{bb'}$，$\omega C_{b'e}>g_{b'c}$，则

$$Y_{ie}\approx\frac{j\omega C_{b'e}}{1+j\omega r_{bb'}C_{b'e}}=\frac{r_{bb'}(\omega C_{b'e})^2}{1+(r_{bb'}\omega C_{b'e})^2}+j\frac{\omega C_{b'e}}{1+(r_{bb'}\omega C_{b'e})^2}=g_{ie}+j\omega C_{ie}$$

$$g_{ie}=\frac{r_{bb'}(\omega C_{b'e})^2}{1+(r_{bb'}\omega C_{b'e})^2}\approx\frac{1}{r_{bb'}} \tag{2.3.21}$$

而

$$Y_{oe}\approx g_m\frac{C_{b'c}}{C_{b'e}}+j\omega C_{b'c}=g_{oe}+j\omega C_{oe}$$

$$g_{oe}=g_m\frac{C_{b'c}}{C_{b'e}} \tag{2.3.22}$$

$$Y_{fe}\approx\frac{g_m}{j\omega C_{b'e}r_{bb'}},\quad |Y_{fe}|=\frac{g_m}{\omega C_{b'e}r_{bb'}} \tag{2.3.23}$$

将式(2.3.21)、式(2.3.22)和式(2.3.23)代入式(2.3.20)可得

$$A_{pm}=\frac{1}{4\omega^2 r_{bb'}C_{b'c}}\left(\frac{g_m}{C_{b'e}}\right) \tag{2.3.24}$$

由于 $f_T=\dfrac{1}{2\pi r_e(C_{b'e}+C_{b'c})}$，故 f_T 可近似为

$$f_T\approx\frac{1}{2\pi r_e(C_{b'e}+C_{b'c})}=\frac{g_m}{2\pi C_{b'e}} \tag{2.3.25}$$

则式(2.3.24)可改写成

$$A_{pm}=\frac{\omega_T}{4\omega^2 r_{bb'}C_{b'c}}=\frac{f_T}{8\pi r_{bb'}C_{b'c}}\left(\frac{1}{f^2}\right) \tag{2.3.26}$$

上式表明晶体管最大功率增益与晶体管的阻容乘积 $r_{bb'}C_{b'c}$ 成反比，且随工作频率的提高而显著下降。

3. 晶体管最高振荡频率 f_{max}

最高振荡频率是指晶体管具有功率放大能力的极限频率，用 f_{max} 表示。当工作频率等于 f_{max} 时，晶体管就完全失去放大作用，为此，定义 $A_{pm}=1$ 时，对应频率为晶体管的最大振荡频率，由式(2.3.26)可得

$$f_{max}=\sqrt{\frac{f_T}{8\pi r_{bb'}C_{b'c}}} \tag{2.3.27}$$

故 f_{max} 也只与晶体管本身的参数 f_T、$r_{bb'}$ 和 $C_{b'c}$ 有关，而与放大器电路形式无关。为使晶体管具有更高的工作频率，应选用 $r_{bb'}C_{b'c}$ 乘积小的晶体管。

有些晶体管的 f_{max} 数值可由手册查到，有的则只能查到 f_T、$r_{bb'}$ 和 $C_{b'c}$ 的数值，此时可利用式(2.3.27)换算。当 f_{max} 已知时，很容易算出晶体管的最大功率放大倍数 A_{pm}，由式(2.3.26)得

$$A_{pmax}=\left(\frac{f_{max}}{f}\right)^2 \tag{2.3.28}$$

而最大电压倍数 A_{um} 则为

$$A_{u\max}=\sqrt{A_{p\max}}=\frac{f_{\max}}{f} \tag{2.3.29}$$

显然,上述最大功率增益是指在给定频率下对放大器放大能力的极限。实际上,这个极限不易达到。对于小信号放大器来说,每一级增益太高也会造成工作的不稳定,电路的调整也很麻烦。

另外,上述结果是在 LC 调谐回路本身没有损耗的条件下得出来的。实际情况并非如此,特别是在高频工作时,更不能将损耗忽略,所以实际的最大功率增益要比式(2.3.26) 所得结果小得多。

4. 放大器的通频带

与并联回路相似,放大器 A_u/A_{uo} 随频率 f 而变化的曲线,叫做放大器的谐振曲线,如图 2.3.3 所示。由式(2.3.12) 和式(2.3.16) 得

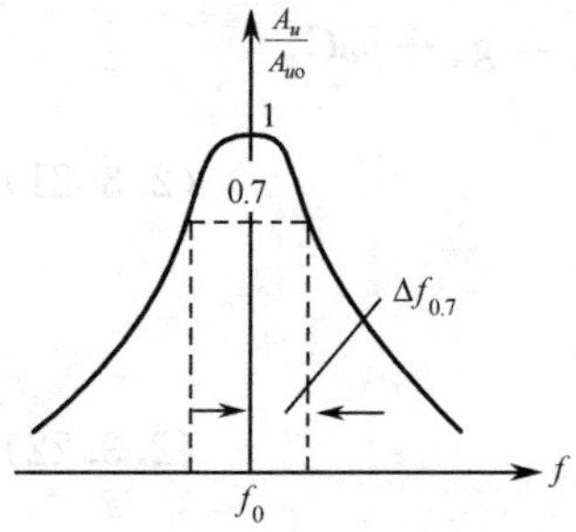

图 2.3.3 放大器的谐振曲线

$$\frac{A_u}{A_{uo}}=\frac{1}{\sqrt{1+(2Q_L\Delta f/f_0)^2}} \tag{2.3.30}$$

习惯上,以 A_u/A_{uo} 下降到 0.707 时的频率作为放大器通频带的界限,用符号 B 表示,由式(2.3.30) 求得

$$B=2\Delta f_{0.7}=f_0/Q_L \tag{2.3.31}$$

放大器的通频带 B 和电压放大倍数 A_{uo} 之间有着一定的联系,由于回路有载品质因数 $Q_L=\omega_0 C_\Sigma/g_\Sigma$,根据式(2.3.31) 可以求得

$$g_\Sigma=\frac{\omega_0 C_\Sigma}{Q_L}=\frac{2\pi f_0 C_\Sigma}{f_0/B}=2\pi BC_\Sigma$$

代入式(2.3.16),即得谐振时电压放大倍数 A_{uo} 的另一种表示式

$$\dot{A}_{uo}=\frac{-p_1p_2Y_{fe}}{g_\Sigma}=\frac{-p_1p_2Y_{fe}}{2\pi BC_\Sigma} \tag{2.3.32}$$

如果抽头 $p_1=p_2=1$,则

$$\dot{A}_{uo}=\frac{-Y_{fe}}{2\pi BC_\Sigma} \tag{2.3.33}$$

此式说明,当晶体管选定后(即 Y_{fe} 已经确定),放大器的谐振电压放大倍数 A_{uo} 只与回路的总电容 C_Σ 和通频带 B 的乘积有关,电容 C_Σ 越大,通频带 B 越宽,则放大器的放大倍数 A_{uo} 越小。

式(2.3.33) 有时可写成如下形式

$$A_{uo}B=\frac{|Y_{fe}|}{2\pi C_\Sigma} \tag{2.3.34}$$

当 $|Y_{fe}|$ 和 C_Σ 为定值时,放大器谐振的电压放大倍数和通频带的乘积等于常数,这是放大器的一个重要概念。它指出,通频带越宽则放大倍数 A_{uo} 越小,反之 A_{uo} 增大。这个矛盾在设计宽频带放大器时特别突出。要想得到高增益,又保证足够的带宽,除了选用 $|Y_{fe}|$ 较大的晶体管外,应尽量减小谐振回路的总电容量 C_Σ,选用 C_{ie}、C_{oe} 小的晶体管或减小回路的外接电容 C。

5. 放大器的选择性

放大器的选择性的优劣可用放大器谐振曲线的矩形系数 $K_{r0.1}$ 来表示。由式

$$K_{r0.1}=B_{0.1}/B$$

且当 $A_u/A_{uo}=0.1$ 时由式(2.3.30) 解得

$$B_{0.1}=\frac{\sqrt{10^2-1}f_0}{Q_L}$$

由式(2.3.31) 可知 $B=\frac{f_0}{Q_L}$,故矩形系数 $K_{r0.1}=\sqrt{10^2-1}=9.95$。此结果表明,单调谐放大器的矩形系数远大于 1,也就是说,它的谐振曲线和矩形相差甚远,选择性差。这是单谐振放大器的一

大缺点。

【例 2.3.1】　图 2.3.4 中，设工作频率 $f = 30\text{MHz}$；晶体管用 3DG47 型 NPN 型高频管。当 $U_{ce} = 6\text{V}, I_E = 2\text{mA}$ 时，其 Y 参数是：$g_{ie} = 1.2\text{ms}, C_{ie} = 12\text{pF}, g_{oe} = 400\mu\text{s}, C_{oe} = 9.5\text{pF}$；$|Y_{fe}| = 58.3\text{ms}, \varphi_{fe} = -2.2°$；$|Y_{re}| = 310\mu\text{s}, \varphi_{re} = -88.8°$；回路电感 $L = 1.4\mu\text{H}$；接入系数 $p_1 = 1$、$p_2 = 0.3$，回路空载品质因数 $Q_0 = 100$。求单级放大器谐振时的电压增益 A_{uo}；通频带 $2\Delta f_{0.7}$；回路电容 C 是多少值，才能使回路谐振？

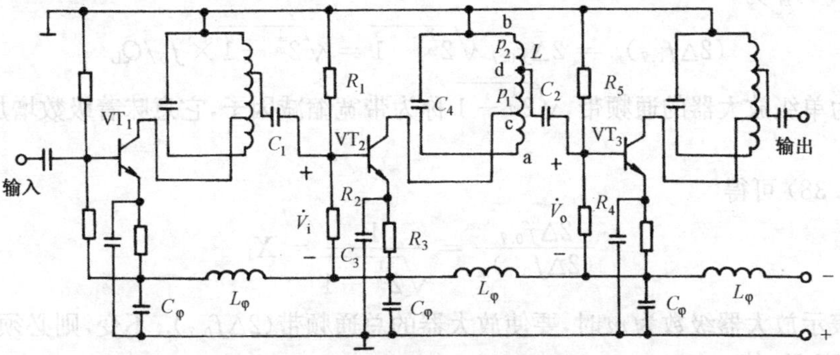

图 2.3.4　三级单调谐回路共发射极放大器

解　设暂不考虑 Y_{re} 的作用（$Y_{re} = 0$）。

$$R_P = Q_o\omega_o L = 100 \times 6.28 \times 30 \times 10^6 \times 1.4 \times 10^{-6} \approx 26(\text{k}\Omega)$$

因此
$$G_P = \frac{1}{R_P} = \frac{1}{26} \times 10^{-3} = 3.84 \times 10^{-5}(\text{S})$$

所以电路 g_Σ 为
$$g_\Sigma = G_P + p_1^2 g_{oe} + p_2^2 g_{ie}$$

g_{ie} 为下级晶体管的输入电导。当下级采用相同晶体管时有

$$g_\Sigma = 0.0384 \times 10^{-3} + 0.4 \times 10^{-3} + (0.3)^2 \times 1.2 \times 10^{-3} = 0.55 \times 10^{-3}(\text{S})$$

电压增益为
$$A_{uo} = \frac{p_1 p_2 |Y_{fe}|}{g_\Sigma} = \frac{0.3 \times 58.3}{0.55} \approx 32$$

回路总电容为
$$C_\Sigma = \frac{1}{(2\pi f)^2 L} = \frac{1}{(2\pi \times 30 \times 10^6)^2 \times 1.4 \times 10^{-6}} \approx 20(\text{pF})$$

故外加电容 C 应为

$$C = C_\Sigma - (p_1^2 C_{oe} + p_2^2 C_{ie}) = 20 - [9.5 + (0.3)^2 \times 12] \approx 9.4(\text{pF})$$

通频带为
$$2\Delta f_{0.7} = \frac{p_1 p_2 |Y_{fe}|}{2\pi C_\Sigma A_{uo}} = \frac{0.3 \times 58.3 \times 10^{-3}}{2\pi \times 20 \times 10^{-12} \times 32} \approx 4.35(\text{MHz})$$

2.3.2　多级单调谐回路谐振放大器

若单级放大器的增益不能满足要求，就可以采用多级级联放大器。级联后的放大器其增益、通频带和选择性都将发生变化。

假如，放大器有 m 级，各级的电压增益分别为 $A_{u1}, A_{u2}, \cdots, A_{um}$，则总增益 A_m 是各级增益的乘积，即

$$A_m = A_{u1} \times A_{u2} \times \cdots \times A_{um} = \prod_{i=1}^{m} A_{ui} \tag{2.3.35}$$

如果多级放大器是由完全相同的单级放大器组成的,则

$$A_m = A_{u1}^m \tag{2.3.36}$$

m 级相同的放大器级联时,它的谐振曲线可由下式表示

$$\frac{A_m}{A_{m0}} = \frac{1}{[1+(2Q_L\Delta f/f_0)]^{\frac{m}{2}}} \tag{2.3.37}$$

它等于各单级谐振曲线的乘积。所以级数越多,谐振曲线越尖锐。解上式,可求得 m 级放大器的通频带 $(2\Delta f_{0.7})_m$ 为

$$(2\Delta f_{0.7})_m = 2\Delta f_{0.7}\sqrt{2^{\frac{1}{m}}-1} = \sqrt{2^{\frac{1}{m}}-1}\times f_0/Q_L \tag{2.3.38}$$

式中,$2\Delta f_{0.7}$ 为单级放大器的通频带,$\sqrt{2^{\frac{1}{m}}-1}$ 称为带宽缩减因子,它意味着级数增加后,总通频带变窄的程度。

由式(2.3.38)可得

$$\frac{2\Delta f_{0.7}}{(2\Delta f_{0.7})_m} = \frac{1}{\sqrt{2^{\frac{1}{m}}-1}} = X_1 \tag{2.3.39}$$

函数 X_1 表示放大器级数为 m 时,要使放大器的总通频带 $(2\Delta f_{0.7})_m$ 不变,则必须将每级的通频带 $(2\Delta f_{0.7})$ 加宽 X_1 倍。

由式(2.3.37)求得

$$(2\Delta f_{0.1})_m = \sqrt{100^{\frac{1}{m}}-1}\times\frac{f_0}{Q_L}$$

故 m 级单调谐回路放大器的矩形系数为

$$K_{r0.1} = \frac{(2\Delta f_{0.1})_m}{(2\Delta f_{0.7})_m} = \frac{\sqrt{100^{\frac{1}{m}}-1}}{\sqrt{2^{\frac{1}{m}}-1}} \tag{2.3.40}$$

单调谐回路放大器的优点是电路简单、调试容易,其缺点是选择性差(矩形系数离理想矩形系数 $K_{r0.1}=1$ 较远),增益和通频带的矛盾比较突出。

2.4 宽频带放大器

宽频带放大器既要有较大的电压增益,又要有很宽的频带,所以常用电压增益 A_u 和通频带 B 的乘积作为衡量其性能的重要指标,称为增益带宽积,写成 $GB = A_u f_H$。此通频带用上限截止频率 f_H 表示,因为宽频带放大器的下限截止频率 f_L 一般很低或为零。A_u 是电压增益幅值。增益带宽乘积越大的宽频带放大器的性能越好。

宽频带放大器既可以由晶体管和场效应管组成,也可以由集成电路组成。本节以单级差分宽频带放大器为例进行分析,分析的方法及结论可以推广到由差分电路组成的多级集成电路宽频带放大器。

2.4.1 单级差分宽频带放大器

集成宽频带放大器常采用单级或多级差分电路形式。由于单级共射电路可看成是单级差分电路的差模半电路,所以先分析单级共射电路的电压增益和通频带(用上限截止频率 f_H 表示)。

宽频带放大器中晶体管特性适合采用混合 π 型等效电路。图 2.4.1(a)、(b)分别是共射电路的交流通路和高频等效电路。设 R_L' 是交流负载,且

$$Z_{b'e} = r_{b'e} /\!/ \frac{1}{j\omega C_t} = \frac{r_{b'e}}{1+j\omega r_{b'e}C_t} \tag{2.4.1}$$

$$C_t = C_{b'e} + C_M = C_{b'e} + (1 + g_m R_L')C_{b'c} \tag{2.4.2}$$

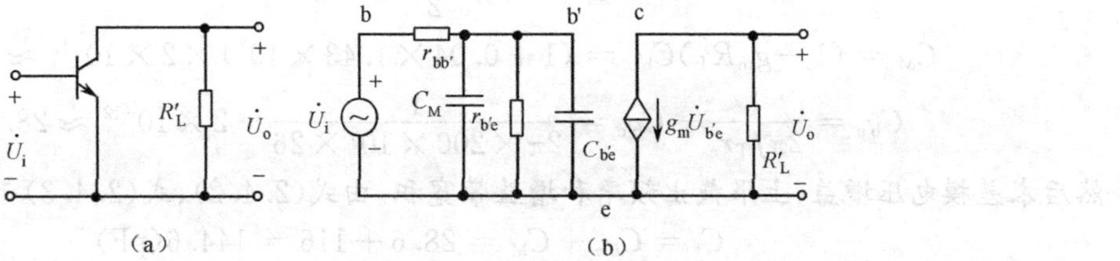

图 2.4.1　共射电路的交流通路和高频等效电路

$$R_t = r_{b'e} /\!/ r_{bb'} = \frac{r_{b'e} r_{bb'}}{r_{b'e} + r_{bb'}} \tag{2.4.3}$$

则

$$\dot{U}_o = -g_m \dot{U}_{b'e} R_L' \tag{2.4.4}$$

$$\dot{U}_{b'e} = \frac{Z_{b'e}}{r_{bb'} + Z_{b'e}} \dot{U}_i = \frac{R_t / r_{bb'}}{1 + j\omega R_t C_t} \dot{U}_i \tag{2.4.5}$$

所以

$$\dot{A}_u = \frac{\dot{U}_o}{\dot{U}_i} = -\frac{g_m R_t R_L'}{r_{bb'}} \frac{1}{1 + j\dfrac{\omega}{\omega_H}} \tag{2.4.6}$$

式中，$\omega_H = \dfrac{1}{R_t C_t}$，即上限截止频率

$$f_H = \frac{1}{2\pi R_t C_t} \tag{2.4.7}$$

下面继续推导差分电路的差分电压增益和上限截止频率。

图 2.4.2 是一个双端输入双端输出的差分放大电路。它的差模电压增益 $\dot{A}_{ud}$ 与单管共射电路的电压增益 $\dot{A}_u$ 相同，即

$$\dot{A}_{ud} = -\frac{g_m R_t R_L'}{r_{bb'}} \frac{1}{1 + j\dfrac{\omega}{\omega_H}} \tag{2.4.8}$$

此处 $R_L' = R_c /\!/ (R_L/2)$。上限截止频率 f_H 与式(2.4.7)相同。增益带宽积

$$GB = A_{ud} f_H = \frac{g_m R_L'}{2\pi r_{bb'} C_t} \tag{2.4.9}$$

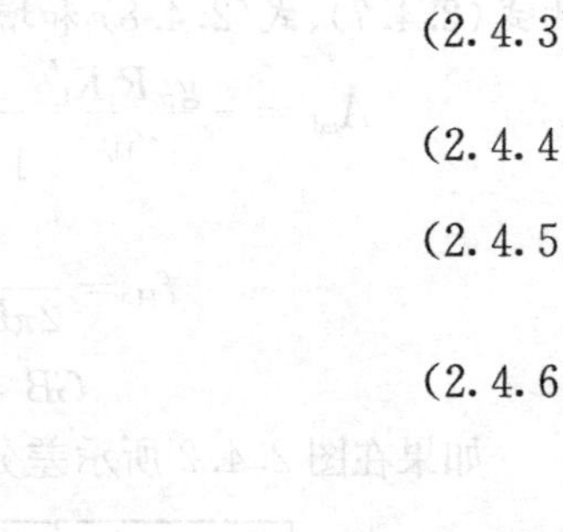

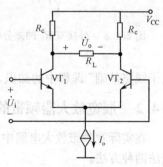

图 2.4.2　双入双出差分电路

【例 2.4.1】 在图 2.4.2 所示差分放大器中，VT_1 管和 VT_2 管的参数相同，在 $I_{EQ} = 1mA$ 时，均为 $\beta = 100$，$r_{bb'} = 50\Omega$，$C_{b'c} = 2pF$，$f_T = 200MHz$。$R_c = 2k\Omega$，$R_L = 10k\Omega$，计算此差分放大器的差模电压增益、上限截止频率和增益带宽积。

解　先求晶体管混合 π 型参数，根据式

$$C_{b'e} + C_{b'c} = \frac{1}{2\pi f_T r_e} \quad 及 \quad C_M = (1 + g_m R_L')C_{b'c}$$

可以得出

$$r_e = \frac{26}{I_{EQ}} = \frac{26}{1} = 26(\Omega)$$

$$g_m \approx \frac{1}{r_e} = \frac{1}{26} \approx 0.04(S)$$

$$r_{b'e} = (1 + \beta_0) r_e = (1 + 100) \times 26 = 2.6(k\Omega)$$

$$R_L' = R_c \mathbin{/\!/} \frac{1}{2}R_L \approx 1.43(\text{k}\Omega)$$

$$C_M = (1 + g_m R_L')C_{b'c} = (1 + 0.04 \times 1.43 \times 10^3) \times 2 \times 10^{-12} \approx 116(\text{pF})$$

$$C_{b'e} = \frac{1}{2\pi f_T r_e} - C_{b'c} = \frac{1}{2\pi \times 200 \times 10^6 \times 26} - 2 \times 10^{-12} \approx 28.6(\text{pF})$$

然后求差模电压增益,上限截止频率和增益带宽积。由式(2.4.2)、式(2.4.3)可求得

$$C_t = C_{b'e} + C_M = 28.6 + 116 = 144.6(\text{pF})$$

$$R_t = \frac{r_{b'e} r_{bb'}}{r_{b'e} + r_{bb'}} = \frac{2.6 \times 10^3 \times 50}{2.6 \times 10^3 + 50} = 49(\Omega)$$

由式(2.4.7)、式(2.4.8)和增益带宽积的定义可以得到

$$A_{ud} = -\frac{g_m R_t R_L'}{r_{bb'}} \frac{1}{1 + j\frac{\omega}{\omega_H}} = -\frac{0.04 \times 49 \times 1.43 \times 10^3}{50} \frac{1}{1 + j\frac{\omega}{\omega_H}} = -\frac{56}{1 + j\frac{\omega}{\omega_H}}$$

$$f_H = \frac{1}{2\pi R_t C_t} = \frac{1}{2\pi \times 49 \times 144.6 \times 10^{-12}} \approx 22.46(\text{MHz})$$

$$GB = A_{ud} f_H = 56 \times 22.46 \times 10^6 = 1.26 \times 10^9$$

如果在图 2.4.2 所示差分放大器中,两个晶体管的基极上各外接一个电阻 R_b,这时的电路如图 2.4.3 所示。与图 2.4.1(b)比较容易看出,在图 2.4.3 对应的差模电路的交流等效电路中,R_b 与 $r_{bb'}$ 串联,定义

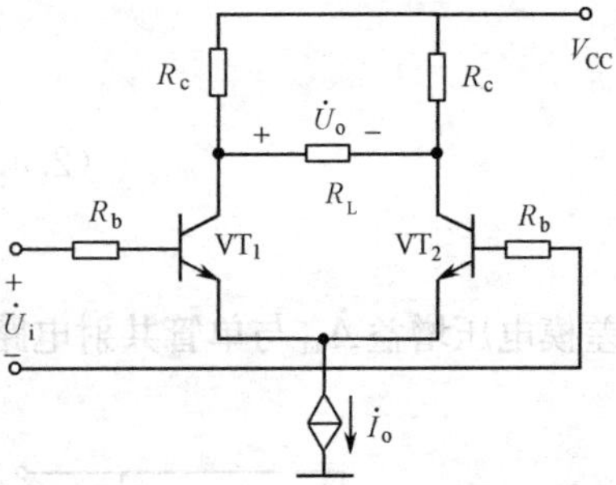

图 2.4.3　外接有 R_b 的差分电路

$$R_b' = R_b + r_{bb'} \tag{2.4.10}$$

$$R_t' = r_{b'e} \mathbin{/\!/} R_b' \tag{2.4.11}$$

$$\dot{A}_{ud} = -\frac{g_m R_t' R_L'}{R_b'} \frac{1}{1 + j\frac{\omega}{\omega_H}} \tag{2.4.12}$$

$$f_H = \frac{1}{2\pi R_t' C_t} \tag{2.4.13}$$

对于差分放大器的三种组态,即双端输入单端输出,单端输入双端输出和单端输入单端输出,读者可以根据"模拟电子线路基础"课程中的知识,分别推导出相应的差模电压增益和上限截止频率公式。

2.4.2　展宽放大器频带的方法

在实际宽频带放大电路中,要展宽通频带,也就是要提高上限截止频率,主要有组合法和负反馈法两种方法。

1. 组合电路法

在集成宽频带放大器中广泛采用共射 - 共基组合电路,图 2.4.4 所示的电路是共射 - 共基组合电路的交流等效电路。

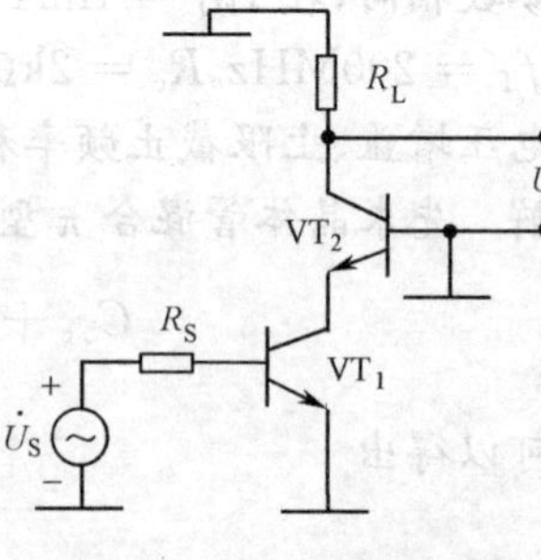

图 2.4.4　宽带放大器中共射 - 共基组合电路的交流等效电路

共射电路的电流增益和电压增益都较大,是放大器最常用的一种组态。但它的上限截止频率较低,从而使带宽受到限制,这主要是由于密勒效应的缘故。

从式 $C_M = (1 + g_m R_L')C_{b'c}$ 可以看到,集电结电容 $C_{b'c}$ 等效到输入端以后,电容值增加为原来的 $(1 + g_m R_L')$ 倍。虽然 $C_{b'c}$ 数值很小,一般仅几个皮法,但 C_M 一般却很大。密勒效应使共射电路输入电容增大,容抗减小,且随频率的增大容抗更加减小,因此高频

性能降低。

在共基极电路和共电极电路中，$C_{b'c}$ 或者处于输出端，或者处于输入端，无密勒效应，所以上限截止频率高于共射电路。

在图 2.4.4 所示共射 - 共基组合电路中，上限截止频率由共射电路的上限截止频率决定。利用共基电路输入阻抗小的特点，将它作为共射电路的负载，使共射电路输出总电阻 R_L' 大大减小，进而使密勒电容 C_M 大大减小，高频性能有所改善，从而有效地扩展了共射电路亦即整个组合电路的上限截止频率。由于共射电路负载小，所以电压增益减小，但这可以对电压增益较大的共基电路进行补偿。而共射的电流增益不会减小，因此整个组合电路的电流增益和电压增益都较大。

在集成电路里，可以采用共射 - 共基差分对电路。图 2.4.5 所示国产宽带放大器集成电路 ER4803(与国外产品 V2350、U2450 相当) 里采用了这种电路，它的带宽可达到 1GHz。

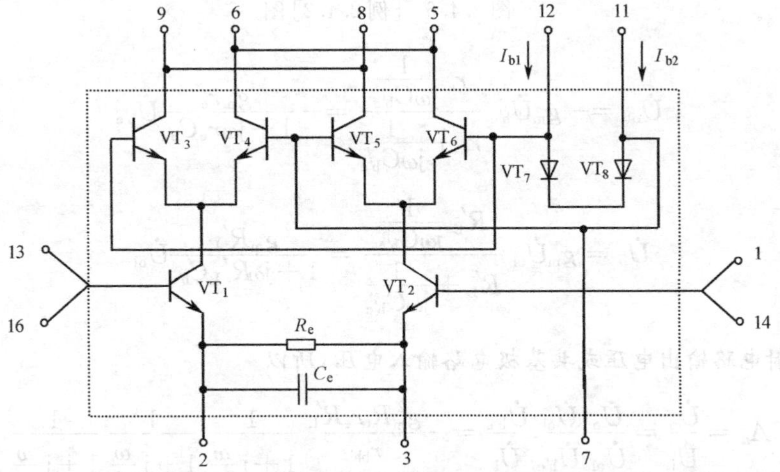

图 2.4.5　宽带集成电路 ER4803 内部电路图

该电路由 VT_1、VT_3(或 VT_4) 与 VT_2、VT_6(或 VT_5) 组成共射 - 共基差分对，输出电压特性由外电路控制。如外电路使 $I_{b2}=0$，$I_{b1}\neq 0$ 时，VT_8 和 VT_4、VT_5 截止，信号电流由 VT_1、VT_2 流入 VT_3、VT_6 后输出。如外电路使 $I_{b2}\neq 0$，$I_{b1}=0$ 时，VT_7 和 VT_3、VT_6 截止，信号电流由 VT_1、VT_2 流入 VT_4、VT_5 后输出，输出极性与第一种情况相反。如外电路使 $I_{b1}=I_{b2}$ 时，通过负载的电流则互相抵消，输出为零。C_e 用于高频补偿，因高频时容抗减小，发射极反馈深度减小，使频带展宽。这种集成电路常用做 350MHz 以上宽带示波器中的高频、中频和视频放大。

采用共集 - 共基，共集 - 共射等组合电路也可以提高上限截止频率。

【例 2.4.2】　已知晶体管混合 π 型参数与例 2.4.1 相同，分别求出图 2.4.6(a)、(b) 所示共射 - 共基电路和单管共射电路的电压增益和上限截止频率。交流负载 $R_L'=1.5\text{k}\Omega$。

解　先求共射 - 共基电路的电压增益和上限截止频率。共射 - 共基电路的交流等效电路如图 2.4.6(c) 所示，其中虚线框内是共基电路混合 π 型等效电路。

在共射电路中，由式(2.4.5) 可以写出

$$\dot{U}_{b'e}=\frac{R_t/r_{bb'}}{1+j\omega R_t C_t}\dot{U}_i$$

式中

$$R_t=\frac{r_{b'e}r_{bb'}}{r_{b'e}+r_{bb'}},\quad C_t=C_{b'e}+(1+g_m r_e)\,C_{b'c}$$

注意此时共射电路的输出负载电阻是 r_e。

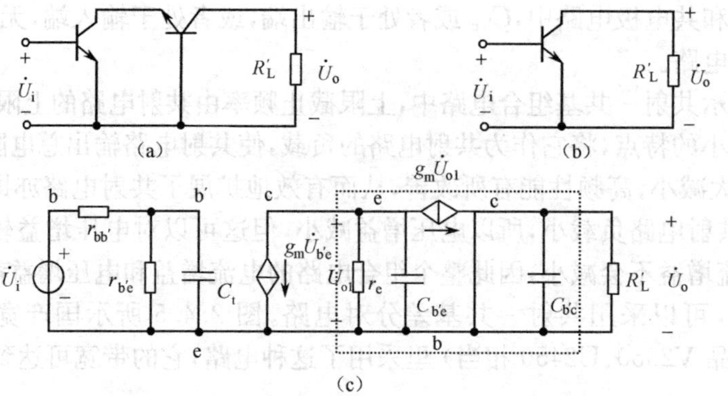

图 2.4.6 [例 2.4.2]图

因为

$$\dot U_{o1}=-g_m\dot U_{b'e}\frac{r_e\frac{1}{j\omega C_{b'e}}}{r_e+\frac{1}{j\omega C_{b'e}}}=-\frac{g_m r_e}{1+j\omega r_e C_{b'e}}\dot U_{b'e}$$

$$\dot U_o=g_m\dot U_{o1}\frac{R_L'\frac{1}{j\omega C_{b'c}}}{R_L'+\frac{1}{j\omega C_{b'c}}}=\frac{g_m R'_L}{1+j\omega R'_L C_{b'c}}\dot U_{o1}$$

式中，$\dot U_{o1}$ 是共射电路输出电压或共基极电路输入电压，所以

$$\dot A_u=\frac{\dot U_o}{\dot U_i}=\frac{\dot U_o}{\dot U_{o1}}\frac{\dot U_{o1}}{\dot U_{b'e}}\frac{\dot U_{b'e}}{\dot U_i}=-\frac{g_m^2 R_t r_e R'_L}{r_{bb'}}\frac{1}{1+j\frac{\omega}{\omega_1}}\frac{1}{1+j\frac{\omega}{\omega_2}}\frac{1}{1+j\frac{\omega}{\omega_3}}$$

式中

$$\omega_1=\frac{1}{R_t C_t},\quad \omega_2=\frac{1}{r_e C_{b'e}},\quad \omega_3=\frac{1}{R'_L C_{b'c}}$$

代入已知各参数，可求得

$$A_u=\frac{g_m^2 R_t r_e R'_L}{r_{bb'}}=61$$

$$f_1=\frac{1}{2\pi R_t C_t}\approx 99.6(\text{MHz})$$

$$f_2=\frac{1}{2\pi r_e C_{b'e}}\approx 1345(\text{MHz})$$

$$f_3=\frac{1}{2\pi R'_L C_{b'c}}\approx 333(\text{MHz})$$

因为 $f_1 \ll f_2, f_1 < f_3$，所以 $f_N \approx f_1 \approx 99.6(\text{MHz})$。

比较[例 2.4.1] 求单级共射电路的电压增益和上限截止频率。由式(2.4.6) 和式(2.4.7) 可以写出

$$\dot A_u=-\frac{g_m R_t R'_L}{r_{bb'}}\frac{1}{1+j\frac{\omega}{\omega_H}}$$

$$f_H=\frac{1}{2\pi R_t C_t}=\frac{1}{2\pi\times 49\times 144.6\times 10^{-12}}\approx 22.46(\text{MHz})$$

因为 $g_m \approx 1/r_e$，所以共射 - 共基电路的电压增益幅值与单级共射电路大致相同，上限截止频率提高为单级共射电路的四倍多。

2. 负反馈法

调节负反馈电路中的某些元件参数，可以改变反馈深度，从而调节负反馈放大器的增益和频带宽度。如果以牺牲增益为代价，可以扩展放大器的频带，其类型可以是单级负反馈，也可以是多级负反馈。

单级负反馈放大器可以采用电流串联和电压并联两种反馈电路，其交流等效电路分别如图 2.4.7(a)、(b) 所示。其中电流串联负反馈电路的特点是输入/输出阻抗高，所以适合与低内阻的信号电压源连接。电压并联负反馈电路的特点是输入/输出阻抗低，所以适合与高内阻的信号电流源连接。

在集成电路中，用差分电路代替单管电路，将电流串联负反馈电路和电压并联负反馈电路级联，可提高上限截止频率。图 2.4.8 所示 F733 集成宽带放大电路中，VT_1、VT_2 组成电流串联负反馈差分放大器，$VT_3 \sim VT_6$ 组成电压并联负反馈差分放大器（其中 VT_5 和 VT_6 兼做输出级），VT_7 和 VT_{11} 为恒流源电路。改变第一级差分放大器的负反馈电阻，可调节整个电路的电压增益。将引出端 ⑨ 和 ④ 短接，增益可达 400 倍；将引出端 ⑩ 和 ③ 短接，增益可达 100 倍。各引出端均不短接，增益为 10 倍。以上三种情况下的上限截止频率依次为 40MHz、90MHz 和 120MHz。

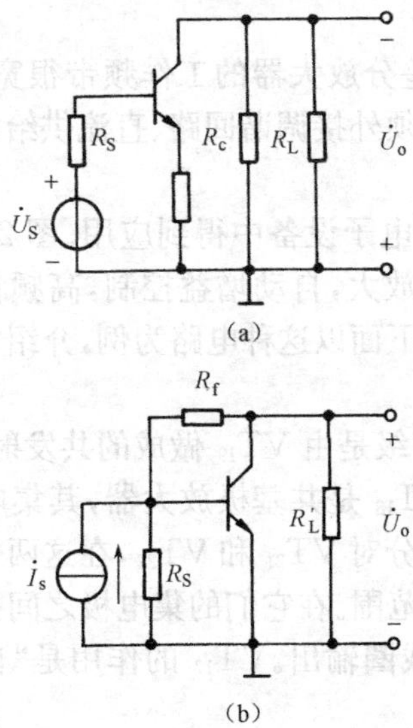

图 2.4.7　单级负反馈放大交流等效电路

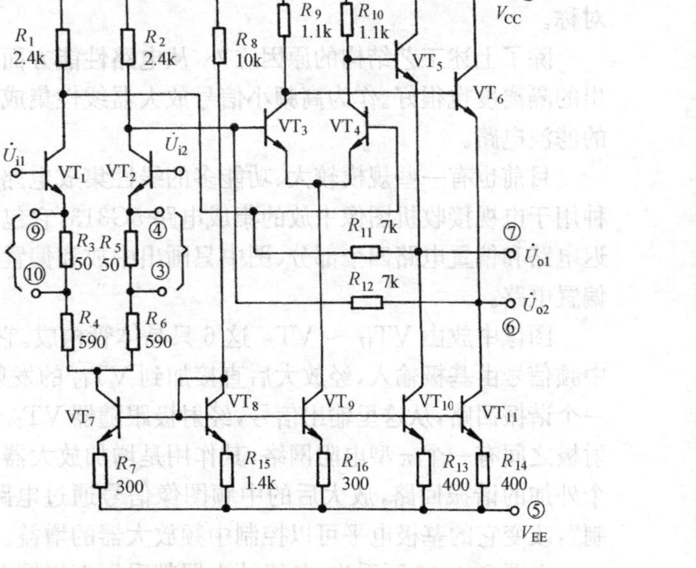

图 2.4.8　集成宽带放大器 F733 内部电路

图 2.4.9 给出了 F733 用做可调增益放大器时的典型接法。图中电位器 RP 是用于调节电压增益和带宽的，当 RP 调到零位时，④ 与 ⑨ 短接，片内 VT_1 与 VT_2 发射极短接，增益最大，上限截止频率最低；当 RP 调到最大时，片内 VT_1 与 VT_2 发射极之间共并联了五个电阻，即片内 R_3、R_4、R_5、R_6 和外接电位器 RP，这时，交流负反馈最强，增益最小，上限截止频率最高。可见这种接法使得电压增益和带宽连续可调。

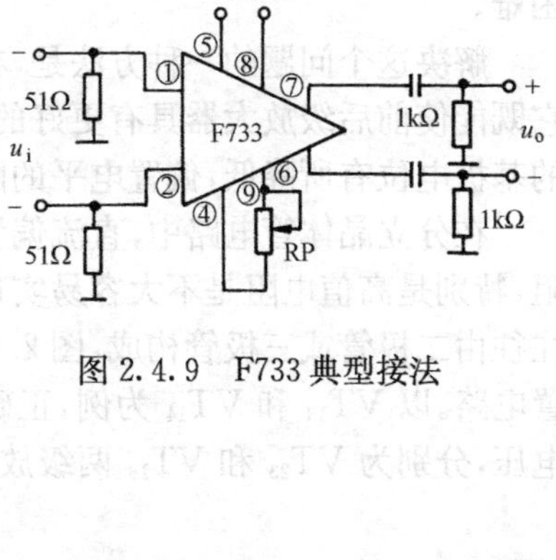

图 2.4.9　F733 典型接法

采用电流并联和电压串联负反馈形式，同样也可以扩展放大器通频带。

2.4.3 集成电路谐振放大器及其典型应用

集成宽带放大电路的基本单元是差分对线性集成电路，与分立元件宽带放大器电路比较，线性集成放大电路具有下面一些特点：

① 由于晶体管工艺和集成技术的发展，已能在一块小基片上刻制很多晶体二极管、三极管和电阻元件，因此，集成电路允许采用较为复杂且晶体管数量较多的放大电路。

② 鉴于集成电路中电容器的容量不能做得太大，耐压也不高，一般尽量少用含有电容元件的电路。例如，极间耦合最好不用电容耦合，而尽量采用直接耦合。这样具有较高抗零点漂移能力的差分放大器就成了集成电路理想的放大电路。

③ 为了使差分放大器抗零点漂移的能力进一步提高，可在发射极电路中接入一阻值较大的电阻 R_e。利用 R_e 的负反馈作用，提高差分放大器的抗零点漂移的能力，但 R_e 过大，占用基片的面积较大(例如，一个 1kΩ 的电阻所占的面积等于晶体管所占面积的两倍)，所以，在电路中也应避免采用阻值较大的电阻。此外，还可控制差分放大器的增益，实现放大器的自动增益控制。这一点对各种接收机来说尤为重要。

④ 差分放大器要求左右两臂完全对称，对于分立电路来说这是很难做到的。对于集成电路来说虽然由于工艺流程不易严格控制，不同批次和不同基片上做成元件的一致性较差，但是在同一基片上的元器件(特别是彼此相邻的元器件)，一致性能比较好。因此，集成电路的差分对容易做到对称。

除了上述工艺结构的原因之外，从电路性能方面来说，差分放大器的工作频带很宽，输入和输出的隔离度也很好。作为高频小信号放大器线性集成电路必须外接调谐回路、直流供给电源和必要的滤波电路。

目前也有一些规模较大、功能多的线性集成电路在各种电子设备中得到应用。图 2.4.10 是一种用于电视接收机图像中放的集成电路 5G313，它包括中频放大，自动增益控制，高频自动增益延迟电路和偏置电路四个部分(图中只画出中放和偏置电路)。下面以这种电路为例，介绍它的中放和偏置电路。

图像中放由 $VT_{17} \sim VT_{22}$ 这 6 只晶体管构成。它的第一级是由 VT_{19} 做成的共发射极放大器，中频信号由基极输入，经放大后直接加到 VT_{18} 的发射极。VT_{18} 是共基极放大器，其集电极应外接一个谐振回路，从这里输出信号，经射极跟随器 VT_{20} 送到差分对 VT_{21} 和 VT_{22}，在这两个晶体管发射极之间有一个 π 型电阻网络，其作用是增加放大器的线性范围。在它们的集电极之间另外连接一个外加的谐振回路，放大后的中频图像信号通过电路耦合线圈输出。VT_{17} 的作用是“自动增益控制”，改变它的基极电平可以控制中频放大器的增益。

由图 2.4.10 可看出，各级放大器都采用直接耦合，由于晶体管集电极比基极电平高，因此如果不采取必要的措施，那么后面各级晶体管的直流电位将越来越高，直流工作点的配置就会发生困难。

解决这个问题的一种方法是，在两级放大器之间加一个射极跟随器，如图 2.4.10 中的 VT_{20}，它既能使前后级放大器具有更好的隔离，同时，由于发射极直流电位比基极低 0.7V，这就使下一级的基极电位有所降低，偏置电平的配置就比较容易。

在分立晶体管电路中，直流偏置都采用电阻分压的办法来供给。上面讲过用集成技术控制电阻，特别是高值电阻是不大容易实现的，它的面积有时比晶体管还要大，所以集成电路的偏置电路往往由二极管或三极管构成，图 2.4.10 中的 $VT_{13} \sim VT_{16}$ 及相应的电路就是各级放大器的直流偏置电路。以 VT_{13} 和 VT_{14} 为例，正确设计基极电路的各个电阻，就可以使它们的发射极得到一定的电压，分别为 VT_{23} 和 VT_{18} 两级放大器提供所需的偏置。

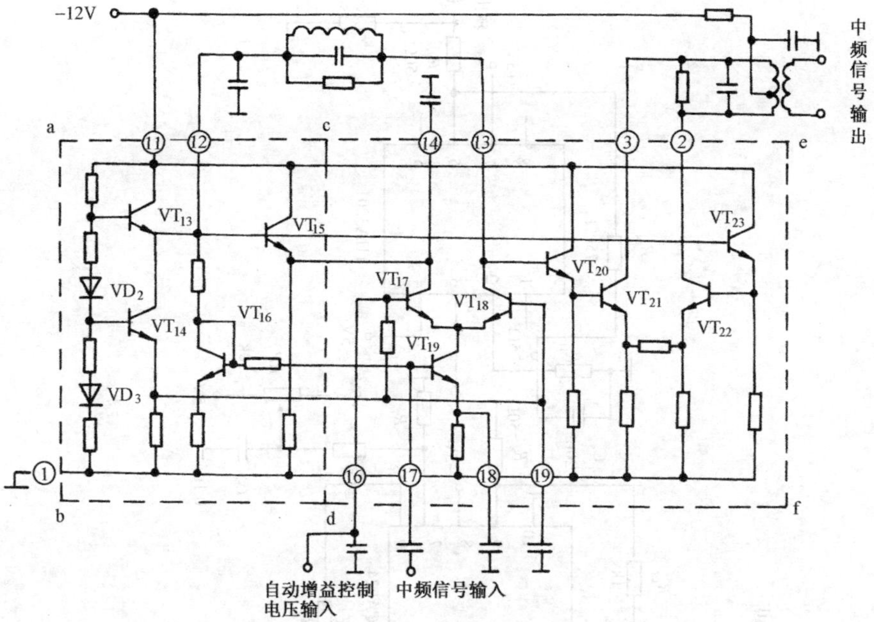

图 2.4.10　5G313 型线性集成电路部分线路图

2.4.4　射频宽带放大器

近几年来，我国的电子技术和电子工业得到飞速发展，新技术、新器件和新工艺日新月异。特别是移动通信、广播、电视、无线电防范报警、射频识别(RFID)、无线电遥控遥测、雷达、无线电精密制导及电子对抗等技术的飞速发展，而以上系统均离不开宽带、信号放大。2013 年和 2015 年全国大学生电子设计竞赛均出了射频宽带放大器设计题，从众多的优秀作品中选出两种典型电路进行分析。

一、射频宽带放大器(2013 年全国大学生电子设计竞赛 D 题)

任务：设计并制作一个射频宽带放大器

要求：(1) 放大器的输入阻抗 $R_i=50\Omega$，输出阻抗 $R_o=50\Omega$。

(2) 电压增益 $A_u \geqslant 60$dB，输入电压有效值 $U_i \leqslant 1$mV。A_u 在 0～60dB 范围内可调。

(3) 在 $A_u \geqslant 60$dB 时，输出端噪声电压的峰峰值 $U_{ONPP} \leqslant 100$mV。

(4) 放大器 BW 的下限频率 $f_L \leqslant 0.3$MHz，上限频率 $f_H \geqslant 100$MHz，并要求在 1MHz～80MHz 频带内增益起伏≤1dB。该项目要求在 $A_u \geqslant 60$dB(或可达到最高电压增益点)，$U_o \geqslant 1$V，输出波形无明显失真条件下测试。

(5) $U_o \geqslant 1$V，输出信号波形无明显失真。

从众多的优秀作品中选出一个作品(2013 年湖南赛区评估满分)，其所设计的电路图如图 2.4.11所示。

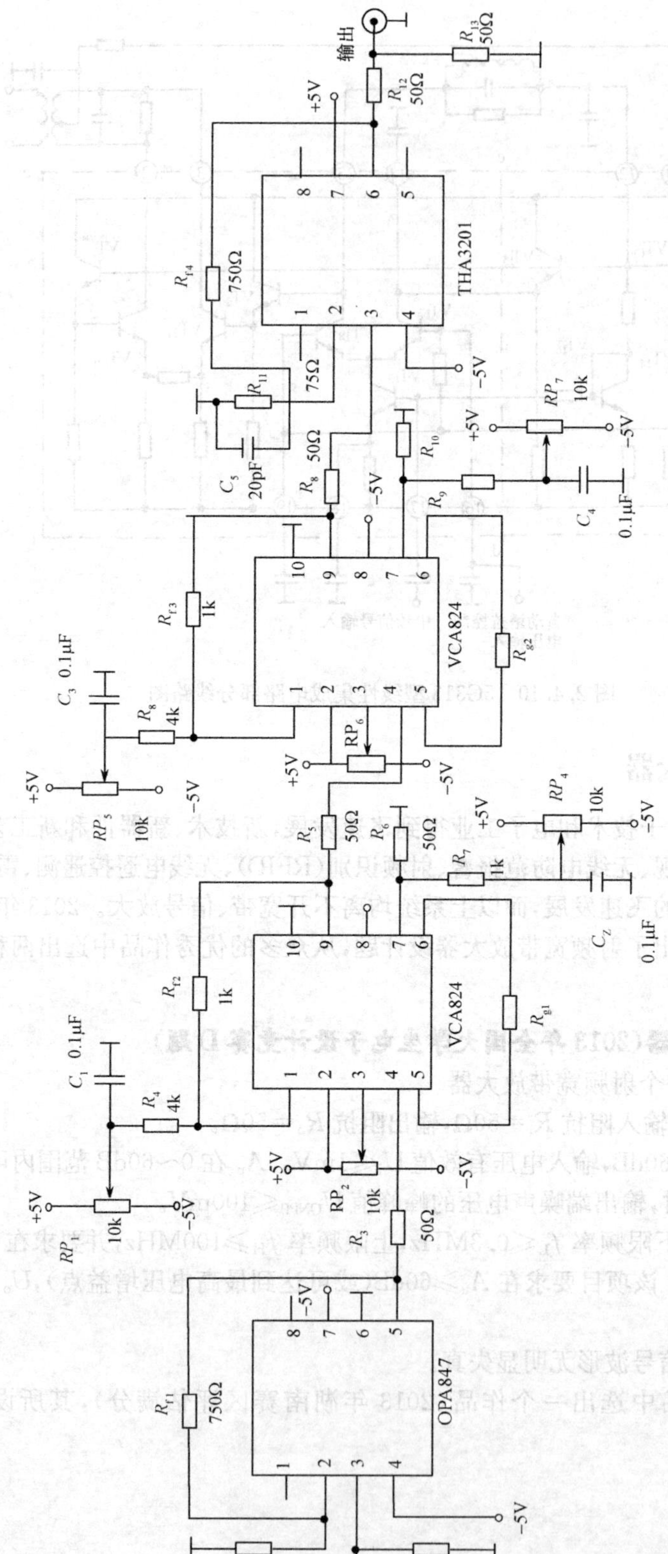

图 2.4.11 射频宽带放大器

根据图 2.4.11 画出原理框图，如图 2.4.12 所示。

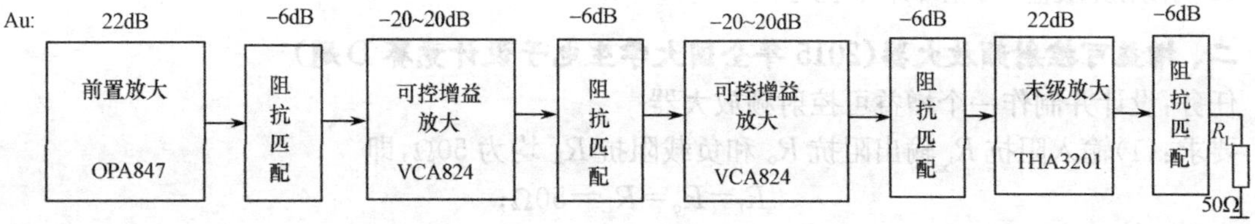

图 2.4.12　射频宽带放大器原理框图

1. 宽带放大器增益控制范围

$A_{umin}=22-6-20-6-20-6+22-6=-20dB$

$A_{umax}=22-6+20-6+20-6+22-6=+60dB$

采用手动连续调节增益，满足 0～60dB 范围内可调。

2. 带宽范围

由于级间采用直接耦合方式，故 $f_L \to 0$；

上限频率 f_H 根据下式公式(2.4.14)进行计算，$f_H \doteq 200MHz$。

$$\frac{1}{f_H}\approx 1.1\sqrt{\frac{1}{f_{H1}^2}+\frac{1}{f_{H2}^2}+\frac{1}{f_{H3}^2}+\frac{1}{f_{H4}^2}} \qquad (2.4.14)$$

由于电路加装高频补偿电容 C_5(20pF)，使得实测 f_H 为 260MHz。

所以总的频率带宽 BW＝0～260MHz。满足题目 0.3MHz～100MHz 的要求。

3. 带内增益起伏

该项技术指标能否满足主要取决于芯片选型和级间阻抗匹配。由于所选集成芯片 OPA847、VCA824、THA3201，其带内增益起伏均小于 1dB，且输入输出及级间采用阻抗匹配技术。故总系统满足在 1MHz～80MHz 频率范围增益起伏小于 1dB 的要求。实测 0～150MHz 带内增益起伏小于 1dB。

4. 波形失真

由于各级放大均采用负反馈放大，工作在线性区。输出波形无明显失真。

5. 噪声电压

多级放大的噪声系数 N_F 按下式计算：

$$N_F=N_{F1}+\frac{N_{F2}-1}{G_{pa1}}+\frac{N_{F3}-1}{G_{pa1}G_{pa2}}+\frac{N_{F4}-1}{G_{pa1}\cdot G_{pa2}\cdot G_{pa3}} \qquad (2.4.15)$$

N_F 主要由第一级的噪声系数 N_{F1} 和第一级增益 G_{pa1} 决定。由于第一级采用低噪声集成芯片 OPA847，且放大倍数较高，故实测 $U_{ONPP}=54mV$，满足 $U_{ONPP}\leqslant 100mV$ 的题目设计要求。

6. 射频放大器稳定性

由于射频宽带放大器频带宽，增益高($A_u\geqslant 60dB$)、输入电平低($U_i\leqslant 1mV$)，若线路排版、走线不合理，不注意电流、地线去耦等，电路容易产生自激或寄生振荡，造成系统不稳定，乃至无法正常工作。

本系统设计采用如下措施：

(1) 注意级联方式及各级的放大方式，尽量使相位避免满足振荡条件；

(2) 采用电流、地线去耦电路；

(3) 使输出端口远离输入端口,采用空间隔离;

(4) 采用屏蔽盒,防止外来干扰等。

二、增益可控射频放大器(2015年全国大学生电子设计竞赛D题)

任务:设计并制作一个增益可控射频放大器

要求:(1)输入阻抗 R_{i_x} 输出阻抗 R_o 和负载阻抗 R_L 均为 50Ω,即

$$R_i = R_o = R_L = 50\Omega;$$

(2) 放大器的电压增益 $A_u \geqslant 50$dB,增益控制范围 12dB 至 52dB,增益控制步长为 4dB,$|\Delta A_u| \leqslant 2$dB,并能显示设定的增益;

(3) 输入电压有效值 $U_i \leqslant 5$mV,且输出电压有效值 $U_o \geqslant 2$V,无明显的波形失真;

(4) −3dB 的通频带不窄于 40~200MHz,即 $f_L \leqslant 40$MHz 和 $f_H \geqslant 200$MHz;

(5) 在 50MHz~160MHz 带内增益波动不大于 2dB;

(6) 电压增益≥52dB,当输入频率 $f \leqslant 20$MHz 或输入频率 $f \geqslant 270$MHz 时,实测电压增益 A_u 均不大于 20dB;

(7) 其他。

此题与 2013 年射频宽带放大器相比,技术指标大同小异,只不过上限截止频率由 100MHz 提高至 200MHz,带外对干扰信号的抑制性能提高了,增加了增益控制,进步为 4dB。

从众多的优秀作品中选出一个"傻瓜"作品,所谓"傻瓜"就是设计非常合理,放大器各级的调试和联调均变得非常容易和简单,各项技术指标很容易满足。其原理框图如图 2.4.13 所示,详细的原理图如图 2.4.14 所示。

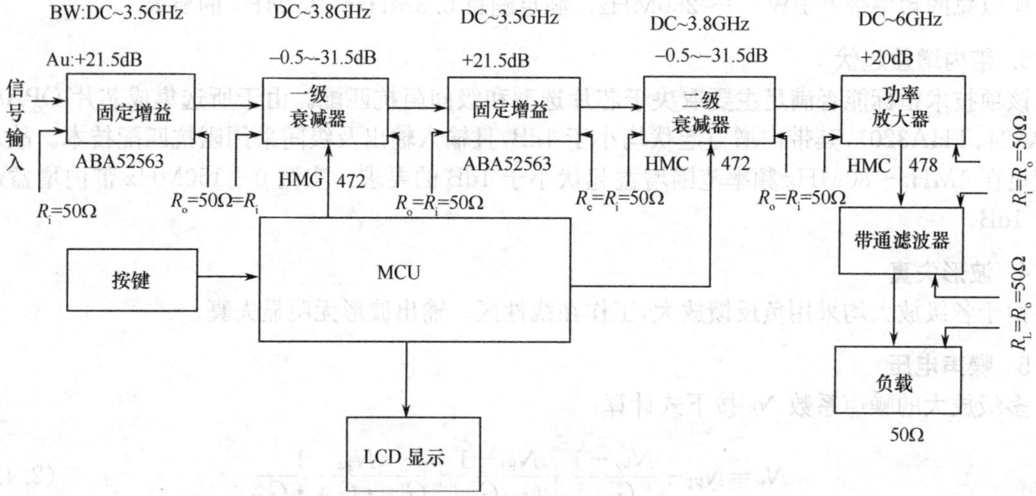

图 2.4.13 系统总体框图

该系统结构由固定增益电压放大器加程控衰减器构成,所选取固定增益模块(ABA52563)、程控衰减模块(HMC472)及末级功放模块(HMC478)性价比高,上限截止频率 f_H 均大于 1GHz,通带内增益波动均小于 1dB,而且输入、输出阻抗均为 50Ω。测调时所采用高频信号发生器输出阻抗、数字示波器输入阻抗及扫频仪(输入、输出阻抗)均为 50Ω。最后一级带通滤波器输入、输出阻抗也是按 50Ω 设计的,甚至连接每个模块的微带线也设计成 50Ω,利用 ADS 软件仿真可得到使用板材 50Ω 微带线的线宽为 1.976mm,然后再画 PCB 图。带通滤波器采用了专用的滤波器软件 Filter Solution 仿真模拟。只要将单元电路调试好,总机联调时其工作量极微。各项技术指标均满足技术指标要求。这就是"傻瓜"机的由来。

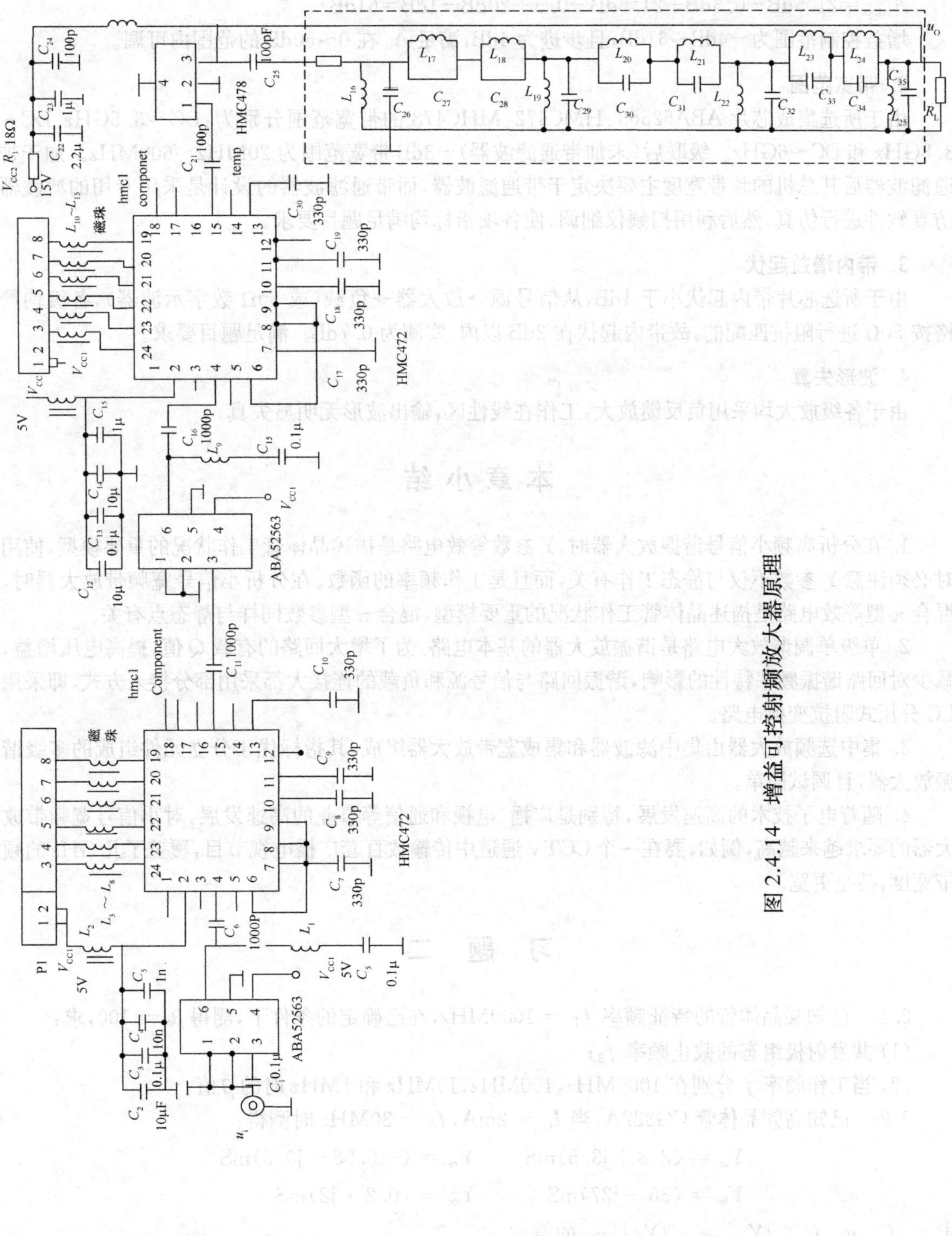

图 2.4.14 增益可控射频放大器原理

下面对程控射频宽带放大器的各项技术指标进行计算。

1. 增益控制范围

$A_{umin}=21.5dB-31.5dB+21.5dB-31.5dB+20dB-1dB=-4dB$

$A_{umax}=21.5dB-0.5dB+21.5dB-0.5+20dB-1dB=61dB$

增益控制范围为-4dB～61dB,且步进为4dB,满足A_u在0～60dB的范围内可调。

2. 带宽范围

由于所选集成芯片ABA52563、HMC472、MHC478的带宽范围分别为:DC～3.5GHz、DC～3.8GHz和DC～6GHz。级联后(未加带通滤波器)-3dB带宽范围为20MHz～600MHz。加于带通滤波器后其总机的频带宽度主要决定于带通滤波器,而带通滤波器的设计是采用专用的滤波器仿真软件进行仿真,然后利用扫频仪细调,使各项指标均满足题目要求。

3. 带内增益起伏

由于所选芯片带内起伏小于1dB,从信号源→放大器→负载(或50Ω数字示波器),各级均严格按50Ω进行阻抗匹配的,故带内起伏在2dB以内,实测为0.7dB。满足题目要求。

4. 波形失真

由于各级放大均采用负反馈放大,工作在线性区,输出波形无明显失真。

本章小结

1. 在分析高频小信号谐振放大器时,Y参数等效电路是描述晶体管工作状况的重要模型,使用时必须注意Y参数不仅与静态工作有关,而且是工作频率的函数。在分析小信号宽频带放大器时,混合π型等效电路是描述晶体管工作状况的重要模型,混合π型参数同样与静态点有关。

2. 单级单调谐放大电路是谐振放大器的基本电路。为了增大回路的有载Q值,提高电压增益,减少对回路谐振频率特性的影响,谐振回路与信号源和负载的连接大都采用部分接入方式,即采用LC分压式阻抗变换电路。

3. 集中选频放大器由集中滤波器和集成宽带放大器组成,其指标优于分立元件组成的多级谐振放大器,且调试简单。

4. 随着电子技术的高速发展,特别是广播、电视和通信等事业的高速发展,对小信号宽频带放大器的要求越来越高,例如,要在一个CCTV通道中传输数百套广播电视节目,覆盖了几GHz的频带宽度,甚至更宽。

习 题 二

2.1 已知某晶体管的特征频率$f_T=1000$MHz,在已确定的条件下,测得$\beta_0=100$,求:

(1) 共发射极组态的截止频率f_β;

(2) 当工作频率f分别在1000MHz,100MHz,10MHz和1MHz时的β值。

2.2 已知高频晶体管CG322A,当$I_C=2$mA,$f_0=30$MHz时测得:

$$Y_{ie}=(2.8+j3.5)\text{mS} \qquad Y_{re}=(-0.08-j0.3)\text{mS}$$

$$Y_{fe}=(36-j27)\text{mS} \qquad Y_{oe}=(0.2+j2)\text{mS}$$

求g_{ie},C_{ie},g_{oe},C_{oe},$|Y_{re}|$,φ_{re},$|Y_{fe}|$,φ_{fe}的值。

2.3 图P2.1所示为一调谐放大器,其工作频率$f=10.7$MHz,调谐回路用中频变压器

$L_{1-2}=4\mu H$，$Q_0=100$，其抽头为 $N_{1-2}=4$ 圈，$N_{2-3}=5$ 圈，$N_{4-5}=5$ 圈。晶体管 3DG39，在 $U_{ce}=8V$，$I_e=200mA$ 和工作频率上测得：

$$g_{ie}=2860\mu S,\quad C_{ie}=18pF$$
$$g_{oe}=200\mu S,\quad C_{oe}=7pF$$
$$|Y_{fe}|=45ms,\quad |Y_{re}|\approx 0$$

计算电压增益 A_{uo}，通频带 B。

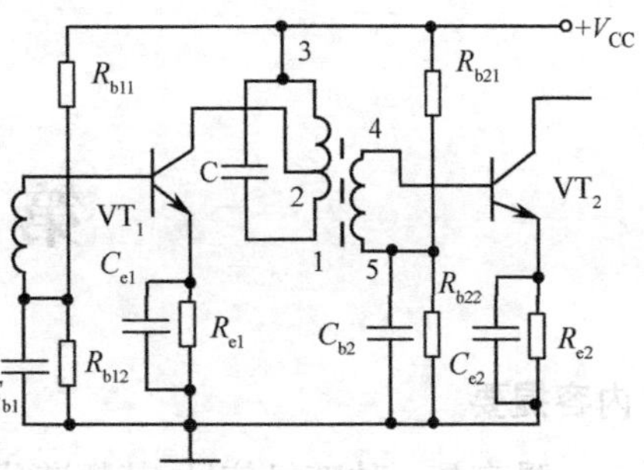

图 P2.1　习题 2.3 图

2.4　设有一级单调谐中频放大器，其增益 $A_{uo}=10$，通频带 $B=4MHz$，如果用一级完全相同的中频放大器与之级联，这时两级中放的总增益和通频带为多少？若要求级联后的总通频带为 4MHz，问每级放大器应该怎样改动？改动后的总增益为多少？

*2.5　设有一级单调谐中频放大器，谐振时电压增益 $A_{uo}=10$，通频带 $B_1=2MHz$，如果再用一级电路结构相同的中放与其组成双参差调谐放大器，工作于最佳平坦状态，求级联通频带 B 和级联电压增益 A_{uo} 各为多少？若要求同样改变每级放大器的带宽使级联带宽 $B'=8MHz$，求改动后的级联电压增益 A'_{uo} 为多大？

2.6　为什么在晶体管高频小信号放大器中要考虑阻抗匹配问题？

2.7　3DG6C 型晶体管在 $U_{CE}=10V$，$I_{EQ}=1mA$ 时，$f_T=250MHz$，又 $r_{bb'}=70\Omega$，$C_{b'c}=3pF$，$\beta_0=50$。求该管在频率 $f=10MHz$ 时共发射极电路的 Y 的参数。

*2.8　在图 P2.2 中晶体管 3DG39 的直流工作点是 $U_{CE}=+8V$，$I_E=2mA$，工作频率 $f=10.7MHz$；调谐回路采用中频变压器，$L_{1-3}=4\mu H$，$Q_0=10$，其抽头为 $N_{2-3}=5$ 圈，$N_{1-3}=20$ 圈，$N_{4-5}=5$ 圈，试计算放大器的下列各值：电压增益，功率增益，通频带，回路插入损耗，晶体管 3DG39 在 $U_{CE}=8V$，$I_E=2mA$ 时参数如下：

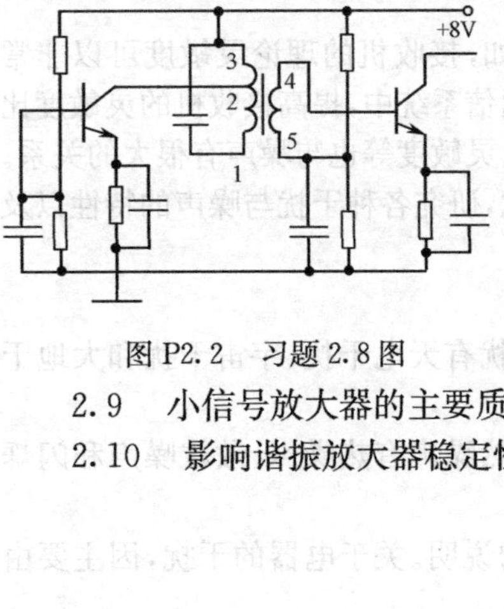

图 P2.2　习题 2.8 图

$$g_{ie}=2860\mu S\qquad C_{ie}=18pF$$
$$g_{oe}=200\mu S\qquad C_{oe}=7pF$$
$$|Y_{fe}|=45mS\qquad \varphi_{fe}=-54^\circ$$
$$|Y_{re}|=0.31mS\qquad \varphi_{re}=-88.5^\circ$$

2.9　小信号放大器的主要质量指标有哪些？设计时遇到的主要问题是什么？

2.10　影响谐振放大器稳定性的因素是什么？反馈导纳的物理意义是什么？

第3章 噪声与干扰

内容提要

噪声是一种随机信号，其频谱分布于整个无线电工作频率范围，因此它是影响各类收信机和放大器性能的主要因素之一。本章首先介绍噪声的来源及特点，然后介绍噪声系数的计算方法，以及降噪措施。

3.1 概述

在雷达、通信、广播、电视和遥控遥测等无线电系统中，接收机和放大器的输出端除了有用信号以外，还夹杂着有害的干扰。干扰的种类很多，有的是从无线电设备外部来的，如雷电干扰、宇宙干扰和工业干扰等，通常叫做外部干扰；有的则是设备内部产生的，如收音机常常可以听到一种“沙沙”声，这种声音在广播停顿的间隙更为明显，又如在电视接收机的图像背景上，经常可以看到“雪花”似的背景，在雷达显示器的荧光屏上，则可以看到一片杂乱无章的所谓“茅草”，此起彼伏，有时甚至可以把目标的回波信号淹没掉，如此等等，这些“沙沙”声、“雪花”背景和“茅草”等都是接收机或放大器内部产生的干扰，通常叫做内部噪声，它可以使人们的听觉、视觉产生错觉，从而使人们的逻辑判断产生差错。

目前电子设备的性能在很大程度上与干扰和噪声有关。例如，接收机的理论灵敏度可以非常高，但是考虑了噪声以后，实际灵敏度就不可能做得很高。而在通信系统中，提高接收机的灵敏度比增加发射机的功率更为有效。在其他电子仪器中，它们的准确性、灵敏度等也与噪声有很大的关系。另外，由于各种外部干扰的存在，大大影响了接收机的工作。因此，研究各种干扰与噪声的特性以及降低干扰和噪声的方法，是十分必要的。

干扰与噪声的分类如下：

干扰一般指外部干扰，可分为自然的和人为的干扰。自然干扰有天电干扰、宇宙干扰和大地干扰等。人为干扰主要有工业干扰和无线电器的干扰。

噪声一般指内部噪声，也可以分为自然的和人为的噪声。自然噪声有热噪声、散粒噪声和闪烁噪声等。人为噪声有交流噪声、感应噪声、接触不良噪声等。

本章主要讨论自然噪声，对工业干扰和天电干扰只做简略的说明。关于电器的干扰，因主要由晶体管的非线性特性引起，所以放在第6章频谱变换电路中讨论。

需要指出的是，噪声问题所涉及的范围很广，计算比较复杂，详细的理论分析不属本课程范围。我们只能对上述问题做一些简要的介绍和分析，有些公式由于推理较繁，就直接写出结果，便于运用。

3.2 噪声的来源和特点

理论上说，任何电子线路都有电子噪声，但是因为通常电子噪声的强度很弱，因此它的影响主要体现在有用信号比较弱的场合，比如，在接收机的前级电路（高放、混频）中，或在多级高增益的音频放大、视频放大器中就要考虑电子噪声对它们的影响。在设计某些设备或电子系统中，也要考虑电子噪声对设备或系统的影响。在电子线路中，噪声来源主要有两方面：电阻热噪声和半导体管噪声，两者有许多相同的特性。

3.2.1　电阻的热噪声

电阻由导体等材料组成，导体内的自由电子在一定的温度下总是处于"无规则"的热运动状态，这种热运动的方向和速度都是随机的。自由电子的热运动在导体内形成非常弱的电流。根据长时间观察，这些电流的总和为零，但在某一瞬时电流在某一方向有一定数值。由于瞬时电流的幅值及相位均是随机的，便在电阻的两端产生如图 3.2.1 所示的起伏噪声电压。这种由电子热运动造成的噪声称为热噪声。

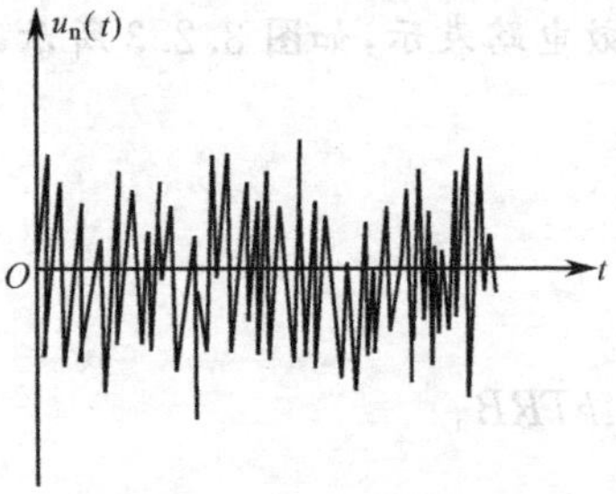

图 3.2.1　平均值为零的起伏噪声电压的波形

1. 电阻热噪声的特点及计算

实验和理论分析证明：电阻热噪声作为一种起伏噪声，具有极宽的频谱，从零频一直延伸到 10^{13} Hz 以上的频率，而且它的各个频率分量的强度是相等的。这种频谱与白色光的光谱类似，因此将它定义为白噪声，电阻的热噪声就是一种白噪声。

衡量起伏噪声的强度通常用噪声电压均方值表示，可写为

$$\overline{u_n^2} = \lim_{T\to\infty}\frac{1}{T}\int_0^T u_n^2(t)\,dt \tag{3.2.1}$$

电压平方可以看做是这个电压在 1Ω 电阻上消耗的功率，而单位频带内的功率叫做功率谱密度 $W(f)$。实验和理论分析证明，电阻 R 产生的热噪声功率谱密度为

$$W(f) = 4kTR \quad \mathrm{V^2/Hz}$$

式中，k 为玻耳兹曼常数，$k = 1.38\times10^{-23}\,\mathrm{J\cdot K^{-1}}$；$T$ 为热力学温度，单位为 K。

尽管热噪声的频谱很宽且是均匀的，但在放大器中，只有位于放大器通频带内的那一部分噪声功率才能通过或得到放大。假定放大器的等效噪声带宽为 B_n，则电阻热噪声电压的均方值为

$$\overline{u_n^2} = W(f)B_n = 4kTRB_n \tag{3.2.2}$$

由上式可见，频带越宽，温度越高，阻值越大，噪声电压就越大。

【例 3.2.1】　已知一放大器的等效噪声带宽为 100kHz，求 1kΩ 电阻工作在 300K 时的热噪声电压为多少？

解　$\sqrt{\overline{u_n^2}} = \sqrt{4kTRB_n} = \sqrt{4\times1.38\times10^{-23}\times300\times10^3\times10^5} \approx 1.29(\mu\mathrm{V})$

应该指出，上面所讨论的是采用金属导体作电阻（如金属膜电阻或线绕电阻）的情况。如果采用碳膜电阻、碳质电阻，除了热噪声外，因碳粒之间的放电和表面效应等也会产生噪声。这类电阻噪声较大，所以在设计低噪声放大器时，应尽量避免使用。

2. 电阻的噪声等效电路

一个实际的电阻在电路中的作用，可以用一个理想的（不产生噪声）电阻 R 和一个均方值为 $\overline{u_n^2}$ 的噪声电压源相串联的电路来等效，如图 3.2.2(a) 所示。也可用一个理想电阻 R 和一个噪声电流源 $\overline{i_n^2}$ 相并联的电路来表示，如图 3.2.2(b) 所示。在等效噪声带宽 B_n 内，电阻 R（或电导 $g = 1/R$）产生的噪声电流均方值为

$$\overline{i_n^2} = \frac{\overline{u_n^2}}{R^2} = \frac{4kTRB_n}{R^2} = 4kT\,gB_n \tag{3.2.3}$$

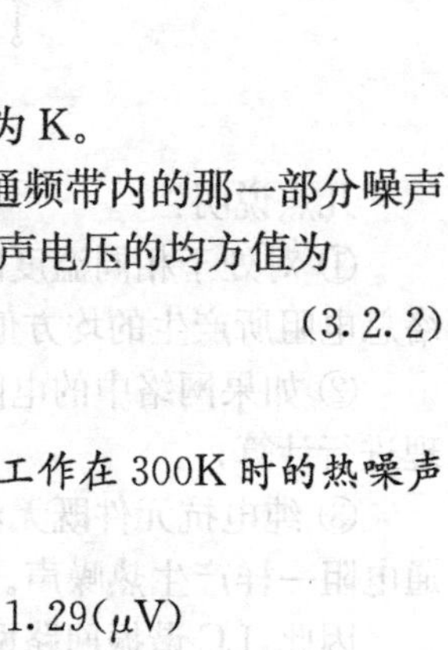

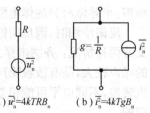

(a) $\overline{u_n^2}=4kTRB_n$　　(b) $\overline{i_n^2}=4kTgB_n$

图 3.2.2　电阻的等效电路

一般当数个元件相串联时,用电压源等效电路比较方便,而当数个元件并联时,用电流源等效电路比较方便。当实际电路中包括多个电阻时,每一个电阻都将引入一个噪声源。对于线性网络的噪声,适用均方叠加法则,此时总的噪声输出功率是每个噪声源单独作用在输出端所产生的噪声功率之和。

【例3.2.2】 试求两个处于相同温度的电阻 R_1 和 R_2 并联后,在频带 B_n 内的总均方值噪声电压。

解 由于 R_1 和 R_2 是并联的,因此将它们分别用电流源噪声等效电路表示,如图3.2.3所示,其中

$$\overline{i_{n1}^2} = \frac{4kTB_n}{R_1} \qquad \overline{i_{n2}^2} = \frac{4kTB_n}{R_2}$$

它们在并联电阻 R 两端产生的总噪声电压为

$$\overline{u_n^2} = (\overline{i_{n1}^2} + \overline{i_{n2}^2})R^2 = 4kT\left(\frac{1}{R_1} + \frac{1}{R_2}\right)B_nR^2 = 4kTRB_n$$

式中

$$R = \frac{R_1R_2}{R_1 + R_2}$$

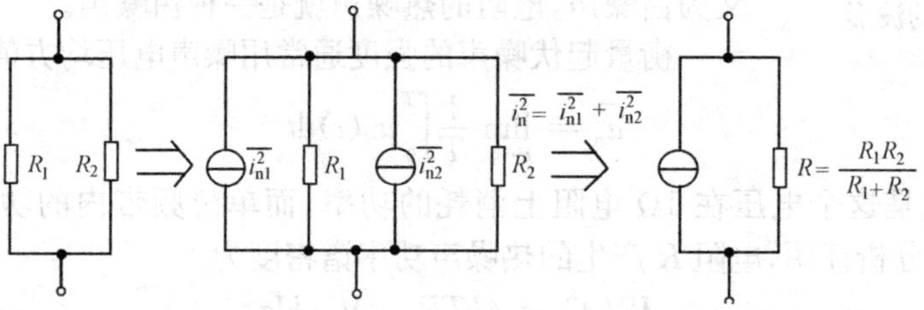

图3.2.3 电阻并联时噪声计算的等效电路

几点说明:

① 对处于相同温度的电阻所构成的网络,不论串联还是并联,总的均方值噪声电压都等于网络总电阻所产生的均方值噪声电压;

② 如果网络中的电阻处于不同温度或是受不同带宽限制,只能按均方叠加法则即功率相加原理进行计算;

③ 纯电抗元件既无消耗功率也不产生热噪声,实际的电抗元件一般都含有电阻分量,也与普通电阻一样产生热噪声。

因此,LC谐振回路两端产生的噪声电压均方值可按式(3.2.2)计算,式中的 R 应为谐振电阻。

3.2.2 二极管的噪声

晶体二极管工作状态可分为正偏和反偏两种,正偏使用时,主要是直流通过PN结时产生散粒噪声。半导体材料的体电阻产生热噪声可忽略不计。

反偏使用时,因反向饱和电流很小,故其产生的散粒噪声也小,如果达到反向击穿(如稳压管),又分两种情况:齐纳击穿二极管主要是散粒噪声,个别的有 $1/f$ 噪声(闪烁噪声)。雪崩击穿二极管的噪声较大,除有散粒噪声外,还有多态噪声,即其噪声电压在两个或两个以上不同电平上进行随机转换,不同电平可能相差若干个毫伏。这种多电平工作是由于结片内杂质缺陷和结宽的变化所引起的。

硅二极管工作电压在4V以下是齐纳二极管,7V以上的是雪崩二极管,4～7V之间两种二极管都有。为了低噪声使用,最好选用低压齐纳二极管。

3.2.3 晶体三极管的噪声

晶体三极管的噪声是设备内部固有噪声的另一个重要来源。一般来说，在一个放大电路中，晶体三极管的噪声往往比电阻热噪声强得多。在晶体三极管中，除了热噪声（如基极电阻 $r_{bb'}$ 会产生热噪声）外，还有以下几种噪声来源。

1. 散弹（粒）噪声

在晶体管的PN结中（包括二极管的PN结），每个载流子都是随机地通过PN结的（包括随机注入、随机复合）。大量载流子流过PN结时的平均值（单位时间内平均）决定了它的直流电流 I_0，因此真实的结电流是围绕 I_0 起伏的。这种由于载流子随机起伏流动产生的噪声称为散弹噪声，或散粒噪声。这种噪声也存在于电子管、光电管之类器件中，是一种普遍的物理现象。由于散弹噪声是大量载流子引起的，每个载流子通过PN结的时间很短，因此它们的噪声谱和电阻热噪声相似，具有平坦的噪声功率谱。也就是说，散弹噪声也是白噪声。根据理论分析和实验表明，散弹噪声引起的电流起伏均方值与PN结的直流电流成正比。如果用噪声均方电流谱密度表示，有

$$S_I(f) = 2qI_0 \tag{3.2.4}$$

式中，q 为每个载流子的电荷量，$q = 1.6\times10^{-19}$C；I_0 为结的平均电流。此式称为肖特基公式，一般情况下，散弹噪声大于电阻热噪声。

因为散弹噪声和电阻热噪声都是白噪声，前面关于热噪声通过线性系统的分析对散弹噪声也完全适用。这包括均方叠加的法则，通过四端网络的计算以及等效噪声带宽等。

晶体管中有发射结和集电结，因为发射结工作于正偏，结电流大；而集电结工作于反偏，除了基极来的传输电流外，只有反向饱和电流（它也产生散弹噪声）。因此发射结的散弹噪声起主要作用，而集电结的噪声可以忽略。

2. 分配噪声

晶体管中通过发射结的少数载流子，大部分由集电极收集，形成集电极电流，其余少数载流子被基极流入的多数载流子复合，产生基极电流。由于基极中载流子的复合也具有随机性，即单位时间内复合的载流子数目是起伏变化的，晶体管的电流放大系数 α、β 只是反映平均意义上的分配比。这种因分配比起伏变化而产生的集电极电流、基极电流起伏噪声，称为晶体管的分配噪声。

分配噪声本质上也是白噪声，但由于渡越时间的影响，当三极管的工作频率高到一定值后，这类噪声的功率谱密度将随频率的增加而迅速增大。

3. 闪烁噪声

由于半导体材料及制造工艺水平造成表面清洁处理不好而引起的噪声称为闪烁噪声。它与半导体表面少数载流子的复合有关，表现为发射极电流的起伏，其电流噪声谱密度与频率近似成反比，又称 $1/f$ 噪声。因此，它主要在低频（如几千赫兹以下）范围起主要作用。这种噪声也存在于其他电子器件中，某些实际电阻器就有这种噪声。晶体管在高频应用时，除非考虑它的调幅、调相作用，这种噪声的影响也可以忽略。

3.2.4 场效应管噪声

在场效应管中，由于其工作原理不是靠载流子的扩散运动，因而散弹噪声的影响很小。场效应管的噪声有以下几个方面的来源：沟道电阻产生的热噪声，沟道热噪声通过沟道和栅极电容的耦合作用在栅极上的感应噪声，闪烁噪声。

必须指出，前面讨论的晶体管中的噪声，在实际放大器中将同时起作用并参与放大。有关晶体管的噪声模型和晶体管放大器的噪声比较复杂，这里就不讨论了。

3.2.5 接收天线噪声

接收天线端口呈现噪声有两个来源：第一是欧姆电阻产生的噪声(通常可以忽略)；第二是接收外来噪声能量，其一是接收周围介质辐射的噪声能量，其二是宇宙辐射干扰也会被天线接收。因此，天线噪声是与其周围的介质温度、天线的指向(利用太阳光辐射产生的噪声可以测出天线的波瓣图)及频率有关的物理量。为了工程的方便，统一规定用天线的辐射电阻 R_A(是计算天线辐射功率大小的一个重要参量，不是天线的欧姆电阻)在温度 T_A 产生热噪声来表示天线的噪声性能。T_A 称为天线的等效噪声温度。

例如，有根辐射电阻为 200Ω 的天线，用带宽为 10^4Hz 的仪器测得其端口的噪声电压有效值为 0.1μV，用式(3.2.2)可算得

$$T_A = \frac{\overline{u_n^2}}{4kR_AB_n} = \frac{10^{-14}}{4\times1.38\times10^{-23}\times200\times10^4} \approx 90.6(\mathrm{K})$$

天线等效电路由辐射电阻 R_A 和电抗 X_A 组成。辐射电阻只表示天线接收和辐射信号功率，它不同于天线导体本身的电阻(天线导体本身电阻近似等于零)。所以就天线本身而言，热噪声是非常小的。但是，天线周围的介质微粒处于热运动状态。这种热运动产生扰动的电磁波辐射(噪声功率)，而这种扰动辐射被天线接收，然后由天线辐射出去。当接收与辐射的噪声功率相等时，天线和周围介质处于热平衡状态，因此天线中存在噪声的作用。热平衡状态下，天线中热噪声电压为

$$\overline{u_n^2} = 2kT_AR_AB_n \tag{3.2.5}$$

式中，R_A 为天线辐射电阻；T_A 为天线等效噪声温度。若天线无方向性，且处于热力学温度为 T 的无界限均匀介质中，则 $T_A = T$。天线的等效噪声温度 T_A 与天线周围介质的密度和温度分布以及天线的方向性有关。例如，频率高于 300MHz，用锐方向性天线做实际测量，当天线指向天空时，$T_A = 10\mathrm{K}$；当天线指向水平方向时，由于地球表面的影响，$T_A = 40\mathrm{K}$。

除此之外，还有来自太阳、银河系及月球的无线电辐射的宇宙噪声，这种噪声在空间的分布是不均匀的，且与时间(昼夜)和频率有关。

通常，银河系的辐射较强，其影响主要在米波及更长波(1.5m，1.85m，3m，15m)。长期观测表明，这种影响是稳定的。太阳的影响最大又极不稳定，它与太阳的黑子数目及日辉(即太阳爆发)有关。

3.3 噪声系数计算方法

研究噪声的目的在于如何减小它对信号的影响。因此，离开信号谈噪声是无意义的。从噪声对信号影响的效果看，不在于噪声电平绝对值的大小，而在于信号功率与噪声功率的相对值，即信噪比，记为 S/N(信号功率与噪声功率之比)。即便噪声电平绝对值很高，但只要信噪比达到一定要求，噪声影响就可以忽略。否则即便噪声绝对电平低，由于信号电平更低，即信噪比低于1，则信号仍然会淹没在噪声中而无法辨别。因此信噪比是描述信号抗噪声质量的一个物理量。

3.3.1 噪声系数的定义

要描述放大系统的固有噪声的大小，就要用噪声系数，其定义为

$$N_F = \frac{\text{输入端信噪比}}{\text{输出端信噪比}}$$

研究放大系统噪声系数的等效图如图 3.3.1 所示。其中，u_S 为信号源电压；R_S 为信号源内阻；R_L 为负载。

设 P_i 为信号源的输入信号功率，P_{ni} 为信号源内阻 R_S 产生的噪声功率，设放大器的功率增益为 G_p，带宽为 Δf，其内部噪声在负载上产生的功率为 P_{nao}；P_o 和 P_{no} 分别为信号和信号源内阻在负载上所产生的输出功率和输出噪声功率。任何放大系统都是由导体、电阻、电子器件等构成的，其内部一定存在噪声。由此不难看出，放大器以功率放大增益 G_p 放大信号功率 P_i 的同时，它也以同样的增益放大输入噪声功率 P_{ni}。此外，由于放大器系统内部有噪声，它必然在输出端造成影响。因此，输出信噪比要比输入信噪比低。N_F 反映出放大系统内部噪声的大小。噪声系数可由下式表示

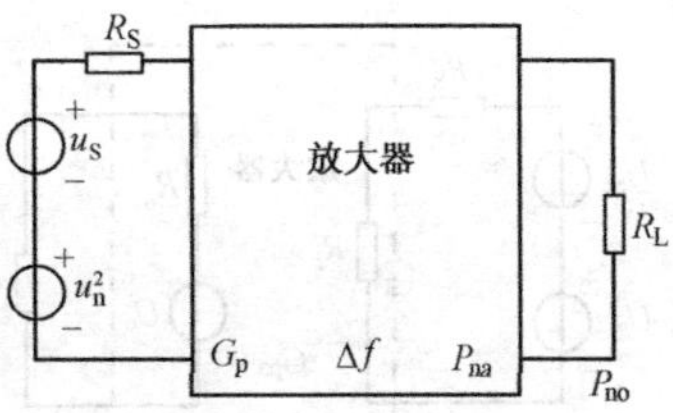

图 3.3.1　描述放大器噪声系数的等效图

$$N_F = \frac{(S/N)_i}{(S/N)_o} = \frac{P_i/P_{ni}}{P_o/P_{no}} \quad 或 \quad (N_F)_{dB} = 10\lg\left(\frac{P_i/P_{ni}}{P_o/P_{no}}\right) \tag{3.3.1}$$

噪声系数通常只适用于线性放大器，因非线性电路会产生信号和噪声的频率变换，噪声系数不能反映系统的附加的噪声性能。由于线性放大器的功率增益

$$G_p = \frac{P_o}{P_i}$$

所以式(3.3.1) 可写成

$$N_F = \frac{P_i/P_{ni}}{P_o/P_{no}} = \frac{P_i}{P_o}\frac{P_{no}}{P_{ni}} = \frac{P_{no}}{G_pP_{ni}} \tag{3.3.2}$$

式中，G_pP_{ni} 为信号源内阻 R_S 产生的噪声经放大器放大后，在输出端产生的噪声功率；而放大器输出端的总噪声功率 P_{no} 应等于 G_pP_{ni} 和放大器本身噪声在输出端产生的噪声功率 P_{nao} 之和，即

$$P_{no} = P_{nao} + G_pP_{ni} \tag{3.3.3}$$

显然，$P_{no} > G_pP_{ni}$，故放大器的噪声系数总是大于1的，理想情况下 $P_{nao} = 0$，噪声系数 N_F 才可能等于1。

将式(3.3.3) 代入式(3.3.2) 则得

$$N_F = 1 + \frac{P_{nao}}{G_pP_{ni}} \tag{3.3.4}$$

3.3.2　信噪比与负载的关系

设信号源内阻为 R_S，信号源的电压为 U_S（有效值），当它与负载电阻 R_L 相接时，在负载电阻 R_L 上的信噪比计算如下：

信号源在 R_L 上的功率

$$P_o = \left(\frac{U_S}{R_S + R_L}\right)^2 R_L$$

信号源内阻噪声在 R_L 上的功率

$$P_{no} = \left(\frac{\overline{u_n^2}}{(R_S + R_L)^2}\right) R_L$$

在负载两端的信噪比

$$\left(\frac{S}{N}\right)_o = \frac{P_o}{P_{no}} = \frac{U_S^2}{\overline{u_n^2}}$$

结论：信号源与任何负载相接并不影响其输入端信噪比，即无论负载为何值，其信噪比都不变，其值为负载开路时的信号电压平方与噪声电压均方值之比。

3.3.3　用额定功率和额定功率增益表示的噪声系数

放大器输入信号源电路如图 3.3.2 所示。任何信号源加上负载后，其信噪比与负载大小无关，

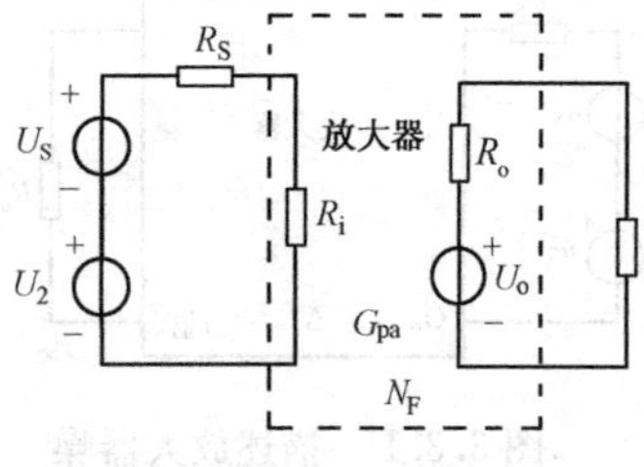

图 3.3.2　以额定功率表示的噪声系数

信噪比均为信号均方电压(或电流)与噪声均方电压(或电流)之比。为了方便计算噪声系数,可设放大器输入端和输出端阻抗匹配,即 $R_S=R_i$,$R_o=R_L$。放大器输入噪声功率和信号功率均为最大,输出端噪声功率和信号功率也均为最大,称为额定功率,故放大器的噪声系数 N_F 为

$$N_F=\frac{\text{输入端额定功率信噪比}}{\text{输出端额定功率信噪比}}$$

$$=\frac{P_{ai}/P_{ani}}{P_{ao}/P_{ano}}=\frac{P_{ano}}{G_{pa}P_{ani}} \tag{3.3.5}$$

式中,P_{ai} 和 P_{ao} 分别为放大器的输入和输出额定信号功率,P_{ani} 和 P_{ano} 分别为放大的输入和输出额定噪声功率,G_{pa} 为放大器的额定功率增益。

信号源输入额定噪声功率为

$$P_{ani}=\frac{\overline{u_n^2}}{4R_S}=\frac{4kTR_S\Delta f}{4R_S}=kT\Delta f \tag{3.3.6}$$

由此看出,不管信号源内阻如何,它产生的额定噪声功率是相同的,均为 $kT\Delta f$,与阻值大小无关,只与电阻所处的环境温度 T 和系统带宽有关。但信号源额定功率为 $P_{asi}=U_S{}^2/4R_S$,其中 U_S 为信号源电压有效值。随着 R_S 增加而减小,这也就是为什么接收机采用低内阻天线的原因。

3.3.4　多级放大器噪声系数的计算

已知各级的噪声系数和各级功率增益,求多级放大器的总噪声系数,如图 3.3.3 所示,由噪声系数定义可得

$$P_{ano1}=N_{F1}G_{pa1}kT\Delta f$$

在第二级输出端,由第一级和第二级产生的总噪声

$$\begin{aligned}P_{ano2}&=G_{pa2}P_{ano1}+G_{pa2}kT\Delta fN_{F2}-kT\Delta fG_{pa2}\\&=G_{pa2}G_{pa1}N_{F1}kT\Delta f+(N_{F2}-1)G_{pa2}kT\Delta f\end{aligned}$$

由于由 R_{o1} 所产生的噪声已在 P_{ano1} 中考虑,故这里应减掉,所以第一、第二两级的噪声系数为

$$N_{F1\sim2}=\frac{G_{pa1}G_{pa2}kT\Delta fN_{F1}}{G_{pa1}G_{pa2}kT\Delta f}+\frac{(N_{F1}-1)G_{pa2}kT\Delta f}{G_{pa1}G_{pa2}kT\Delta f}=N_{F1}+\frac{N_{F2}-1}{G_{pa1}} \tag{3.3.7}$$

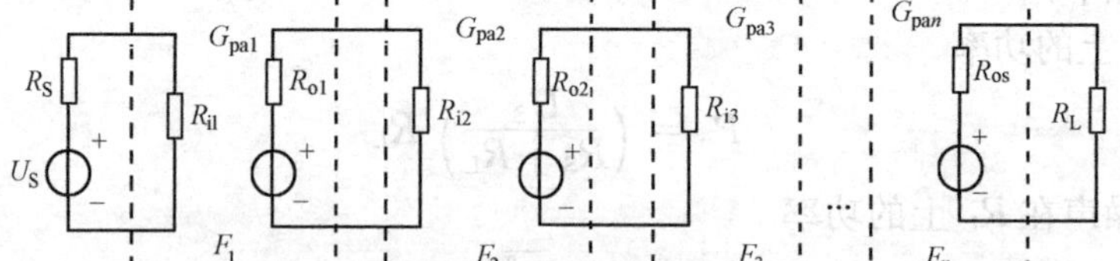

图 3.3.3　多级放大器噪声系数计算等效图

同理,可以导出多级放大器的总噪声系数计算公式为

$$N_{F1\sim n}=N_{F1}+\frac{N_{F2}-1}{G_{pa1}}+\frac{N_{F3}-1}{G_{pa1}G_{pa2}}+\frac{N_{F4}-1}{G_{pa1}G_{pa2}G_{pa3}}+\cdots+\frac{N_{Fn}-1}{G_{pa1}G_{pa2}\cdots G_{pa(n-1)}} \tag{3.3.8}$$

上式表明,在多级放大器中,各级噪声系数对总噪声系数的影响是不同的,第一级的噪声系数起决定性作用,越往后影响就越小。因此要降低整个放大器的噪声系数,最主要的是降低前级(尤其是第一级)的噪声系数,并提高它们的额定功率增益。

3.3.5　等效噪声温度

在某些通信设备中，用等效噪声温度 T_e 表示更方便更直接。热噪声功率与热力学温度成正比，所以可以用等效噪声温度来代表设备噪声大小。噪声温度可定义为：把放大器本身产生的热噪声折算到放大器输入端时，使噪声源电阻所升高的温度，称为等效噪声温度 T_e。

设放大器的噪声系数为 N_F，噪声源的温度为 T_o，则折算到放大器输入端的噪声功率为 $N_F kT_o\Delta f$，相当于新的温度为 $N_F T_o$，则它的温升

$$T_e = N_F T_o - T_o = (N_F - 1)T_o \tag{3.3.9}$$

由(3.3.9)式可得

$$N_F = 1 + \frac{T_e}{T_o} \tag{3.3.10}$$

T_e 只代表放大器本身的热噪声温度，与噪声功率大小无关。由上式可知，多级放大器的等效噪声温度为

$$T_e = T_{e1} + \frac{T_{e2}}{G_{pa1}} + \frac{T_{e3}}{G_{pa1}G_{pa2}} + \cdots + \frac{T_{en}}{G_{pa1}G_{pa2}\cdots G_{pa(n-1)}} \tag{3.3.11}$$

3.3.6　晶体管放大器的噪声系数

如图 3.3.4 所示，在共基极放大器噪声中求得各噪声源在放大器输出端所产生的噪声电压均方值总和，然后根据噪声系数的定义，可得到放大器的噪声系数的计算公式

$$N_F = 1 + \frac{r_{bb'}}{R_S} + \frac{r_e}{2R_S} + \frac{(R_S + r_{bb'} + r_e)^2}{2\alpha R_S r_e}\left(\frac{I_{c0}}{I_e} + \frac{1}{\beta_0} + \frac{f^2}{f_0^2}\right) \tag{3.3.12}$$

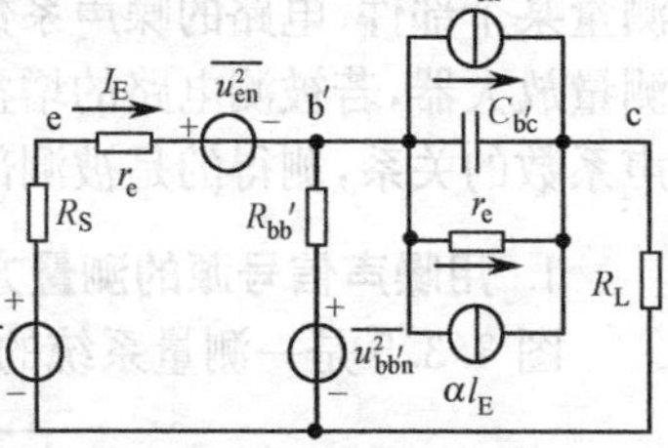

图 3.3.4　共基极放大器噪声等效电路图

式中，I_{c0} 为集电极的反向饱和电流，其他符号的意义在前面均已介绍过。由式(3.3.12)可知，放大器噪声系数 N_F 是 R_S 的函数。所以，在低频工作时，选用共发射极电路作为输入级比较有利，在高频工作时，则选用共基电路作为输入级更好。

3.3.7　噪声系数与灵敏度

噪声系数是用来衡量部件（如放大器）和系统（如接收机）噪声性能的。而噪声性能的好坏，又决定了输出端的信号噪声功率比（当信号一定时）。同时，当要求一定的输出信噪比时，它又决定了输入端必需的信号功率，也就是说决定放大或接收微弱信号的能力。对于接收机来说，接收微弱信号的能力，可以用一重要指标 —— 灵敏度来衡量。所谓灵敏度就是保持接收机输出端信噪比一定时，接收机输入的最小电压或功率（设接收机有足够的增益）。现举例说明，设某一电视接收机，正常接收时，所需最小信号噪声功率比为 20dB，电视接收机的带宽为 6MHz，接收机前端电路的噪声系数为 10dB，问接收机前端电路输入端的信号电平（灵敏度）至少应多大？

因为一般前端电路（高放、混频）的增益为 10 ～ 20dB，因此，它的噪声系数也就是接收机的噪声系数。已知要求的输出信噪比（S/N）为 20dB，则根据噪声系数定义输入信噪比应为

$$\left(\frac{S}{N}\right)_i = N_F\left(\frac{S}{N}\right)_o = 10 \times 10^2 = 1000$$

在多级网络级联的情况下，信号的通频带近似于系统的等效噪声带宽，因此，输入噪声功率为 $N_i = kTB$，要求的输入信号功率为

$$S_i = 1000kTB = 1000 \times 1.37 \times 10^{-23} \times 290 \times 6 \times 10^6$$

$$= 23.89 \times 10^{-12}(\mathrm{W}) = 23.89(\mathrm{pW})$$

设信号源的内阻为 $R_S = 75\Omega$,则所需的最小信号电势为

$$E_s = \sqrt{4R_S S_i} = \sqrt{4 \times 75 \times 23.8 \times 10^{-12}} = 84.5(\mu\mathrm{V})$$

由上面的分析可知,为了提高接收机的灵敏度(即降低 S_i 的值),有两条途径:一是尽量降低接收机的噪声系数 N_F,另一个是降低接收机前端设备的温度 T。

与噪声系数和接收机灵敏度都有关的一个参数是接收机线性动态范围 DR,它是指接收机任何部件在都不饱和的情况下的最大输入信号功率 S_{imax} 与接收机灵敏度(用功率表示)之比,有

$$\mathrm{DR(dB)} = S_{imax}(\mathrm{dBm}) + 114(\mathrm{dBm}) - B(\mathrm{dB \cdot MHz}) - N_F(\mathrm{dB})$$

式中,N_F 为接收机的总噪声系数,B 为接收机带宽,S_{imax} 为接收机在 1dB 压缩点时的最大输入信号功率。

3.3.8 噪声系数的测量

虽然线性电路(如晶体管放大器)有噪声模型,但是用计算方法决定噪声系数是有一定困难(如模型中的一些参数很难准确得到)的,因此常用测量的方法来确定一个电路和系统的噪声系数。随着频率范围、采用仪器或要求精度不同,有多种测量噪声系数的方法。下面简单介绍两种测量噪声系数的方法。通常,噪声源的噪声电平很低,即使一个放大器输出噪声,其噪声电平也很难直接测量,因此,除非是测量一个系统,比如一个接收机的噪声系数,它是一个可以直接测量的量,在测量某个部件、电路的噪声系数时,都应加上辅助的放大系统,比如用一个有某种频率选择电路的测量放大器,若被测电路的增益较大,而辅助放大系统的噪声又较低,则根据前面关于多级网络噪声系数的关系,测得的是被测部件的噪声系数。

1. 用噪声信号源的测量方法

图 3.3.5 是一测量系统的构成。噪声信号源在测量的频率内产生白噪声。

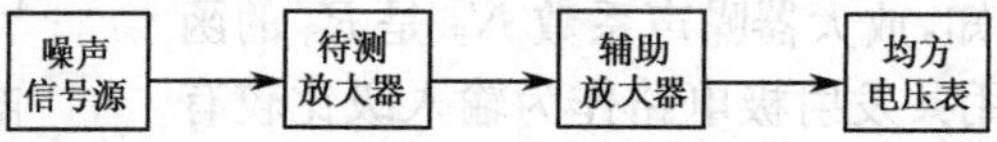

图 3.3.5 用噪声信号源测量噪声系数的原理方框图

通常用某真空二极管或半导体二极管做噪声源。令二极管的电流通过一电阻,利用电流中的散弹噪声与直流电流的关系,可以用直流电流大小表示产生的噪声谱密度。为了测量输出噪声功率,输出应采用指示均方根电压的电表或直接测量功率(用热效应的功率计)。测量在所关心的频率上进行,即辅助放大器的频率选择电路应调谐在指定频率上。在许多情况下,辅助放大系统也可以进行频率的线性变换(如采用超外差的方法),但不应进行解调,因为通常解调中噪声有非线性变换。测量方法如下:首先,令噪声源的输出为零(即将二极管电流调为零),此时,输出端测得一噪声功率值(或均方电压值),此噪声是被测部件的内部附加噪声和噪声信号源电阻产生的电阻热噪声经过放大后的噪声功率,设为 N_o。若能准确知道功率增益 K_p,又知道系统的等效带宽 B,则不难计算折算到输入端的噪声功率 $N_o' = N_o/K_p$,并根据式

$$N_F = \frac{N_o}{N_i K_p} = \frac{N_o/K_p}{N_i} \tag{3.3.13}$$

的定义计算出噪声系数为

$$N_F = \frac{N_o/K_p}{kTB}$$

但因采用噪声信号源,等效到输入端的噪声功率 N_o' 可以用替代方法确定。即第二步,从零开始增加噪声信号源的噪声功率(增加噪声二极管的直流电流),使得输出端的噪声加倍为 $2N_o$,此时噪声信号源输入到系统的噪声功率即为 N_o',它与二极管直流电流 I_0,噪声源内阻 R_S,噪声带宽 B 的

关系为

$$N'_o = \frac{1}{4}(2gI_0)BR_S$$

噪声系数为

$$N_F = \frac{N'_o}{kTB} = \frac{g}{2kT}R_S I_0 \tag{3.3.14}$$

可见，噪声系数直接与噪声二极管电流成正比，且与噪声带宽无关，而其余常数值都是已知的，因此，可以用直流电流直接标注测量的噪声系数。在上述测量中，设噪声源和系统间是阻抗匹配的，测得的噪声系数是在待测中心频率（即系统的频带中心）左右的噪声系数。这种测量噪声系数的方法很方便，并且较准确，关键是要有可以用的噪声信号源。

2. 无噪声源的测量方法

当无合适的噪声信号源，而又要测量部件或系统的噪声系数时，可以采用间接的方法，与图3.3.5类似，将噪声信号源换成一高频信号源即可。测量的方法如下：设信号源的内阻为R_S，并与系统匹配。首先，关断信号源（保留源电阻），在系统的输出端测出噪声功率值或电压均方根值。然后，加正弦信号，使输出电压远大于噪声电压值，测出中心频率的电压增益或功率增益，再改变信号源频率重复上述测量。根据测量结果可以绘出$|H(j\omega)|$或$|H(j\omega)|^2$曲线，从而计算出此系统的等效噪声带宽B。根据输出噪声功率，功率增益及带宽，也可由式(3.3.12)计算出此系统的噪声系数。但是这种测量方法由于要计算实际功率增益和噪声带宽，不但较繁，且准确性也较差。

3.4 降低噪声系数的措施

根据上面所讨论的结果，下面我们介绍几种经常采用的减小噪声系数的措施。

1. 选用低噪声器件和元件

在放大或其他电路中，电子器件的内部噪声起着重要作用。因此，改进电子器件的噪声性能和选用低噪声的电子器件，就能大大降低电路的噪声系数。

对晶体管而言，应选$r_b(r_{bb'})$和噪声系数N_F小的管子（可由手册查得，但N_F必须是高频工作时的数值）。除采用晶体管外，目前还广泛采用场效应管做放大器和混频器，因为场效应管的噪声电平低，尤其是最近发展起来的砷化镓金属半导体场效应管，它的噪声系数可低到0.5～1dB。在电路中，还必须谨慎地选用其他能引起噪声的电路元件，其中最主要的是电阻元件。宜选用结构精细的金属膜电阻。

2. 正确选择晶体管放大器的直流工作点

晶体管放大器的噪声系数N_F和晶体管的直流工作点有十分密切的关系。从式

$$N_F = 1 + \frac{r_{bb'}}{R_S} + \frac{r_e}{2R_S} + \frac{1}{2\alpha_0 r_e R_S}\left[\frac{1}{\alpha_0}\frac{I_{C0}}{I_E} + \frac{1}{\beta_0} + \left(\frac{f}{f_0}\right)^2\right][R_S + r_e + r_{bb'}]^2$$

可见，N_F和晶体管的参数r_e、$r_b(r_{bb'})$、α_0和f_α等有直接的关系，而这些参数又直接由晶体管的直流工作状态所决定。

图3.4.1表示晶体管3AG32的N_F与I_E的变化曲线。

从图可见，对于一定信号源内阻R_S，存在着一个使N_F最小的最佳电流I_E值。这是因为，I_E的变化直接影响r_e的变化。而$R_{S(opt)}$（使放大器的N_F最小的R_S

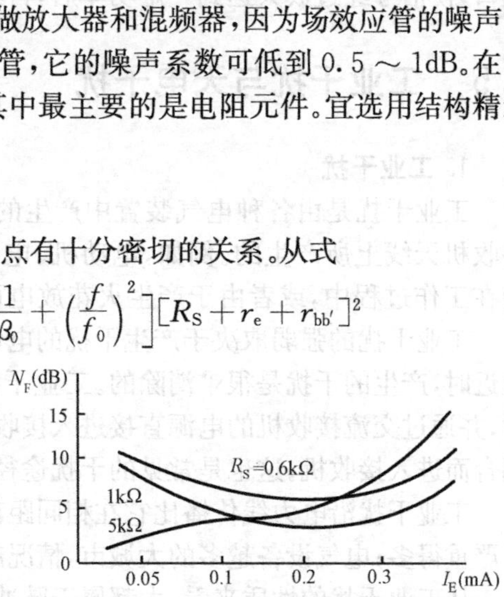

图3.4.1 晶体管N_F与I_E的关系曲线

最佳值)是与 r_e 以及晶体管其他参数有关的,当 r_e 改变使 $R_{S(opt)} = R_S$ 时,N_F 出现最小值。从另一方面来看,如 I_E 太小,晶体管功率增益太低,使 N_F 上升;如 I_E 太大,又由于晶体管的散弹(粒)分配噪声增加,也使 N_F 上升。所以在 I_E 为某一值时,N_F 可以达到最小。

除此以外,晶体管噪声系数 N_F 分别与晶体管电压 u_{CB} 和 u_{CE} 有关,通常 u_{CB} 和 u_{CE} 对 N_F 影响不大,电压低时噪声系数略有下降。

3. 选择合适的信号源内阻

第一级放大器或混频器是与信号源相连的。如前所述,存在着最佳信号源内阻 $R_{S(opt)}$,当满足时,放大器的噪声系数最小。在低频工作时宜采用共发电路作为输入级,而在高频工作时宜采用共基电路作为输入级较好。

4. 选择合适的工作带宽

根据上面的讨论,噪声电压都与通带宽度有关。接收机或放大器的带宽增大时,接收机或放大器的各种内部噪声也增大。因此,必须严格选择接收机或放大器的带宽,使之既不过窄,能满足信号通过时对失真的要求,又不至于过宽,以免信噪比下降。

5. 选用合适的放大电路

共发-共基级联放大器,共源-共栅级联放大器都是优良的高稳定和低噪声电路。

6. 热噪声

热噪声是内部噪声的主要来源之一,所以降低放大器(特别是接收机前端主要器件)的工作温度,对减小噪声系数是有意义的。对灵敏度要求特别高的设备来说,降低噪声温度是一个重要措施。例如,卫星地面站接收机中常用的高频放大器就采用"冷参放"(制冷至 20 ~ 80K 的参量放大器)。其他器件组成放大器制冷后,噪声系数也有明显的降低。

7. 适当减少接收天线的馈线长度

接收天线至接收机的馈线太长,损耗过大,对整机噪声有很大的影响。所以减少馈线长度是一种降低整机噪声的有效方法。可将接收机的前端电路(高放、混频和前置中放)直接置于天线输出端口,使信号经过放大达到一定功率后,再经电缆输往主中放。

3.5 工业干扰与天电干扰

1. 工业干扰

工业干扰是由各种电气装置中产生的电流(或电压)急剧变化所形成的电磁辐射,并作用在接收机天线上所产生的。例如,电动机、电焊机、高频电气装置、电疗机、X光机、电气开关等,它们在工作过程中,或者由于产生火花放电而伴随电磁波辐射,或者本身就存在电磁波辐射。

工业干扰的强弱取决于产生干扰的电气设备的多少、性质及分布情况。当这些干扰源离接收机很近时,产生的干扰是很难消除的。工业干扰传播的途径,除直接辐射外,更主要的是沿电力线传输,并通过交流接收机的电源直接进入接收机。也可能通过天线与有干扰的电力线之间的分布电容耦合而进入接收机。这也是常见的干扰途径,如图 3.5.1 所示。

工业干扰沿电力线传播比它在相同距离的直接辐射强度大得多。在城市中,工业干扰显然比农村严重得多;电气设备越多的大城市,情况越严重。

从工业干扰的性质来看,大都属于脉冲干扰。通常脉冲干扰可看成一个突然上升后又按指数规律下降的尖脉冲,如图 3.5.2 所示。其时间关系的表示式为

$$
\left.\begin{aligned}
f(t) &= u_{\mathrm{n}}\mathrm{e}^{-\alpha t} \qquad (t > 0 \text{ 时}) \\
f(t) &= 0 \qquad\qquad (t < 0 \text{ 时})
\end{aligned}\right\} \tag{3.5.1}
$$

式中，α 表示干扰下降的速度。

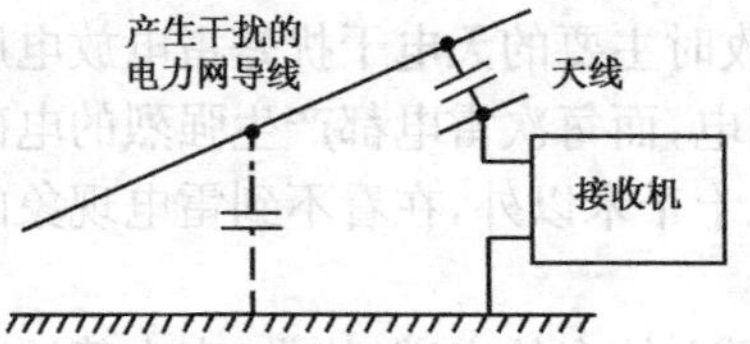

图 3.5.1　接收机天线与有干扰的电力线耦合

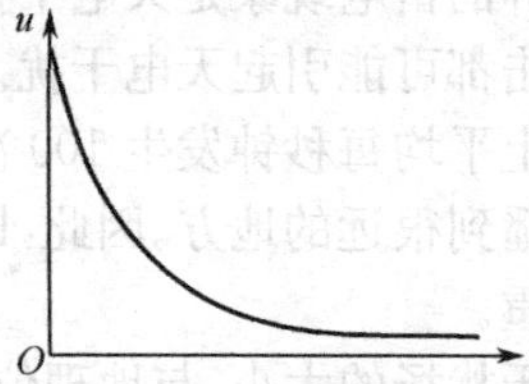

图 3.5.2　脉冲干扰波形

分析表明，干扰振幅与频率的关系，如图 3.5.3 所示。由图可见，脉冲干扰的影响在频率较高时比频率较低时弱得多，且接收机通频带较窄时，通过脉冲干扰的能量小，则干扰的影响减弱。因此，工业干扰对中波波形的影响较大，随着接收机工作波形进入短波，超短波(一般工作频率在 20MHz 以上)，这类干扰的影响就显著下降。

为了克服工业干扰，最好在产生干扰的地方进行抑制。如在电气开关、电动火花系统的接触处并联一个电阻和电容，以减少火花作用，如图 3.5.4(a) 所示，或在干扰源处加接防护滤波器，如图 3.5.4(b) 所示。

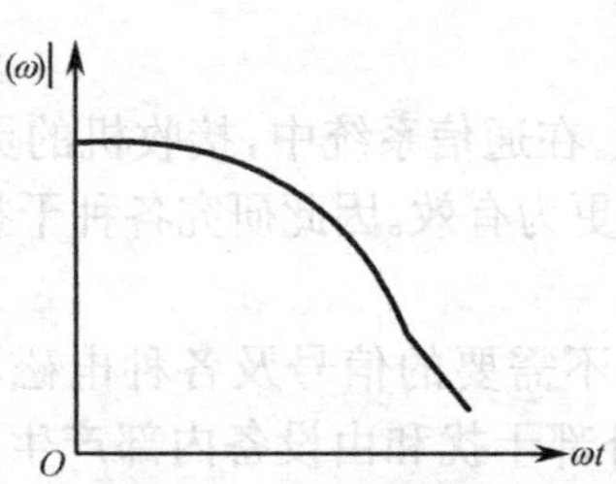

图 3.5.3　脉冲干扰频谱图

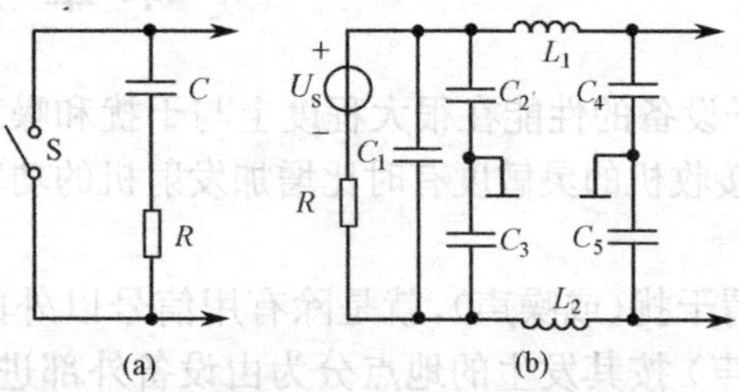

图 3.5.4　抑制火花作用的电路和滤波器

除此之外，还可以把产生干扰的设备，加以良好的屏蔽来减少干扰的辐射作用。

目前，我国对有关电气设备所产生的干扰电平都有严格的规定。

为了避免沿电力线传播的干扰进入以交流电为电源的接收机和测量仪器，通常在这些设备的电源变压器初级加以滤波，如图 3.5.5(a)、(b) 所示。

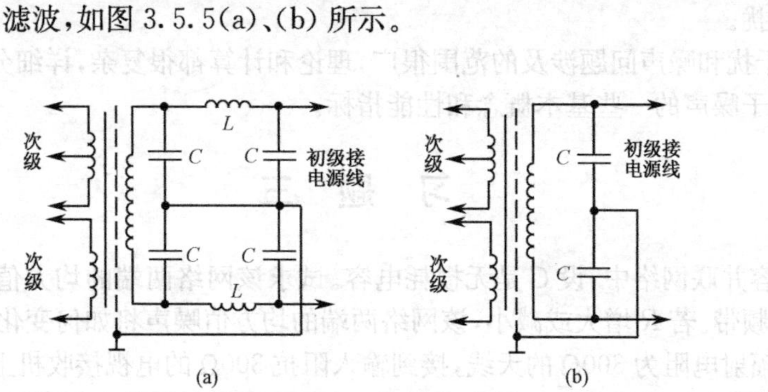

图 3.5.5　接收机或测量仪器电源线滤除脉冲干扰的装置

但是，在大城市有着很多各式各样的干扰源。要对这些干扰源加以抑制是有困难的。因此，在可能的情况下，应使接收机的通频带尽量窄，或将接收机(如接收台) 的工作地选在郊外工业干扰较小的地方,并采用定向天线。有的接收机还采用了抗脉冲干扰的电路。例如,在脉冲干扰的瞬间,接收机检波器短路,无输出。

2. 天电干扰

自然界的雷电现象是天电干扰的主要来源,除此以外,带电的雨雪和灰尘的运动,以及它们对天线的冲击都可能引起天电干扰。一般在地面接收时主要的天电干扰是雷电放电所引起的。

地球上平均每秒钟发生100次左右的空中闪电,而每次雷电都产生强烈的电磁场骚动,并向四面八方传播到很远的地方。因此,即使距离雷电几十千米以外,在看不到雷电现象的情况下,干扰都可能很严重。

天电干扰场的大小,与地理位置(例如,发生雷电较多的赤道、热带、高山等地区,天电干扰电平较高)、季节(例如,天电干扰电平,夏季比冬季高、夜间比白天高)等有关。

天电干扰同工业干扰一样,属于脉冲干扰性质。综上所述,脉冲干扰振幅随频率的升高而减小。因此,频率升高时,天电干扰的电平降低。此外,在较窄的频带内,通过的天电干扰能量小,所以干扰强度随频带变窄而减弱。

克服天电干扰是困难的,因为不可能在产生干扰的地方进行抑制。因此只能在接收机等设备上采取一些措施,如电源线加接滤波电路,采用窄频带,加接抗脉冲干扰电路等。或在雷电的季节采用高的频率进行通信。

本章小结

1. 电子设备的性能在很大程度上与干扰和噪声有关。在通信系统中,接收机的灵敏度与噪声有关,提高接收机的灵敏度有时比增加发射机的功率可能更为有效。因此研究各种干扰和噪声非常必要。

2. 所谓干扰(或噪声),就是除有用信号以外的一切不需要的信号及各种电磁骚动的总称。干扰(或噪声)按其发生的地点分为由设备外部进来的外部干扰和由设备内部产生的干扰;按接收的根源分有自然干扰和人为干扰,按电特性分有脉冲型、正弦型和起伏型干扰等。

3. 干扰和噪声是两个同义的术语,但有本质的区别。习惯上,将外部来的称为干扰,内部产生的称为噪声,本章主要讨论具有起伏性质的内部噪声。外部也有一部分具有起伏性质的干扰一并讨论。即使内部干扰,也有人为的(或故障性的)和固有的,内部噪声才是我们要讨论的内容。

4. 抑制外部干扰的措施主要是消除干扰源,切断干扰传播途径和躲避干扰。电台的干扰实际上主要是外部干扰。

应该指出,干扰和噪声问题涉及的范围很广,理论和计算都很复杂,详细分析已超出范围,本章主要介绍有关电子噪声的一些基本概念和性能指标。

习　题　三

3.1　在阻容并联网络中,设C是无损耗电容。试求该网络两端的均方值噪声电压,并求该网络的等效噪声通频带。若R增大或减小,该网络两端的均方值噪声将如何变化?

3.2　一根辐射电阻为300Ω的天线,接到输入阻抗300Ω的电视接收机上,天线的等效噪声温度为1000K,电视接收机线性部分的噪声系数为4dB,等效噪声带宽为5MHz。

(1) 求电视接收机输入端外部噪声电压的有效值。

(2) 为保证输入信噪比为30dB,要求信号电压有效值为多少?

(3) 当具有30dB的输入信噪比时,在中频放大器输出端的实际信噪比是多少?

3.3 某雷达接收机通频带为 3MHz，噪声系数为 9dB，试求该雷达接收机的临界灵敏度，用 P_{smin}(dB/mW) 表示。

3.4 某卫星通信接收机的线性部分如图 P3.1 所示，为满足输出端信噪比为 20dB 的要求，试计算天线所需获得的信号功率。

3.5 某接收机线性部分如图 $P3.2$ 所示，接收信号经传输线送至变频器，再由中频放大器放大。它们的额定功率增益和噪声系数如图所示，求其总噪声系数。

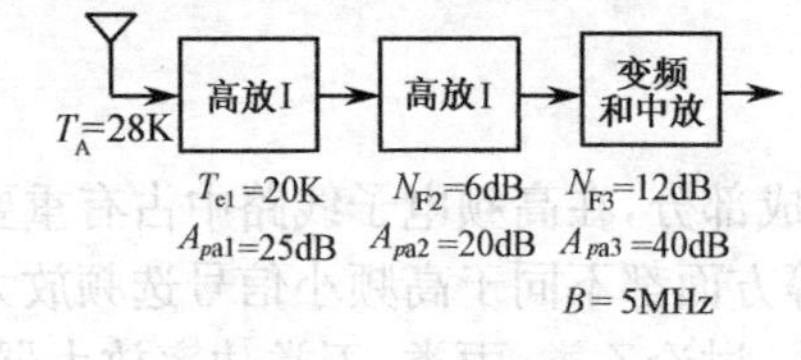

图 P3.1 习题 3.4 图

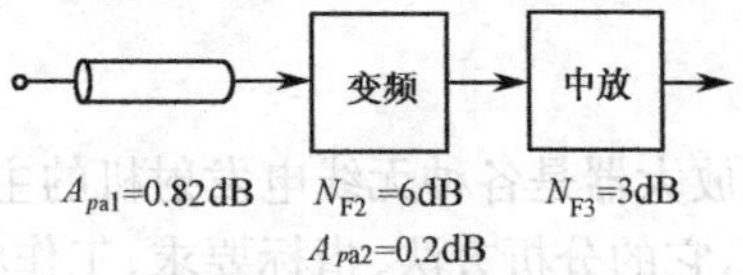

图 P3.2 习题 3.5 图

3.6 晶体管和场效应管噪声的主要来源有哪些？为什么场效应管内部噪声较小？

3.7 一个 1000Ω 电阻在温度为 290K 和 10MHz 频带内工作，试计算元件两端产生的噪声电流的均方根值。

3.8 某晶体管的 $r_{bb'}=70\Omega$，$I_E=1\text{mA}$，$\alpha_0=0.95$，$f_2=500\text{MHz}$，求在室温 19℃，通频带为 200kHz 时，此晶体管在频率为 10MHz 时的各噪声源数值。

3.9 如图 P3.3 所示，不考虑 R_L 的噪声，求虚线内线性网络的噪声系数 N_F。

3.10 如图 P3.4 所示，虚线框内为一线性网络，G 为扩展通频带的电导，画出其等效电路，并求其噪声系数 N_F。

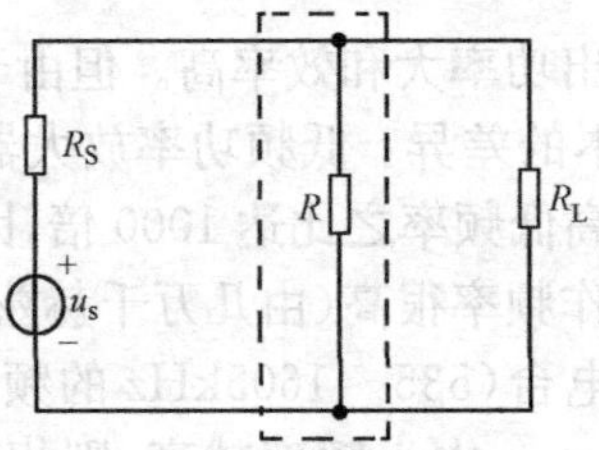

图 P3.3 习题 3.9 图

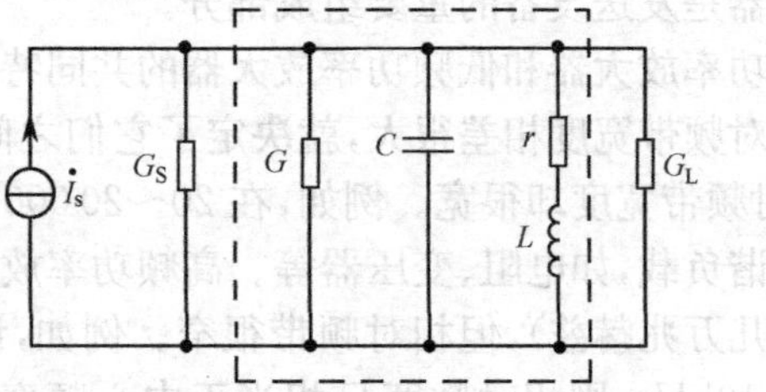

图 P3.4 习题 3.10 图

第4章 高频功率放大器与功率合成技术

内容提要

高频功率放大器是各种无线电发射机的主要组成部分，在高频电子线路中占有重要地位。由于其激励信号大，它的分析方法、指标要求、工作状态等方面都不同于高频小信号选频放大器。本章首先介绍谐振功率放大器的组成，工作原理及分析方法，讨论乙类、丙类、丁类功率放大器；然后介绍宽频带功率放大器；介绍功率合成器及集成功率放大器的原理和应用。

4.1 概述

我们已经知道，在低频放大电路中为了获得足够大的低频输出功率，必须采用低频功率放大器。同样，在高频范围，为了获得足够大的高频输出功率，也必须采用高频功率放大器。例如，绪论中所示发射机方框图中的高频部分，由于在发射机里的振荡器所产生的高频振荡功率很小，因此在它后面要经过一系列的放大——缓冲级、中间放大级、末级功率放大级，获得足够的高频功率后，才能馈送到天线上辐射出去。这里所提到的放大级都属于高频功率放大器的范畴。由此可见，高频功率放大器是发送设备的重要组成部分。

高频功率放大器和低频功率放大器的共同特点都是输出功率大和效率高。但由于两者的工作效率和相对频带宽度相差很大，就决定了它们之间有着根本的差异：低频功率放大器的工作频率低，但相对频带宽度却很宽。例如，在20～20 000Hz之间，高低频率之比达1000倍，因此它们都是采用无调谐负载，如电阻、变压器等。高频功率放大器的工作频率很高(由几万千赫兹一直到几百、几千甚至几万兆赫兹)，但相对频带很窄。例如，调幅广播电台(535～1605kHz的频率范围)的频带宽度为10kHz，则相对频宽只相当于中心频率的百分之一。中心频率越高，则相对频宽越小。因此，高频功率放大器一般都采用选频网络作为负载回路。由于这一特点，使得这两种放大器所选用的工作状态不同：低频功率放大器可以工作于甲类、甲乙类或乙类(限于推挽电路)状态；高频功率放大器则一般都工作于丙类(某些特殊情况可工作于乙类)。近年来，宽频带发射机的各中间级还广泛采用一种新型的宽带、高频功率放大器。它不采用选频网络作为负载回路，而是以频率响应很宽的传输线做负载。这样它可以在很宽的范围内变换工作频率，而不必重新调谐。

综上所述，高频功率放大器与低频功率放大器的共同点是要求输出功率大，效率高；它们的不同点是两者的工作频率相对频宽不同，因而负载回路与工作状态也不同。

从低频电子线路课程我们已经知道，放大器可以按照电流的流通角的不同，分为甲、乙、丙三类工作状态。甲类放大器电流的流通角为360°，适用于小信号低功率放大。乙类放大器电流的流通角等于180°；丙类放大器电流的流通角则小于180°。乙类和丙类都适用于大功率工作。丙类工作状态的输出功率和效率是三种工作状态中的最高者。高频功率放大器大多工作于丙类。但丙类放大器的电流波形失真太大，因而不能用于低频功率放大，只能用于采用调谐回路作为负载的谐振功率放大。由于调谐回路具有滤波能力，回路电流与电压仍然接近于正弦波形，失真很小。

除了以上几种按电流的流通角来分类的工作状态外，近年来，又有使电子器件工作于开关状态的丁类放大和戊类放大。丁类放大器的效率比丙类放大器的效率还高，理论上可达100%，但它的最高工作频率受到开关转换瞬间所产生的器件功耗(集电极耗散功率或阳极耗散功率)的限制。如果在电路上加以改进,使电子器件在通断转换瞬间的功耗尽量减小,则工作频率可以提高。这就是所谓戊类放大器。这两类放大器是晶体管高频功率放大器的新发展。尤其是戊类放大器,它是 1975 年才出现的新型放大器,值得重视。

由于高频功率放大器通常工作于丙类,属于非线性电路,因此不能用线性等效电路来分析。对它们的分析方法可以分为两大类:一类是图解法,即利用电子器件的特性曲线来对它的工作状态进行计算;另一类是解析近似分析法,即将电子器件的特性曲线用某些近似解析式来表示,然后对放大器的工作状态进行分析计算。最常用的解析近似分析法是用折线来表示电子器件的特性曲线,称为折线法。总的来说,图解法从客观实际出发,计算结果比较准确,但对工作状态的分析不方便,手续比较烦冗;折线近似法的物理概念清楚,分析工作状态方便,但计算准确度较低。

根据对工作频率、输出功率、用途等的不同要求,可以采用晶体管或电子管作为高频功率放大器用的电子器件。晶体管与电子管相比,有很多优点:体积小、重量轻、耗电少、寿命长等。因此它一出现,就显示了旺盛的生命力。在很短的时间内,就获得了极为迅速的发展。在许多场合,如脉冲与数字电路、低频放大、高频小信号放大等领域,晶体管已经或正在取代电子管的地位,成为电子技术的生力军,为无线电电子学的发展揭开了新的篇章。但是晶体管诞生和迅速发展并不意味着电子管将完全退出无线电电子学的舞台。例如,在高频大功率的方面,目前无论是在输出功率还是在最高工作频率方面,电子管仍然占优势。现在已有单管输出功率达 2000W 的巨型电子管,这是晶体管所望尘莫及的。当然,晶体管也在高频大功率方面不断取得新的突破。例如,1964 年生产的晶体管工作在 400MHz 时功率达到 13W,到 1974 年已在 1400MHz 以上获得 50W 的功率。目前,单管的功率输出已超过 100W,若采用功率合成技术,输出功率可以达到 3000W。本章将以晶体管为主来进行讨论。但是千瓦级以上的发射机,大多数还是采用电子管。

应该说明,对于晶体管高频功率放大器工作状态的分析,远不如电子管高频功率放大器的理论那样完整、成熟。这是因为晶体管内部的物理过程比电子管要复杂得多,尤其是在高频大信号工作时,更是如此。因此,晶体管高频功率放大器工作状态的计算相当困难,有些地方就是直接采用与电子管类比的方法来讨论的,通常只能进行定性分析与估算,再依靠实验调整到预定的状态。

高频功率放大器的主要技术指标是输出功率与效率,这在本节开始时已经指出。除此以外,输出中的谐波分量还应该尽量小,以免对其他频道产生干扰。国际间对谐波辐射规定有两个标准:① 对中波广播来说,在空间任一点的谐波场强与基波场强之比不得超过 0.02%;② 不论电台的功率有多大,在距电台 1km 处的谐波场强不得大于 $50\mu V/m$。在一般情况下,例如,任一谐波的辐射功率不得超过 25mW,即可满足上述要求。目前,FM 广播与电视发射机的谐波辐射已降到 −60dB 以下。

综上所述,高频功率放大器的主要技术指标是输出功率与效率,这是研究这种放大器应抓住的主要矛盾,工作状态的选择就是由这对主要矛盾决定的。可以这样说,在给定电子器件之后,为了获得高的输出功率与效率,应采用丙类工作状态。而允许采用丙类工作的先决条件则是工作频率高、频带窄,且允许采用调谐回路做负载。那么,为什么工作在丙类状态时能获得高的输出功率和效率呢?这就是下面我们要讨论的问题。

4.2　谐振功率放大器分析

4.2.1　谐振功率放大器的工作原理

1. 工作原理

谐振功率放大器的原理电路如图 4.2.1 所示。图 4.2.1 中要求晶体管发射结为零偏置。这是电

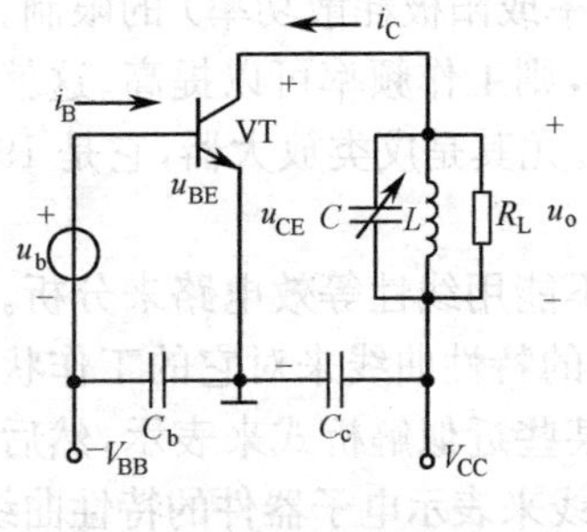

图 4.2.1 谐振功率放大器的原理电路

路在输入余弦信号电压 $u_b = U_{bm}\cos\omega t$ 的激励下,晶体管基极和集电极电流如图 4.2.2(c)、(d) 所示的余弦脉冲波形,其中 θ 是指一个信号周期内集电极电流导通角 2θ 的一半,称之为半导通角。根据导通角大小的不同,晶体管工作状态可分为:

$\theta = 180°$,为甲类工作状态;

$\theta = 90°$,为乙类工作状态;

$\theta < 90°$,为丙类工作状态。

图 4.2.2 所示工作波形表示了功率放大器工作在丙类状态。在丙类工作状态下,$u_{BE} = -V_{BB} + U_{bm}\cos\omega t$ 较小,且 $u_{BE} > U_{on}$ 时才有集电极电流通过,故集电极耗散功率小,效率高。

在图 4.2.1 中,输出回路中用 LC 谐振电路做选频网络。这时谐振功率放大器的输出电压接近余弦波电压,如图 4.2.2(e) 所示。由于晶体管工作在丙类状态,晶体管的集电极电流 i_C 是一个周期性的尖顶余弦脉冲,用傅里叶级数展开 i_C 得

$$i_C = I_{c0} + I_{c1m}\cos\omega t + I_{c2m}\cos 2\omega t + \cdots + I_{cnm}\cos n\omega t$$

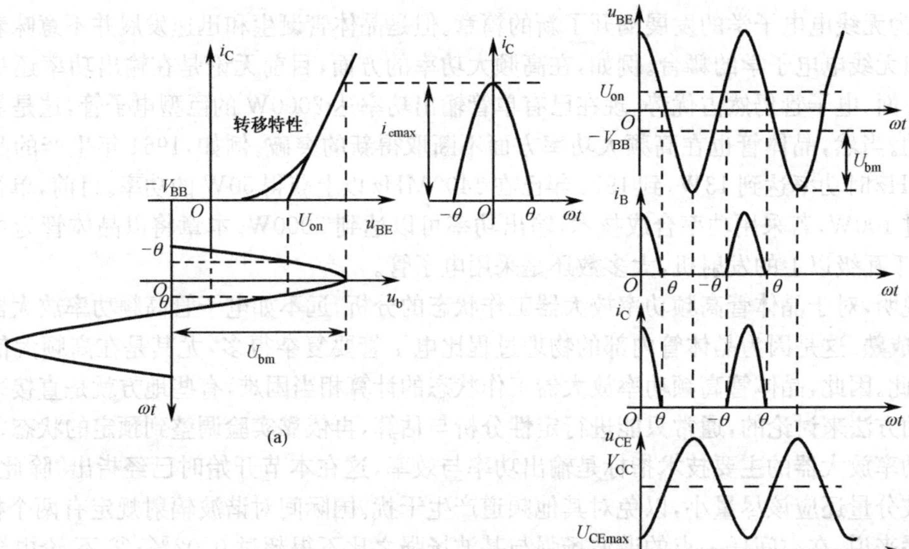

图 4.2.2 谐振功率放大器各极电压和电流波形图

式中,$I_{c0}, I_{c1m}, I_{c2m}, \cdots, I_{cnm}$ 分别为集电极电流的直流分量、基波分量,以及各高次谐波分量的振幅。当输出回路的选频网络谐振于基波频率时,输出回路只对集电极电流中的基波分量呈现很大的谐振电阻,而对其他各次谐波分量呈现很小的电抗,并可看成短路。这时余弦脉冲形状的集电极电流 i_C 流经选频网络时,只有基波电流才产生电压降,因而输出电压近似为余弦波形,并且与输入电压 u_b 同频、反相,如图 4.2.2(b)、(e) 所示。

2. 电路性能的分析

在工程上,对于工作频率不是很高的谐振功率放大器的分析与计算,通常采用准线性的折线分析法。准线性放大是指仅考虑集电极输出电流中的基波分量在负载两端产生输出电压的放大作用。所谓折线法,是指用几条直线来代替晶体管的实际特性曲线,然后用简单的数学解析式写出它们的表示式。将器件的参数代入表达式中,就可进行电路的计算。折线法在分析谐振功率放大器工作状态时,物理概念清楚,方法简便,但其准确度比较差,不过作为工程近似估算则可满足要求。准线性

折线分析法的条件如下。

① 忽略晶体管的高频效应。在此条件下，可以认为功率晶体管在工作频率下只考虑非线性电阻特性，而不考虑电抗效应。因此，可以近似认为，功率晶体管的静态伏安特性就能代表它在工作频率下的特性。

② 输入和输出滤波具有理想滤波特性。在此条件下，在图 4.2.1 所示电路中，集电极 - 发射极间电压仍是余弦波形且与输入电压相位相反，可写为

$$u_{BE} = -V_{BB} + U_{bm}\cos\omega t \tag{4.2.1}$$

$$u_{CE} = V_{CC} - U_{cm}\cos\omega t \tag{4.2.2}$$

③ 晶体管的静态伏安特性可近似用折线表示。例如，图 4.2.3 中所示的晶体管特性，采用了折线表示。图中 U_{on} 表示晶体管的导通电压。

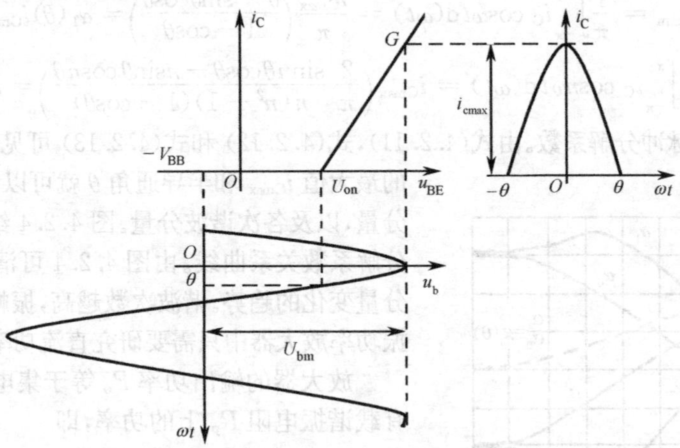

图 4.2.3　晶体管折线化后转移特性曲线及 i_C 电流

(1) 余弦脉冲分解

图 4.2.3 所示的是用晶体管折线化后的转移特性曲线，它绘出了丙类工作状态下的集电极电流脉冲波形，折线的斜率用 G 表示。

设输入信号 $u_b = U_{bm}\cos\omega t$，发射结电压为 $u_{BE} = -V_{BB} + U_{bm}\cos\omega t$，晶体管折线化的转移特性为

$$i_C = \begin{cases} 0 & u_{BE} \leqslant U_{on} \\ G(u_{BE} - U_{on}) & u_{BE} > U_{on} \end{cases} \tag{4.2.3}$$

将 $u_{BE} = -V_{BB} + U_{bm}\cos\omega t$ 代入，可得

$$i_C = G(-V_{BB} + U_{bm}\cos\omega t - U_{on}) \tag{4.2.4}$$

由图 4.2.3 可得，当 $\omega t = \theta$ 时，$i_C = 0$，代入式(4.2.4) 可求得

$$0 = G(-V_{BB} + U_{bm}\cos\theta - U_{on}) \tag{4.2.5}$$

$$\cos\theta = \frac{U_{on} + V_{BB}}{U_{bm}},\quad \theta = \arccos\frac{U_{on} + V_{BB}}{U_{bm}} \tag{4.2.6}$$

式(4.2.4) 与式(4.2.5) 两式相减得

$$i_C = GU_{bm}(\cos\omega t - \cos\theta) \tag{4.2.7}$$

当 $\omega t = 0$ 时，将 $i_C = i_{Cmax}$ 代入式(4.2.7) 可得

$$i_{Cmax} = GU_{bm}(1 - \cos\theta) \tag{4.2.8}$$

当式(4.2.7) 与式(4.2.8) 相除，可得

$$i_C = i_{C\max}\frac{\cos\omega t - \cos\theta}{1-\cos\theta} \tag{4.2.9}$$

式(4.2.9)是集电极尖顶余弦脉冲电流的数学解析表达式,它取决于脉冲高度 $i_{C\max}$ 和半导通角 θ。利用傅里叶级数将 i_C 展开

$$\begin{aligned} i_C &= I_{c0} + I_{c1m}\cos\omega t + I_{c2m}\cos 2\omega t + \cdots + I_{cnm}\cos n\omega t \\ &= I_{c0} + \sum_{n=1}^{\infty} I_{cnm}\cos n\omega t \end{aligned} \tag{4.2.10}$$

求得上式各次谐波分量

$$I_{c0} = \frac{1}{2\pi}\int_{-\pi}^{\pi} i_C\,\mathrm{d}(\omega t) = \frac{i_{C\max}}{\pi}\left(\frac{\sin\theta - \theta\cos\theta}{1-\cos\theta}\right) = \alpha_0(\theta)i_{C\max} \tag{4.2.11}$$

$$I_{c1m} = \frac{1}{\pi}\int_{-\pi}^{\pi} i_C\cos\omega t\,\mathrm{d}(\omega t) = \frac{i_{C\max}}{\pi}\left(\frac{\theta - \sin\theta\cos\theta}{1-\cos\theta}\right) = \alpha_1(\theta)i_{C\max} \tag{4.2.12}$$

$$I_{cnm} = \frac{1}{\pi}\int_{-\pi}^{\pi} i_C\cos n\omega t\,\mathrm{d}(\omega t) = i_{C\max}\left(\frac{2}{\pi}\,\frac{\sin n\theta\cos\theta - n\sin\theta\cos n\theta}{n(n^2-1)(1-\cos\theta)}\right) = \alpha_n(\theta)i_{C\max} \tag{4.2.13}$$

式中,α 为尖顶余弦脉冲分解系数。由式(4.2.11),式(4.2.12) 和式(4.2.13) 可见,只要知道电流脉冲的最大值 $i_{C\max}$ 和半导通角 θ 就可以计算直流分量、基波分量,以及各次谐波分量。图 4.2.4 给出半导通角 θ 与各分解系数关系曲线。由图 4.2.4 可清楚地看到各次谐波分量变化的趋势。谐波次数越高,振幅就越小。因此,在谐振功率放大器中只需要研究直流功率及基波功率。

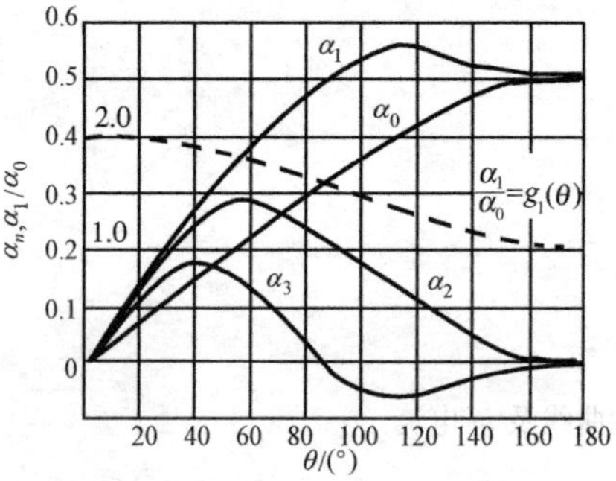

图 4.2.4 余弦脉冲分解系数

放大器的输出功率 P_o 等于集电极电流基波分量在有载谐振电阻 R_p 上的功率,即

$$P_o = \frac{1}{2}I_{c1m}U_{cm} = \frac{1}{2}I_{c1m}^2R_p = \frac{1}{2}\frac{U_{cm}^2}{R_p} \tag{4.2.14}$$

集电极直流电源供给功率 P_{DC} 等于集电极电流直流分量与 V_{CC} 的乘积

$$P_{DC} = V_{CC}I_{Co} \tag{4.2.15}$$

放大器集电极效率等于输出功率与直流电源供给功率之比,即

$$\eta_c = \frac{P_o}{P_{DC}} = \frac{1}{2}\frac{U_{cm}I_{c1m}}{V_{CC}I_{Co}} = \frac{1}{2}\xi\frac{\alpha_1(\theta)}{\alpha_0(\theta)} = \frac{1}{2}\xi g_1(\theta) \tag{4.2.16}$$

式中,$g_1(\theta) = \dfrac{\alpha_1(\theta)}{\alpha_0(\theta)}$ 是波形系数,它随 θ 的变化规律如图 4.2.4 中虚线所示;$\xi = \dfrac{U_{cm}}{V_{CC}}$ 是集电极电压利用系数;$g_1(\theta)$ 是半导通角的函数,θ 越小,$g(\theta)$ 越大,放大器的效率就越高。

在 $\xi = 1$ 的条件下,由式(4.2.16) 可求得不同工作状态下放大器效率分别为:

甲类工作状态,$\theta = 180°$, $g_1(\theta) = 1$, $\eta_c = 50\%$;

乙类工作状态,$\theta = 90°$, $g_1(\theta) = 1.57$, $\eta_c = 78.5\%$;

丙类工作状态,$\theta = 60°$, $g_1(\theta) = 1.8$, $\eta_c = 90\%$;

可见丙类工作状态的效率最高。

(2) 导通角的选择

下面从等幅波功率放大、调幅波功率放大、n 次谐波倍频这三种场合来讨论导通角的选择。

① 等幅波功率放大。谐振功率放大器最基本的运用是进行等幅波功率放大。为了达到输出信号功率和效率的要求,在放大等幅波时,通常选择最佳导通角 $\theta = 60° \sim 70°$,当 $\xi = 1$ 时,η_c 可

达 85%。

② 调幅波功率放大。当要对调幅波进行功率放大时，若将工作状态选为丙类的话，此时，集电极电流脉冲的基波分量幅度为

$$I_{c1} = i_{Cmax}\alpha_1(\theta) = GU_{bm}(1-\cos\theta)\alpha_1(\theta) \tag{4.2.17}$$

为了满足放大器集电极效率 η_c 高及足够大的输出功率，通常也选择导通角为 $\theta = 60° \sim 70°$。然而，调幅波的瞬时幅度是变化的，可导致 i_{Cmax} 和导通角 θ 随之变化。因此，通常选择当调幅波最大的幅度时，放大器处于临界状态，即避免出现过压时的集电极电路 i_C 的凹陷，造成选频电路输出谐波分量增强而引起的失真。

③ n 次谐波倍频。当谐振功率放大器的集电极回路调谐于 n 次谐波时，输出回路就对基频和其他非 n 次谐波呈现较小阻抗，而对所要求的 n 次谐波呈现很大的谐振电阻，因此在输出回路两端能够获得 n 次谐波输出信号功率。通常这类电路为丙类倍频器，其导通角 $\theta_n < 90°$，选择的最佳倍频导通角大致是：二倍频 $\theta_2 = 60°$，三倍频 $\theta_3 = 40°$，有 $\theta_n = 120°/n$，这里，n 一般不大于 5。如果实际电路需要增加倍频次数，可将倍频器级联使用。

4.2.2　谐振功率放大器的工作状态分析

1. 谐振功率放大器的工作状态分析

可以按照晶体管在信号激励下一周期是否进入晶体管特性曲线的饱和区来划分谐振功率放大器的工作状态。分析谐振功率放大器的工作状态的性能，一般在谐振功率放大器动态线上进行。这样做比较方便、直观。当 V_{BB}、V_{CC}、U_{bm} 和负载谐振电阻 R_p 确定后，在准线性条件下，u_{BE} 和 u_{CE} 变化时，谐振功率放大器工作点变化的轨迹称为动态线，也可称为谐振功率放大器的交流负载线。动态线上的每一点都反映了基极电压 u_{BE}、集电极电压 u_{CE} 与集电极电流 i_C 之间的关系（即瞬时值关系）。下面以电路图 4.2.5 为例制作动态线。当放大器工作在谐振状态时，由图 4.2.5 可得，电路外部关系

$$u_{BE} = -V_{BB} + U_{bm}\cos\omega t$$
$$u_{CE} = V_{CC} - U_{cm}\cos\omega t$$

由上两式可得

$$u_{BE} = -V_{BB} + U_{bm}\frac{V_{CC}-u_{CE}}{U_{cm}} \tag{4.2.18}$$

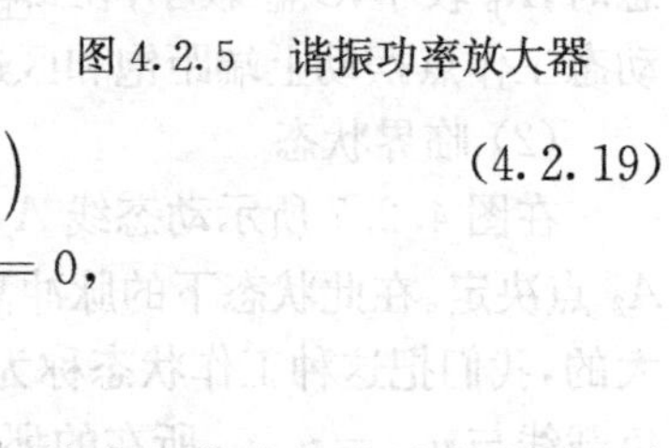

图 4.2.5　谐振功率放大器

将式(4.2.18)代入式(4.2.4)，得动态线方程式

$$i_C = G\left(-V_{BB} + U_{bm}\frac{V_{CC}-u_{CE}}{U_{cm}} - U_{on}\right) \tag{4.2.19}$$

令 $u_{CE} = V_{CC}$，$i_C = G(-V_{BB} - U_{on})$ 为图 4.2.6 中的 Q 点；再令 $i_C = 0$，

$$u_{CE} = V_{CC} - U_{cm}\frac{V_{BB}+U_{on}}{U_{bm}}$$

为图 4.2.6 中的 B 点。注意图 4.2.6 中 Q 点的 i_C 为负值。实际上不可能存在集电极电流的倒流。因此 Q 点是为了作图而虚设的一个电流点，即辅助点。

将 Q 点和 B 点连接，并向上延长与 $u_{BE} = U_{BEmax} = -V_{BB} + U_{bm}$ 的输出特性曲线相交于 A 点，则直线 AB 便是谐振功率放大器的动态线，也可称为谐振功率放大器的交流负载线。处在放大区部分的动态线与输出特性曲线的每一个交点，都是放大器的输入信号作用下的动态工作点，利用这些点可以求出不同 ωt 值的 i_C 值，从而可以画出 i_C 的脉冲波形，在这个区是沿 AB 线移动的。而进入饱和区后 i_C 只受 u_{CE} 控制，而不再随 U_{BE} 变化，这时 i_C 是沿饱和线 OA 移动的。在电压 u_{BE} 和 u_{CE} 同时变化时，集电极电流 i_C 的动态路径沿 OA、AB、BD 变化。这三条线区称为集电极电流动态特性。

谐振功率放大器的动态负载电阻 R_c 可用动态线斜率的倒数求得

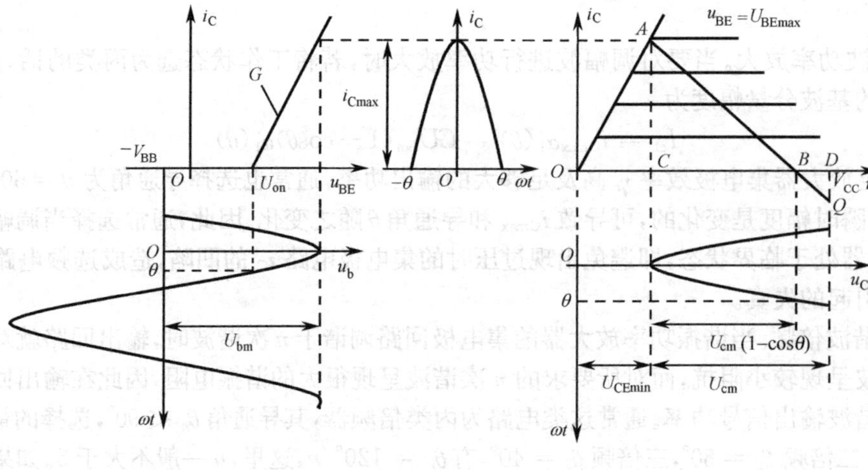

图 4.2.6　谐振功率放大器的动态线及集电极 i_C 电流波形

$$R_c=-\frac{U_{cm}}{GU_{bm}}=-\frac{I_{c1m}R_p}{GU_{bm}}=-\alpha_1(\theta)R_p(1-\cos\theta) \quad (4.2.20)$$

从上式可以看出，谐振功率放大器的动态电阻 R_c 与导通角 θ 有关，也与谐振电阻 R_p 有关。值得注意的是，R_c 是在 2θ 内求得的，而 R_p 是 U_{cm} 与 I_{c1m} 之比值。当放大器工作在甲类状态时，即 $\theta=180°$，这时 R_c 与 R_p 大小相等，符号相反。负号的物理含义：表示受控原可以向负载提供交流能量。

2. 谐振功率放大器的三种工作状态

从上面可知，不同的 R_p 有不同的动态线的斜率，因此，放大器的工作状态将随着 R_p 的不同而变化，图 4.2.7 做出了不同 R_p 时的三条负载线（对应三种工作状态）及相应的集电极脉冲波形。谐振功率放大器的三种工作状态：欠压状态、临界状态、过压状态，对应的动态线分别为 A_1Q、A_2Q、A_3Q。

(1) 欠压状态

在图 4.2.7 所示动态线 A_1Q 下所画得的集电极电流是余弦脉冲，余弦脉冲高度是比较高的，集电极交变电压 U_{cm1} 幅度是比较小的，我们把这种工作状态称为欠压状态。当放大器工作在欠压状态时，R_p 较小，U_{cm1} 较小；在 $u_{CE}=u_{CEmin}$ 时，负载线与 $u_{BE}=u_{BEmax}$ 所在的那条特性曲线交于 A_1 点，动态工作点摆动上端距饱和区还有一段距离，这时的动态工作点都处在晶体管特性曲线的放大区。

(2) 临界状态

在图 4.2.7 所示动态线 A_2Q 线所画得的集电极电流波形仍是余弦脉冲波形。余弦脉冲高度由 A_2 点决定。在此状态下的脉冲高度比欠压状态的略小，这时的集电极交变电压 U_{cm2} 的幅度是比较大的，我们把这种工作状态称为临界状态。当放大器工作在临界状态时，R_p 较大；在 $u_{CE}=u_{CEmin}$ 时，负载线与 $u_{BE}=u_{BEmax}$ 所在的那条特性曲线交于临界点 A_2，除 A_2 点外，其余动态工作点都处在晶体管特性曲线的放大区。

(3) 过压状态

在图 4.2.7 所示动态线 A_3Q 线下所画得的集电极电流波形出现凹陷状态。把集电极电流脉冲出现在凹顶形状的工作状态称为过压状态。当放大器工作在过压状态时，R_p 很大，U_{cm3} 也很大，在 $u_{CE}=u_{CEmin}$ 时，负载线与特性曲线交于临界点 A_3，此时动态线的上端进入饱和区。在过压状态下，为什么会出现凹陷？其原因是 R_p 加大到一定程度后，可使晶体管工作点摆到饱和区内，在这个交变电压幅度 U_{cm3} 加大时，集电极电压 U_{ce} 是减小的。当 U_{ce} 减小到超过临界点 A_3 时，集电极电流将沿饱和线 OA_3 变化，其幅度从 A_3 点起不断降低，随着 U_{cm3} 继续加大，U_{ce} 迅速减小；在 A_5 点，集电极电

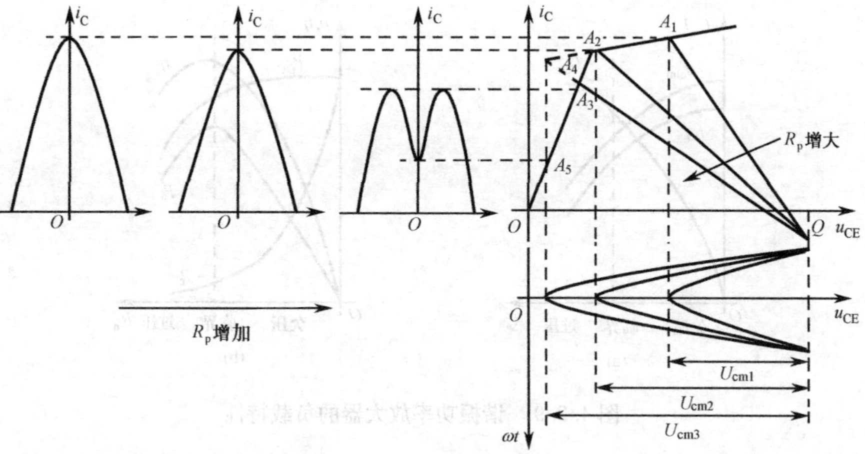

图 4.2.7　三种工作状态

流降低到最低值。通常把电流 i_C 沿饱和线下降的那条线称为临界线。当 U_{ce} 从最小值回升时，集电极电流增大，直至脱离饱和区后，集电极电流才随 U_{ce} 的增加而减小。结果导致集电极电流顶部出现凹陷的余弦脉冲，但是集电极输出交变电压 U_{cm3} 却是最大的。(A_5 点的确定：将动态线 A_3Q 向上延伸，与 $u_{BE}=u_{BEmax}$ 输出特性的延长线相交与 A_4，然后由 A_4 点向下做垂线与临界线相交，则得 A_5 点，交点 A_3 决定了脉冲的高度，而 A_5 点决定了脉冲下凹处的高度。)

在欠压状态时，基波电压幅度较小，电路的功放作用发挥得不充分；而在过压时，电流脉冲出现凹陷，集电极电流中的基波分量和平均分量都急剧下降，并且其他谐波分量明显加大，这对于高频功率放大也很不利，通常高频功率放大器一般选择在临界状态工作，可以获得的输出功率最大，效率也很高。

3. R_p、V_{CC}、U_{bm}、V_{BB} 变化对工作状态的影响

(1) R_p 变化时对工作状态的影响

当 V_{CC}、U_{bm}、V_{BB}一定时，放大器的性能将随着 R_p 而改变。在 R_p 由小增大时，放大器将由欠压状态进入过压状态，相应地 i_C 由尖顶余弦脉冲变为凹陷的脉冲，如图 4.2.8 所示。据此可画出 I_{c0}、I_{c1m}、U_{cm} 随 R_p 变化的性能，如图 4.2.9(a) 所示。通过计算，又可画出 P_o、η_c随 R_p 变化的曲线，如图 4.2.9(b) 所示。

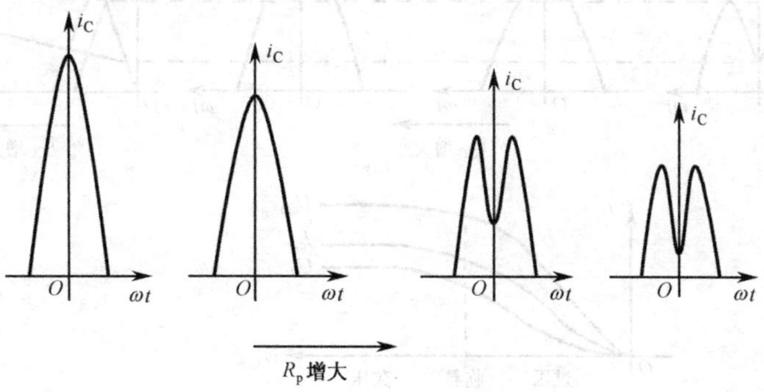

图 4.2.8　R_p 变化时的 i_C 波形

① 在欠压工作状态下，R_p 较小，输出功率 P_o 和效率 η_c 都较低，集电极耗散功率 P_c 较大。当 R_p 由小增大时，相应地，I_{c0} 和 I_{c1m} 也将略有减小，U_{cm} 和 P_o 近似线性增大，P_{DC} 略有减小，结果是 η_c 增

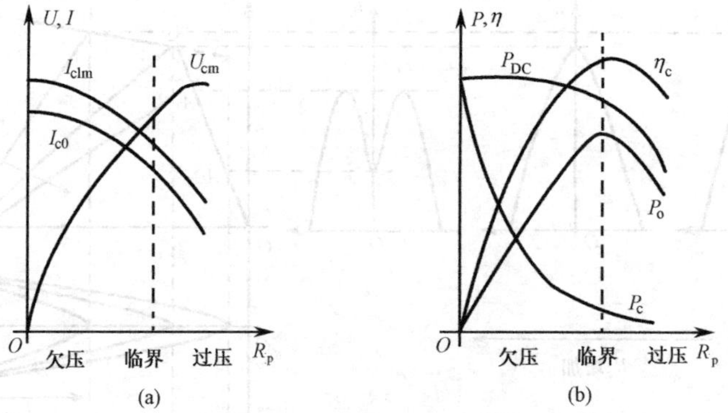

图 4.2.9　谐振功率放大器的负载特性

大，P_c 减小。应当注意，当 $R_p = 0$，即负载短路时，集电极耗散功率达到最大值，从而有使晶体管烧毁的可能。因此，在调整功率放大器的过程中，必须防止由于严重失谐而引起的负载短路。

② 在临界工作状态下，谐振功率放大器输出功率 P_o 最大，效率 η_c 也比较高，集电极耗散功率 P_c 较小，一般发射机的末级多采用临界工作状态。这时的放大器接近最佳工作状态，在临界工作状态下的 R_p 可由下式求得

$$R_p = \frac{1}{2}\frac{U_{cm}^2}{P_o} \approx \frac{1}{2}\frac{(V_{CC} - U_{CEmin})^2}{P_o} \tag{4.2.21}$$

③ 在过压状态下，当负载 R_p 变化时，输出信号电压幅度 U_{cm} 变化不大，因此，在需要维持输出电压比较平稳的场合(例如，中间级)可采用过压状态。

(2) V_{CC} 变化对工作状态的影响

当 V_{BB}、U_{bm}、R_p 一定时，放大器的性能将随着 V_{CC} 改变。在 V_{CC} 由小增大时，动态线由左向右平移，动态线的上端沿着 $u_{BE} = u_{BEmax}$ 的输出特性曲线自左向右平移，即放大器的工作状态由过压状态进入欠压状态，i_C 脉冲由凹顶状向尖顶脉冲变化(脉冲宽度近似不变)，如图 4.2.10(a) 所示。在过压区时，i_C 脉冲高度将随 V_{CC} 增大而增高，凹陷深度随 V_{CC} 增大而变浅，因而 I_{c0}、I_{c1m}、U_{cm} 将随 V_{CC} 增大而增大。在欠压区时，i_C 脉冲高度随 V_{CC} 变化不大，因而 I_{c0}、I_{c1m}、U_{cm} 将随 V_{CC} 增大而变化不大，如图 4.2.10(b) 所示。把 U_{cm} 随 V_{CC} 变化的特性称为集电极调制特性。

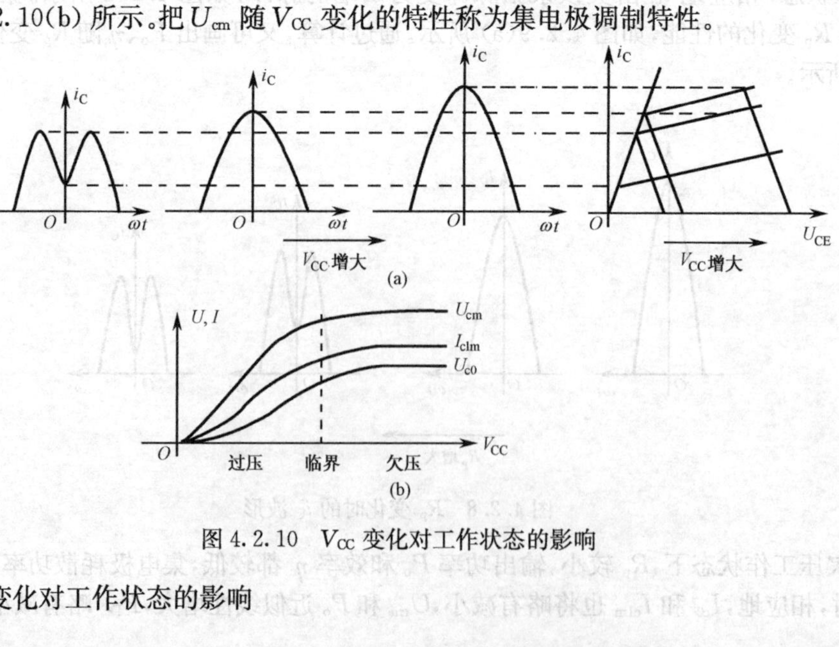

图 4.2.10　V_{CC} 变化对工作状态的影响

(3) U_{bm} 变化对工作状态的影响

当R_p、V_{CC}、V_{BB}一定时，放大器的性能将随着U_{bm}而改变（把放大器性能随U_{bm}变化的特性称为放大特性）。在U_{bm}由小增大时，放大器的工作状态由欠压进入过压，如图 4.2.11(a) 所示。进入过压状态后，随着U_{bm}增大，集电极电流脉冲出现中间凹陷，且高度和宽度增加，凹陷加深。在欠压状态时，U_{bm}增大，i_C脉冲高度增加显著，所以，I_{c0}、I_{c1m}、U_{cm}随U_{bm}的增加而迅速增大。在过压状态时，U_{bm}增大，i_C脉冲高度略有增加，但凹陷也加深，所以，I_{c0}、I_{c1m}、U_{cm}随U_{bm}增长缓慢，如图 4.2.11(b) 所示。

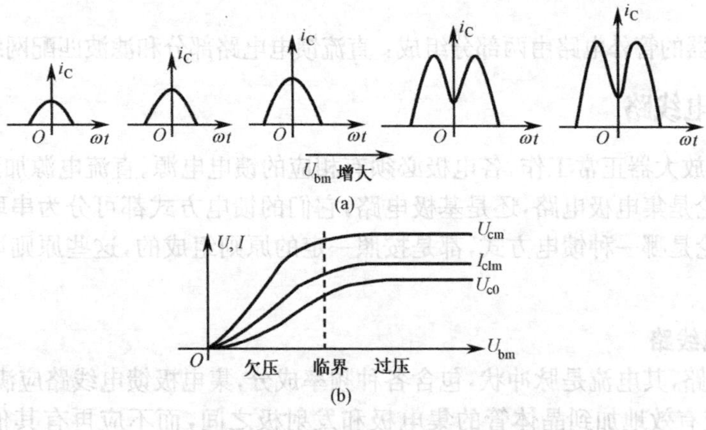

图 4.2.11　U_{bm} 变化对工作状态的影响

(4)V_{BB} 变化对工作状态的影响

当R_p、V_{CC}、U_{bm}一定时，放大器的性能将随着V_{BB}而改变。放大器工作状态变化如图 4.2.12(a) 所示。由$u_{BEmax}=-V_{BB}+U_{bm}$，所以U_{bm}不变，增大V_{BB}，与V_{BB}不变，增大U_{bm}的情况是类似的，因此$-V_{BB}$由负变正增大时，集电极电流脉冲宽度和幅度增大，并出现凹陷，放大器由欠压状态过渡到过压状态，I_{c0}、I_{c1m}、U_{cm}随V_{BB}的变化曲线如图 4.2.12(b) 所示，利用这一特性可实现基极调幅作用，所以把图 4.2.12(b) 所示的特性曲线称为基极调制特性。

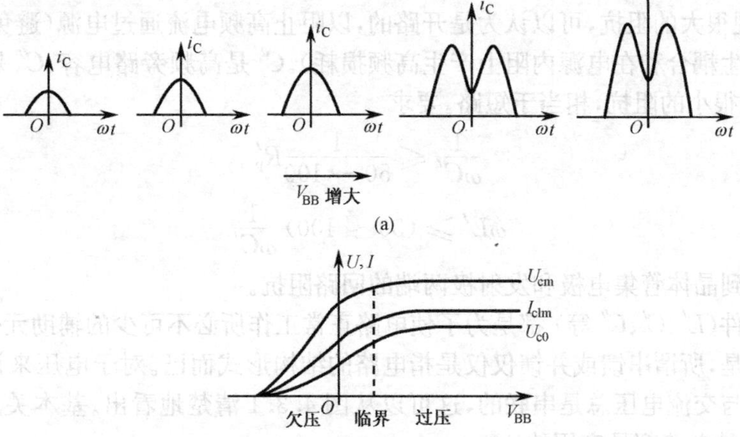

图 4.2.12　V_{BB} 变化对工作状态的影响

以上的讨论是非常有实用价值的，它可以指导我们调试谐振功率放大器。例如，一个丙类谐振功率放大器，工作在临界状态。在调试中发现输出功率P_o和效率η_c均达不到设计要求，则应如何进行调整。P_o不能达到设计要求，表明放大器没有进入临界状态，而是工作在欠压状态。若增大R_p能

使 P_o 增大,则根据负载特性可以断定放大器实际工作在欠压状态,在这种情况下,若分别增大 R_p、V_{BB}、U_{bm} 或同时两两增大,可使放大器由欠压状态进入临界状态,P_o 和 η_c 同时增长。如果增大 R_p 反而使 P_o 减小,则可断定放大器实际工作在过压状态,在这种情况下,增大 V_{CC} 的同时适当增大 R_p 或 U_{bm} 或 V_{BB},可以增大 P_o 和 η_c。注意,增大 V_{CC} 时,必须使放大器安全工作。

4.3 谐振功率放大器电路组成

谐振功率放大器的管外电路由两部分组成:直流馈电电路部分和滤波匹配网络部分。

4.3.1 直流馈电线路

欲使高频功率放大器正常工作,各电极必须有相应的馈电电源。直流电源加到各电极上的线路叫做馈电线路。无论是集电极电路,还是基极电路,它们的馈电方式都可分为串联馈电和并联馈电两种基本形式。无论是哪一种馈电方式,都是按照一定的原则组成的,这些原则取决于放大器的工作原理。

1. 集电极馈电线路

对于集电极电路,其电流是脉冲状,包含各种频率成分,集电极馈电线路应满足下列要求:

① 直流能量应有效地加到晶体管的集电极和发射极之间,而不应再有其他损耗直流能量的元件。

② 高频基波分量 I_{c1} 应有效地流过负载回路,以产生所需的高频输出功率。除了回路以外,应尽可能小地损耗基波分量的能量。

③ 除倍频器外,应有效地消除高频谐波 I_{cn},输送到负载上的谐波功率应尽可能小。

④ 直流电源及馈电元件的接入应尽可能减小分布参数的影响。

根据上述要求,可以画出集电极电路的串联馈电与并联馈电两种电路,简称串馈和并馈。所谓串馈,就是电子器件、回路和直流电源三部分是串联连接的;而并馈则指这三部分是并联连接的。图4.3.1表明了两种馈电方式。图中LC是负载回路,L' 是高频扼流线圈,它对直流可以认为是短路的,对高频则呈现很大的阻抗,可以认为是开路的,以阻止高频电流通过电源(避免各级间由于公用电源所产生的寄生耦合和在电源内阻上产生高频损耗)。C' 是高频旁路电容,C'' 是隔直电容。C' 和 C'' 对高频应呈现很小的阻抗,相当于短路。要求

$$\frac{1}{\omega C'} \leqslant \frac{1}{50 \sim 100} R_p' \tag{4.3.1}$$

$$\omega L' \geqslant (50 \sim 100) \frac{1}{\omega C'} \tag{4.3.2}$$

式中,R_p' 是折算到晶体管集电极和发射极两端的回路阻抗。

这些阻隔元件(L'、C'、C'' 等)都是为了使电路正常工作所必不可少的辅助元件。

应该说明的是,所谓串馈或并馈仅仅是指电路的结构形式而已。对于电压来说,无论是串馈还是并馈直流电压与交流电压总是串联的,这可以从图4.3.1清楚地看出。基本关系式 $u_{ce} = V_{CC} - U_{cm}\cos\omega t$ 对于两种电路都是实用的。

在图4.3.1电路中,直流电源处于高频高电位,从工作原理上看,似乎电源也可以串接在高频高电位端。但这样做会使电源对地的分布电容与负载回路并联,电源对地的分布电容是比较大的,结果会限制回路的最高工作频率,并且由于分布电容的不稳定使电路工作不稳定。因此,直流电源都接在高频地电位,在调整时做指示用的电流表也接在高频地电位。

串馈与并馈比较,串馈的优点是 V_{CC}、L'、C' 均处于高频低电位,分布电容不会影响回路;缺点

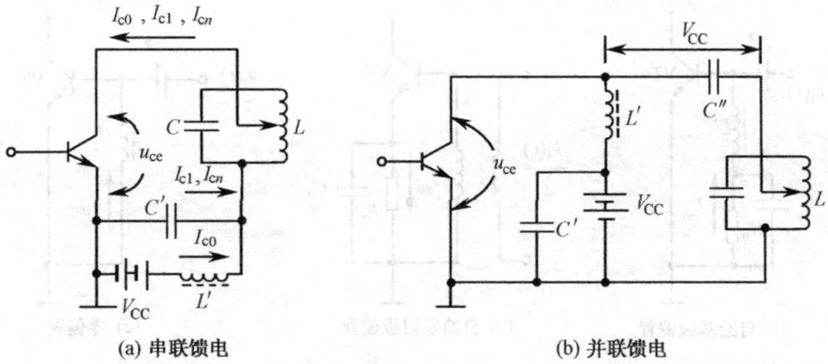

图 4.3.1　集电极电路两种馈电形式

是回路处于直流高电位，因此电容动片不能直接接地，安装调整不方便。而并馈的优点是回路处于直流地电位，电容动片可以直接接地，利于安装调整。并馈的缺点是 L' 对 I_{c1} 还有旁路作用，L' 处于高频高电位，其分布电容对回路有影响。至于选用串馈还是并馈视实际应用的情况而定。

2. 基极馈电线路

基极馈电线路也可分为串馈和并馈两种。对基极馈电线路的基本要求是，信号电压 $u_i(t)$ 应有效地加到基极和发射极之间，而不被其他元件旁路或损耗。直流偏置 V_{bb} 应有效地加到基极和发射极之间，而不被其他元件所旁路。固定偏置电路如图 4.3.2 所示。图中 C' 为高频旁路电容，C'' 为隔直电容，L' 为高频扼流圈。

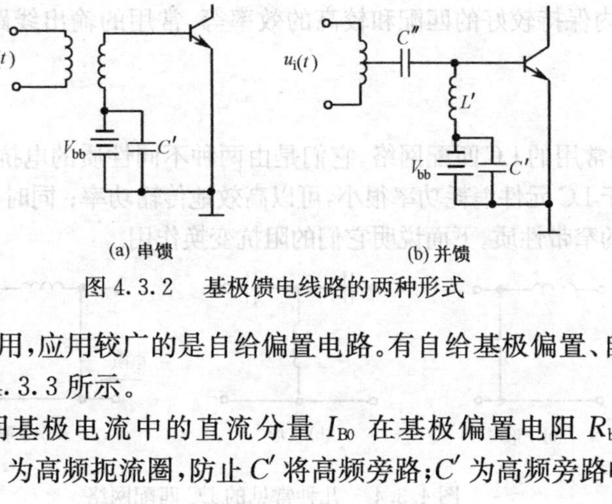

图 4.3.2　基极馈电线路的两种形式

固定偏置往往不大使用，应用较广的是自给偏置电路。有自给基极偏置、自给发射极偏置和零偏置电路三种形式，如图 4.3.3 所示。

基极自给偏置是利用基极电流中的直流分量 I_{B0} 在基极偏置电阻 R_b 上产生的反偏，如图 4.3.3(a) 所示。图中 L' 为高频扼流圈，防止 C' 将高频旁路；C' 为高频旁路电容，使 R_b 上仅有直流电压。

$$U_{bb}=I_{B0}R_b,\quad R_b=\frac{U_{bb}}{I_{B0}} \tag{4.3.3}$$

$$\frac{1}{\omega C'}\ll R_b \tag{4.3.4}$$

发射极自给偏置如图 4.3.3(b) 所示。它是利用发射极电流中的直流分量 I_{E0} 在发射极电阻 R_e 上产生电压。显然

$$R_e=\frac{U_{EE}}{I_{E0}}\approx\frac{U_{EE}}{I_{C0}} \tag{4.3.5}$$

R_e 约为几欧姆到几十欧姆，即

$$\frac{1}{\omega C_e}\ll R_e \tag{4.3.6}$$

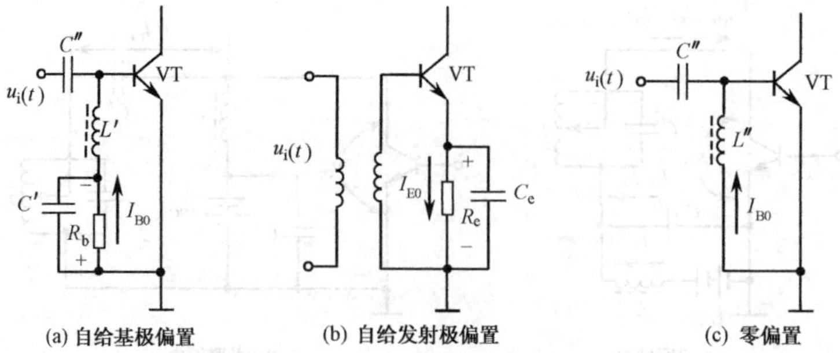

图 4.3.3　几种常用的自偏电路

该电路的优点是能自动维持放大器工作的稳定性。

零偏置电路如图 4.3.3(c) 所示。该电路用在需要其工作状态接近乙类时的情况。

4.3.2　输入/输出匹配网络

每级高频功放的高频匹配电路均可分为输入匹配网络(简称输入回路) 与输出匹配网络(简称输出回路) 两种类型,一般用双端口网络来实现。该双端口网络应具有这样几个特点:

① 以保证放大器传输到负载的功率最大,即起到阻抗匹配作用。

② 抑制工作频率范围以外的不需要频率,即有良好的滤波作用。

③ 大多数发射机为波段工作,因此双端口网络要适应波段工作的要求,改变工作频率时调谐要方便,并能在波段内保持较好的匹配和较高的效率等。常用的输出线路主要有两种类型: LC 匹配网络和耦合回路。

1. LC 匹配网络

图 4.3.4 是几种常用的 LC 匹配网络。它们是由两种不同性质的电抗元件构成的L 形、T形和 π 形的双端口网络。由于 LC 元件消耗功率很小,可以高效地传输功率; 同时,由于它们对频率的选择作用,决定了这种电路的窄带性质。下面说明它们的阻抗变换作用。

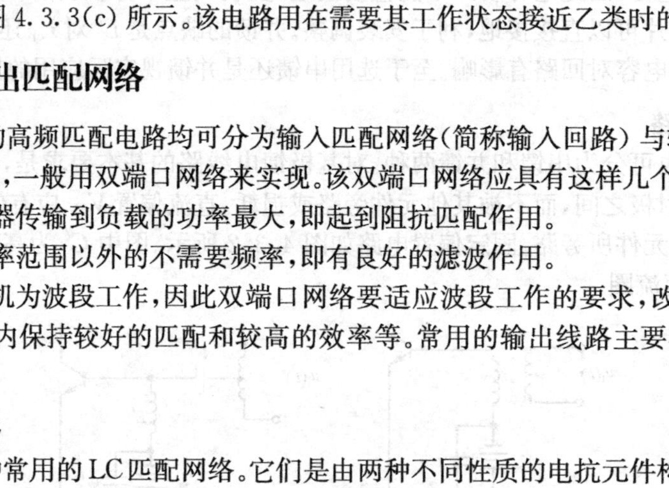

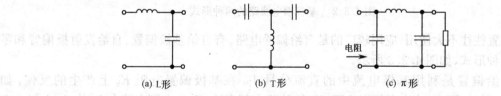

图 4.3.4　几种常见的 LC 匹配网络

L 形匹配网络负载电阻与网络电抗的并联或串联关系,可以分为 L-Ⅰ 形网络(负载电阻 R_p 与 X_p 并联) 与 L-Ⅱ 形网络(负载电阻 R_s 与 X_s 串联) 两种,如图 4.3.5 所示。网络中 X_s 和 X_p 分别表示串联支路和并联支路的电抗,两者性质相异。

对于 L-Ⅰ 形网络,利用阻抗相等的原理得

$$R_s' + jX_s' = \frac{R_p(jX_p)}{R_p + jX_p} = \frac{R_p X_p^2}{R_p^2 + X_p^2} + j\frac{R_p^2 X_p}{R_p^2 + X_p^2}$$

于是得

$$R_s' = \frac{1}{1+Q^2}R_p, \quad X_s' = \frac{Q^2}{1+Q^2}X_p, \quad Q = \frac{R_p}{|X_p|} \tag{4.3.7}$$

由此可见,在负载电阻 R_p 大于高频功放要求的最佳负载阻抗 R_{Lcr} 时,采用L-Ⅰ 形网络,通过调

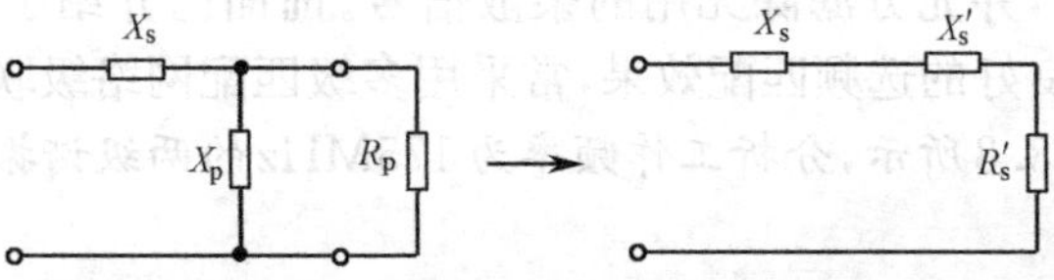

(a) L-Ⅰ形网络

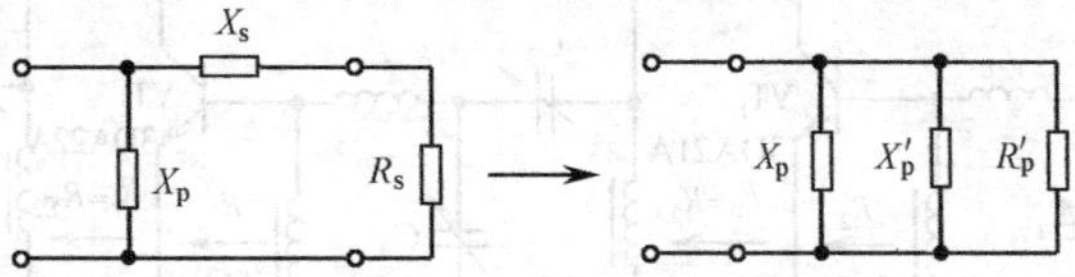

(b) L-Ⅱ形网络

图 4.3.5　L 形匹配网络

整 Q 值，可将大的 R_p 变换成小的 R'_s，以获得阻抗匹配（$R'_s = R_{Lcr}$）。谐振时应有 $X_s + X'_s = 0$。

同理，对于 L-Ⅱ 形网络有

$$R'_p = (1+Q^2)R_s,\quad X'_p = \frac{1+Q^2}{Q^2}X_s,\quad Q = \frac{|X_s|}{R_s} \tag{4.3.8}$$

由此可见，在负载电阻 R_s 小于高频功放要求的最佳负载阻抗 R_{Lcr} 时，采用 L-Ⅱ 形网络，通过调整 Q 值，可以将小的 R_s 变为大的 R'_p，以获得阻抗匹配（$R'_p = R_{Lcr}$）。谐振时应有 $X_p + X'_p = 0$。

L 形网络虽然简单，但由于只有两个元件可以选择，因此在满足阻抗匹配关系时，回路的 Q 值就确定了，当阻抗变换比不大时，回路 Q 值低，对滤波不利，可以采用 π 形、T 形网络。它们都可以看成两个 L 形网络的级联，其阻抗变换比在此不再详述。由于 T 形网络输入端有近似串联谐振回路的特性，因此一般不用做功放的输出电路，而常用做各高频功放的级间耦合电路。

图 4.3.6 是一种超短波输出放大器的实际电路，它工作于固定频率。图中 L_1、C_1、C_2 构成 π 形匹配网络，L_2 是为了抵消天线输入阻抗中容抗而设置的。改变 C_1 和 C_2 就可以实现调谐和阻抗匹配的目的。

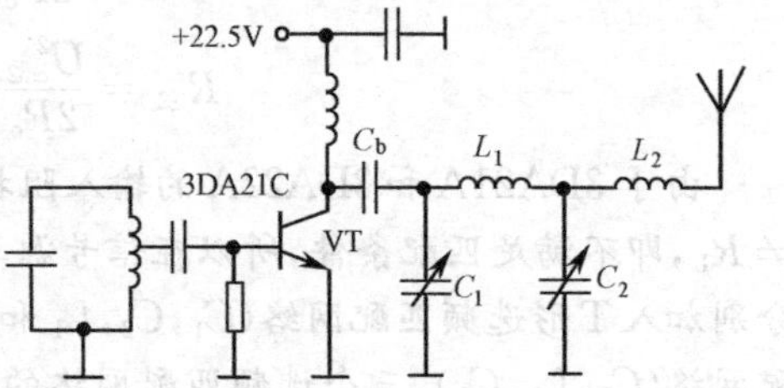

图 4.3.6　超短波输出放大器的实际电路

2. **耦合回路**

图 4.3.7 是一短波发射机的输出放大器。它采用互感耦合回路做输出回路，多波段工作。由以上分析可知，改变互感 M，可以完成阻抗匹配功能。

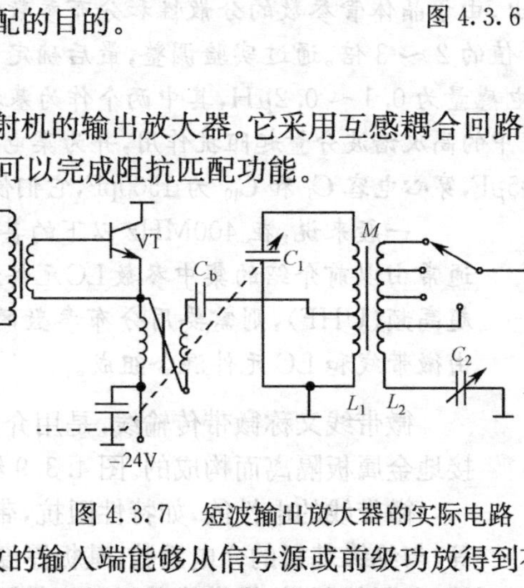

图 4.3.7　短波输出放大器的实际电路

总之，为了使谐振功放的输入端能够从信号源或前级功放得到有效的功率，输出端能够向负载输出不失真的最大功率或满足后级功放的要求，在谐振功放的输入和输出端必须加上匹配网络。

匹配网络的作用是在所要求的信号频带内进行有效的阻抗变换（根据实际需要使功放工作在

临界点、过压区或欠压区),并充分滤除无用的杂散信号。前面已介绍了几种基本 LC 选频匹配网络,具体应用时为了产生良好的选频匹配效果,常采用多级匹配网络级联的方式。

【例4.3.1】 如图4.3.8所示,分析工作频率为175MHz的两级谐振功率放大电路组成及元件参数。

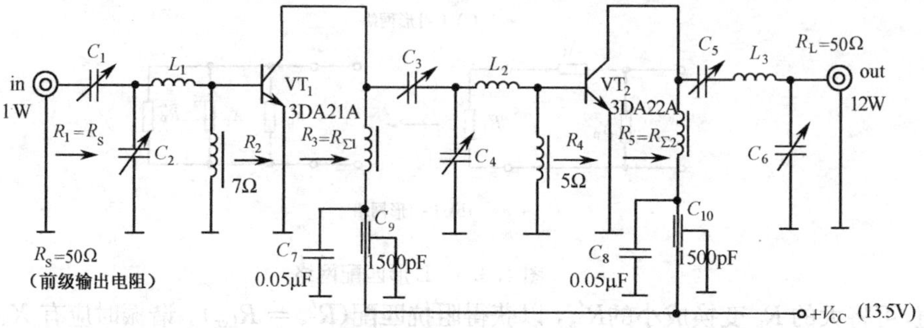

图 4.3.8 175MHz 谐振功率放大器电路图

解 两级功放的输入馈电方式均为自给负偏压,输出馈电方式为并联。此电路输入功率 $P_i=1W$,输出功率 $P_o=12W$,信号源阻抗 $R_S=50\Omega$,负载 $R_L=50\Omega$。其中第一级输出功率 $P_{o1}=4W$,电源电压 $V_{CC}=13.5V$。两级功放管分别采用 3DA21A 和 3DA22A,均工作在临界状态,饱和压降分别为 1V 和 1.5V。各项指标满足安全工作条件。可以计算出各级回路等效点阻抗分别为

$$R_{\Sigma1}=\frac{U_{cm1}^2}{2P_{o1}}=\frac{(13.5-1)^2}{2\times4}=20(\Omega)$$

$$R_{\Sigma2}=\frac{U_{cm2}^2}{2P_o}=\frac{(13.5-1.5)^2}{2\times12}=6(\Omega)$$

由于 3DA21A 和 3DA22A 的输入阻抗分别为 $R_2=7\Omega$ 和 $R_4=5\Omega$,故 $R_S\neq R_2$,$R_{\Sigma1}\neq R_4$,$R_{\Sigma2}\neq R_L$,即不满足匹配条件,所以在信号源与第一级放大器之间,第一级放大器与第二级放大器之间分别加入T形选频匹配网络(C_1,C_2,L_1 和 C_3,C_4,L_2),在第二级放大器与负载之间加入L形选频匹配网络(C_5,L_3,C_6)。三个选频匹配网络的输入阻抗分别为 R_1,R_3 和 R_5。匹配网络中各电感和电容的值可根据相应的公式计算得出。由于晶体管参数的分散性和分布参数的影响,$C_1\sim C_6$ 均采用可变电容器,其最大容量应为计算值的 2～3 倍。通过实验调整,最后确定匹配网络元件的精确值。

电路中四个高频扼流圈的电感量为 0.1～0.2μH,其中两个作为基极直流偏置组成元件,另外两个在集电极并馈电路中对 u_C 中的高次谐波分量起阻抗作用,并为集电极提供直流电源通路。高频旁路电容 C_7 和 C_8 的值均为 0.05μF,穿心电容 C_9 和 C_{10} 为 1500pF,它们使高次谐波分量短路接地。

一般来说,在 400MHz 以下的甚高频(VHF)段,匹配网络通常由以前介绍的集中参数LC元件组成,而在400MHz以上的超高频(UHF),则需要用分布参数的微带线组成匹配网络,或由微带线和LC元件混合组成。

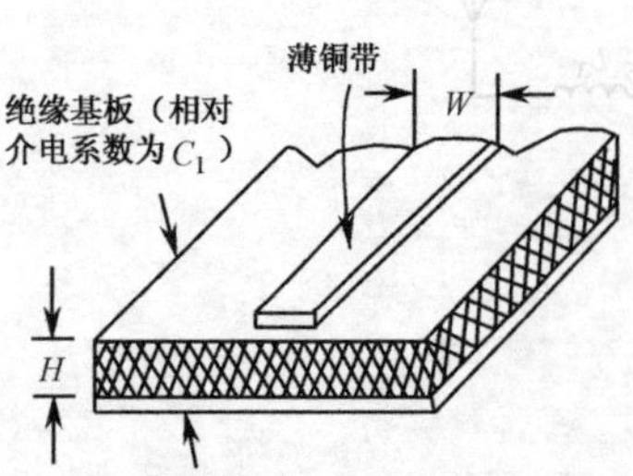

图 4.3.9 微带传输线的结构

微带线又称微带传输线,是用介质材料把单根带状导体与接地金属板隔离而构成的。图 4.3.9 给出了它的结构示意图。

微带线的电性能,如特性阻抗,带内波长,损耗和功率容量等,与绝缘基板的介电系数,基板厚度 H 和带状导体宽度 W 有关。实际使用时,微带线采用双面敷铜板,在上面做出各种图形,构成电感、电容等各种微带元件,从而组成谐振电路、滤波器以及阻抗变换器等。

4.3.3　谐振功率放大器的实用电路实例

图 4.3.10 是工作频率为 160MHz 的谐振功率放大电路。它向 50Ω 负载提供 13W 功率，功率增量达 9dB。图中集电极采用并馈电路，L' 为高频扼流圈，C_e 为旁路电容，基极采用自给偏置电路。放大器的输入端采用 T 型匹配网络，调节 C_1 和 C_2，使得功率管的输入阻抗在工作频率上变换为前级放大器所需求的 50Ω 匹配电阻。放大器的输出端采用 L 型匹配网络，调节 C_3 和 C_4，使得 50Ω 外接负载电阻在工作频率上变换为放大管所需求的匹配电阻 R_p。

图 4.3.11 是工作频率为 50MHz 的谐振功率放大电路，它向 50Ω 外接负载提供 25W 的功率，功率增量达到 7dB。这个放大电路的基极馈电电路和输入匹配网络与图 4.3.10 所示的电路相同。

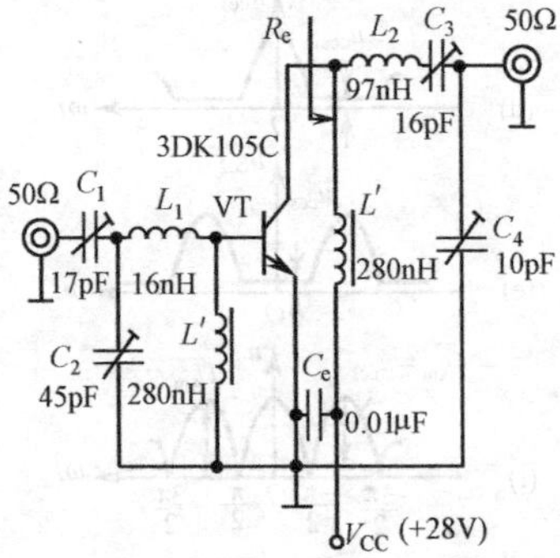

图 4.3.10　160MHz 谐振功率放大电路

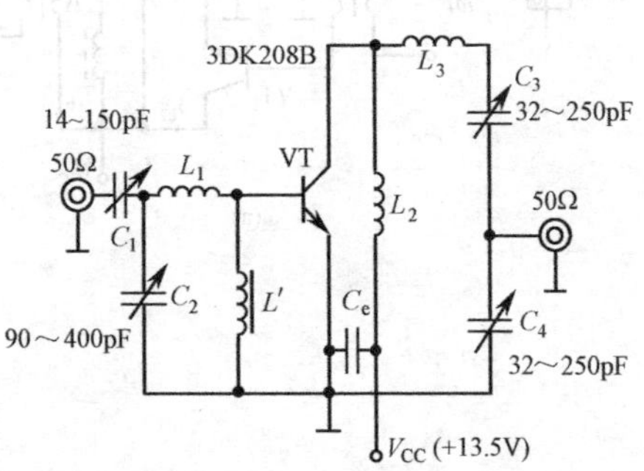

图 4.3.11　50MHz 谐振功率放大电路

4.4　丁类(D 类)功率放大器

我们已多次提到，高频功率放大器的主要问题是如何尽可能地提高它的输出功率与效率。只要将效率稍许提高一点，就可能在同样器件耗散功率条件下，大大提高输出功率。甲、乙、丙类放大器就是沿着不断减小电流通角 θ 的途径来不断提高放大器功率的。

但是，θ 的减小是有一定限度的。因为 θ 太小时，效率虽然很高，但因 I_{cm1} 下降太多，输出功率反而下降。要想维持 I_{cm1} 不变，就必须加大激励电压，这又可能因激励电压过大，引起管子的击穿，因此必须另辟蹊径。丁类、戊类等放大器就是采用固定 θ 为 90°，但尽量降低晶体管的耗散功率的办法，来提高功率放大器的功率的。具体来说，丁类放大器的晶体管工作于开关状态：导通时晶体管进入饱和区，器件内阻接近于零；截止时，电流为零，器件内阻接近于无穷大。这样，就使集电极功耗大为减小，效率大大提高。在理想情况下，丁类放大器的效率可达 100%。

通常根据电压为理想方波波形或电流为理想方波波形，可以将丁类放大器分为电流开关型放大器和电压开关型放大器。

4.4.1　电流开关型 D 类放大器

图 4.4.1 是电流开关型 D 类放大器的原理线路和波形图，线路通过高频变压器 Tr_1，使晶体管 VT_1、VT_2 获得反相的方波激励电压。在理想状态下，两管的集电极电流 i_{c1} 和 i_{c2} 为方波开关电流波形，i_{c1} 和 i_{c2} 交替地流过 LC 谐振回路，由于 LC 回路对方波电流中的基频分量谐振，因而在回路两端产生基频分量的正弦电压。晶体管 VT_1、VT_2 的集电极电压 u_{ce1}、u_{ce2} 波形示于图 4.4.1(d)、(e)中。由图可见，在 VT_1(VT_2) 导通期间的 u_{ce1}(u_{ce2}) 等于晶体管导通时的饱和压降 u_{ces}；在 VT_1(VT_2) 截止期间的 u_{ce1}(u_{ce2}) 为正弦波电压的一部分。回路线圈中点 A 对地的电压为 $(u_{ce1}+u_{ce2})/2$，如

图 4.4.1(f) 所示的脉动电压 u_A，可见 A 点不是地电位，它不能与电源 V_{CC} 直接相连，而应串入高频扼流圈 L_b 后，再与电源 V_{CC} 相连。在 A 点，脉动电压的平均值应等于电源电压 V_{CC}，即

$$\frac{1}{\pi}\int_{-\frac{\pi}{2}}^{\frac{\pi}{2}}\left[(U_{Am}-u_{ces})\cos\omega t+u_{ces}\right]d\omega t=\frac{2}{\pi}(U_{Am}-u_{ces})+u_{ces}=V_{CC}$$

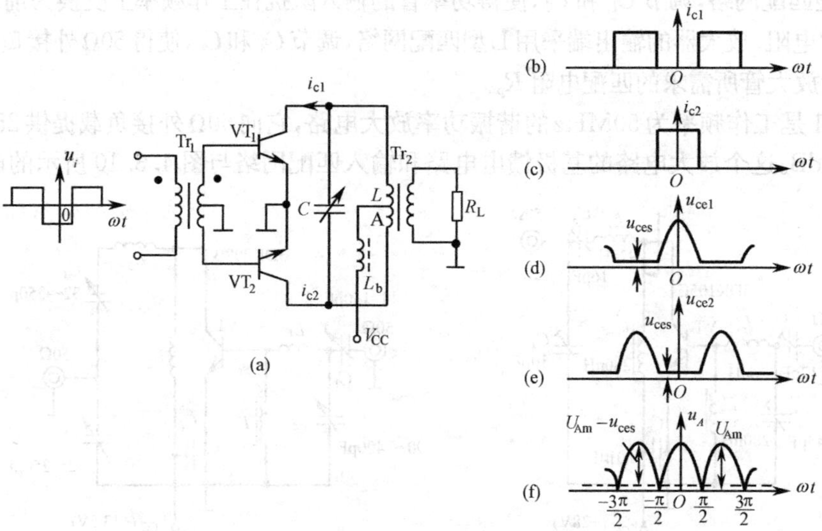

图 4.4.1 电流开关型 D 类放大器的原理线路和波形

由此可得
$$U_{Am}=\frac{\pi}{2}(V_{CC}-u_{ces})+u_{ces} \tag{4.4.1}$$

集电极回路两端的高频电压峰值为

$$U_{cm}=2(U_{Am}-u_{ces})=\pi(V_{CC}-u_{ces}) \tag{4.4.2}$$

集电极回路两端的高频电压有效值为

$$U_{m}=\frac{U_{cm}}{\sqrt{2}}=\frac{\pi}{\sqrt{2}}(V_{CC}-u_{ces}) \tag{4.4.3}$$

$VT_1(VT_2)$ 的集电极电流为振幅等于 I_{co} 的矩形，它的基频分量振幅等于 $(2/\pi)I_{co}$。VT_1、VT_2 的 i_{c1}、i_{c2} 中的基频分量电流在集电极回路阻抗 R_L'（考虑了负载的反射电阻）两端产生的基频电压振幅为

$$U_{cm}=\left(\frac{2}{\pi}I_{co}\right)R_L' \tag{4.4.4}$$

将式(4.4.2)代入式(4.4.4)得

$$I_{co}=\frac{\pi U_{cm}}{2R_L'}=\frac{\pi^2}{2R_L'}(V_{CC}-u_{ces}) \tag{4.4.5}$$

输出功率为
$$P_o=\frac{U_{cm}^2}{2R_L'}=\frac{\pi^2}{2R_L'}(V_{CC}-u_{ces})^2 \tag{4.4.6}$$

电源功率为
$$P_{DC}=V_{CC}I_{co}=\frac{\pi^2}{2R_L'}(V_{CC}-u_{ces})V_{CC} \tag{4.4.7}$$

集电极损耗功率为
$$P_c=P_{DC}-P_o=\frac{\pi^2}{2R_L'}(V_{CC}-u_{ces})u_{ces} \tag{4.4.8}$$

集电极效率为
$$\eta=\frac{P_o}{P_{DC}}\times 100\%=\frac{V_{CC}-u_{ces}}{V_{CC}}\times 100\% \tag{4.4.9}$$

这种线路由于采用方波电压激励，集电极电流为方波开关波形，故称此电路为电流开关型 D 类

放大器。由集电极效率公式(4.4.9)可见，当晶体管导通时，若饱和电压降$u_{ces}=0$，此时，电流开关型D类放大器可获得的理想集电极效率为100%。

实际D类放大器的效率低于100%。引起实际效率下降的主要原因有两个：一是晶体管导通时的饱和压降u_{ces}不为零，导通时有损耗；另一个是激励电压是有限的，且由于晶体管的电容效应，由截止变饱和，或者由饱和变截止，电压u_{ce1}和u_{ce2}实际上有上升沿和下降沿，在此过渡期间已有集电极电流通过，有功率损耗。工作频率越高，上升沿和下降沿越长，损耗越大。这是限制D类放大器工作频率上限的一个重要因素。

D类放大器的激励电压可以是正弦波，也可以是其他脉冲波形，但它们必须要足够大，使晶体管能迅速进入饱和状态。

4.4.2　电压开关型D类放大器

图4.4.2为一互补电压开关型D类功放的线路及电流电压波形。两个同型(NPN)管串联，集电极加有恒定的直流电压V_{CC}。两管输入端通过高频变压器Tr_1加有反相的大电压，当一管从导通至饱和状态时，另一管截止。负载电阻R_L与L_o、C_o构成一高Q值串联谐振回路，这个回路对激励信号频率调谐。如果忽略晶体管导通时的饱和压降，两个晶体管就可等效于图4.4.2(b)中的单刀双掷开关。晶体管输出端的电压在零和V_{CC}间轮流变化，如图4.4.2(c)所示。在输入方波电压的激励下，负载R_L上流过正弦波电流i_L，这是因为高Q值串联回路阻止了高次谐波电流流过R_L(直流也被C_o阻隔)的缘故。这样在R_L上仍然可以得到信号频率的正弦波电压，实现了高频放大的目的。在理想情况下，两管的集电极损耗都为零(因$u_{ce2}i_{c2}=u_{ce1}i_{c1}=0$)，理想的集电极效率为100%。这也可以从输入功率和输出功率计算中得出。

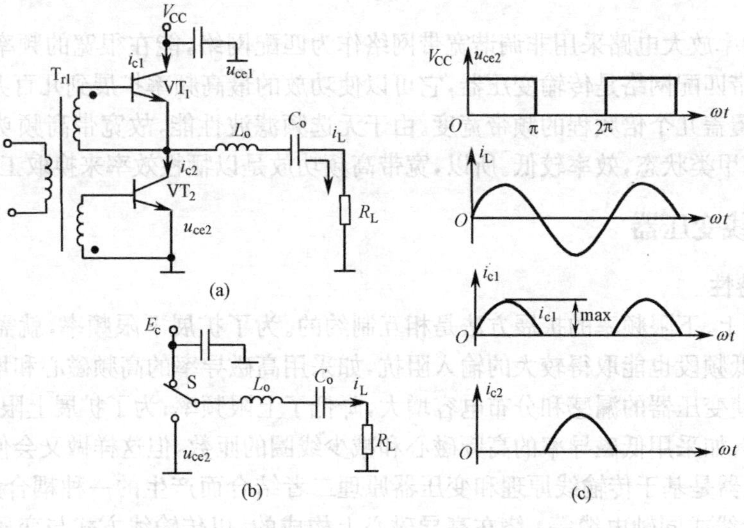

图4.4.2　电压开关型D类功放的线路及波形

由图可见，因i_{e1}、i_{e2}都是半波余弦脉冲($\theta=90°$)，所以两管的直流电压和负载电流分别为

$$I_{co}=\frac{1}{\pi}i_{C\max}$$

两管的电源功率为$P_{DC}=V_{CC}I_{co}=\dfrac{1}{\pi}V_{CC}i_{C\max}$

负载上的基波电压U_L等于u_{ce2}方波脉冲中的基波电压分量。对u_{ce2}分解可得

$$U_{Lm}=\frac{1}{\pi}\int_0^{\pi}V_{CC}\sin\omega t\,d\omega t=\frac{2}{\pi}V_{CC}$$

负载上的功率为 $$P_L = \frac{1}{2} I_{Lm} U_{Lm} = \frac{1}{\pi} V_{CC} i_{Cmax} \tag{4.4.10}$$

可见 $$P_L = P_{DC}$$

此时的匹配负载电阻为 $$R_1 = \frac{U_{Lm}}{I_{Lm}} = \frac{2}{\pi} \frac{V_{CC}}{i_{Cmax}} \tag{4.4.11}$$

影响电压开关型D类放大器实际功率的因素与电流开关型基本相同，即主要由晶体管导通时的饱和压降 U_{ces} 不为零和开关转换期间(脉冲上升和下降边沿)的损耗功率因素所造成。

开关型D类放大器的主要优点是集电极效率高，输出功率大。但在工作频率很高时，随着工作频率的升高，开关转换瞬间的功耗大，集电极效率下降，高效功放的优点就不明显了。由于D类放大器工作在开关状态，因而也不适于放大振幅变化的信号。有关开关型E类放大器的原理，分析和计算可参看相关参考文献。

F类、G类和H类放大器是另一类高效功率放大器。在它们的集电极电路设置了专门的包括负载在内的无源网络，产生一定形状的电压波形，使晶体管在导通和截止的转换期间，电压 u_{ce} 和 i_c 同时具有较小的数值，从而减小过渡状态的集电极损耗。同时，还设法降低晶体管导通期间的集电极损耗。有关这几类放大器的原理，分析和计算可参看参考文献。

各种高效功放的原理与设计为进一步提高高频功率放大器的集电极效率提供了方法和思路。当然，实际器件的导通饱和电压降不为零，实际的开关转换时间也不为零，在采取各种措施后，高效功放的集电极效率可达90%以上，但仍不能达到理想放大器的效率。

4.5 宽带高频功率放大电路

宽带高频功率放大电路采用非调谐宽带网络作为匹配网络，能在很宽的频率范围内获得线性放大。常用的宽带匹配网络是传输变压器，它可以使功放的最高频率扩展到几百兆赫兹甚至上千兆赫兹，并能同时覆盖几个倍频程的频带宽度。由于无选频滤波性能，故宽带高频功放只能工作在非线性失真较小的甲类状态，效率较低。所以，宽带高频功放是以牺牲效率来换取工作频带的加宽的。

4.5.1 传输线变压器

1. 宽频带特性

普通变压器上、下限频率的扩展方法是相互制约的。为了扩展下限频率，就需要增大初级线圈电感量，使其在低频段也能取得较大的输入阻抗，如采用高磁导率的高频磁心和增加初级线圈的匝数，但这样做将使变压器的漏感和分布电容增大，降低了上限频率；为了扩展上限频率，就需要减小漏感和分布电容，如采用低磁导率的高频磁心和减少线圈的匝数，但这样做又会使下限频率提高。

传输线变压器是基于传输线原理和变压器原理二者结合而产生的一种耦合元件。它是将传输线(双绞线、带状线或同轴电缆等)绕在高导磁心上构成的，以传输线方式与变压器方式同时进行能量传输。利用图4.5.1所示一种简单的1∶1传输线变压器，可以说明这种特殊变压器能同时扩展上、下限频率的原理。

在图4.5.1中，图(a)是结构示意图，图(b)和图(c)分别是传输方式和变压器方式的工作原理图，图(d)是用引线电感和分布电容的传输线分布参数等效电路图。

在以传输线方式工作时，信号从①、③端输入，②、④端输出。如果信号的波长与传输线的长度可以比拟，两根导线的固有引线电感和相互间的分布电容就构成了传输线的分布参数等效电路。若传输线无损耗，则传输线的特性阻抗 $Z_c = \sqrt{\frac{\Delta L}{\Delta C}}$。

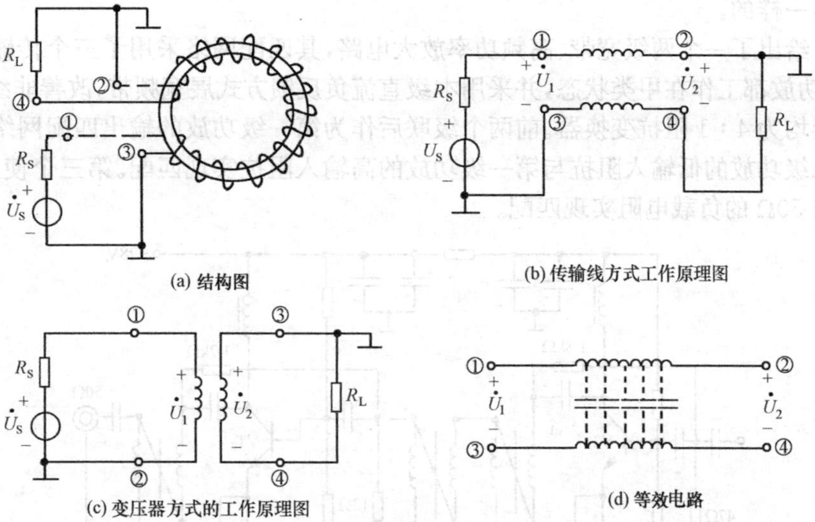

图 4.5.1 1∶1 传输线变压器结构示意图及等效电路

式中，ΔL、ΔC 分别是单位线长的引线电感和分布电容。若 Z_c 与负载电阻 R_L 相等，则称为传输线终端匹配。在无耗、匹配情况下，当传输线长度 l 与工作波长 λ 相比足够小($l < \lambda/8$)时，可以认为传输线上任何位置的电压和电流的振幅均相等，且输入阻抗 $Z_i = Z_C = Z_R$，故为1∶1变压器。可见，此时负载上得到的功率与输入功率相等且不因功率变化而变化。

在以变压器方式工作时，信号从 ①、② 端输入，③、④ 端输出。由于输入/输出线圈长度相同，从图(c)可见，这是一个1∶1的反相变压器。当工作在低频段时，由于信号波长远大于传输线长度，分布参数影响很小，可以忽略，故变压器方式起主要作用。由于磁心的磁导率很高，所以虽传输线段短也能获得足够大的初级电感量，保证了传输线变压器的低频特性较好。当工作在高频段时，传输线方式起主要作用，在无损耗匹配的情况下，上限频率将不受漏感、分布电容、高磁导率磁心的限制。而在实际情况下，虽然要做到严格无耗和匹配是很困难的，但上限频率仍可以达到很高。

由以上分析可以看到，传输线变压器具有很好的宽频带特性。

2. 阻抗变换特性

与普通变压器一样，传输线变压器也可以实现阻抗变换，由于受结构的限制，只能实现某些特定的阻抗比的变换。图 4.5.2 给出了一种 4∶1 传输线阻抗变换器的原理图。在无耗且传输线长度很短的情况下，传输变压器输入端与输出端电压相同，均为 $\dot{U}$，流过的电流均为 $\dot{I}$。由此可得到特性阻抗 Z_C 和输入端阻抗 Z_i 分别为

$$Z_C = \frac{\dot{U}}{\dot{I}} = \frac{2\dot{I}R_L}{\dot{I}} = 2R_L$$

$$Z_i = \frac{2\dot{U}}{\dot{I}} = 2Z_C = 4R_L$$

所以，当负载 R_L 为特性阻抗 Z_C 的 1/2 时，此传输线变压器可以实现 4∶1 的阻抗变换。故此时的终端匹配的条件是 $R_L = \frac{1}{2}Z_C$。式中，Z_i 是指 ①、④ 端之间的等效阻抗。

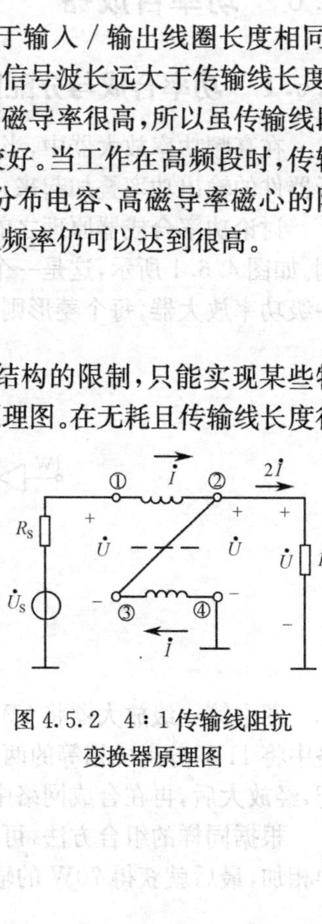

图 4.5.2 4∶1 传输线阻抗变换器原理图

利用传输线变压器还可以实现其他一些特定阻抗比的阻抗变换。注意,在阻抗比不同时的终端匹配条件是不一样的。

图4.5.3给出了一个两级宽带、高频功率放大电路,其匹配网络采用了三个传输线变压器。由图可见,两级功放都工作在甲类状态,并采用本级直流负反馈方式展宽频带,改善非线性失真。三个传输线变压器均为4∶1阻抗变换器。前两个级联后作为第一级功放的输出匹配网络,总阻抗比为16∶1,使第二级功放的低输入阻抗与第一级功放的高输入阻抗实现匹配。第三个使第二级功放的高输出阻抗与50Ω的负载电阻实现匹配。

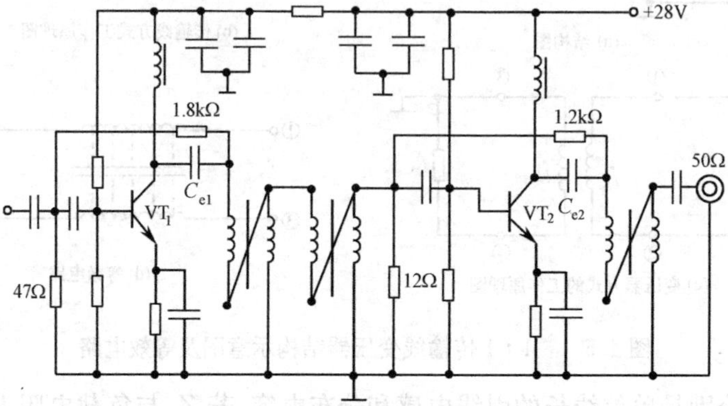

图4.5.3 宽带高频功率放大电路

4.6 功率合成器

4.6.1 功率合成与分配网络应满足的条件

在高频功率放大器中,当需要的输出功率超过单个电子器件所能输出的功率时,可以将几个电子器件的输出功率叠加起来,以获得足够大的输出功率。这就是功率合成技术。

讨论功率合成器原理之前,为了对功率合成器先有一个整体概念,我们举一个实际方框图示例。如图4.6.1所示,这是一个输出功率为35W的功率合成器方框图示例。图中每一个三角形代表一级功率放大器,每个菱形则代表功率分配或合成网络。

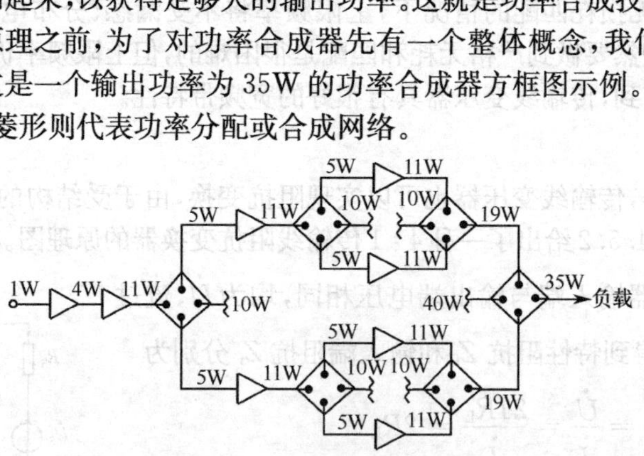

图4.6.1 功率合成器方框图示例

图中第一级放大器将1W输入信号功率放大到4W,第二级进一步放大到11W。然后在分配网络中将11W分离成相等的两部分,继续在两组放大器中分别进行放大。又在第二个分配网络中分配,经放大后,再在合成网络中相加。上、下两组相加的结果,最后在负载上获得35W的输出功率。

根据同样的组合方法,可再和另一组35W的输出功率合成。将两组35W功率在一个合成网络中相加,最后就获得70W的输出功率。依次类推,可以获得更高的输出功率。

由上例可知，功率合成器的关键部分是功率分配与合成网络。那么，应该采取什么样的网络呢？

我们知道，在低频电子线路中，可以采取推挽并联电路来增加输出功率。同样，高频功率放大器也可以采用推挽并联电路来增加输出功率。因此，单从增加输出功率这一点来看，并联与推挽电路也可认为是功率合成电路。但是，这两种电路都有不可克服的共同缺点：当一个晶体管损坏或失效时，会使其他管子的工作状态产生剧烈的变化，甚至导致这些管子的损坏。因此，并联和推挽电路不是理想的功率合成电路。那么，一个理想的功率合成电路应该满足哪些条件呢？概括起来，可以归纳为如下几条：

① N 个同类型的放大器，它们的输出振幅相等，每个放大器供给匹配负载以额定功率 P_{S0}，则 N 个各地区输至负载的总功率为 $N P_{S0}$，这叫做功率相加条件，并联和推挽电路能满足这一条件。

② 合成器的各单元放大电路彼此隔离，也就是说，任何一个放大单元发生故障时，不影响其他放大单元的工作，这些没有发生故障的放大器照旧向电路输出自己的额定输出功率 P_{S0}。这叫做相互无关条件。这是功率合成器的最主要条件。并联和推挽电路不能满足这一条件。

要想满足功率合成器的上述条件，关键在于选择合适的混合网络。晶体管放大器功率合成所用的混合网络主要是已讨论过的传输线变压器，特别是 1∶4 的传输线变压器。下面我们就来讨论用传输线变压器组成的混合网络原理。

4.6.2　功率合成(或分配)网络原理

利用1∶4传输线变压器组成的功率合成或分配网络的基本电路如图 4.6.2(a) 所示，为了分析方便，也可以将它改画成如图 4.6.2(b) 所示的等效电路。在分析时，应注意以下两点：

① 根据传输线的原理，它的两个线圈中对应点所通过的电流必定是大小相等、方向相反的；

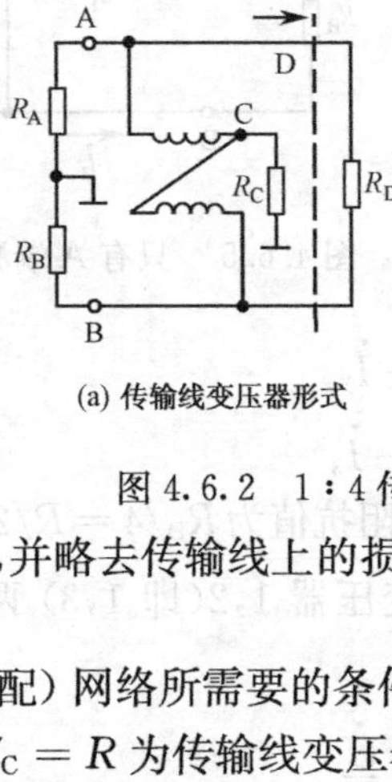

(a) 传输线变压器形式

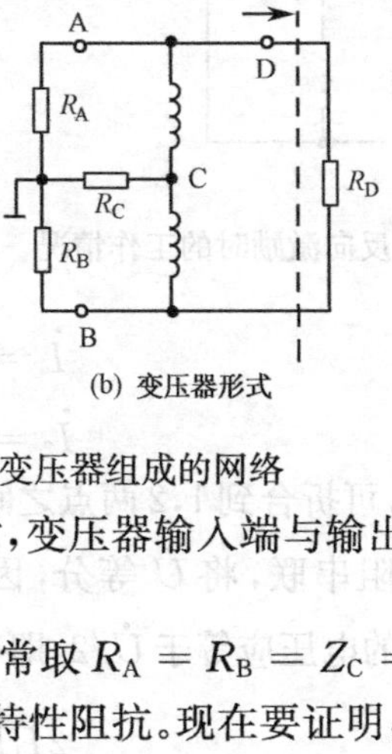

(b) 变压器形式

图 4.6.2　1∶4 传输线变压器组成的网络

② 在满足匹配条件，并略去传输线上的损耗时，变压器输入端与输出端电压的振幅也应该是相等的。

为了满足合成(或分配) 网络所需要的条件，通常取 $R_A = R_B = Z_C = R, R_C = Z_C/2 = R/2$，$R_D = 2Z_C = 2R$。此处 $Z_C = R$ 为传输线变压器的特性阻抗。现在要证明，C 端与 D 端是相互隔离的，同样，A 端与 B 端也是相互隔离的。

根据网络的对称性，容易看出，如果从 C 端馈入信号，如图 4.6.3(a) 所示，则 A、B 两端的电位应该是大小相等，相位相同的，因此 D 端无输出。反之，如果从 D 端馈入信号，如图 4.6.3(b) 所示，则由网络的对称性必然有 $\dot{I}_1 = \dot{I}_2, \dot{I} = 0$，即 C 端无输出，A、B 两端则得到大小相等，相位相反的信号。

由此可知，C、D两端互不影响。即它们是互相隔离的。若从C端馈入信号功率，在R_A、R_B上可获得同相功率信号，即它可作为同相功率分配网络；若从 D 端馈入信号功率，在 R_A、R_B 可获得反相功率信号。

现在我们来研究从 A、B 两端馈入信号时，这一网络是否满足功率合成条件。

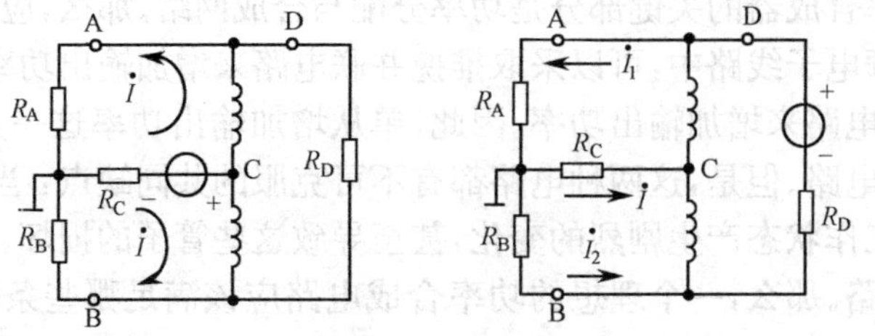

图 4.6.3　C、D端激励时,混合网络的工作情况

将传输线变压器改绘成图4.6.4所示的变压器形式电路。如果从A、B两端馈以反向激励电压,则由于电路的对称性,必有 $\dot{I}'=\dot{I}''$,通过电阻 $R/2$ 的总电流等于零,即C端无输出功率。因此,A、B两端所输出的功率全部输送到D端的电阻 $2R$ 中。此时D端的电阻 $2R$ 正好与A、B两端的电阻 $R_A+R_B=2R$ 相匹配。

当A端(或B端)单边工作时,则由于A、B两端不对称,因此流入A点的电流与流出B点的电流不再相等。这时电流关系如图4.6.5所示。由图得

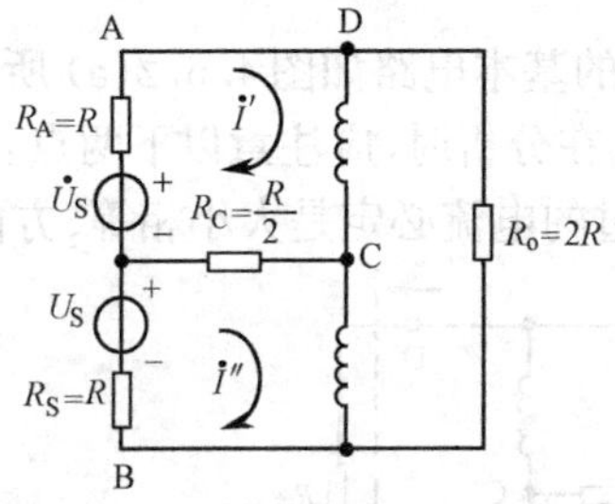

图 4.6.4　A、B端反向激励时的工作情况

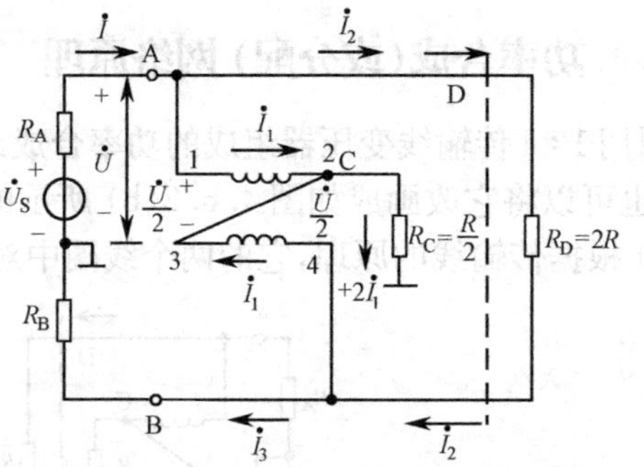

图 4.6.5　只有A端激励时的工作情况

$$\dot{I}=\dot{I}_1+\dot{I}_2 \tag{4.6.1}$$

$$\dot{I}_2=\dot{I}_1+\dot{I}_3 \tag{4.6.2}$$

根据变压器模式,R_D 可折合到1,2两点之间,其阻抗值为 $R_D/4=R/2$,恰好等于C端到地的电阻 $R_C=R/2$。这两个电阻串联,将 $\dot{U}$ 等分,因此变压器1,2(即1,3)两端间的电压为 $\dot{U}/2$,如图4.6.5所示。C端到地的电压应等于 $\dot{U}/2$,即

$$2\dot{I}_1R_C=\frac{\dot{U}}{2} \tag{4.6.3}$$

另一方面,从C经过2,4两端,由B到地的电压应为

$$2\dot{I}_1R_C=\frac{\dot{U}}{2}+\dot{I}_3R_B \tag{4.6.4}$$

由于式(4.6.3)与式(4.6.4)相等,因此必有 $\dot{I}_3=0$,代入式(4.6.2)即得

$$\dot{I}_1=\dot{I}_2=\frac{\dot{I}}{2} \tag{4.6.5}$$

因此

$$P_A=IU,P_B=0$$

$$P_C=2I_1\frac{U}{2}=\frac{1}{2}IU=\frac{1}{2}P_A$$

$$P_D = I_2 U = \frac{1}{2} IU = \frac{1}{2} P_A$$

由此可见，A 端功率均匀分配到 C 端和 D 端，B 端无输出。即 A、B 两端互相隔离。

同样可以证明，当只有 B 端激励时，它的功率也平均分配到 C 端与 D 端，A 端无输出。

综合上述可见，A 端与 B 端和 C 端与 D 端都是互相隔离的，因此满足了功率合成的第二个条件。

以上讨论可小结如下。

① A 端与 B 端、C 端与 D 端互相隔离的条件是

$$R_A = R_B = 2R_C = \frac{R_D}{2} = R \tag{4.6.6}$$

此时所需要的传输线变压器特性阻抗可由图 4.6.5 求出

$$Z_C = \frac{\dot{U}_C}{2} / \dot{I}_1 = \frac{\dot{U}}{2} / \frac{\dot{I}}{2} = \frac{\dot{U}}{\dot{I}} = R$$

② 从 A 端与 B 端同时送入反相激励电压，则 D 端得合成功率，C 端无输出。若从 A 端与 B 端同时送入同相激励电压，则 C 端得合成功率，D 端无输出。在以上两种情况中，若只有 A(或 B) 端有激励，则功率均分到 C 与 D 端，对 B 端(或 A 端) 无影响。

③ 若从 C 端送入激励功率，则这功率将均匀分到 A 端与 B 端，且相位相同，D 端无输出。若从 D 端送入激励功率，则功率均匀分到 A、B 两端，且相位相反，C 端无输出。因此，从 A 与 B 同时送入反相(或同相) 激励功率，则在 D 端(或 C 端) 得到合成功率，C 端(或 D 端) 无输出，即起到了功率合成网络作用。若从 C 端(或 D 端) 馈入激励功率，则 A、B 两端得到等量的同相(或反相) 功率输出，也起到了功率分配网络的作用。合成与分配网络可统称为混合网络。

上面讨论的混合网络，D 端输出(或输入) 信号必须是对地对称的。如果 D 端信号有一端必须接地，就需要再加入一个 1∶1 传输线变压器来完成由不平衡的转换，如图 4.6.6 所示。图中传输线变压器 ① 的作用和以前一样，仍然是一个 1∶4 阻抗变换器，起到混合网络的作用；传输线变压器 ② 则为 1∶1 阻抗变换器，起到了不平衡的转换作用。

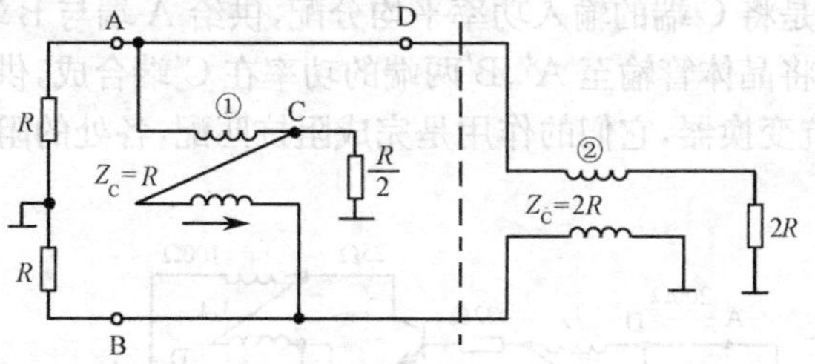

图 4.6.6　D 端为不平衡输出时应加入 1∶1 传输线变压器

将以上的基本网络与适当的放大电路相组合，就可以构成反相(推挽) 功率合成器与同相(并联) 功率合成器。这就是下面要讨论的问题。

4.6.3　功率合成电路举例

图 4.6.7 是一个反相(推挽) 功率合成器的典型电路，它是一个输出功率 75W，带宽为 30 ~ 75MHz 的放大电路的一部分。图中 T_2 与 T_5 是起混合网络作用的 1∶4 传输线变压器，混合网络各端仍用 A、B、C、D 来标明；T_1 与 T_6 为起平衡－不平衡转换作用的 1∶1 传输线变压器；T_3 与 T_4 为 4∶1 阻抗变换器，它的作用是完成阻抗匹配。各处的阻抗数字已在图中标明。由图中可知，T_2 是功率分配网络，在输入端由 D 端激励，A、B 两端得到反相激励功率，再经 4∶1 阻抗变换器与晶体管的输入

阻抗(约 3Ω) 进行匹配。两个晶体管的输出功率是反相的,对于合成网络 T_5 来说,A、B两端获得反相功率,在D端即获得合成功率输出。在完成匹配时,输入和输出混合网络的C端不会有功率损耗。C端连接的电阻(6Ω) 即为吸收这不平衡功率之用,称为假负载电阻,也就是图 4.6.1 中所用的假负载电阻。

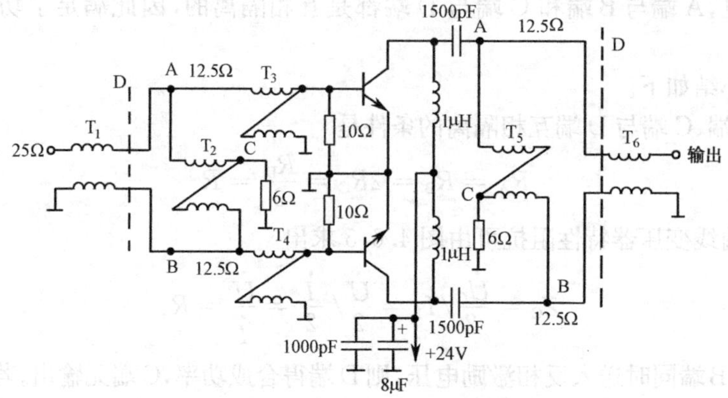

图 4.6.7　反相功率合成器典型电路举例

在完全匹配时,各传输线变压器的特性阻抗为

T_1 与 T_6:$Z_C = 2R = 25(\Omega)$

T_2 与 T_5:$Z_C = R = 12.5(\Omega)$

T_3 与 T_4:$Z_C = \sqrt{R_s R_L} = \sqrt{12.5 \times 3} \approx 6(\Omega)$

每个晶体管基极到地的10Ω电阻是用来稳定放大器,防止寄生振荡器用的,并在晶体管截止期间作为混合网络的负载。

反相功率合成器的优点是:输出没有偶次谐波,输入电阻比单边工作时高,因而引线电感的影响减小。

图 4.6.8 表示一个典型的同相功率合成电路,图中 T_1、T_6 起同相隔离混合网络的作用。T_1 为功率分配网络,它的作用是将C端的输入功率平均分配,供给A端与B端同相激励功率。T_6 为功率合成网络,它的作用是将晶体管输至 A′、B′两端的功率在 C′端合成,供给负载。T_2、T_3 与 T_4、T_5 分别为 4∶1 与 1∶4 阻抗变换器,它们的作用是完成阻抗匹配,各处的阻抗均已在图中标明。

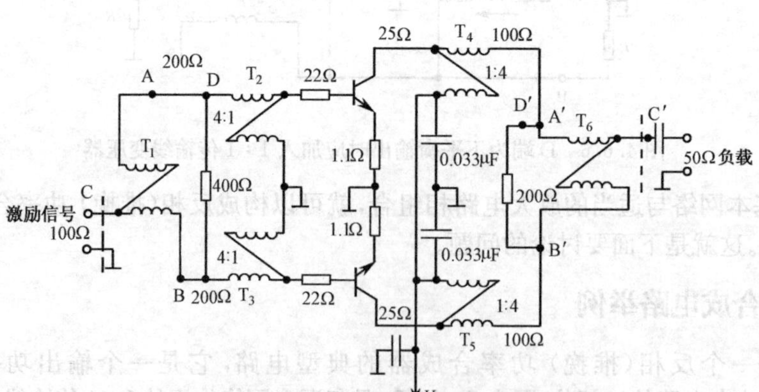

图 4.6.8　同相功率合成器典型电路举例

晶体管发射极接入 1.1Ω 的电阻,用以产生负反馈,以提高晶体管的输入阻抗。各基极串联的

22Ω 电阻作为提高输入电阻与防止寄生振荡之用。D 端所接的 400Ω 与 D′端所接的 200Ω 电阻是 T_1 与 T_6 的假负载电阻。

在同相功率合成器中，由于偶次谐波在输出端是相加的，因此输出中有偶次谐波存在，这是不如反相功率合成电路的地方（反相功率合成电路中的偶次谐波在输出端互相抵消）。

概括起来可以这样说，掌握图 4.6.2 所示混合网络的工作原理后，只要看是 D 端还是 C 端作为输出端，就能容易地判断出是反相功率合成电路还是同相功率合成电路。D 端接输出，则必为反相功率合成电路；C 端接输出，则必为同相功率合成电路。

用传输线变压器所组成的功率合成电路已获得广泛的应用，因为它能较好地解决高效率、大功率与宽频带等一系列问题。为了滤除功率合成器在非甲类工作时输出中含有的高次谐波，通常在它后面要加入低通滤波器。

4.7 射频模块放大器和集成功率放大器简介

4.7.1 射频模块放大器

在射频和非线性状态下工作的射频功率放大器和各种功能部件的设计是困难和复杂的，通常还要通过大量的调整、测试工作，才能使它们的性能达到设计要求。庆幸的是，目前国内外的制造厂商制造了大量具有完善封装的射频模块放大器（Radio frequency Modular Amplifier）。这种射频模块放大器组件可以完成振荡、混频、调制、功率合成与分配、环行器、定向耦合器等各种功能。在设计射频系统时，可以根据有关公司提供的资料选用合适的模块，把它们固定在电路板上，再用高频电缆把它们连接在一起，便可构成能满足设计要求的射频系统，这就大大简化了射频系统的设计。为了使读者了解射频模块的构成，在本节中对射频模块也有所介绍。

预先封装好的射频模块放大器的最基本形式是一个采用混合电路技术的薄膜混合电路。混合电路是把固定元件和无源元件（分布元件或者集成元件）外接在一块介质衬底上，并将有源元件和无源元件以及互联做成一个整体。有源元件是指场效应管及各种晶体管。无源元件是指电感器、电容器、电阻器等集中参数元件以及各种分布参数元件。这些集中参数元件和分布参数元件都是用薄膜电路和厚膜电路技术制造的。采用混合电路技术的优点是电路性能好、可靠性高、尺寸小、重量轻、散热好、损耗低、成本价格便宜。这种电路技术的重点越来越多地放在制造工作频率更高的模拟集成电路上。本节介绍的这种射频放大器模块在宽频带范围内具有增益，并封装在带有四个引脚的晶体管封装内（还有微型封装和连接器封装等其他封装形式）。在晶体管封装中，两个引脚分别是输入端和输出端，另外两个引脚是地端和直流电源端。

有各种不同的射频模块可供应用：有的是为了得到大功率或大动态范围的；有的是低噪声优化的；有的放大器可以设计在很宽的频率范围内工作；有的可工作在特定的通信频段上。例如，美国 AvanTek 公司提供的UTO－514模块，它在 30～200MHz 的频率范围内，具有 15dB 的增益，2dB 的噪声系数和±0.75%的增益平坦度，模块放大器封装在TO-8型的有 4 个引脚的晶体管封装内。AvanTek 公司的高性能 UTO 系列和 WaTkin-gohnson 公司的 A 系列模块放大器几乎有上百个品种，其最高工作频率可达 2GHz。目前，国内的一些研究所和生产厂家也能提供一些射频模块放大器的产品。这些模块放大器可以单独使用，也可以作为微带线的一部分级联使用。制造厂商把模块放大器装填在2 英寸×2 英寸×1 英寸的金属匣中，并带有射频同轴连接器的微带线电路板。

图 4.7.1 是一个模块式射频部件的微带线电路板。它由 A、B、C、D 这 4 个模块放大器级联组成。A 是 AUF－025 衰减器，B 是 UTL 限幅器，C 和 D 都是 UFO 模块（C 的电源电压为＋15V，D 的为＋24V）。A→B、B→C、C→D 模块上一级输出端与下一级输入端以微带线相互级联。电路板

中还示出了直流、射频地和直流供电系统的电路连接。微带线电路板有一个信号输入端口和一个信号输出端口。AvanTek公司也供应这种微带线电路板。

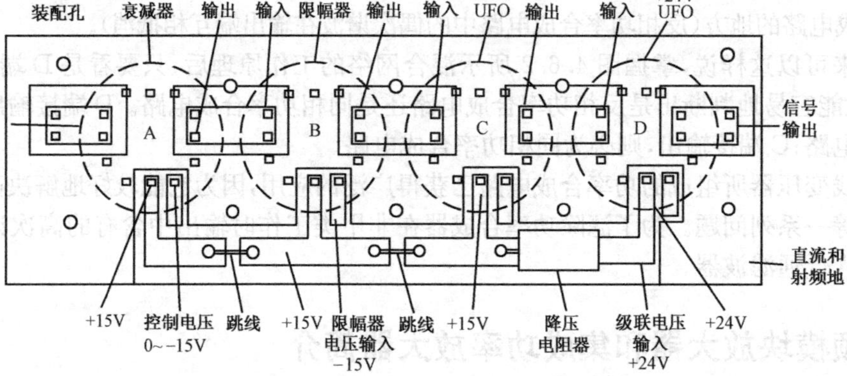

图 4.7.1 一个模块式射频部件的微带线电路板

4.7.2 集成高频功率放大电路及应用简介

在VHF和UHF频段,已经出现了一些集成高频功率放大器件。这些功率放大器件体积小,可靠性高,输出功率一般在几瓦至几十瓦之间。日本三菱公司的M57704系列、美国Motorola公司的MHW系列便是其中的代表产品。

表4.7.1列出了Motorola公司集成高频放大器MHW系列部分型号的电特性参数。图4.7.2给出了MHW105外形图。

表 4.7.1 Motorola 公司集成高频放大器 MHW 的电特性参数

型号	电源电压典型值(V)	输出功率(W)	最小功率增益(dB)	效率(%)	最大控制电压(V)	频率范围(MHz)	内部放大器级数	输入/输出阻抗
MHW105	7.5	5.0	37	40	7.0	68~88	3	50
MHW607-1	7.5	7.0	7.0	40	7.0	136~150	3	50
MHW704	6.0	3.0	3.0	38	6.0	440~470	4	50
MHW707-1	7.5	7.0	7.0	40	7.0	403~440	4	50
MHW803-1	7.5	2.0	2.0	37	4.0	820~850	4	50
MHW804-1	7.5	4.0	4.0	32	3.75	800~870	5	50
MHW903	7.2	3.5	3.5	40	3	890~915	4	50
MHW914	12.5	14	14	35	3	890~915	5	50

MHW系列中有些型号是为便携式射频应用而设计的,可用于移动通信系统中的功率放大,也可用于工商便携式射频仪器。使用前,需调整控制电压,使输出功率达到规定值。在使用时,需在外电路中加入功率自动控制电路,使输出功率保持恒定,同时也可保证集成电路安全工作,避免损坏。控制电压与效率、工作频率也有一定的关系。

三菱公司的M57704系列高频功放是一种厚膜混合集成电路,同样也包括多个型号,频率范围为335~512MHz(其中M57704H为450~470MHz),可用于频率调制移动通信系统。它的电特性参数为:当 $V_{CC}=12.5\text{V}$,$P_{in}=0.2\text{W}$,$Z_o=Z_i=50\Omega$ 时,输出功率 $P_o=13\text{W}$,功率增益 $G_P=18.1\text{dB}$,效率为35%~40%。

图 4.7.3 是 M57704 系列功放的等效电路图。由图可知，它包括三级放大电路，匹配网络由微带线和 LC 元件混合组成。

图 4.7.2　MHW105 外形图

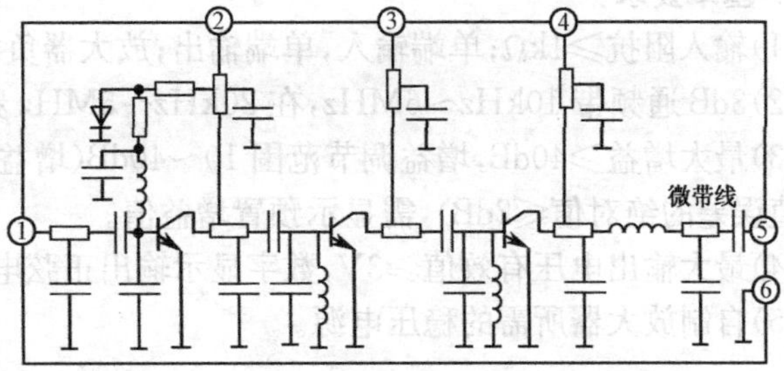

图 4.7.3　M57704 系列功放等效电路图

图 4.7.4 是 TW-42 超短波电台中发射机高频功放部分电路图。此电路采用了日本三菱公司的高频集成功放电路 M57704H。

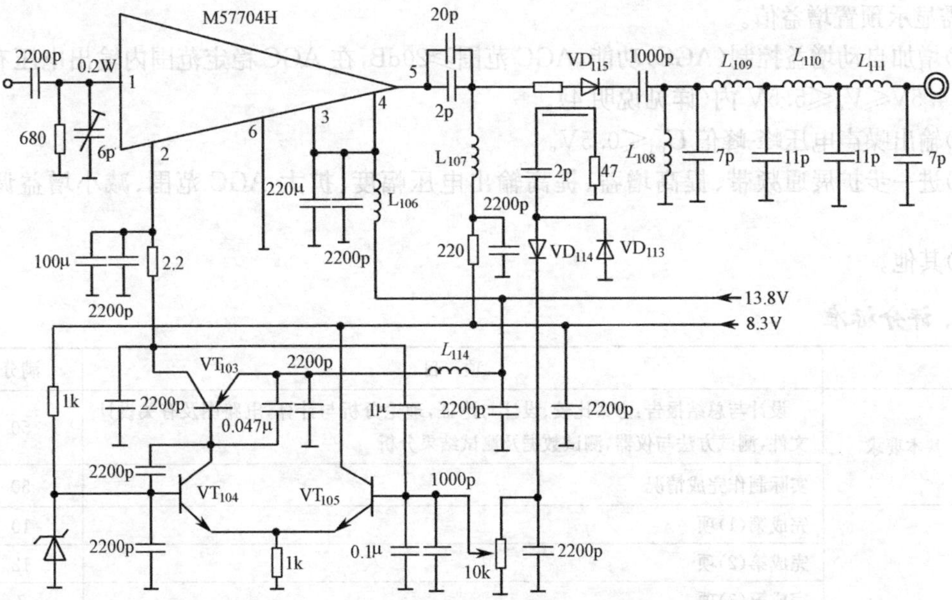

图 4.7.4　TW-42 超短波电台发射机高频功率放大部分电路图

TW-42 电台采用频率调制，工作频率为 457.7～458MHz，发射功率为 5W。由图 4.7.4可见，输入等幅调频信号经 M57704H 功率放大后，一路经微带线匹配滤波后，再经过 VD_{115} 送多节 LC 的匹配网络，然后由无线发射出去；另一路经 VD_{113}、VD_{114} 检波，VT_{104}、VT_{105} 直流放大后，送给 VT_{103} 调整管，然后作为控制电压从 M57704H 的第 2 脚输入，调节第一级功放的集电极电源，可以稳定整个集成功放的输出功率。第二、三级功放的集电极电源是固定的 13.8V。

4.8　高频宽带放大器设计举例

下面通过一个放大器设计实例(2003 年全国大学生电子设计竞赛题——B 题)，了解和掌握设计一个放大器的全过程。

我们的任务是设计并制作一个宽带放大器。

一、设计要求

1. 基本要求

(1)输入阻抗≥1kΩ;单端输入,单端输出;放大器负载电阻 600Ω。

(2)3dB 通频带 10kHz~6MHz,在 20kHz~5MHz 频带内增益起伏≤1dB。

(3)最大增益≥40dB,增益调节范围 10~40dB(增益值 6 级可调,步进间隔 6dB,增益预置值与实测值误差的绝对值≤2dB),需显示预置增益值。

(4)最大输出电压有效值≥3V,数字显示输出正弦电压有效值。

(5)自制放大器所需的稳压电源。

2. 发挥部分

(1)最大输出电压有效值≥6V。

(2)最大增益≥58dB(3dB 通频带 10kHz~6MHz,在 20kHz~5MHz 频带内增益起伏≤1dB),增益调节范围 10~58dB(增益值 9 级可调,步进间隔 6dB,增益预置值与实测值误差的绝对值≤2dB),需显示预置增益值。

(3)增加自动增益控制(AGC)功能,AGC 范围≥20dB,在 AGC 稳定范围内输出电压有效值应稳定在 4.5V≤V_o≤5.5V 内(详见说明 4)。

(4)输出噪声电压峰-峰值 U_{on}≤0.5V。

(5)进一步扩展通频带、提高增益、提高输出电压幅度、扩大 AGC 范围、减小增益调节步进间隔。

(6)其他。

二、评分标准

	项　目	满分
基本要求	设计与总结报告:方案比较、设计与论证,理论分析与计算,电路图及有关设计文件,测试方法与仪器,测试数据及测试结果分析	50
	实际制作完成情况	50
发挥部分	完成第(1)项	10
	完成第(2)项	12
	完成第(3)项	7
	完成第(4)项	2
	完成第(5)项	16
	其他	3

三、补充说明

(1)基本要求部分第(3)项和发挥部分第(2)项的增益步进级数对照表如下:

增益步进级数	1	2	3	4	5	6	7	8	9
预置增益值/dB	10	16	22	28	34	40	46	52	58

(2)发挥部分第(4)项的测试条件为:输入交流短路,增益为 58dB。

(3)宽带放大器幅频特性测试框图如图 4.8.1 所示。

(4)AGC 电路常用在接收机的中频或视频放大器中,其作用是当输入信号较强时,使放大器增益自动降低;当信号较弱时,又使其增益自动增高,从而保证在 AGC 作用范围内输出电压的均匀性,故 AGC 电路实质是一个负反馈电路。

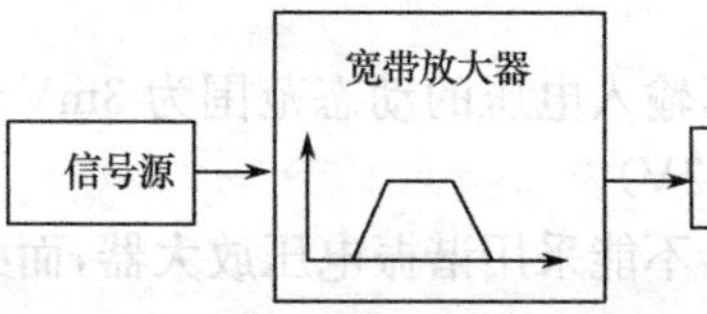

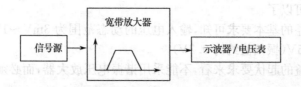

图 4.8.1　幅频特性测试框图

发挥部分第(4)项中涉及的 AGC 功能的放大器的折线化传输特性示意图如图 4.8.2所示；本题定义：AGC 范围为 $20\lg[V_{S2}/V_{S1}]-20\lg[V_{OH}/V_{OL}]$；要求输出电压有效值稳定在 $4.5V\leqslant V_o\leqslant 5.5V$ 范围内，即 $V_{OL}\geqslant 4.5V$、$V_{OH}\leqslant 5.5V$。

本题从教学的角度出发，设计一个宽带放大器，应遵循如下步骤：

(1)弄清题意；

(2)方案论证；

(3)各部件的软件和硬件设计；

(4)组装与调试；

(5)技术指标测试。

下面就以上的各步骤作详细讲解。

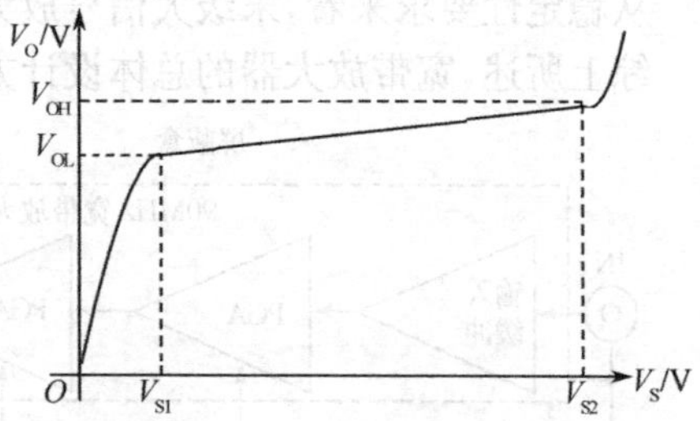

图 4.8.2　折线化传输特性示意图

一、弄清题意

根据题目要求，本题要设计一个高增益、低噪声、高共模抑制比、增益可调的宽带放大器。其技术指标如下：

① 带宽：3dB 通频带为 10kHz～6MHz，可以扩展。

② 增益：

- 最小值为 10dB；基本指标为 40dB；最大值≥60dB。
- 可步进调节，在 10～58dB 范围内，步进间隔为 6dB；要求更高时，步进间隔为 2dB。
- 可预置增益值，并显示。
- 预置增益值与实测增益值的误差要求：在步进间隔为 6dB 时，误差小于 2dB；在步进间隔为 2dB 时误差小于 1dB。
- 带内增益平坦度要求：在增益为 40dB 时，在 20kHz～5MHz 范围内，增益起伏小于 1dB。
- 自动增益控制要求：在 $4.5V\leqslant V_o\leqslant 5.5V$ 范围内，AGC 范围≥20dB，即输入信号的 V_{IH}/V_{IL} 大于 12.2。

③ 最大输出电压幅度(有效值)：

- 基本要求≥3V；
- 扩展要求≥6.5V；
- 数字显示正弦电压有效值。

④ 噪声性能：在 $A_u=58$dB 时，输出噪声峰-峰值不大于 0.5V。

⑤ 输入阻抗≥1kΩ，负载电阻为 600Ω。单端输入、单端输出。

⑥ 进一步提高各项技术指标，扩展功能。

二、方案论证

上述前 5 项技术要求，正是设计电压放大器的基本要求，只是宽带和增益控制的要求比一般放大器的高多了，也复杂了。因此，设计该放大器的思路仍然要遵循通常的步骤，即在保证输入/输出电压动态范围的前提下，同时兼顾增益与带宽的要求，至于输入阻抗、负载匹配，只需在输入/输出端分别采用跟随器就可以了。

由输出电压与增益的基本要求可知,输入电压的动态范围为 3mV～1V(有效值),而输出电压的最大值为有效值 6.5V(振幅值约为 9.2V)。

从带宽和带内增益的起伏要求来看,不能采用谐振电压放大器,而必须采用多级高阶有源带通滤波放大器。

从最大增益要求 60dB 来看,系统可分为 3 级、2 级或 1 级(满足基本要求)来实现,每级的增益要求都不太高,易于实现。但增益指标的其他要求:可程控步进调节、可预置、可显示,以及 AGC 控制要求,都必须借助微处理器和 A/D 转换器与 D/A 转换器才能实现。

从噪声性能要求来看,还必须选择低噪声器件。

从稳定性要求来看,末级大信号放大电路还必须采用适当深度的电压串联负反馈放大器。

综上所述,宽带放大器的总体设计方案如图 4.8.3 所示。

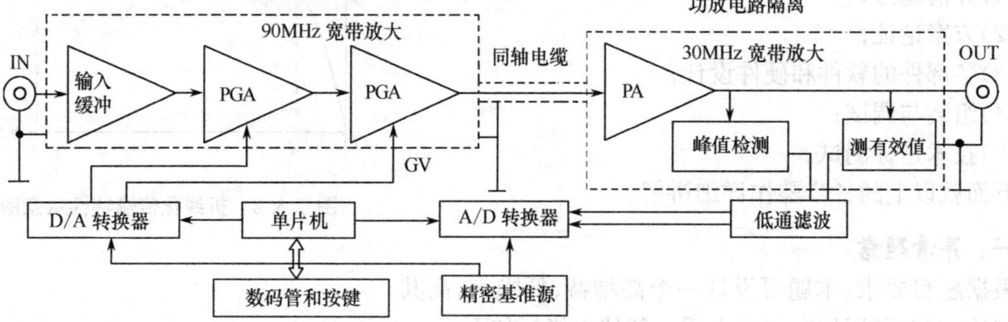

图 4.8.3 系统整体框图

由图 4.8.3 可知,该系统整体方框图由 90MHz 宽带放大器、30MHz 功率放大器、峰值检测电路、有效值测量电路、低通滤波器、A/D 转换器、D/A 转换器、单片机最小系统、精密基准源、数码管和按键等部分组成。其工作原理如下:

信号从输入端(IN 端)输入、经缓冲放大、两级可编程增益放大(PGA)和末级放大后输出。输出信号经过有效值测量电路和低通滤波电路变成直流,经 A/D 转换变成数字量,单片机小系统根据该数字量的大小做出决策,输出一个相应的数字量,再通过 D/A 转换成直流电平去控制 PGA 的增益,达到改变系统增益的目的。显然,PGA 器件在这个系统中起关键作用。本题选用集成可编程增益控制芯片 AD603。下面对 AD603 的器件结构、性能等进行介绍。

(一)AD603 介绍

1. AD603 的相关图、表

AD603 的封装、引脚功能、内部原理结构框图和最大增益与外接电阻 R_x 之间的关系曲线分别如图 4.8.4、表 4.8.1、图 4.8.5、图 4.8.6 所示。这些图、表对了解 AD603 的电气性能非常有用。

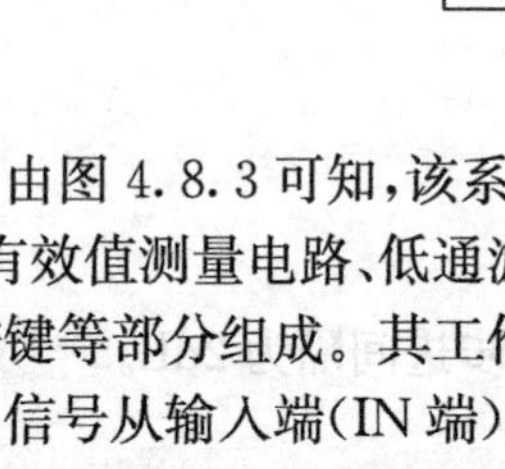

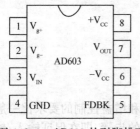

图 4.8.4 AD603 的引脚排列

表 4.8.1 AD603 引脚功能

引脚	代号	描述	引脚	代号	描述
1	V_{g+}	增益控制输入正端	5	FDBK	反馈端
2	V_{g-}	增益控制输入负端	6	$-V_{CC}$	负电源输入
3	V_{IN}	运放输入	7	V_{OUT}	运放输出
4	GND	运放公共端	8	$+V_{CC}$	正电源输入

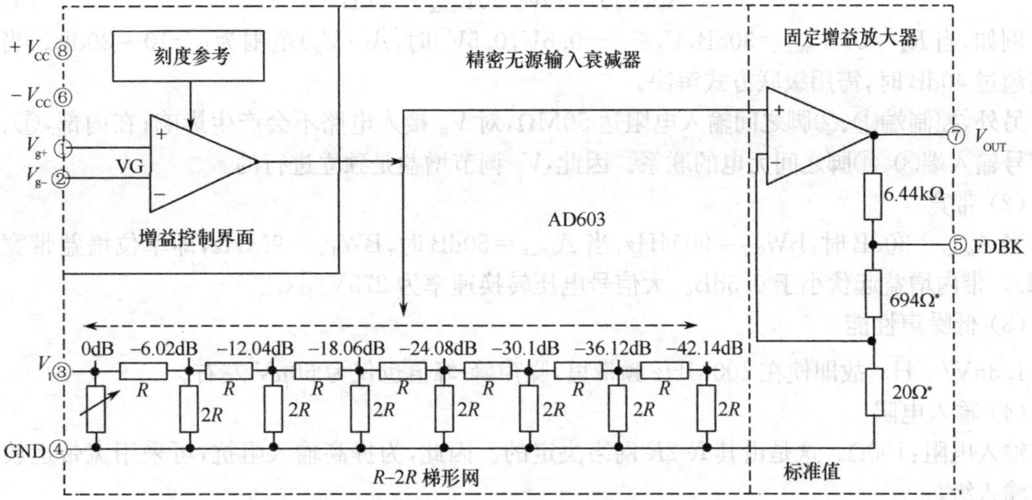

图 4.8.5　AD603 原理框图

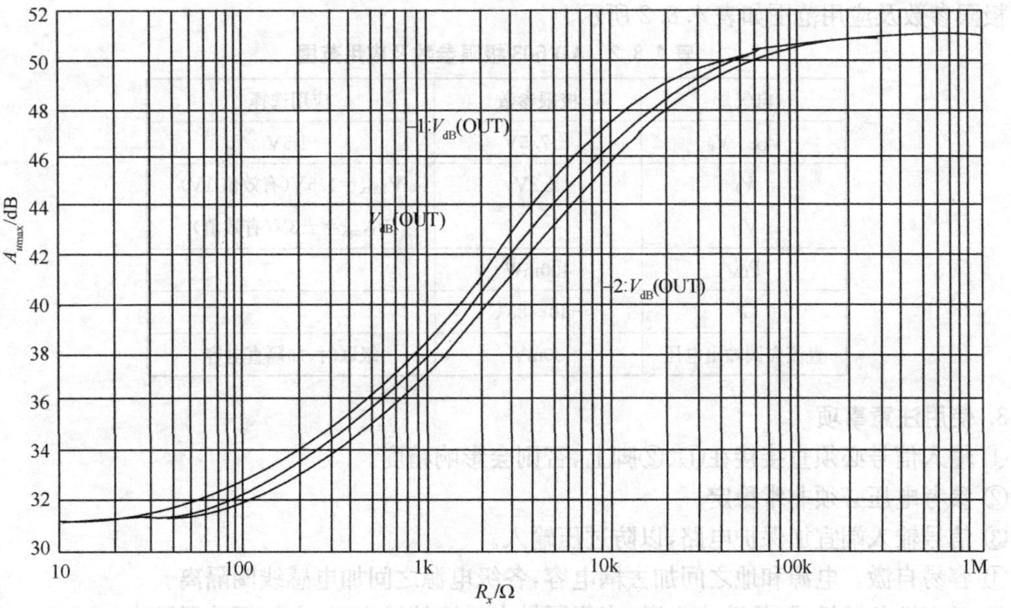

图 4.8.6　最大增益与 R_x 之间的关系

2. 电气性能

(1) 增益特性

① 固定增益上限 $Au(0)$：与⑤、⑦脚之间的外接电阻 R_x 有关，$R_x=0$(⑤、⑦脚短接)，$A_u(0)_{max}=30dB$；$R_x=6.44k\Omega$，$A_u(0)_{max}=50dB$。所以，固定增益的上限为(30～50)dB。

② 增益衰减范围：由内部 R-$2R$ 精密梯形网络实现，$R=100\Omega$，每节衰减 6dB，共有 7 节，总的衰减能力约 42dB。可见，运放的增益在其上限之下，有 42dB 的可调范围。

③ 增益控制调节方法：①、②脚都是其控制电压 V_g 的接入端，由 V_g 控制内部衰减网络的无级变化，从而实现 40dB 范围内任一步进间隔的增益调节。V_g 是①、②脚之间的电位差，范围是[−0.5V，0.5V]，超出该范围时，V_g 的作用与区间端电压相同。在 V_g 控制下，放大器的对数增益(以分贝表示)与 V_g 呈线性关系(V_g 的单位为 V)：

$$A_u(V_g)=40V_g+A_{umax}-20\text{dB} \quad (4.8.1)$$

例如,当 $R_x=0$,$A_{umax}=30$dB,$V_g\in[-0.5V,0.5V]$时,$A_V(V_g)$范围为:−10~30dB。当调节范围超过 40dB 时,需用级联方式解决。

另外,控制端①、②脚之间输入电阻达 50MΩ,对 V_g 接入电路不会产生影响;在内部,①、②脚与信号输入端③、④脚之间无电的联系。因此,V_g 调节增益是独立进行的。

(2) 带宽

当 $A_{umax}=30$dB 时,$BW_{0.7}=90$MHz;当 $A_{umax}=50$dB 时,$BW_{0.7}=9$MHz,即单位增益带宽接近 3GHz。带内增益起伏小于 0.5dB。大信号电压转换速率为 275V/μs。

(3) 低噪声性能

$1.3\text{nV}/\sqrt{\text{Hz}}$,故即使在 100MHz 频带里,噪声峰-峰值也仅为 60μV 左右。

(4) 输入电阻

输入电阻:100Ω。这是由其 R-$2R$ 网络决定的。因此,为提高输入阻抗,可采用宽带运放跟随器做输入级。

(5) 极限参数及应用范围

极限参数及应用范围如表 4.8.2 所示。

表 4.8.2 AD 603 极限参数及应用范围

电气量	极限参数	应用选择
V_{CC} V_g	±7.5V	±5V
V_I	±2V	$V_{Imax}=1.5$V(有效值 1V)
V_O		$V_{Omax}=\pm3$V(有效值)
P_{CM}	400mW	
T	−40~85℃	
直流失调输出电压	30mV	级联时,加隔直电容

3. 使用注意事项

① 输入信号必须直接接在①、②脚上,否则会影响精度。

② 参考电压必须非常稳定。

③ 信号输入端宜加保护电路,以防过压输入。

④ 容易自激。电源和地之间加去耦电容,各级电源之间加电感线圈隔离。

⑤ 对容性负载敏感,易造成自激,当用同轴电缆连接输出时,宜加缓冲器隔离。

⑥ 前后级易产生电磁耦合,必要时需用铜屏蔽盒隔离。

⑦ 级联运用时,因为 $R_{12}=100\Omega$,为防止后级输入过流,应采取保护措施。

⑧ 在⑤脚上加接 4.7μF 电容接地,可适当提升高频分量,改善幅频特性。

由上可见,如果了解了 AD603 的有关性能,对完成本题任务中硬件系统的设计与制作,心中就大体有了底。

(二)电压控制增益的原理

AD603的基本增益可以用式(4.8.1)算出。式中V_g是差分输入电压,单位是V; A_{umax} 是 AD603 最大增益值,它与 R_x 有关,现取 $R_x=0$,则 $A_{umax}=30$dB。当 $V_g\in[-0.5V,0.5V]$时,$A_u(V_g)$ 变化范围为:−10~30dB。根据基本要求(3),增益调节范围为 10~40dB,采用一级 PGA 就可以了。但根据发挥部分要求(2),增益调节范围为 10~58dB,显然要采用两级 PGA 才能满足要求。两级 PGA 级联后增益调节范围为−20~60dB。

(三)自动增益控制(AGC)原理

AGC 是自动增益控制电路的简称,常用在收音机、电视机、录像机的信号接收和电平处理电路中。它的作用是:当信号较强时,使其增益自动降低;当信号较弱时,又使其增益自动提高,从而保证输出信号基本稳定。

本题利用单片机根据输出信号幅度调节增益。输出信号检波后经过简单二级 RC 滤波后由单片机采样,截止频率为 100Hz。由于放大器通频带低端在 1kHz,当工作频率为 1kHz 时,为保证在增益变化时输出波形失真较小,将 AGC 响应时间设定为 10ms,用单片机定时器 0 来产生 10ms 中断进行输出有效值采样,增益控制电压也经过滤波后加在可变增益放大器上。AGC 控制范围理论上可达 0～80dB,实际上由于输入端加了保护电路,在不同输出电压时 AGC 范围不一样,输出在 4.5～5.5V 时,AGC 范围约为 70dB,而当输出为 2～2.5V 时,AGC 范围可达 80dB。

(四)正弦波电压有效值测量原理

测量正弦波真有效值,采用集成芯片 AD637 非常方便。AD637 的内部结构如图 4.8.7所示。

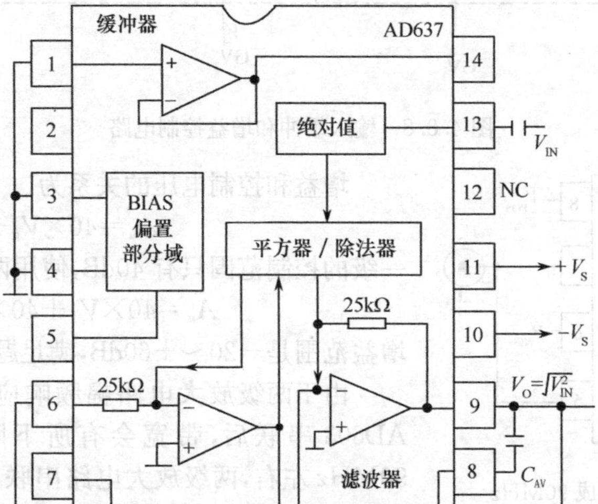

图 4.8.7　AD637 的内部结构图

三、系统各模块电路的设计

1. 输入缓冲和增益控制部分

AD603 的输入电阻只有 100Ω,要满足输入电阻大于 2.4kΩ 的要求,必须加入输入缓冲部分,以提高输入阻抗;另外前级电路对整个电路的噪声影响非常大,必须尽量减少噪声,故采用高速低噪声电压反馈型运放 OPA642 做前级跟随,同时在输入端加上二极管做过压保护。

如图 4.8.8 所示,输入部分先用电阻分压衰减,再由低噪声高速运放 OPA642 放大,整体上还是一个跟随器,二极管可以保护输入到 OPA642 的电压峰-峰值的不超过其极限(2V)。其输入阻抗大于 2.4kΩ。OPA642 的增益带宽积为 400MHz,这里放大 3.4 倍,100MHz 以上的信号被衰减。输入/输出端口 P_1,P_2 由同轴电缆连接,以防自激。级间耦合采用电解电容并联高频瓷片电容的方法,兼顾高频和低频信号。

增益控制部分装在屏蔽盒中,盒内采用多点接地和就近接地的方法降低噪声影响,部分电容电阻采用贴片封装,使得输入级连线尽可能短。该部分采用 AD603 典型接法中通频带最宽的一种,如图 4.8.9 所示,通频带为 90MHz,增益为－10～＋30dB,输入控制电压 V_g 的范围为－0.5～＋0.5V。

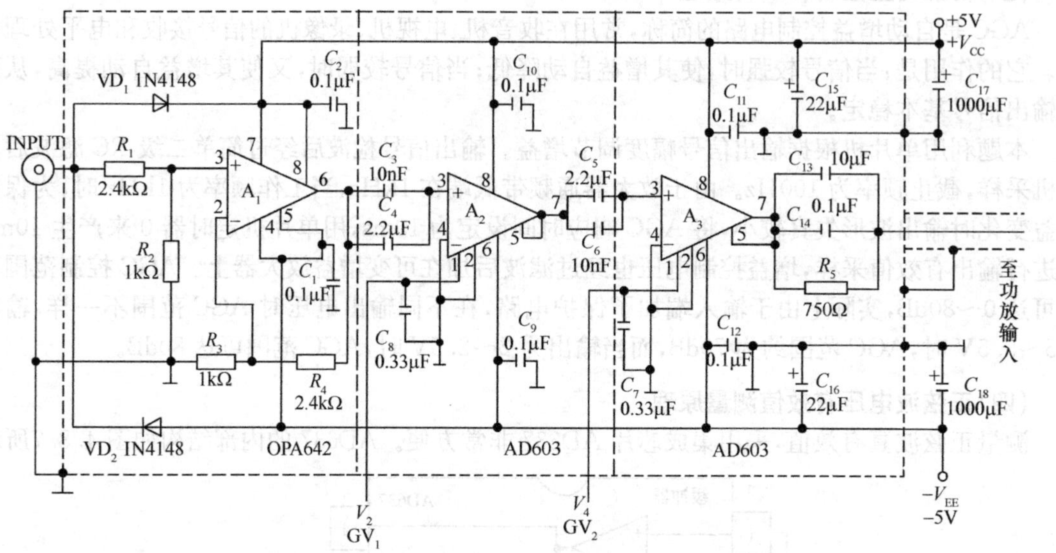

图 4.8.8　输入缓冲和增益控制电路

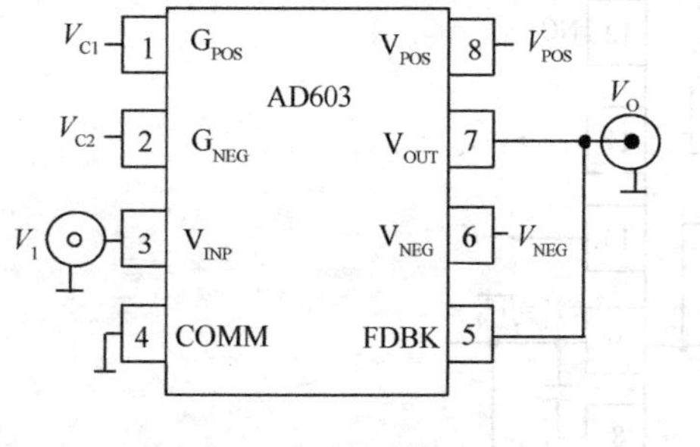

图 4.8.9　AD603 接成 90MHz 带宽的典型方法

增益和控制电压的关系为

$$A_u = 40 \times V_g + 10$$

一级的控制范围只有 40dB,使用两级串联,增益为

$$A_u = 40 \times V_1 + 40 \times V_2 + 20$$

增益范围是$-20 \sim +60$dB,满足题目要求。

由于两级放大电路幅频响应曲线相同,所以当两级 AD603 串联后,带宽会有所下降,串联前各级带宽为 90MHz 左右,两级放大电路串联后总的 3dB 带宽对应着单级放大电路 1.5dB 带宽,根据幅频响应曲线可得出级联后的总带宽为 60MHz。

2. 功率放大部分

电路如图 4.8.10 所示。参考音频放大器中驱动级电路,考虑到负载电阻为 600Ω,输出有效值大于 6V,而 AD603 输出最大有效值在 2V 左右,选用两级三极管进行直流耦合和发射极直流负反馈来构建末级功率放大。第一级进行电压放大,整个功放电路的电压增益在这一级,第二级进行电压合成和电流放大,将第一级输出的双端信号变成单端信号,同时提高带负载的能力,如果需要更大的驱动能力,则需要在后级增加三极管跟随器,实际上加上跟随器后通频带会急剧下降,原因是跟随器的结电容被等效放大,当输入信号频率很高时,输出级直流电流很大而输出信号很小。使用二级放大足以满足题目的要求。选用 NSC 的 2N3904 和 2N3906 三极管(特征频率 $f_T = 250 \sim 300$MHz)可达到 25MHz 的带宽。整个电路没有使用频率补偿,可对 DC 到 20MHz 的信号进行线性放大,在 20MHz 以下增益非常平稳,为稳定直流特性。将反馈回路用电容串联接地,加大直流负反馈,但这会使低频响应变差,实际上这样做只是把通频带的低频下限频率从 DC 提高到 1kHz,但电路的稳定性提高了很多。

本电路放大倍数为

$$A_u \approx 1 + \frac{R_7 /\!/ R_8}{R_9}$$

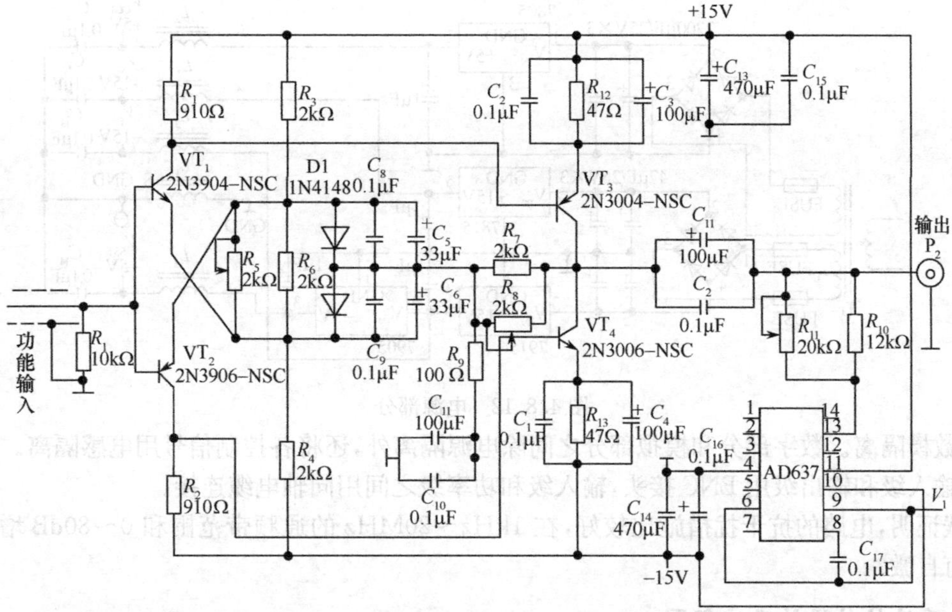

图 4.8.10　功率放大电路

整个功放电路电压放大约 10 倍。通过调节 R_8 来调节增益，根据电源电压调节 R_5 可调节工作点。

3. 控制部分

这一部分由 51 系列单片机、A/D 转换器、D/A 转换器和基准源组成，如图 4.8.11 所示。使用 12 位串行 A/D 芯片 ADS7816 和 ADS7841(便于同时测量真有效值和峰值)，以及 12 位串行双 D/A 芯片 TLV5618。基准源采用带隙基准电压源 MC1403。

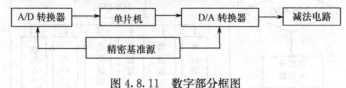

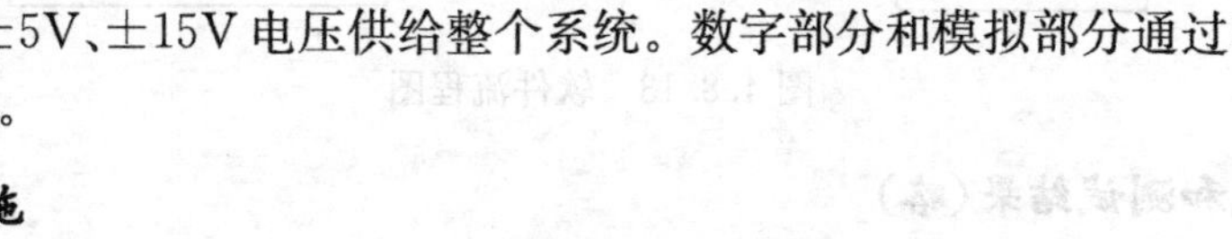

图 4.8.11　数字部分框图

4. 稳压电源部分

电源部分输出±5V、±15V 电压供给整个系统。数字部分和模拟部分通过电感隔离。电路原理如图 4.8.12 所示。

四、抗干扰措施

系统总的增益为 0～80dB，前级输入缓冲和增益控制部分增益最大可达 60dB，因此抗干扰措施必须做得很好才能避免自激和减少噪声。下述方法可减少干扰，避免自激：

① 将输入部分和增益控制部分装在屏蔽盒中，避免级间干扰和高频自激。

② 电源隔离，各级供电采用电感隔离，输入级和功率输出级采用隔离供电，各部分电源通过电感隔离，输入级电源靠近屏蔽盒就近接上 1000μF 电解电容，盒内接高频瓷片电容，通过这种方法可避免低频自激。

③ 所有信号耦合用电解电容两端并接高频瓷片电容，以避免高频增益下降。

④ 构建闭路环。在输入级，将整个运放用较粗的地线包围，可吸收高频信号、减少噪声。在增益控制部分和后级功放部分也都采用了此方法。在功率级，这种方法可以有效地避免高频辐射。

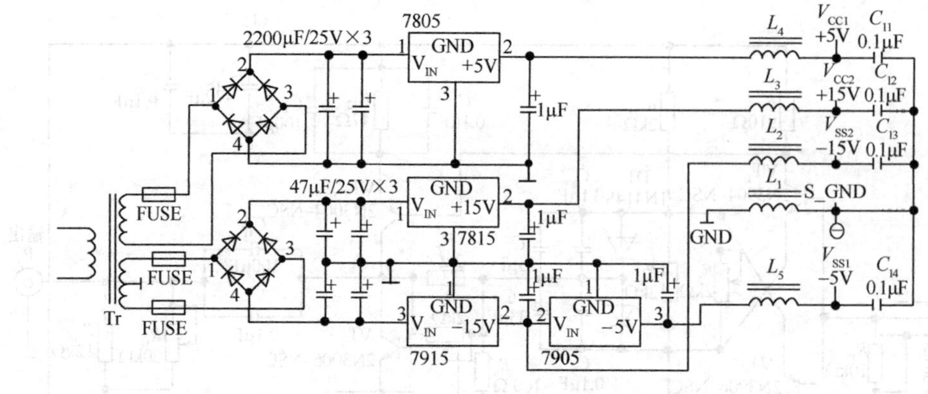

图 4.8.12 电源部分

⑤ 数模隔离。数字部分和模拟部分之间除电源隔离外,还将各控制信号用电感隔离。

⑥ 输入级和输出级用BNC接头,输入级和功率级之间用同轴电缆连接。

实践证明,电路的抗干扰措施比较好,在1kHz～20MHz的通频带范围和0～80dB增益范围内都没有自激。

五、系统软件设计及流程图

本系统单片机控制部分采用反馈控制方式,通过输出电压采样来控制电压增益。由于AD603的设定增益跟实际增益有误差,故软件上还进行了校正,软件流程图如图4.8.13所示。

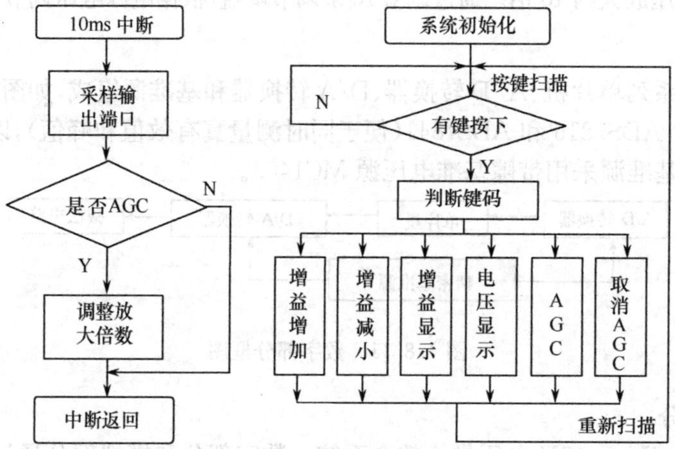

图 4.8.13 软件流程图

六、系统调试和测试结果(略)

本章小结

1. 高频谐振功率放大器电路可以工作在甲类、乙类或丙类状态。相比之下丙类谐振功放的失真度虽然较大,但输出功率大、效率高、节约能源,所以是高频功率放大器中经常选用的一种电路形式。

2. 丙类谐振功放效率高的原因在于导通角小,也就是晶体管导通时间短,集电极功耗小。但导通角θ越小,将导致输出功率越小。所以选择合适的θ角,是丙类谐振功放在兼顾效率和输出功率两个指标时的一个重要考虑,综合考虑$\theta=70°$应作为最佳导通角。

3. 折线分析法是工程上常用的一种近似分析方法。利用折线分析法可以对丙类谐振功放进行性能分析，得出它的负载特性、放大特性和调整特性。当丙类谐振功放用来放大等幅信号（如调频信号）时，应该工作在临界状态；若用来进行基极调幅，应该工作在欠压状态；若用来进行集电极调幅应该工作在过压状态，折线化的动态负载线在性能分析中起到了非常重要的作用。

4. 丙类谐振功放的输入回路采用自给负偏方式，输出回路有串馈和并馈两种直流馈电方式。为了实现与前后级电路的阻抗匹配，可以采用 LC 元件、微带线和传输线变压器几种不同形式的匹配网络，分别适用于不同频率和不同工作状态的需求场合。

5. 谐振功率放大器属于窄带功放。宽带高频功放采用非调谐方式，工作在甲类状态，采用具有宽频带特性的传输线变压器进行阻抗匹配，并可利用功率合成技术增大输出功率。

6. 目前出现的一些集成高频功放器件如 M57704 系列和 MHW 系列等，属于窄带谐振功放，输出频率不是很高，效率也不太高，但功率增益较大，需外接元件不多，使用方便，可广泛应用于一些移动通信系统和便携式仪器中。

习　题　四

4.1　为什么低频功率放大器不能工作于丙类？而高频功率放大器则可以工作于丙类？

4.2　提高放大器的效率与功率，应从哪几方面入手？

4.3　晶体管放大器工作于临界状态，$\eta=70\%$，$V_{CC}=12V$，$U_{cm}=10.8V$，回路电流 $I_k=2A$（有效值），回路电阻 $R=1\Omega$，试求 θ 与 P_o。

4.4　晶体管放大器工作于临界状态，$R_p=200\Omega$，$I_{c0}=99mA$，$V_{CC}=30V$，$\theta=90°$，试求 P_o 与 η。

4.5　设计一个丁类放大器，要求在 $f=1.8MHz$ 时输出 1000W 功率至 50Ω 负载，设 $U_{ces}=1V$，$\beta=20$，$V_{CC}=48V$。采用电流开关型电路。

4.6　试画出一高频功率放大器的实际线路。要求：

(1) 采用 NPN 型晶体管，发射极直接接地；

(2) 集电极用并联馈电与振荡回路抽头连接；

(3) 基极用串联馈电，自偏压与前级互感耦合。

4.7　已知谐振功率放大器的输出功率为 5W，集电极电源电压为 $V_{CC}=+24V$，求：

(1) 当集电极效率 $\eta=60\%$ 时，计算集电极耗散功率 P_c，电源供给功率 P_{DC} 和集电极电流的直流分量 I_{co}；

(2) 若保持输出功率不变，而效率提高 80%，问集电极耗散功率 P_c 减少了多少？

4.8　设谐振高频放大器的集电极电流导通角 θ 分别为 180°、90° 和 60°，在上述三种情况下，放大器均工作于临界状态，它们的 V_{CC}、I_{cm} 也均相同。分别画出理想化动态特性曲线，并计算三种导通角情况下 η 的比值和输出功率的比值。

4.9　要求高频功率放大器的输出功率为 1.8W，选用高频管 3AD12（$I_{cm}=5A$，$P_{cm}=20W$），临界饱和线斜率 $g_{cr}=0.6A/V$，选定 $V_{CC}=18V$，导通角 $\theta=90$，工作于临界状态。计算电源供给的直流功率 P_{DC}，集电极耗散的功率 P_c，集电极效率及满足输出功率要求的等效负载谐振阻抗 R_p。

4.10　画出一级具有下列特点的高频谐振功率放大器的实用电路图：

(1) 采用高频功率管 3DA14B，它的集电极与管壳相连。为便于散热，此集电极与机架相接；

(2) 负载为天线（等效参数为 r_A，C_A）输出回路采用串联谐振型匹配网络；

(3) 输入端采用 T 型匹配网络；

(4) 集电极直流馈电采用串联形式，基极采用零偏置电路；

(5) 对高频信号而言应为共射极放大器。

4.11　某晶体管高频功放的技术参数是：$R_p=200\Omega$，$I_{co}=90mA$，$V_{CC}=30V$，$2\theta=180°$，求 P_o 与 η。

第5章 正弦波振荡器

内容提要

正弦波发生电路常常作为信号源被广泛应用于FM广播、电视、无线电通信以及自动测量和自动控制等系统中。

本章首先从反馈振荡器入手，讨论正弦波振荡电路的基本组成和一般分析方法。然后介绍了几种典型的互感耦合振荡电路和LC振荡电路，并对频率稳定度进行了比较详细的讨论，最后专门介绍了频率稳定度高的石英晶体振荡器。

5.1 概述

振荡器是自动地将直流能量转换为具有一定波形参数的交流振荡信号的装置。和放大器一样，它也是一种能量转换器。它与放大器的区别是不需要外加信号的激励，其输出信号的频率、幅度和波形仅仅由电路本身的参数决定。

根据波形的不同，可将振荡器分为正弦波振荡器(能产生具有正弦波形的振荡电压)及非正弦波振荡器或张弛振荡器(能产生具有矩形、三角形、锯齿形的振荡电压)。而正弦波振荡器又可按频率划分为低频振荡器、高频振荡器和微波振荡器，这里只讨论高频正弦波振荡器，以下简称振荡器。

在发射机、接收机、测量仪器、计算机、医疗仪器乃至电子手表等许多方面振荡器都有着广泛的应用。在许多用途中，都要求振荡器产生一定幅度和预定频率的正弦波信号。因此其技术指标是振荡频率或振荡频率范围，振荡频率准确度和频率稳定度，振荡幅度的大小及振幅稳定度，振荡波形的频谱纯度，其中主要的是振荡频率和频率稳定度。随着电子技术迅速发展，其应用日益广泛，特别是在电子对抗、雷达、制导、卫星跟踪、宇宙通信及时间与频率计量等领域中的应用，对振荡器的频率稳定度提出了越来越高的要求。例如在3～30MHz短波通信的频段内，地球上约有几十万部电台，若频率稳定度为1.5×10^{-5}，在30MHz时允许的频率偏差仅为450Hz。电子手表若要求年差不超过一分钟，则要求晶体振荡器的频率稳定度不劣于1.5×10^{-5}。据计算，要实现与火星的通信，则要求频率稳定度不劣于10^{-11}。若要为金星定位，则要求频率稳定度不劣于10^{-12}。

因RC振荡器在模拟电子技术基础课程中已做了详细介绍，这里不再重复。本章只介绍互感耦合振荡器，LC振荡器和石英晶体振荡器。

正弦波振荡器形式多种多样，一般可以分为：

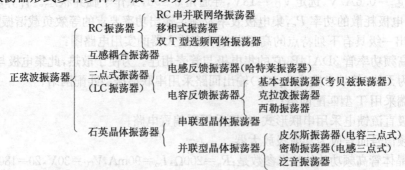

- 正弦波振荡器
  - RC振荡器
    - RC串并联网络振荡器
    - 移相式振荡器
    - 双T型选频网络振荡器
  - 互感耦合振荡器
  - 三点式振荡器(LC振荡器)
    - 电感反馈振荡器(哈特莱振荡器)
    - 电容反馈振荡器
      - 基本型振荡器(考贝兹振荡器)
      - 克拉泼振荡器
      - 西勒振荡器
  - 石英晶体振荡器
    - 串联型晶体振荡器
    - 并联型晶体振荡器
      - 皮尔斯振荡器(电容三点式)
      - 密勒振荡器(电感三点式)
      - 泛音振荡器

5.2 反馈振荡器

5.2.1 反馈振荡器原理

振荡器实际上也属于反馈控制电路，不妨先回顾一下负反馈放大器的原理。图 5.2.1 示出了负反馈放大器的方框图，由该图可知

$$\dot{U}_o = \dot{A}\dot{U}'_i = \dot{A}(\dot{U}_i - \dot{U}_F) = \dot{A}(\dot{U}_i - \dot{F}\dot{U}_o) = \dot{A}\dot{U}_i - \dot{A}\dot{F}\dot{U}_o$$

$$\dot{U}_o(1+\dot{A}\dot{F}) = \dot{A}\dot{U}_i$$

于是

$$\dot{A}_F = \frac{\dot{U}_o}{\dot{U}_i} = \frac{\dot{A}}{\dot{A}\dot{F}+1} \tag{5.2.1}$$

式(5.2.1)是负反馈放大器闭环放大倍数的一般表示式。当 $\dot{A}\dot{F}=-1$ 时，负反馈变成自激振荡器。其振荡条件为 $|\dot{A}\dot{F}|=+1$，相位条件为 $\arg\dot{A}\dot{F}=\pm(2n+1)\pi$，其中 $n=0,1,2,\cdots$，而实际振荡器往往直接引入正反馈，如图 5.2.2 所示。此时式(5.2.1)变为

$$\dot{A}_F = \frac{\dot{A}}{1-\dot{A}\dot{F}} \tag{5.2.2}$$

当其 $\dot{A}\dot{F}=1$ 时，就会产生自激振荡。其振荡平衡条件为

$$|\dot{A}\dot{F}| = 1 \tag{5.2.3}$$

相位平衡条件为

$$\arg\dot{A}\dot{F} = \varphi_A + \varphi_F = \pm 2n\pi \quad (n=0,1,2,\cdots) \tag{5.2.4}$$

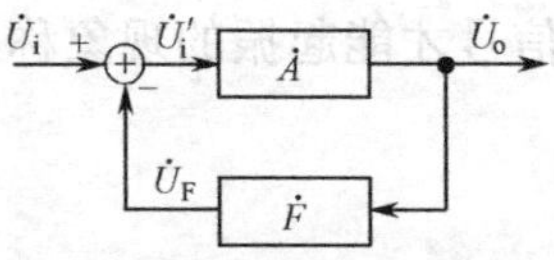

图 5.2.1 负反馈放大器方框图

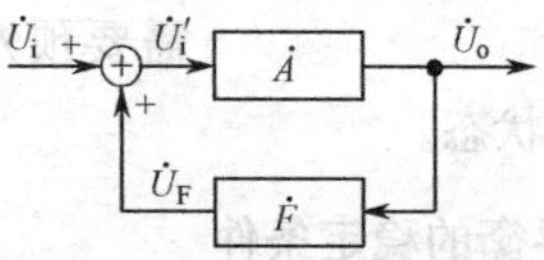

图 5.2.2 振荡器原理方框图

要使振荡器能自行起振，在刚接通电源后，$|\dot{A}\dot{F}|$ 必须大于 1。所以反馈振荡器的起振条件为

$$\begin{cases} A_0F > 1 \\ \varphi_{A_0} + \varphi_F = \pm 2n\pi \quad (n=0,1,2,\cdots) \end{cases} \tag{5.2.5}$$

5.2.2 振荡器平衡状态的稳定条件

由物理学知识可知，任何平衡都要相应地考虑这种平衡是稳定平衡还是不稳定平衡。所谓稳定平衡是指当外因使状态稍微偏离原来的平衡状态，一旦外因消除后，系统能自动地恢复到原来的平衡状态；否则就是不稳定平衡。图 5.2.3(a) 为稳定平衡状态，(b) 为不稳定平衡状态。

振荡器的平衡状态也是如此，电源电压的波动、噪声、振动、温度和湿度的变化等都会使振荡稍微偏离原来的平衡状态，如果是不稳定平衡则会离原来的平衡状态越来越远而停振。因此，振荡器的平衡条件只是必要条件，还应该考虑平衡状态的稳定条件。以下分别讨论其振幅平衡的稳定条件和相位平衡的稳定条件。

1. 振幅平衡的稳定条件

要使振荡幅度稳定，必须有阻止幅度变化的能力。晶体管的非线性特性就具有这种能力。如

图 5.2.4 所示,将 $A \sim U_i$ 关系称为放大特性,而将 $1/F \sim U_i$ 关系称为反馈特性。$A \sim U_i$ 特性和 $G_m \sim U_i$ 特性相似,反馈系数 F 与输入电压无关,故 $1/F$ 为一条水平直线。在振幅平衡时,放大特性和反馈特性交于 Q 点。设某种不稳定因素使振荡幅度增加,则 G_m 下降,增益 A 减小,阻止了幅度的进一步增加;反之亦然。可见,晶体管增益(或平均跨导)的变化趋势必须同 U_i 的变化趋势相反,即

$$\left.\frac{\partial A}{\partial U_i}\right|_{\text{平衡点}} < 0 \quad \text{或} \quad \left.\frac{\partial G_m}{\partial U_i}\right|_{\text{平衡点}} < 0 \tag{5.2.6}$$

这就是振幅平衡的稳定条件。

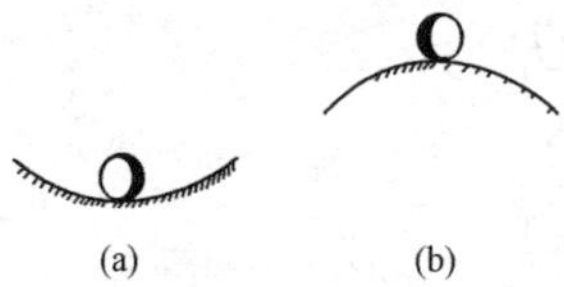

图 5.2.3 稳定平衡与不稳定平衡

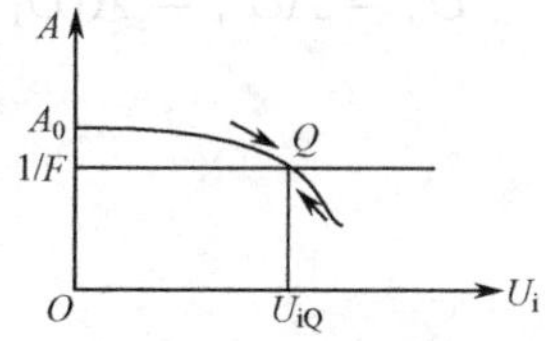

图 5.2.4 放大特性和反馈特性

这样,在起振时 $A_0F > 1$ 处于增幅振荡状态,所以无须外加激励便可产生自激振荡。这种状态称为软激励状态。

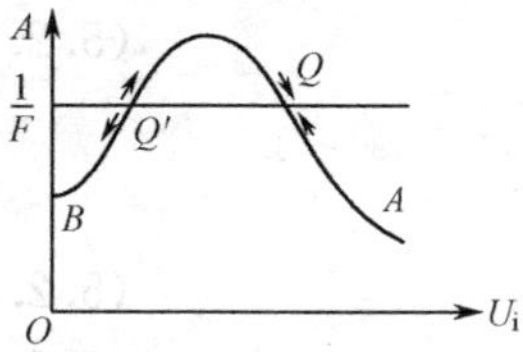

图 5.2.5 硬激励特性

若晶体管的工作点选得太低,反馈系数又太小,放大特性 $A \sim U_i$ 可能出现如图 5.2.5 所示的情况。F 较小,则 $1/F$ 较高,可出现两个交点 Q 和 Q'。显然 Q 点是稳定平衡点,而 Q' 则是不稳定平衡点,$\left.\frac{\partial A}{\partial U_i}\right|_{Q'} > 0$,$B \sim Q'$ 之间振荡始终是衰减的。这种振荡器不能自行起振,要预先加上一定幅度的激励信号,使之冲过 Q' 点,才能稳定在 Q 点。这种需要预先外加一定幅度的信号才能起振的现象称之为硬激励。应该尽量避免这种状态。

2. 相位平衡的稳定条件

不稳定因素也会破坏相位平衡条件。如电源电压的波动或者工作点的变化会使晶体管正向传输导纳的相角 φ_{fe} 发生变化。相角的变化必然引起频率的变化,因为

$$\omega = \frac{d\varphi}{dt}$$

设外因引起相角的变化 $\Delta\varphi > 0$,即反馈电压 $\dot{U}_f$ 比原来的输入电压 $\dot{U}_i$ 的相位超前了,相当于提前给回路补充能量,振荡频率就增加了。反之,$\Delta\varphi < 0$,$\dot{U}_f$ 的相位滞后于 $\dot{U}_i$,频率就下降。因此外因引起相角变化,相位变化又引起频率变化的趋势是

$$\frac{d\omega}{d\varphi} > 0$$

为了使振荡器的相位平衡条件稳定,必须使得频率变化时产生相反方向的相位变化,以补偿外因引起的相位变化。因此,相位平衡的稳定条件是

$$\left.\frac{d\omega}{d\varphi}\right|_{\omega=\omega_g} < 0 \tag{5.2.7}$$

而振荡器的相移

$$\varphi = \varphi_A + \varphi_F = \varphi_Y + \varphi_Z + \varphi_F \tag{5.2.8}$$

式中,φ_Y 为晶体管正向传输导纳的相移;φ_Z 为回路相移;φ_F 为反馈网络的相移。

$$\frac{\partial\varphi}{\partial\omega} = \frac{\partial\varphi_Y}{\partial\omega} + \frac{\partial\varphi_Z}{\partial\omega} + \frac{\partial\varphi_F}{\partial\omega} \tag{5.2.9}$$

当$\left|\frac{\partial\varphi_{Y}}{\partial\omega}\right| \ll \left|\frac{\partial\varphi_{Z}}{\partial\omega}\right|$，$\left|\frac{\partial\varphi_{F}}{\partial\omega}\right| \ll \left|\frac{\partial\varphi_{Z}}{\partial\omega}\right|$时，$\frac{\partial\varphi}{\partial\omega} \approx \frac{\partial\varphi_{Z}}{\partial\omega}$。

因此，相位平衡的稳定条件为

$$\frac{\partial\varphi}{\partial\omega} \approx \frac{\partial\varphi_{Z}}{\partial\omega} < 0 \tag{5.2.10}$$

并联回路正好具有这种特性。如图5.2.6所示。设振荡器在相位平衡状态振荡角频率为ω_g，外因使角频率增高到$\omega_g+\Delta\omega$，回路则产生$-\Delta\varphi_Z$的相移阻止振荡频率的增加；反之亦然。

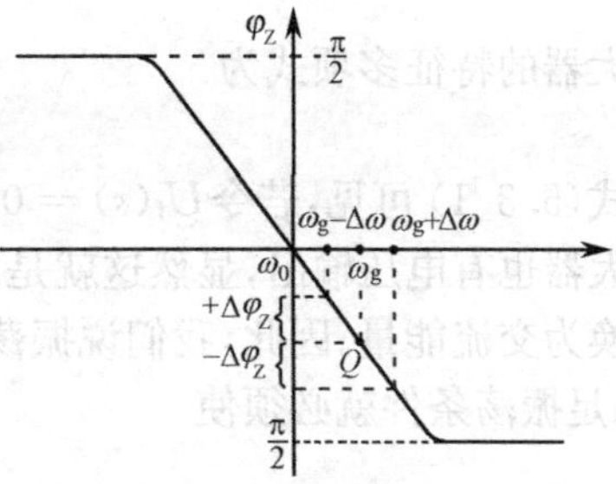

图5.2.6 频率变化引起并联谐振回路相位变化

由此可见，振荡器相位平衡的稳定条件是靠并联谐振回路的相频特性来保证的，而且回路的品质因数Q值越高，这种稳频能力越强。

5.3 振荡器的分析方法

分析振荡器有两种方法，即瞬态分析法和稳态分析法。

瞬态分析方法的基本步骤是：首先画出振荡器的交流等效电路，然后根据电路列出整个环路的微分方程。需要注意的是，电路中的电流、电压均用瞬时值表示。根据电路元件上的电流电压关系列出环路的微分方程，然后根据解出的振荡因子求振荡频率，根据解出的阻尼因子求振幅条件（增幅、等幅条件）。这种方法有范德堡方程、相平面法、数值解法等。因为振荡器属非线性电路，要对振荡器从起振到平衡的全过程进行完整的分析，列出的微分方程必然是非线性微分方程，求解是非常繁琐的，只能用近似解法，然而在计算机大量应用的情况下，这些方法并不显得困难了。

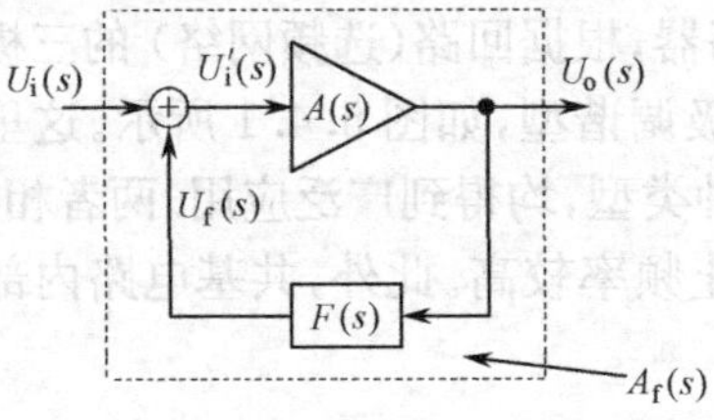

图5.3.1 反馈放大器

稳态分析方法考虑问题的基础是，振荡器在起振时是小信号，属于线性电路。因此，可按线性电路的分析方法来处理。而振荡器在平衡时虽属大信号非线性电路，但是对基本问题的分析得到简化。所以，稳态分析方法是建立在准线性理论基础之上的。由5.2节的分析可知，正反馈是产生自激振荡的必要条件，而正反馈只是反馈放大器的特殊形式，我们试图将振荡器与反馈放大器联系起来，如图5.3.1所示。

根据反馈理论，整个反馈放大器的"闭环增益$A_f(s)$"为

$$\begin{aligned}A_f(s) &= \frac{U_o(s)}{U_i(s)}\\ &= \frac{U_o(s)}{U_i'(s)-U_f(s)} = \frac{U_o(s)/U_i'(s)}{1-U_o(s)U_f(s)/U_i'(s)U_o(s)}\\ &= \frac{A(s)}{1-A(s)F(s)} = \frac{A(s)}{1-A_L(s)} = \frac{A(s)}{D(s)}\end{aligned} \tag{5.3.1}$$

式中的放大器的电压增益为

$$A(s) = \frac{U_o(s)}{U_i'(s)} \tag{5.3.2}$$

反馈网络的反馈系数为

$$F(s) = \frac{U_f(s)}{U_o(s)} \tag{5.3.3}$$

开环电压增益为
$$A_L(s)=A(s)F(s)=\frac{U_f(s)}{U_i'(s)} \tag{5.3.4}$$

反馈放大器的特征多项式为
$$D(s)=1-A_L(s) \tag{5.3.5}$$

由式(5.3.1)可见,若令$U_i(s)=0$,则$A_f(s)\to\infty$,就是说在没有输入信号激励的情况下,这个反馈放大器也有电压输出,显然这就是所讨论的振荡器,它不需要外加激励信号就能自动地将直流能量转换为交流能量。因此,我们说振荡器是反馈放大器的特殊形式。这是稳态分析方法的基本依据。欲满足振荡条件就必须使

$$1-A(s)F(s)=0 \tag{5.3.6}$$

或
$$1-A_L(s)=0 \tag{5.3.7}$$

$$D(s)=0 \tag{5.3.8}$$

这就是反馈放大器$A_f(s)$的特征方程式。所讨论振荡器的振荡条件问题归根结底就是去寻求反馈放大器$A_f(s)$的特征方程。找到特征方程式就可解得特征根,进而可求得振荡频率、振幅平衡条件和起振条件。巴克豪森准则、矩阵法、网孔电流法等都是以此为基础的。其基本步骤是:一首先画出振荡器的交流等效电路,进而画出 y 参数等效电路;二求出反映该电路平衡条件的特征方程式$D(s)=0$;三分别由$\mathrm{Re}[D(s)]=0$求振幅平衡条件,$\mathrm{Im}[D(s)]=0$求振荡频率;四用微变参数代替平均参数求起振条件。至于选用哪种方法,视方便而定。

5.4 互感耦合振荡器

5.4.1 单管互感耦合振荡器

互感耦合振荡器(或变压器反馈振荡器)又称为调谐型振荡器,根据回路(选频网络)的三极管不同电极的连接点又可分为集电极调谐型、发射极调谐型和基极调谐型,如图5.4.1所示。这里我们只讨论集电极调谐型。而集电极调谐型又分为共射和共基两种类型,均得到广泛应用。两者相比,共基电路的功率增益较小,输入阻抗较低,所以难于起振,但截止频率较高。此外,共基电路内部反馈比较小,工作比较稳定。

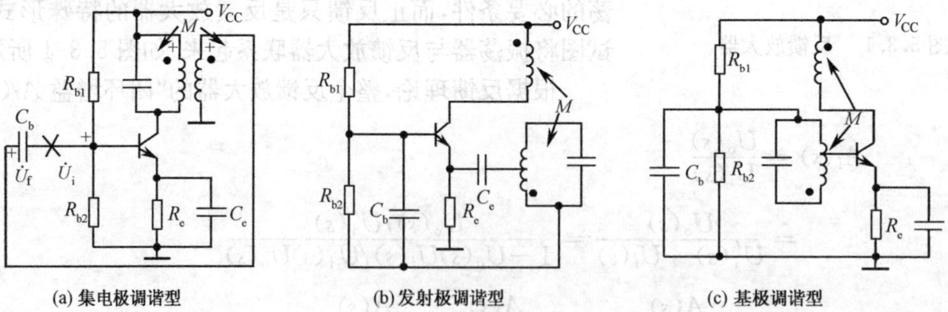

图5.4.1　三种互感耦合振荡器

以上三种电路,变压器的同名端(如图5.4.1所示)必须满足振荡的相位条件,在此基础上适当调节反馈量M以满足振荡的振幅条件。下面利用“切环注入法”判断电路是否满足相位条件。

① 在电路中某一个合适的位置(往往是放大器的输入端)把电路断开(用×号表示)如图5.4.1(a)所示;

② 在断开处的一侧(往往是放大器的输入端)对地引入一个外加电压源$\dot{U}_i$，该电压源的频率从低到高覆盖回路的谐振频率；

③ 看经过放大器反馈网络之后转回到断开处的另一侧对地的电压$\dot{U}_f$是否与$\dot{U}_i$同相，若同相则其中必有某一个频率满足自激振荡的相位条件(注意这里是实际方向)，电路有振荡的可能。

如果电路又同时满足振幅条件就可以产生正弦振荡了。下面用巴克豪森准则分析集电极调谐型反馈振荡器的振荡条件。

设工作频率远小于振荡器的特征频率，忽略其内部反馈的影响，用平均参数画出了图 5.4.1(a) 的大信号等效电路，如图 5.4.2 所示。它与变压器耦合放大器区别在于次级负载就是放大器输入端的G_{ie}。其$\dot{U}_o$为

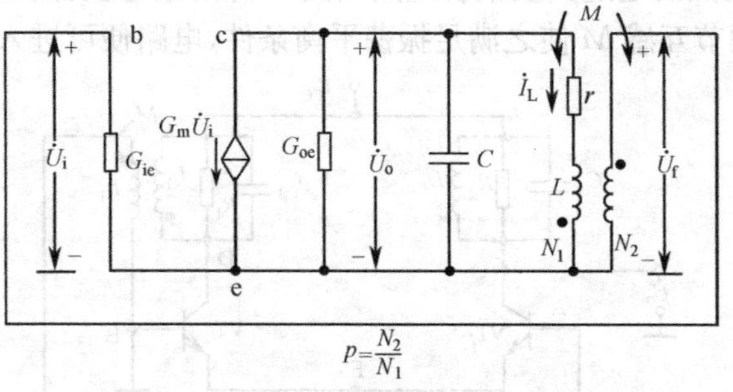

图 5.4.2　互感耦合振荡器大信号等效电路

$$\dot{U}_o = -\frac{G_m\dot{U}_i}{G_{oe}+j\omega C+p^2G_{ie}+1/(r+j\omega L)}$$

故
$$\dot{A}=\frac{\dot{U}_o}{\dot{U}_i}=-\frac{G_m}{G_\Sigma+j\omega C+1/(r+j\omega L)} \tag{5.4.1}$$

式中
$$G_\Sigma = G_{oe}+p^2G_{ie},\quad p=\frac{N_2}{N_1}$$

而
$$\dot{F}=\frac{\dot{U}_f}{\dot{U}_o}=\frac{-j\omega M\dot{I}_L}{(r+j\omega L)\dot{I}_L}=-\frac{j\omega M}{r+j\omega L} \tag{5.4.2}$$

根据巴克豪森准则，$\dot{A}\dot{F}=1$，即

$$\dot{A}\dot{F}=\frac{G_m}{G_\Sigma+j\omega C+1/(r+j\omega L)}\cdot\frac{j\omega M}{(r+j\omega L)}=1 \tag{5.4.3}$$

可得
$$(rG_\Sigma+1-\omega^2LC)+j\omega(LG_\Sigma+rC-MG_m)=0$$
$$\omega(LG_\Sigma+rC-MG_m)+j(\omega^2LC-1-rG_\Sigma)=0 \tag{5.4.4}$$

即

$$\begin{cases} rG_\Sigma+1-\omega^2LC=0 \\ LG_\Sigma+rC-MG_m=0 \end{cases} \tag{5.4.5}$$

解上述方程组得

$$\omega=\frac{1}{\sqrt{LC}}\sqrt{rG_\Sigma+1},\quad G_m=\frac{LG_\Sigma+rC}{M} \tag{5.4.6}$$

起振时，应用微变参数代替平均参数，因此互感耦合振荡器的起振条件是

$$g_m>(g_m)_{min}=\frac{rC+G_\Sigma L}{M} \tag{5.4.7}$$

上式说明,r 越大,M 越小,电路起振所需要的跨导 g_m 就越大。当 $M=0$ 时,起振需要的跨导 g_m 为 ∞。这表明电路已不再是振荡器了。

由式(5.4.6)还可以看出振荡器的频率和晶体管的参数有关。式中只表示出与晶体管的输入/输出电导有关,实际上当振荡频率较高时,管子的极间电容对高频振荡频率影响较大,这一点是不希望的,因为这些参数与温度有关。

5.4.2 差分对管互感耦合振荡器

如图 5.4.3 所示,两差分对管的集电极分别接有由 L_1、C_1、R_1 和 L_2、C_2、R_2 组成并联谐振回路。反馈电压 $\dot{U}_f$ 和输出电压 $\dot{U}_o$ 分别由两管的集电极取出。振荡器的闭环回路由 VT_1 的集电极经互感线圈耦合到 VT_2 的基极,然后通过共发耦合电路回到 VT_1 的集电极。因 A 点与 D 点的电位同相,环路满足正反馈特性。再调节互感 M 使之满足振荡平衡条件,电路便可进入振荡状态。

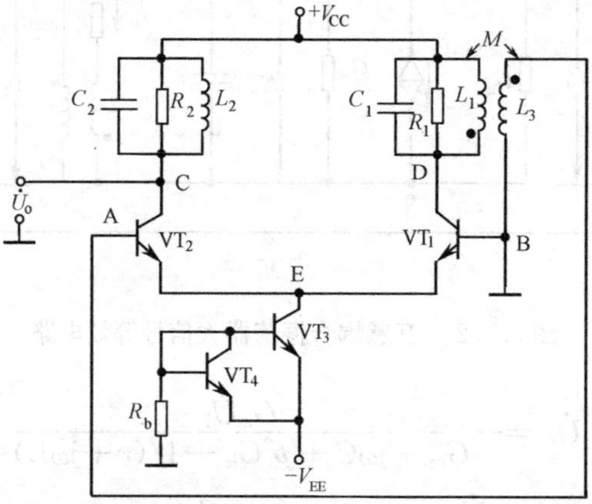

图 5.4.3　差分振荡器

与单管振荡器比较,差分对管振荡器更为优越:

① 因输出回路不在反馈环路内,只要 VT_2 不工作在饱和区内,负载与环路就处于隔离状态,振荡器的频率稳定度和幅度稳定性都会有所提高;

② 因输出不含有偶次谐波,且奇次谐波成分也较小,故失真大为减小。

5.5 LC 正弦振荡器

LC 正弦振荡器又叫三点式振荡器。所谓三点式振荡器就是对于交流等效电路而言,由 LC 回路引出三个端点分别与晶体管三个电极相连的振荡器。

依靠电容产生反馈电压构成的振荡器则称为电容三点式振荡器,又称考毕兹振荡器。

依靠电感产生反馈电压构成的振荡器则称为电感三点式振荡器,又称哈特莱振荡器。

5.5.1 构成三点式振荡器的原则(相位判据)

假设:(1) 不计晶体管的电抗效应;

(2)LC 回路由纯电抗元件组成,即

$$\begin{cases} Z_{ce} = jX_{ce} \\ Z_{be} = jX_{be} \\ Z_{cb} = jX_{cb} \end{cases} \tag{5.5.1}$$

为满足相位条件,回路引出的三个端点应如何与晶体管的三个电极相连接?

如图 5.5.1 所示，振荡器的振荡频率十分接近回路的谐振频率，于是有

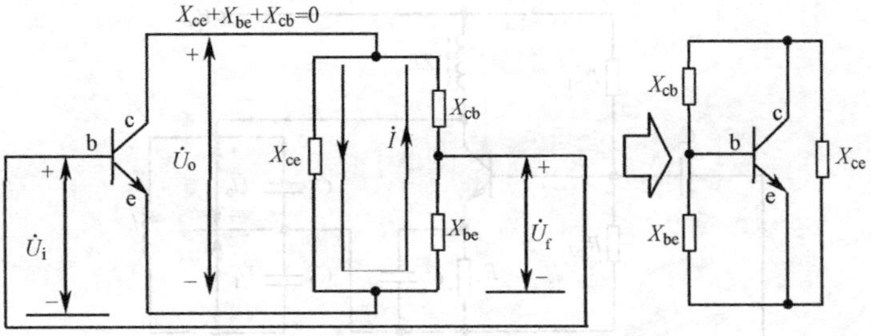

图 5.5.1　三点式振荡器的相位判据

$$X_{ce}+X_{be}+X_{cb}=0 \tag{5.5.2}$$

即

$$X_{ce}+X_{be}=-X_{cb} \tag{5.5.3}$$

因放大器已经倒相，即$\dot{U}_o$与$\dot{U}_i$差 180°，所以要求反馈电压$\dot{U}_f$必须与$\dot{U}_o$反相才能满足相位条件，如图 5.5.1 所示。

$$\dot{F}=\frac{\dot{U}_f}{\dot{U}_o}=\frac{-\dot{I}\,jX_{be}}{\dot{I}\,jX_{ce}}=-\frac{X_{be}}{X_{ce}} \tag{5.5.4}$$

因此，X_{be} 必须与 X_{ce} 同性质，才能保证$\dot{U}_f$与$\dot{U}_o$反相。

由式(5.5.3) 和式(5.5.4)，归结起来，X_{be} 与 X_{ce} 性质相同；X_{cb} 和 X_{ce} 性质相反。这就是三点式振荡器的相位判据。也可以这样来记忆，与发射极相连接的两个电抗性质相同，另一个电抗则性质相反。例如，电感三点式如图 5.5.2(a) 所示，其中，X_{ce}、X_{be} 为感抗，X_{cb} 则为容抗。电容三点式如图 5.5.2(b) 所示，其中，X_{ce}、X_{be} 为容抗，X_{cb} 为感抗。

思考题：图 5.5.2(c) 属于哪一类振荡器？

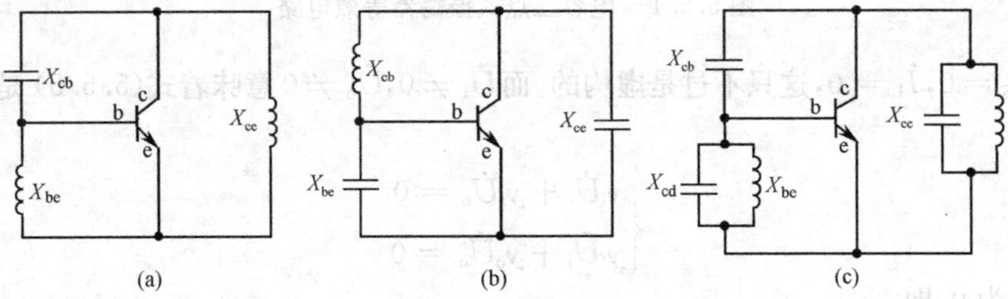

图 5.5.2　电感三点式和电容三点式等效电路

5.5.2　电容三点式振荡器——考毕兹振荡器

图 5.5.3 所示电路是电容三点式的典型电路。LC 回路的三个端点分别与三个电极相连，且 X_{ce} 和 X_{be} 为容抗，X_{cb} 为感抗。故属于电容反馈三点式振荡器，又称考毕兹振荡器。图中 ZL 为高频扼流圈，防止高频交流接地。R_{b1}、R_{b2}、R_e 为偏置电阻。C_b、C_e 容量足够大。

下面分析该电路的振荡条件。图 5.5.4(a) 画出了交流等效电路，(b) 为 y 参数等效电路。容易判断振荡器属于并 - 并连接，电压取样电流求和的反馈放大器。设其信号源电流为 $\dot{I}_S$，负载电流为 $\dot{I}_L$，显然

$$\begin{cases}\dot{I}_S=y_i\dot{U}_i+y_r\dot{U}_o\\ \dot{I}_L=y_f\dot{U}_i+y_o\dot{U}_o\end{cases} \tag{5.5.5}$$

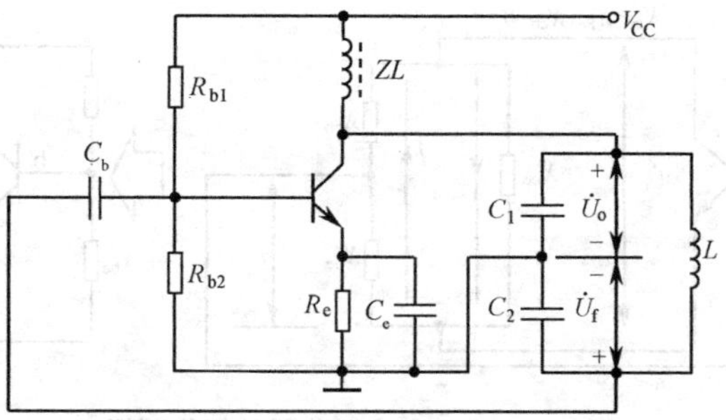

图 5.5.3 电容三点式振荡器典型电路

式中，y_i 为网络 aa′－bb′ 的大信号输入导纳；y_r 为网络 aa′－bb′ 的大信号反向传输导纳；y_f 为网络 aa′－bb′ 的大信号正向传输导纳；y_o 为网络 aa′－bb′ 的大信号输出导纳。

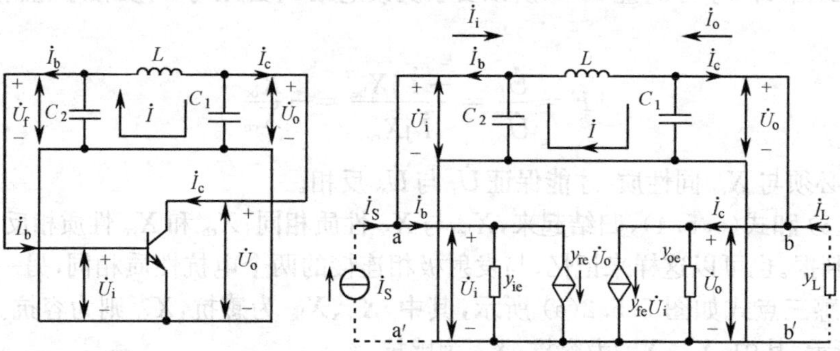

图 5.5.4 电容三点式振荡器等效电路

实际上 $\dot{I}_S=0,\dot{I}_L=0$，这只不过是虚构的。而 $\dot{U}_i\neq0,\dot{U}_o\neq0$ 意味着式(5.5.5)是线性齐次方程，即

$$\begin{cases}y_i\dot{U}_i+y_r\dot{U}_o=0\\ y_f\dot{U}_i+y_o\dot{U}_o=0\end{cases} \tag{5.5.6}$$

其系数行列式为0，即

$$\begin{vmatrix}y_i & y_r\\ y_f & y_o\end{vmatrix}=0 \tag{5.5.7}$$

因网络 aa′－bb′ 是两个网路(有源和无源)并－并连接，所以

$$\begin{vmatrix}y_i & y_r\\ y_f & y_o\end{vmatrix}=\begin{vmatrix}y_{iT} & y_{rT}\\ y_{fT} & y_{oT}\end{vmatrix}+\begin{vmatrix}y_{in} & y_{rn}\\ y_{fn} & y_{on}\end{vmatrix}=\begin{vmatrix}y_{iT}+y_{in} & y_{rT}+y_{rn}\\ y_{fT}+y_{fn} & y_{oT}+y_{on}\end{vmatrix}=0 \tag{5.5.8}$$

式中下角标 T 表示晶体管，n 表示无源网络。即

$$(y_{iT}+y_{in})(y_{oT}+y_{on})-(y_{rT}+y_{rn})(y_{fT}+y_{fn})=0 \tag{5.5.9}$$

这就是反映振荡器满足平衡条件方程。使用上述方法时，应使两个网络的电压、电流方向符合电压取样、电流求和的条件。

式(5.5.9)中[$\boldsymbol{y}_T$]晶体管参数可以测得和计算出，[$\boldsymbol{y}_n$]则可以由具体网络根据 y 参数的定义求得。

假设，振荡器的工作频率远低于 f_T，且忽略内部反馈的影响和不计晶体管的电抗效应，有

$$|\boldsymbol{y}_T| = \begin{vmatrix} G_{ie} & 0 \\ G_m & G_{oe} \end{vmatrix} \tag{5.5.10}$$

由图 5.5.5，根据 y 参数的定义，可求得无源网络 $|\boldsymbol{y}_n|$ 为

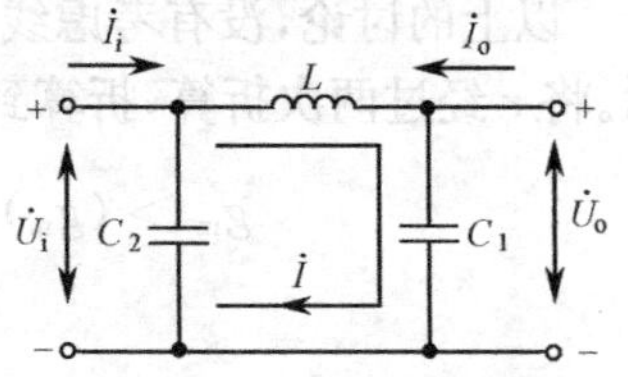

图 5.5.5　无源网络

$$\begin{cases} y_{in} = \left.\dfrac{\dot{I}_i}{\dot{U}_i}\right|_{\dot{U}_o=0} = j\omega C_2 + \dfrac{1}{j\omega L} \\ y_{rn} = \left.\dfrac{\dot{I}_i}{\dot{U}_o}\right|_{\dot{U}_i=0} = -\dfrac{1}{j\omega L} \\ y_{fn} = \left.\dfrac{\dot{I}_o}{\dot{U}_i}\right|_{\dot{U}_o=0} = -\dfrac{1}{j\omega L} \\ y_{on} = \left.\dfrac{\dot{I}_o}{\dot{U}_o}\right|_{\dot{U}_i=0} = j\omega C_1 + \dfrac{1}{j\omega L} \end{cases} \tag{5.5.11}$$

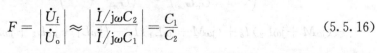

将式(5.5.10) 和式(5.5.11) 代入式(5.5.9) 得

$$\left[G_{ie} + \left(j\omega C_2 + \frac{1}{j\omega L}\right)\right]\left[G_{oe} + \left(j\omega C_1 + \frac{1}{j\omega L}\right)\right] + \frac{1}{j\omega L}\left(G_m - \frac{1}{j\omega L}\right) = 0$$

整理得

$$\omega\left(C_1 G_{ie} + C_2 G_{oe} - \frac{G_m + G_{ie} + G_{oe}}{\omega^2 L}\right) - j\left(G_{ie}G_{oe} - \omega^2 C_1 C_2 + \frac{C_1 + C_2}{L}\right) = 0 \tag{5.5.12}$$

令其虚部等于 0，可求得振荡频率为

$$\omega_g = \sqrt{\frac{1}{LC} + \frac{G_{ie}}{C_1}\frac{G_{oe}}{C_2}} \tag{5.5.13}$$

式中

$$C = \frac{C_1 C_2}{C_1 + C_2}$$

可见，电容三点式振荡器的振荡频率略高于回路的谐振频率，且与晶体管的参数有关。令其实部等于 0，并近似认为，$\omega \approx \dfrac{1}{\sqrt{LC}}$，可求得其振荡平衡条件

$$G_m = \frac{C_2}{C_1}G_{oe} + \frac{C_1}{C_2}G_{ie} \tag{5.5.14}$$

用微变参数代替平均参数，可求得起振时所要求的最小跨导 $(g_m)_{min}$，其起振条件为

$$g_m > (g_m)_{min} = \frac{C_2}{C_1}g_{oe} + \frac{C_1}{C_2}g_{ie} \tag{5.5.15}$$

因

$$F = \left|\frac{\dot{U}_f}{\dot{U}_o}\right| \approx \left|\frac{\dot{I}/j\omega C_2}{\dot{I}/j\omega C_1}\right| = \frac{C_1}{C_2} \tag{5.5.16}$$

代入式(5.5.15) 得 $g_m > (g_m)_{min} = \dfrac{1}{F}g_{oe} + Fg_{ie}$　　(5.5.17)

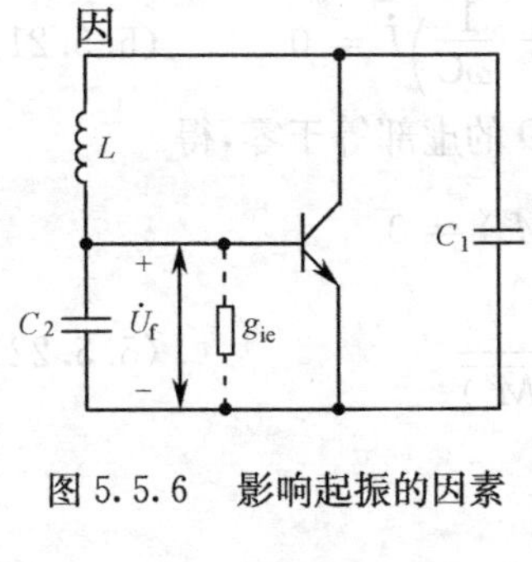

图 5.5.6　影响起振的因素

从图 5.5.6 可以看出，反馈电压 $\dot{U}_f$ 不仅取决于电容 C_2，还与晶体管的输入导纳 g_{ie} 有关。当 g_{ie} 较小时，g_{ie} 的分流作用可以忽略，此时第一项起主要作用，$(g_m)_{min} \approx \dfrac{g_{oe}}{F}$，当 $C_2\downarrow \to F\uparrow \to (g_m)_{min}\downarrow$，利于起振。

当 g_{ie} 较大时，g_{ie} 的分流作用不能忽略，此时第二项起主要作用，$(g_m)_{min} \approx Fg_{ie}$，$C_2 \downarrow \to F \uparrow \to (g_m)_{min} \uparrow$，难于起振。所以不能简单地认为反馈系数越大，就越易起振，而应该有一定范围。另外反馈系数的大小还会影响振荡波形的好坏，反馈系数过大会产生较大的波形失真。通常 $F \approx 0.01 \sim 1$，且一般取得较小。

以上的讨论，没有考虑线圈的损耗，如考虑到 r 的影响，则起振条件应该修正，如图 5.5.7 所示。将 r 经过两次折算，折算到 ce 两端和 g_{oe} 并联，所以起振条件应修正为

$$g_m > (g_m)_{min} = \frac{C_2}{C_1}(g_{oe} + g_L) + \frac{C_1}{C_2}g_{ie} = \frac{1}{F}(g_{oe} + g_L) + Fg_{ie} \tag{5.5.18}$$

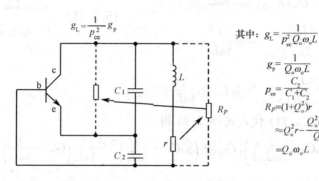

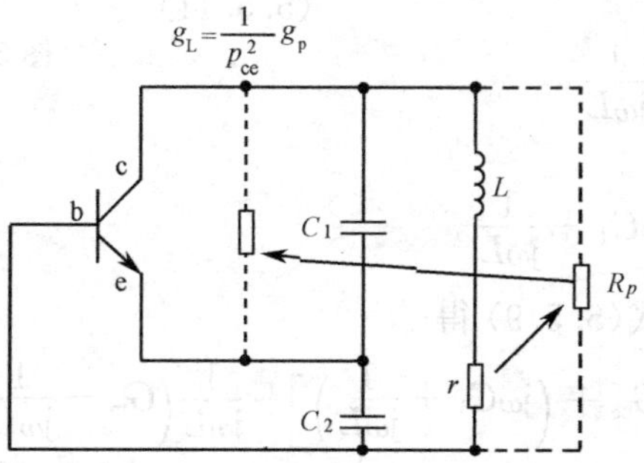

其中：$g_L = \frac{1}{p_{ce}^2 Q_o \omega_o L}$

$g_p = \frac{1}{Q_o \omega_o L}$

$p_{ce} = \frac{C_2}{C_1 + C_2}$

$R_P = (1 + Q_o^2) r \approx Q_o^2 r = \frac{Q_o^2 \omega_o L}{Q_o} = Q_o \omega_o L$

图 5.5.7　起振条件的修正

5.5.3　电感三点式振荡器——哈特莱振荡器

电感三点式振荡器电路如图 5.5.8 所示。$\dot{U}_f$ 是从 L_2 取得的，故称为电感反馈三点式振荡器。通常 L_1、L_2 同绕在一个骨架上，它们之间存在着互感，且耦合系数 $M \approx 1$。

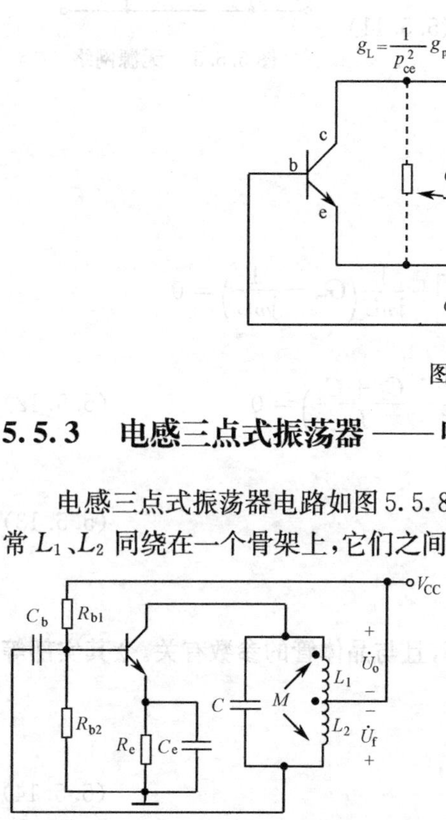

图 5.5.8　电感三点式振荡器

下面利用基尔霍夫定律列出网孔方程来分析其振荡条件。由图 5.5.9(c) 写出回路方程为

$$\frac{1}{G_{ie}}\dot{I}_b + j\omega L_2(\dot{I}_b - \dot{I}) - j\omega M(\dot{I}_c + \dot{I}) = 0$$

整理得

$$\left(\frac{1}{G_{ie}} + j\omega L_2\right)\dot{I}_b - j\omega M\dot{I}_c - (j\omega L_2 + j\omega M)\dot{I} = 0 \tag{5.5.19}$$

同理可得

$$-\left(j\omega M + \frac{G_m}{G_{ie}G_{oe}}\right)\dot{I}_b + \left(\frac{1}{G_{oe}} + j\omega L_1\right)\dot{I}_c + (j\omega L_1 + j\omega M)\dot{I} = 0 \tag{5.5.20}$$

$$-(j\omega M + j\omega L_2)\dot{I}_b + (j\omega M + j\omega L_1)\dot{I}_c + \left(j\omega L_1 + j\omega L_2 + j\omega 2M + \frac{1}{j\omega C}\right)\dot{I} = 0 \tag{5.5.21}$$

令式(5.5.19)、式(5.5.20) 和式(5.5.21) 组成的方程组系数行列式 D 的虚部等于零，得

$$\frac{1}{G_{ie}G_{oe}}\left(\omega L_1 + \omega L_2 + 2\omega M - \frac{1}{\omega C}\right) + \frac{\omega}{C}(L_1L_2 - M^2) = 0$$

求得

$$\omega_g = \frac{1}{\sqrt{(L_1 + L_2 + 2M)C + G_{ie}G_{oe}(L_1L_2 - 2M^2)}} \tag{5.5.22}$$

可见，ω_g 略低于回路谐振角频率 ω_0，且振荡频率与晶体管参数有关。

通常情况　$C(L_1 + L_2 + 2M) \gg G_{ie}G_{oe}(L_1L_2 - 2M^2)$

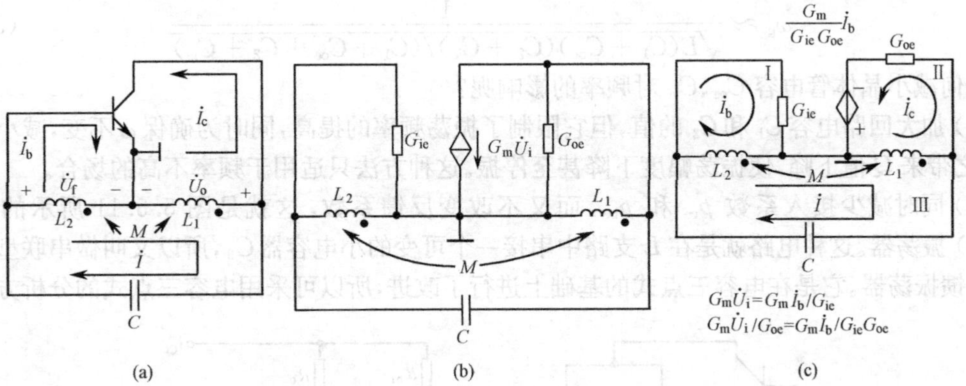

图 5.5.9　电感三点式等效电路

故
$$\omega_g \approx \frac{1}{\sqrt{LC}} \tag{5.5.23}$$

式中
$$L = L_1 + L_2 + 2M$$

为求起振条件，设式(5.5.21) 方程中 $\dot{I}$ 的系数为 0，此时令系数行列式的实部等于 0，即

$$\frac{\omega^2(L+M)^2}{G_{ie}} - \frac{G_m}{G_{ie}G_{oe}}\omega^2(L_1+M)(L_2+M) + \frac{\omega^2(L_2+M)^2}{G_{oe}} = 0$$

可得振荡平衡条件
$$G_m = G_{oe}\frac{L_1+M}{L_2+M} + G_{ie}\frac{L_2+M}{L_1+M} \tag{5.5.24}$$

因此起振条件是
$$g_m > (g_m)_{min} = G_{oe}\frac{L_1+M}{L_2+M} + G_{ie}\frac{L_2+M}{L_1+M} \tag{5.5.25}$$

因
$$F = \frac{\dot{U}_f}{\dot{U}_o} \approx \frac{L_2+M}{L_1+M} = \frac{N_2}{N_1} \quad \left(\text{利用振荡回路电流近似相等来进行推导}\right) \tag{5.5.26}$$

故起振条件可写成
$$g_m > (g_m)_{min} = \frac{1}{F}g_{oe} + Fg_{ie} \tag{5.5.27}$$

至于反馈系数的选取，为兼顾振荡的振荡波形，通常取 $F = 0.1 \sim 0.5$。

5.5.4　电容三点式与电感三点式振荡器比较

电容三点式振荡器的优点有：输出波形好，接近于正弦波；因晶体管的输入 / 输出电容与回路电容并联，可适当增加回路电容提高稳定性；工作频率可以做得较高(利用极间电容)。

缺点是：调整频率困难，起振困难。

电感三点式振荡器的优点有：起振容易、调整方便。

缺点是：输出波形不好；在频率较高时，不易起振。

5.5.5　改进型电容三点式振荡器

前面研究的三种振荡器，其振荡频率 ω 不仅取决于 LC 回路参数，还与晶体管内部参数(G_{oe}、G_{ie}、C_{oe}、C_{ie}) 有关，而晶体管的参数又随环境温度、电源电压的变化而变化，因此其频率稳定度不高。以电容三点式为例，如图 5.5.10 所示，C_{ie} 和 C_{oe} 分别与回路电容并联，其振荡频率可近似写成

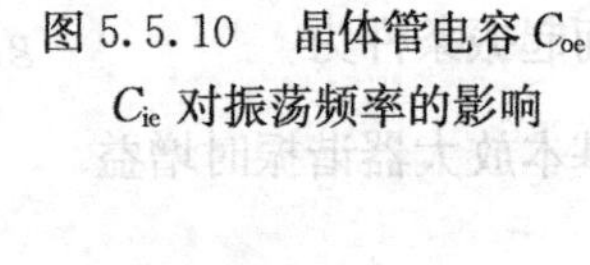

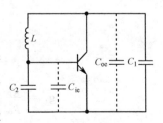

图 5.5.10　晶体管电容 C_{oe}、C_{ie} 对振荡频率的影响

$$\omega_g \approx \frac{1}{\sqrt{L(C_1+C_{oe})(C_2+C_{ie})/(C_1+C_{oe}+C_2+C_{ie})}} \tag{5.5.28}$$

如何减小晶体管电容 C_{oe}、C_{ie} 对频率的影响呢?

(1) 加大回路电容 C_1 和 C_2 的值,但它限制了振荡频率的提高,同时为确保 ω 不变,减小了 L 的值,随之带来 Q 值下降,使振荡幅度下降甚至停振。这种方法只适用于频率不高的场合。

(2) 同时减少接入系数 p_{ce} 和 p_{be},而又不改变反馈系数,这就是图 5.5.11 所示的克拉泼(Clapp) 振荡器。这种电路就是在 L 支路中串接一个可变的小电容器 C_3,所以又叫做串联型电容三点式反馈振荡器。它是在电容三点式的基础上进行了改进,所以可采用电容三点式的分析方法。

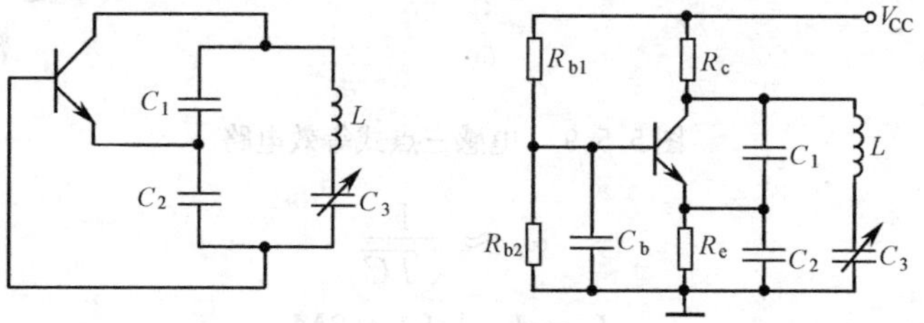

(a)　(b)

图 5.5.11　克拉泼振荡器

因　$$C_1 \gg C_3,\quad C_2 \gg C_3$$

故　$$\omega_g \approx \omega_o = \frac{1}{\sqrt{LC}} \tag{5.5.29}$$

式中　$$C = \frac{C_1C_2C_3}{C_1C_2+C_2C_3+C_1C_3} \approx C_3 \tag{5.5.30}$$

故　$$\omega_g = \omega_o \approx \frac{1}{\sqrt{LC_3}} \tag{5.5.31}$$

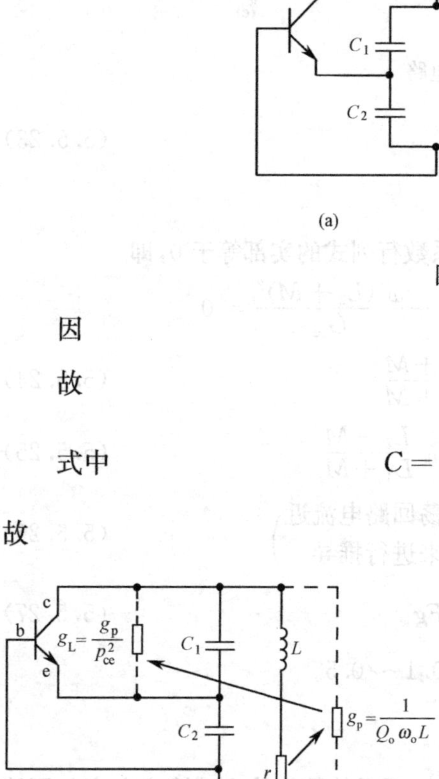

图 5.5.12　克拉泼振荡器的起振条件

可见,ω_g 只取决于 L、C_3 大小,而与 C_1、C_2 基本上无关。于是可以增加 C_1、C_2(不必减小电感 L) 以减小晶体管电容对频率的影响,提高了频率稳定度。改变 C_3 可改变振荡频率而不影响反馈系数,改变 C_1、C_2 可调节反馈系数而不会影响振荡频率。

起振条件可以利用式(5.5.18) $g_m > (g_m)_{min} = \frac{C_2}{C_1}(g_{oe}+g_L)+\frac{C_1}{C_2}g_{ie} = \frac{1}{F}(g_{oe}+g_L)+Fg_{ie}$ 求得,问题是如何求得 g_L,由图 5.5.12 可知

$$g_L = \frac{g_p}{p_{ce}^2}$$

$$p_{ce} = \frac{C_2C_3/(C_2+C_3)}{C_1+C_2C_3/(C_2+C_3)} \approx \frac{C_3}{C_1}$$

故　$$g_L = \frac{g_p}{p_{ce}^2} = \left(\frac{C_1}{C_3}\right)^2\frac{1}{Q_o\omega_o L} = \frac{C_1^2}{(1/\omega_o^2 L)^2}\frac{1}{Q_o\omega_o L} = \frac{\omega_o^3C_1^2L}{Q_o} \tag{5.5.32}$$

因而起振条件为　$$g_m > (g_m)_{min} = \frac{C_2}{C_1}\left(g_{oe}+\frac{\omega_o^3C_1^2L}{Q_o}\right)+\frac{C_1}{C_2}g_{ie} \tag{5.5.33}$$

而基本放大器谐振时增益

$$A_{uo}=\frac{g_m}{g_{oe}+g_L} \tag{5.5.34}$$

由式(5.5.33) 和式(5.5.34) 可见：

(1) 若 $C_1\uparrow \rightarrow g_L\uparrow\uparrow$(分路作用增加)$\rightarrow (g_m)_{min}\uparrow \rightarrow$ 难于起振；

$\rightarrow A_{uo}\downarrow \rightarrow$ 振荡幅度 $\downarrow$

(2) 若 $C_3\downarrow \rightarrow \omega_o\uparrow \rightarrow g_L\uparrow\uparrow \rightarrow (g_m)_{min}\uparrow \rightarrow$ 难于起振；

$\rightarrow A_{uo}\downarrow \rightarrow$ 振荡幅度 $\downarrow$

(3) 若 $Q_o\uparrow \rightarrow g_L\downarrow \rightarrow (g_m)_{min}\downarrow \rightarrow$ 易于起振。

$\downarrow$

频率稳定性提高 $\rightarrow A_{uo}\downarrow \rightarrow$ 振荡幅度 $\uparrow$

克拉泼振荡器存在的问题是当增大 C_1 和减小 C_3 时引起振荡幅度下降，难于起振。原因在于 p_{ce} 下降，使得 g_L 增大，因为 g_L 和 ω_o^3 成正比。解决这一矛盾，可以保持 C_3 不变，而在电感 L 两端并联一个小的可变电容，用以改变振荡频率。这就是西勒(Seiler) 振荡器。因为 C_4 与 L 并联，所以又成为并联型电容三点式振荡器，如图 5.5.13 所示。

由于 C_1、C_2 远大于 C_4，所以回路电容

$$C=C_4+\frac{1}{1/C_1+1/C_2+1/C_3}\approx C_4+C_3$$

所以
$$\omega_g\approx\omega_o=\frac{1}{\sqrt{L(C_3+C_4)}} \tag{5.5.35}$$

再看起振条件，利用式(5.5.18)

$$g_m>(g_m)_{min}=\frac{C_2}{C_1}(g_{oe}+g_L)+\frac{C_1}{C_2}g_{ie}$$

将图 5.5.13(a) 再变换一下，如图 5.5.14 所示，求出 g_L。

$$p_{ce}=\frac{C_2C_3/(C_2+C_3)}{C_1+C_2C_3/(C_2+C_3)}\approx\frac{C_3}{C_1} \tag{5.5.36}$$

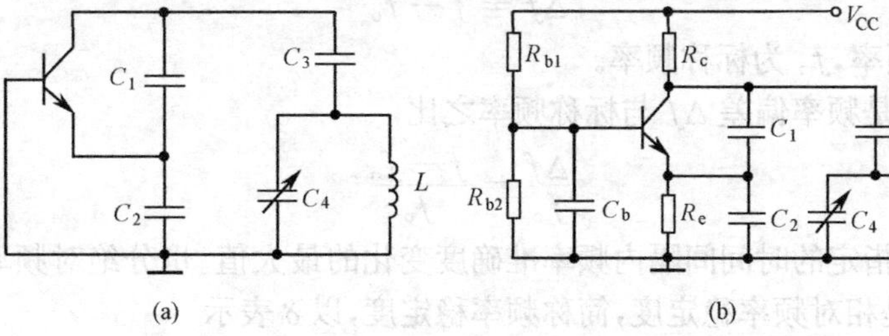

图 5.5.13　西勒振荡器电路原理图

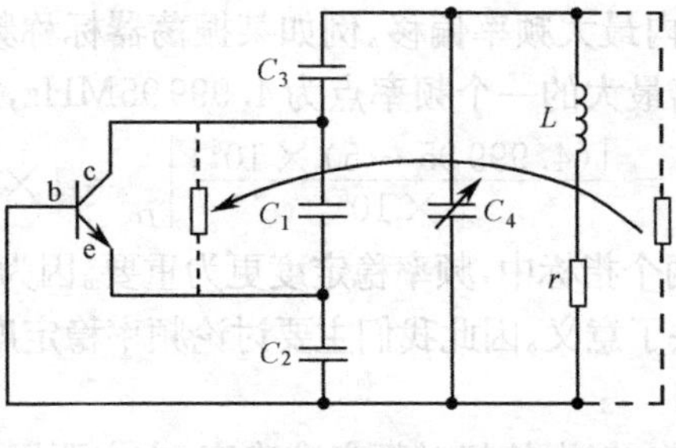

图 5.5.14　西勒振荡器的起振条件

$$g_L = \frac{1}{p_{ce}^2} g_P = \left(\frac{C_1}{C_3}\right)^2 \frac{1}{Q_o \omega_o L} \tag{5.5.37}$$

可见：

(1) p_{ce} 与 C_4 无关，改变 C_4 不会影响 p_{ce}，也不会影响 g_L。

(2) $C_4 \downarrow \rightarrow \omega_o \uparrow \rightarrow g_L \downarrow \rightarrow (g_m)_{min} \downarrow \rightarrow$ 利于起振。

$\rightarrow A_{uo} \uparrow \rightarrow$ 振荡幅度增加

这样，可以补偿由于频率增加引起 G_m 下降，使振荡幅度变化不大。因此，作为波段振荡器的波段覆盖可较宽，$k_\alpha \approx 1.6 \sim 1.8$，且在波段内幅度较均匀，其工作频率也较高，可达到数百兆赫。这是一种性能较好的振荡器。

(3) C_3 的选取应综合考虑波段覆盖系数，频率稳定度和起振，在保证起振的条件下，C_3 应选得小一点好。

5.6 振荡器的频率稳定度

频率稳定度是振荡器非常重要的性能指标之一。例如，在军事电子设备中提高振荡器的频率稳定度是十分重要的问题。若通信双方的工作频率都十分准确和稳定，则在通信联络时就不用呼叫和寻找，只要按时开机就可立即收发。这样不但可以保证通信的及时和可靠，而且有利于防止敌人的侦察和干扰。若调频广播发射机的频率准确和稳定，则调频接收机在不需要调谐的情况下能够实现自动收听和转播。因此，振荡器的频率稳定度是一个受到广泛重视的技术问题。

5.6.1 频率准确度和频率稳定度

评价振荡频率的主要指标是频率准确度和频率稳定度。

频率准确度表明实际工作频率偏离标称频率的程度，分为绝对频率准确度和相对频率准确度。

绝对频率准确度是实际工作频率与标称频率的偏差 Δf

$$\Delta f = f - f_o \tag{5.6.1}$$

式中，f 为实际工作频率，f_o 为标称频率。

相对频率准确度是频率偏差 Δf 与标称频率之比

$$\frac{\Delta f}{f_o} = \frac{f - f_o}{f_o} \tag{5.6.2}$$

频率稳定度是在指定的时间间隔内频率准确度变化的最大值。也分绝对频率稳定度和相对频率稳定度。最常用的是相对频率稳定度，简称频率稳定度，以 δ 表示

$$\delta = \left.\frac{|f - f_o|_{max}}{f_o}\right|_{时间间隔} \tag{5.6.3}$$

其中 $|f - f_o|_{max}$ 为某一时间间隔内最大频率偏移。例如某振荡器标称频率应为 5MHz，在一天之内所测得的频率中，与标称频率偏离最大的一个频率点为 4.999 95MHz，故该振荡器的频率稳定度为

$$\delta = \left.\frac{\Delta f_{max}}{f_o}\right|_D = \left.\frac{|(4.999\,95 - 5) \times 10^6|}{5 \times 10^6}\right|_D = 1 \times 10^{-5}/D$$

在频率准确度与频率稳定度两个指标中，频率稳定度更为重要。因为只有频率“稳定”才能谈得上“准确”。频率不稳，准确度也就失去了意义。因此我们主要讨论频率稳定度。

频率稳定度按时间间隔分为：

长期频率稳定度 —— 数月或一年内的相对频率准确度，它主要用于评价天文台或国家计量单位高精度频率标准和计时设备。

短期频率稳定度 —— 一天内的相对频率准确度，用以评价通信、测量设备中振荡器的频率稳定度。

瞬时频率稳定度 —— 秒或毫秒内随机频率变化，即频率的瞬间无规则变化，通常称为振荡器的"相位抖动"或"相位噪声"。

长期、短期和瞬时频率稳定度的划分至今仍没有统一规定。尽管如此，这种大致的区别还是有一定的实际意义的。长期频率稳定度是指长时间的频率漂移，主要取决于有源器件、电路元件和石英晶体等老化特性，而与频率的瞬时变化无关。短期频率稳定度主要与温度变化、电源电压变化和电路参数不稳定因素有关。瞬时频率稳定度主要是振荡器内部噪声而引起的频率起伏，它和长期频率漂移无关。

此外，表征上述频率稳定度概念的数据处理至今也没有统一的规定。如定义频率稳定度用指定的时间间隔内实际频率与标称频率偏离的最大值与标称频率之比比较苛刻，特别是用来评价长期稳定度时问题就更为突出。如一个振荡器在一个月内，除了偶尔在几秒钟内是 10^{-5} 以外，其他时间都是 10^{-7}，按照式(5.6.3)定义，则 $\delta = 10^{-5}$，显然，这是不大合理的，所以对于长期频率稳定度用建立在大量观测基础上的统计值来表征较为合理。常用的方法之一是用均方根值，它是用在指定的时间间隔内测得的各频率准确度与其平均值的偏差的均方根值来表征的。即

$$\sigma_{\mathrm{n}} = \sqrt{\frac{1}{n}\sum_{i=1}^{n}\left[\left(\frac{\Delta f_i}{f_{\mathrm{o}}}\right) - \left(\overline{\frac{\Delta f}{f_{\mathrm{o}}}}\right)\right]^2} \tag{5.6.4}$$

式中，n 为测量次数，$(\overline{\Delta f}/f_{\mathrm{o}})$ 为 n 个测量数据的平均值。

至于瞬时频率稳定度更不能用式(5.6.3)表征，因为频率的瞬时值是无法测定的，所测得的频率只能是某段时间的平均值，为了描述频率源的频率起伏，近几年来常引用阿仑(Allan)方差的概念来表征瞬时频率稳定度，有时也称秒级频率稳定度。其算式为

$$\sigma_y^2(\tau) = \lim_{n\to\infty}\frac{1}{n}\left(\frac{1}{2f_{\mathrm{o}}^2}\right)\sum_{j=1}^{n}(f_{2j} - f_{2j-1})^2 \tag{5.6.5}$$

式中，τ 为每次测量的取样时间，n 为测量组数，f_{o} 为标称频率，j 为正整数($j = 1,2,3,\cdots,n$)，f_{2j}，f_{2j-1} 分别为 $2j$ 次和 $2j-1$ 次所测得的频率值。

实际上，测量次数总是有限的。如果取 $n = 100$，按式(5.6.5)则要每对数据无间歇测出，即对与对(即不同的 j)之间可以有间歇，而且间隔时间可长可短。所以，利用式(5.6.5)来描述阿仑方差，对于测量和数据处理都较为方便。

上述三种方法均有采用，用式(5.6.3)简单直观，数据处理也较为方便，而且考虑了稳定性最坏的情况，留有充分的余地，所以应用较广。瞬时稳定度，是由于噪声引起的频率不稳定性，其均方根值是发散的，故需采用式(5.6.5)处理数据。

实际工作中，对于不同制式、不同频段、不同用途的各种无线电设备，其频率稳定度的要求是不同的。如中波广播电台为 $2\times10^{-5}/D$，电视台为 $5\times10^{-7}/D$，普通信号发生器为 $10^{-4}\sim10^{-5}/D$，精密信号发生器往往要求高达 $10^{-7}\sim10^{-9}/D$。

5.6.2　频率稳定度分析

为寻求提高频率稳定度的途径，就必须找出引起频率不稳的因素。振荡器的振荡频率主要取决于 LC 回路，也与晶体管的参数有关。从相位平衡条件可知，电路中任何一个相角发生变化都会使振荡频率产生变化，而使振荡器重新平衡在某一新的频率上。因此由于种种原因，例如温度、电源电压、负载等的变化以及机械振动的影响，都有可能引起回路元件参量(L、C、Q 等)、有源器件参量和相角 φ_{Y}、φ_{Z}、φ_{F} 发生变化，从而使振荡器的频率发生变动。令 α 代表外界不稳定因素(如温度变化量或电压变化量)，由于振荡器各相角都是外界不稳定因素 α 和频率的函数，所以相位平衡条件可以

写成

$$\varphi(\omega,\alpha)=\varphi_A(\omega,\alpha)+\varphi_F(\omega,\alpha)$$
$$=\varphi_Y(\omega,\alpha)+\varphi_Z(\omega,\alpha)+\varphi_F(\omega,\alpha)=0 \tag{5.6.6}$$

式中，$\varphi_Y(\omega,\alpha)$ 为晶体管 Y 参数相角，$\varphi_Z(\omega,\alpha)$ 为并联谐振回路相角，$\varphi_F(\omega,\alpha)$ 为反馈网络相角。

当 α 发生变化时，ω 也相应发生变化，但不论怎样变化，只要相位平衡条件重新得到满足，则 $\varphi(\omega,\alpha)$ 总是等于零。

对式(5.6.6) 全微分

$$\Delta\varphi(\omega,\alpha)=\frac{\partial\varphi}{\partial\omega}\Delta\omega+\frac{\partial\varphi}{\partial\alpha}\Delta\alpha=0$$

即
$$\left(\frac{\partial\varphi_Y}{\partial\omega}+\frac{\partial\varphi_Z}{\partial\omega}+\frac{\partial\varphi_F}{\partial\omega}\right)\Delta\omega+\left(\frac{\partial\varphi_Y}{\partial\alpha}+\frac{\partial\varphi_Z}{\partial\alpha}+\frac{\partial\varphi_F}{\partial\alpha}\right)\Delta\alpha=0$$

因而
$$\frac{\Delta\omega}{\omega}=-\frac{\partial\varphi_Y/\partial\alpha+\partial\varphi_Z/\partial\alpha+\partial\varphi_F/\partial\alpha}{\omega(\partial\varphi_Y/\partial\omega+\partial\varphi_Z/\partial\omega+\partial\varphi_F/\partial\omega)}\Delta\alpha$$

由于 φ_Y 和 φ_F 对频率变化的敏感性远小于 φ_Z，即

$$\frac{\partial\varphi_Z}{\partial\omega}\gg\frac{\partial\varphi_Y}{\partial\omega}+\frac{\partial\varphi_F}{\partial\omega}$$

又 $\omega\approx\omega_0$，故上式又可写成

$$\frac{\Delta\omega}{\omega}\approx\frac{\Delta\omega}{\omega_0}\approx-\frac{\partial\varphi_Y/\partial\alpha+\partial\varphi_Z/\partial\alpha+\partial\varphi_F/\partial\alpha}{\omega_0(\partial\varphi_Z/\partial\omega)}\Delta\alpha \tag{5.6.7}$$

此式右边的分子表示不稳定因素 α 对相角的影响程度，分母称为振荡器的稳频能力。由式(5.6.7) 可以看出，提高振荡器频率稳定度的一般规律：

① $\Delta\alpha$ 要小。要尽量减小外界不稳定因素 α 的变化。

② 分子 $\partial\varphi_Y/\partial\alpha+\partial\varphi_Z/\partial\alpha+\partial\varphi_F/\partial\alpha$ 越小越好，在外界因素变化时，应设法使 φ_Y、φ_Z、φ_F 的变化量尽可能小，即应使各相角尽量不受外界因素变化的影响。或者设法使 $\partial\varphi_Y/\partial\alpha$、$\partial\varphi_Z/\partial\alpha$、$\partial\varphi_F/\partial\alpha$ 三个量不完全同号，使之相互抵消或抵消一部分。

③ 分母 $\partial\varphi_Z/\partial\omega$ 越大越好，即要求并联谐振回路相频特性的斜率要大。

由并联谐振回路的相频特性可知，回路的品质因数 Q 值越高，振荡频率越接近谐振频率，相频特性的斜率就越大。因此，应尽量提高回路的 Q 值，减少 φ_Z 相角。由相位平衡条件可知，φ_Z 的减小意味着 $\partial\varphi_Z=\partial\varphi_Y+\partial\varphi_F$ 的减小；反之 φ_{YF} 的减小也使 φ_Z 减小。

以上研究了提高频率稳定度的原则性措施，为了将上述原则具体化，下面讨论振荡频率与电路参量之间的关系。

并联谐振回路的相频特性为

$$\varphi_Z=-\arctan 2Q\frac{\Delta\omega}{\omega_0} \tag{5.6.8}$$

由相位平衡条件
$$\varphi_Z+\varphi_Y+\varphi_F=\varphi_Z+\varphi_{YF}=0$$

得
$$-\arctan 2Q\frac{\Delta\omega}{\omega_0}+\varphi_{YF}=0$$

即
$$2Q\frac{\omega-\omega_0}{\omega_0}=\tan\varphi_{YF}$$

则振荡频率 ω 为

$$\omega=\omega_0\left(1+\frac{1}{2Q}\tan\varphi_{YF}\right) \tag{5.6.9}$$

可见，振荡频率 ω 是 ω_0，Q，φ_{YF} 三个参量的函数。只要不稳定因素 α 有所变化，必将通过这三个参量来影响振荡频率 ω。设 ω_0、Q 和 φ_{YF} 变化都不大，则振荡频率的变化可写成

$$\Delta\omega=\frac{\partial\omega}{\partial\omega_0}\Delta\omega_0+\frac{\partial\omega}{\partial Q}\Delta Q+\frac{\partial\omega}{\partial\varphi_{YF}}\Delta\varphi_{YF} \tag{5.6.10}$$

由式(5.6.9)得

$$\frac{\partial\omega}{\partial\omega_o}=1+\frac{\tan\varphi_{YF}}{2Q},\quad \frac{\partial\omega}{\partial Q}=-\tan\varphi_{YF}\frac{\omega_0}{2Q^2},\quad \frac{\partial\omega}{\partial\varphi_{YF}}=\frac{\omega_o}{2Q}\frac{1}{\cos^2\varphi_{YF}}$$

因此式(5.6.10)可改写成

$$\Delta\omega=\left(\frac{\partial\omega}{\partial\omega_o}\frac{\partial\omega_o}{\partial\alpha}+\frac{\partial\omega}{\partial Q}\frac{\partial Q}{\partial\alpha}+\frac{\partial\omega}{\partial\varphi_{YF}}\frac{\partial\varphi_{YF}}{\partial\alpha}\right)\Delta\alpha$$

$$=\left[\left(1+\frac{1}{2Q}\tan\varphi_{YF}\right)\frac{\partial\omega_o}{\partial\alpha}-\frac{\omega_0}{2Q^2}\tan\varphi_{YF}\frac{\partial Q}{\partial\alpha}+\frac{\omega_0}{2Q\cos^2\varphi_{YF}}\frac{\partial\varphi_{YF}}{\partial\alpha}\right]\Delta\alpha$$

当 $\tan\varphi_{YF}/(2Q)\ll 1$ 时

$$\frac{\Delta\omega}{\omega}\approx\frac{\Delta\omega}{\omega_o}\approx\frac{\Delta\omega_o}{\omega_o}-\frac{\tan\varphi_{YF}}{2Q^2}\Delta Q+\frac{\Delta\varphi_{YF}}{2Q\cos^2\varphi_{YF}} \tag{5.6.11}$$

该式表明了 $\Delta\omega_o$，ΔQ，$\Delta\varphi_{YF}$ 对频率稳定度影响的定量关系。可以看出：

① $\Delta\omega_o$，ΔQ，$\Delta\varphi_{YF}$ 都影响振荡器的频率稳定度；

② $\Delta\omega_o$ 对频率稳定度的影响严重；

③ ΔQ 对频率稳定度的影响要考虑系数 $\tan\varphi_{YF}/(2Q^2)$，Q 值越高，φ_{YF} 越小，ΔQ 的影响就越弱；

④ $\Delta\varphi_{YF}$ 对频率稳定度的影响要考虑系数 $1/(2Q\cos^2\varphi_{YF})$，Q 值越高，φ_{YF} 越小，则 $\Delta\varphi_{YF}$ 的影响越弱。

综上所述，要提高频率稳定度，首先要求提高回路的标准性。所谓回路的标准性，就是指回路在外界因素变化时保持其固有谐振频率不变的能力。$|\partial\omega/\partial\alpha|$ 越小标准性越高。此外，要求回路的 Q 值要高，电路中的 φ_{YF} 要小。

5.6.3 提高频率稳定度的措施

由上面的分析可知，提高频率稳定度可以采取两方面的措施。一是设法减小外界因素的变化(即减小 $\Delta\alpha$)，二是减小外界因素对 ω_0、Q、φ_{YF} 的影响，即当外界因素变化时，设法使 $\Delta\omega_0$、ΔQ、$\Delta\varphi_{YF}$ 尽可能小。

1. 减小外界因素变化(α)的措施

影响振荡频率的外界因素主要有：机械振动、环境温度的变化、湿度及大气压力的变化、电源电压的变化、周围磁场的影响、负载的不稳定等。

① 机械振动：回路线圈和电容应具有较高的机械强度，底板和屏蔽罩必须坚实。所有元、器件和接线都必须焊接牢固。还要安装减震器，调谐回路加锁定装置等。

② 温度：为了保持温度恒定，可以将振荡器或其主要部件(如石英谐振器)放在恒温槽中。合理地选择回路元件的材料，如采用膨胀系数小的金属材料和介质材料。采用正、负温度系数的电容器进行温度补偿。也可用热敏电阻稳定偏置。

③ 湿度和大气压力：可将振荡器或其主要部件加以密封，还可采用吸潮性较小的介质和绝缘材料。

④ 电源电压：稳压，采用稳定系数好的偏置电路，振荡器单独供电。

⑤ 周围磁场的影响：采取屏蔽措施。

⑥ 负载变化：在振荡器与负载之间加缓冲器。

⑦ 老化：预先将所用的元器件老化处理，以减小它们在使用过程中由于老化而引起的参量

漂移。

2. **提高电路抗外界因素影响的能力**

(1) 提高振荡回路的标准性

如前所述,所谓振荡回路的标准性就是指振荡回路在外界因素变化时,保持谐振频率不变的能力。因此,回路的标准性越高,ω_o 随外界因素的变化越小。

在高 Q 时,回路的谐振频率为

$$\omega_o \approx \frac{1}{\sqrt{LC}}$$

若外界因素变化引起 L 和 C 的微小变化量分别为 ΔL 和 ΔC,则 ω_o 的变化量为

$$\Delta\omega_o \approx \frac{\partial\omega_o}{\partial C}\Delta C + \frac{\partial\omega_o}{\partial L}\Delta L = -\frac{1}{2}\omega_o\left(\frac{\Delta C}{C} + \frac{\Delta L}{L}\right) \tag{5.6.12}$$

即

$$\frac{\Delta\omega_o}{\omega_o} = \frac{\Delta f_o}{f_o} = -\frac{1}{2}\left(\frac{\Delta C}{C} + \frac{\Delta L}{L}\right)$$

式中,负号表示 L 或 C 增加时,ω_o 降低。可见谐振频率的相对变化量与 L 和 C 的相对变化量之和成正比。因此,提高回路的标准性,也就是要求当外界因素变化时,减小 L 和 C 的相对变化量。在 L 和 C 的组成部分中,除了集中参数的回路电容和回路电感之外,还含有晶体管的极间电容,电路的分布电容及引线电感。所以回路的标准性,首先取决于回路的集中参数电容和电感的稳定性;其次还取决于极间电容、分布电容和引线电感在回路总电容和总电感中所占的比重。

① 采用高质量的回路元件。目前使用较广的是在高频陶瓷上用烧渗银的方法制成的电感线圈,其特点是损耗小,温度膨胀系数小,吸水性小。高质量的电容则采用膨胀系数小的金属(如殷钢)做电极片的空气电容或云母电容器。

在影响回路标准性的各种外界因素中,主要是环境温度的变化。如果定义温度变化1℃时电感量和电容量的相对变化值为电感和电容的温度系数,用 α_L 和 α_C 表示,则由式(5.6.12),可以得到温度变化1℃时相对频率变化的公式

$$\frac{\Delta f_o}{f_o} = -\frac{1}{2}(\alpha_C + \alpha_L) \tag{5.6.13}$$

可见,提高频率稳定度除了采用上述方法使 α_L、α_C 减小外,还可以使 α_L 和 α_C 数值相等且符号相反,相互抵消,使 $\Delta f_0/f_0$ 趋近于零。这就是广为采用的所谓温度补偿法。通常电感的温度系数为正,而陶瓷电容器的温度系数有正有负。在振荡回路中采取适当的组合和合理的调整可以提高回路的标准性。

② 减小分布电容和引线电感。引线尽可能短,且应有足够的机械强度,各引线和元、器件的连接和安装尽可能牢靠。

③ 减小不稳定电容对回路标准性的影响,即减小不稳定电容在回路中所占的比重。通常有两种方法,一是降低振荡频率,可选的集中参数电容容量大,降低不稳定电容占回路总电容量的比重。所以,为了提高频率稳定度,在无线电设备中总是希望主振器工作在较低的频段,然后采用倍频的方法达到规定的频率。另外一种方法是在满足起振的条件下尽量减小回路与负载、有源器件之间的耦合,即采用部分接入的方法。前面讨论过的改进型电容三点式振荡器就采用这种方法。

④ 提高回路的有效 Q 值。采用先进工艺提高线圈本身的 Q 值。

(2) 减小相角 φ_Y、φ_F 及其变化量

① φ_Y 是平均正向传输导纳的相角,它主要由以下两个原因产生:一是载流子在基区渡越时间的影响,二是高次谐波的影响。前者可选用 f_T 高的晶体管,使 φ_Y 减小,通常选 $f_T = 10f$。后者,主要是因为回路的 Q 值有限,高次谐波在回路上总有一定的压降,使得回路电压 u_c 不是理想的正弦波

而有畸变，通过反馈使集电极电流不是理想的尖顶余弦脉冲，如图 5.6.1 所示。不难看出，集电极电流的基波分量 i_{c1} 将比基极电压 u_b 滞后一个相角，即晶体管正向传输导纳产生一个负的相角。集电极电流中的谐波分量越丰富，回路对高次谐波滤波能力越差，则高次谐波引起的 φ_Y 越大。

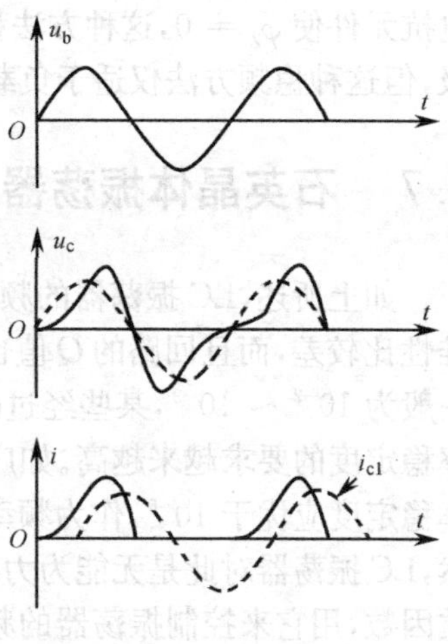

图 5.6.1　φ_Y 的影响

因此，要减小集电极电流中的谐波含量，提高回路对高次谐波的滤波能力。电容反馈振荡器的频率稳定度优于电感反馈振荡器的原因正在于此。

② 反馈系数相角 φ_F 是回路电压 $\dot{U}_c$ 与反馈电压 $\dot{U}_f$ 之间的相角。产生这个相角的主要原因是由于基极电流的存在及在振荡回路中具有一定的损耗以及晶体管的 G_{ie}、G_{oe} 的存在。

电容反馈式振荡器反馈系数相角 φ_F 产生的原因及正负值的分析如下：

图 5.6.2 中 r_L 为振荡回路中的损耗电阻，r_i 是将与 C_2 并联的 g_{ie} 折算为与 C_2 串联的值。为简化分析，忽略晶体管的内部反馈与相移。$\dot{U}_o$ 规定方向如图所示，以 $\dot{U}_o$ 作基准，$\dot{U}_c$ 是实际方向，与 $\dot{U}_o$ 反相。L、r_L、C_2、r_i 支路为感性支路，其电流为 $\dot{I}_L$，由于 r_L、r_i 的存在，所以，$\dot{I}_L$ 滞后于 $\dot{U}_o$ 略小于 90°，其值为

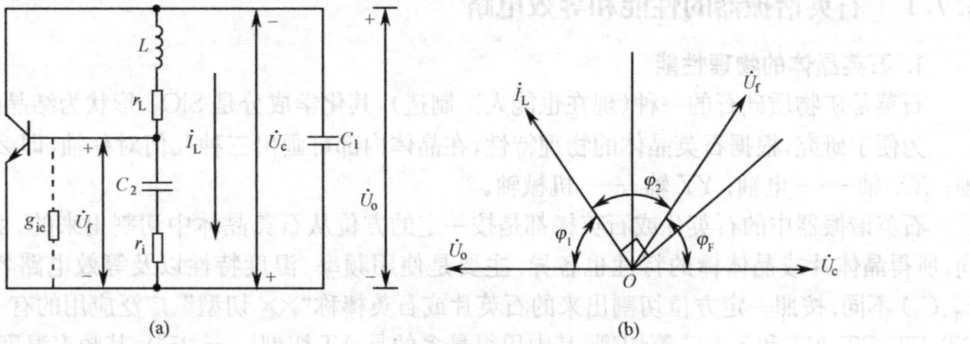

图 5.6.2　电容反馈振荡器的等效电路与矢量

$$\varphi_1 = \arctan\left[\frac{\omega L - 1/(\omega C_2)}{r_L + r_i}\right]$$

而 $\dot{I}_L$ 通过 C_2、r_i 串联支路时，所产生的反馈电压 $\dot{U}_f$ 又滞后于 $\dot{I}_L$ 一个小于 90° 的相角，其值为

$$\varphi_2 = \arctan\frac{1}{(\omega C_2 r_i)}$$

于是

$$\varphi_F = \pi - (\varphi_1 + \varphi_2)$$

由图 5.6.2(b) 可见，$\dot{U}_f$ 超前 $\dot{U}_c$(或 $-\dot{U}_o$)，所以 φ_F 为正值，即 $\varphi_F > 0$。

同理可证明，电感反馈振荡器的 $\varphi_F < 0$。对于互感耦合振荡器，振荡回路中的损耗，其使 $\varphi_F > 0$，而输入阻抗的影响则使 $\varphi_F < 0$，通常后者占优势。所以，互感耦合振荡器的 φ_F 一般是负值。

因 φ_Y 总是负($\varphi_Y < 0$)，而电容反馈三点式($\varphi_F > 0$)，电感反馈三点式($\varphi_F < 0$)，故电容三点式的 $|\varphi_{YF}|$ 较小，电感三点式的 $|\varphi_{YF}|$ 较大。因而在甚高频波段的振荡器，几乎毫不例外地采用电容三点式振荡器，而不采用电感三点式或互感耦合振荡器。

从对反馈系数相角 φ_F 的分析可以得到启发，只要设法改变 φ_F 的大小和符号，就有可能达到 $\varphi_{YF} = 0$ 的目的，从而使振荡器工作在回路的谐振状态。通常可以人为地，在电路中引入某种性质的

电抗元件使 $\varphi_Z = 0$,这种方法称为相角补偿稳频法。如果补偿得当,频率稳定度可以提高一个数量级,但这种稳频方法仅适于负载较轻的固定频率振荡器。

5.7 石英晶体振荡器

如上所述,LC 振荡器的频率稳定度主要取决于回路的标准性和品质因数。由于 L、C 元件的标准性比较差,而且回路的 Q 值也不可能做得很高,一般不超过 300,因此 LC 振荡器的日频率稳定度一般为 $10^{-2} \sim 10^{-3}$,某些经过改进的电路也只能达到 10^{-4} 数量级。但是,在很多实际应用中,对频率稳定度的要求越来越高。如广播发射机的日频率稳定度应优于 1.5×10^{-5},单边带发射机的日频率稳定度应优于 10^{-6},作为频率标准的振荡器其频率稳定度要高达 $10^{-8} \sim 10^{-9}$ 量级甚至更高。显然,LC 振荡器对此是无能为力的。由于石英谐振器具有可贵的压电效应、极高的稳定性和极高的品质因数,用它来控制振荡器的频率就容易使频率稳定度提高到 $10^{-5} \sim 10^{-6}$ 数量级,若采用恒温措施,则可达 $10^{-7} \sim 10^{-9}$ 数量级,双层恒温可做得更高。这种用石英谐振器来控制振荡频率的振荡器称为晶体振荡器(简称晶振)。

一般晶体振荡器只能点频工作,不能大范围变化频率。但是随着频率合成技术的发展,这个问题已得到较好的解决。

5.7.1 石英谐振器的性能和等效电路

1. 石英晶体的物理性能

石英是矿物质硅石的一种(现在也能人工制造),其化学成分是 SiO_2,形状为结晶的六棱锥体。

为便于研究,根据石英晶体的物理特性,在晶体内部可画出三种几何对称轴,即 ZZ 轴 —— 光轴;XX 轴 —— 电轴;YY 轴 —— 机械轴。

石英谐振器中的石英片或石英棒都是按一定的方位从石英晶体中切割出来的。切割的方位不同,所得晶体片或晶体棒的特性也各异。主要是使用频率、温度特性以及等效电路各项参数(L_q、C_q、C_o)不同。按照一定方位切割出来的石英片或石英棒称"××切型"。广泛应用的有 AT、BT、CT、DT、ET、GT、NT 和 X+5°等切型。其中用得最多的是 AT 切型($\varphi = 35°$)。其频率温度特性较好,温度从 −55℃ ~+85℃ 变化时频率变化较小,一般不超过$(0.2 \sim 0.6) \times 10^{-6}$/℃,且频率温度特性呈三次方曲线。AT 切型在 −55℃ ~+85℃ 之间频率变化都较小,特别是在 60℃ 左右的范围内,频率基本上与温度无关(所以 AT 切型高精度谐振器为例,其恒温槽一般都将温度控制在 50 ~ 60℃ 之间的某一点上)。AT 切型加工容易,体积较小,所以,它是应用最广泛的一种切型。

2. 石英晶体的压电效应

石英晶体所以能作为谐振系统,是因为它具有正压电效应和逆压电效应。所谓正压电效应是指当晶体受到应力作用时,在它的某些表面出现电荷,而且应力与面电荷密度之间存在线性关系。逆压电效应是指当晶体受到电场作用时,在它的某些方向出现应变,而且电场强度与应变之间存在线性关系。当交流电压加到晶体两端,晶体先随电压变化产生应变,然后机械振动反过来又在晶片表面产生交变电荷。当晶片的几何尺寸和结构一定时,它本身有一个固有的机械振动频率。当外加交流电压的频率等于晶片固有的机械振动频率时,晶体片的机械振动最大,晶片两面的电荷量最多,在外电路中的交流电流最大,便产生了谐振。

3. 石英谐振器的等效电路及电抗特性

上述压电效应,使得石英晶片具有谐振系统的特性,可以认为具有串联谐振特性,因为当外加交变电压与石英晶片发生谐振时,电极上产生的交变电荷最多,通过石英晶片的交变电流也就最大。因此，可等效为一个串联谐振电路。考虑石英晶片的安装电容，则石英谐振器的等效电路如图 5.7.1(b) 所示。图中，L_q 为动态电感，L_q 较大，约为 $10^{-3} \sim 10^2$ H；C_q 为动态电容，C_q 很小，约 $10^{-4} \sim 10^{-1}$ pF；r_q 为动态电阻，r_q 很小，约一至几十欧姆；C_o 为静态电容，它是两敷银层电极、支架电容和引线电容的总和，约几个皮法。

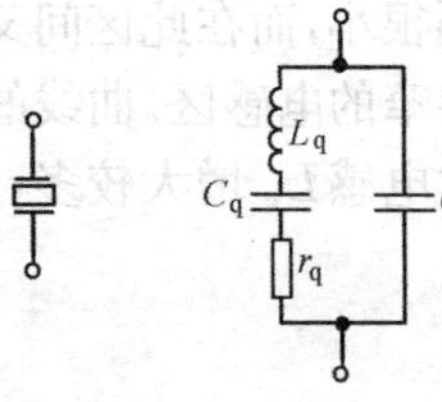

图 5.7.1　石英谐振器的符号及等效电路

由上述参数可以看出：

① 石英谐振器的品质因数 Q_q 值非常大，可高达几万到几百万。因为 L_q 很大，而 C_q、r_q 非常小，所以

$$Q_q = \frac{\sqrt{L_q/C_q}}{r_q}$$

是非常高的。

② 因为 $C_q \ll C_o$，石英谐振器的接入系数很小，即

$$p = \frac{C_q}{C_o + C_q} \approx \frac{C_q}{C_o} = 10^{-4} \sim 10^{-3}$$

所以，外电路参数不稳定，对石英谐振器的影响很小。

③ 由图 5.7.1(b) 可以看出，石英谐振器有两个谐振频率。其串联谐振频率为

$$\omega_q = \frac{1}{\sqrt{L_q C_q}} \tag{5.7.1}$$

并联谐振频率为

$$\omega_p = \frac{1}{\sqrt{L_q[C_q C_o/(C_q + C_o)]}} = \omega_q \frac{1}{\sqrt{C_o/(C_q + C_o)}} = \omega_q \sqrt{1 + \frac{C_q}{C_o}} \approx \omega_q \sqrt{1 + p}$$

因为 $p \ll 1$，用二项式定理展开，取其前两项，则上式为

$$\omega_p \approx \omega_q \left(1 + \frac{p}{2}\right) = \omega_q \left(1 + \frac{C_q}{2C_o}\right) \tag{5.7.2}$$

因为接入系数 $p \approx 10^{-4} \sim 10^{-3}$ 很小，所以 ω_p 与 ω_q 相差很小。

下面讨论石英谐振器的电抗特性。为了简化分析，不计动态电阻 r_q，等效电路可画成如图 5.7.2 所示的电路，由图可明显地看出其等效阻抗为

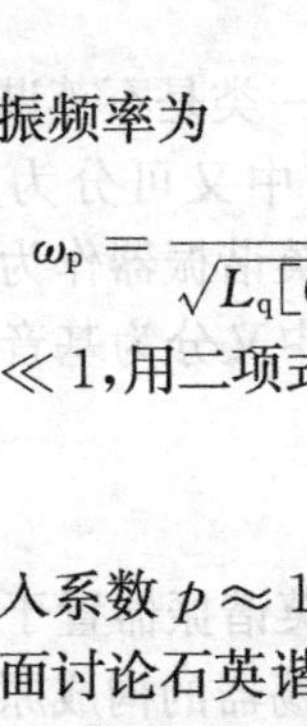

图 5.7.2　等效电路

$$\begin{aligned} Z_e = jX_e &= \frac{(-j/\omega C_o)(j\omega L_q - j/\omega C_q)}{j\omega L_q - j/\omega C_q - j/\omega C_o} \\ &= j\left[-\frac{1}{\omega C_o} \frac{\omega L_q(1 - 1/\omega^2 L_q C_q)}{\omega L_q\left(1 - \dfrac{1}{\omega^2 L_q C_q C_o/(C_q + C_o)}\right)}\right] \\ &= j\left[-\frac{1}{\omega C_o} \frac{1 - \omega_q^2/\omega^2}{1 - \omega_p^2/\omega^2}\right] \end{aligned} \tag{5.7.3}$$

由式(5.7.3) 可见：

当 $\omega > \omega_p$ 时，电抗呈容性；

当 $\omega_q < \omega < \omega_p$ 时，电抗呈感性，且

$$L_e = -\frac{1}{\omega^2 C_o} \frac{1 - \omega_q^2/\omega^2}{1 - \omega_p^2/\omega^2} \tag{5.7.4}$$

当 $\omega < \omega_q$ 时，电抗呈容性；

当 $\omega = \omega_p$ 时，$Z_e \to \infty$，并联谐振；

当 $\omega = \omega_q$ 时，$Z_e = 0$，串联谐振。

因此，可画出如图 5.7.3 所示的石英谐振器的电抗曲线。其特点是串联谐振频率与并联谐振频率之间间隔很小，约几十赫兹到几百赫兹，如 BA12 为 2.5MHz 晶体，$\Delta f = 50$Hz；因为 ω_q 与 ω_p 之

间间隔很小,而在此区间又呈感性,因而电抗曲线是非常陡峭的,石英谐振器通常工作在这段频率范围狭窄的电感区。曲线的斜率大,利于稳频。如外因使 ω 增大,由于 L_e 是频率的函数,ω 增大必然使等效电感 L_e 增大较多,从而使 ω 降低趋近于原来的频率。某些场合也可用在串联谐振上。

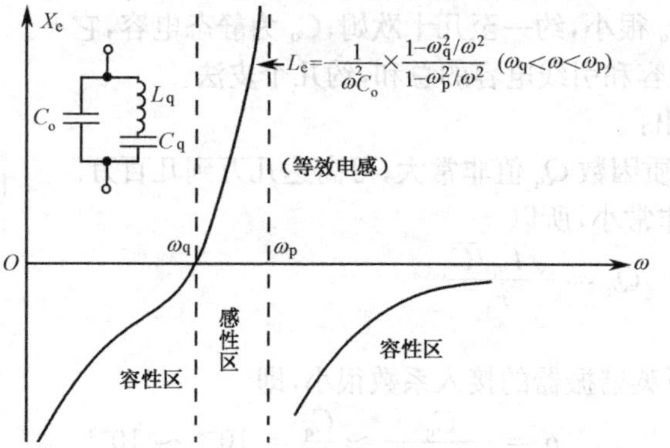

图 5.7.3　石英谐振器的电抗曲线

5.7.2　石英晶体振荡器

根据石英谐振器在振荡电路中的作用原理,石英晶体振荡器可分为两类,一类是石英谐振器在回路中作为等效电感元件来使用,这类振荡器称为并联型晶体振荡器,其中又可分为皮尔斯(Pierce)振荡器、密勒(Miller)振荡器和并联泛音晶体振荡器。另一类是把石英谐振器作为串联谐振元件来使用,使之工作在串联谐振频率上,称为串联谐振型晶体振荡器,其中又分为基音和串联泛音晶体振荡器。

1. 并联型晶体振荡器

并联型晶体振荡器的工作原理和一般反馈式 LC 振荡器相同,只是把石英谐振器置于反馈网络的振荡回路之中,作为一个感性元件,并与其他回路元件一起按照三点式振荡器的构成原则组成三点式振荡器。根据这一原理,在理论上可以构成三种类型的基本电路,而实际应用中只是如图 5.7.4(a)、(b) 所示的两种基本电路。

(1) 皮尔斯振荡器:

图 5.7.4(a) 称为皮尔斯振荡器,因为石英谐振器接在晶体管的 c、b 之间,所以又称 CB 型振荡器,它相当于电容三点式振荡器。图 5.7.4(b) 称为密勒振荡器。因为石英谐振器接在晶体管 b、e 端之间,又称 BE 型振荡器,它相当于电感三点式振荡器。这种电路由于晶体管 b、e 端之间输入阻抗小,影响回路的标准性,所以有源器件常用输入阻抗高的场效应管,如图 5.7.5 所示。

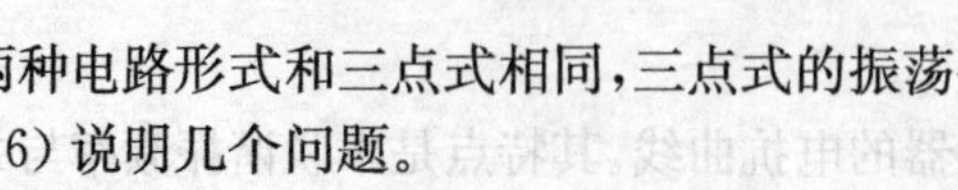

(a) 皮尔斯振荡器　　(b) 密勒振荡器

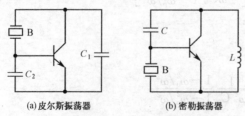

图 5.7.4　并联型晶体振荡器的两种基本形式

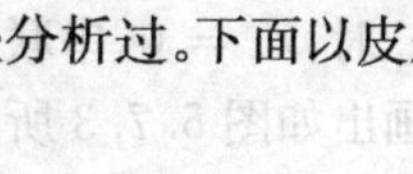

图 5.7.5　密勒振荡器

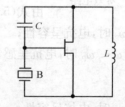

上述两种电路形式和三点式相同,三点式的振荡条件我们已经分析过。下面以皮尔斯电路为例(见图 5.7.6) 说明几个问题。

首先,对石英谐振器的参数做几点说明。

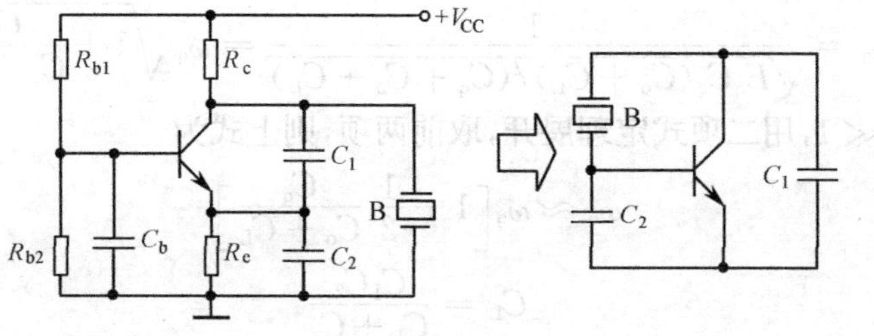

图 5.7.6　皮尔斯振荡器及等效电路

① 负载电容 C_L 是并联在石英谐振器两端的外电路电容，是由生产厂家给定的，产品说明书上都标有负载电容的数值。如 JA5 小型金属壳高频晶体的 $C_L = 30\text{pF}$，而低频晶体的 $C_L = 100\text{pF}$。

② 有关石英谐振器及晶体振荡器频率的含义，如图 5.7.7 所示。图中：f_q 为石英谐振器的串联谐振频率；f_p 为石英谐振器的并联谐振频率；f_N 为考虑负载电容后，晶体振荡器的标称频率。

③ 微调电容 C_t 是在图 5.7.6(b) 的基础上增加微调电容，如图 5.7.8 所示。用 C_t 调整 C_L，使振荡频率正好等于标称频率 f_N。此外，晶体的物理、化学性能虽然稳定，但温度变化仍然影响其参数，振荡频率 f_N 不免有缓慢地变化，也需要调节。

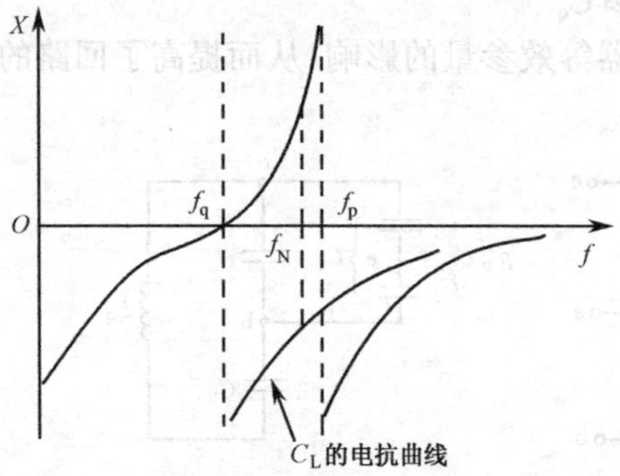

图 5.7.7　f_q、f_N、f_p 曲线

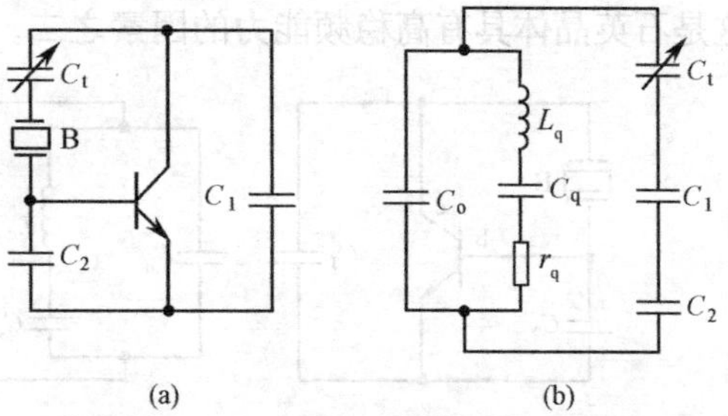

图 5.7.8　用微调电容调整 C_L 的电路

$$\frac{1}{C_L} = \frac{1}{C_1} + \frac{1}{C_2} + \frac{1}{C_t} \tag{5.7.5}$$

测量出 C_t 两端的高频电压有效值 U_{ef}，可得晶体的激励电流 $I_{qef} = \omega C_t U_{ef}$。由于加了微调电容 C_t，减弱了石英谐振器与晶体管之间的耦合，有利于提高频率稳定度。

其次，讨论一下晶体振荡器 C_1、C_2 的选择。

从振荡波形的好坏来看，C_1、C_2 应选大些好，因为高次谐波易滤掉，从皮尔斯振荡器的起振条件 $(g_m)_{min} > \omega^2 C_1 C_2 r_q$，可以看出 C_1、C_2 越大起振越困难。其中 r_q 是石英晶体的等效串联电阻，如图 5.7.9 所示。此外，C_1、C_2 的选取，为保证石英晶体的激励电平和频率稳定度高，应尽量减小 C_L 的影响。

综合考虑上述因素，通常要求 $F \geqslant 0.5$。实践证明，对于 5MHz 晶振，C_1、C_2 一般在 250 ～ 500pF 之间选取；对于 2.5MHz 晶振，C_1、C_2 一般在 650 ～ 1100pF 之间选取。

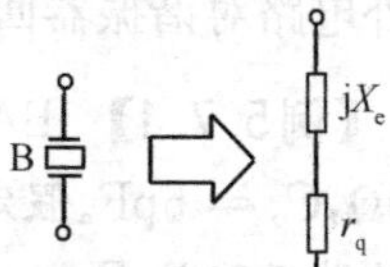

图 5.7.9　石英晶体符号及等效电路

第三，对石英谐振器在电路中的稳频原理做如下说明：

① 石英谐振器参量具有高度的稳定性。皮尔斯振荡器的等效电路如图 5.7.10 所示。忽略晶体管极间参数的影响及 r_q 的影响，近似认为振荡频率等于回路的谐振频率。

$$\omega_o = \frac{1}{\sqrt{L_q C_q (C_o + C_L)/(C_q + C_o + C_L)}} = \omega_q \sqrt{1 + \frac{C_q}{C_o + C_L}}$$

因为 $C_q/(C_o + C_L) \ll 1$,用二项式定理展开,取前两项,则上式为

$$\omega_o \approx \omega_q \left[1 + \frac{1}{2} \frac{C_q}{C_o + C_L}\right] \tag{5.7.6}$$

式中

$$C_L = \frac{C_1 C_2}{C_1 + C_2}$$

由式(5.7.6)可以看出,由于石英谐振器的参量具有高度的稳定性,晶体回路的标准性很高;串联谐振频率 ω_q 也就非常稳定。又因,$C_o + C_L \gg C_q$,因此,由于 C_L 的不稳定而引起频率的变化也就很小。当然 C_L 应选温度系数小、性能稳定、损耗小的优质电容,如云母电容 D 组。这是石英晶体具有高稳频能力的因素之一。

② 振荡回路与晶体管之间的耦合很弱。将图 5.7.10(b) 变换一下可得图 5.7.10(c) 所示电路。对石英谐振器而言,外电路只与 C_o 相耦合,故晶体管 c、b 两端的接入系数为

$$p = \frac{C_q}{C_o + C_L + C_q} < 10^{-3} \sim 10^{-4}$$

式中,

$$C_o + C_L + C_q \gg C_q$$

这就大大减小了外电路中不稳定参量对石英谐振器等效参量的影响,从而提高了回路的标准性。这是石英晶体具有高稳频能力的因素之二。

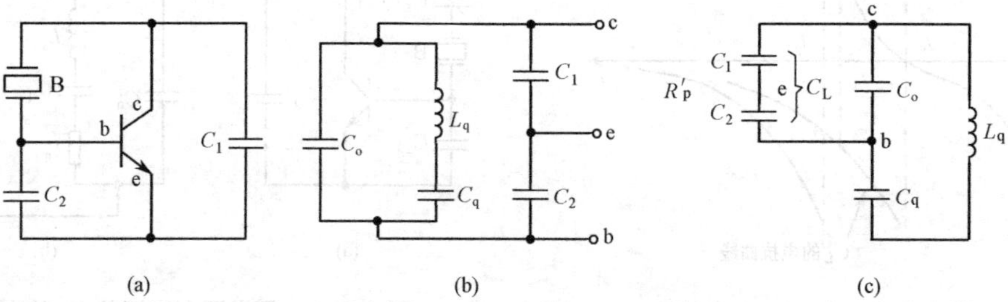

图 5.7.10　皮尔斯振荡器等效电路

振荡管与回路的耦合极其微弱,那么,是否满足振幅平衡条件呢?我们知道,石英谐振器的 Q_q 和特性阻抗 $\rho_q = (L_q/C_q)^{1/2}$ 都很大。这样,即使接入系数很小,在振荡管的集电极和发射极之间仍呈现很大的阻抗。由图 5.7.10(b) 的 c、e 端看进去的谐振阻抗为

$$R'_p = p_{ce}^2 p_{cb}^2 Q_q \rho_q \tag{5.7.7}$$

式中,$p_{ce} = C_L/C_1 = C_2/(C_1+C_2)$ 为振荡管 ce 端对回路 cb 端的接入系数;$p_{cb} = C_q/(C_o+C_L+C_q)$ 为外电路对谐振器回路的接入系数。

【例 5.7.1】 BA12 型 2.5MHz 精密石英谐振器,其参数 $L_q = 19.5\text{H}$,$C_q = 2.1 \times 10^{-4}\text{pF}$,$r_q \leqslant 110\Omega$,$C_o = 5\text{pF}$。假定振荡管输出端对谐振器回路的接入系数 $p = p_{ce} p_{cb} = 10^{-4}$,求与振荡管相耦合的谐振阻抗 R'_p。

解　因

$$Q_q = \frac{2\pi f L_q}{r_q} = 2.8 \times 10^6$$

$$\rho_q = \sqrt{\frac{L_q}{C_q}} = 3.04 \times 10^8 (\Omega)$$

故

$$R'_p = (p_{ce} p_{cb})^2 Q_q \rho_q = 8.5 \times 10^6 (\Omega) = 8.5 (\text{M}\Omega)$$

可见，尽管回路的接入系数只有万分之一，但与振荡管输入端相耦合的谐振阻抗仍高达兆欧数量级。由于晶体管满足振荡条件所要求的回路阻抗不高（通常只需几千欧姆），即使与石英谐振器耦合再松些仍可以满足起振条件而产生振荡。

③ 石英谐振器具有极其灵敏的电抗补偿能力。从图 5.7.3 可知，在 $\omega_q < \omega < \omega_p$ 之间，石英谐振器等效为感抗，这样，振荡回路的谐振频率是由石英谐振器的等效电感 $L_e(\omega)$ 和与其并联的负载电容 C_L 确定的，即

$$\omega_0 = \frac{1}{\sqrt{L_e(\omega)C_L}} \tag{5.7.8}$$

$L_e(\omega)$ 与一般电感不同，它是频率的函数，当频率 ω 从 ω_q 变到 ω_p 时，L_e 则从 0 变到 ∞。在这样十分稳定而又狭窄的 ω_q 与 ω_p 之间，存在着一条极其陡峭的感抗曲线。而振荡频率又被限定在此频率范围内工作，由于该感抗曲线对频率具有极大的变化速率，因此具有很高的稳频能力。由图 5.7.11 可知，若由于某种原因 C_L 减小了 ΔC_L，则频率由 ω_0 增加为 $\omega_0 + \Delta\omega$，使得等效电感 L_e 增加 ΔL_e，从而频率下降维持在原来 ω_0 附近，即 $\Delta\omega'' \ll \Delta\omega$，所以，尽管电路中电容有较大的变化，但对工作频率的影响却是十分微小的。

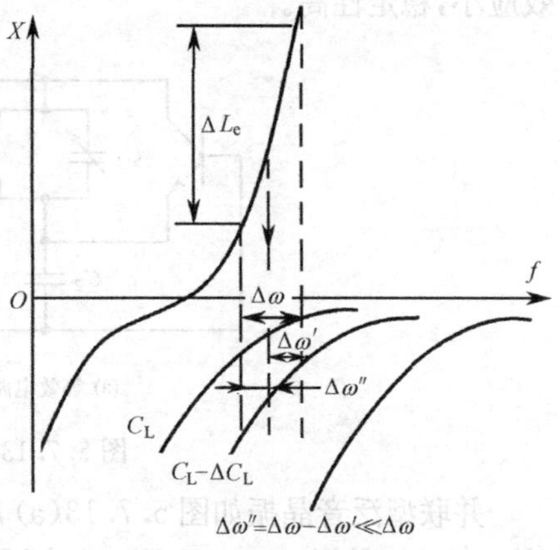

图 5.7.11 晶振的稳频原理

可见，一旦外因有所变化而影响到石英谐振器，它有力图使频率保持不变的极其灵敏的电抗补偿能力。这是晶体振荡器频率稳定度高的原因之三。

(2) 密勒(BE 型) 振荡器

图 5.7.4(b) 称为密勒振荡器：石英谐振器连接在晶体管的基极和发射极之间，由于正向偏置时发射结电阻较小，对石英谐振器的分路作用大，影响频率稳定度，所以密勒振荡器常用场效应管。

如图 5.7.12 所示，在图(a) 的等效电路中由于石英谐振器等效为一电感，所以 L_1C_1 回路也应等效为一电感。读者可以自行分析振荡频率和回路固有频率之间的关系。这种振荡器类似于电感三点式振荡器，因此振荡条件的分析在此不再重复。

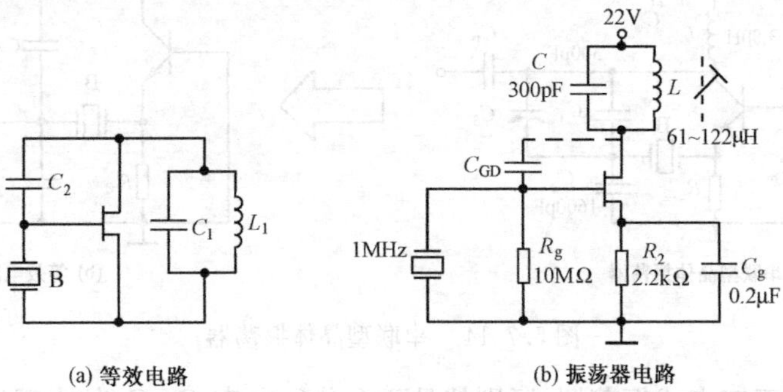

图 5.7.12 密勒振荡器

由于皮尔斯振荡器的频率稳定度高，因此，在频率稳定度要求较高的场合，几乎都采用皮尔斯回路。至于抑制其他谐波，可用 LC 回路代替 C_1，只是该回路的固有谐振频率应略低于振荡频率，LC 回路呈容性。

下面讨论一下并联型泛音晶体振荡器。

之所以采用泛音晶体，是因为石英谐振器的频率越高要求晶片越薄，如 $f = 1.615\text{MHz}$ 的 AT

切型的晶片厚 1mm。频率越高,切片越薄,机械强度越差,容易振碎。为了提高晶振频率,可使电路工作在晶体机械振动的泛音上(3 ~ 7 次)。工作在泛音上的晶体称为泛音晶体,它是一种特制的晶体。当工作频率高于 20MHz 时都采用泛音晶振,它的频率可高达 20MHz。泛音晶体易加工,老化效应小,稳定性高。

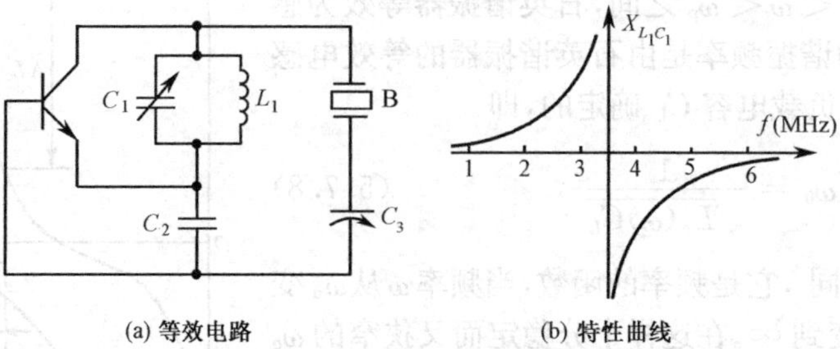

图 5.7.13　并联型泛音晶体管振荡器及 $X_{L_1C_1}$

并联型泛音晶振如图 5.7.13(a) 所示,图中用 L_1C_1 代替 C_1,因此 L_1C_1 应呈容性(即 $\omega_1 < \omega_g$)。对于 5MHz 晶振,$f_0 = 5$MHz(5 次泛音),则 L_1C_1 就应调谐在 3 ~ 5 次泛音频率之间(最好略低于 4 次)。由图 5.7.13(b) 可见:

当 $f = 5$MHz 时,$X_{L_1C_1}$ 呈容性,能振荡;当 $f = 3$MHz 时,$X_{L_1C_1}$ 呈感性,不能振荡;当 $f = 7$MHz 时,$X_{L_1C_1}$ 呈容性,等效 C_e 较大,容抗较小,故不能振荡。

这种电路中 L_1C_1 回路是不可缺少的,而且必须调谐在 n 和 $(n-2)$ 次泛音之间(n 为标称泛音次数),电路才能振荡在 n 次泛音频率上。

2. 串联型晶体振荡器

如上所述,并联型晶体振荡器,石英谐振器等效为电感 L_e,它与外接电抗元件及晶体管组成皮尔斯、密勒振荡器,标称频率略低于晶体的并联谐振频率,晶体呈现高阻抗。而串联型晶体振荡器,石英谐振器工作在串联谐振频率附近,呈现低阻抗,构成正反馈通路,如图 5.7.14 所示。

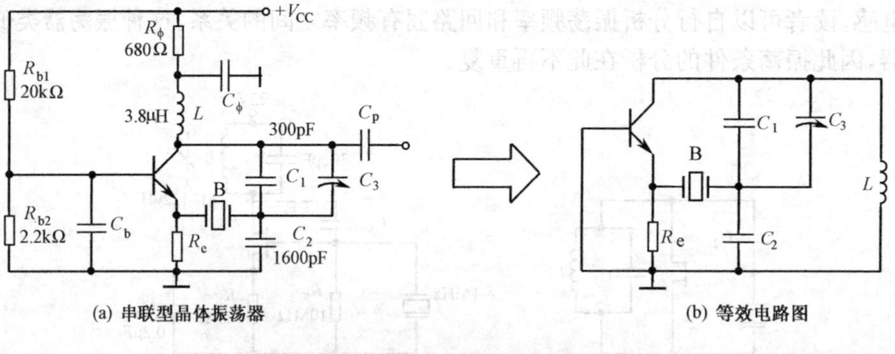

图 5.7.14　串联型晶体振荡器

这种振荡器类似于三点式振荡器,区别就是两个分压电容 C_1、C_2 的中间抽头通过石英谐振器接到晶体管的发射极,完成正反馈的作用。

L、C_1、C_2、C_3 组成并联谐振回路,调谐在振荡频率上。当振荡频率等于石英谐振器的串联谐振频率时,石英谐振器阻抗最小,呈纯电阻性,相移为零,通过正反馈满足振幅和相位条件,电路产生振荡。因此,振荡频率主要取决于石英谐振器的串联谐振频率。

本章小结

1. 一般来说，正弦波振荡电路由四部分组成：放大电路、反馈网络、选频网络和稳幅环节。

2. 电路接成正反馈时，产生正弦波振荡的条件是

$$\dot{A}\dot{F}=1$$

或分别用幅度平衡条件和相位平衡条件表示为

$$|\dot{A}\dot{F}|=1$$

$$\varphi_A+\varphi_F=\pm 2n\pi \quad (n=0,1,2,\cdots)$$

在判断电路能否产生正弦波振荡时，可首先判断电路是否满足相位平衡条件。通常可假设将反馈信号至放大电路的输入端断开，并在放大电路的输入端加上不同频率的输入电压 $\dot{U}_i$，经放大电路和反馈网络后得到反馈电压 $\dot{U}_f$，若在某一个频率下 $\dot{U}_f$ 与 $\dot{U}_i$ 之间的相位移 $\varphi=\pm 2n\pi(n=0,1,2,\cdots)$，则电路满足相位平衡条件。在满足相位平衡条件的 f_0 下，若 $|\dot{A}\dot{F}|>1$，即同时满足幅度平衡条件，则电路能够产生正弦波振荡。

3. LC 振荡电路的选频网络由电感 L 和电容 C 组成，其振荡频率一般与 $\sqrt{LC}$ 成反比，通常 f_0 可达100MHz以上。常用的LC振荡电路有变压器反馈式(互感耦合式)、电感三点式、电容三点式以及电容三点式改进型振荡电路等。

4. 频率稳定度是振荡器非常重要的技术指标之一。频率稳定度按时间间隔分为长期、短期和瞬时频率稳定度。提高振荡器频率稳定度可以采取两方面的措施：一是设法减小外界因素的变化，二是减小外界因素对 ω_0、Q、φ_Y、φ_F 的影响，即当外界因素变化时，设法使 $\Delta\omega_0$、ΔQ、$\Delta\varphi_Y$、φ_F 尽可能小。

5. 石英晶体振荡器相当于一个高 Q 值的 LC 电路。当要求正弦波振荡电路具有很高的频率稳定性时，可以采用石英晶体振荡器，其振荡频率决定于石英晶体的固有频率，频率稳定度可达 $10^{-6}\sim 10^{-8}$ 的数量级。

习　题　五

5.1　试用相位平衡条件判断图 P5.1 所示电路中，哪些可能产生正弦波振荡？哪些不能？简单说明理由。

5.2　将图 P5.2 所示几个互感反馈振荡器交流等效电路改画成实际电路，并注明变压器的同名端(极性)。

5.3　用相位平衡条件的判别规则说明图 P5.3 所示几个三点式振荡器交流等效电路中，哪个电路是正确的(可能振荡)，哪个电路是错误的(不可能振荡)。

5.4　检查图 P5.4 所示振荡器电路有哪些错误，并加以改正。

5.5　图 P5.5 所示的电容反馈振荡电路，其中 $C_1=100\text{pF}$，$C_2=300\text{pF}$，$L=50\mu\text{H}$，求该电路振荡频率和维持振荡所必需的最小放大倍数 $A_{\min}$。

5.16　图 P5.6 所示的克拉泼电路 $C_1=100\text{pF}$，$C_2=1000\text{pF}$，$L=50\mu\text{H}$，C_3 为68 $\sim$ 125pF 的可变电容器。求振荡器的波段范围。

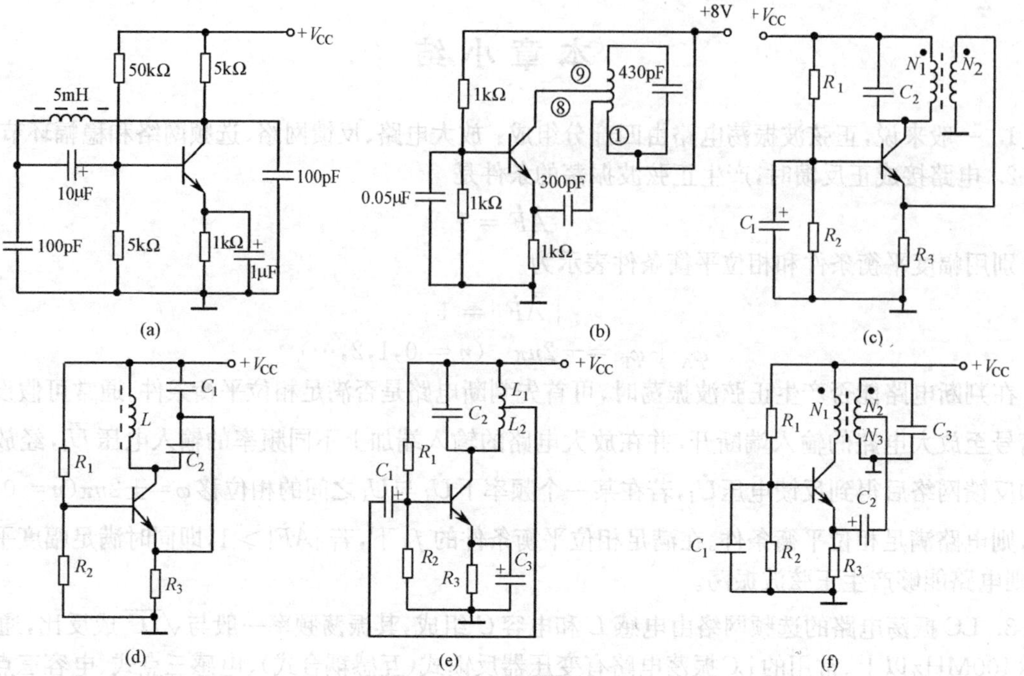

图 P5.1　习题 5.1 图

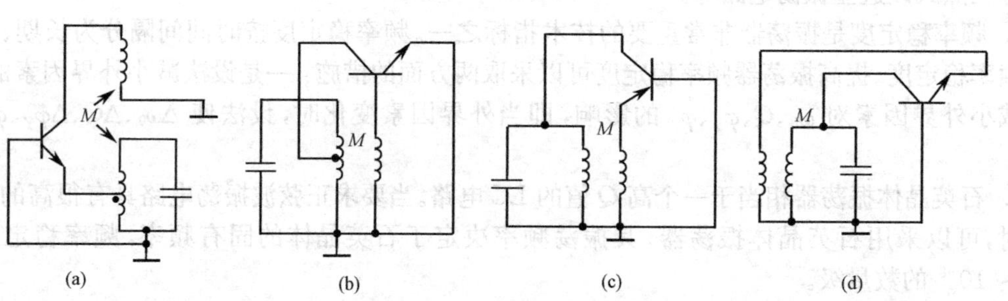

图 P5.2　习题 5.2 图

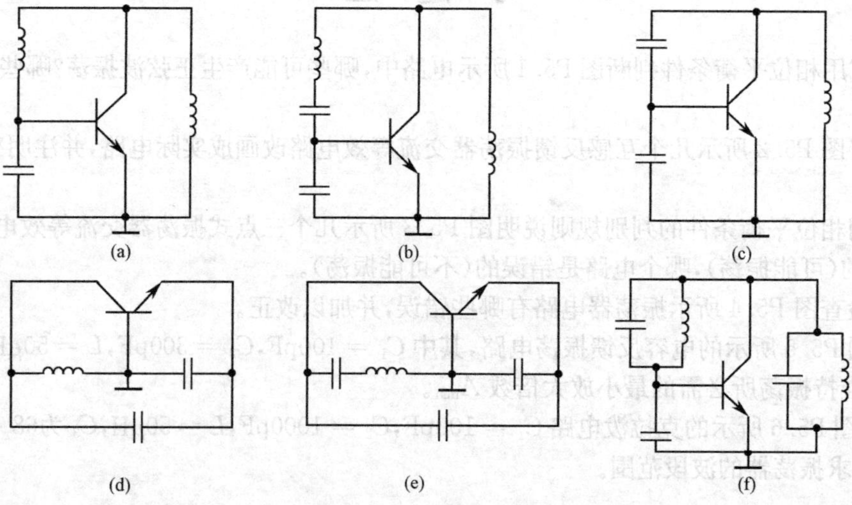

图 P5.3　习题 5.3 图

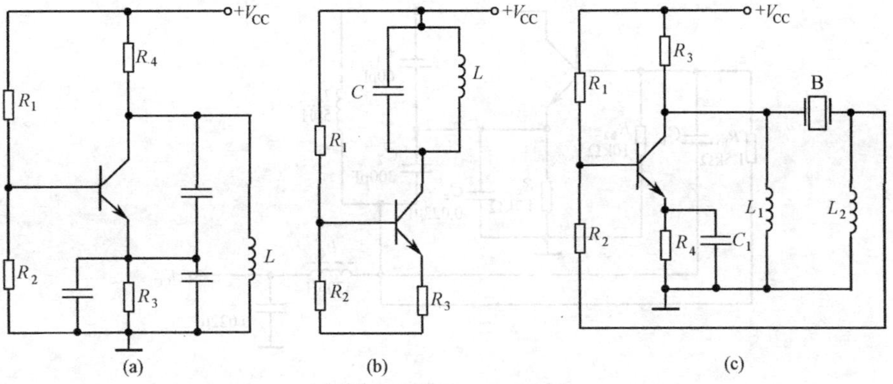

图 P5.4　习题 5.4 图

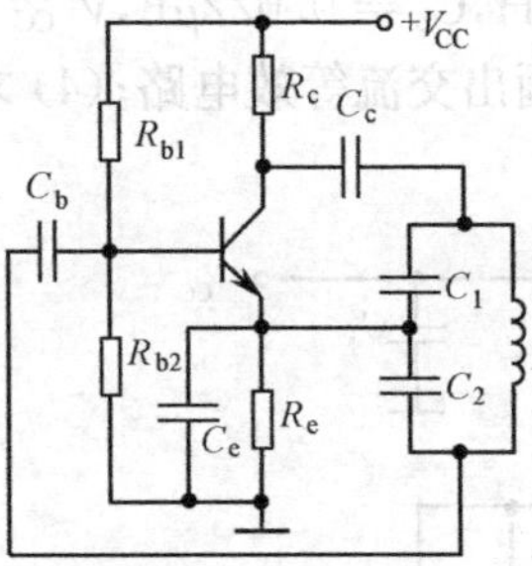

图 P5.5　习题 5.5 图

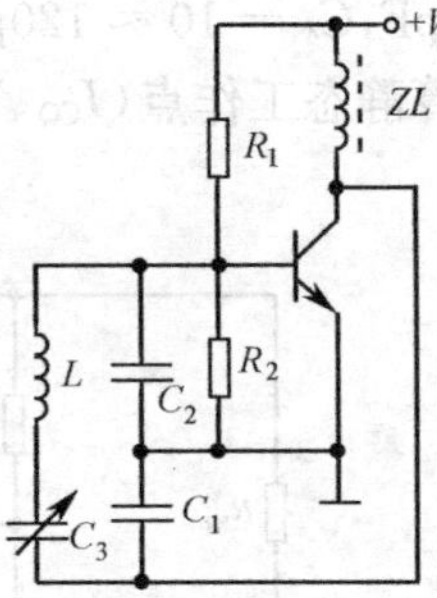

图 P5.6　习题 5.6 图

5.7　振荡器电路如图 P5.7 所示，其回路元件参量为 $C_1 = 100\text{pF}$，$C_2 = 13\,200\text{pF}$，$L_1 = 100\mu\text{H}$，$L_2 = 300\mu\text{H}$，(1) 画出交流等效电路；(2) 求振荡频率 f_g；(3) 用三点式线路相位平衡判别准则来说明是否满足相位平衡条件；(4) 求电压反馈系数 F。

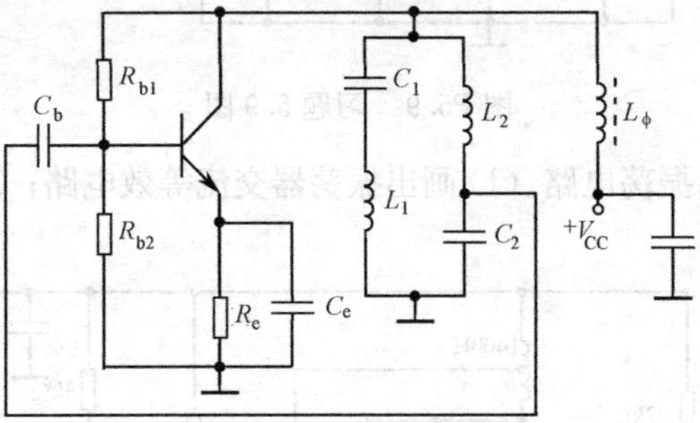

图 P5.7　习题 5.7 图

5.8　某反馈式振荡器如图 P5.8 所示。

已知回路品质因数 $Q_0 = 100$，晶体管的特征频率 $f_T = 100\text{MHz}$，在 $f = 10\text{MHz}$ 时测得其 y 参数为

$$y_{ie} = (2 + j0.5) \times 10^{-3}\ \text{S},\quad y_{fe} = (20 - j5) \times 10^{-3}\ \text{S}$$

$$y_{re} = -(1 + j5) \times 10^{-5}\ \text{S},\quad y_{oe} = (2 + j4) \times 10^{-5}\ \text{S}$$

(1) 画出该振荡器的交流等效电路；

(2) 如略去晶体管参数，回路分布电容和回路损耗的影响，估算振荡频率 f_g 和反馈系数 F；

(3) 根据起振的振幅条件 $g_m > Fg_{ie} + (1/F)(g_m + g'_L)$ 判断该电路是否可能起振。

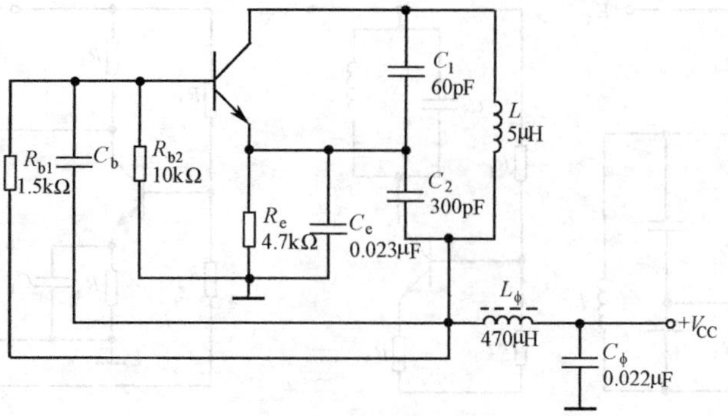

图 P5.8　习题 5.8 图

5.9　图 P5.9 所示西勒电路，已知 $R_{b1}=10\text{k}\Omega$，$R_{b2}=2\text{k}\Omega$，$R_e=1\text{k}\Omega$，$C_1=220\text{pF}$，$R_c=3\text{k}\Omega$，$C_2=1000\text{pF}$，$C_3=36\text{pF}$，$C_4=10\sim120\text{pF}$，$L=10\mu\text{H}$，$C_b=0.022\mu\text{F}$，$V'_{CC}=10\text{V}$。(1) 说明电路各元件的作用；(2) 计算静态工作点（I_{CQ}、V_{CEQ}）；(3) 画出交流等效电路；(4) 求反馈系数 F；(5) 求振荡频率变化范围。

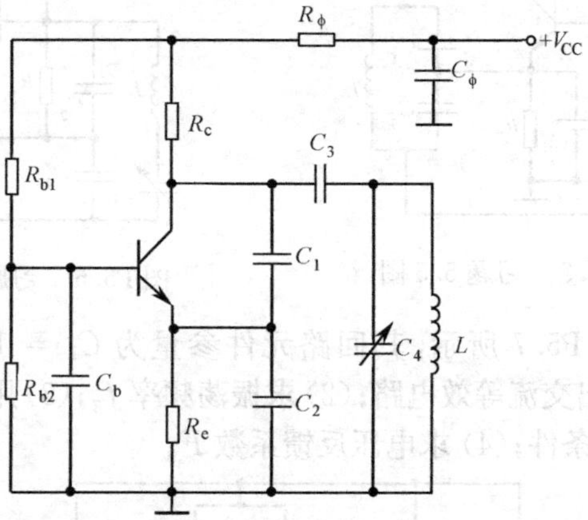

图 P5.9　习题 5.9 图

5.10　如图 P5.10 所示振荡电路。(1) 画出振荡器交流等效电路；(2) 说明元件作用；(3) 估算振荡频率 f_g，反馈系数 F。

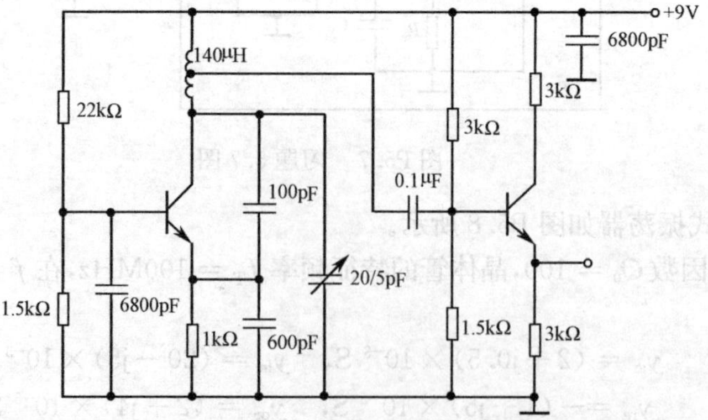

图 P5.10　习题 5.10 图

5.11　图 P5.11 所示(a)，(b) 分别为 10MHz 和 25MHz 的晶体振荡器。试画出交流等效电路，说明晶体在电路中的作用,并计算反馈系数。

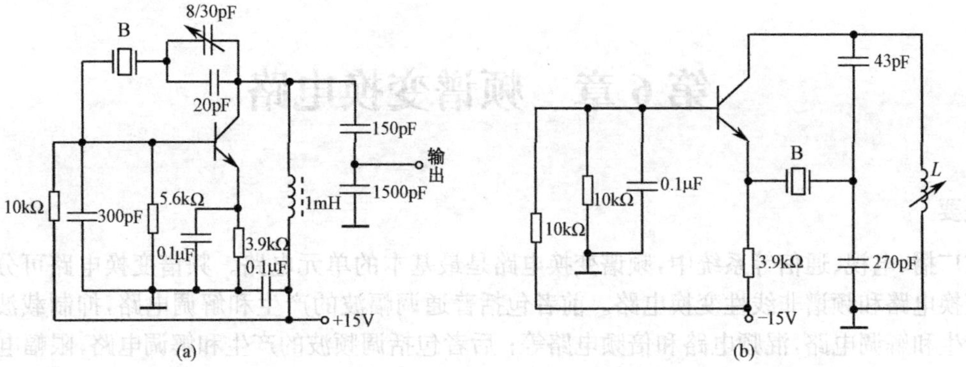

图 P5.11　习题 5.11 图

5.12　图 P5.12 所示是一个数字频率计振荡电路。画出交流等效电路;计算 4.7μH 电感和 330pF 电容组成的并联回路的谐振频率,将它与晶体频率比较,说明该回路在振荡器中的作用;说明其他元件的作用。

5.13　图 P5.13 所示为某一通信机主振电路。(1) 画出其交流等效电路;(2) 若振荡频率 $f_0=50\text{MHz}$,求回路电感 L。

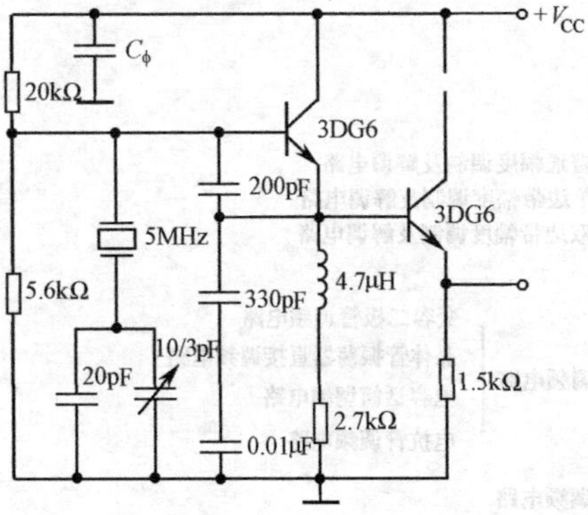

图 P5.12　习题 5.12 图

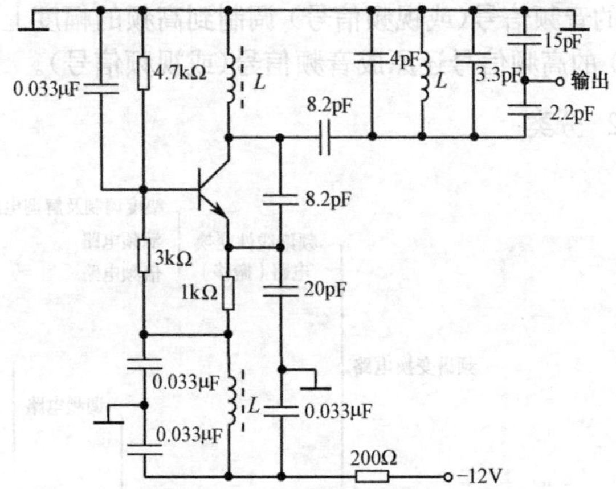

图 P5.13　习题 5.13 图

第 6 章　频谱变换电路

内容提要

在广播、电视、通信等系统中，频谱变换电路是最基本的单元电路。频谱变换电路可分为频谱线性变换电路和频谱非线性变换电路。前者包括普通调幅波的产生和解调电路，抑制载波的调幅波的产生和解调电路，混频电路和倍频电路等；后者包括调频波的产生和解调电路，限幅电路等。

6.1　概述

1. 什么叫频谱变换电路

具备将输入信号频谱进行频谱变换，以获取具有所需频谱的输出信号这种功能的电路就叫做频谱变换电路。

例如，倍频就是将频率较低的信号通过倍频变换成频率较高的信号。又如，调幅波就是将频率很低的音频信号（或视频信号）调制到高频的幅度上。再如，检波电路就是将载有音频信号（或视频信号）的高频信号还原成音频信号（或视频信号）。

2. 分类

- 频谱变换电路
  - 频谱线性变换电路（搬移）
    - 幅度调制及解调电路
      - 普通幅度调制及解调电路
      - 单边带幅度调制及解调电路
      - 双边带幅度调制及解调电路
    - 混频电路
    - 倍频电路
  - 频谱非线性变换电路
    - 调频电路
      - 直接调频电路
        - 变容二极管调频电路
        - 晶体管振荡器直接调频电路
        - 电容话筒调频电路
        - 电抗管调频电路
      - 间接调频电路
    - 调频波的解调电路
      - 斜率鉴频器
      - 相位鉴频器
      - 比例鉴频器
      - 移相乘积鉴频器
      - 脉冲均值鉴频器
      - 锁相环鉴频器
      - 跟相环鉴频器
    - 限幅器

6.2　模拟乘法器

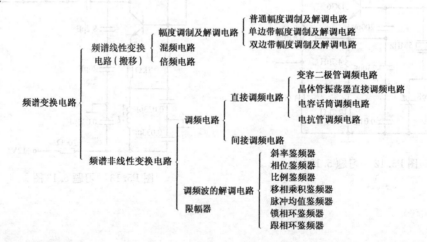

近年来，单片的模拟集成乘法器发展十分迅速。由于技术性能的不断提高，而价格较低廉，使用比较方便，所以应用十分广泛。它不仅用于模拟信号的运算，而且已经应用到频谱变换各种电路中。

本节主要介绍变跨导式模拟乘法器。变跨导式模拟乘法器是以恒流源式差动放大电路为基础，并采用变换跨导的原理而形成的。由图 6.2.1 可知，恒流源式差动放大器的输出电压为

$$u_o = \frac{-\beta R_c}{r_{be}} u_{i1} \tag{6.2.1}$$

其中
$$r_{be}=r_{bb'}+(1+\beta)\frac{U_T}{I_{EQ}}$$
当 I_{EQ} 很小时，
$$(1+\beta)\frac{U_T}{I_{EQ}}\gg r_{bb'}$$
并假设
$$I_{EQ1}=I_{EQ2}=I_{EQ}=\frac{I}{2}$$
于是
$$r_{be}\approx 2(1+\beta)\frac{U_T}{I}$$
代入式(6.2.1)可得
$$u_o\approx\frac{-\beta R_c}{2(1+\beta)U_T}u_{i1}I\approx\frac{-R_c}{2U_T}u_{i1}I \tag{6.2.2}$$

如果能设法使恒流源电流 I 受另一个输入电压 u_{i2} 的控制，并与 u_{i2} 成正比，则 u_o 将正比于 u_{i1} 和 u_{i2} 的乘积。

根据上述指导思想，将另一个输入电压加在恒流管 VT_3 的基极与负电源之间，如图 6.2.2 所示。当 $u_{i2}\gg u_{BE3}$ 时，恒流源电流为
$$I=\frac{u_{i2}-u_{BE3}}{R_e}\approx\frac{u_{i2}}{R_e}$$

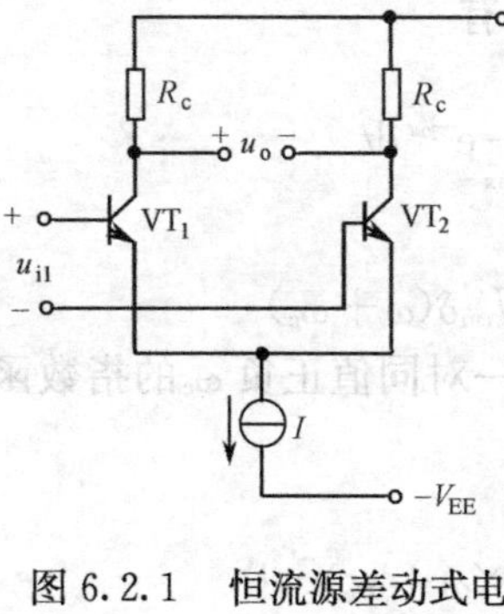

图 6.2.1 恒流源差动式电路

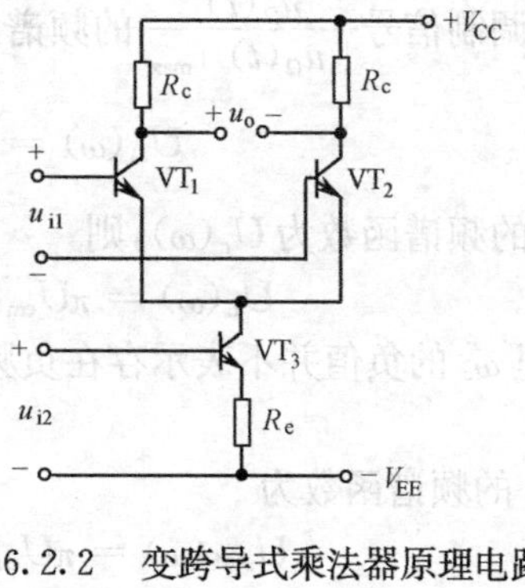

图 6.2.2 变跨导式乘法器原理电路

即 I 与 u_{i2} 成正比，代入式(6.2.2)得
$$u_o\approx-\frac{R_c}{2U_T}u_{i1}\frac{u_{i2}}{R_e}=-\frac{R_c}{2U_TR_e}u_{i1}u_{i2}=ku_{i1}u_{i2} \tag{6.2.3}$$

式中，$k=-\dfrac{R_c}{2U_TR_e}$。最后可得到的输出电压 u_o 正比于输入电压 u_{i1} 和 u_{i2} 的乘积，实现了乘法运算。

在这种乘法器的电路中，跨导 $g_m=I_{EQ}/U_T$ 随另一个输入电压 u_{i2} 而变化，所以称为变换跨导式乘法器。其符号如图 6.2.3 所示。

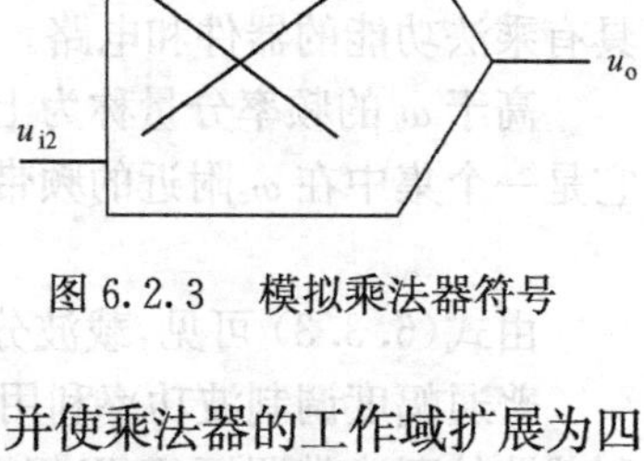

图 6.2.3 模拟乘法器符号

图 6.2.2 是原理性的电路，如应用于实际，还存在很多的缺点。例如，当 u_{i2} 的幅度较小时，不满足 $u_{i2}\gg u_{BE3}$，运算误差较大；又如，u_{i2} 的极性必须为正，因此，这种电路是二象限乘法器。为了克服上述缺点，并使乘法器的工作域扩展为四个象限，可采用双平衡式模拟乘法器电路。关于四象限模拟乘法器内部原理说明参考模拟电子技术。

6.3 普通调幅波的产生和解调电路

6.3.1 幅度调制

用调制信号去控制高频振荡器的幅度,使其幅度的变化量随调制信号成正比的变化,这一过程称为调制。经过幅度调制后的高频振荡称为幅度调制波(简称调幅波)。根据频谱结构不同可分为普通调幅(AM) 波、抑制载波的双边带调幅(DSB/SC AM) 波和抑制载波的单边带调幅(SSB/SC AM) 波。

1. 幅度调制的特性

设调制信号 $u_\Omega(t)$,其 $\overline{u_\Omega}(t) = 0$,载波为:$u_c(t) = U_{cm}\cos(\omega_c t)$,根据调幅的定义,已调高频振荡的幅度变化量应和调制信号成正比,则其包络函数 $U(t)$ 为

$$U(t) = U_{cm} + k_a u_\Omega(t) = U_{cm}\left(1 + m_a \frac{u_\Omega(t)}{|u_\Omega(t)|_{max}}\right) \tag{6.3.1}$$

则已调波为

$$u_{AM}(t) = U(t)\cos\omega_c t = U_{cm}\left[1 + m_a \frac{u_\Omega(t)}{|u_\Omega(t)|_{max}}\right]\cos\omega_c t$$

式中,$m_a = \dfrac{k_a\,|u_\Omega(t)|_{max}}{U_{cm}}$ 为调幅系数(或调制指数),它表示调幅波幅度的最大变化量与载波振幅之比,即幅度相对变化量的最大值。显然 $0 \leqslant m_a \leqslant 1$,否则已调波会产生失真。

若归一化调制信号 $\dfrac{u_\Omega(t)}{|u_\Omega(t)|_{max}}$ 的频谱函数为 $U_\Omega(\omega)$,有

$$U_\Omega(\omega) = \int_{-\infty}^{\infty} \frac{u_\Omega(t)}{|u_\Omega(t)|_{max}} e^{-j\omega t} dt$$

载波信号的频谱函数为 $U_c(\omega)$,则

$$U_c(\omega) = \pi U_{cm}\delta(\omega - \omega_c) + \pi U_{cm}\delta(\omega + \omega_c) \tag{6.3.2}$$

注意,这里 ω_c 的负值并不表示存在负频率分量,而是一对同值正负 ω_c 的指数函数所构成的一个余弦分量。

则 $u_{AM}(t)$ 的频谱函数为

$$U_{AM}(\omega) = \pi U_{cm}[\delta(\omega - \omega_c) + \delta(\omega + \omega_c)] + \frac{m_a}{2}U_{cm}[U_\Omega(\omega - \omega_c) + U_\Omega(\omega + \omega_c)] \tag{6.3.3}$$

其对应的波形和频谱函数如图 6.3.1 所示。

这就是频移特性。在频域中把调制信号的频谱搬移到一个载频 ω_c 频率附近,而信号的频谱结构不变,反映到时域中则是一个高频余弦函数去乘调制信号。可见要完成幅度调制功能,必须使用具有乘法功能的器件和电路。

高于 ω_c 的频率分量称为上边带,低于 ω_c 的频率分量称为下边带。普通调幅波有上下两个边带,它是一个集中在 ω_c 附近的频带信号,所占带宽为最高调制频率的两倍,即

$$B_{AM} = 2\Omega_m$$

由式(6.3.3) 可见,载波分量的振幅与调制信号无关,边带幅度只随调制信号的变化而改变。

普通幅度调制波功率利用率很低,为了克服这个缺点,可以只发射边带不发射载波。这叫做抑制载波的双边带调幅(DSB/SC AM)。

其时域表达式为

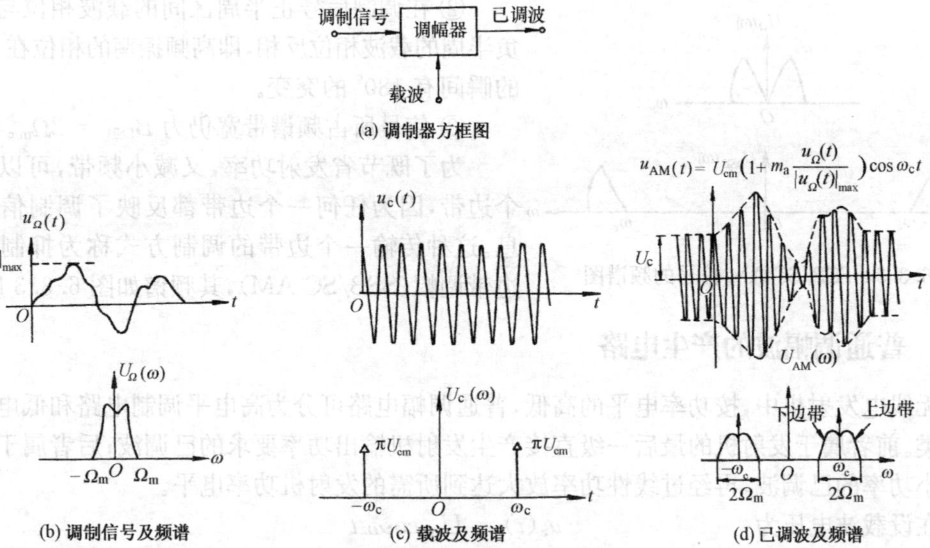

图 6.3.1　调幅信号及其频谱

$$u_{DSB}(t)=u_\Omega(t)\cos\omega_c t \tag{6.3.4}$$

其频谱变换为

$$U_{DSB}(\omega)=\frac{1}{2}[U_\Omega(\omega-\omega_c)+U_\Omega(\omega+\omega_c)] \tag{6.3.5}$$

显然，利用模拟乘法器很容易实现抑制载波的双边带调幅波。其电路模型、波形和频谱如图 6.3.2 所示。

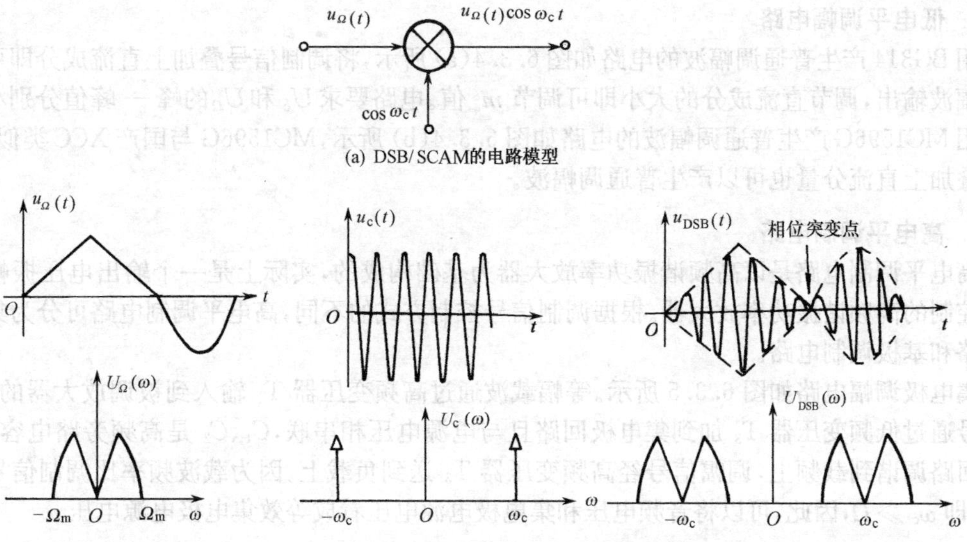

图 6.3.2　DSB/SC AM 的电路模型、信号波形及频谱图

2. DSB/SC AM 特点

① 信号的幅度仍然随调制信号而变化，但与普通 AM 波不同，它的包络不再能反映调制信号的形状，可是仍然保持着 AM 波所具有的频谱搬移特性。

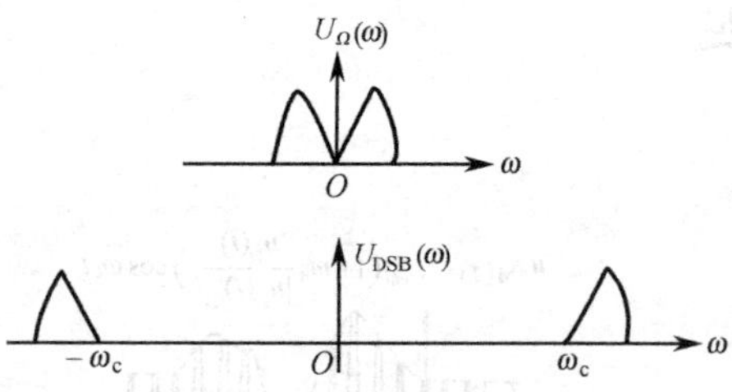

图 6.3.3 SSB/SC AM 信号的频谱图

② 在调制信号正半周区间的载波相位与调制信号负半周的载波相位反相,即高频振荡的相位在 $u_\Omega(t)=0$ 的瞬间有 180° 的突变。

③ 信号所占频谱带宽仍为 $B_{DSB}=2\Omega_m$。

为了既节省发射功率,又减小频带,可以只发射一个边带,因为任何一个边带都反映了调制信号全部信息。这种传输一个边带的调制方式称为抑制载波的单边带调幅(SSB/SC AM),其频谱如图 6.3.3 所示。

6.3.2 普通调幅波的产生电路

在无线电发射机中,按功率电平的高低,普通调幅电路可分为高电平调制电路和低电平调制电路两大类。前者属于发射机的最后一级直接产生发射机输出功率要求的已调波;后者属于发射机前级产生小功率的已调波,再经过线性功率放大达到所需的发射机功率电平。

现在设载波电压为
$$u_c(t)=U_{cm}\cos\omega_c t \tag{6.3.6}$$
调制电压为
$$u_\Omega=E_c+U_{\Omega m}\cos\Omega t \tag{6.3.7}$$
上两式相乘得到普通振幅调制信号
$$\begin{aligned}u_s(t)&=K[E_c+U_{\Omega m}\cos\Omega t]U_{cm}\cos\omega_c t\\&=KU_{cm}[E_c+U_{\Omega m}\cos\Omega t]\cos\omega_c t=U_s[1+m_a\cos\Omega t]\cos\omega_c t\end{aligned} \tag{6.3.8}$$

式中,m_a 称为调幅系数(或调制指数),它表示调幅波的幅度的最大变化量与载波振幅之比,即幅度相对变化量的最大值。显然 $0\leqslant m_a\leqslant 1$,否则已调波会产生失真。

根据式(6.3.8),我们可以采用乘法电路实现它。

1. 低电平调幅电路

用 BG314 产生普通调幅波的电路如图 6.3.4(a) 所示,将调制信号叠加上直流成分即可得到普通调幅波输出,调节直流成分的大小即可调节 m_a 值。电路要求 U_c 和 U_Ω 的峰—峰值分别小于 5V。

用 MC1596G 产生普通调幅波的电路如图 6.3.4(b) 所示,MC1596G 与国产 XCC 类似,将调幅信号叠加上直流分量也可以产生普通调幅波。

2. 高电平调制电路

高电平调制电路是以高频谐振功率放大器为基础构成的,实际上是一个输出电压振幅受调制信号控制的高频谐振功率放大器。根据调制信号控制方式的不同,高电平调制电路可分为集电极调制电路和基极调制电路。

集电极调幅电路如图 6.3.5 所示。等幅载波通过高频变压器 T_1 输入到被调放大器的基极,调制信号通过低频变压器 T_3 加到集电极回路且与电源电压相串联,C_1、C_2 是高频旁路电容。集电极谐振回路调谐到载频上,调幅信号经高频变压器 T_3 送到负载上。因为载波频率比调制信号频率高得多,即 $\omega_c\gg\Omega$,因此,可以将音频电压和集电极电源电压看成等效集电极电源电压。
$$V'_{CC}=V_{CC}+U_{\Omega m}\cos\Omega t=V_{CC}(1+m_a\cos\Omega t)$$
式中,V_{CC} 为集电极固定电源电压,m_a 为调幅系数,即
$$m_a=\frac{U_{\Omega m}}{V_{CC}}$$
在调制过程中,V_{BB}、U_b、R_p 保持不变,唯有集电极等效电源电压 V'_{CC} 随调制信号而变。如图 6.3.5 所示,放大器工作在过压区,集电极电流为凹陷脉冲。由图 6.3.6 可见,电流脉冲的基波分

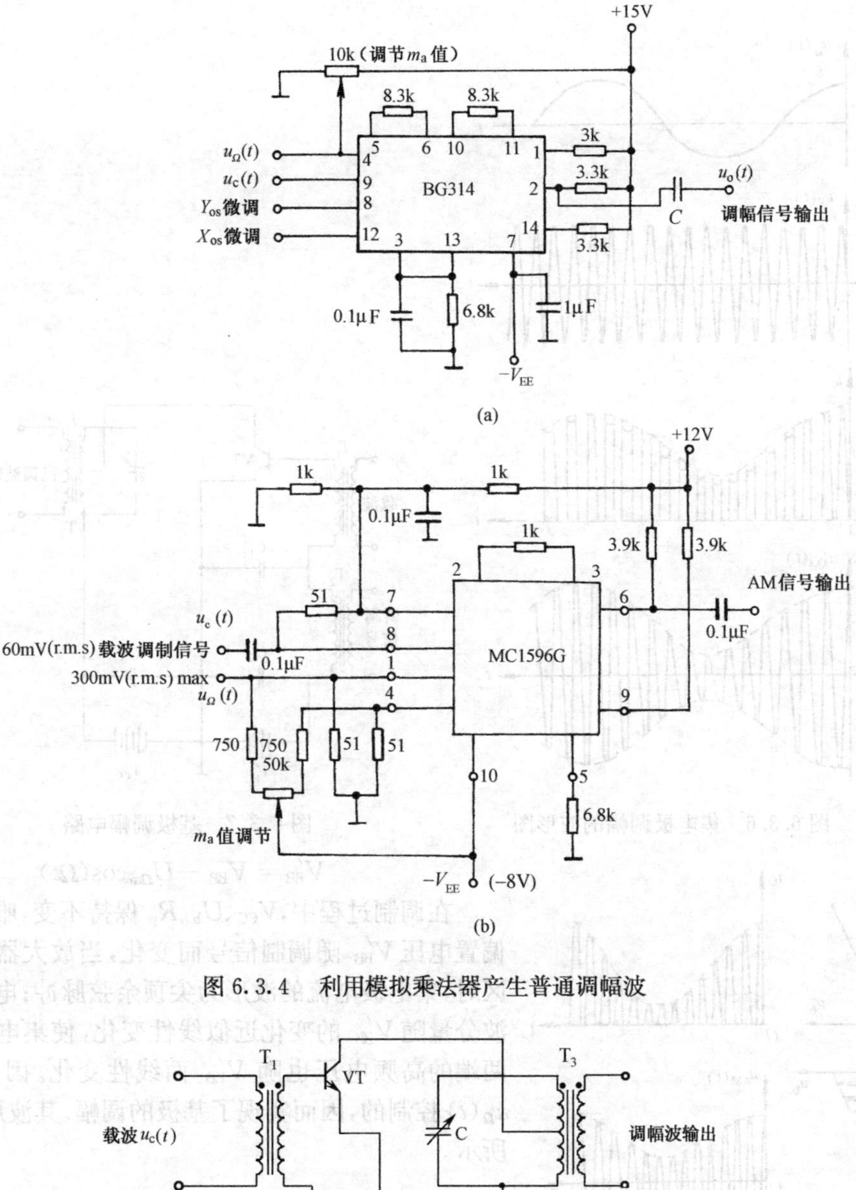

图 6.3.4　利用模拟乘法器产生普通调幅波

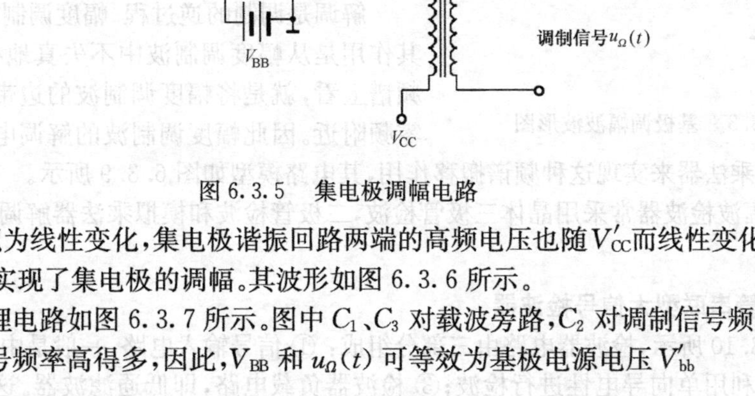

图 6.3.5　集电极调幅电路

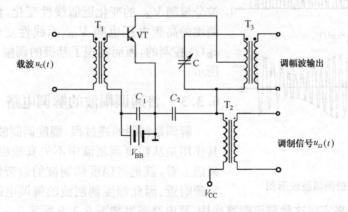

量随V'_{CC}的变化近似为线性变化，集电极谐振回路两端的高频电压也随V'_{CC}而线性变化，而V'_{CC}是受$u_\Omega(t)$控制的，因而实现了集电极的调幅。其波形如图 6.3.6 所示。

基极调幅的原理电路如图 6.3.7 所示。图中C_1、C_3对载波旁路，C_2对调制信号频率旁路。因为载波频率比调制信号频率高得多，因此，V_{BB}和$u_\Omega(t)$可等效为基极电源电压V'_{bb}

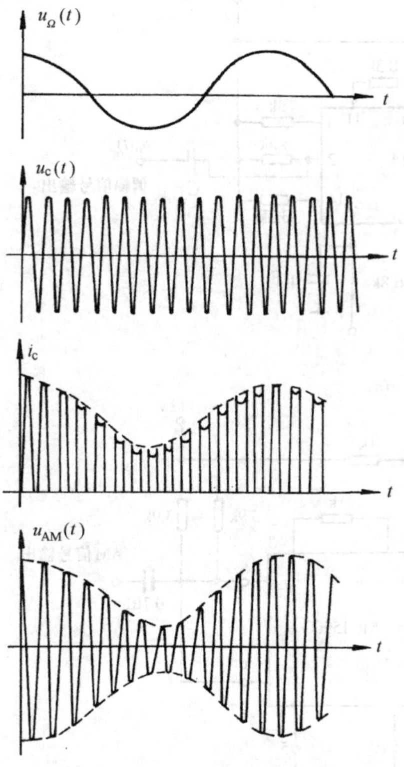

图 6.3.6　集电极调幅的波形图

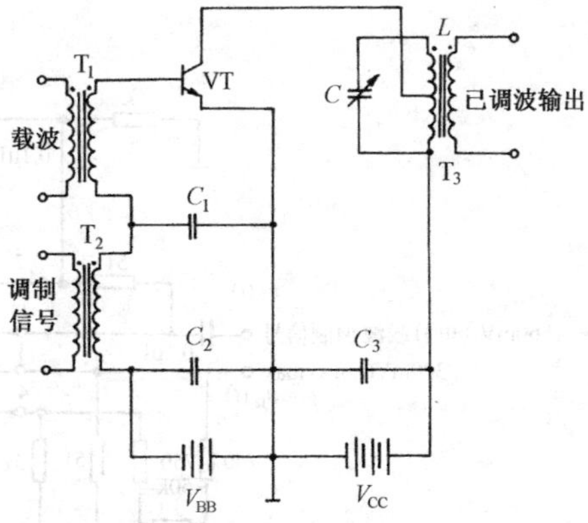

图 6.3.7　基极调幅电路

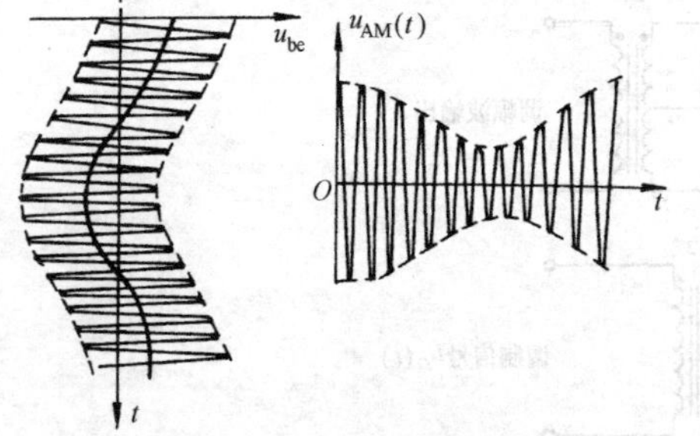

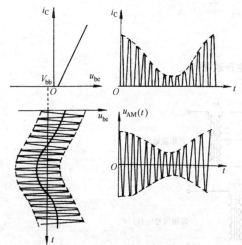

图 6.3.8　基极调幅波波形图

$$V'_{BB}=V_{BB}+U_{\Omega m}\cos(\Omega t)$$

在调制过程中，V_{CC}、U_b、R_p 保持不变，唯有基极等效偏置电压 V'_{BB} 随调制信号而变化，当放大器工作在欠压区时，集电极电流的波形为尖顶余弦脉冲；电流脉冲的基波分量随 V'_{BB} 的变化近似线性变化，使集电极谐振回路两端的高频电压也随 V'_{BB} 而线性变化。因为 V'_{BB} 是受 $u_\Omega(t)$ 控制的，因而实现了基极的调幅。其波形如图 6.3.8 所示。

6.3.3　普通调幅波的解调电路

解调是调制的逆过程。幅度调制波的解调简称检波，其作用是从幅度调制波中不失真地检出调制信号来。从频谱上看，就是将幅度调制波的边带信号不失真地搬到零频附近。因此幅度调制波的解调电路也属于频谱搬移电路，需要用乘法器来实现这种频谱搬移作用，其电路模型如图 6.3.9 所示。

普通调幅波检波器常采用晶体三极管检波，二极管检波和模拟乘法器解调。目前应用较多的是后两种。

1. 二极管串联型大信号检波器

如图 6.3.10 所示，检波器电路由三部分组成：① 信号输入电路，一般是中放末级输出电路；② 检波二极管，利用单向导电性进行检波；③ 检波器负载电路，即低通滤波器。这种滤波器一般要求输入信号大于 0.5V，因此也称大信号检波器。幅度调制中频信号经过检波二极管后得到的是如图 6.3.11 所示的波形。再经过低通滤波器后，滤除高次谐波，得到所需的调制信号。其物理解释如下：

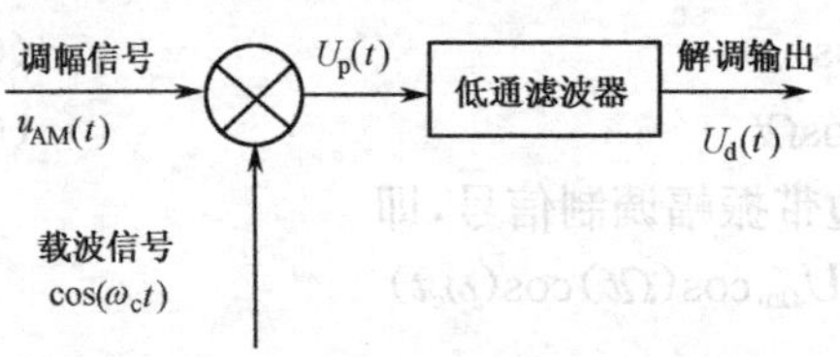

图 6.3.9　幅度调制波解调电路模型

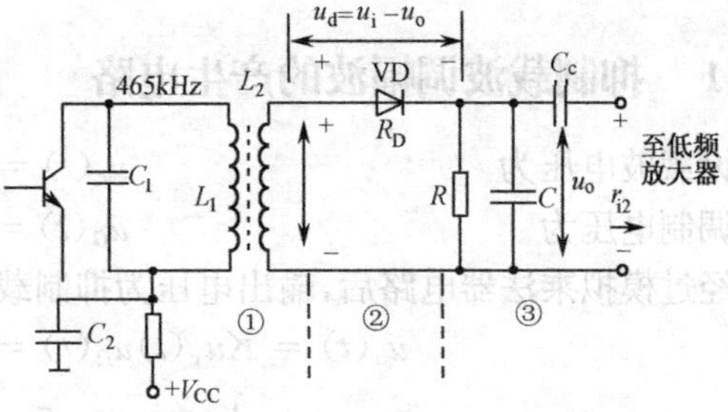

图 6.3.10　检波器等效电路

经过检波二极管后的输出波形是幅度被调制的尖顶余弦脉冲，由于低通滤波器是由滤波电容 C 和负载电阻 R 组成的，充电时间常数由 R_DC 决定（R_D 为二极管的正向电阻），其时间常数小，而放电时间常数 RC 大，故调制包络可以保留下来；然后经过隔直流耦合电容 C_c，隔除了直流分量，所以输出信号只有调制的包络信号，实现了幅度解调的目的。

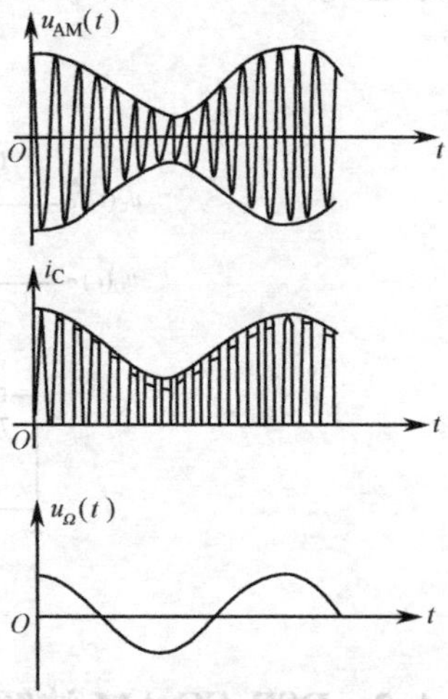

图 6.3.11　检波过程的波形图

2. 普通调幅波的同步解调

用模拟乘法器也可以完成对普通调幅波的同步解调，如图 6.3.12 所示。

当放大限幅器放大增益足够大时，$u_y(t)$ 接近频率为 ω_c 的方波。经过傅里叶级数展开可得

$$u_y(t)=\frac{a_0}{2}+\sum_{n=1}^{\infty}a_n\cos(n\omega_c t)$$

故 $u_o(t)=A_M u_x u_y(t)=A_M U_s(1+m_a\cos\Omega t)\left[\frac{a_0}{2}+\sum_{n=1}^{\infty}a_n\cos(n\omega_c t)\right]\cos(\omega_c t)$

当 $n=1$ 时

$$\begin{aligned}u_{o1}(t)&=A_M U_s(1+m_a\cos\Omega t)\cos(\omega_c t)\left[\frac{4}{\pi}\cos(\omega_c t)\right]\\&=\frac{2A_M U_s}{\pi}(1+m_a\cos\Omega t)+\frac{2A_M U_s}{\pi}(1+m_a\cos\Omega t)\cos 2\omega_c t\end{aligned}\tag{6.3.9}$$

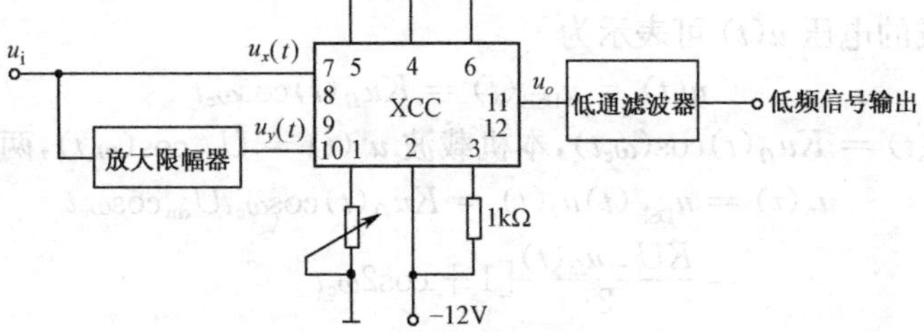

图 6.3.12　普通调幅波的解调电路

用低通滤波器和隔直流耦合电容就可检出所需的信号。

6.4 抑制载波调幅波的产生和解调电路

6.4.1 抑制载波调幅波的产生电路

设载波电压为 $$u_c(t) = U_{cm}\cos\omega_c t \tag{6.4.1}$$
调制电压为 $$u_\Omega(t) = U_{\Omega m}\cos\Omega t \tag{6.4.2}$$
经过模拟乘法器电路后,输出电压为抑制载波双边带振幅调制信号,即

$$\begin{aligned} u_o(t) &= Ku_c(t)u_\Omega(t) = KU_{cm}U_{\Omega m}\cos(\Omega t)\cos(\omega_c t) \\ &= \frac{1}{2}KU_{cm}U_{\Omega m}[\cos(\omega_c+\Omega)t+\cos(\omega_c-\Omega)t] \end{aligned} \tag{6.4.3}$$

其原理图如图 6.4.1 所示。

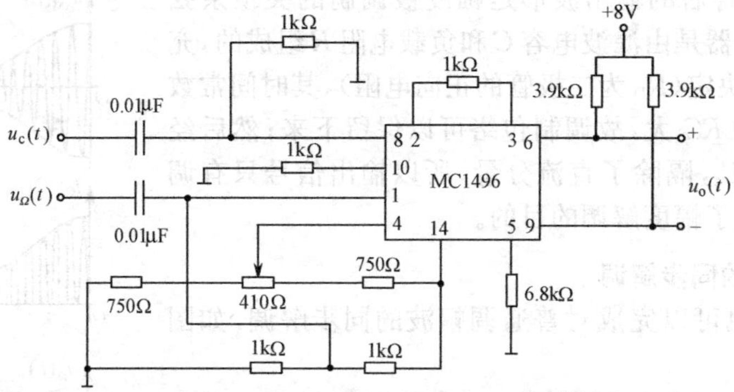

图 6.4.1 DSB/SC AM 波产生电路图

6.4.2 DSB/SC AM 波解调电路

要从抑制载波的双边带调幅波检出调制信号 $u_\Omega(t)$ 来,从频谱上看,它是将幅度调制波的边带信号不失真地搬到零频附近。因此 AM 波的解调电路(包括抑制载波的双边带调幅波的解调在内)也属于频谱搬移电路。需要用乘法器来实现这种频谱搬移作用,其电路模型如图 6.4.2 所示。

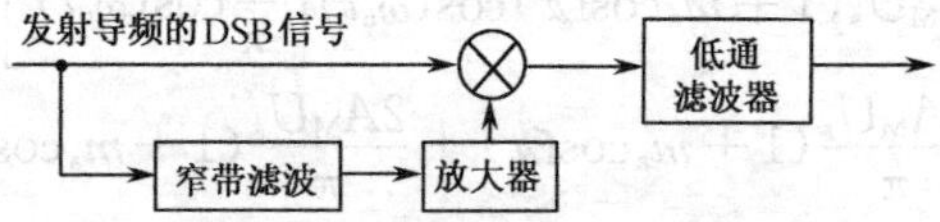

图 6.4.2 DSB 同步检波原理图

DSB/SC AM 波的电压 $u(t)$ 可表示为

$$u(t) = u_{DSB}(t) = Ku_\Omega(t)\cos\omega_c t \tag{6.4.4}$$

若 $u(t) = u_{DSB}(t) = Ku_\Omega(t)\cos(\omega_c t)$,本机载波 $u_c(t) = U_{cm}\cos(\omega_c t)$,两者相乘有

$$\begin{aligned} u_p(t) &= u_{DSB}(t)u_c(t) = Ku_\Omega(t)\cos\omega_c tU_{cm}\cos\omega_c t \\ &= \frac{KU_{cm}u_\Omega(t)}{2}[1+\cos 2\omega_c t] \end{aligned} \tag{6.4.5}$$

式(6.4.5)中第一项包含了所需的调制信号,第二项则是载频为 $2\omega_c$ 的双边带调制信号,用低通滤波器将它滤除,即可得到所需调制信号。比较乘法前后频谱变换的情况可以看出,乘法器的作

用是将输入信号频谱向左右搬移 ω_c 的位置。

用同步检波器也可实现对 DSB/SC AM 波的解调。

同步检波一个关键问题是本机载波的恢复。本机载波产生的方法有两种。一是在发送端输出的双边带信号中，不是将载波分量完全抑制掉，而是保留一个小的载波分量，称为导频，它的作用就是在接收端恢复载波，接收端只要用一个窄带滤波器取出载波分量。这种情况与普通调幅波很类似，只是载波分量比较小而已。另一种方法是发射机的载波和接收机本振载波都用频率稳定度很高的频率合成器，使两者的频率保持不变。

根据同步检波器电路模型，其乘法器可用平衡、环形、桥式电路来实现。具体电路如图 6.4.3 所示。

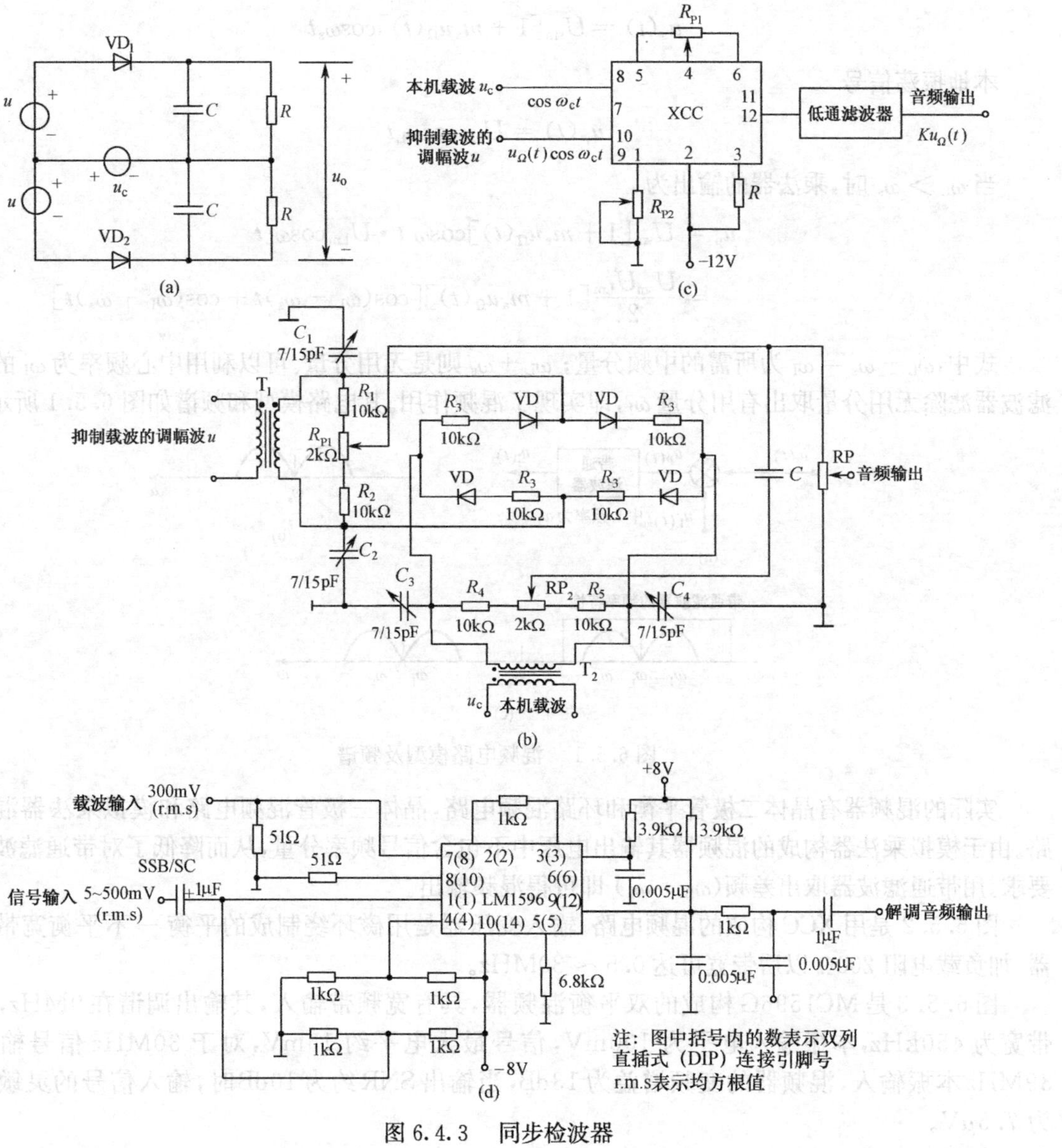

图 6.4.3　同步检波器

6.5 混频电路

在保持调制类型和调制参数不变的情况下，将输入已调波的载频 ω_s 变为中频 ω_I 的过程称为混频，即

$$\omega_I = \omega_L - \omega_s \tag{6.5.1}$$

实际上从频谱而言，混频的作用是不失真地将输入已调信号的频谱从 ω_s 搬移到 ω_I 位置上。因此，混频电路也是一种频谱搬移电路。

以普通调幅波为例说明上述的混频过程。输入信号为

$$u_s(t) = U_{sm}[1 + m_a u_\Omega(t)]\cos\omega_s t$$

本地振荡信号

$$u_L(t) = U_{Lm}\cos\omega_L t$$

当 $\omega_L > \omega_s$ 时，乘法器的输出为

$$\begin{aligned} u_p &= U_{sm}[1 + m_a u_\Omega(t)]\cos\omega_s t \cdot U_{Lm}\cos\omega_L t \\ &= \frac{U_{sm}U_{Lm}}{2}[1 + m_a u_\Omega(t)][\cos(\omega_L - \omega_s)t + \cos(\omega_L + \omega_s)t] \end{aligned}$$

式中，$\omega_L - \omega_s = \omega_I$ 为所需的中频分量；$\omega_L + \omega_s$ 则是无用分量。可以利用中心频率为 ω_I 的带通滤波器滤除无用分量取出有用分量 ω_I，即实现了混频作用。其电路模型和频谱如图 6.5.1 所示。

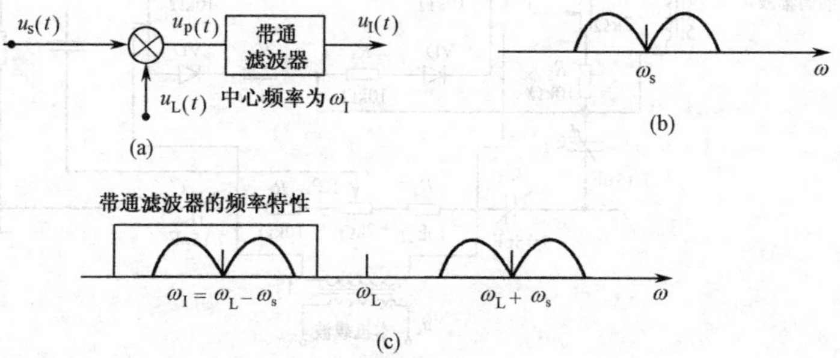

图 6.5.1 混频电路模型及频谱

实际的混频器有晶体二极管平衡和环路混频电路，晶体三极管混频电路和模拟乘法器混频电路。由于模拟乘法器构成的混频器其输出电压中不包含信号频率分量，从而降低了对带通滤波器的要求。用带通滤波器取出差频($\omega_L - \omega_s$)即可得混频输出。

图 6.5.2 是用 XCC 构成的混频电路。输入变压器是用磁环绕制成的平衡－不平衡宽带变压器，加负载电阻 200Ω 以后带宽可达 0.5 ～ 30MHz。

图 6.5.3 是MC1596G构成的双平衡混频器，具有宽频带输入，其输出调谐在 9MHz，回路带宽为 450kHz，本振输入电平为 100mV，信号最大电平约 15mV，对于 30MHz 信号输入和 39MHz本振输入，混频器的变频增益为 13dB，当输出 SNR约为 10dB时，输入信号的灵敏度约为 7.5μV。

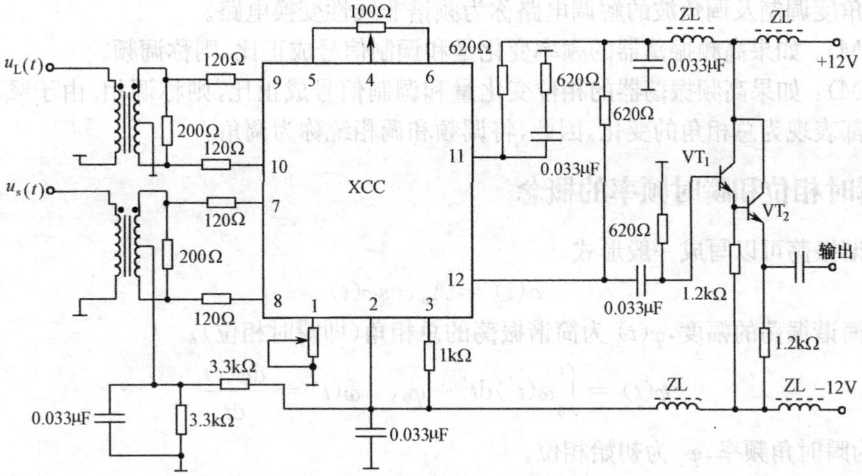

图 6.5.2　用 XCC 构成宽带混频器

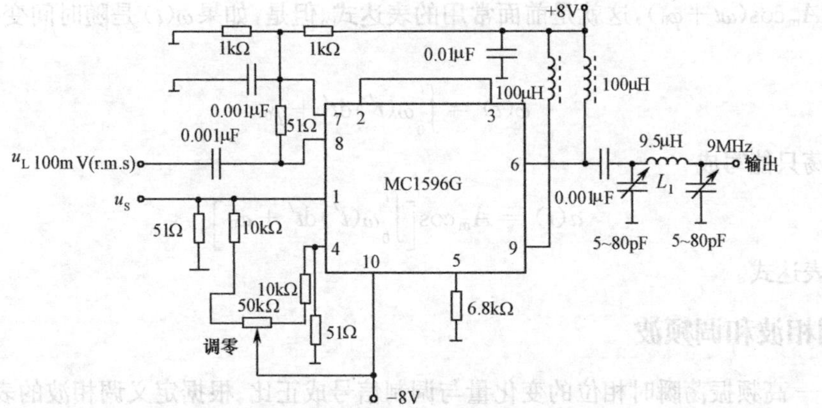

图 6.5.3　用 MC1596G 构成混频器

6.6　倍频器

这里只介绍用模拟乘法器实现倍频。如果输出频率 f_o 为输入频率整数倍，即 $f_o = nf_s (n = 2, 3, \cdots)$，则这种频率变换电路称为倍频器。当 $n = 2$ 时，即 $f_o = 2f_s$ 时称为二倍频器。

用模拟乘法器实现二倍频器的原理方框图如图 6.6.1 所示。

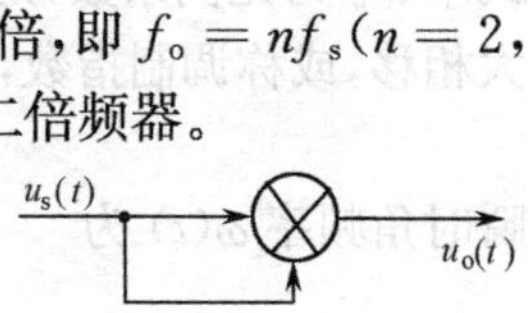

图 6.6.1　二倍频器原理方框图

若 $u_s(t) = U_{sm}\cos\omega_s t$，则模拟乘法器的输出电压为

$$u_o(t) = Ku_s^2(t) = KU_{sm}^2\cos^2\omega_s t = \frac{K}{2}U_{sm}^2(1+\cos 2\omega_s t)$$

从上式可见，输出电压中包含直流分量和二倍频分量，通过隔直流电容滤除直流分量，可在负载上得到二倍频电压。

6.7　调角波的基本性质

在通信系统中，角度调制及解调电路不同于频谱搬移电路。它是用低频信号去调制高频振荡的相角，或是从已调波中解出调制信号所进行的频谱变换，这种变换不是线性变换，而是非线性变换。

因此我们把角度调制及调角波的解调电路称为频谱非线性变换电路。

调频(FM):如果高频振荡器的频率变化量和调制信号成正比,则称调频。

调相(PM):如果高频振荡器的相位变化量和调制信号成正比,则称调相。由于频率的变化和相位的变化都表现为总相角的变化,因此,将调频和调相统称为调角。

6.7.1 瞬时相位和瞬时频率的概念

对于简谐振荡可以写成一般形式

$$a(t) = A_{\mathrm{m}}\cos\varphi(t) \tag{6.7.1}$$

式中,A_{m} 为简谐振荡的幅度,$\varphi(t)$ 为简谐振荡的总相角(即瞬时相位)。

$$\varphi(t) = \int_0^t \omega(t')\mathrm{d}t' + \varphi_0, \quad \omega(t) = \frac{\mathrm{d}\varphi(t)}{\mathrm{d}t} \tag{6.7.2}$$

式中,$\omega(t)$ 为瞬时角频率,φ_0 为初始相位。

如果 $\omega(t) = \omega =$ 常量,则

$$\varphi(t) = \omega t + \varphi_0 \tag{6.7.3}$$

于是 $a(t) = A_{\mathrm{m}}\cos(\omega t + \varphi_0)$,这就是前面常用的表达式。但是,如果 $\omega(t)$ 是随时间变化的,瞬时相位为

$$\varphi(t) = \int_0^t \omega(t')\mathrm{d}t' + \varphi_0$$

那么简谐振荡只能写成

$$a(t) = A_{\mathrm{m}}\cos\left[\int_0^t \omega(t')\mathrm{d}t' + \varphi_0\right] \tag{6.7.4}$$

这就是一般表达式。

6.7.2 调相波和调频波

调相——高频振荡瞬时相位的变化量与调制信号成正比。根据定义调相波的表达式为

$$u_{\mathrm{PM}} = U_{\mathrm{cm}}\cos[\omega_{\mathrm{c}} t + k_{\mathrm{p}} u_\Omega(t)] \tag{6.7.5}$$

从上式可见,调相波的瞬时相位除了 $\omega_{\mathrm{c}} t$ 外,还附加了和调制信号成正比的变化部分,即

$$\varphi(t) = \omega_{\mathrm{c}} t + k_{\mathrm{p}} u_\Omega(t) = \omega_{\mathrm{c}} t + \Delta\varphi_{\mathrm{p}}(t) \tag{6.7.6}$$

$$\Delta\varphi_{\mathrm{p}}(t) = k_{\mathrm{p}} u_\Omega(t) \tag{6.7.7}$$

式中,k_{p} 为比例系数,是单位信号强度引起的相位变化;$\Delta\varphi_{\mathrm{p}}(t)$ 为瞬时相位偏移;$\Delta\varphi_{\mathrm{p}}(t)|_{\max}$ 称为最大相移,或称调制指数,以 m_{p} 表示。

$$m_{\mathrm{p}} = k_{\mathrm{p}}\,|u_\Omega(t)|_{\max} \tag{6.7.8}$$

瞬时角频率 $\omega(t)$ 为

$$\omega(t) = \frac{\mathrm{d}\varphi(t)}{\mathrm{d}t} = \omega_{\mathrm{c}} + k_{\mathrm{p}}\frac{\mathrm{d}u_\Omega(t)}{\mathrm{d}t} = \omega_{\mathrm{c}} + \Delta\omega_{\mathrm{p}}(t) \tag{6.7.9}$$

于是

$$\Delta\omega_{\mathrm{p}}(t) = k_{\mathrm{p}}\frac{\mathrm{d}u_\Omega(t)}{\mathrm{d}t} \tag{6.7.10}$$

式中,$\Delta\omega_{\mathrm{p}}(t)$ 称瞬时角频率偏移;$\Delta\omega_{\mathrm{p}}(t)\,|_{\max} = \Delta\omega_{\mathrm{p}}$ 称频偏。

即

$$\Delta\omega_{\mathrm{p}} = k_{\mathrm{p}}\left|\frac{\mathrm{d}u_\Omega(t)}{\mathrm{d}t}\right|_{\max} \tag{6.7.11}$$

调频——瞬时频率的变化量与调制信号成正比。根据定义调频波的表达式为

$$u_{\mathrm{FM}} = U_{\mathrm{cm}}\cos\left[\omega_{\mathrm{c}} t + k_{\mathrm{f}}\int_0^t u_\Omega(t')\mathrm{d}t'\right] \tag{6.7.12}$$

$$\Delta\omega_f(t) = k_f u_\Omega(t) \tag{6.7.13}$$

式中，k_f 为比例系数，是单位调制信号引起的频率变化；$\Delta\omega_f$ 表示瞬时角频率相对于 ω_c 的偏移；$\Delta\omega_f(t)\,|_{max} = \Delta\omega_f$ 称为最大角频移，简称频偏。

$$\Delta\omega_f = k_f\,|\,u_\Omega(t)\,|_{max} \tag{6.7.14}$$

当 $\varphi_0 = 0$ 时，可得调频波的瞬时相位

$$\varphi(t) = \omega_c t + k_f\int_0^t u_\Omega(t')\mathrm{d}t' = \omega_c t + \Delta\varphi_f(t) \tag{6.7.15}$$

式中，$\Delta\varphi_f(t) = k_f\int_0^t u_\Omega(t')\mathrm{d}t'$ 为瞬时相位偏移，即相对于 $\omega_c t$ 的偏移。$\Delta\varphi_f(t)$ 的最大值称为最大相移，习惯上又称调频指数，用 m_f 表示，即

$$m_f = k_f\left|\int_0^t u_\Omega(t')\mathrm{d}t'\right|_{max} \tag{6.7.16}$$

为了便于记忆，现将调频和调相有关的公式列在表 6.7.1 中。

表 6.7.1 调相波和调频波比较

载波信号 $u_c(t) = U_{cm}\cos\omega_c t$，调制信号为 $u_\Omega(t)$		
	调相波	调频波
瞬时相位	$\omega_c t + k_p u_\Omega(t)$	$\omega_c t + k_f\int_0^t u_\Omega(t')\mathrm{d}t'$
瞬时频率	$\omega_c + k_p\dfrac{\mathrm{d}u_\Omega(t)}{\mathrm{d}t}$	$\omega_c + k_f u_\Omega(t)$
最大相移	$k_p\,|\,u_\Omega(t)\,|_{max}$	$k_f\left|\int_0^t u_\Omega(t')\mathrm{d}t'\right|_{max}$
最大频移	$k_p\left|\dfrac{\mathrm{d}u_\Omega(t)}{\mathrm{d}t}\right|_{max}$	$k_f\,|\,u_\Omega(t)\,|_{max}$
数学表达式	$U_{cm}\cos[\omega_c t + k_p u_\Omega(t)]$	$U_{cm}\cos[\omega_c t + k_f\int_0^t u_\Omega(t')\mathrm{d}t]$

例如，在调制信号为 $u_\Omega(t) = U_{\Omega m}\cos\Omega t$ 的单音频情况下，则

(1) 调相时：

高频振荡的瞬时相位

$$\varphi(t) = \omega_c t + k_p U_{\Omega m}\cos\Omega t = \omega_c t + m_p\cos\Omega t \tag{6.7.17}$$

式中调频指数

$$m_p = k_p U_{\Omega m} \tag{6.7.18}$$

调相波的表达式

$$u_{PM} = U_{cm}\cos(\omega_c t + m_p\cos\Omega t) \tag{6.7.19}$$

瞬时角频率偏移

$$\Delta\omega_p(t) = k_p\frac{\mathrm{d}u_\Omega(t)}{\mathrm{d}t} = -k_p U_{\Omega m}\Omega\sin\Omega t$$

$$= -m_p\Omega\sin\Omega t = -\Delta\omega_p\sin\Omega t \tag{6.7.20}$$

式中

$$\Delta\omega_p = m_p\Omega = k_p U_{\Omega m}\Omega \tag{6.7.21}$$

是单音频调制信号引起的角频偏，其值与调制信号的振幅和角频率成正比。

(2) 调频时：

高频振荡的角频率

$$\omega(t) = \omega_c + k_f U_{\Omega m}\cos\Omega t = \omega_c + \Delta\omega_f\cos\Omega t \tag{6.7.22}$$

式中

$$\Delta\omega_f = k_f U_{\Omega m} \tag{6.7.23}$$

是单音频调制信号引起的角频偏，其值与 $U_{\Omega m}$ 成正比，但与 Ω 无关。

瞬时相位偏移

$$\Delta\varphi(t) = k_{\mathrm{f}}\int_0^t u_\Omega(t')\mathrm{d}t' = \frac{k_{\mathrm{f}}U_{\Omega\mathrm{m}}}{\Omega}\sin\Omega t = m_{\mathrm{f}}\sin\Omega t \tag{6.7.24}$$

式中

$$m_{\mathrm{f}} = \frac{k_{\mathrm{f}}U_{\Omega\mathrm{m}}}{\Omega} = \frac{\Delta\omega_{\mathrm{f}}}{\Omega} \tag{6.7.25}$$

m_{f} 是单音频调制信号引起的最大相移,称调频指数,其值与 $U_{\Omega\mathrm{m}}$ 成正比,但与 Ω 成反比。

调频波的表达式

$$u_{\mathrm{FM}}(t) = U_{\mathrm{cm}}\cos(\omega_{\mathrm{c}}t + m_{\mathrm{f}}\sin\Omega t) \tag{6.7.26}$$

6.7.3 调频波的频谱和频谱宽度

单音频调制时,由式(6.7.19)和式(6.7.26)可见,调相波和调频波具有相似的表达式,可以写成统一的调角信号表示式。

$$\begin{aligned} u(t) &= U_{\mathrm{cm}}\cos(\omega_{\mathrm{c}}t + m\sin\Omega t) \\ &= U_{\mathrm{cm}}\mathrm{Re}[\exp(\mathrm{j}m\sin\Omega t)\exp(\mathrm{j}\omega_{\mathrm{c}}t)] \end{aligned} \tag{6.7.27}$$

式中,$\mathrm{Re}[f(t)]$ 表示函数 $f(t)$ 的实部。

$\exp(\mathrm{j}m\sin\Omega t)$ 是 Ω 的周期性函数,可以将它展开为傅里叶级数

$$\exp(\mathrm{j}m\sin\Omega t) = \sum_{n=-\infty}^{\infty}\mathrm{J}_n(m)\exp(\mathrm{j}n\Omega t) \tag{6.7.28}$$

式中

$$\mathrm{J}_n(m) = \frac{1}{2\pi}\int_0^{2\pi}\exp(\mathrm{j}m\sin\Omega t)\exp(-\mathrm{j}n\Omega t)\mathrm{d}\Omega t \tag{6.7.29}$$

$\mathrm{J}_n(m)$ 是宗数为 m 的 n 阶第一类贝塞尔函数,它随 m 变化的曲线如图 6.7.1 所示,数据如表 6.7.2 所示,并满足下列关系式

$$\mathrm{J}_n(m) = \begin{cases} \mathrm{J}_{-n}(m) & n\text{ 为偶数时} \\ -\mathrm{J}_{-n}(m) & n\text{ 为奇数时} \end{cases} \tag{6.7.30}$$

表 6.7.2

m \ $\mathrm{J}_n(m)$ \ n	0	1	2	3	4	5	6	7	8	9	10	11	12
0.0	1.0												
0.5	0.94	0.24	0.03										
1.0	0.77	0.44	0.11	0.02									
2.0	0.22	0.58	0.35	0.13	0.03								
3.0	−0.26	0.34	0.49	0.31	0.13	0.04							
4.0	−0.40	−0.07	0.36	0.43	0.28	0.13	0.05						
5.0	−0.18	−0.33	0.05	0.36	0.39	0.26	0.13	0.05					
6.0	0.15	−0.20	−0.24	0.11	0.36	0.36	0.25	0.13	0.06				
7.0	0.30	0.05	−0.30	−0.17	0.16	0.35	0.34	0.23	0.13	0.06			
8.0	0.17	0.23	−0.11	−0.29	−0.10	0.19	0.34	0.32	0.22	0.13	0.06		
9.0	−0.09	0.24	0.14	−0.18	−0.27	−0.06	0.20	0.33	0.30	0.21	0.12	0.06	
10.0	−0.25	0.04	0.25	0.06	−0.22	−0.23	−0.01	0.22	0.31	0.29	0.20	0.12	0.06
11.0	−0.17	−0.18	0.14	0.23	−0.02	−0.24	−0.20	0.02	0.23	0.31	0.28	0.20	0.12
12.0	0.05	−0.22	−0.18	0.20	0.18	−0.07	−0.24	−0.17	0.05	0.23	0.30	0.27	0.20
13.0	0.21	−0.07	−0.22	0.003	0.22	0.13	−0.12	−0.24	−0.14	0.07	0.23	0.29	0.26
14.0	0.17	0.13	−0.15	−0.18	0.08	0.22	0.08	−0.15	−0.23	−0.11	0.09	0.24	0.29
15.0	0.01	0.21	0.01	−0.19	−0.12	0.13	0.21	0.03	−0.17	−0.22	−0.09	0.10	0.24

将式(6.7.28)代入式(6.7.27)便可以求得调角波的傅里叶级数展开式

$$u(t)=U_{cm}\mathrm{Re}\{\sum_{n=-\infty}^{\infty}\mathrm{J}_n(m)\exp[\mathrm{j}(\omega_c t+n\Omega t)]\}$$
$$=U_{cm}\sum_{n=-\infty}^{\infty}\mathrm{J}_n(m)\cos[\omega_c t+n\Omega t] \tag{6.7.31}$$

展开

$$u(t)=U_{cm}[\mathrm{J}_0(m)\cos\omega_c t+\mathrm{J}_1(m)\cos(\omega_c+\Omega)t-\mathrm{J}_1(m)\cos(\omega_c-\Omega)t+$$
$$\mathrm{J}_2(m)\cos(\omega_c+2\Omega)t+\mathrm{J}_2(m)\cos(\omega_c-2\Omega)t+$$
$$\mathrm{J}_3(m)\cos(\omega_c+3\Omega)t-\mathrm{J}_3(m)\cos(\omega_c-3\Omega)t+\cdots] \tag{6.7.32}$$

式(6.7.32)表明,单音频调制时,调角波的频谱不是调制信号频谱的简单搬移,而是由载波分量和无数对边频分量所组成的。其中 n 为奇数时上、下两边频分量振幅相等,极性相反;n 为偶数时上、下边频分量的振幅相等,极性相同。载波分量和边频分量的振幅均随 m 和调制角频率 Ω 而变化,当 m 为某些特定值时,载波分量的振幅等于零,如表 6.7.3 所示。它可以测得 m 值,再用 $\Delta\omega=m\Omega$ 的关系算得角频偏 $\Delta\omega$。

表 6.7.3　$\mathrm{J}_0(m)=0$ 的 m 值

$\mathrm{J}_0(m)$ 出现 0 值的次数	1	2	3	4	5	6	7	8	9	10
m 值	2.405	5.52	8.653	11.79	14.93	18.07	21.21	24.35	27.49	30.63

调角波频谱的上述特点充分说明了它是一种将调制信号频谱进行复杂非线性变换的已调波。根据式(6.7.32)选定载波矢量为参考矢量,将 n 为奇数的一对振幅相等,极性相反的边带矢量画于图 6.7.2(a)中,其合成矢量恒垂直于载波矢量;将 n 为偶数的一对振幅相等,极性相反的边带矢量画于图 6.7.2(b)中,其合成矢量总在载波矢量方向上,它只能使合成矢量的长度发生变化。因此,调角波的合成规律是,只有 n 为奇数时众多边频分量才能引起瞬时频率的变化,而同时由它们引起的振幅变化,由载波分量和 n 为偶数的边频分量所引起的振幅变化给予补偿,使调角波保持振幅恒定。

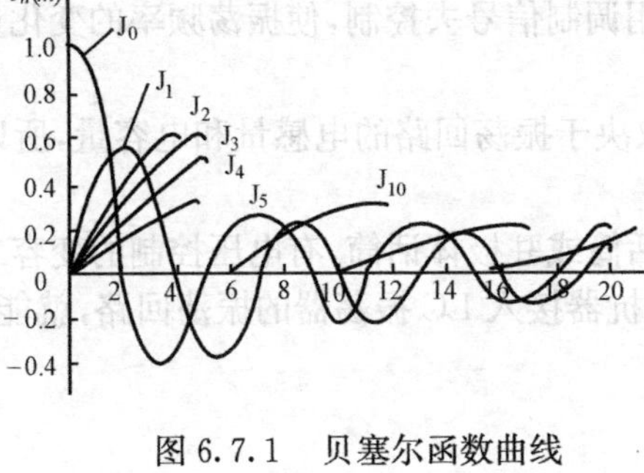

图 6.7.1　贝塞尔函数曲线

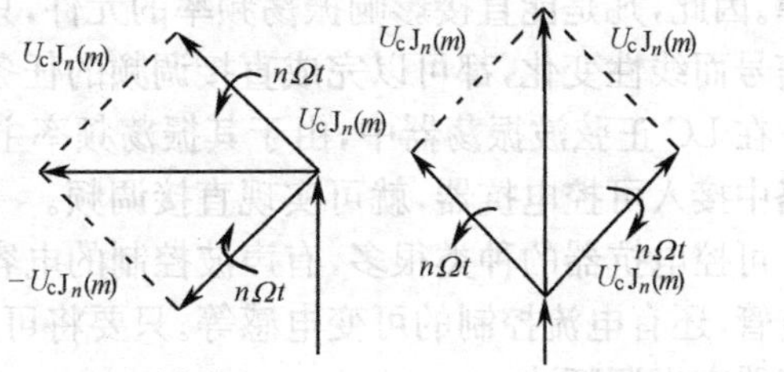

(a) n 为奇数　　(b) n 为偶数

图 6.7.2　边频矢量合成

因为

$$\sum_{n=-\infty}^{\infty}\mathrm{J}_n^2(m)=1 \tag{6.7.33}$$

所以,调角波的平均功率等于各频谱分量平均功率之和。因此,在单位电阻上调角波的平均功率

$$P_{av}=\frac{U_{cm}^2}{2}\sum_{n=-\infty}^{\infty}\mathrm{J}_n^2(m)=\frac{U_{cm}^2}{2} \tag{6.7.34}$$

上式表明,当 U_{cm} 一定时,不论 m 为何值,调角波的平均功率都等于载波功率。改变 m 仅会引起载波分量和各边频分量之间功率的重新分配,但不会引起总功率的变化。

从式(6.7.32) 可知,调角波的频谱包含无限多对边频率分量,它的频谱宽度就应为无限大。由表 6.7.2 可以看出,当 m 一定时,随着 n 的增加 $J_n(m)$ 的数值虽有起伏,但总的趋势是减小的,当高到一定的边频分量后其振幅已很小。因此,如果忽略振幅很小的边频分量,那么,调角波实际占据的有效频谱宽度是有限的。工程上通常规定,凡是振幅小于未调制载波振幅的 10%(或 1%) 的边频分量忽略不计。如果将小于未调制载波振幅的 10% 的边频分量略去不计,由表 6.3 可以看出,调角波的有效频谱宽度 B 可以用下列公式近似求出

$$B = 2(1+m)F \tag{6.7.35}$$

式中,F 是调制信号频率。

由于 $m = \Delta\omega/\Omega = \Delta f/F$,因此,式(6.7.35) 也可写成

$$B = 2(\Delta f + F) \tag{6.7.36}$$

若 $m \ll 1$(一般 $m < 0.2$),则

$$B \approx 2F \tag{6.7.37}$$

称为窄带调制。

若 $m \gg 1$,即 $\Delta f \gg F$,则

$$B = 2mF = 2\Delta f \tag{6.7.38}$$

其值仅取决于频偏,而与调制频率无关。这种情况称为宽带调制。

用式(6.7.35) 来比较调相波和调频波的有效频谱宽度。对调相波而言,由于 $m_p = k_p U_\Omega$,当 m_p(即 $U_{\Omega m}$) 一定时,B 与 F 有关,且 F 越高,B 就越大。如果按最高调制频率来设计带宽,那么,当调制频率较低时,带宽的利用就不充分。对调频波而言,由于 $m_f = \Delta\omega_f/\Omega = \Delta f/F$ 随着调制频率的提高,m_f 减小,因而 B 变化不大。因此,在模拟通信系统中,总是采用调频而不用调相。这里也只讨论调频。

6.8 直接调频电路

直接调频就是用调制信号去控制高频振荡器的振荡频率,使它不失真地反映调制信号的变化规律。因此,凡是能直接影响振荡频率的元件,只要用调制信号去控制,使振荡频率的变化量能随调制信号而线性变化,都可以完成直接调频的任务。

在 LC 正弦波振荡器中,由于其振荡频率主要取决于振荡回路的电感量和电容量,所以在振荡回路中接入可控电抗器,就可实现直接调频。

可控电抗器的种类很多,有声波控制的电容式话筒或驻极体话筒,有电压控制的变容二极管和电抗管,还有电流控制的可变电感等。只要将可控电抗器接入 LC 振荡器的振荡回路,就能利用 LC 振荡器产生调频波。

6.8.1 变容二极管调频电路

变容二极管是利用 PN 结的结电容随反向电压(反偏) 变化这一特性制成的一种电压控制的可控电抗器。将变容二极管接入 LC 振荡器的振荡回路,用调制电压去控制变容管的电容量,从而控制振荡器的振荡频率达到调频的目的。

我们知道,变容二极管结电容(势垒电容) 可用下式表示

$$C_j = \frac{C_{j0}}{(1+u/U_D)^\gamma} \tag{6.8.1}$$

式中,U_D 为 PN 结的势垒电位差;u 为加到变容管反向电压;C_{j0} 为当 $u=0$ 时的结电容;γ 为电容变化指数。γ 值随掺杂浓度和 PN 结的结构不同而异,对于缓变结,$\gamma = \frac{1}{3}$;对于突变结,$\gamma = \frac{1}{2}$;对于

超突变结，$\gamma=1\sim4$；目前已有做到 $\gamma=7$ 的变容二极管。其结电容和控制电压的关系如图 6.8.1 所示。

当变容管加上偏置电压和调制电压后，总的控制电压为

$$u=U_Q+u_\Omega(t)=U_Q+U_{\Omega m}\cos\Omega t$$

将 u 代入(6.8.1)式得

$$C_j=\frac{C_{j0}}{(1+u/U_D)^\gamma}=\frac{C_{j0}}{\left(1+\dfrac{U_Q+U_{\Omega m}\cos\Omega t}{U_D}\right)^\gamma}$$

$$=\frac{C_{j0}}{\left(1+\dfrac{U_Q}{U_D}\right)^\gamma\left(1+\dfrac{U_{\Omega m}\cos\Omega t}{U_Q+V_D}\right)^\gamma}=\frac{C_{jQ}}{(1+m_c\cos\Omega t)^\gamma} \tag{6.8.2}$$

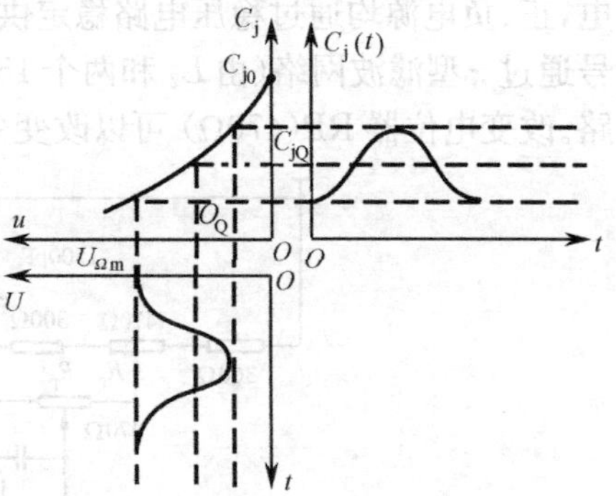

图 6.8.1　变容二极管结电容变化曲线

式中

$$m_c=\frac{U_{\Omega m}}{U_Q+U_D},\quad C_{jQ}=\frac{C_{j0}}{\left(1+\dfrac{U_Q}{U_D}\right)^\gamma} \tag{6.8.3}$$

m_c 称为变容管电容调制度，C_{jQ} 称静态结电容。

1. 变容管作为振荡回路的总电容

图 6.8.2 为变容二极管接入振荡回路的交流等效电路，设振荡频率近似等于振荡回路的振荡频率，且忽略加在变容管上的高频电压，则瞬时角频率为

$$\omega(x)=1/\sqrt{LC_j}=\omega_c\left(1+\frac{u_\Omega(t)}{U_D+U_Q}\right)^{\frac{\gamma}{2}}=\omega_c(1+x)^{\frac{\gamma}{2}} \tag{6.8.4}$$

式中，$\omega_c=1/\sqrt{LC_{jQ}}$ 是调频波的载波角频率；$x=u_\Omega(t)/(U_D+U_Q)$ 是归一化调制信号电压，其值小于 1。

式(6.8.4)称为调制特性方程，表示调频调制器的瞬时角频率随 u_Ω 变化的特性。

根据式(6.8.4)画出归一化的调频特性曲线。由图 6.8.3 可见，调频特性曲线除 $\gamma=2$ 时为理想直线外，其余都是非线性曲线。因此，当 C_j 作为振荡回路总电容时，为实现不失真调频，必须选用 $\gamma=2$ 的变容管；否则调频波不仅会产生非线性失真，还会使中心角频率偏离 ω_c 的值。

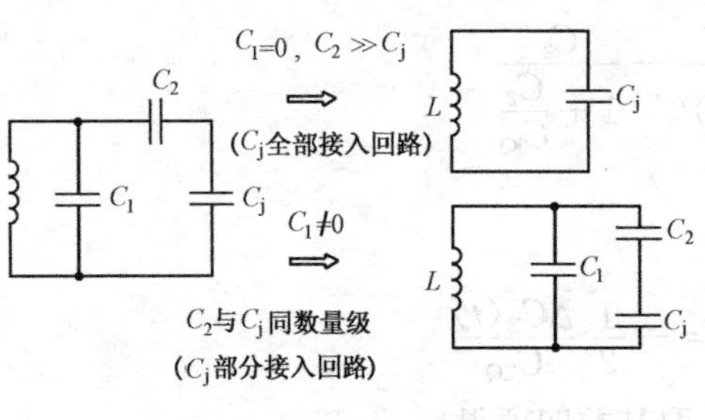

图 6.8.2　变容二极管接入振荡回路的交流等效电路

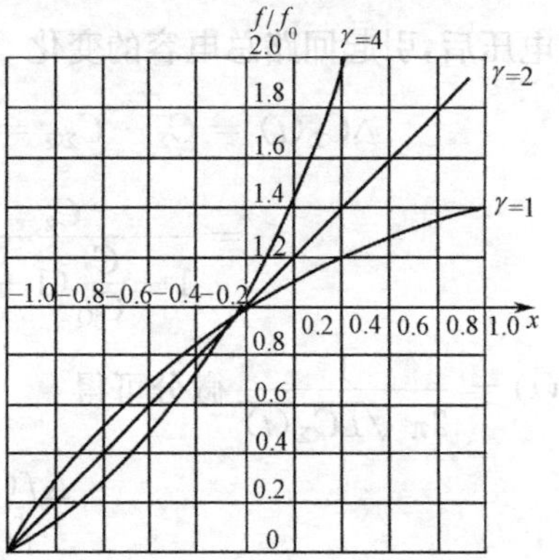

图 6.8.3　f/f_c 随 x 的变化特性

图 6.8.4 是中心频率为 140MHz 的变容管直接调频电路，用于卫星通信地面站调频发射中。图中 L_1 和变容管构成振荡回路，并与振荡管构成电感三点式振荡电路。该调频振荡器采用双电源供

电,正、负电源均通过稳压电路稳定供给电压,从正电源取出一部分作为变容管的静态偏压;调制信号通过π型滤波网络(由L_2和两个150pF的电容构成)加到变容管上,以免高频振荡被调制信号短路。改变电位器RP(470Ω)可以改变变容管的静态电压。

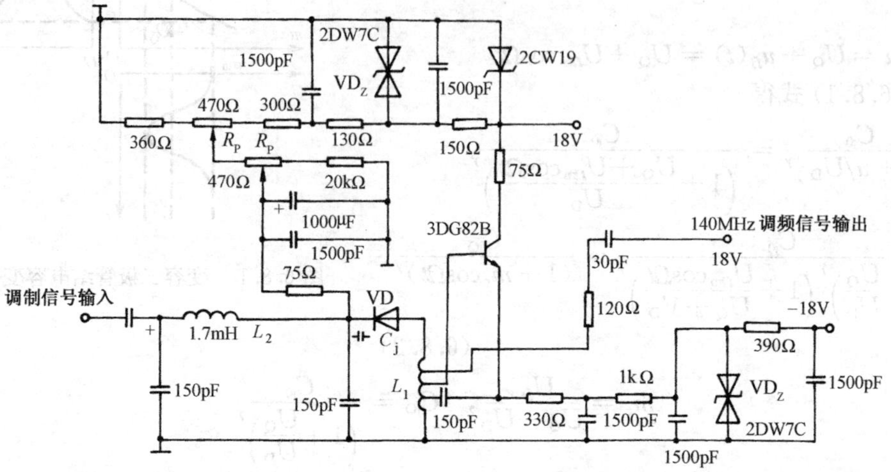

图6.8.4 140MHz变容二极管直接调频电路

2. 变容管部分接入振荡回路

变容管作为振荡电路总电容的调频电路,优点是可得到较大的频偏。但当$\gamma\neq 2$时,易产生失真和中心频率偏离,且由于温度变化或U_Q不稳定引起C_{jQ}变化,使载波稳定度降低。为了提高载波频率稳定度,往往采用变容管部分接入振荡回路的办法,如图6.8.2所示。

由图可知

$$C_\Sigma = C_1 + \frac{C_2 C_j}{C_2 + C_j} \tag{6.8.5}$$

由式(6.8.2)得

$$C_j = C_{jQ}(1+m_c\cos\Omega t)^{-\gamma} = C_{jQ}(1+x)^{-\gamma} \tag{6.8.6}$$

工作点处($u_\Omega = 0$)回路总电容为

$$C_{\Sigma Q} = C_1 + \frac{C_2 C_{jQ}}{C_2 + C_{jQ}} \tag{6.8.7}$$

加上调制电压后,引起回路总电容的变化

$$\begin{aligned}\Delta C_\Sigma(t) &= C_\Sigma - C_{\Sigma Q} = \left(C_1 + \frac{C_2 C_j}{C_2 + C_j}\right) - \left(C_1 + \frac{C_2 C_{jQ}}{C_2 + C_{jQ}}\right)\\ &= \frac{C_2}{1+\dfrac{C_2}{C_{jQ}}(1+x)^\gamma} - \frac{C_2}{1+\dfrac{C_2}{C_{jQ}}}\end{aligned} \tag{6.8.8}$$

由$f(t) = \dfrac{1}{2\pi\sqrt{LC_\Sigma(t)}}$微分可得

$$\frac{\Delta f(t)}{f_c} = -\frac{1}{2}\,\frac{\Delta C_\Sigma(t)}{C_{\Sigma Q}} \tag{6.8.9}$$

将$(1+x)^\gamma$在$x=0$处展开成泰勒级数,取其前四项得

$$\begin{aligned}(1+x)^\gamma &= 1+\gamma x + \frac{\gamma(\gamma-1)}{2!}x^2 + \frac{\gamma(\gamma-1)(\gamma-2)}{3!}x^3\\ &= 1+\gamma(m_c\cos\Omega t) + \frac{\gamma(\gamma-1)}{2!}m_c^2\cos^2\Omega t + \frac{\gamma(\gamma-1)(\gamma-2)}{3!}m_c^3\cos^3\Omega t\end{aligned}$$

$$=1+\varphi(m_c,\gamma) \tag{6.8.10}$$

式中

$$\varphi(m_c,\gamma)=A_0+A_1\cos\Omega t+A_2\cos2\Omega t+A_3\cos3\Omega t \tag{6.8.11}$$

而

$$\left.\begin{aligned} A_0&=\frac{1}{4}\gamma(\gamma-1)m_c^2\\ A_1&=\frac{\gamma}{8}m_c[8+(\gamma-1)(\gamma-2)m_c^2]\\ A_2&=\frac{1}{4}\gamma(\gamma-1)m_c^2\\ A_3&=\frac{1}{24}\gamma(\gamma-1)(\gamma-2)m_c^3\end{aligned}\right\} \tag{6.8.12}$$

于是

$$\Delta C_\Sigma(t)=\frac{C_2}{1+\frac{C_2}{C_{jQ}}(1+x)^\gamma}-\frac{C_2}{1+\frac{C_2}{C_{jQ}}}=\frac{C_2}{1+\frac{C_2}{C_{jQ}}[1+\varphi(m_c,\gamma)]}-\frac{C_2}{1+\frac{C_2}{C_{jQ}}}$$

$$=\frac{C_2}{1+\frac{C_2}{C_{jQ}}+\frac{C_2}{C_{jQ}}\varphi(m_c,\gamma)}-\frac{C_2}{1+\frac{C_2}{C_{jQ}}}=\frac{C_2}{1+\frac{C_2}{C_{jQ}}}\left[\frac{1}{1+\frac{C_2}{C_2+C_{jQ}}\varphi(m_c,\gamma)}-1\right]$$

$$\approx-\frac{C_2^2/C_{jQ}}{\left(1+\frac{C_2}{C_{jQ}}\right)^2}\varphi(m_c,\gamma) \tag{6.8.13}$$

从而找出了振荡回路电容的变化量和调制信号的关系。将式(6.8.13)代入式(6.8.9)得

$$\Delta f(t)=Kf_c[A_0+A_1\cos\Omega t+A_2\cos2\Omega t+A_3\cos3\Omega t] \tag{6.8.14}$$

式中

$$K=p^2\frac{C_{jQ}}{2C_{\Sigma Q}},\quad p=\frac{C_2}{C_2+C_{jQ}} \tag{6.8.15}$$

式(6.8.14)说明在瞬时频率的变化中,含有:

① 与调制信号呈线性关系的成分,其频偏为

$$\Delta f=KA_1f_c=\frac{1}{8}\gamma m_c[8+(\gamma-1)(\gamma-2)m_c^2]Kf_c \tag{6.8.16}$$

② 与调制信号的二次、三次谐波呈线性关系的成分,其最大频移分别为

$$\Delta f_2=KA_2f_c=\frac{1}{4}\gamma(\gamma-1)m_c^2Kf_c \tag{6.8.17}$$

$$\Delta f_3=KA_3f_c=\frac{1}{24}\gamma(\gamma-1)(\gamma-2)m_c^3Kf_c \tag{6.8.18}$$

③ 中心频率偏移

$$\Delta f_c=KA_0f_c=\frac{1}{4}\gamma(\gamma-1)m_c^2Kf_c \tag{6.8.19}$$

它是引起中心频率不稳定的一种因素。

Δf 是所需的频偏。Δf_2,Δf_3 是频率调制非线性失真的二次、三次频移。二次谐波的非线性失真系数为

$$k_{f2}=\left|\frac{\Delta f_2}{\Delta f}\right|=\left|\frac{A_2}{A_1}\right|=\left|\frac{2m_c(\gamma-1)}{8+(\gamma-1)(\gamma-2)m_c^2}\right| \tag{6.8.20}$$

三次谐振的非线性失真系数

$$k_{f3}=\left|\frac{\Delta f_3}{\Delta f}\right|=\left|\frac{A_3}{A_1}\right|=\left|\frac{\frac{1}{3}(\gamma-1)(\gamma-2)m_c^2}{8+(\gamma-1)(\gamma-2)m_c^2}\right| \tag{6.8.21}$$

二次、三次谐波引起总的非线性失真系数

$$k=\sqrt{k_{f2}^{2}+k_{f3}^{2}} \tag{6.8.22}$$

由式(6.8.20)、式(6.8.21)和式(6.8.22)可知，若取$\gamma=1$，则二次、三次谐波非线性失真系数及中心频移均可以为零。这个结论不同于变容管作为振荡回路总电容的情况，要注意两者之间的区别。

图6.8.5是中心频率为90MHz的变容二极管直接调频电路，振荡器属电容三点式振荡电路。变容管是部分接入的，它先与5pF电容串联，再与其他回路并联。从-9V的电源经56kΩ和22kΩ电阻分压后取结变容的偏置电压，调制信号经47μH的高频扼流圈接入。0.001μF的高频旁路电容并接在调制信号输入端，这个电容数值不宜太大，否则会引起调制信号的高频失真。

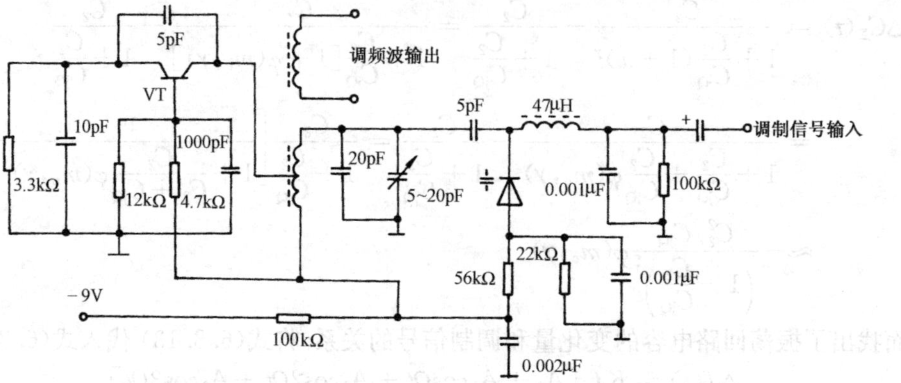

图6.8.5　90MHz变容二极管直接调频电路

在工程应用上，为了减小变容二极管上高频电压的影响，常采用两只变容管对接的方式，图6.8.6(a)是变容管的实际电路，图(b)是它的等效电路。主振部分是电容三点式电路，改变变容管偏置电压并配合调节电感L可使振荡中心频率在50～100MHz范围内工作。两只变容二极管背靠背连接。

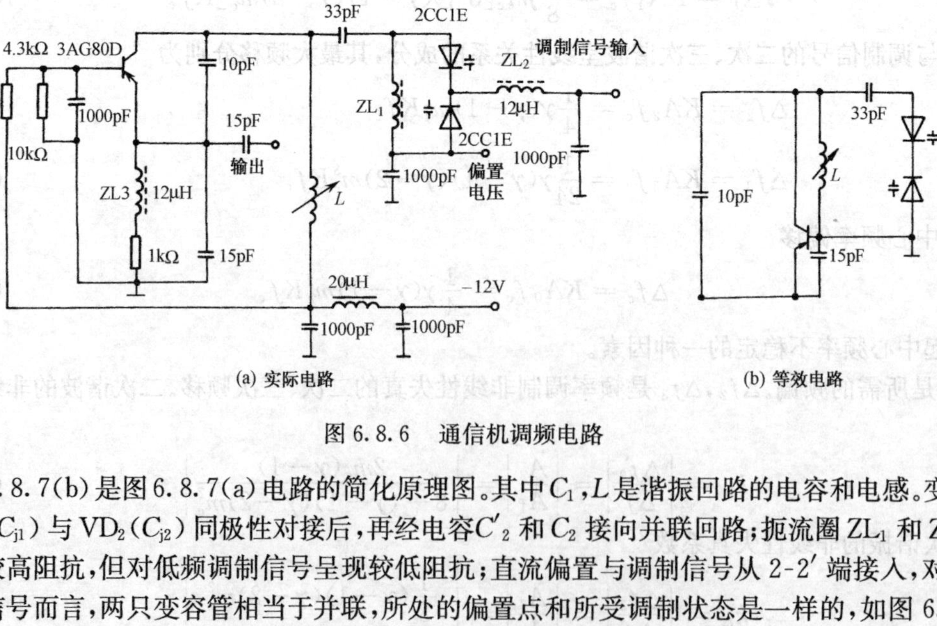

(a) 实际电路　　　　(b) 等效电路

图6.8.6　通信机调频电路

图6.8.7(b)是图6.8.7(a)电路的简化原理图。其中C_1，L是谐振回路的电容和电感。变容二极管$VD_1(C_{j1})$与$VD_2(C_{j2})$同极性对接后，再经电容C'_2和C_2接向并联回路；扼流圈ZL_1和ZL_2对高频呈现较高阻抗，但对低频调制信号呈现较低阻抗；直流偏置与调制信号从2-2′端接入，对于直流和调制信号而言，两只变容管相当于并联，所处的偏置点和所受调制状态是一样的，如图6.8.7(b)所示。对于高频信号而言其等效电路如图(c)所示，它们是串联的，这就使得加在每只管子上的高

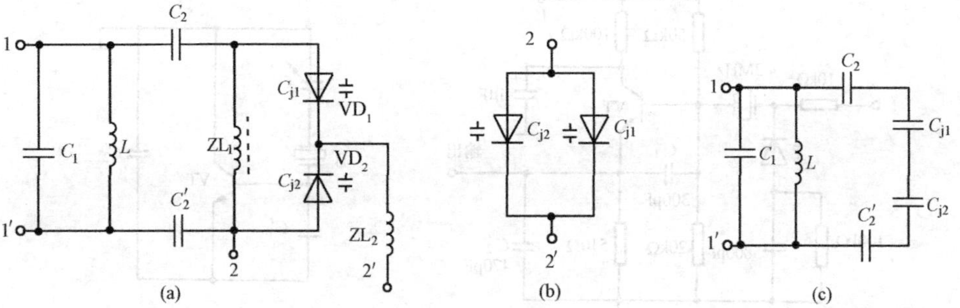

图 6.8.7　背靠背连接的变容二极管

频电压幅度下降一半，减弱了高频电压的作用。由于两管同极性端对接，它们对于高频电压的相位处于相反状态，因而防止了高频电压幅度过大时变容管导通对谐振回路的影响。在单个变容管电路中，当出现这种现象时将使回路Q值大大下降，此外，还可以削弱高频振荡电压的谐振成分。因为变容管是非线性器件，高频信号必然产生谐波分量(注意不是调制信号的谐波)，可能引起交叉调制干扰。现在，两管高频信号反相，某些谐波成分就可以抵消了。可是，两管串联后总电容要减半，所以调制灵敏度有所降低。

6.8.2　晶体振荡器直接调频电路

在某些实际情况下，为了满足中心频率稳定度较高的要求，有时采用石英晶体振荡器直接调频电路。从第5章分析已知，晶体振荡器有两种类型，一种是工作在石英晶体的串联振荡频率上，晶体等效为一个短路元件，起选频的作用；另一种是工作于晶体串联与并联谐振频率之间，晶体等效为一个高品质因数的电感元件，作为振荡元件之一。通常利用变容二极管控制后一种晶体振荡器的振荡频率来实现调频。如果变容二极管与石英晶体串联，其等效电路与电抗特性如图 6.8.8 所示。由图中可以看出，由于C_j的加入，将使串联谐振频率f_q增至f'_q。或者说，由于电容C_j的加入将改变电路在f_q和f_p之间所呈现的感性阻抗。利用这个原理，用调制信号改变C_j的方法可以改变晶体振荡器的振荡频率，从而达到调频的目的。由于C_j与石英晶体串联，而f_q和f_p又靠得近，因而调频的频偏很小，相对频偏$\Delta f/f_c$只能达到0.01%左右。

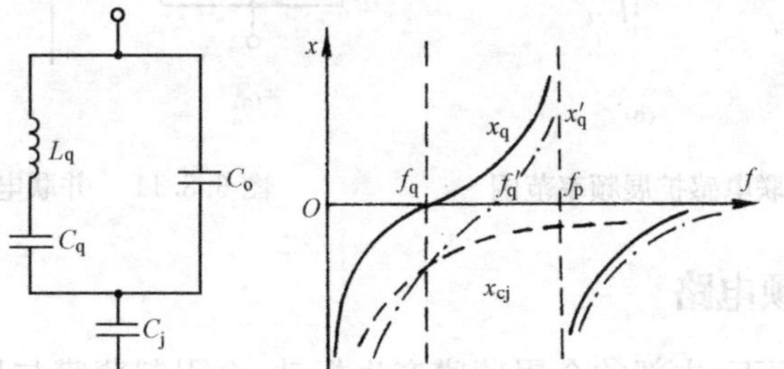

图 6.8.8　石英晶体与变容二极管
串联的等效电路与电抗特性

图 6.8.9(a) 是一个中心频率为 4.3MHz 的晶体振荡器直接调频电路。其等效电路如图 6.8.9(b) 所示，略去晶体管参数的影响，其振荡回路如图 6.8.9(c) 所示。由于C'_1、C'_2较大，可以将振荡回路进一步等效如图 6.8.9(d) 所示，如果$C_j \gg C_o$，则还可以等效如图 6.8.9(e) 所示。与变容管部分接入振荡回路[如图6.8.9(c)]相比较可以看出，只要将L_q代替L，$C_1=C_j$，C_q代替C_2，就可以用变容管部分接入振荡回路的方法来近似分析晶体振荡器直接调频电路了。

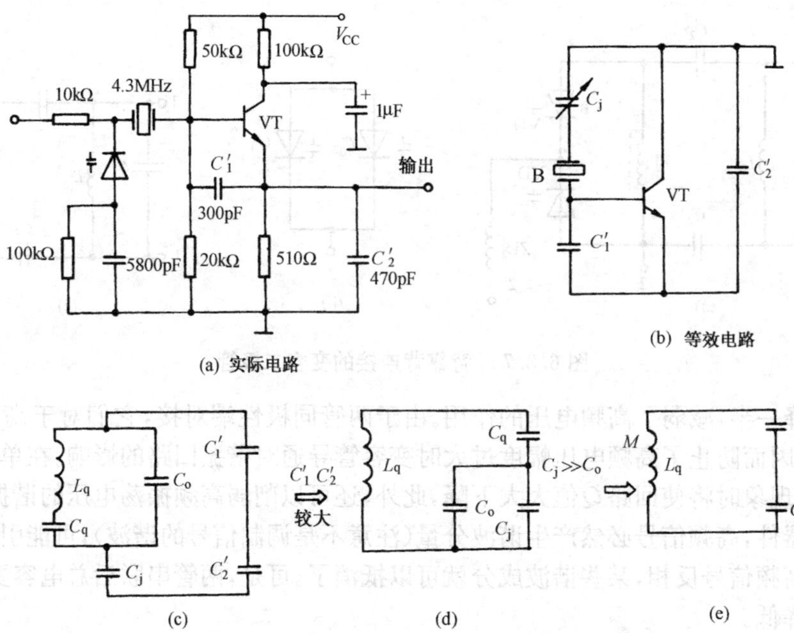

图 6.8.9　晶体振荡器直接调频电路

为了扩大这种电路的频偏,可以在石英晶体支路中串联电感线圈 L,其等效电路与电抗特性如图 6.8.10 和 6.8.11 所示。其中,虚线为未串、并电感时的电抗特性。从图中可知,这两种方法都使 f_q和 f_p之间的范围扩大了,从而可以增大调频的频偏。相对频偏 $\Delta f/f_c$ 可以达到 0.1% 左右,但同时使振荡频率的稳定度下降。

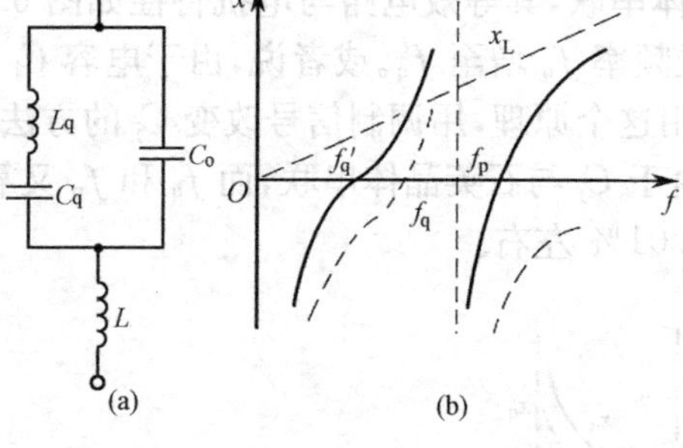

图 6.8.10　串联电感扩展频率范围

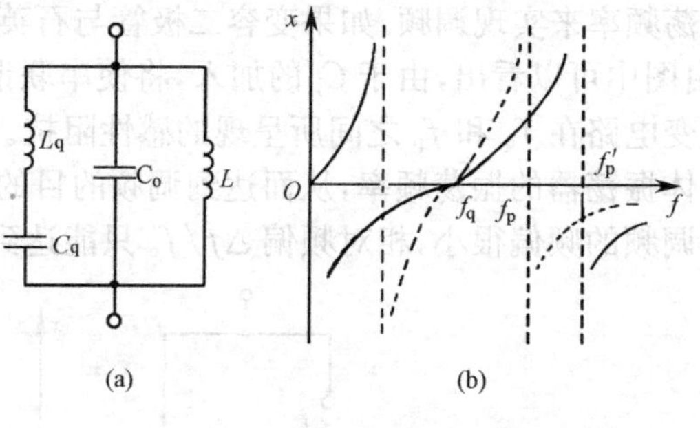

图 6.8.11　并联电感扩展调频范围

6.8.3　电容话筒调频电路

电容话筒在声波作用下,内部的金属薄膜产生振动,会引起薄膜与另一电极之间电容量的变化。如果把电容式话筒直接接到振荡器的谐振回路中,作为回路电抗就可构成调频电路。

图 6.8.12 是一个电容式话筒调频发射机实例。振荡器是电容三点式电路,它利用了晶体管的极间电容。电容话筒直接并联在振荡回路两端,用声波直接进行调频。图 6.8.13 是电容式话筒的原理图,金属膜片与金属板之间形成电容,声音使膜片振动,两片间距随声音强弱而变化,因而电容量也随声音强弱而变化。在正常声压下,电容量变化较小,为获得足够的频偏应选择较高的载频。这种调频发射机载频约在几十兆赫兹到几百兆赫兹之间。耳语时,频偏约有 2kHz;大声说话时,频偏约 40kHz 左右;高声呼喊时,频偏可达 75kHz。这种电路没有音频放大器所造成的非线性失真,易于获

得较好的音质。这种调频发射机只有一级振荡器，输出功率小，频率稳定度差。但体积小，重量轻。

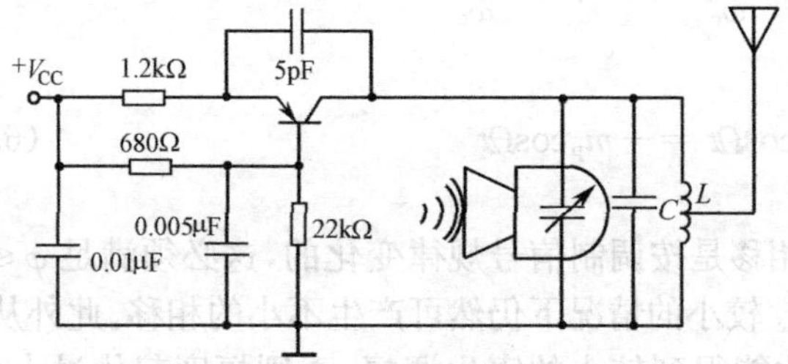

图 6.8.12　电容式话筒调频发射机

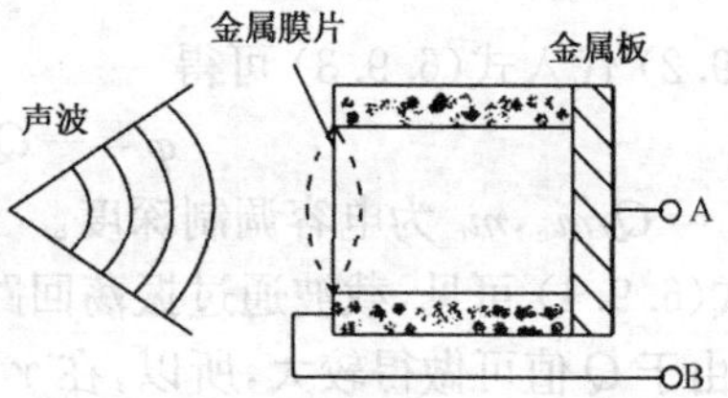

图 6.8.13　电容式话筒原理图

6.9　间接调频电路

在直接调频电路中，为了提高中心频率的稳定度必须采取一些措施。在这些措施中，即使对晶体振荡器直接调频，其中心频率稳定度也不如不调频的晶体振荡器的频率稳定度高，而且其相对频移太小。若调制不在晶体振荡器中进行，而是在其后的某一级放大器中进行，将调制信号积分以后对晶振送来的载波进行调相，对积分前的信号（即调制信号）而言，就可以得到调频波，这就是间接调频。显然，这时中心频率稳定度就等于晶体振荡器的频率稳定度。

间接调频的关键电路是调相电路，下面仅介绍常用的变容二极管调相电路。

将变容二极管接在高频放大器的谐振回路里，就可构成变容二极管调相电路。电路中，由于调制信号的作用使回路谐振频率改变，当载波通过这个回路时由于失谐而产生相移，从而获得调相。图 6.9.1 是单级谐振回路变容管调相电路。

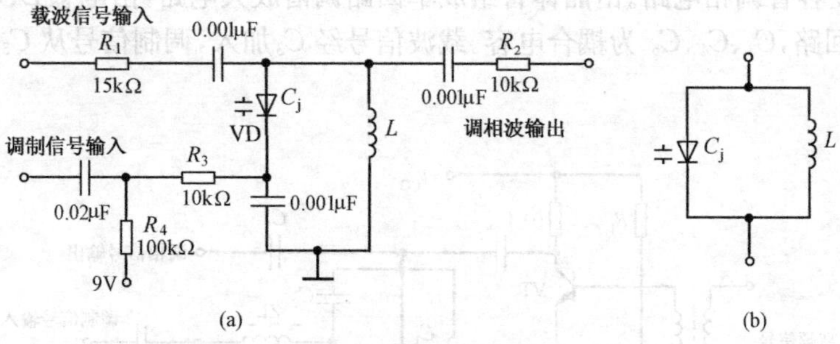

图 6.9.1　单级回路变容管调相电路

图 6.9.1(a) 中，变容管的电容 C_j 和电感 L 组成谐振回路，作为可变相移网络。R_1 和 R_2 是谐振回路输入和输出端上的隔离电阻，R_4 是偏压电源与调制信号源之间的隔离电阻。三个 0.001μF 电容对高频短路，而对调制信号开路。在调制信号作用下，回路谐振频率的变化规律可由式(6.8.4)导出，且忽略二次以上各项。

$$\omega(x) = \frac{1}{\sqrt{LC_j}} = \omega_c(1+x)^{\frac{\gamma}{2}} \approx \omega_c\left(1+\frac{\gamma}{2}m_c\cos\Omega t\right) \tag{6.9.1}$$

$$\Delta\omega(x) = \omega(x) - \omega_c = \frac{\gamma}{2}m_c\omega_c\cos\Omega t \tag{6.9.2}$$

在谐振回路失谐不大的情况下，$\varphi \leqslant \frac{\pi}{6}$ 时，回路的相移

$$\varphi = -\arctan 2Q\frac{\Delta\omega(t)}{\omega_c} \approx -2Q\frac{\Delta\omega(t)}{\omega_c} \tag{6.9.3}$$

将式(6.9.2)代入式(6.9.3)可得

$$\varphi = -Q\gamma m_c\cos\Omega t = -m_p\cos\Omega t \tag{6.9.4}$$

式中,$m_p = Q\gamma m_c$,m_c为电容调制深度。

由式(6.9.4)可见,载波通过振荡回路的相移是按调制信号规律变化的,这必须满足$\varphi \leqslant \pi/6$的条件。由于Q值可做得较大,所以,在γ和m_c较小的情况下仍然可产生不小的相移。此外从电路幅频特性考虑,也只有在失谐不大的情况下才能得到较小的寄生调幅,否则幅度起伏过大(参见图6.9.2),因此,偏移角的增大受到限制。所以,往往在调相之后还加一级限幅器,以减少寄生调幅。

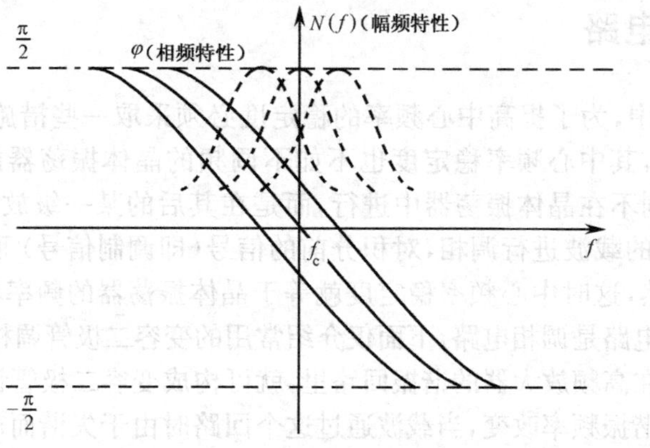

图6.9.2　并联谐振回路的理想幅频特性及幅频特性的移动

图6.9.3是变容管调相电路。由晶体管组成单回路调谐放大电路,由电感L、电容C_1、C_2与变容管组成并联谐振回路,C_3、C_4、C_5为耦合电容。载波信号经C_3加入,调制信号从C_5输入,调相信号从C_4输出。

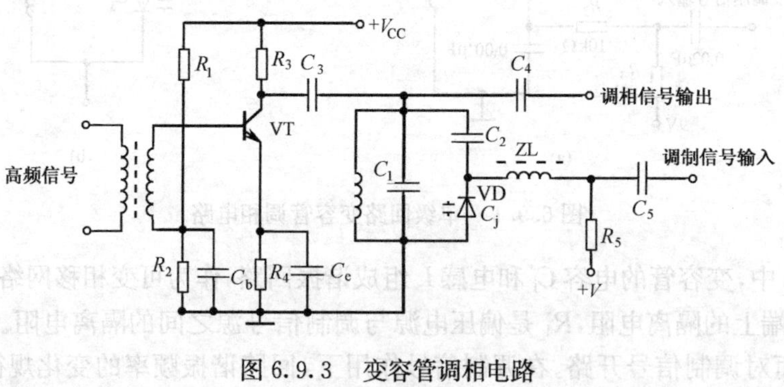

图6.9.3　变容管调相电路

如果单级的相移不够,为增大m_p,可以采用多级单回路变容管调相电路级联。图6.9.4是采用三级单回路级联构成的电路。图中,每个回路都由变容管调相,而各变容管的电容均受同一调制信号调变。每个回路的Q值可由电阻R_1、R_2、R_3调节,以使三个回路产生相等的相移。为了减小各回路的相互影响,各级回路之间都用1pF的小电容耦合。这样,电路总相移近似等于三级回路相移之和。因此,电路可在90°范围内得到线性调相。

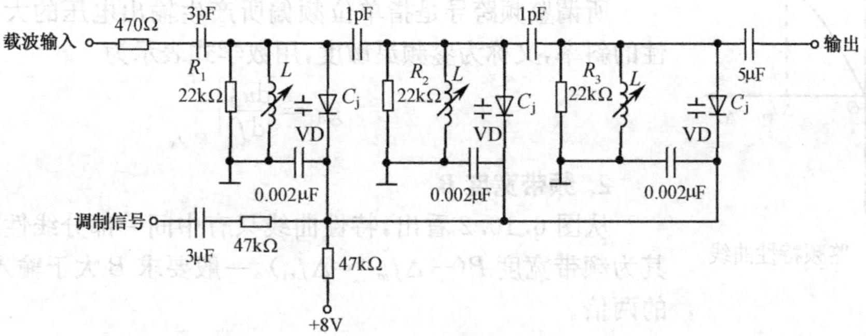

图 6.9.4　三级单回路变容管调相电路

6.10　调频波的解调

调角波包括调频波和调相波。其中，调频波的解调称为频率检波，简称鉴频，完成鉴频功能的电路称为鉴频器；调相波的解调称为相位检波，简称鉴相，完成鉴相功能的电路称为鉴相器。它们的作用都是从已调波中检出反映在频率或相位变化上的调制信号，但是所采用的方法却不尽相同。

在调频波中，调制信息包含在高频振荡频率的变化量中。所以，调频波解调的任务，就是要求鉴频器输出信号与输入调频波瞬时频率的变化量呈线性关系。换句话说，鉴频器的作用是从调频波中检出音频调制信号来。

调频信号的性质和调幅信号不同，调幅信号可以通过一只二极管，将半周的波形切除，再将高频滤除，便可得到音频信号。调频只有载波频率的变化，没有幅度的变化，如采用调幅检波一样的方式进行检波，所得到的只是一个直流，检不出调制信号。因此对调频波的检波必须先将频率的变化，转变成与音频调制信号相应的幅度变化，如图 6.10.1 所示。或者变成占空系数不同的脉冲系列，再经过幅度检波或脉冲的整流，才能检出音频信号。

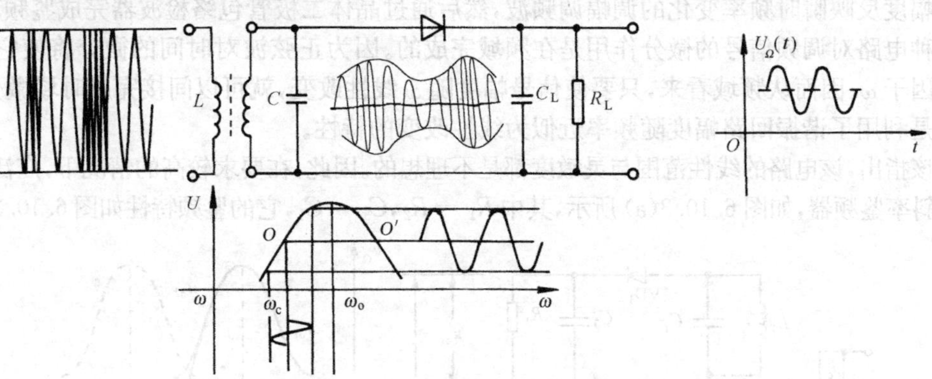

图 6.10.1　鉴频器工作示意图

鉴频器有很多种类，在以前电子管收音机年代，大都采用相移鉴频器。在半导体调频收音机中，最常用的是比例鉴频器。随着集成电路的广泛应用，在集成电路的调频机中较多采用移相乘积鉴频器或锁相环鉴频器。在少数高级的调频调谐器中，还采用了其他种类的鉴频器，如相位跟迹环鉴频器、脉冲计数鉴频器、延迟线鉴频器等。

鉴频器的质量指标集中表现在鉴频特性上。它的输出电压 $u_\Omega(t)$ 的大小与输入调频波的瞬时频率偏移之间的关系，称为鉴频特性，如图 6.10.2 所示。

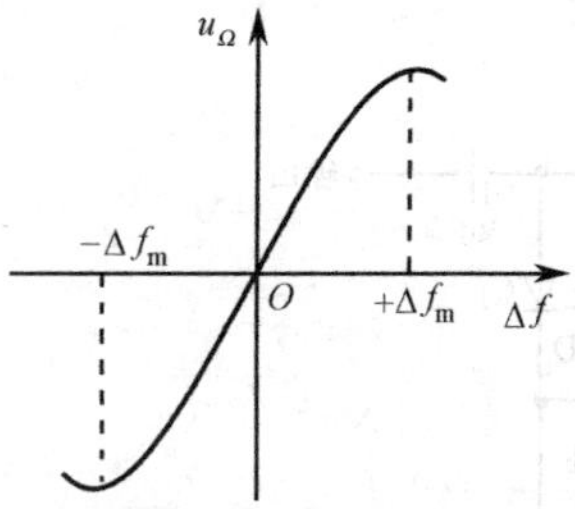

图 6.10.2　鉴频特性曲线

1. 鉴频跨导 g_d

所谓鉴频跨导是指单位频偏所产生输出电压的大小,即鉴频特性的斜率,又称为鉴频灵敏度,用数学式表示为

$$g_d = \left.\frac{du_\Omega}{df}\right|_{f=f_c} \tag{6.10.1}$$

2. 频带宽度 B

从图 6.10.2 看出,特性曲线只有中间一部分线性较好,通常称其为频带宽度 $B(-\Delta f_m \sim \Delta f_m)$。一般要求 B 大于输入调频波频偏的两倍。

3. 非线性失真

为了从调频信号中无失真地解调出调制信号,在 f_c 附近鉴频器输出电压 u_Ω 与瞬时频偏成比例,即在频带 B 内应为一条直线(鉴频跨导 g_d 为常数)。否则输出电压就不能真实地还原出调制信号,会产生非线性失真。

4. 抑制寄生调幅的能力

对调频信号的寄生调幅应具有一定的抑制能力,除比例鉴频器外,一般都在鉴频器前加限幅器。

下面介绍鉴频电路及其工作原理。

6.10.1　斜率鉴频器

斜率鉴频器是利用并联 LC 回路幅频特性的倾斜部分将调频波变换成调幅调频波,它应用于鉴频范围较大的场合。最简单的斜率鉴频器由失谐单谐振回路和晶体二极管包络检波器组成,如图 6.10.1 所示。这里所谓失谐单谐振回路是指该回路对输入调频波的中心频率是失谐的。在实际调整时,为了获得线性的鉴频特性曲线,总是使输入调频波的中心频率处于 LC 回路幅频特性曲线倾斜部分中接近直线段的中点,如图 6.10.1 中 O(或 O') 点。这样,单谐振回路就可将输入等幅调频波变换为幅度反映瞬时频率变化的调幅调频波,然后通过晶体二极管包络检波器完成鉴频功能。

这种电路对调频信号的微分作用是在频域完成的。因为正弦波对时间的微分将使它的幅度乘以频率因子 ω。因而从频域看来,只要使信号幅度随 ω 线性改变,就可以间接完成时域微分的作用。这里正是利用了谐振回路幅度随频率近似为线性改变的特性。

应该指出,该电路的线性范围与灵敏度都是不理想的。因此,在要求较高的情况下,广泛采用双失谐回路斜率鉴频器,如图 6.10.3(a) 所示,其中 $R_1 = R_2$, $C_3 = C_4$,它的鉴频特性如图 6.10.3(b) 所示。

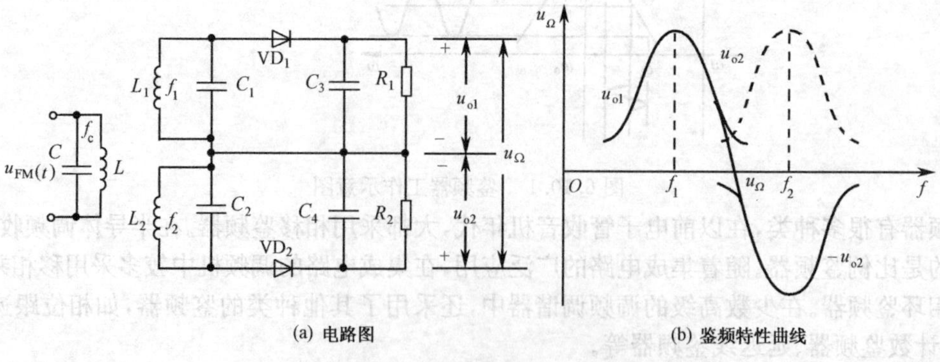

图 6.10.3　双失谐回路斜率鉴频器

这个电路是由两个单失谐回路斜率鉴频器构成的。其中，第一个回路的谐振频率 f_1 低于调频波的中心频率 f_c，第二个回路的谐振频率 f_2 高于 f_c，并且把它们的输出相减。当这两个鉴频器的特性与参数相同，且 $f_c - f_1 = f_2 - f_c$ 时就得到 $u_\Omega(f)$ 的关系曲线，即鉴频特性曲线。显然

$$u_\Omega(f) = u_{o1}(f) - u_{o2}(f) \tag{6.10.2}$$

其鉴频特性的灵敏度、线性范围都比单失谐回路斜率鉴频器大有改善。

图 6.10.4 是一个微波通信机的实用电路。由于 f_c、f_1、f_2 三个回路分别工作于不同的频率，为了减小它们之间的影响，这里不采用互感耦合的方法，而是由两个共基放大器把它们隔离开。

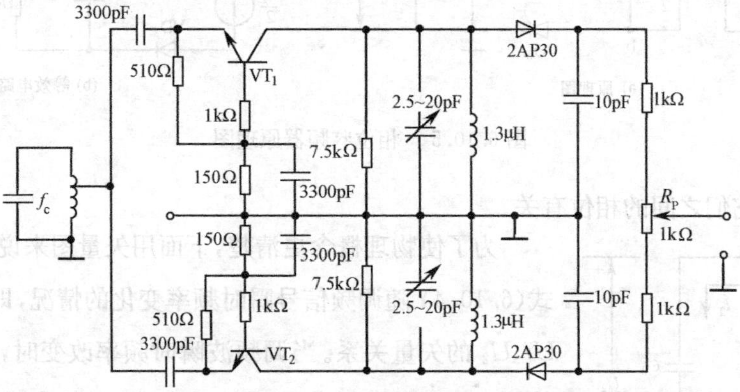

图 6.10.4　双失谐回路斜率鉴频器的实用电路(交流等效电路)

6.10.2　相位鉴频器

相位鉴频器是利用耦合电路的相频特性来实现将调频波变换为调幅调频波的，它是将调频信号的频率变化转换为两个电压之间的相位变化，再将这相位变化转换为对应的幅度变化，然后利用幅度检波器检出幅度的变化。这样，幅度的变化就反映了频率的变化。

常用的相位鉴频器有电感耦合相位鉴频器和电容耦合相位鉴频器两种。本节只介绍电感耦合相位鉴频器。

图 6.10.5(a) 为电感耦合相位鉴频器的原理图。初级回路 L_1C_1、次级回路 L_2C_2 都调谐到调频波的中心角频率 ω_c 上，两个回路的耦合途径有二：一是通过互感 M 耦合，二是通过耦合电容 C_0 耦合。因 C_0、C_4 容量取得较大，对高频可视为短路，故 $\dot{U}_1$ 可直接加到高频扼流圈 L_3 两端。同时 L_3 又是二极管检波器的直流通路。电压 $\dot{U}_1$ 通过互感 M 在 L_2、C_2 并联回路两端产生电压 $\dot{U}_2$，c 点是电感 L_2 的中点，L_2 上下两半线圈的电压各为 $\dot{U}_2/2$。两个二极管 VD_1、VD_2，两个电阻 R，两只电容 C_3、C_4 构成两个对称的幅度检波器。这样，可将图 6.10.5(a) 简化为图 6.10.5(b) 所示的等效电路。

由图 6.10.5(b) 可见，加到二极管两端的高频电压由两部分组成，一部分是加到高频扼流圈 L_3 两端的电压 $\dot{U}_1$，称为参考电压；另一部分是 L_2 一半上的电压 $\dot{U}_2/2$，称为比较电压。因此加到 VD_1，VD_2 两端的总高频电压为

$$\dot{U}_{D1} = \dot{U}_1 + \frac{\dot{U}_2}{2}, \quad \dot{U}_{D2} = \dot{U}_1 - \frac{\dot{U}_2}{2} \tag{6.10.3}$$

鉴频器的输出电压为

$$u_\Omega = u_{o1} - u_{o2} = K_d(U_{D1} - U_{D2}) \tag{6.10.4}$$

式中，K_d 为幅度检波器的电压传输系数。

由上式可知，鉴频器的输出音频电压 u_Ω 不仅与加到二极管两端高频电压的幅值有关，还与

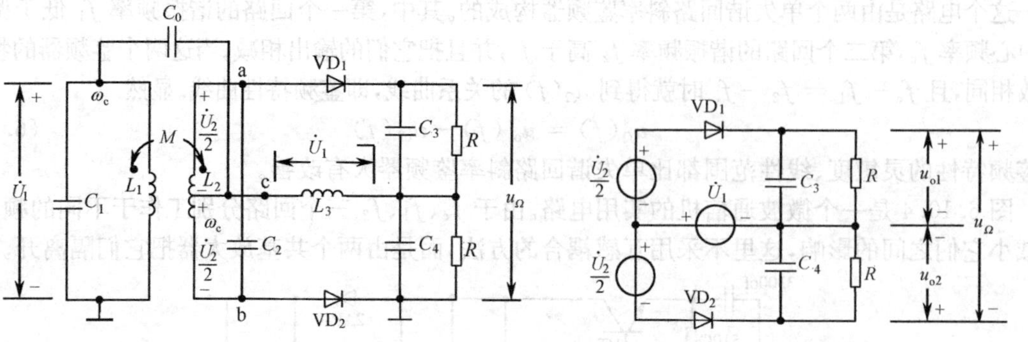

(a) 原理图　　(b) 等效电路

图 6.10.5　相位鉴频器原理图

$\dot U_1$、$\dot U_2$的大小及它们之间的相位有关。

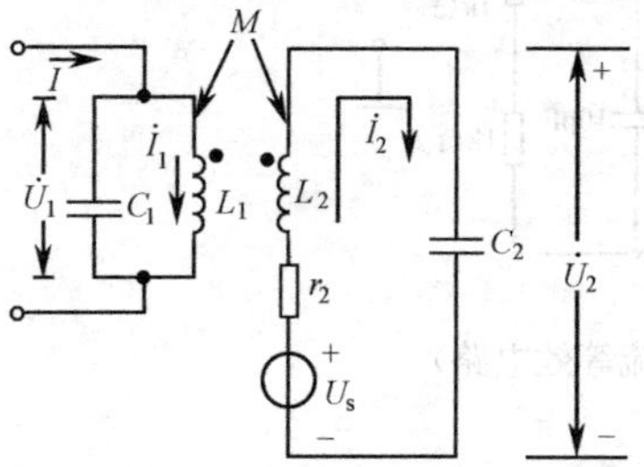

图 6.10.6　次级回路的等效电路

为了使物理概念更清楚,下面用矢量图来说明式(6.10.3)和式(6.10.4)随调频信号瞬时频率变化的情况,即找出 $\dot U_{D1}$、$\dot U_{D2}$与 $\dot U_1$、$\dot U_2$ 的矢量关系。当调频波瞬时频率改变时,由于回路的相频特性,$\dot U_1$、$\dot U_2$之间的相位差就改变,两者的合成矢量 $\dot U_{D1}$、$\dot U_{D2}$ 的幅度也随之改变,这样就从调频波变成了调幅调频波。为了分析方便,现给出次级等效电路,如图 6.10.6 所示。

在估算初级电流时,忽略初级电感本身的损耗和从次级反射到初级的损耗,则

$$\dot I_1 = \frac{\dot U_1}{\mathrm{j}\omega L_1} \tag{6.10.5}$$

初级电流 $\dot I_1$ 在次级回路中产生的感应电压为

$$\dot U_s = \mathrm{j}\omega M \dot I_1 \tag{6.10.6}$$

$\dot U_s$ 在次级回路中产生的电流 $\dot I_2$ 为

$$\dot I_2 = \frac{\dot U_s}{Z_2} \tag{6.10.7}$$

式中,$Z_2 = r_2 + \mathrm{j}\omega L_2 + \dfrac{1}{\mathrm{j}\omega C_2}$,为次级回路的串联阻抗。

$\dot I_2$ 在次级回路 C_2 两端产生的电压 $\dot U_2$ 为

$$\dot U_2 = \dot I_2 \frac{1}{\mathrm{j}\omega C_2} = \frac{\frac{M}{L_1}\dot U_1}{r_2 + \mathrm{j}\omega L_2 + \frac{1}{\mathrm{j}\omega C_2}} \frac{1}{\mathrm{j}\omega C_2} = \frac{k\dot U_1}{\mathrm{j}\omega C_2 r_2} \cdot \frac{1}{\left[1 + \frac{\mathrm{j}\omega L_2}{r_2} + \frac{1}{\mathrm{j}\omega C_2 r_2}\right]}$$

$$= -\mathrm{j}\frac{k\dot U_1}{\omega C_2 r_2\left[1 + \mathrm{j}\left(\frac{\omega\omega_0 L_2}{\omega_0 r_2} - \frac{\omega}{\omega\omega_0 C_2 r_2}\right)\right]} = -\mathrm{j}Qk\dot U_1 \Big/ \left[1 + \mathrm{j}Q\left(\frac{\omega}{\omega_0} - \frac{\omega_0}{\omega}\right)\right]$$

$$= \frac{k\dot U_1}{r_2(1+\mathrm{j}\xi)}\frac{1}{\mathrm{j}\omega C_2} = -\mathrm{j}\frac{1}{\omega C_2 r_2}\frac{k\dot U_1}{(1+\mathrm{j}\xi)}$$

$$=-\mathrm{j}\,\frac{kQ}{1+\mathrm{j}\xi}\dot{U}_1=-\mathrm{j}\,\frac{\eta}{1+\mathrm{j}\xi}\dot{U}_1 \tag{6.10.8}$$

所以

$$\frac{\dot{U}_2}{\dot{U}_1}=\frac{\eta}{\sqrt{1+\xi^2}}\exp\left[\mathrm{j}\left(-\frac{\pi}{2}-\arctan\xi\right)\right]=\frac{\eta}{\sqrt{1+\xi^2}}\exp[\mathrm{j}\varphi] \tag{6.10.9}$$

式中，$\varphi=-\frac{\pi}{2}-\arctan\xi$，$k=M/L$ 为耦合系数，$\eta=kQ$ 为耦合因数，$\xi\approx 2Q\Delta f(t)/f_c$为广义失谐。调频波瞬时频率的变化隐含在广义失谐 ξ 中。

由式(6.10.9)可知，通过耦合回路所建立的次级电压$\dot{U}_2$ 与初级电压$\dot{U}_1$ 相比较，无论是幅值还是相位都随输入调频信号瞬时频率的变化而变化。

假设调频波瞬时频率变化范围在耦合回路的通带之内，认为 U_1 和 U_2基本不变。当广义失谐较小时，则

$$\varphi=-\frac{\pi}{2}-Q\,\frac{2\Delta f(t)}{f_c} \tag{6.10.10}$$

可见，调频波瞬时频率的变化 $\Delta f(t)$ 通过耦合回路后，变成瞬时相位的变化 $\Delta\varphi(t)=2Q\Delta f(t)/f_c$，且两者近似呈线性关系。

根据$\dot{U}_2$ 和$\dot{U}_1$ 之间的相位关系，利用式(6.10.3)和式(6.10.4)可以做出如图 6.10.7 所示的矢量图。

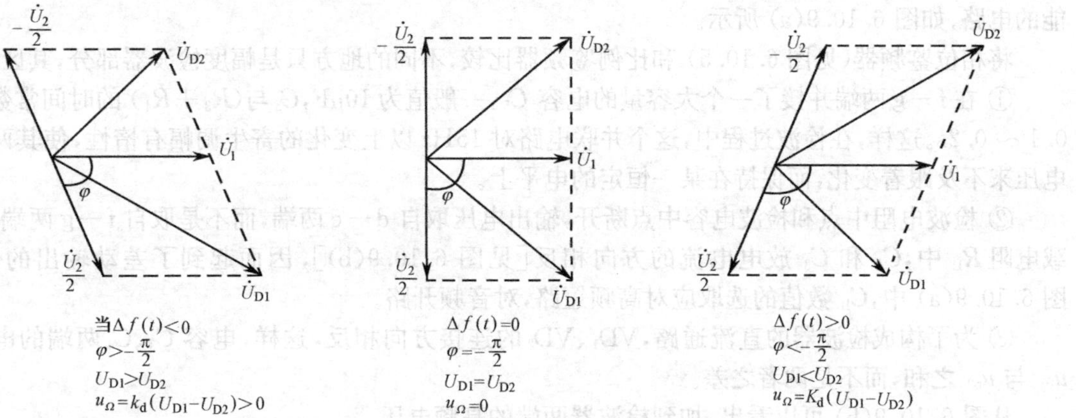

图 6.10.7　相位鉴频器矢量图

由图 6.10.7 所示的几何关系，利用余弦定理不难求得

$$\begin{aligned}U_{D2}-U_{D1}&=-\frac{2U_1U_2}{U_{D1}+U_{D2}}\sin\left[Q\,\frac{2\Delta f(t)}{f_0}\right]\\&\approx Q-\frac{4U_1U_2Q}{(U_{D1}+U_{D2})f_c}\cdot\Delta f(t)\approx k\Delta f_d(t)\end{aligned} \tag{6.10.11}$$

实际的鉴频特性曲线，如图 6.10.8 所示。

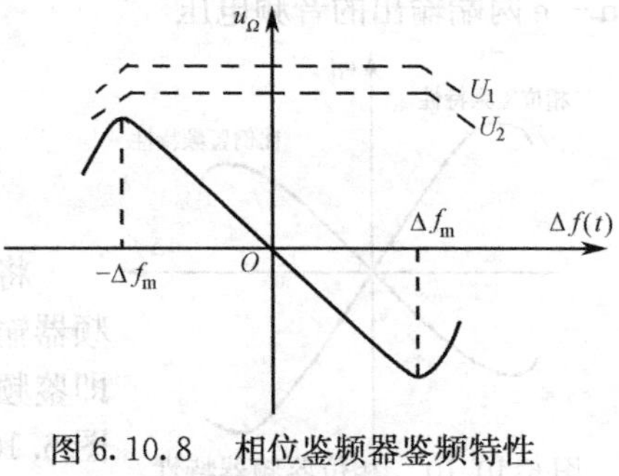

图 6.10.8　相位鉴频器鉴频特性

图中，在 $\Delta f>\Delta f_m$，$\Delta f<-\Delta f_m$ 两边曲线弯曲，使鉴频特性呈 S 曲线，这是因为失谐太严重，U_1、U_2 受耦合回路幅频特性的影响所致，如图中虚线所示。

由式(6.10.11)知,在 $\xi = Q\dfrac{2\Delta f}{f_c}$ 较小时,$u_\Omega(t)$ 与 $\Delta f(t)$ 成正比。实现了调频波的解调。

6.10.3 比例鉴频器

相位鉴频器中,输入信号的幅度变化必将导致输出波形的失真。发射机的调制特性或接收机的谐振曲线的不理想以及外界干扰和内部噪声的影响,使鉴频器输入端的调频信号引起寄生调幅。因此,相位鉴频器前必须加限幅器。为了有效限幅,往往要求限幅器输入端的电压在 1V 量级,这就需

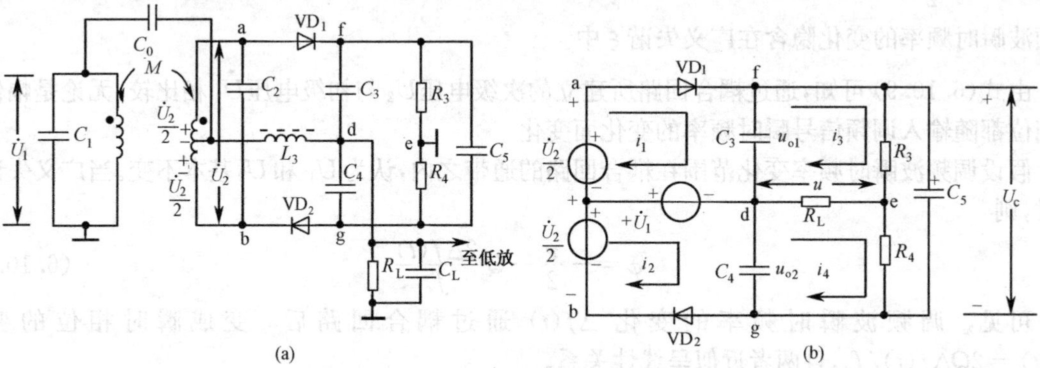

图 6.10.9 比例鉴频器及其等效电路

要限幅器以前有较大的放大量,即要求接收机的级数增加。比例鉴频器就是这种兼有鉴频和限幅功能的电路,如图 6.10.9(a) 所示。

将相位鉴频器(见图 6.10.5)和比例鉴频器比较,不同的地方只是幅度检波器部分,其区别是:

① 在 f－g 两端并接了一个大容量的电容 C_5,一般值为 $10\mu F$,C_5 与 (R_3+R_4) 的时间常数约为 0.1～0.2s。这样,在检波过程中,这个并联电路对 15Hz 以上变化的寄生调幅有惰性,使其两端的电压来不及跟着变化,而保持在某一恒定的电平上。

② 检波电阻中点和检波电容中点断开,输出电压取自 d－e 两端,而不是取自 f－g 两端。在负载电阻 R_L 中,C_4 和 C_3 放电电流的方向相反[见图 6.10.9(b)],因而起到了差动输出的作用。图 6.10.9(a) 中,C_L 数值的选取应对高频短路,对音频开路。

③ 为了构成检波器的直流通路,VD_1、VD_2 的连接方向相反,这样,电容 C_3、C_4 两端的电压是 u_{o1} 与 u_{o2} 之和,而不是两者之差。

从图 6.10.9(b) 可以看出,加到检波器两端的高频电压

$$\dot{U}_{D1} = \dot{U}_1 + \frac{\dot{U}_2}{2},\quad \dot{U}_{D2} = -\dot{U}_1 + \frac{\dot{U}_2}{2} \tag{6.10.12}$$

d－e 两端输出的音频电压

$$u_\Omega = u_{o2} - \frac{1}{2}(u_{o1} + u_{o2}) = -\frac{1}{2}(u_{o1} - u_{o2}) \tag{6.10.13}$$

$$u_\Omega = -\frac{1}{2}(u_{o1} - u_{o2}) = -\frac{1}{2}K_d(U_{D1} - U_{D2}) \tag{6.10.14}$$

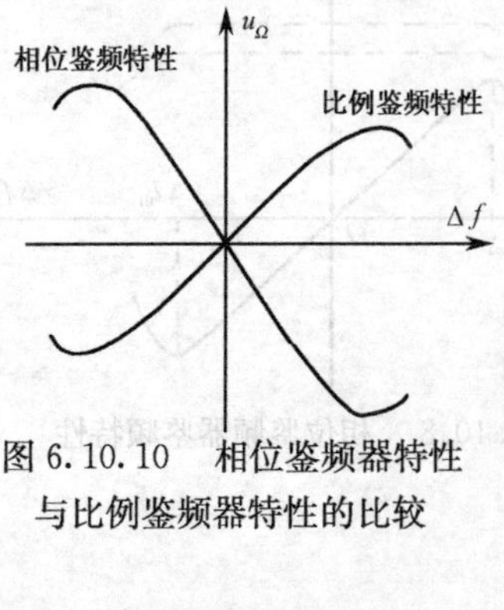

图 6.10.10 相位鉴频器特性与比例鉴频器特性的比较

将该式与式(6.10.4)相比,在 U_{D1} 与 U_{D2} 相同的条件下,比例鉴频器输出音频电压的幅度比相位鉴频输出的音频电压幅度小一半,即鉴频跨导 g_d 小一半;此外,鉴频特性(即 S 曲线)也是反相的,如图 6.10.10 所示。

和相位鉴频器比较,因为波形变换部分没有变,所以比例鉴频

器 $\dot{U}_2$ 与 $\dot{U}_1$ 之间的相位关系仍满足式(6.10.10)，即 $\varphi\approx-\pi/2-2[Q\Delta f(t)]/f_c$。随着调频波瞬时频率的变化，由式(6.10.12) 所确定的矢量图如图 6.10.11 所示，再由式(6.10.14) 可得输出音频电压和瞬时频率的变化关系。

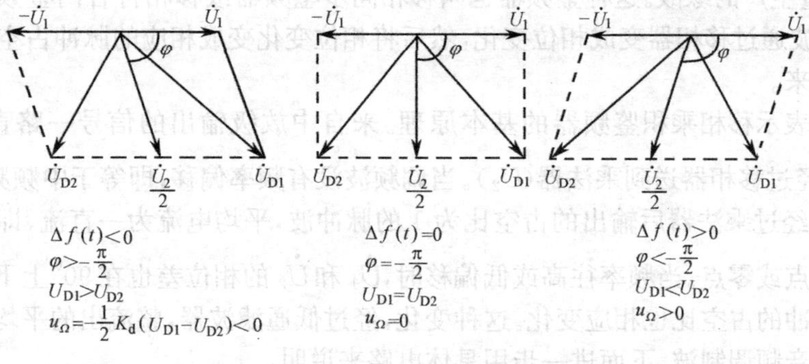

图 6.10.11　比例鉴频器矢量图

由该矢量图同样可得出如图 6.10.10 所示的比例鉴频器的鉴频特性曲线。

将式(6.10.14) 变换如下

$$u_\Omega=\frac{1}{2}(u_{o1}+u_{o2})\left(\frac{2}{1+\dfrac{u_{o1}}{u_{o2}}}-1\right)=\frac{1}{2}U_c\left(\frac{2}{1+\dfrac{U_{D1}}{U_{D2}}}-1\right)\tag{6.10.15}$$

可以看出，由于 U_c 近似不变，所以 u_Ω 的大小取决于 U_{D1} 与 U_{D2} 的比值。当调频信号瞬时频率改变时，U_{D1} 与 U_{D2} 的比值随之变化，输出电压 u_Ω 亦随之变化，即完成了鉴频作用。正是由于输出电压 u_Ω 与 U_{D1} 和 U_{D2} 的比值有关，因而取名为比例鉴频器。

如果输入调频信号伴随有寄生调幅现象，使 U_{D1} 和 U_{D2} 同时增大或减小，那么比值 U_{D1}/U_{D2} 可维持不变，因而输出电压与输入调频波的幅度变化无关，起到抑制寄生调幅的作用。从物理概念上来讲，当输入调频波的幅度有变化时，例如幅度增大，则 U_{D1} 和 U_{D2} 都随之增加，经二极管 VD_1 和 VD_2 的平均电流就增加。但是由于大电容 C_5 的作用，电压 U_c 保持不变，这就意味着流通角加大，相当于检波器的传输系数 K_d 减小。这样，即使 U_{D1}、U_{D2} 增大了，输出电压 u_{o1}、u_{o2} 之和仍不增加。

必须注意，由于 U_c 恒定，相当于给二极管提供了一个固定的直流负偏置，如果输入调频波幅度减小很多就会使二极管截止，鉴频器在这一时刻就失去了鉴频作用，使输出信号产生严重的失真。这种现象称为向下寄生调幅的阻塞效应。通常在两个二极管支路上串接两个电阻以减小 U_c 的影响，如图 6.10.12 中的 R_1 和 R_2。该电路为电视接收机中采用的实用电路。

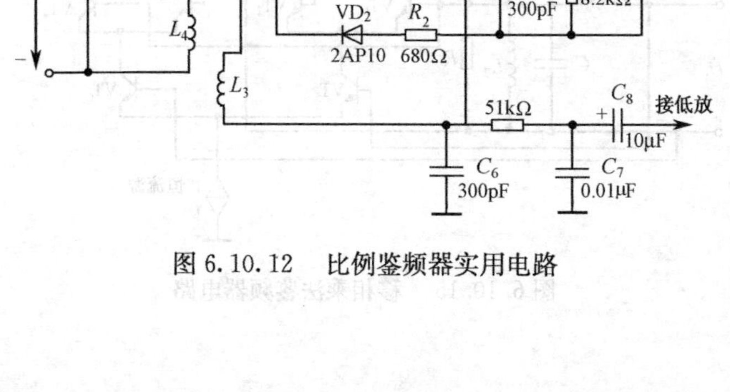

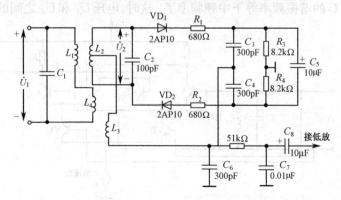

图 6.10.12　比例鉴频器实用电路

6.10.4 移相乘积鉴频器

这种鉴频器现在被广泛用于集成电路的调频机中。这是因为其电路易于集成化，成本低，调试简单，适合于大量生产的缘故。这种鉴频器也叫移相同步鉴频器或移相符合门鉴频器等。其鉴频原理为：先将调频波通过移相器变成相位变化，然后将相位变化变成相应的脉冲占空比的变化，从而还原出音频信号来。

图 6.10.14 表示移相乘积鉴频器的基本原理。来自中放级输出的信号一路直接送到乘法器($\dot{U}_1$)，另外一路经过移相器送到乘法器($\dot{U}_2$)。当调频波没有频率偏移，即等于中频频率时，$\dot{U}_1$ 和 $\dot{U}_2$ 的相位差为 90°，经过乘法器后输出的占空比为 1 的脉冲波，平均电流为一直流，即无输出。以此直流电平作为基准点或零点。当频率往高或低偏移时，$\dot{U}_1$ 和 $\dot{U}_2$ 的相位差也在 90° 上下做相应变化。于是乘法器输出脉冲的占空比也相应变化。这种变化，经过低通滤波器，整流出的平均值也随之变化，而这种变化正是音频调制波。下面进一步用具体电路来说明。

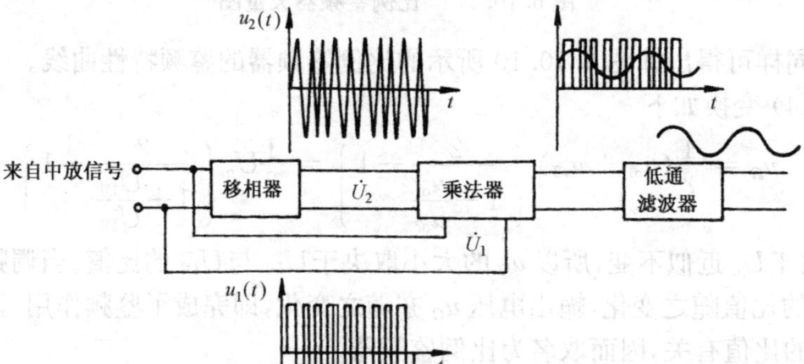

图 6.10.14 移相乘积鉴频器方框图

电路的形式有多种，但原理基本相同。图 6.10.15 是一个典型电路，其中移相电路由一个电感 L_1 和一个谐振回路 L_2、C 组成，接在集成电路的外部。乘法器是一个双平衡差分式乘法门电路，是多功能集成电路块中的一部分。

我们先来说明移相电路的原理。从中频放大器输出的信号 $\dot{U}_1$ 在 L_1 以前就送到乘法器的一个与门，在 L_1 之后，经过移相的电压 $\dot{U}_2$ 送到乘法器的一个与门。L_1 远大于 L_2，且 L_1、L_2 的并联总电感 $L(L = L_1 /\!/ L_2)$ 和 C 的谐振频率等于中频频率 f_0。这时，电压 $\dot{U}_1$ 和 $\dot{U}_2$ 之间的相位差恰好是 90°。

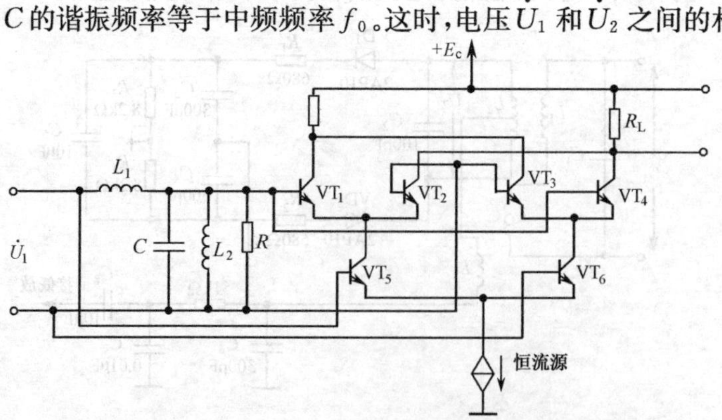

图 6.10.15 移相乘法鉴频器电路

图 6.10.16(b) 画出这时各电压之间的矢量关系。因 L_1 并联 L_2 和 C 对 f_0 谐振，所以 L_2C 回路的谐振频率略低于 f_0，故 L_2C 回路对 f_0 来说呈电容性，即流过 C 的电流 $|\dot{I}_c|$ 稍大于流过 L_2 中的电流 $|\dot{I}_{L2}|$。因 $|\dot{I}_c|$ 超前 $\dot{U}_2$ 了 90°，$\dot{I}_{L2}$ 落后 $\dot{U}_2$ 了 90°，两者方向相反，而 $|\dot{I}_c|>|\dot{I}_{L2}|$，所以有剩余电流 $\dot{I}_c'$。流过电阻 R 的电流 $\dot{I}_R$ 和 $\dot{U}_2$ 同相，由 $\dot{I}_c$ 和 $\dot{I}_R$ 合成的总电流 $\dot{I}_1$ 超前 $\dot{U}_2$ 一个角度，当 $\dot{I}_1$ 流过 L_1 时，在 L_1 上的电压 $\dot{U}_{L1}$ 总是超前 $\dot{I}_1$ 90°。故 $\dot{U}_{L1}$ 超前 $\dot{U}_2$ 大于 90°。又因电压 $\dot{U}_1$ 是 $\dot{U}_{L1}$ 和 $\dot{U}_2$ 的矢量和，故只要 L_1 的值调整合适，可使 $\dot{U}_1$ 恰好超前 $\dot{U}_2$ 90°，这就是从中放来的中频频率等于 f_0 时各元件中的电压电流关系。

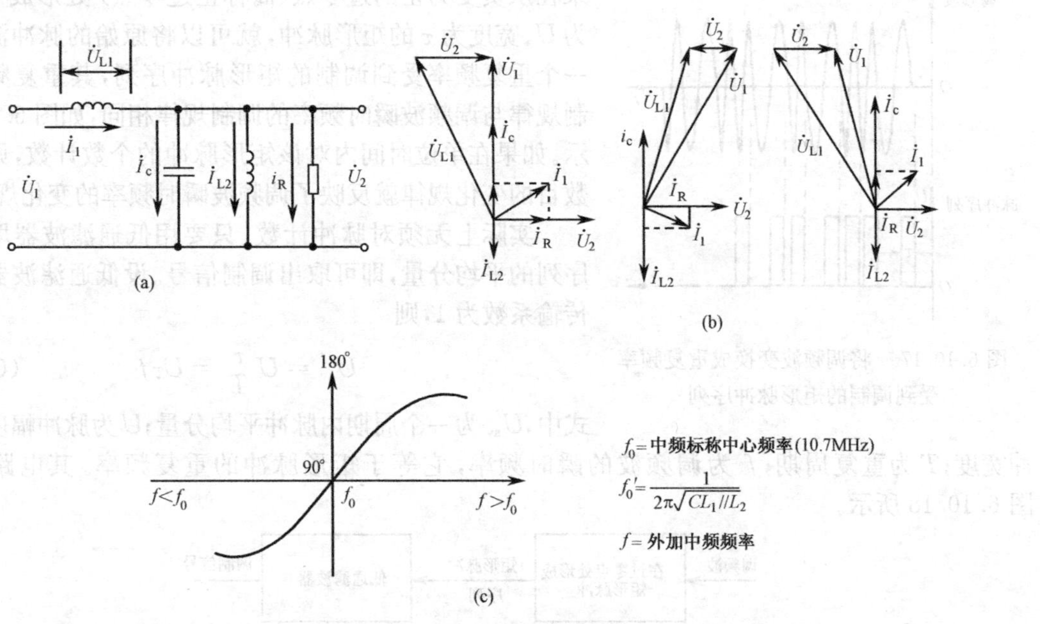

图 6.10.16　移相器工作原理图

当中频频率向低于 f_0 偏移时，L_2 支路中的电流渐渐大于 C 支路的电流，总电流 $\dot{I}_1$ 逐渐向顺时针方向旋转。频率偏移越低，$\dot{I}_1$ 越滞后电压 $\dot{U}_2$，但 $\dot{U}_{L1}$ 始终超前 $\dot{I}_1$ 90°，所以合成电压 $\dot{U}_1$ 超前 $\dot{U}_2$ 的角度小于 90°。

当中心频率高于 f_0 时，L_2C 的回路呈现更大的容性，电流 $\dot{I}_1$ 更超前电压 $\dot{U}_2$，而 $\dot{U}_{L1}$ 始终超前 $\dot{I}_1$ 90°，所以合成电压 $\dot{U}_1$ 超前 $\dot{U}_2$ 的角度大于 90°。

总起来说，当中心频率由低向高变化时，$\dot{U}_1$ 和 $\dot{U}_2$ 的相位角在 90° 以下和以上两个方向变化。

下面我们来讨论乘法器的工作原理。我们知道，当晶体管工作在小信号的工作状态时，输出信号随着输入信号的大小而变，起放大作用。但当它工作于大信号的工作状态时，放大器的输入信号很大，此时只能起一个开关的作用。当输入正信号时晶体管导通，当输入负信号时晶体管截止，这时的晶体管可以看做一个电子开关。在调频收音机的移相乘积鉴频器中，晶体管一般工作在大信号状态，这样可以获得较宽的工作范围。它的缺点是内部噪声较大，但收音机不像电视机有图像干扰的麻烦，所以问题不大。

6.10.5　脉冲均值鉴频器

脉冲均值鉴频器就是利用调频波的过零信息。因为调频波的频率是随调制信号而变化的，所以,它们在相同的时间间隔内过零点的数目也会不相同。在频率高的地方过零点的数目就多,而在频率低的地方过零点的数目就少。利用这个特点,在每个过零点处形成一个等幅等宽的脉冲,那么,这个脉冲序列的平均分量就反映了频率的变化。用滤波器取出这个平均分量就是所需的调制信号。

按照这种鉴频方法可以设计脉冲计数式鉴频器,同样可以集成。其优点就是线性好,频带宽,中心频率适应范围宽,目前中心频率可做到 1Hz ~ 10MHz 的范围,如果配合混频器使用可扩展到 100MHz。

调频波瞬时频率的变化,直接表现为调频信号通过零值时的点(简称过零点)的疏密变化。如果在从负变为正的过零点(简称正过零点)处形成一个振幅为 U、宽度为 τ 的矩形脉冲,就可以将原始的脉冲波变换成一个重复频率受到调制的矩形脉冲序列,其重复频率的调制规律与调频波瞬时频率的调制规律相同,如图 6.10.17 所示。如果在单位时间内对该矩形脉冲的个数计数,则所得的数目的变化规律就反映了调频波瞬时频率的变化规律。

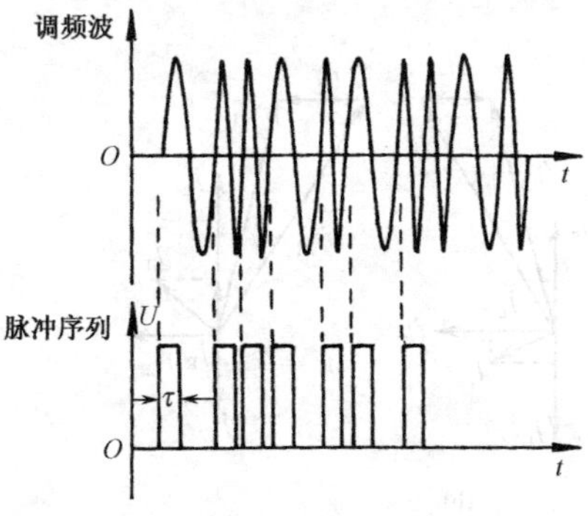

图 6.10.17 将调频波变换成重复频率受到调制的矩形脉冲序列

实际上无须对脉冲计数,只要用低通滤波器取出脉冲序列的平均分量,即可取出调制信号。设低通滤波器的电压传输系数为 1,则

$$U_{av}' = U\frac{\tau}{T} = U\tau f \qquad (6.10.19)$$

式中,U_{av}' 为一个周期内脉冲平均分量;U 为脉冲幅度;τ 为脉冲宽度;T 为重复周期;f 为调频波的瞬时频率,它等于矩形脉冲的重复频率。其电路构成如图 6.10.18 所示。

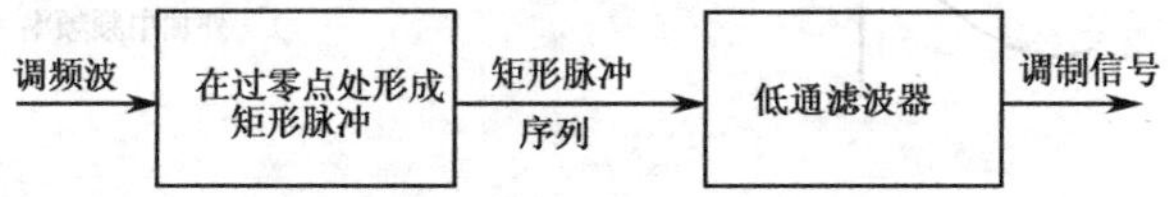

图 6.10.18 脉冲计数式鉴频器框图

*6.10.6 锁相环鉴频器

锁相环鉴频器与跟相环鉴频器将在第 8 章、第 9 章进行详细介绍。考虑鉴频器的归类,在这一节里只做简单介绍。

这种鉴频器应用了现代的锁相环技术,能够获得较好的性能。它最初用在高档调谐器中,随着集成电路的普及,也逐渐用在普通的调谐器中。锁相环鉴频器简写成 PLL 鉴频器,其原理方框图如图 6.10.19(a) 所示。它由相位比较器(鉴相器)、低通滤波器和压控振荡器三部分组成一个环路。外来的调频信号进入相位比较器,压控振荡器也以与调频信号的载波相接近的频率送一个信号给相位比较器。当调频信号没有频率偏移,而压控振荡器的频率与外来载波信号的频率有差异时,通过相位比较器时输出一个误差电压。这个误差电压的频率较低,能够经过低通滤波器滤出来,再去控制压控振荡器,使振荡频率趋近于外来的信号频率。于是误差信号越来越小,直到压控振荡器的频率和外来信号一样,压控振荡器的频率被锁定在与外来信号相同的频率上,环路处于锁定状态。

当调频信号有频率偏移时,和原来稳定在载波中心频率上的压控振荡器相位比较的结果,相位比较器输出一个误差电压 U_0,如图 6.10.19(b) 所示,以使压控振荡器向外来信号的频率靠近。由于压控振荡器始终想要和外来信号的频率锁定,为达到锁定的条件,相位比较器和低通滤波器向控

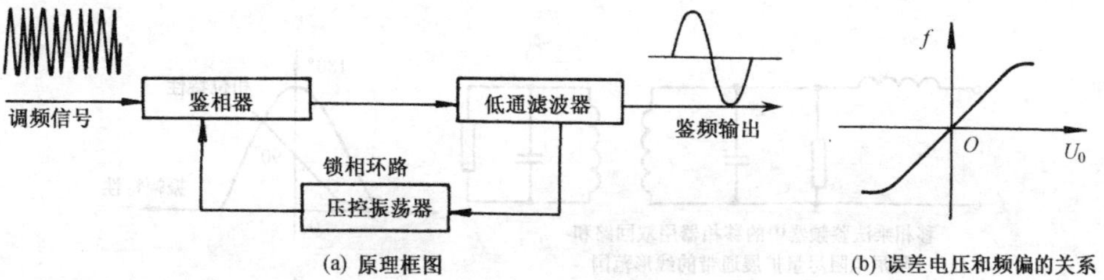

(a) 原理框图　　(b) 误差电压和频偏的关系

图 6.10.19　锁相环鉴频器方框图

制压控振荡器输出的误差电压，必须和外来信号载波频率偏移相一致。这个从低通滤波器输出的控制电压，将随调频中频信号的频偏的变化而变化。也就是说，这一误差控制信号就是音频调制信号，于是完成了鉴频作用。

*6.10.7　跟相环鉴频器

跟相环鉴频器全名叫相位跟踪环鉴频器，简称 PTL 鉴频器。它结合了上述移相乘积鉴频器和锁相环鉴频器两者的特性，用移相器取代压控振荡器，组成一个锁相环路，如图 6.10.20 所示。

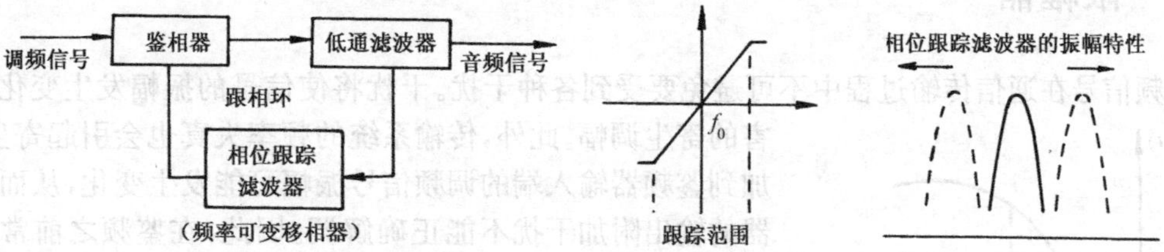

图 6.10.20　跟相环鉴频器

移相器和前述移相乘积鉴频器有些不同，前述移相器的调谐回路中心频率不变，因此要求该谐振回路有足够的通带，以保证鉴频的线性。但在跟相环中其移相器中的调谐回路的中心频率是可变的。它的回路中有一个变容二极管，受环路低通滤波器输出电压的控制而改变电容，因此，调谐回路的中心频率能够变化，随时跟踪外来变化着的载波频率，使之与其相同。故这个移相器也称为相位跟踪滤波器。跟相环鉴频器的工作原理和上述锁相环鉴频器相似，当外来的载波频率变化时，它与由移相器输出而来的电压因频率不同而引起相位差，鉴相器输出一个误差电压，经过低通滤波器，反馈到移相器的调谐回路，使其频率改变，使加至鉴相器的信号和载波频率一样而相位差 90°。于是鉴相器输出的误差电压为零，环路锁定。上述在鉴频器输出的误差电压的变化，是和载波的频率偏移一致的，因此，这个误差电压就是鉴频出来的音频信号。

这种移相器由于中心频率随时能跟踪外来载波的频率偏移，所以不需要像移相乘积鉴频器那样要求宽带特性，而可以使回路的 Q_L 值尽量高，做成窄带，仍能工作在回路特性曲线中间一段线性区内，不会引起失真，并能更好地滤除杂音，提高信噪比和抗干扰能力。图 6.10.21 是两种移相器带宽的比较。

跟相环鉴频器也具有锁相环鉴频器那些优点，如信噪比好，失真小，抗干扰性能好，工作稳定和具有调幅一致能力，而且因没有压控振荡器，故没有振荡辐射干扰。但本身因没有振荡源，环路的信噪比受输入信号大小的影响较大。为此，要使小信号输入时能保持输出信号良好的信噪比，必须要求环路有非常高的增益。

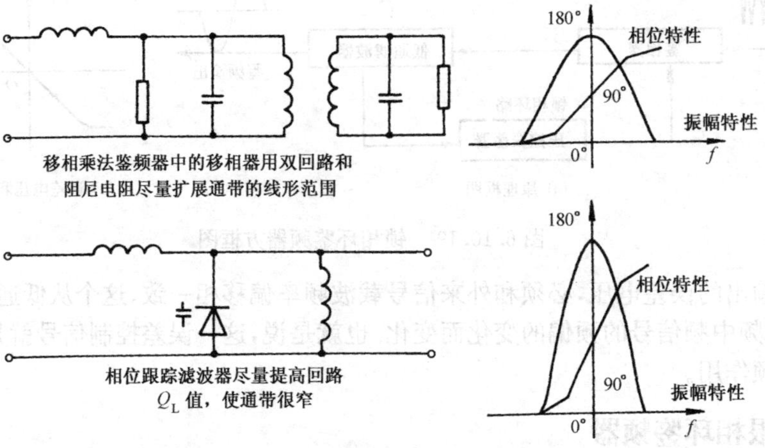

图 6.10.21 移相乘法鉴频器中的移相器和跟相环鉴频器中的移相器比较

6.11 限幅器

调频信号在通信传输过程中不可避免要受到各种干扰。干扰将使信号的振幅发生变化产生有害的寄生调幅。此外，传输系统的频率失真也会引起寄生调幅。加到鉴频器输入端的调频信号振幅可能发生变化，从而使鉴频器的输出附加干扰不能正确解调。因此，在鉴频之前常常接入限幅器。对限幅器的要求是在消除寄生调幅时，不改变调频信号的频率变化规律。

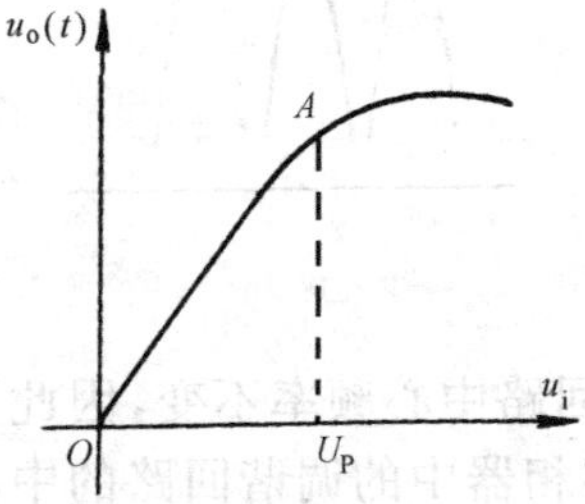

图 6.11.1 限幅特性曲线

限幅器通常由非线性器件和谐振回路组成。当带有寄生调幅的调频信号通过非线性器件后，便削去了幅度变化的部分。但此时波形产生了失真，即有新的频率成分出现。因此必须滤除不需要的频率部分，这是靠谐振回路来实现的。

根据限幅器的作用，它必须具有如图 6.11.1 所示的特性。图中曲线表示输出电压 u_o 与输入电压 u_i 的关系。在 OA 段输出电压随输入电压的增加而增加；A 点以后，输入电压 u_i 增加，输出电压 u_o 保持一个恒定值。A 点称为限幅门限，相应地输入电压 U_p 称为门限电压。显然，只有输入电压超过门限电压 U_p 时，才会产生限幅作用。

6.11.1 晶体二极管限幅器

图 6.11.2(a) 为双晶体二极管限幅器。由图可见，当输入电压 $|u_i|$ 小于晶体二极管的截止电压 U_{bz} 时二极管截止；当 $|u_i|$ 大于 U_{bz} 时二极管导通，因此，可画出 u_o 随 u_i 变化的特性，如图 6.11.2(b) 所示。图中 AB 段的斜率为 $R_L/(R_L+R_S)$，而 $A'A$ 段和 $B'B$ 段的斜率为 $(R_L /\!/ r_d)/(R_S+R_L /\!/ r_d) \approx r_d/(R_S+r_d)$（$r_d$ 为二极管导通电阻）。由于 $r_d \ll R_L$，所以 $A'A$ 和 $B'B$ 段的斜率远小于 AB 段的斜率。这样，当 $|u_i|$ 大于 V_{bz} 时，输出电压波形就近似变为上、下顶部被削平的梯形波，用带通滤波器选出其基波分量，就变成了等幅调频波。

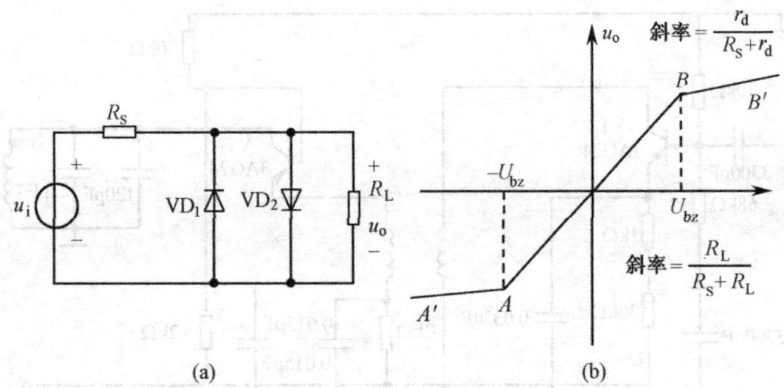

图 6.11.2　双二极管限幅器

6.11.2 晶体三极管限幅器

利用三极管做削波元件组成的限幅电路，如图 6.11.3 所示。从形式上来看，它与一般调谐放大器没有什么区别，但其工作状态却有别于调谐放大器。其工作波形如图 6.11.4 所示。在输入信号较小时，限幅器处于放大状态，起普通中频放大器的作用。当输入信号较大时，正半周受饱和特性削波，负半周被截止特性削波，起限幅器的作用。为了有效地限幅，可降低集电极电源电压（即加大图 6.11.3 中 R_c 的阻值），也可降低基极偏置电压，或者增大集电极回路的交流负载电阻。

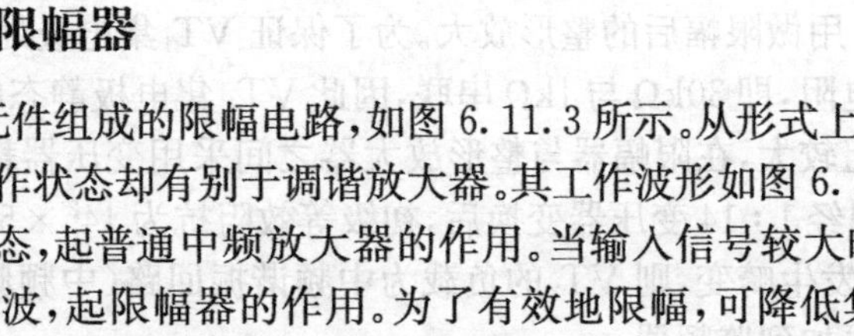

图 6.11.3　三极管限幅器电路原理图

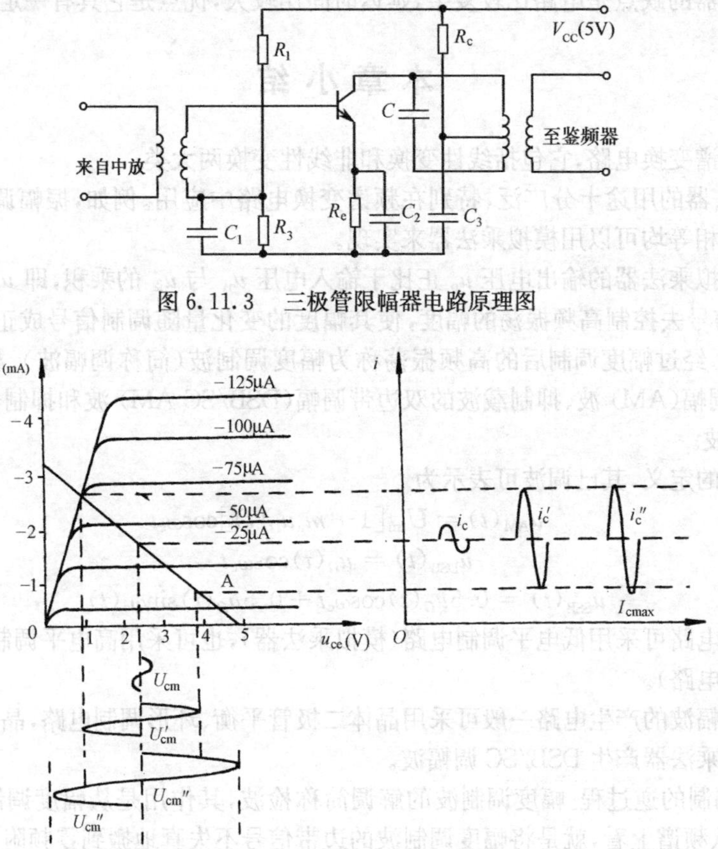

图 6.11.4　限幅器的工作波形图

某调频通信机晶体三极管限幅器实际电路如图 6.11.5 所示，它由晶体管 VT_1 和 VT_2 组成。

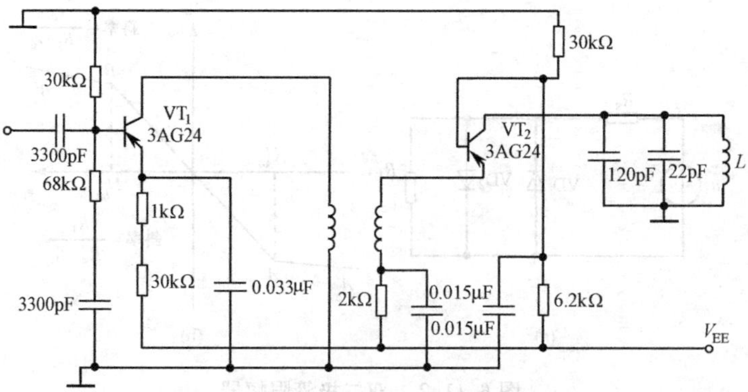

图 6.11.5　三极管限幅器的实际电路

VT_1 完成限幅作用,VT_2 用做限幅后的整形放大。为了保证 VT_1 集电极处于低直流电压状态,在它的发射极接入了较大的电阻,即 30kΩ 与 1kΩ 串联,因此 VT_1 集电极静态电流只有 0.2mA 左右。为了使集电极交流负载电阻较大,在限幅器与整形放大器之间采用变压器耦合。设 VT_2 输入阻抗为 50 Ω 左右(共基电路),则经 1∶14 变压器变换后,初级等效阻抗为 $14^2 \times 50 \approx 10\text{k}\Omega$,这个数值是较大的。信号经限幅后波形发生畸变,则 VT_2 的负载为中频谐振回路(中频频率 1.5MHz),可滤除谐波,取出中频正弦信号,再加到鉴频器。

三极管限幅器的缺点是电路比较复杂,延迟时间比较大,优点是它具有一定的放大能力。

本章小结

本章介绍频谱变换电路,它包括线性变换和非线性变换两大类。

1. 模拟乘法器的用途十分广泛,特别在频谱变换电路中应用。例如,振幅调制、混频、倍频、同步检测、鉴频、鉴相等均可以用模拟乘法器来实现。

变跨导式模拟乘法器的输出电压 u_o 正比于输入电压 u_{i1} 与 u_{i2} 的乘积,即 $u_o = ku_{i1}u_{i2}$。

2. 用调制信号去控制高频振荡的幅度,使其幅度的变化量随调制信号成正比例变化,这一过程称为幅度调制。经过幅度调制后的高频振荡称为幅度调制波(简称调幅波)。根据频谱的结构不同,可分为普通调幅(AM) 波、抑制载波的双边带调幅(DSB/SC AM) 波和抑制载波的单边带调幅(SSB/SC AM) 波。

根据调幅波的定义,其已调波可表示为

$$u_{AM}(t) = U_{cm}[1 + m_a u_\Omega(t)]\cos\omega_c t$$

$$u_{DSB}(t) = u_\Omega(t)\cos\omega_c t$$

$$u_{SSB}(t) = 0.5u_\Omega(t)\cos\omega_c t + 0.5u_\Omega(t)\sin\omega_c(t)$$

普通调幅波产生电路可采用低电平调制电路(模拟乘法器),也可采用高电平调制电路(集电极调制电路或基极调制电路)。

抑制载波调幅波的产生电路一般可采用晶体二极管平衡、环形调制电路,晶体二极管桥式调制电路和利用模拟乘法器产生 DSB/SC 调幅波。

3. 解调是调制的逆过程。幅度调制波的解调简称检波,其作用是从幅度调制波中不失真地检出调制信号来。从频谱上看,就是将幅度调制波的边带信号不失真地搬到零频附近。

对于大信号检波可采用二极管串联型检波器,对于小信号检波宜采用同步解调。而对于抑制载波的调幅波只能采用同步检波器才能解调,或将其变换为大信号 AM 波,再用二极管包络检波器解调。

4. 混频电路是超外差接收机的重要组成部分。它的基本功能是在保持调制类型和调制参数不变的情况下，将高频振荡的频率 f_S 变换为固定频率的中频 f_I，以利于提高接收机的灵敏度和选择性。因此，混频电路也是典型的频谱搬移电路。

混频电路可采用二极管平衡和环形混频电路、三极管混频电路，亦可采用模拟乘法器混频电路，后者比前两种混频电路输出的信号频谱更纯。

5. 在通信系统中，角度调制及解调不同于频谱搬移电路，它是用低频信号去调制高频振荡的相角或者从已调波中检出调制信号进行的频谱变换，这种变换属非线性变换。

如果高频振荡器的频率变化量和调制信号成正比则称 FM。

如果高频振荡器的相位变化量和调制信号成正比则称 PM。

由于频率的变化和相位的变化都表现为总相角的变化，因此，将 FM 和 PM 统称为调角。

6. 实现调频的方法有两种：一是直接调频，二是间接调频。其中利用变容二极管直接调频应用最多。

7. 调频波的解调称为鉴频，完成鉴频功能的电路称为鉴频器。

调相波的解调称为鉴相，完成鉴相功能的电路称为鉴相器。

调频和调相之间存在密切的关系，即调频必调相，调相必调频。同样，鉴频和鉴相也可相互利用，既可以用鉴频的方法实现鉴相，也可以用鉴相的方法实现鉴频。

调频波的解调电路有许多种，本章介绍了斜率鉴频器、相位鉴频器、比例鉴频器、移相乘积鉴频器、脉冲均值鉴频器、锁相环鉴频器和跟相环鉴频器等。

习　题　六

6.1　已知调制信号为 $u_\Omega = U_{\Omega m}\cos\Omega t$，载波信号为 $u_c = U_{cm}\cos\omega_c t$，调幅的比例系数为 k_a，(1) 写出调幅定义的数学表达式。(2) 写出普通调幅波、DSB/SC 调幅波、SSB/SC 调幅波的数学表达式，并画出其频谱图。

6.2　有一调幅波 $u = 25(1 + 0.7\cos 2\pi 5000t - 0.3\cos 2\pi 10\,000t)\sin 2\pi \times 10^6\, t$V，

(1) 试求它所包含的各分量的频率与振幅值。(2) 绘出该调幅波包络的形状，并求出峰值与谷值调幅度。

6.3　已知负载电阻 R_L 上调幅波 $u(t) = (100 + 25\cos\Omega t)\cos\omega_c t$ V，求：

(1) 载波电压的振幅值 U_m；(2) 已调波电压的最大振幅值 U_{max}；(3) 已调波电压的最小振幅值 U_{min}；(4) 调幅指数 m_a；(5) 若负载电阻 $R_L = 1\text{k}\Omega$，计算负载电阻 R_L 上吸收的载波功率 P_c；负载电阻 R_L 上吸收的两个边频功率之和 P_{side}。

6.4　根据给出的调幅波表达式，试画出它的波形和频谱(假定 $\omega_c = 5\Omega$)。

(1) $(1 + \cos\Omega t)\sin\omega_c t$。(2) $\left(1 + \frac{1}{2}\cos\Omega t\right)\cos\omega_c t$。(3) $\sin\Omega t \sin\omega_c t$。

6.5　若调幅波的最大振幅值为 10V，最小振幅值为 6V，试问此时调制系数 m_a 应是多少？

6.6　已知一调幅波的电压为 $u = [15 + 8\sin(6\pi \times 10^2 t) - 6\cos(6\pi \times 10^4 t)]\cos(2\pi \times 10^6 t)$ V，求：(1) 调幅波内包含的频率。(2) 各频率的振幅值。

6.7　若单一频率调幅波在载波状态时输出功率为 100W，调幅度 $m_a = 30\%$，求(1) 边频(上边频或下边频) 输出功率。(2) 边频与载频总输出功率。(3) 最大功率状态时的输出功率。

6.8　有一调幅波，载波功率 100W，试求当 $m_a = 1$ 与 $m_a = 0.3$ 时每一边频的功率。

6.9　指出下列两种电压是哪种已调波？写出已调波电压的表示式，并计算消耗在单位电阻上的边带功率和平均功率以及已调波的频谱宽度。(1) $u = 2\cos 100\pi t + 0.1\cos 90\pi t + 0.1\cos 110\pi t$ V (2) $u = 0.1\cos 90\pi t + 0.1\cos 110\pi t$ V

6.10 在图 P6.1(a) 所示电路模型中,u_c是重复频率为 100kHz 的方波信号,如图 P6.1(b) 所示。若将该电路模型作为下列功能的频谱搬移电路,试画出滤波器(理想)的幅频特性曲线,并写出电压 u_o 的表达式。

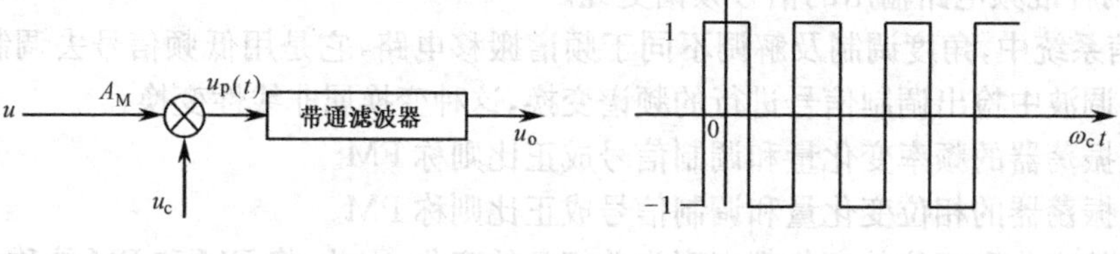

图 P6.1 习题 6.10 图

(1) $u = u_\Omega = \sum_{n=1}^{10} U_{\Omega n}\cos(2\pi n \times 300t)$,要求输出载频为 300kHz 的 DSB/SC 调幅信号;

(2) $u = u_{AM} = U_c\left[1 + \sum_{n=1}^{10} m_{an}\cos(2\pi n \times 300t)\right]\cos(2\pi \times 100 \times 10^3 t)$,要求输出电压不失真地反映调制信号的变化规律;

(3) $u = u_{DSB} = U_c\left[\sum_{n=1}^{10} m_{an}\cos(2\pi \times 300t)\right]\cos(2\pi \times 450 \times 10^3 t)$,要求输出载波频率为 50kHz 的双边带调制信号。

6.11 同步检波器的电路模型如图 P6.2 所示。若输入信号为 (1)$u = 2\cos\Omega t\cos\omega_c t$ (2)$u = 2\cos(\omega_c - \Omega)t$,本机载波与输入信号载波差一个相角 φ,即

$$u_c = \cos(\omega_c t + \varphi)$$

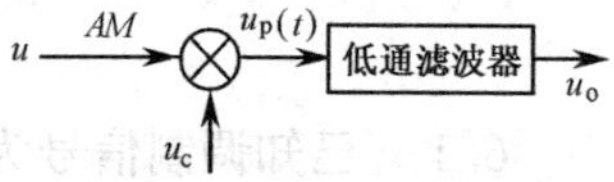

图 P6.2 习题 6.11 图

(1) 分别写出两种输入信号的解调输出电压 $u_o(t)$ 的表达式;(2) 当 $\varphi = \pi/4$ 时,说明这两种信号的解调结果有什么影响。

6.12 一非线性器件的伏安特性为

$$i = \begin{cases} gu & u > 0 \\ 0 & u \leqslant 0 \end{cases}$$

式中,$u = U_Q + U_1\cos\omega_1 t + U_2\cos\omega_2 t$。若 U_2 很小,满足线性时变条件,则在 $U_Q = -U_1/2$ 时求出时变跨导的表达式。

6.13 在图 P6.3 电路中,晶体三极管的转移特性为

$$i_c = a_0 I_{es} e^{\frac{qu_{be}}{kT}}$$

若回路的谐振阻抗为 R_p,试写出下列三种情况下输出电压 u_o 的表达式,并说明各为哪种频率变换电路。(1) $u = U_c\cos\omega_c t$,输出回路谐振在 $2\omega_c$ 上;(2) $u = U_{cm}\cos\omega_c t + U_{\Omega m}\cos\Omega t$,且 $\omega_c \gg \Omega$,$U_{\Omega m}$ 很小,满足线性时变条件,输出回路谐振在 ω_c 上;(3) $u = U_{1m}\cos\omega_1 t + U_{2m}\cos\omega_2 t$,且 $\omega_1 > \omega_2$,U_{2m} 很小,满足线性时变条件,输出回路谐振在 $\omega_1 - \omega_2$ 上。

6.14 场效应管的静态转移特性如图 P6.4 所示。

$$i_d = I_{DSS}\left(1 - \frac{u_{gs}}{V_p}\right)^2$$

式中,$u_{gs} = V_{GS} + U_1\cos\omega_1 t + U_{2m}\cos\omega_2 t$,若 U_2 很小,满足线性时变条件。(1) $U_{1m} \leqslant |V_p - V_{GS}|$ 时,求时变跨导 $g(t)$ 以及边频跨导 g_{fc};(2) 当 $U_{1m} = |V_P - V_{GS}|$,$V_{GS} = V_p/2$ 时,证明 g_{fc} 为静态工作点跨导的一半。

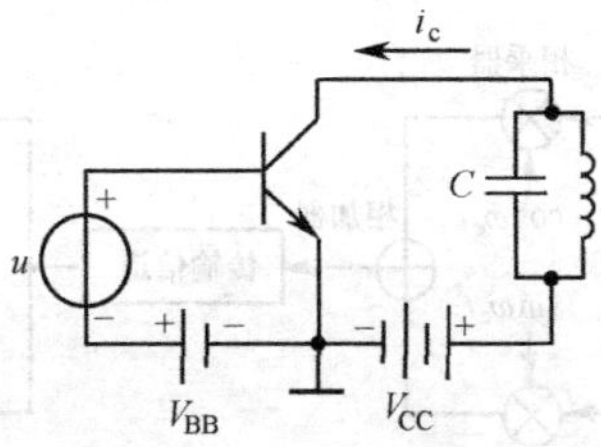

图 P6.3　习题 6.13 图

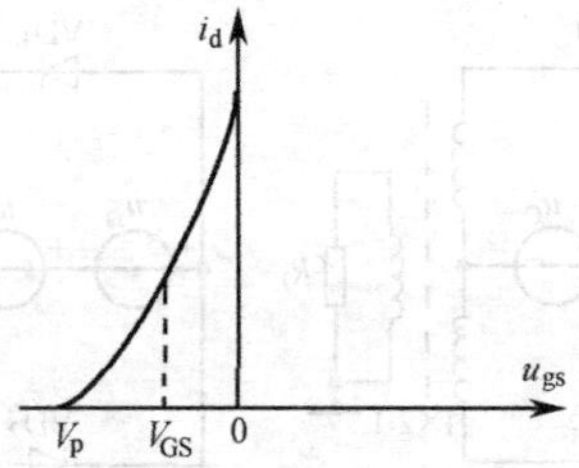

图 P6.4　习题 6.14 图

6.15　一非线性器件在静态工作点上的伏安特性为 $i=ku^2$，当有下列三种形式的信号分别作用于该器件时，若由低通滤波器取出 i 中的平均分量，试问能否实现不失真的解调？三种信号为：(1) $u=U_c(1+m_a\cos\Omega t)\cos\omega_c t$ 中消除一个边带信号；(2) $u=U_c(1+m_a\cos\Omega t)\cos\omega_c t$ 中消除载波信号；(3) $u=U_c(1+m_a\cos\Omega t)\cos\omega_c t$ 中消除载波信号和一个边带信号。

6.16　若非线性元件的伏安特性的幂级数表示式为

$$i=a_0+a_1u+a_3u^3$$

式中，a_0，a_1，a_3 是不为零的常数，信号 u 是频率为 150kHz 和 200kHz 的两个正弦波，问电流中能否出现 50kHz 和 350kHz 的频率成分？为什么？

6.17　若非线性元件的伏安特性幂级数表示式为

$$i=a_0+a_1u+a_2u^2$$

信号为

$$u=\cos\omega_c t+\cos\Omega t$$

问在电流 i 中能否得到调幅波 $k(1+m_a\cos\Omega t)\cos\omega_c t$，式中 k 和 m_a 是与幂级数各项系数有关的系数。

6.18　调制器电路如图 P6.5 所示，假定各三极管的 β 很高，基极电流可忽略不计，载波电压 $u_c=100\cos 10\pi\times10^6 t(\text{mV})$，调制信号电压 $u_\Omega=5\cos(2\pi\times10^3 t)$ V，试求输出电压 $u_o(t)$。

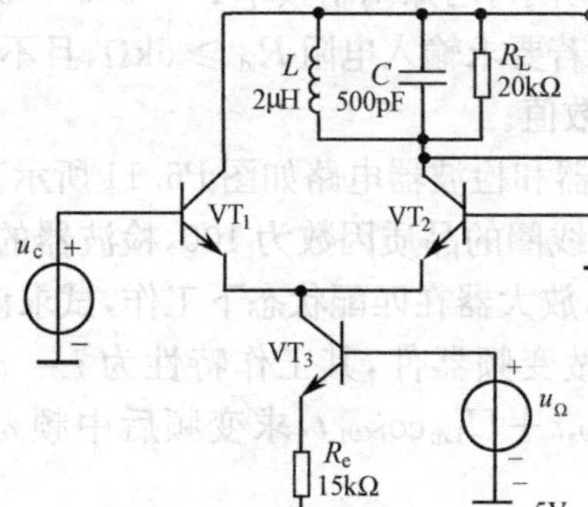

图 P6.5　习题 6.18 图

6.19　如图 P6.6(a) 和(b) 所示的两个电路中，调制信号电压 $u_\Omega=U_{\Omega m}\cos\Omega t$，载波电压 $u_c=U_{cm}\cos\omega_c t$，且 $\omega_c\gg\Omega$，$U_{cm}\gg U_{\Omega m}$。二极管 VD_1 和 VD_2 的特性相同，均为从原点出发、斜率为 g_d 的一条直线。(1) 试问这两个电路是否能实现振幅调制作用？(2) 在能够实现振幅调制作用的电路中，试分析其输出电流的频谱，并指出它与二极管平衡调制器的区别。

6.20　如图 P6.7 所示的方框图可以用一个载波同时发出两路信号，这两路信号由频率相同但相位正交(差 90°) 的载波调制。试证明：在接收端可以用同频但相位正交的两路本地载波进行乘积检波，恢复原始信号(这种方法也是多路复用技术，叫做“正交复用”)。

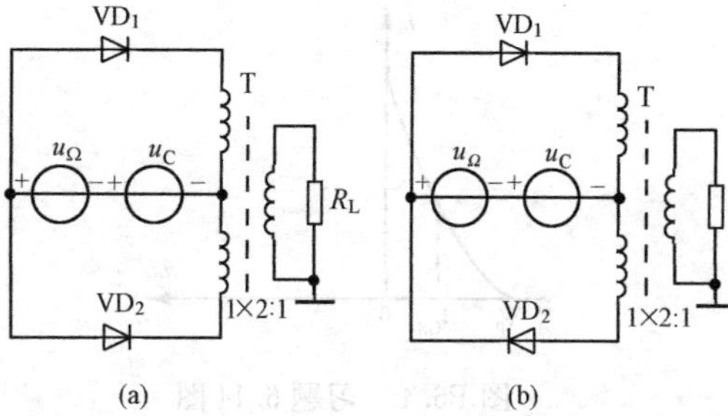

图 P6.6 习题 6.19 图

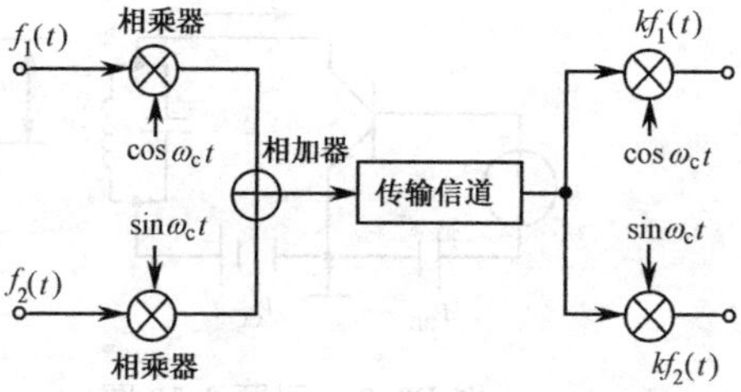

图 P6.7 习题 6.20 图

6.21 图 P6.8 所示的电路叫做“平均包络检波器”。(1) 说明其工作原理,画出 u_1、u_2、u_3 的波形。(2) 与“峰值包络检波器” 比较,哪个输出幅度大?(3) 当调制信号频率与载波频率相差不大时,此电路与“峰值包络检波器” 相比有何优点?

6.22 大信号二极管检波电路如图 P6.9 所示。若给定 $R = 10\text{k}\Omega, m_a = 0.3$。(1) 若载频 $f_c = 465\text{kHz}$,调制信号最高频率 $F = 3400\text{Hz}$,问电容 C 如何选?检波器输入阻抗大约是多少?(2) 若载频 $f_c = 30\text{MHz}, F = 0.3\text{MHz}$,电容 C 应选多大?检波器输入阻抗大约是多少?

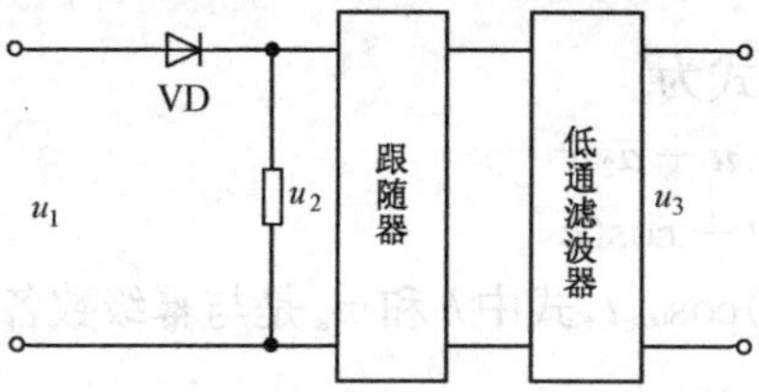

图 P6.8 习题 6.21 图

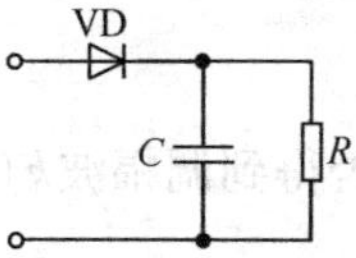

图 P6.9 习题 6.22 图

6.23 检波电路如图 P6.10 所示。已知调制频率 $F = 300 \sim 3000\text{Hz}$;信号频率 $f = 465\text{kHz}$,$r_d \approx 100\Omega, r_{i2} = 2\text{k}\Omega, m_a = 0.3$。若要求输入电阻 $R_{id} \geqslant 5\text{k}\Omega$,且不产生惰性失真和负峰切割失真。试选择和计算检波器各元件的参数值。

6.24 接收机末级中频放大器和检波器电路如图 P6.11 所示。三极管的 $g_{ce} = 20\mu\text{s}$,回路电容 $C = 200\text{pF}$,谐振频率为 465kHz,线圈的品质因数为 100,检波器的负载电阻 $R_L = 4.7\text{k}\Omega$,如果要求该级放大器的通频带为 10kHz,放大器在匹配状态下工作,试求该级谐振回路的接入系统。

6.25 设某一非线性元件做变频器件,其工作特性为 $i = a_0 + a_1 u + a_2 u^2$,若外加电压为 $u = U_Q + U_{cm}(1 + m_a \cos\Omega t)\cos\omega_s t + U_{Lm}\cos\omega_L t$,求变频后中频 $\omega_I = \omega_L - \omega_s$ 电流分量的振幅。

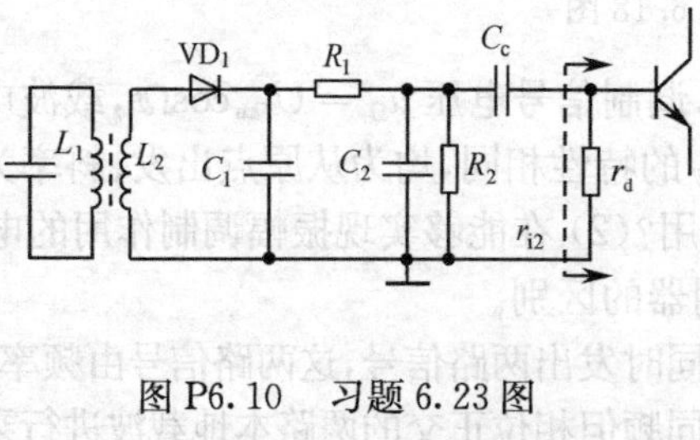

图 P6.10 习题 6.23 图

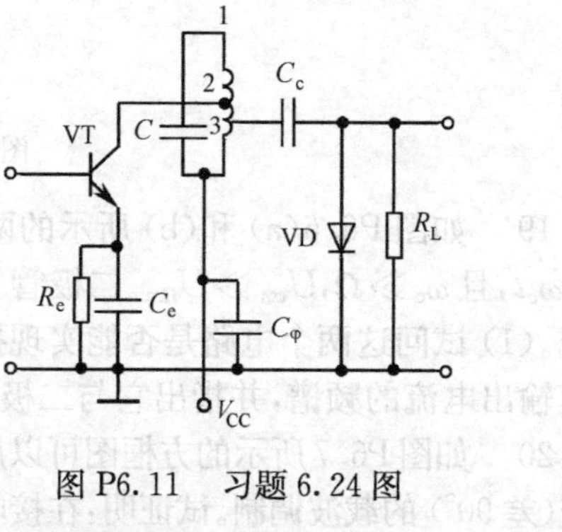

图 P6.11 习题 6.24 图

6.26 晶体三极管混频器原理图如图 P6.12 所示。三极管的静态转移特性为

$$i_c = f(u_{be}) = a_0 + a_1 u_{be} + a_2 u_{be}^2 + a_3 u_{be}^3 + a_4 u_{be}^4$$

图中 V_{BB} 为静态偏置电压，$u_L = U_{Lm}\cos\omega_L t$ 为本振电压。在满足线性时变条件下，求混频器的边频跨导 g_{fc}。

6.27　一个平衡混频器电路如图 P6.13 所示。试问：若将信号和本振电压输入位置互换一下，混频器能否正常工作？如果将 VD_1（或 VD_2）的正负极性倒置，混频器能否工作？

6.28　在图 P6.14(a) 所示的混频电路模型中，乘法器的特性为 $u_p = A_M u_s u_L$，输入信号电压 $u_s = U_c[1 + m_a f(t)]\cos\omega_s t$，带通滤波器为单谐振回路，谐振频率为 $f_I = f_L - f_s$，谐振阻抗为 R_p，通带大于输入信号的频带宽度。当本振电压为图(b)、(c)、(d) 所示波形时，试分别求出乘法器的输出电压 u_p，滤波器的输出电流 I_I 和变频跨导 g_{fc} 的表达式。

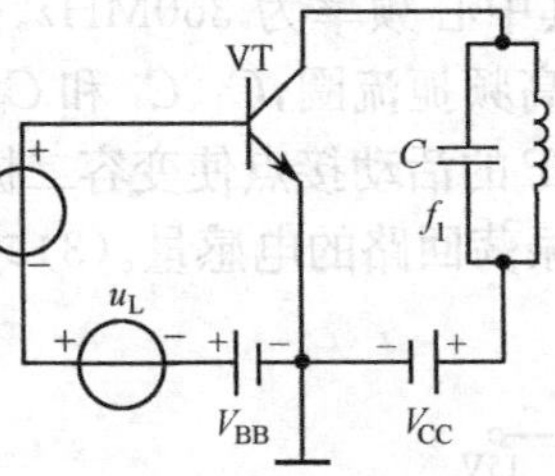

图 P6.12　习题 6.26 图

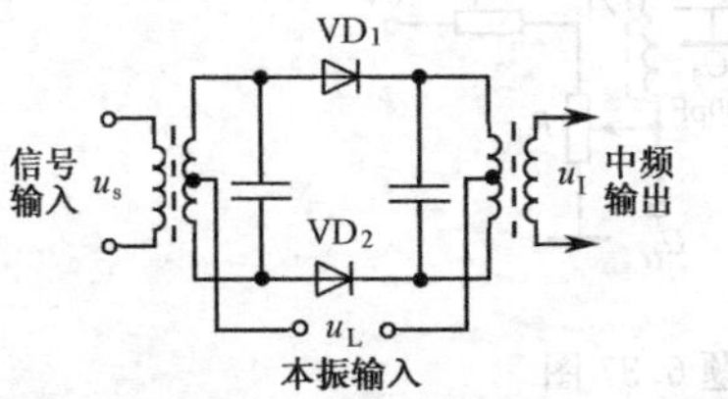

图 P6.13　习题 6.27 图

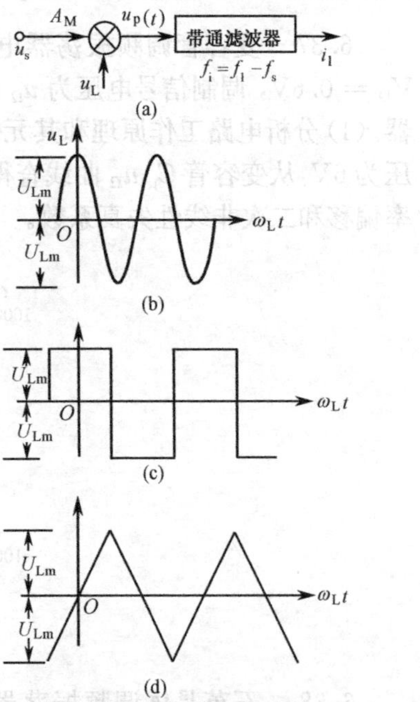

图 P6.14　习题 6.28 图

6.29　设调制信号 $u_\Omega(t) = U_{\Omega m}\cos\Omega t$，载波信号为 $u_c(t) = U_{cm}\cos\omega_c t$，调频的比例系数为 k_f(rad/s·V)。试写出调频波的(1) 瞬时角频率 $\omega(t)$；(2) 瞬时相位 $\varphi(t)$；(3) 最大频移 $\Delta\omega_f$；(4) 调制指数 m_f；(5) 已调波 $u_{FM}(t)$ 的数学表达式。

6.30　载频振荡的频率为 $f_c = 25$MHz，振幅为 $U_{cm} = 4$V，调制信号为单频正弦波，频率为 $F = 400$Hz，频偏为 $\Delta f = 10$kHz。(1) 写出调频波和调相波的数学表达式；(2) 若仅将调制频率变为 2kHz，试写出调频波与调相波的数学表达式。

6.31　有一调角波，其数学表达式为 $u(t) = 10\sin(10^8 t + 3\sin 10^4 t)$，问这是调频波还是调相波？并求其载波、调制频率、调制指数和频偏。

6.32　被单一正弦信号 $U_{\Omega m}\sin\Omega t$ 调制的调角波，其瞬时频率为 $f(t) = 10^6 + 10^4\cos(2\pi \times 10^3 t)$Hz，调角波的幅度为 10V。(1) 问该调角波是调频波还是调相波？(2) 写出这个调角波的数学表达式；(3) 求该调角波的频偏和调制指数；(4) 求该调角波的频带宽度。若调制信号振幅加倍，其频带宽度将如何变化？

6.33　有一调频广播发射机的频偏 $\Delta f = 75$kHz，调制信号的最高频率 $F_{max} = 15$kHz，求此调频信号的频带宽度（忽略载频幅度 10％ 以下的边频分量）。

6.34　当调制信号的频率改变，而幅度固定不变时，比较调幅波、调频波和调相波的频谱结构和频带宽度会如何随之改变？

6.35　对调频波而言,若保持调制信号的幅度不变,但将调制信号频率加大为原值的2倍,问频偏 Δf 及频带宽度 B 如何改变?又若保持调制信号的频率不变,将幅度增大为原值的2倍,问 Δf 及 B 如何改变?如果同时将调制信号幅度及频率都增加为原值的2倍,问 Δf 及 B 如何改变?

6.36　若调制信号电压 $u_\Omega(t)=2\cos(2\pi\times10^3t)+3\cos(3\pi\times10^3t)$ V,载波电压 $u_c(t)=10\cos(2\pi\times10^6t)$ V。已知单位调制电压产生的频偏为3kHz,试写出调频波的表达式,并求出它的频谱函数,说明有哪些边带分量。

提示:将调频电压写成指数形式 $u(t)=\mathrm{Re}\{U_m\exp[j(\omega_c t+m_{f1}\sin\Omega_1 t+m_{f2}\sin\Omega_2 t)]\}$,

然后再应用下列展开式 $\exp(jm_f\sin\Omega t)=\sum\limits_{n=-\infty}^{\infty}J_n(m_f)\exp(jn\Omega t)$。

6.37　变容管调频振荡器电路如图P6.15所示,其中心频率为360MHz。变容管的 $\gamma=3$,$V_D=0.6$V,调制信号电压为 $u_\Omega=\cos\Omega t$ V。图中ZL为高频扼流圈,C_3、C_4 和 C_5 为高频旁路电容器。(1)分析电路工作原理和其元件的作用。(2)若调整RP的活动接点使变容二极管的反向偏置电压为6V,从变容管 C_j-u_Ω 曲线查得,此时 $C_{jQ}=20$pF,求振荡回路的电感量。(3)求调频器的最大频率偏移和二次非线性失真系数。

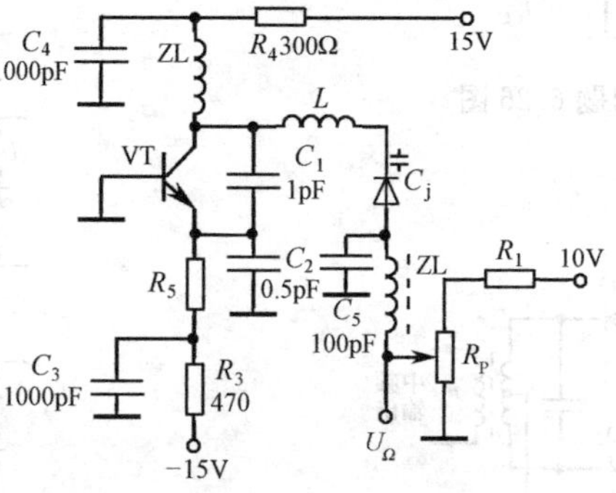

图P6.15　习题6.37图

6.38　石英晶体调频振荡器电路如图P6.16所示,图中变容二极管与石英谐振器串联,ZL_1、ZL_2、ZL_3 为高频扼流圈,R_1、R_2、R_3 为偏置电阻。画出其交流等效电路,并说明是什么振荡电路。若石英谐振器的串联谐振频率 $f_q=10$MHz,串联电容 C_q 与未调制时变容管的结电容 C_{jQ} 的比值为 2×10^{-3},石英谐振器的并联电容 C_0 可忽略。变容管的 $\gamma=2$,$U_D=0.6$V,加在变容管上的反向偏置电压 $U_Q=2$V,调制信号电压振幅为 $U_{\Omega m}=1.5$V,求调频器的频偏。

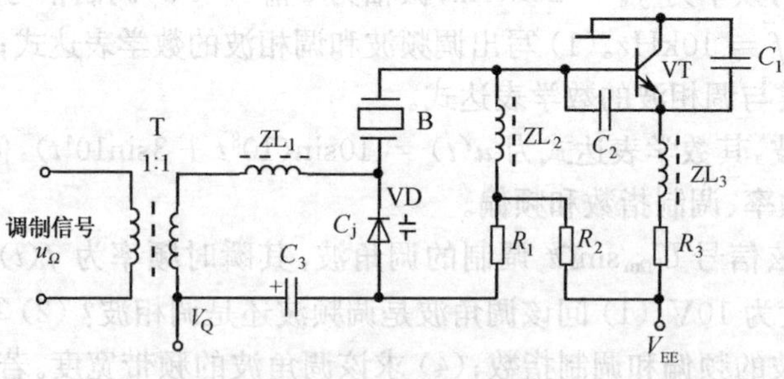

图P6.16　习题6.38图

6.39　环形鉴相器如图P6.17所示,设4只二极管的静态伏安特性相同,均为 $i=a_0+a_1u+a_2u^2$,而输入电压 $u_1=U_{1m}\sin(\omega t+\varphi)$,$u_2=U_{2m}\cos\omega t$。求鉴相特性表达式。

6.40　给定调频信号中心频率 $f_c=50$MHz,频偏 $\Delta f=75$kHz。(1)调频信号频率为 $F=300$Hz,求调制指数 m_f,频谱宽度 B;(2)调制信号频率为 $F=15$kHz,求 m_f、B。

6.41　利用如图 P6.18 所示的矩形波进行调频和调相。绘出瞬时频率偏移 $\Delta\omega(\Omega t)$ 和瞬时相位偏移 $\Delta\varphi(\Omega t)$ 的变化曲线。

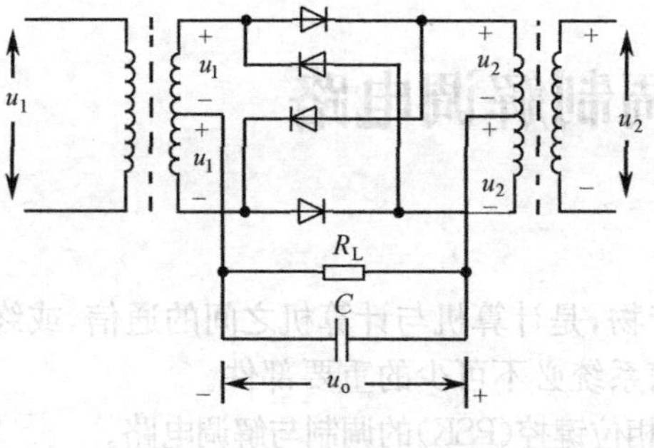

图 P6.17　习题 6.39 图

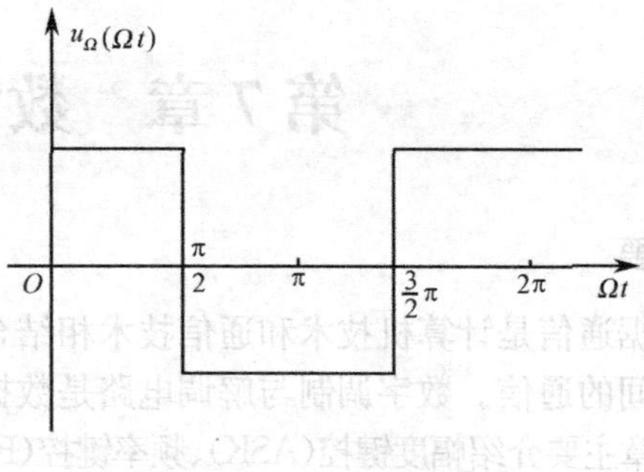

图 P6.18　习题 6.41 图

6.42　在图 P6.19 所示的相位鉴频器电路中，若输入为单音频调制的调频信号 $u_{FM}(t)=U_{cm}\cos(\omega_c t+m_f\sin\Omega t)$，(1) 画出鉴频特性曲线；(2) 画出加在两只二极管上的高频电压 u_{D1} 和 u_{D2} 以及输出低频电压 u_{o1}、u_{o2} 和 u_Ω 的波形。

6.43　在图 P6.19 所示的相位鉴频器电路中，(1) 若两个二极管 VD_1 和 VD_2 的极性都倒过来，问此时能否鉴频？若能，鉴频特性将如何变化？(2) 若次级回路 L_2 的两端对调，此时能否鉴频？若能，鉴频特性将如何变化？(3) 若两个二极管之一损坏，例如 VD_1 开路后，此时能否鉴频？若能，鉴频特性将如何变化？

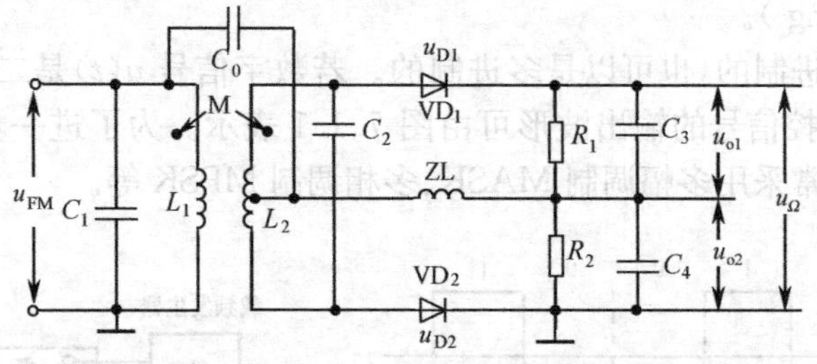

图 P6.19　习题 6.42 与习题 6.43 图

第7章　数字调制解调电路

内容提要

数据通信是计算机技术和通信技术相结合的产物，是计算机与计算机之间的通信，或终端与计算机之间的通信。数字调制与解调电路是数据通信系统必不可少的重要部件。

本章主要介绍幅度键控(ASK)、频率键控(FSK)、相位键控(PSK)的调制与解调电路。

7.1　概述

数字信号对载波的调制与模拟信号对载波的调制类似，它同样可以控制正弦振荡的振幅、频率或相位的变化。但由于数字信号的特点——时间和取值的离散性，使受控参数离散化而出现"开关控制"，称为"键控法"。

数字信号对载波振幅调制称为振幅键控，即 ASK(Amplitude-Shift Keying)，对载波频率调制称为频移键控，即 FSK(Frequency-Shift Keying)，对载波相位调制称为相移键控(即相位键控)PSK(Phase-Shift Keying)。

数字信号可以是二进制的，也可以是多进制的。若数字信号 $u(t)$ 是二进制的，则 ASK、FSK、PSK 实现原理框图及键控信号的输出波形可由图 7.1.1 表示。为了进一步提高系统的频带利用率，对于高速数字调制，常采用多幅调制 MASK、多相调制 MPSK 等。

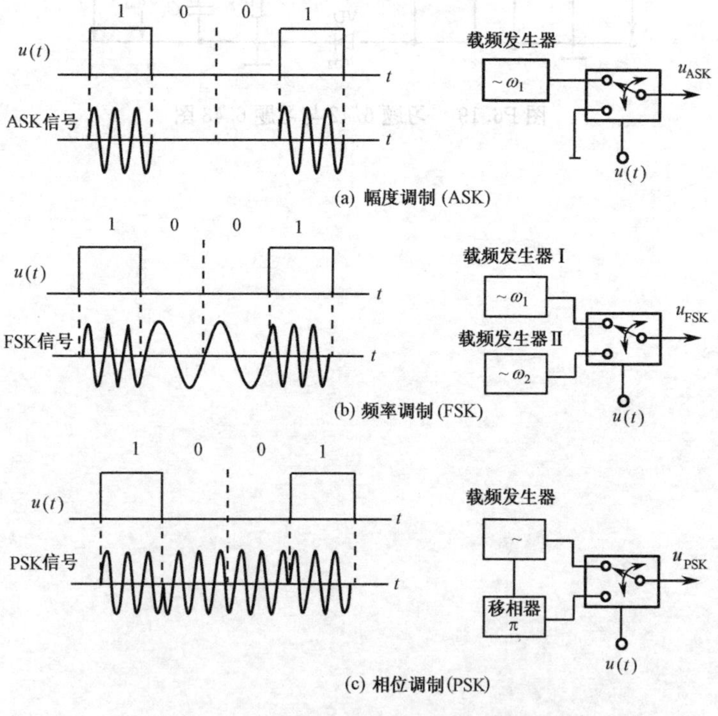

图 7.1.1　二进制数字调制的波形及方框图

7.2　二进制振幅键控(ASK)调制与解调

7.2.1　ASK 调制

ASK 有两种实现方法:乘法器实现法和键控法。

1. 乘法器实现法

乘法器实现法的调制方框图如图 7.2.1 所示。

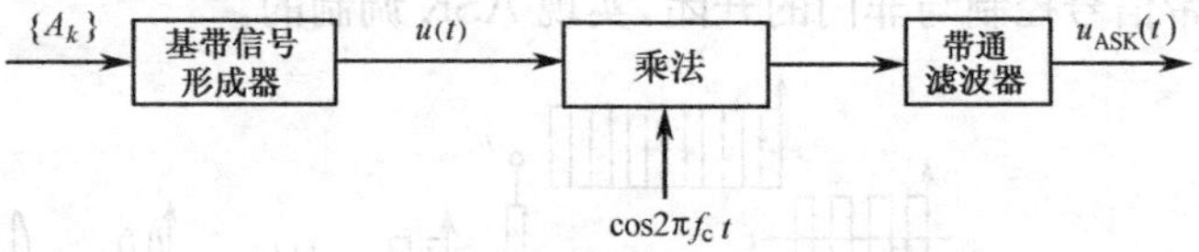

(a) ASK 调制器框图

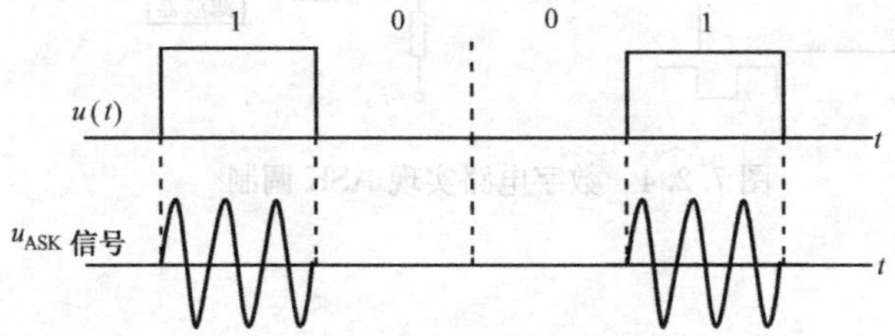

(b) ASK 调制产生的波形

图 7.2.1　乘法器实现法

图 7.2.1(a)为 ASK 调制器框图,它的输入是随机信息序列,以$\{A_k\}$所示。经过基带信号形成器,产生波形序列,设形成器的基本波形为 $g(t)$,则波形序列为

$$u(t) = \sum_k A_k g(t - kT_B) \tag{7.2.1}$$

式中,T_B 为码元宽度;A_k 是第 k 个输入随机信息。乘法器用来进行频谱搬移,乘法器后的带通滤波器用来滤除高频谐波和低频干扰。带通滤波器的输出就是振幅键控信号,用 $u_{ASK}(t)$表示。

乘法器常采用环形调制器,如图 7.2.2 所示。四只二极管 VD_1、VD_2、VD_3、VD_4 首尾相连构成环形,故得名环形调制器。用于 ASK 调制的环形调制器,载波应加在 1、2 端,在 5、6 端接基带信号,并且基带信号要始终大于或等于零,即 5 端的电压必须始终高于或等于 6 端的电压。由于 5 端的电压始终高于或等于 6 端的电压,因此二极管 VD_2、VD_4 始终截止,在实际电路中 VD_2、VD_4 可省去,但环形调制器的四只二极管往往做成组件,因此 VD_2、VD_4 仍画在图 7.2.2 中。它们的存在对 ASK 调制没有影响。ASK 调制产生的波形如图 7.2.1(b)所示。

2. 键控法

键控法是产生 ASK 信号的另一种方法。二元制 ASK 又称为通断控制(OOK)。最典型的实现方法是用一个电键来控制载波振荡器的输出而获得。图 7.2.3 所示为该方法的原理框图。

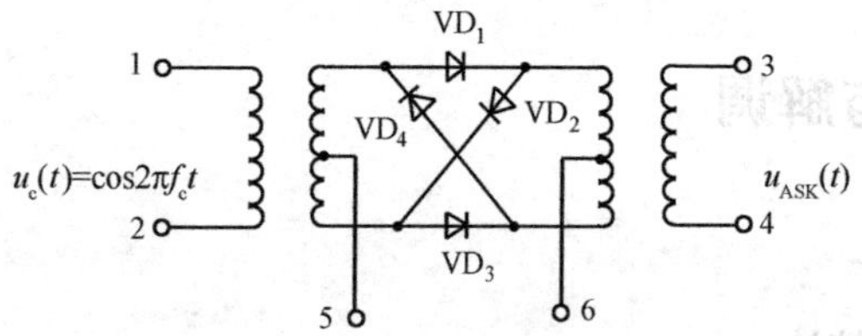

图 7.2.2 环形调制器

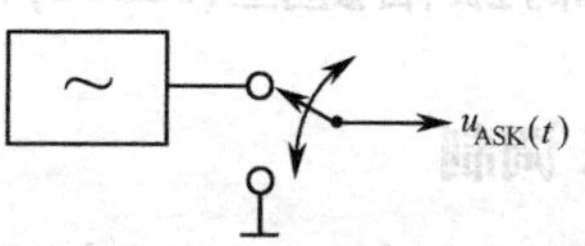

图 7.2.3 键控法产生 ASK 信号原理框图

为适应自动发送高速数据的要求,键控法中的电键可以利用各种形式的受基带信号控制的电子开关来实现,代替电键产生 ASK 信号,图 7.2.4 所示就是以数字电路实现键控产生 ASK 信号的实例。该电路是用基带信号控制与非门的开闭,实现 ASK 调制的。

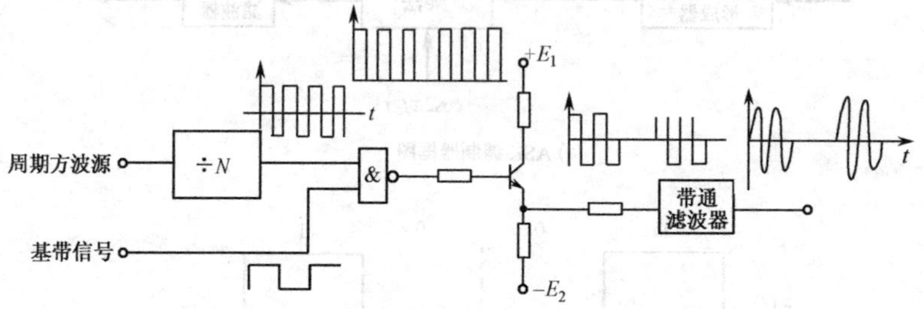

图 7.2.4 数字电路实现 ASK 调制

7.2.2 ASK 解调

振幅键控信号解调有两种方法,即同步解调法和包络解调法。

1. 同步解调

同步解调也称相干解调,其方框原理图如图 7.2.5 所示。

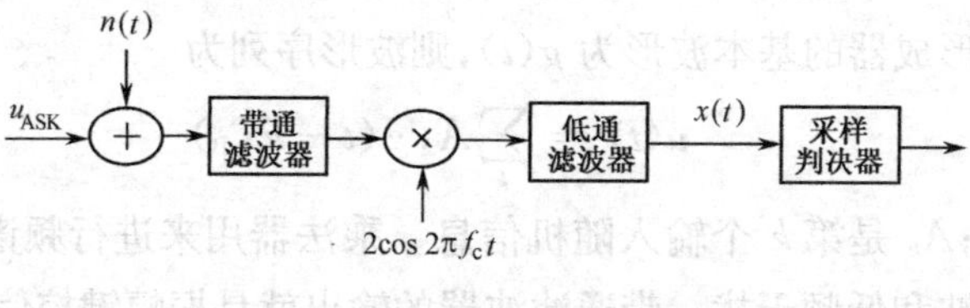

图 7.2.5 ASK 同步解调方框图

图中 $u_{ASK}(t)$信号经过带通滤波器抑制来自信道的带外干扰,相乘器进行频谱反向搬移,以恢复基带信号。低通滤波器用来抑制相乘器产生的高次谐波干扰。

解调的相干载波用 $2\cos 2\pi f_c t$,幅度系数 2 是为了消除推导结果中的系数,对原理没有影响,下面对它的工作原理及解调性能进行分析。

(1) 发"1"码时的情况

发"1"码时,输入的 ASK 信号为 $A\cos 2\pi f_c t$,它能顺利地通过带通滤波器。$n(t)$为零均值的高斯白噪声,经过带通滤波器后变为窄带高斯噪声,用 $n_i(t)$表示为

$$n_i(t) = n_c(t)\cos 2\pi f_c t - n_s(t)\sin 2\pi f_c t \tag{7.2.2}$$

因此发"1"码时,带通滤波器输出信号为

$$A\cos 2\pi f_c t + n_i(t) = [A + n_c(t)]\cos 2\pi f_c t - n_s(t)\sin 2\pi f_c t \tag{7.2.3}$$

经乘法器后输出为

$$\{[A + n_c(t)]\cos 2\pi f_c t - n_s(t)\sin 2\pi f_c t\}2\cos 2\pi f_c t$$

$$= [A + n_c(t)] + [A + n_c(t)]\cos 4\pi f_c t - n_s(t)\sin 4\pi f_c t \tag{7.2.4}$$

经过低通滤波器后，后两项滤除。设输出信号为 $x(t)$，则

$$x(t) = A + n_c(t) \tag{7.2.5}$$

$x(t)$ 也就是取样判决器的输入信号。

(2) 发“0”码时的情况

发“0”码时，ASK 信号输入为 0，噪声仍然存在，此时取样判决器的输入信号 $x(t)$ 为

$$x(t) = n_c(t) \tag{7.2.6}$$

综合上面的分析，可得

$$x(t) = \begin{cases} A + n_c(t) & \text{发“1”码} \\ n_c(t) & \text{发“0”码} \end{cases} \tag{7.2.7}$$

下面讨论判决问题。

若没有噪声，上式简化为

$$x(t) = \begin{cases} A & \text{发“1”码} \\ 0 & \text{发“0”码} \end{cases} \tag{7.2.8}$$

此时判决电平取 $0 \sim A$ 的中间值 $\frac{A}{2}$，大于 $\frac{A}{2}$ 判为“1”码，小于 $\frac{A}{2}$ 判为“0”码。在无噪声时，判决一定是正确的，因此图 7.2.5 的框图能正确解调。若噪声存在，$x(t)$ 如上式所示。式中，$n_c(t)$ 是均值为零的低通型高斯噪声。$n_c(t)$ 和 $A + n_c(t)$ 的概率密度分布曲线如图 7.2.6 所示。

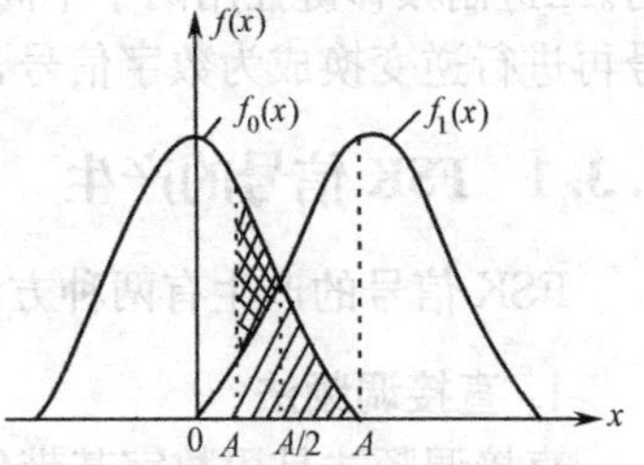

图 7.2.6 ASK 同步解调取样判决器输入端信号与噪声的联合概率密度曲线

误码率根据下式计算：

$$P_e = P(0)P(1/0) + P(1)P(0/1) \tag{7.2.9}$$

式中，$P(0)$、$P(1)$ 分别为发“0”码和发“1”码的概率；$P(0/1)$ 是发“1”码时误判为“0”码的概率；$P(1/0)$ 是发“0”码时误判为“1”码的概率。

由图 7.2.6 可知，当判决电平为 $\frac{A}{2}$ 时，正好是 $f_1(x)$ 与 $f_0(x)$ 交点的横坐标，由于正态分布曲线的对称性，故 $P(0/1) = P(1/0)$，而且 $P(1) + P(0) = 1$，所以通常取判决电平为 $\frac{A}{2}$。

2. 包络解调

包络解调是一种非相干解调，框图如图 7.2.7 所示。

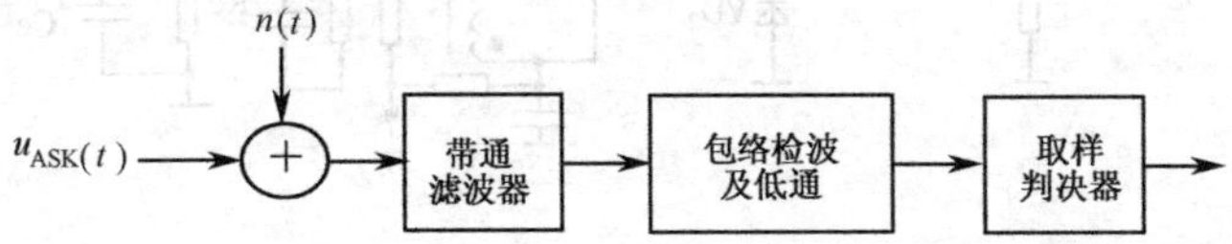

图 7.2.7 ASK 包络解调

(1) 发“1”码时的情况

包络检波器的输入为 $y_i(t) = A\cos 2\pi f_c t + n(t)$，$y_i(t)$ 为信号加窄带高斯噪声，输出为信号加窄带高斯噪声的包络，它服从莱斯分布，如图 7.2.8 所示，其概率密度为

$$f_1(x) = \frac{x}{\sigma_n^2} I_0\left(\frac{ax}{\sigma_n^2}\right) e^{-(x^2+a^2)/2\sigma_n^2} \tag{7.2.10}$$

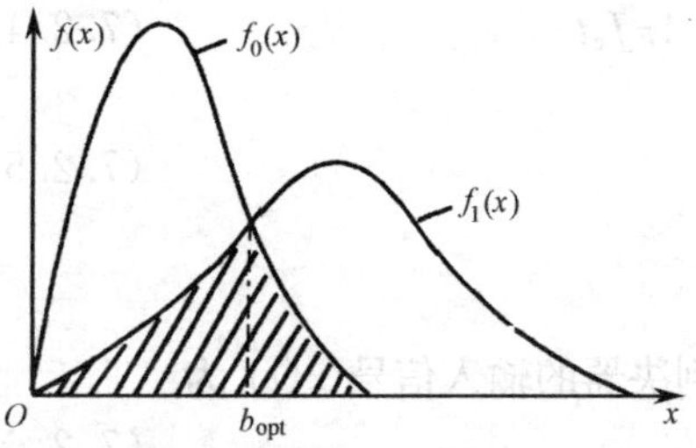

图 7.2.8　ASK 包络解调取样判决器输入端信号与噪声的联合概率密度

(2) 发“0”码时的情况

包络检波器输入为 $n_i(t)$，输出则为 $n_i(t)$ 的包络，即噪声的包络，它服从瑞利分布，如图 7.2.8 所示，其概率密度为

$$f_0(x)=\frac{x}{\sigma_n^2}e^{-x^2/2\sigma_n^2} \tag{7.2.11}$$

与同步解调相似，为使误码率最小，判决电平应取 $f_0(x)$ 和 $f_1(x)$ 交点的横坐标值，如图中 $x=b_{opt}$，b_{opt} 称为最佳门限，经分析得到，当信噪比 $r\gg 1$(即大信噪比)时，

$$b_{opt}\approx\frac{A}{2} \tag{7.2.12}$$

7.3　二进制频移键控(FSK)调制与解调

频移键控(FSK)是用不同频率的载波来传送数字信号，用数字基带信号控制载波信号的频率的。二进制频移键控用两个不同频率的载波来代表数字信号的两种电平。接收端收到不同的载波信号再进行逆变换成为数字信号，完成信息传输过程。

7.3.1　FSK 信号的产生

FSK 信号的产生有两种方法：直接调频法和频率键控法。

1. 直接调频法

直接调频法是用数字基带信号来直接控制载频振荡器的振荡频率的。图 7.3.1 所示是直接调频法的具体电路之一。二极管 VD_1、VD_2 的导通与截止受数字基带信号控制，当基带信号为负时(相当于“0”码)，VD_1、VD_2 导通，C_1 经 VD_2 与 LC 槽路并联，使振荡频率降低(设此时频率为 f_1)，当基带信号为正时(相当于“1”码)，VD_1、VD_2 截止，C_1 不并入槽路，振荡频率提高(设为 f_2)，从而实现了调频，这种方法产生的调频信号是相位连续的。直接调频法还有许多实现电路，虽然实现方法简单，但频率稳定度不高，同时频率转换速度不能做得太快。

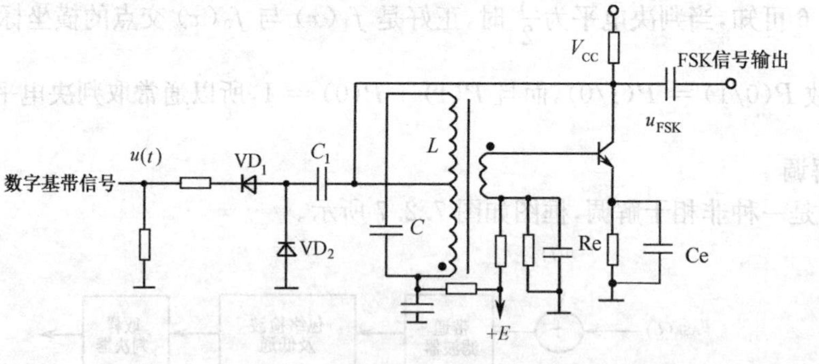

图 7.3.1　直接调频法电路及波形

2. 频率键控法

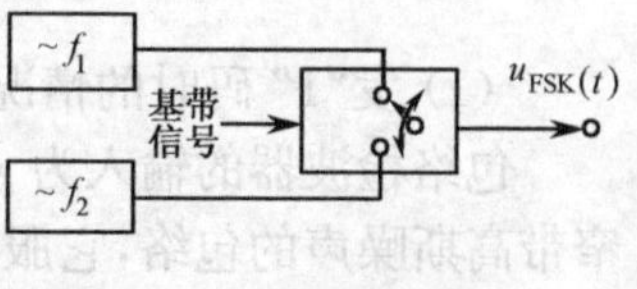

图 7.3.2　频率键控法的原理框图

频率键控法也称频率选择法，图 7.3.2 是它实现的原理框图。它有两个独立的振荡器，数字基带信号控制转换开关，选择不同频率的高频振荡信号实现 FSK 调制。

键控法产生的 FSK 信号频率稳定度可以做得很高并且没有过渡

频率，它的转换速度快，波形好。频率键控法在转换开关发生转换的瞬间，两个高频振荡的输出电压通常不可能相等，于是 $u_{FSK}(t)$ 信号在基带信息变换时电压会发生跳变，这种现象也称为相位不连续，这是频率键控特有的情况。

图 7.3.3 是利用两个独立分频器，以频率键控法来实现 FSK 调制的原理电路图。

在图 7.3.3 中，与非门 3 和 4 起到了转换开关的作用。当数字基带信号为“1”时，与非门 4 打开，f_1 输出；当数字基带信号为“0”时，与非门 3 打开，f_2 输出，从而实现了 FSK 调制。

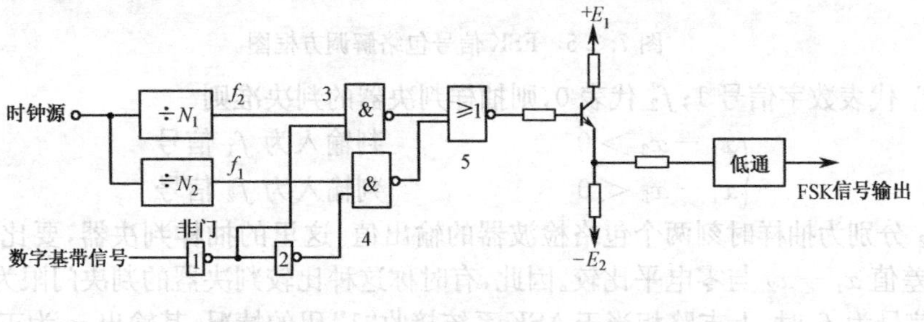

图 7.3.3　独立分频器的键控法 FSK 调制

7.3.2 FSK 信号的解调

数字频率键控(FSK)信号常用的解调方法有很多种，如同步(相干)解调法、过零检测法和差分检波法等。

1. 同步解调法

同步解调中，FSK 信号解调原理方框图如图 7.3.4 所示。

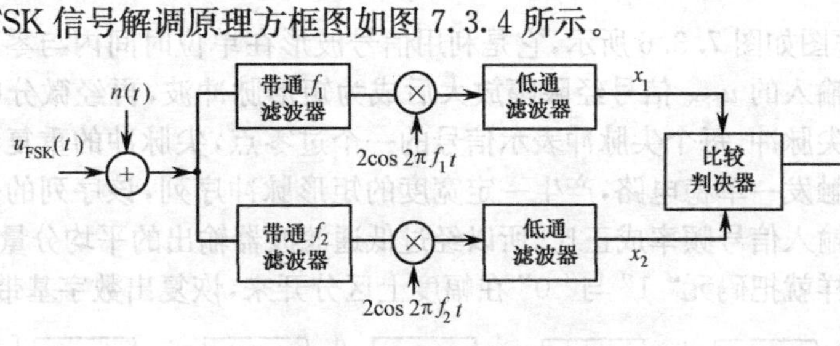

图 7.3.4　FSK 信号同步解调方框图

从图 7.3.4 可见，FSK 信号的同步解调器分成上、下两个支路，输入的 FSK 信号经过 f_1 和 f_2 两个带通滤波器后变成了上、下两路 ASK 信号，之后其解调原理与 ASK 类似，但判决需通过对上、下两支路比较来进行。假设上支路低通滤波器输出为 x_1，下支路低通滤波器输出为 x_2，则判决准则是：

$$\begin{cases} x_1 - x_2 > 0 & \text{判输入为 } f_1 \text{ 信号} \\ x_1 - x_2 < 0 & \text{判输入为 } f_2 \text{ 信号} \end{cases} \tag{7.3.1}$$

当输入的FSK信号振荡频率为 f_1 时，上支路经带通后有正弦信号 $A\cos 2\pi f_1 t$ 存在，与ASK系统接收到“1”码时的情况相似，经过低通滤波器，$x_1 = A$。而下支路带通滤波器输出为 0，与 ASK 系统接收到“0”码时情况相似，故 $x_2 = 0$，显然 $x_1 - x_2 = A - 0 > 0$，按判决准则判输入为 f_1；反之，当输入为 f_2 时，$x_1 = 0, x_2 = A, x_1 - x_2 = 0 - A < 0$，按判决准则应判输入为 f_2。因此可以判决出 FSK 信号。

2. 包络解调法

FSK 信号包络解调方框图如图 7.3.5 所示。从图 7.3.5 可见，FSK 信号包络解调相当于两路

ASK信号包络解调。用两个窄带的分路滤波器分别滤出频率为 f_1 及 f_2 的高频脉冲，经包络检波后分别取出它们的包络。把两路输出同时送到抽样判决器进行比较，从而判决输出基带数字信号。

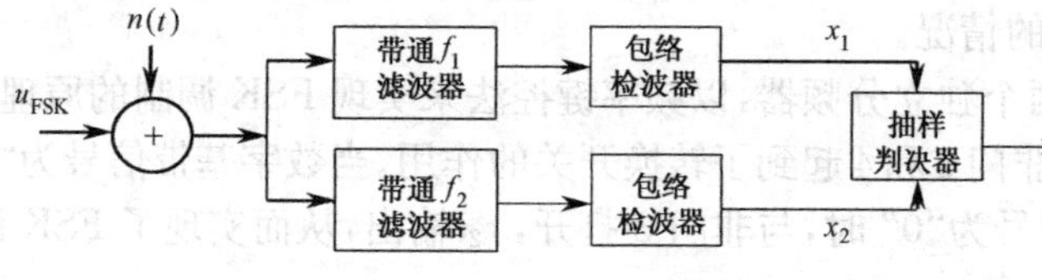

图 7.3.5　FSK信号包络解调方框图

设频率 f_1 代表数字信号1；f_2 代表0，则抽样判决器的判决准则

$$\begin{cases} x_1 - x_2 > 0 & \text{判输入为 } f_1 \text{ 信号} \\ x_1 - x_2 < 0 & \text{判输入为 } f_2 \text{ 信号} \end{cases}$$

式中，x_1 和 x_2 分别为抽样时刻两个包络检波器的输出值。这里的抽样判决器，要比较 x_1、x_2 的大小，或者说把差值 $x_1 - x_2$ 与零电平比较。因此，有时称这种比较判决器的判决门限为零电平。

当FSK信号为 f_1 时，上支路相当于ASK系统接收"1"码的情况，其输出 x_1 为正弦波加窄带高斯噪声的包络，它服从莱斯分布；而下支路相当于ASK系统接收"0"码的情况，输出 x_2 为窄带高斯噪声的包络，它服从瑞利分布。如果FSK信号为 f_2，上、下支路的情况正好相反，此时上支路输出的瞬时值服从瑞利分布，下支路输出的瞬时值服从莱斯分布。

由以上分析可知，无论输出的FSK信号是 f_1 还是 f_2，两路输出总是一路为莱斯分布，另一路为瑞利分布，而判决准则仍为式(7.3.1)，因此可判决出FSK信号。

3. 过零检测法

过零检测法方框图如图7.3.6所示，它是利用信号波形在单位时间内与零电平轴交叉的次数来测定信号频率的。输入的 u_{FSK} 信号经限幅放大后成为矩形脉冲波，再经微分电路得到双向尖脉冲，然后整流得单向尖脉冲，每个尖脉冲表示信号的一个过零点，尖脉冲的重复频率就是信号频率的二倍。将尖脉冲去触发一单稳电路，产生一定宽度的矩形脉冲序列，该序列的平均分量与脉冲重复频率成正比，即与输入信号频率成正比。所以经过低通滤波器输出的平均分量的变化反映了输入信号频率的变化，这样就把码元" 1"与" 0"在幅度上区分开来，恢复出数字基带信号。

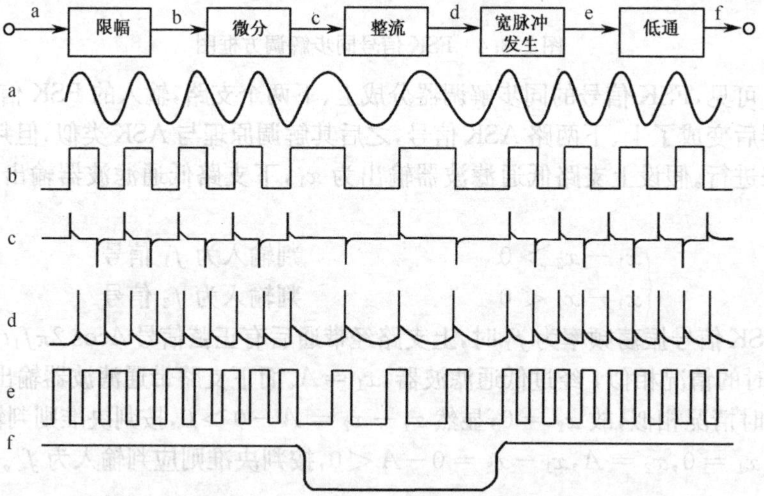

图 7.3.6　FSK过零检测法方框图及波形

7.4 二进制相位键控(PSK)调制与解调

数字相位调制(相位键控)是用数字基带信号控制载波的相位,使载波的相位发生跳变的一种调制方式。二进制相位键控用同一个载波的两种相位来代表数字信号。由于 PSK 系统抗噪声性能优于 ASK 和 FSK,而且频带利用率较高,所以,在中、高速数字通信中被广泛采用。

数字调相(相位键控)常分为:绝对调相,记为 CPSK;相对调相,记为 DPSK。对于二进制的绝对调相记为 2CPSK,相对调相记为 2DPSK。

1. 绝对调相(CPSK)

所谓绝对调相,即 CPSK,是利用载波的不同相位去直接传送数字信息的一种方式。对二进制 CPSK,若用相位 π 代表"0"码,相位 0 代表"1"码,即规定数字基带信号为"0"码时,已调信号相对于载波的相位为 π;数字基带信号为"1"码时,已调信号相对于载波相位为同相。按此规定,2CPSK 信号的数学表示式为

$$u_{2CPSK}=\begin{cases}A\cos(2\pi f_c t+\theta_0) & 为“1”码\\ A\cos(2\pi f_c t+\theta_0+\pi) & 为“0”码\end{cases} \tag{7.4.1}$$

式中,θ_0 为载波的初相位。受控载波在 0、π 两个相位上变化,如图 7.4.1 所示。其中,图(a)为数字基带信号 $S(t)$(也称绝对码),图(b)为载波,图(c)为 2CPSK 绝对调相波形,图(d)为双极性数字基带信号。

从图 7.4.1 可见,2CPSK 信号可以看成是双极性基带信号乘以载波而产生的,即

$$u_{2CPSK}(t)=u(t)A\cos(2\pi f_c t+\theta_0) \tag{7.4.2}$$

式中,$u(t)$ 为双极性基带信号,其波形如图 7.4.1(d) 所示。

关于 CPSK 波形的特点,必须强调的是:CPSK 波形相位是相对于载波相位而言的。因此画 CPSK 波形时,必须先把载波画好,然后根据相位的规定,才能画出它的波形。

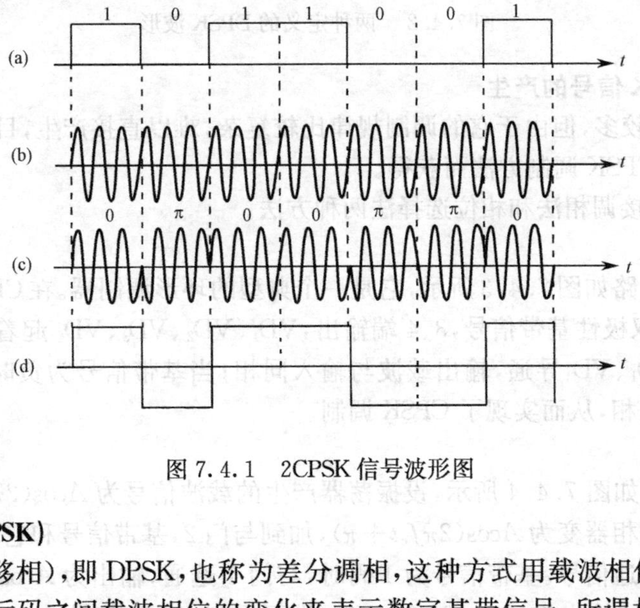

图 7.4.1　2CPSK 信号波形图

2. 相对调相(DPSK)

相对调相(相对移相),即 DPSK,也称为差分调相,这种方式用载波相位的相对变化来传送数字信号,即利用前后码之间载波相位的变化来表示数字基带信号。所谓相位变化又有向量差

和相位差两种定义方法。向量差是指前一码元的终相位与本码元初相位比较，是否发生相位变化。而相位差是指前后两码元的初相位是否发生了变化，图 7.4.2 给出了两种定义的 DPSK 的波形。从图 7.4.2 可以看出，对同一个基带信号，按向量差和相位差画出的 DPSK 波形是不同的。例如，在相位差法中，在绝对码出现“1”码时，DPSK 的载波初相位即前后两码元的初相位相对改变 π。出现“0”码时，DPSK 的载波相位即前后两码元的初相位相对不变。在向量差法中，在绝对码出现“1”码时，DPSK 的载波初相位相对前一码元的终相位改变 π。出现“0”码时，DPSK 的载波初相位相对前一码元的终相位连续不变，如图 7.4.2 所示。在画 DPSK 波形时，第一个码元波形的相位可任意假设。用一句话概括，向量差逢“1”变 π，逢 0 不变；相位差法逢 1 不变，逢 0 变 π。

由以上分析可以看出，绝对移相波形规律比较简单，而相对移相波形规律比较复杂。绝对移相是用已调载波的不同相位来代表基带信号的，在解调时，必须先恢复载波，然后把载波与 CPSK 信号进行比较，才能恢复基带信号。由于接收端恢复载波常常要采用二分频电路，它存在相位模糊，即用二分频电路恢复的载波有时与发送载波同相，有时反相，而且还会出现随机跳变，这样就给绝对移相信号的解调带来困难。而相对移相，基带信号是由相邻两码元相位的变化来表示的，它与载波相位无直接关系，即使采用同步解调，也不存在相位模糊问题，因此在实际设备中，相对移相得到了广泛运用。

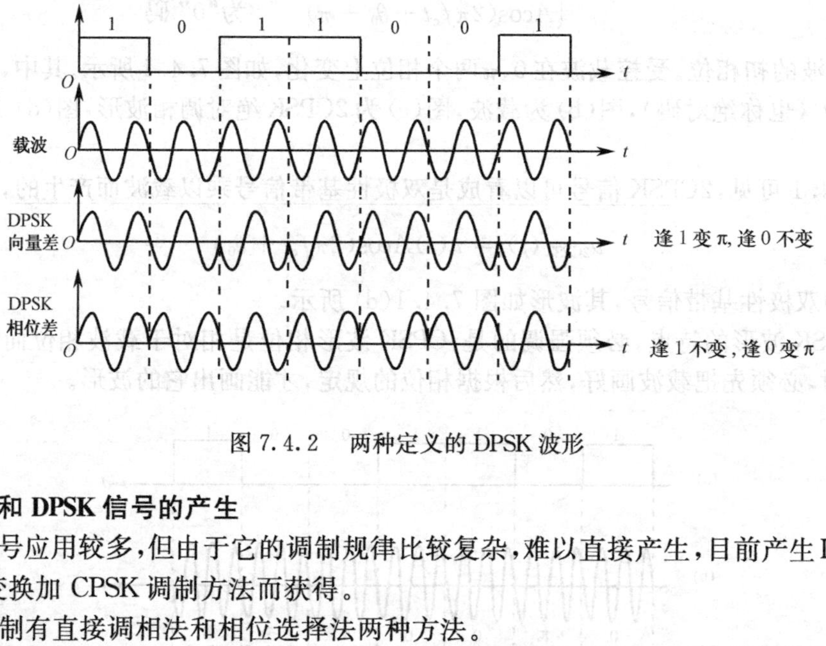

图 7.4.2　两种定义的 DPSK 波形

3. CPSK 和 DPSK 信号的产生

DPSK 信号应用较多，但由于它的调制规律比较复杂，难以直接产生，目前产生 DPSK 信号大多数通过码变换加 CPSK 调制方法而获得。

CPSK 调制有直接调相法和相位选择法两种方法。

(1) 直接调相法

直接调相法的电路如图 7.4.3 所示，它是一个典型的环形调制器。在 CPSK 调制中，1、2 端接载波信号，5、6 端接双极性基带信号，3、4 端输出，VD_1、VD_2、VD_3、VD_4 起着倒接开关的作用。当基带信号为正时，VD_1、VD_3 导通，输出载波与输入同相；当基带信号为负时，VD_2、VD_4 导通，输出载波与输入载波反相，从而实现了 CPSK 调制。

(2) 相位选择法

相位选择法电路如图 7.4.4 所示，设振荡器产生的载波信号为 $A\cos(2\pi f_c t)$，它加到与门 1，同时该振荡信号经倒相器变为 $A\cos(2\pi f_c t+\pi)$，加到与门 2，基带信号和它的倒相信号分别作为与门 1 及与门 2 的选通信号。基带信号为 1 码时，与门 1 选通，输出为 $A\cos(2\pi f_c t)$；基带信号为“0”码时，与门 2 选通，输出为 $A\cos(2\pi f_c t+\pi)$，即可得到 CPSK 信号。

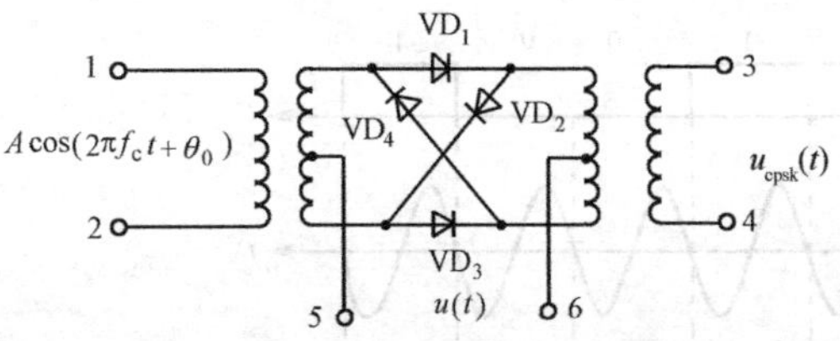

图 7.4.3　直接调相法的电路

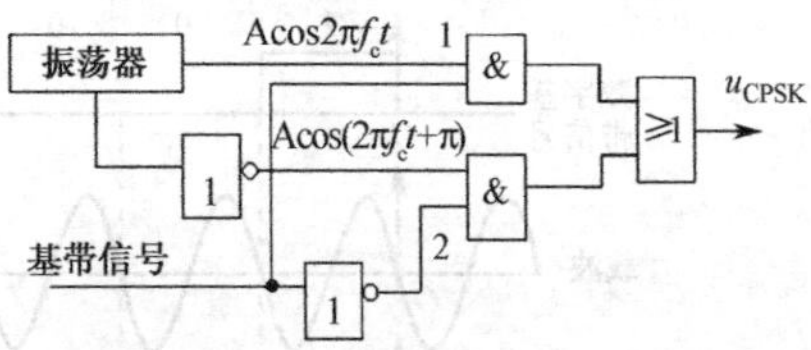

图 7.4.4　相位选择法电路

(3) 相对移相信号(DPSK)的产生

相对移相信号(DPSK)是通过码变换加 CPSK 调制产生的，其产生原理如图 7.4.5 所示。这种方法是把原基带信号经过绝对码—相对码变换后，再用相对码进行 CPSK 调制，其输出便是 DPSK 信号。

若假设绝对调相按“1”码同相，“0”码 π 相的规律调制；而相对调相按“1”码相位变化(移相 π)，“0”码相位不变规律调制。按此规定，绝对码记为 a_k，相对码记为 b_k，绝对码—相对码变换电路如图 7.4.6 所示。

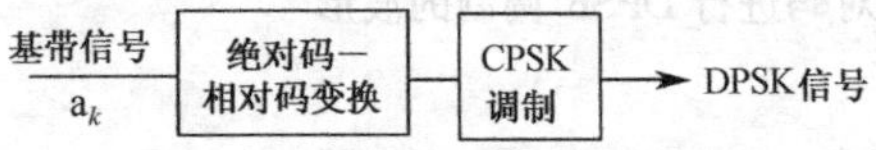

图 7.4.5　相对移相信号产生方框图

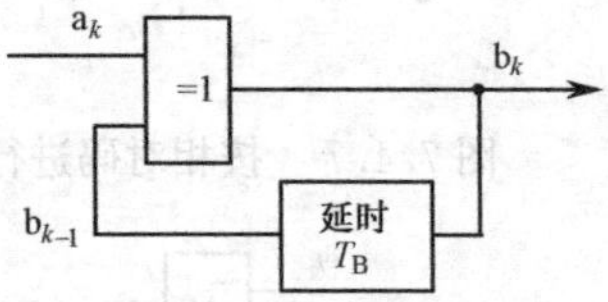

图 7.4.6　绝对码—相对码变换电路(向量差法)

绝对码—相对码之间的关系为

$$b_k = a_k \oplus b_{k-1} \tag{7.4.3}$$

按图 7.4.6 所示的电路画出相对码，然后再按绝对调相的规定画出调相波，并把此调相波与按相对调相定义直接画出的调相波比较，如图 7.4.7 所示。为了作图方便，这里设 $T_B = T_C$，T_B 是码元宽度，T_C 是载波周期。由图可见，按相对码进行 CPSK 调制与按原基带信号(即绝对码)进行 DPSK 调制，两者波形完全相同，因此相对调相可以用绝对码—相对码变换加上绝对调相来实现。

根据上述关系，绝对码与相对码(差分码)可以相互转换。图 7.4.8(a)，(b)分别为绝对码变为相对码的电路及波形；图 7.4.9(a)，(b)分别为相对码变为绝对码的电路及波形。

图 7.4.10 为一种绝对码变为相对码的变换电路及波形。输入不归零的绝对码序列 a_k(图中①)与位定时脉冲 CP(图中②)，两者相“与”后变为归零的绝对码序列 a_k'(图中③)，然后加到触发器。当 a_k 为“1”时，归零脉冲作用到触发器，使其翻转一次，输出 b_k(图中④)改变一次极性。当 a_k 为“0”时，与门无输出，a_k' 为 0，触发器 S 不翻转，使输出 b_k 的极性不变。所以触发器的输出正好符合相对码的变化规律，它的两个输出(图中④或图中⑤)都可作为相对码传输。

一种与相对码变为绝对码相对应的变换电路如图 7.4.11 所示。由于相对码中由“0”变“1”，或由“1”变“0”的极性变换点表示绝对码中的“1”，而极性不变的点表示绝对码中的“0”，所以将相对码先通过微分和整流，使其各极性变换点都产生一个脉冲 c 作用到双稳态触发器，使其输出为“1”，双稳态触发器的另一端输入定时脉冲 d。由于波形 c 的幅度远大于定时脉冲 d 的幅度，所以触发器的状态由波形 c 决定。当整流器无脉冲输出时，定时脉冲使触发器输出为“0”，触发器输出波形 e 就是绝对码。

DPSK 信号的产生，需先将绝对码变换为相对码，然后再用相对码对载波进行绝对调相，即可得到相对码调相(DPSK)信号。这里所介绍的绝对调相器均可产生 DPSK 信号，只需将绝对码变为

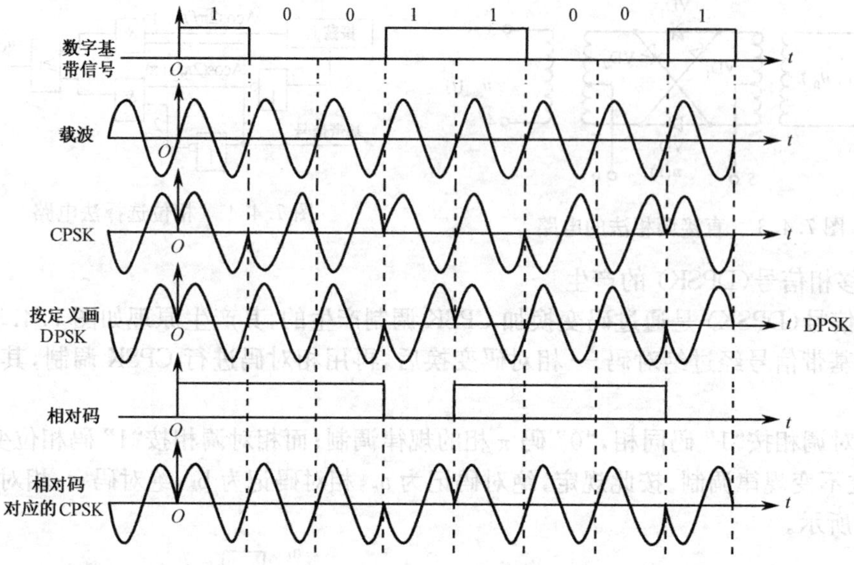

图 7.4.7　按相对码进行 CPSK 调制与按绝对码进行 DPSK 调制的波形

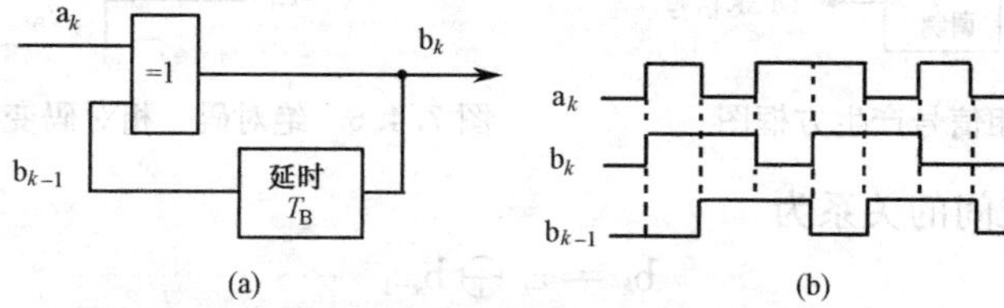

图 7.4.8　绝对码变为相对码的电路及波形

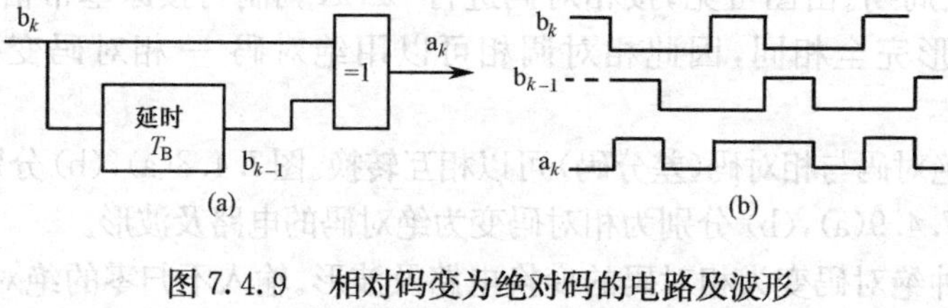

图 7.4.9　相对码变为绝对码的电路及波形

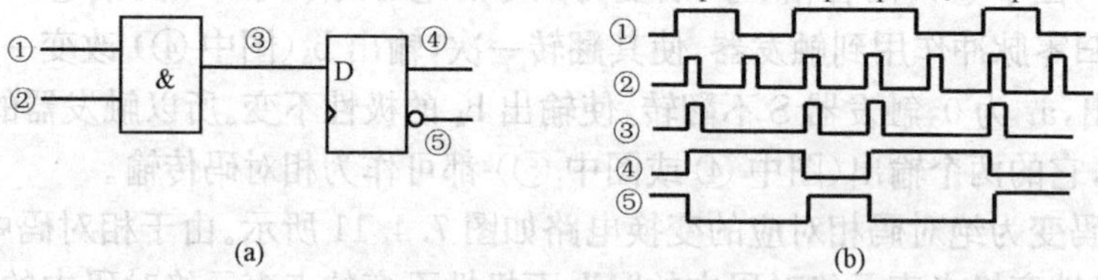

图 7.4.10　一种绝对码变为相对码的变换电路及波形

相对码即可。

4. DPSK 信号的解调

DPSK 信号的解调方法有两种：极性比较法(又称同步解调或相干解调)和相位比较法(是一种非相干解调)。

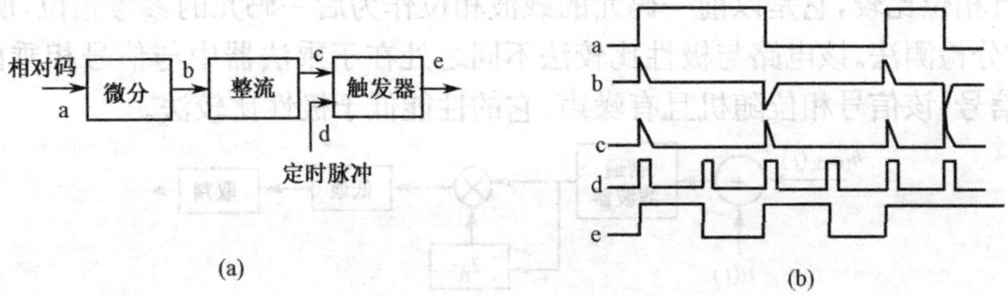

图 7.4.11　相对码变为绝对码的变换电路

(1) 极性比较法电路

极性比较法电路如图 7.4.12 所示。由图 7.4.12 可见，输入的 CPSK 信号经带通后加到乘法器，乘法器将输入信号与载波极性比较。极性比较电路符合绝对移相定义(因绝对移相信号的相位是相对于载波而言的)，经低通和取样判决电路后还原基带信号。

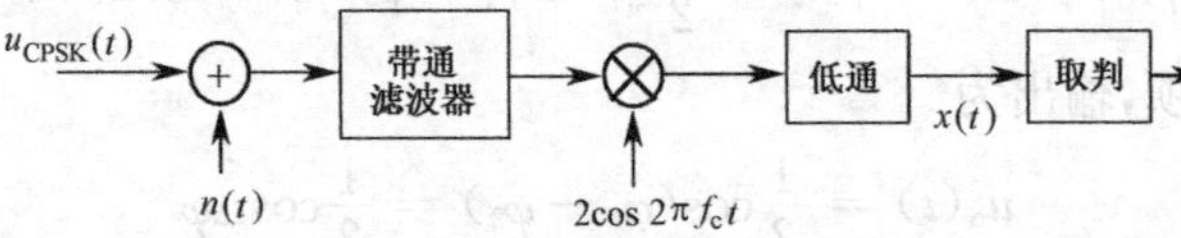

图 7.4.12　极性比较法电路

若输入为 DPSK 信号，经图 7.4.12 电路解调，还原的是相对码。要得到原基带信号，还必须经相对码 — 绝对码变换器，该变换器电路如图 7.4.9 所示。DPSK 信号极性比较法解调电路如图 7.4.13 所示。

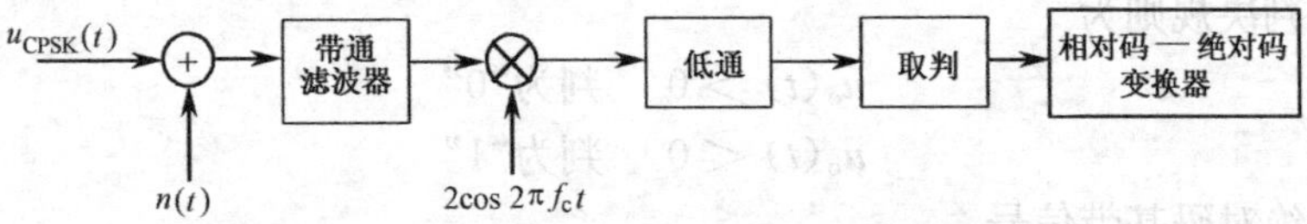

图 7.4.13　DPSK 信号极性比较法解调电路

由图 7.4.13 不难看出，极性比较原理是将 DPSK 信号与参考载波进行相位比较，恢复出相对码，然后再进行差分译码，由相对码还原成绝对码，得到原绝对码基带信号。

DPSK 解调器由三部分组成，乘法器和载波提取电路实际上就是相干检测器。后面的相对码(差分码)— 绝对码的变换电路，即相对码(差分码) 译码器，其余部分完成低通判决任务。

比较图 7.4.12 与图 7.2.5，发现两者电路完全相同，它们的差别仅在于图 7.4.12 输入信号为 $u_{CPSK}(t)$，而图 7.2.5 输入的信号为 $u_{ASK}(t)$。

当输入为“1”码时，$u_{CPSK}(t) = u_{ASK}(t) = A\cos(2\pi f_c t)$，因此 CPSK 解调的情况完全与 ASK 解调相同，此时低通输出

$$x(t) = A + n_c(t) \tag{7.4.4}$$

当输入为“0”码时，$u_{CPSK}(t) = A\cos(2\pi f_c t + \pi) = -A\cos(2\pi f_c t)$，此时与 ASK 情况不同。由于 $u_{CPSK}(t) = -A\cos(2\pi f_c t)$，则

$$x(t) = -A + n_c(t) \tag{7.4.5}$$

总结以上分析可知

$$x(t) = \begin{cases} A + n_c(t) & \text{发“1”码} \\ -A + n_c(t) & \text{发“0”码} \end{cases} \tag{7.4.6}$$

(2) 相位比较法

DPSK 相位比较法解调器原理框图如图 7.4.14 所示。其基本原理是将接收到的前后码元所对

应的调相波进行相位比较,它是以前一码元的载波相位作为后一码元的参考相位,所以称为相位比较法,或称为差分检测法。该电路与极性比较法不同之处在于乘法器中与信号相乘的不是载波,而是前一码元的信号,该信号相位随机且有噪声,它的性能低于极性比较法。

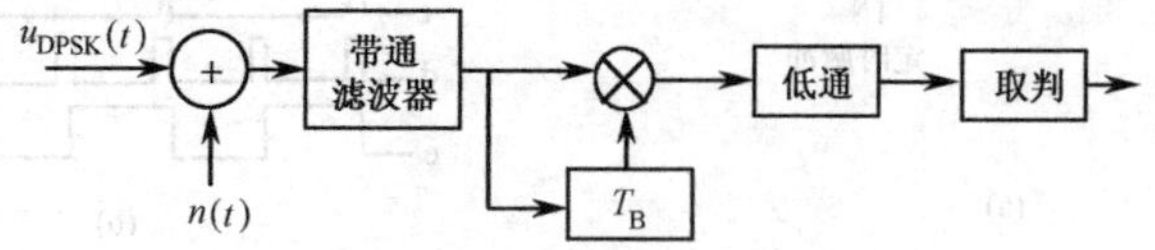

图 7.4.14 DPSK 相位比较法解调器原理框图

输入的 u_{DPSK} 信号一路直接加到乘法器,另一路经延迟线延迟一个码元的时间 T_B 后,加到乘法器作为相干载波。若不考虑噪声影响,设前一码元载波的相位为 φ_1,后一码元载波的相位为 φ_2,则乘法器的输出为

$$\cos(\omega_c t+\varphi_1)\cos(\omega_c t+\varphi_2)=\frac{1}{2}[\cos(\varphi_1-\varphi_2)+\cos(2\omega_c t+\varphi_1+\varphi_2)]$$

经低通滤波器滤除高频项,输出为

$$u_o(t)=\frac{1}{2}\cos(\varphi_1-\varphi_2)=\frac{1}{2}\cos\Delta\varphi \tag{7.4.7}$$

式中,$\Delta\varphi=\varphi_1-\varphi_2$,是前后码元对应的载波相位差。

由调相关系知

$$\Delta\varphi=0 \quad 发送“0”$$
$$\Delta\varphi=\pi \quad 发送“1”$$

则取样判决器的判决规则为

$$u_o(t)>0 \quad 判为“0”$$
$$u_o(t)<0 \quad 判为“1” \tag{7.4.8}$$

可直接解调出原绝对码基带信号。

这里应强调的是,相位比较法电路是将本码元信号与前一码元信号相位比较,它适合于按相位差定义的 DPSK 信号的解调,对码元宽度为非整数倍载频周期的按向量差定义的 DPSK 信号,该电路不适用。对 CPSK 信号解调,该电路输出端应增加相对码变为绝对码的变换电路。

7.5 多进制数字调制系统

二进制载波数字调制的基带数字信号只有两种状态即 1,0 或 +1,−1。随着数字通信的发展,对频带利用率的要求不断提高,多进制数字调制系统获得了越来越广泛的应用。在多进制系统中,一位多进制符号将代表若干位二进制符号。在相同的传码率条件下,多进制数字系统的信息速率高于二进制系统。在二进制系统中,随着传码率的提高,所需信道带宽增加。采用多进制可降低码元速率和减小信道带宽。同时,加大码元宽度,可增加码元能量,有利于提高通信系统的可靠性。

用 M 进制数字基带信号调制载波的幅度、频率和相位,可分别产生出 MASK、MFSK 和 MPSK 三种多进制载波数字调制信号。下面介绍多进制数字调制方式,重点介绍 MPSK。

7.5.1 多进制数字振幅调制(MASK) 系统

多进制数字振幅调制又称多电平振幅调制,它用高频载波的多种振幅去代表数字信息。图 7.5.1 为四电平振幅调制,高频载波有 $u_0(t)$、$u_1(t)$、$u_2(t)$、$u_3(t)$ 四种,振幅为 0、1A、2A、3A,分别代表数字信息 0、1、2、3,或者双比特二进制输入信息 00、01、10、11 进行振幅调制。

已调波一般可表示为

$$u_{\text{MASK}}(t)=\sum_{k=-\infty}^{\infty}A_n g(t-kT_S)\cos\omega_0 t \quad (n=0,1,2,\cdots,M-1)$$

式中

$$A_n=\begin{cases}0 & \text{概率为 } P_0\\ 1 & \text{概率为 } P_1\\ 2 & \text{概率为 } P_2\\ \vdots & \quad\vdots\\ M-1 & \text{概率为 } P_{M-1}\end{cases} \tag{7.5.1}$$

$g(t)$ 是高度为 1、宽度为 T_S 的矩形脉冲，且有 $\sum_{i=0}^{M-1}P_i=1$。为易于理解，将波形示于图 7.5.1 中。显然图(c) 中各波形的叠加便构成了图(b) 的波形。由图 7.5.1 可见，M 进制 ASK 信号是 M 个二进制 ASK 信号的叠加。那么，MASK 信号的功率谱便是 M 个二进制 ASK 信号功率谱之和。因此，叠加后的 MASK 信号的功率谱将与每一个二进制 ASK 信号的功率谱具有相同的带宽。所以其带宽为

$$B_M=2f_S=\frac{2}{T_S} \tag{7.5.2}$$

MASK 信号与二进制 ASK 信号产生的方法相同，可利用乘法器实现。解调也与二进制 ASK 信号相同，可采用相干解调和非相干解调两种方式。

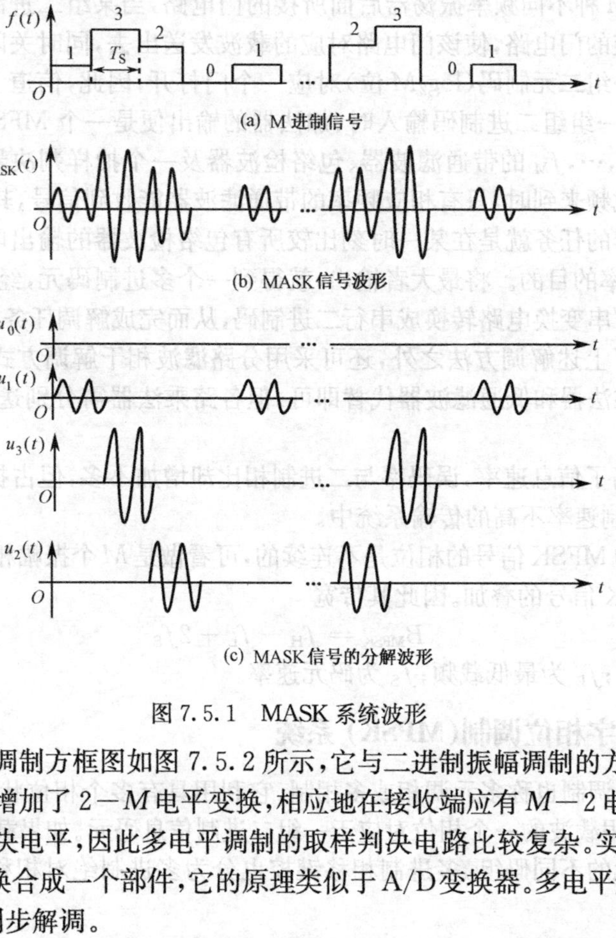

图 7.5.1　MASK 系统波形

实现多电平调制的调制方框图如图 7.5.2 所示，它与二进制振幅调制的方框原理非常相似。不同之处是在发信输入端增加了 $2-M$ 电平变换，相应地在接收端应有 $M-2$ 电平变换。另外该电路的取样判决器有多个判决电平，因此多电平调制的取样判决电路比较复杂。实际系统中，取样判决电路可与 $M-2$ 电平变换合成一个部件，它的原理类似于 A/D 变换器。多电平解调与二进制解调相似，可采用包络解调或同步解调。

多进制数字振幅调制与二进制振幅调制相比有如下特点：(1) 在码元速率相同的条件下，信息

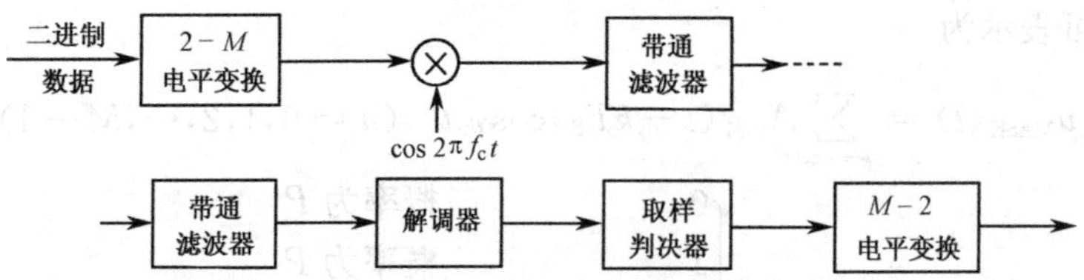

图 7.5.2　M 进制振幅调制方框图

速率是二进制的 $\log_2 M$ 倍。(2) 当码元速率相同时，多进制振幅调制带宽与二进制相同。(3) 多进制振幅调制的误码率通常远大于二进制误码率。当功率受限时，M 越大，误码增加越严重。(4) 多进制振幅调制不能充分利用发信机功率。综上所述，多进制振幅调制虽然是一种高效调制方式，但抗干扰能力较差，因而它仅适用于恒参信道，特别是要求频带利用率较高的场合，如有线信道。

7.5.2　多进制数字频率调制(MFSK) 系统

多进制数字频率调制也称多元调频或多频制。M 频制有 M 个不同的载波频率与 M 种数字信息对应，即用多个频率不同的正弦波分别代表不同的数字信号，在某一码元时间内只发送其中一个频率。多频制系统框图如图 7.5.3 所示。图中串/并变换电路和逻辑电路将输入的二进制码转换成 M 进制的码，将输入的二进制码每 k 位分为一组，然后由逻辑电路转换成具有多种状态的多进制码。控制相应的 M 种不同频率振荡器后面所接的门电路，当某组二进制码来到时，逻辑电路的输出一方面打开相应的门电路，使该门电路对应的载波发送出去，同时关闭其他门电路，不让其他载波发送出去。每一组二元制码($\log_2 M$ 位)对应一个门打开，因此，信道上只有 M 种频率中的一种被送出。因此，当一组组二进制码输入时，加法器的输出便是一个 MFSK 波形。接收部分由多个中心频率为 $f_1, f_2, \cdots, f_M$ 的带通滤波器、包络检波器及一个抽样判决器、逻辑电路、并/串变换电路组成。当某一载频来到时，只有相应频率的带通滤波器能收到信号，其他带通滤波器输出的都是噪声。抽样判决器的任务就是在某一时刻比较所有包络检波器的输出电压，判断哪一路的输出最大，以达到判决频率的目的。将最大者输出，就得到一个多进制码元，经逻辑电路转变成 k 位二进制并行码，再经并/串变换电路转换成串行二进制码，从而完成解调任务。

MFSK 信号除了上述解调方法之外，还可采用分路滤波相干解调方式。此时，只需将图 7.5.3 中的包络检波器用乘法器和低通滤波器代替即可。但各路乘法器需分别送入不同频率的相干本地载波。

MFSK 系统提高了信息速率，误码率与二进制相比却增加不多，但占据较宽的频带，因而频带利用率低，多用于调制速率不高的传输系统中。

这种方式产生的 MFSK 信号的相位是不连续的，可看做是 M 个振幅相同、载波不同、时间上互不相容的二进制 ASK 信号的叠加。因此其带宽

$$B_{\mathrm{MFSK}} = f_{\mathrm{H}} - f_{\mathrm{L}} + 2f_{\mathrm{S}} \tag{7.5.3}$$

其中，f_{H} 为最高载频；f_{L} 为最低载频；f_{S} 为码元速率。

7.5.3　多进制数字相位调制(MPSK) 系统

多进制数字相位调制也称多元调相或多相制。它利用具有多个相位状态的正弦波来代表多组二进制信息码元，即用载波的一个相位对应于一组二进制信息码元。如果载波有 2^k 个相位，它可以代表 k 位二进制码元的不同码组。多进制相移键控也分为多进制绝对相移键控和多进制相对(差分) 相移键控。

在 MPSK 信号中，载波相位可取 M 个可能值，$\theta_n = \dfrac{n2\pi}{M}$ $(n=0,1,\cdots,M-1)$。因此，MPSK 信号

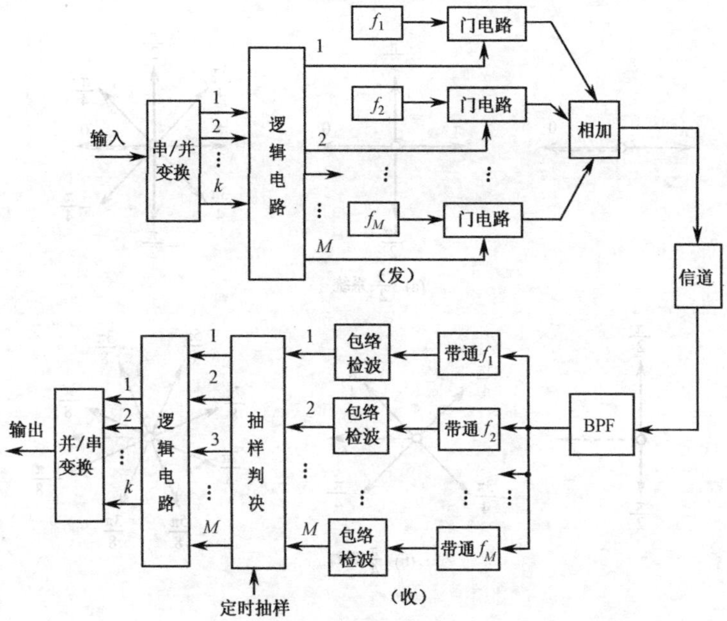

图 7.5.3　多频制系统(MFSK)原理框图

可表示为

$$u_{\mathrm{MPSK}}(t)=A\cos(\omega_0 t+\theta_n)=A\cos\left(\omega_0 t+\frac{n2\pi}{M}\right) \tag{7.5.4}$$

假定载波频率 ω_0 是基带数字信号速率的整数倍 $\omega_s=\dfrac{2\pi}{T_S}$，则上式可改写为

$$\begin{aligned} u_{\mathrm{MPSK}}(t)&=A\sum_{k=-\infty}^{\infty}g(t-kT_S)\cos(\omega_0 t+\theta_n)\\ &=A\cos\omega_0 t\sum_{k=-\infty}^{\infty}(\cos\theta_n)g(t-kT_S)-A\sin\omega_0 t\sum_{k=-\infty}^{\infty}(\sin\theta_n)g(t-kT_S)\\ &\qquad(n=0,1,2,\cdots,M-1) \end{aligned} \tag{7.5.5}$$

上式表明，MPSK 信号可等效为两个正交载波进行多电平双边带调幅所得已调波之和。因此其带宽与 MASK 信号带宽相同，带宽的产生也可按类似于产生双边带正交调制信号的方式实现。图 7.5.4 画出了 2,4,8 相制的相位矢量图。图中虚线为载波的基准相位，(a)、(b) 两图表示的两种制式从本质上讲是一致的。但在图(a) 中所表示的制式中有 0 相位，因此相邻码元的相位有可能连续，而图(b) 中所表示的制式中没有 0 相位，因此相邻码元相位不可能连续。

下面以四相相位调制为例进行讨论。四相调相信号是一种四状态符号，即符号有 00、01、10、11 四种状态。所以，对于输入的二进制序列，首先必须分组，每两位码元一组。然后再根据组合情况，用载波的四种相位表征它们。这种由两个码元构成一种状态的符号码元称为双比特码元。同理，k 位二进制码构成一种状态符号的码元则称为 k 比特码元。

1. 4PSK 信号

四相 PSK(4PSK) 信号实际是两路正交双边带信号。因此，可由图 7.5.5 所示方法产生。串行输入的二进制码，两位分成一组。若前一位用 A 表示，后一位用 B 表示，经串/并变换后变成宽度加倍的并行码 (A、B 码元在时间上是对齐的)。再分别进行极性变换，把单极性码变成双极性码，然后与载波相乘，形成正交的双边带信号，加法器输出形成 4PSK 信号。显然，此系统产生的是 π/4 系统

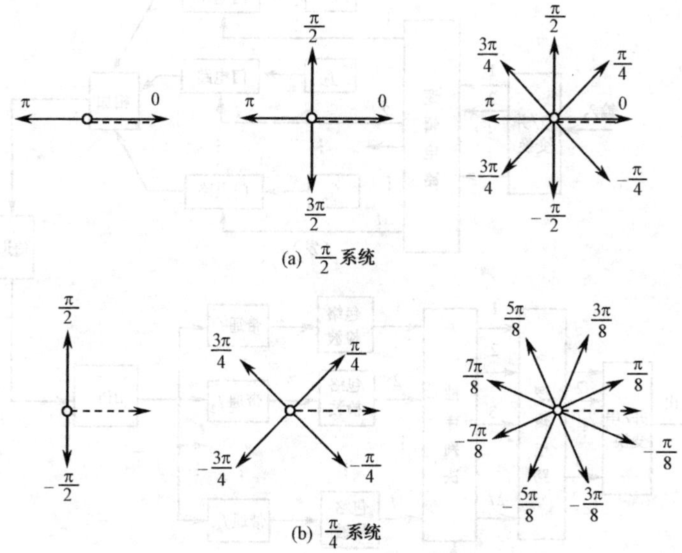

图 7.5.4　MPSK 系统相位图

PSK 信号。如果产生 π/2 系统的 PSK 信号，直接将载波信号加到乘法器上即可。

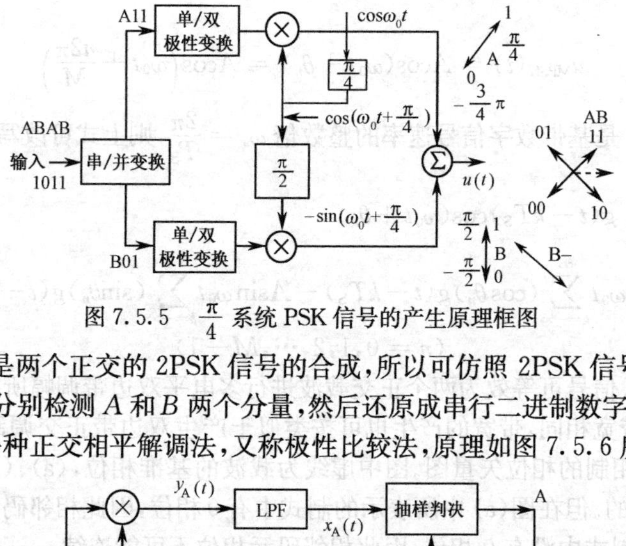

图 7.5.5　$\frac{\pi}{4}$ 系统 PSK 信号的产生原理框图

因为 4PSK 信号是两个正交的 2PSK 信号的合成，所以可仿照 2PSK 信号的相平解调方法，用两个正交的相干载波分别检测 A 和 B 两个分量，然后还原成串行二进制数字信号，即可完成 4PSK 信号的解调。此法是一种正交相平解调法，又称极性比较法，原理如图 7.5.6 所示。

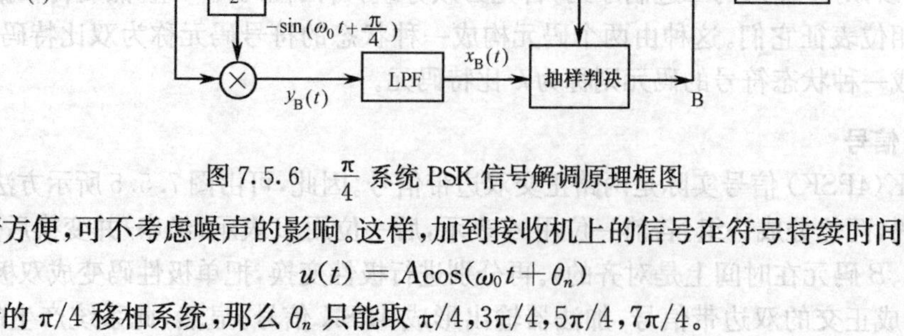

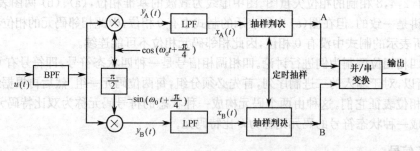

图 7.5.6　$\frac{\pi}{4}$ 系统 PSK 信号解调原理框图

为了分析方便，可不考虑噪声的影响。这样，加到接收机上的信号在符号持续时间内可表示为

$$u(t) = A\cos(\omega_0 t + \theta_n) \tag{7.5.6}$$

假定讨论的 π/4 移相系统，那么 θ_n 只能取 π/4，3π/4，5π/4，7π/4。

两路乘法器的输出分别为

$$y_A(t) = \frac{A}{2}\cos\theta_n + \frac{A}{2}\cos(2\omega_0 t + \theta_n) \tag{7.5.7}$$

$$y_B(t) = \frac{A}{2}\sin\theta_n + \frac{A}{2}\sin(2\omega_0 t + \theta_n) \tag{7.5.8}$$

LPF 输出分别是

$$x_A(t) = \frac{A}{2}\cos\theta_n \tag{7.5.9}$$

$$x_B(t) = \frac{A}{2}\sin\theta_n \tag{7.5.10}$$

根据 π/4 移相系统 PSK 信号的相位配置规定，抽样判决器的判决准则如表 7.5.1 所示。当判决器按极性判决时，若正抽样值判为 1，负抽样值判为 0，则可将调相信号解调为相应的数字信号。解调出的 A 和 B 再经并/串变换，就可还原出原调制信号。若解调 π/2 移相系统的 PSK 信号，则需改变移相网络及判决准则。

表 7.5.1　$\frac{\pi}{4}$ 系统判决器判决准则

符号相位 θ_n	$\cos\theta_n$ 的极性	$\sin\theta_n$ 的极性	判决器输出	
			A	B
π/4	+	+	1	1
3π/4	−	+	0	1
5π/4	−	−	0	0
7π/4	+	−	1	0

2. 4DPSK 信号

为了产生 4DPSK 信号，可在产生 4PSK 信号的基础上加一个码变换器来实现。码变换器的作用是将绝对码变为相对(差分) 码。移相系统的 DPSK 信号产生原理如图 7.5.7 所示。

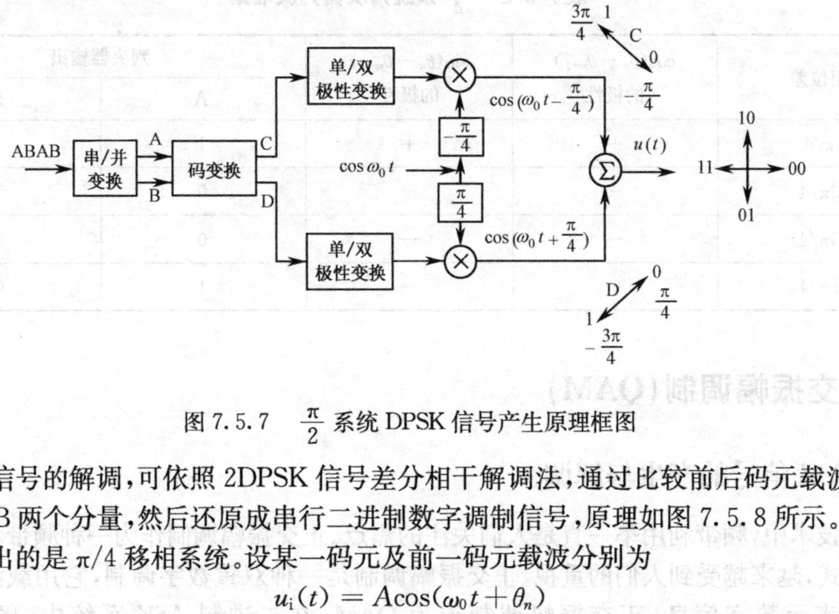

图 7.5.7　$\frac{\pi}{2}$ 系统 DPSK 信号产生原理框图

4DPSK 信号的解调，可依照 2DPSK 信号差分相干解调法，通过比较前后码元载波相位，分别检测出 A 和 B 两个分量，然后还原成串行二进制数字调制信号，原理如图 7.5.8 所示。

这里给出的是 π/4 移相系统。设某一码元及前一码元载波分别为

$$u_i(t) = A\cos(\omega_0 t + \theta_n) \tag{7.5.11}$$

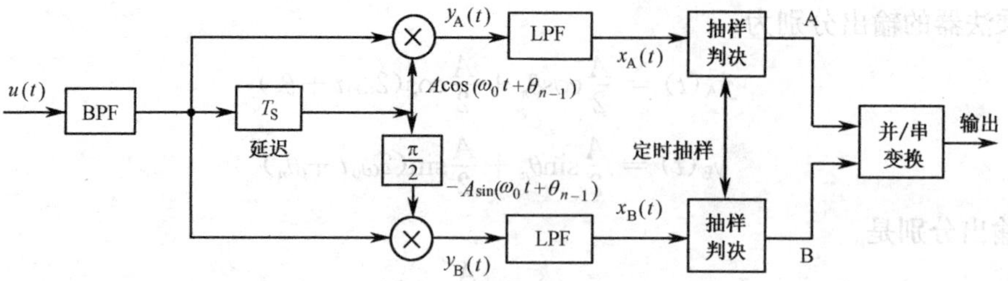

图 7.5.8 $\frac{\pi}{4}$ 系统 DPSK 信号解调原理框图

$$u_i(t-T_S)=A\cos(\omega_0 t+\theta_{n-1}) \tag{7.5.12}$$

式中,θ_n 为本码元载波初相角,θ_{n-1} 为前一码元载波初相角。两路乘法器的输出分别为

$$y_A(t)=\frac{A^2}{2}\cos(\theta_n-\theta_{n-1})+\frac{A^2}{2}\cos(2\omega_0 t+\theta_n+\theta_{n-1}) \tag{7.5.13}$$

$$y_B(t)=\frac{A^2}{2}\sin(\theta_n-\theta_{n-1})+\frac{A^2}{2}\sin(2\omega_0 t+\theta_n+\theta_{n-1}) \tag{7.5.14}$$

两路 LPF 的输出分别是

$$x_A(t)=\frac{A^2}{2}\cos(\theta_n-\theta_{n-1}) \tag{7.5.15}$$

$$x_B(t)=\frac{A^2}{2}\sin(\theta_n-\theta_{n-1}) \tag{7.5.16}$$

根据 π/4 移相系统 DPSK 信号的相位配置规定,可确定抽样判决器的判决准则,抽样判决器的判决准则如表 7.5.2 所示。判决器按极性判决,正抽样值判为 1,负抽样值判为 0。两路判决器的输出 A 和 B ,再经并/串变换就可恢复原来的串行数字信号。若解调 π/2 移相系统的 DPSK 信号,则需改变移相网络及判决准则。

若调制码元宽度为 T_S,载波周期为 T_0,且 T_S 为 T_0 的整数倍,两种相位形式的 4PSK 和 4DPSK 信号波形如图 7.5.9 所示(图中令 $T_S=T_0$)。

表 7.5.2 $\frac{\pi}{4}$ 系统判决器判决准则

相位差	$\cos(\theta_n-\theta_{n-1})$ 的极性	$\sin(\theta_n-\theta_{n-1})$ 的极性	判决器输出	
			A	B
π/4	+	+	1	1
3π/4	−	+	0	1
5π/4	−	−	0	0
7π/4	+	−	1	0

7.6 正交振幅调制(QAM)

7.6.1 QAM 信号的产生与解调

在通信技术中,频带利用率一直是人们关注的焦点。正交振幅调制作为一种频带利用率很高的数字调制方式,越来越受到人们的重视。正交振幅调制是一种双重数字调制,它用载波的不同幅度及不同相位表示数字信息。正交振幅调制记为 QAM。在二进制 ASK 系统中,频带利用率是

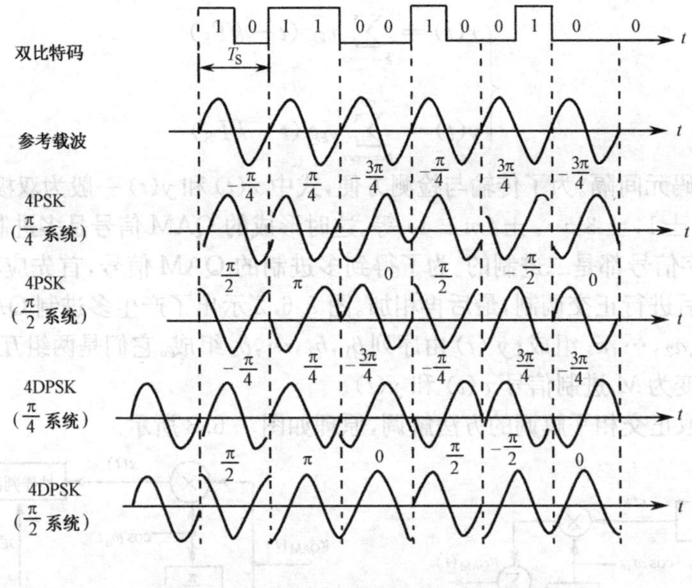

图 7.5.9　4PSK 和 4DPSK 的信号波形图

1(b/s)/Hz。若利用正交载波调制技术传输 ASK 信号，可使频带利用率提高一倍。如果再把多进制与其他技术结合起来，还可进一步提高频带利用率。正交振幅调制(QAM) 是利用正交载波对两路信号分别进行双边带抑制载波调幅形成的。通常有二进制 QAM(4QAM)，四进制 QAM(16 QAM)，八进制 QAM(64 QAM)，…，对应的空间信号矢量端点图如图 7.6.1 所示，分别有 4，16，64，…，个矢量端点。图 7.6.1(a) 为 4QAM，16QAM，64QAM 的信号矢量端点图；图(b) 为 16QAM 信号电平数和信号状态关系。电平数和信号状态之间的关系是 $M=m^2$。其中，m 为电平数，M 为信号状态。

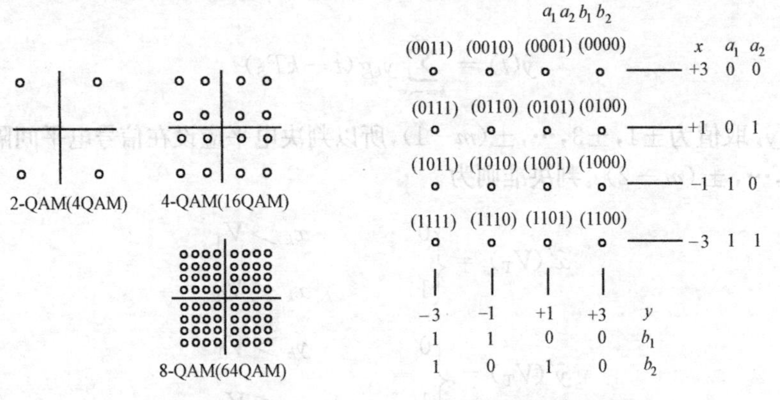

图 7.6.1　QAM 信号空间矢量图

QAM 信号的同相和正交分量可以独立地分别以 ASK 方式传输数字信号。如果两通道的基带信号分别为 $x(t)$ 和 $y(t)$，则 QAM 信号可表示为

$$u_{QAM}(t)=x(t)\cos\omega_0 t+y(t)\sin\omega_0 t \tag{7.6.1}$$

其中，$x(t)$ 和 $y(t)$ 分别为

$$\begin{cases} x(t) = \sum\limits_{k=-\infty}^{\infty} x_k g(t-kT_S) \\ y(t) = \sum\limits_{k=-\infty}^{\infty} y_k g(t-kT_S) \end{cases} \tag{7.6.2}$$

式中，T_S 为多进制码元间隔。为了传输与检测方便，式中 $x(t)$ 和 $y(t)$ 一般为双极性 M 进制码元，间隔相等。例如，取为 $\pm1,\pm3,\cdots,\pm(m-1)$ 等。这时形成的 QAM 信号是多进制的。

通常，原始数字信号都是二进制的。为了得到多进制的 QAM 信号，首先应将二进制信号转换成 m 进制信号，然后进行正交调制，最后再相加。图 7.6.2 示出了产生多进制 QAM 信号的原理。图中 $x'(t)$ 由序列 a_1、a_2，…，a_k 组成；$y'(t)$ 由序列 $b_1,b_2,\cdots,b_k$ 组成。它们是两组互相独立的二进制信号，经 $2/m$ 变换器变为 M 进制信号 $x(t)$ 和 $y(t)$。

QAM 信号采取正交相平解调的方法解调，原理如图 7.6.3 所示。

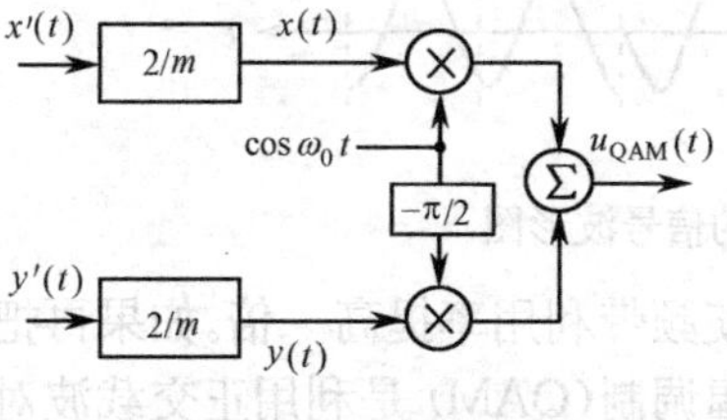

图 7.6.2　QAM 信号产生

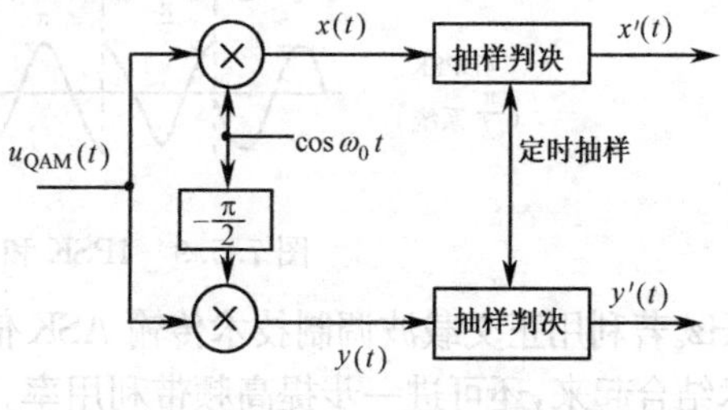

图 7.6.3　QAM 信号解调

解调后输出两路互相独立的多电平基带信号

$$\hat{x}(t) = \sum_{k=-\infty}^{\infty} x_k g(t-kT_S)$$

$$\hat{y}(t) = \sum_{k=-\infty}^{\infty} y_k g(t-kT_S)$$

因为 x_k 和 y_k 取值为 $\pm1,\pm3,\cdots,\pm(m-1)$，所以判决电平应设在信号电平间隔的中点，即 $V_T = 0,\pm2,\pm4,\cdots,\pm(m-2)$。判决准则为

$$\hat{x}'(V_T) = \begin{cases} 0 & x_k > V_T \\ 1 & x_k < V_T \end{cases}$$

$$\hat{y}'(V_T) = \begin{cases} 0 & y_k > V_T \\ 1 & y_k < V_T \end{cases} \tag{7.6.3}$$

根据多进制码元与二进制码元之间的关系，可恢复出原二进制信号。

对于 4QAM，当两路信号幅度相等时，产生、解调、性能及相位矢量均与 4PSK 相同。

7.6.2　8QAM

8QAM 的 $M=8$，8QAM 调制实现的调制方框图如图 7.6.4 所示，A、B 两支路的 2/4 电平变换器的真值表相同。2/4 电平变换的真值表及合成后信号的幅度，相位真值表如表 7.6.1 所示。8QAM 的相位矢量及星座图如图 7.6.5 所示。

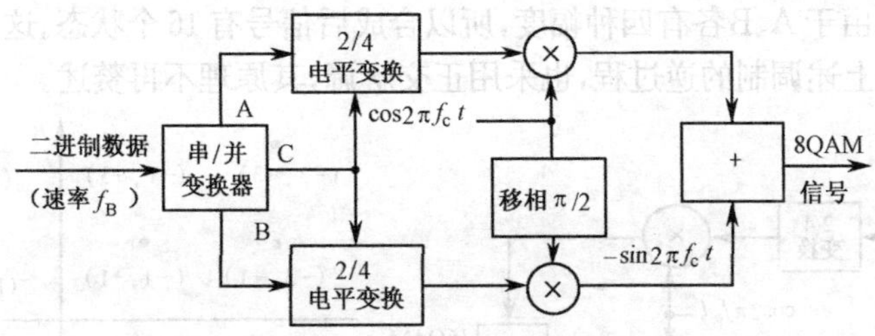

图 7.6.4　8QAM 调制方框图

表 7.6.1　2/4 电平变换及合成信号真值表

A(B)C	输出
0　0	−0.3827
0　1	−0.9239
1　1	+0.9239
1　0	+0.3827

A　B　C	8QAM 幅度	8QAM 相位
0　1　0	0.5412	+135°
0　1　1	1.3066	+135°
0　0　0	0.5412	−135°
0　0　1	1.3066	−135°
1　1　0	0.5412	+45°
1　1　1	1.3066	+45°
1　0　0	0.5412	−45°
1　0　1	1.3066	−45°

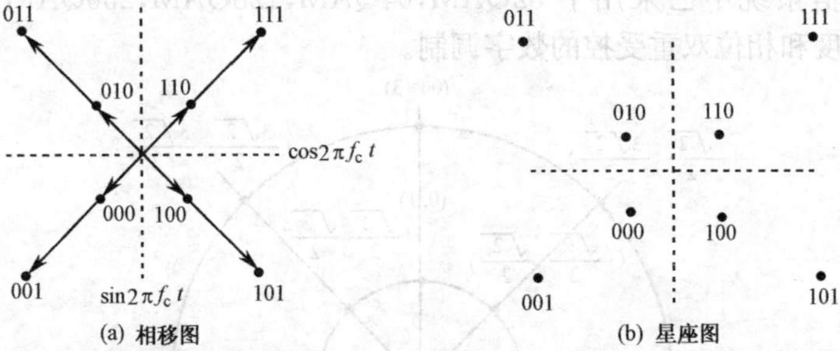

图 7.6.5　8QAM 的相位矢量及星座图

从真值表和星座图都可以看出，8QAM 已调信号是幅度与相位均在变化的高频载波，输入的二进制码流每 3 比特分为一组。A、B 两比特决定其相位。A、B 有四种组合，对应四种相位：01↔135°，00↔−135°，11↔+45°，10↔−45°。C 比特决定幅度，C 有两个状态，对应两种幅度：1↔1.3066，0↔0.5412。8QAM 的解调方框图如图 7.6.6 所示。

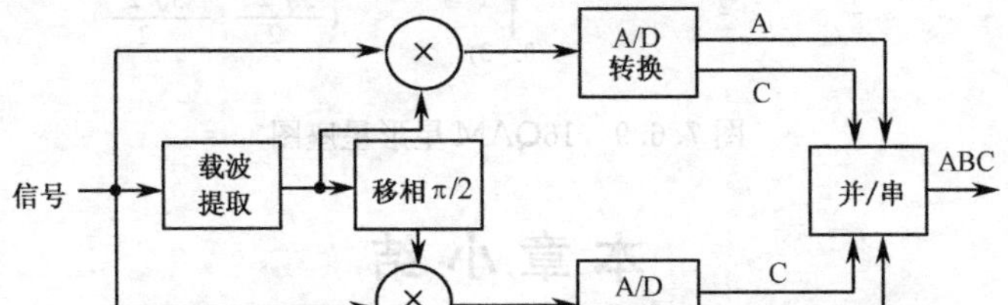

图 7.6.6　8QAM 的解调方框图

7.6.3　16QAM

16QAM 是 $M=16$ 的系统，调制的方框图如图 7.6.7 所示。输入二进制数据经串/并变换和 2/4 变换后速率为 $f_B/4$。2/4 变换后的电平为 ±1 和 ±3 四种，它们再分别进行正交调制合成后的信号为

$A\cos 2\pi f_c - jB\sin 2\pi f_c$,由于A、B各有四种幅度,所以合成后信号有16个状态。这16个状态的星座图如图7.6.8所示。解调是上述调制的逆过程,也采用正交解调,其原理不再赘述。

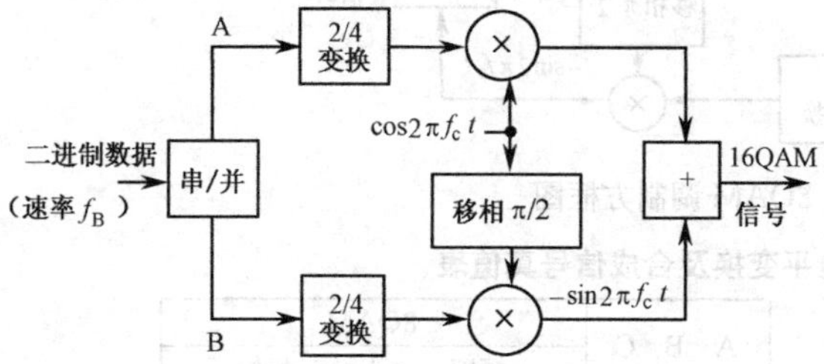

图7.6.7 16QAM信号产生方框图

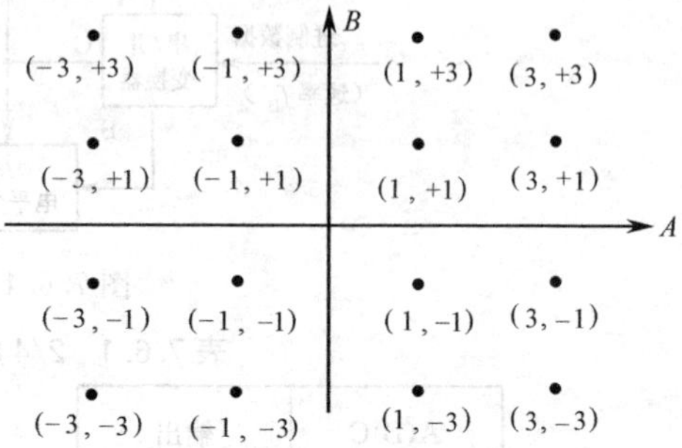

图7.6.8 16QAM相移图和星座图

从图7.6.8可以看出,16QAM的星座图呈方形,因此也称方形星座图。16QAM的星座图也可如图7.6.9所示,由于它呈放射形状,故也称星形星座图。16QAM星形星座图与方形比较有如下特点:星形有8种相位、2种幅度,而方形有3种幅度、12种相位。因此星形的幅度及相位种类少,星形比方形在抗衰减性能上要更胜一筹,故应用更为广泛。16QAM星形实现亦很方便,我们可将输入的二进制信息每4比特分为一组,前3比特用来实现8PSK调制,第4比特控制幅度。目前为了提高频带利用率,在通信系统中已采用了32QAM,64QAM,128QAM,256QAM等。无论是哪一种QAM,它们都是幅度和相位双重受控的数字调制。

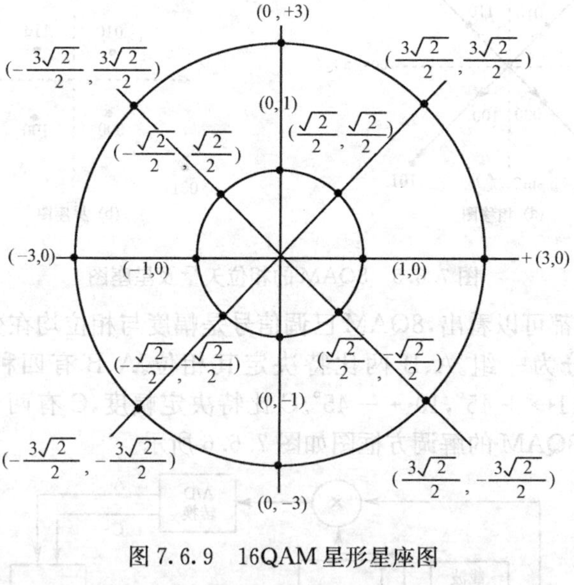

图7.6.9 16QAM星形星座图

本章小结

1. 数字信号对载波的调制与模拟信号对载波的调制类似,它同样可以去控制正弦振荡的振幅、频率或相位的变化。数字信号对载波振幅的调制称为振幅键控,即ASK;对载波频率的调制称为频移键控,即FSK;对载波相位的调制称为相移键控,即PSK。

2. 二进制ASK调制有两种实现方法:乘法器实现法和键控法。乘法器常采用环形调制器。键控法的电键常采用电子开关来实现。

ASK 信号解调也有两种方法，即同步解调法和包络解调法。

3. 二进制频移键控(FSK) 是用不同频率的载波来传递数字信号，用数字基带信号控制载波信号的频率的。

FSK 信号的产生有两种方法，即直接调频法和频率键控法。直接调频法是利用数字基带信号来直接控制载频振荡器的振荡频率的。频率键控法也叫频率选择法。它有两个独立的振荡器，数字基带信号控制转换开关，选择不同频率的高频振荡信号实现 FSK 调制。

FSK 信号的解调的方法有同步(相干) 解调法、过零检测法和差分检测法等。

4. 相位键控(PSK) 是用数字基带信号去控制载波的相位，使载波的相位发生跳变的一种调制方式。二进制相位键控用同一个载波的两种相位来代表数字信号。数字调相常分为绝对调相(CPSK) 和相对调相(DPSK)。而对于 DPSK 又有向量差和相位差两种。对于二进制的绝对调相记为 2CPSK，相对调相记为 2DPSK。

对于 2CPSK，常用相位 π 代表"0" 码，相位 0 代表"1" 码。

CPSK 调制有直接调相法和相位选择法两种方法。

DPSK 信号是通过码变换加 CPSK 调制产生的。其解调方法有两种：极性比较法和相位比较法。

5. 随着数字通信技术不断提高，对频带利用率的要求也不断提高，多进制数字调制系统获得越来越广泛的应用。

多进制数字调幅调制(MASK) 又称多电平振荡调制，它用高频载波的多种幅度去代表数字信息。

多进制数字频率调制也称多元调频或多频制。M频制有M个不同的载波频率与M种数字信息对应。

多进制数字相位调制也称多元调相或多相制。它利用具有多个相位状态的正弦波来代表多组二进制信息码元，即用载波的一个相位对应于一组二进制信息码元。

6. 正交振荡调制(QAM) 是一种双重数字调制。它用载波的不同幅度及不同相位表示数字信息。QAM 调制作为一种频带利用率很高的数字调制方式，它有二进制 QAM(4QAM)，四进制 QAM(16QAM)，八进制 QMA(64QAM) 等。

习　题　七

7.1　已知某二元序列码 10110010，试画出二进制 ASK、FSK、PSK 三种调制方式载波传输信号的波形示意图(设载波周期等于码元周期的一半)。

7.2　已知二进制绝对码为 1100100010，试画出它的差分码波形。

7.3　若发送 01101 序列码，试画出 FSK 信号波形；试讨论应选择怎样的解调器。

7.4　已知绝对码序列 1100100010，采用差分相位键控(DPSK) 方式，试画出载波传输的波形。设载波周期等于码元周期的一半，试画出相干检波方框图及图中各点的波形。

7.5　设发送数字信息为 01101100010，试分别画出 2ASK、2FSK、2CPSK、2DPSK 波形示意图。

7.6　设2FSK调制系统的码元传输速率为 1000b/s，已调信号的载频为 1000Hz 或为 2000Hz。

(1) 设发送数字信息为 01101，试画出它的 FSK 信号波形；

(2) 试讨论这时的 FSK 信号应选择怎样的调制器。

7.7　在 2DPSK 系统中，载波频率为 2400Hz，码元速率为 1200b/s，已知相对码序列为 1100010111。

(1) 画出 2DPSK 信号波形；

(2) 采用差分相干解调法接收该信号时，试画出各点波形。

7.8　若载频为 1800Hz，码元速率为 1200b/s，发送数字信息为 01101，试画出$\Delta\varphi = 270°$代表 0，$\Delta\varphi = 90°$代表 1 的 2DPSK 信号波形。

第 8 章　无线电技术中的反馈控制电路

内容提要

反馈控制是现代系统工程中的一种重要技术手段。在系统受到扰动的情况下，通过反馈控制作用，可使系统的某个参数达到所需的精度，或按照一定的规律变化。本章先从反馈控制系统的基本概念入手，介绍反馈控制系统组成、工作过程、特点及基本分析。根据控制对象参数不同，反馈控制电路在电子线路中可以分为以下三类：自动增益控制（AGC）电路、自动频率控制（AFC）电路及自动相位控制（APC）电路。主要介绍这三种反馈控制电路的组成、工作原理、性能分析及其应用。重点介绍自动相位控制（APC）电路（锁相环路 PLL）的工作原理及其应用。

8.1　反馈控制系统的概念

8.1.1　反馈控制系统的组成、工作过程和特点

反馈控制系统的方框图如图 8.1.1 所示。图中，比较器的作用是将外加的参考信号 $r(t)$ 与反馈信号 $f(t)$ 进行比较，通常是取其差值，并输出比较后的差值信号 $e(t)$，起检测误差信号和产生控制信号的作用。可控特性设备在输入信号 $s(t)$ 的作用下产生输出信号 $y(t)$，其输出与输入特性的关系受误差信号 $e(t)$ 的控制，起误差信号的校正作用。有些反馈控制系统，输出信号是由可控特性设备本身产生的，而不需另加输入信号，其输出信号的参数受误差信号的控制。反馈环节的作用是将输出信号 $y(t)$ 按一定的规律反馈到输入端，这个规律可以随着要求的不同而不同，它对整个环路的性能起着重要的作用。

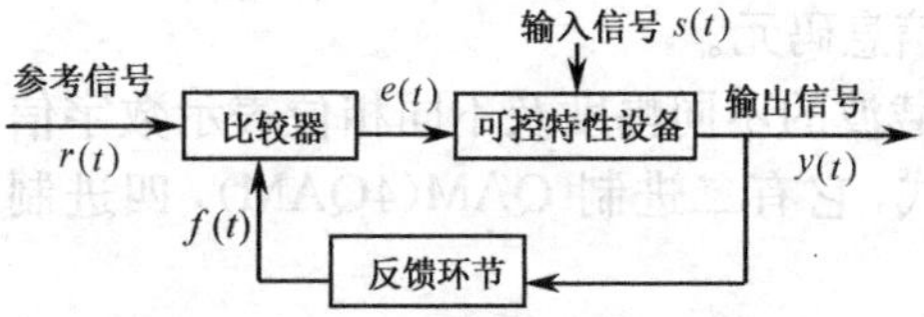

图 8.1.1　反馈控制系统的方框图

1. 反馈控制系统的工作过程

假定系统已处于稳定状态，这时输入信号为 s_0，输出信号为 y_0，参考信号为 r_0，比较器输出的误差信号为 e_0。

① 参考信号 r_0 保持不变，输出信号 y 发生了变化。y 发生了变化的原因可以是输入信号 $s(t)$ 发生了变化，也可以是可控特性设备本身的特性发生了变化。y 的变化经过反馈环节将表现为反馈信号 f 的变化，使得输出信号 y 向趋近于 y_0 的方向进一步变化。在反馈控制系统中，总是使输出信号 y 进一步变化的方向与原来的变化方向相反，也就是要减小 y 的变化量。y 的变化减小将使得比较器输出的误差信号减小。适当的设计可以使系统再次达到稳定，误差信号 e 的变化很小，这就意味着输出信号 y 偏离稳态值 y_0 也很小，从而达到稳定输出 y_0 的目的。显然，整个调整过程是自动进行的。

② 参考信号 r_0 发生了变化。这时即使输入信号 $s(t)$ 和可控特性设备的特性没有变化，误差信号 e 也要发生变化。系统调整的结果使得误差信号 e 的变化很小，这只能是输出信号 y 与参考信号 r 同方向的变化，也就是输出信号将随着参考信号的变化而变化。

总之，由于反馈控制作用，较大的参考信号变化和输出信号变化，只引起小的误差信号变化。欲

得此结果，需满足如下两个条件：

一是要反馈信号变化的方向与参考信号变化的方向一致。因为比较器输出的误差信号 e 是参考信号 r 与反馈信号 f 之差，即 $e = r - f$，所以，只有反馈信号与参考信号变化方向一致，才能抵消参考信号的变化，从而减小误差信号的变化。

二是从误差信号到反馈信号的整个通路（含可控特性设备、反馈环节和比较器）的增益要高。从反馈控制系统的工作过程可以看出，整个调整过程就是反馈信号与参考信号之间的差值自动减小的过程，而反馈信号的变化是受误差信号控制的。整个通路的增益越高，同样的误差信号变化所引起的反馈信号变化就越大。这样，对于相同的参考信号与反馈信号之间的起始偏差，在系统重新达到稳定后，通路增益高，误差信号变化就小，整个系统调整的质量就高。应该指出，提高通路增益只能减小误差信号变化，而不能将这个变化减小到零。这是因为补偿参考信号与反馈信号之间的起始偏差所需的反馈信号变化，只能由误差信号的变化产生。

2. 反馈控制系统的特点

① 误差检测。控制信号产生和误差信号校正全部都是自动完成的。当系统的参考信号（或称基准信号）与反馈信号之间的差值发生变化时，系统能自动地调整，待重新达到稳定后，误差信号可以远远小于参考信号与反馈信号间的起始偏差。利用这个特性，可以保持输出信号基本不变，或者是输出信号随参考信号的变化而变化。它的反应速度快，控制精度高。

② 系统是根据误差信号的变化而进行调整的，而不管误差信号是由哪种原因产生的。所以，不管是参考信号的变化还是输出信号的变化而引起的变化，也不管输出信号是由于输入信号的变化而引起的变化，还是由于设备本身特性的变化而引起的变化，系统都能进行调整。

③ 系统的合理设计能够减小误差信号的变化，但不可能完全消除。因此，反馈控制系统调整的结果总是有误差的，这个误差叫做剩余误差。系统的合理设计可以将剩余误差控制在一定的范围内。

以上对反馈控制系统的组成、工作过程及其基本特点进行了说明，下面对反馈控制系统做一些基本分析。

8.1.2　反馈控制系统的基本分析

1. 反馈控制系统的传递函数及数学模型

分析反馈控制系统就是要找到参考信号与输出信号（又称被控信号）的关系，也就是要找到反馈控制系统的传输特性。和其他系统一样，反馈控制系统也可以分为线性系统与非线性系统。这里重点分析线性系统。

若参考信号 $r(t)$ 的拉氏变换为 $R(s)$，输出信号 $y(t)$ 的拉氏变换为 $Y(s)$，则反馈控制系统的传输特性表示为

$$T(s) = \frac{Y(s)}{R(s)} \tag{8.1.1}$$

称 $T(s)$ 为反馈控制系统的闭环传输函数。

下面来推导闭环传输函数 $T(s)$ 的表示式，并利用它分析反馈控制系统的特性。为此需先找出反馈控制系统各部件的传递函数及数学模型。

(1) 比较器

比较器的典型特性如图 8.1.2 所示，其输出的误差信号 e 通常与参考信号 r 和反馈信号 f 的差值成比例，即

$$e = A_{cp}(r - f) \tag{8.1.2}$$

这里 A_{cp} 是一个比例常数，它的量纲应满足不同系统的要求。如在下面将要分析的 AGC 系统

中，r是参考信号电平值，f是反馈信号电平值，e是误差信号电平值，所以A_{cp}是一个无量纲的常数。而在AFC系统中，r是参考信号的频率值，f是反馈信号频率值，e是反映这两个频率差的电平值，所以A_{cp}唯一量纲是V/Hz的常数。在锁相环电路中，e和$(r-f)$不成线性关系，这时A_{cp}就不再是一个常数，这种情况可参阅有关文献，这里只讨论A_{cp}为常数的情况。

将式(8.1.2)写成拉氏变换式

$$E(s)=A_{cp}[R(s)-F(s)] \tag{8.1.3}$$

其中，$E(s)$是误差信号的拉氏变换，$R(s)$是参考信号的拉氏变换，$F(s)$是反馈信号的拉式变换。

(2) 可控特性设备

在误差信号控制下产生相应输出信号的设备称为可控特性设备。可控特性设备的典型特性如图8.1.3所示。如压控振荡器就是在误差电压的控制下产生相应的频率变化的。和比较器一样可控特性设备的变化关系并不一定是线性关系，为简化分析，假定它是线性关系

$$y=A_{c}e \tag{8.1.4}$$

这里A_c是常数，其量纲应满足系统的要求。例如，压控振荡器的A_c的量纲就是Hz/V。

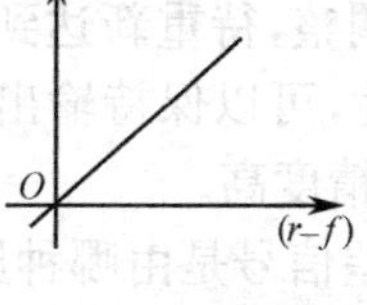

图8.1.2　比较器的典型特性

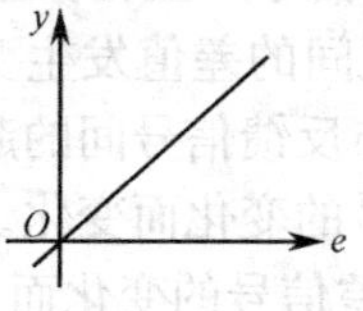

图8.1.3　可控特性设备的典型特性

将式(8.1.4)写成拉氏变换式

$$Y(s)=A_{c}E(s) \tag{8.1.5}$$

(3) 反馈环节

反馈环节的作用是将输出信号y的信号形式变换为比较器需要的信号形式。如输出信号是交流信号，而比较器需要用反映交变信号的平均值的直流信号进行比较，反馈环节应能完成这种变换。反馈环节的另一重要作用是按需要的规律传递输出信号。例如，只需要某些频率信号起反馈控制作用，那么可以将反馈环节设计成一个滤波器，只允许所需的频率通过。此外，它还可以对环路进行调整。

通常，反馈环节是一个具有所需特性的线性无源网络，如在PLL中它是一个低通滤波器。它的传递函数为

$$H(s)=\frac{F(s)}{Y(s)} \tag{8.1.6}$$

称$H(s)$为反馈传递函数。

根据上面各基本部件的功能和数学模型可以得到整个反馈控制系统的数学模型，如图8.1.4所示。

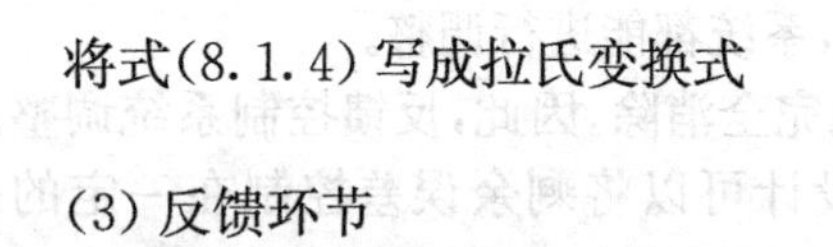

图8.1.4　反馈控制系统的数学模型

利用这个模型，就可以导出整个系统的传递函数。

因为

$$\begin{aligned}Y(s)&=A_{c}E(s)=A_{c}A_{cp}[R(s)-F(s)]\\&=A_{c}A_{cp}[R(s)-H(s)Y(s)]\\&=A_{c}A_{cp}R(s)-A_{c}A_{cp}H(s)Y(s)\end{aligned}$$

从而得到反馈控制的传递函数

$$T(s)=\frac{Y(s)}{R(s)}=\frac{A_{c}A_{cp}}{1+A_{c}A_{cp}H(s)} \tag{8.1.7}$$

式(8.1.7)称为反馈控制系统的闭环传递函数。利用该式就可以对反馈控制系统的特性进行分析。在分析反馈控制系统时，有时还用到开环传递函数$T_{op}(s)$，正向传递函数$T_{f}(s)$和误差传递

函数 $T_e(s)$ 的表达式。

开环传递函数是指反馈信号 $F(s)$ 与误差信号 $E(s)$ 之比

$$T_{op}(s)=\frac{F(s)}{E(s)}=A_cH(s) \tag{8.1.8}$$

正向传递函数是指输出信号 $Y(s)$ 与误差信号 $E(s)$ 之比

$$T_f(s)=\frac{Y(s)}{E(s)}=A_c \tag{8.1.9}$$

误差传递函数是指误差信号 $E(s)$ 与参考信号 $R(s)$ 之比

$$T_e(s)=\frac{E(s)}{R(s)}=\frac{A_{cp}}{1+A_cA_{cp}H(s)} \tag{8.1.10}$$

2. 反馈控制系统的基本特性的分析

(1) 反馈控制系统的瞬态与稳态响应

若反馈控制系统已经给定，即正向传递函数 A_c 和反馈传递函数 $H(s)$ 为已知，则在给定参考信号 $R(s)$ 后就可根据式(8.1.7) 求得该系统的输出信号 $Y(s)$，因为

$$Y(s)=\frac{A_cA_{cp}}{1+A_cA_{cp}H(s)}R(s) \tag{8.1.11}$$

在一般情况下，该式表示的是一个微分方程式，从线性系统分析可知，所求得的输出信号的时间函数 $Y(t)$ 将包含稳态部分和瞬态部分。在控制系统中，稳态部分表示系统稳定后所处的状态；瞬态部分则表示系统在进行控制过程中的情况。这里主要讨论稳态情况。

【例 8.1.1】　以反馈放大器为例，说明上述概念。电路如图 8.1.5 所示。

解　与图 8.1.4 对比，不难得出相应的关系式，其正向传递函数为

$$T_f(s)=\frac{U_y(s)}{U_e(s)}=A$$

反馈传递函数为

$$H(s)=\frac{U_f(s)}{U_y(s)}=\frac{1}{1+RCs}$$

这里 $A_{cp}=1$，所以其闭环传递函数

$$T(s)=\frac{U_y(s)}{U_r(s)}=\frac{A_cA_{cp}}{1+A_cA_{cp}H(s)}=\frac{A}{1+\frac{A}{1+RCs}}$$

$$=\frac{A(RCs+1)}{RCs+1+A}=\frac{A(s+1/RC)}{s+(1+A)/RC} \tag{8.1.12}$$

当给定参考信号是阶跃函数时，即 $u_r(t)=u(t)$，则

$$U_r(s)=\frac{1}{s}$$

代入式(8.1.12)

$$U_y(s)=\frac{A(s+1/RC)}{s[s+(1+A)/RC]} \tag{8.1.13}$$

利用部分分式展开式(8.1.13)，并进行逆变换，就得到了在阶跃函数输入时该电路的输出信号 $u_y(t)$ 为

$$u_y(t)=\frac{A}{1+A}u(t)+\frac{A^2}{1+A}\exp\left(-\frac{1+A}{RC}t\right)u(t) \tag{8.1.14}$$

式中第一项为稳态部分，当电路稳定后，输出亦是一个阶跃，幅度为 $A/(1+A)$；式中第二项为瞬态部分，它随时间的增长按指数规律衰减，如图 8.1.6 所示。

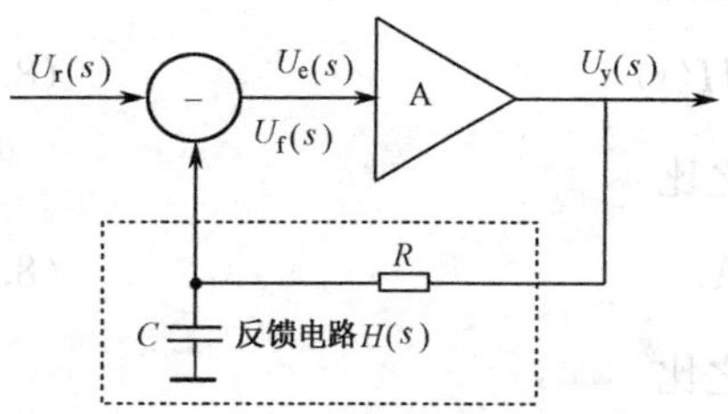

图 8.1.5 反馈放大器等效电路

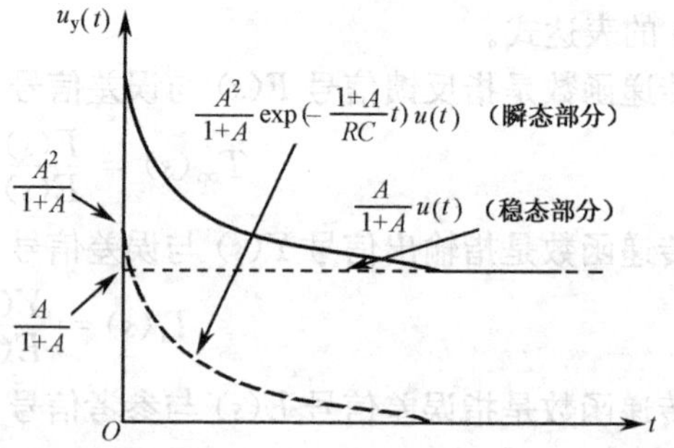

图 8.1.6 反馈放大器在单位阶跃信号作用下的输出信号

(2) 反馈控制系统的跟踪特性

反馈控制系统的跟踪特性是指误差信号 e 与参考信号 r 的关系。它的复频域表示式是式(8.1.10) 所示的误差传递函数，也可表示为

$$E(s)=\frac{A_{\mathrm{cp}}}{1+A_{\mathrm{cp}}A_{\mathrm{c}}H(s)}R(s) \tag{8.1.15}$$

当给定参考信号 r 时，求出其拉氏变换并代入式(8.1.15) 求出 $E(s)$，再进行逆变换就可得误差信号 e 随时间变化的函数式。显然，误差信号的变化情况既决定于系统的参数 A_{cp}、A_{c} 和 $H(s)$，也决定于参考信号的形式。对于同一个系统，当参考信号是一个阶跃函数时，误差信号是一种形式，而当参考信号是一个斜升函数(随时间线性增加的函数) 时，误差信号又是另一种形式。

误差信号随时间变化的情况，反映了参考信号变化和系统是怎样跟随变化的。例如，当参考信号阶跃变化时，即由一个稳态值变化到另一个稳态值时，误差信号在开始时较大，而当控制过程结束系统达到稳态时，误差信号将变得很小，近似为零。但是，对于不同的系统变化的过程是不一样的，它可能是单调减小，也可能是振荡减小，如图 8.1.7 中曲线(Ⅰ) 和(Ⅱ) 所示。

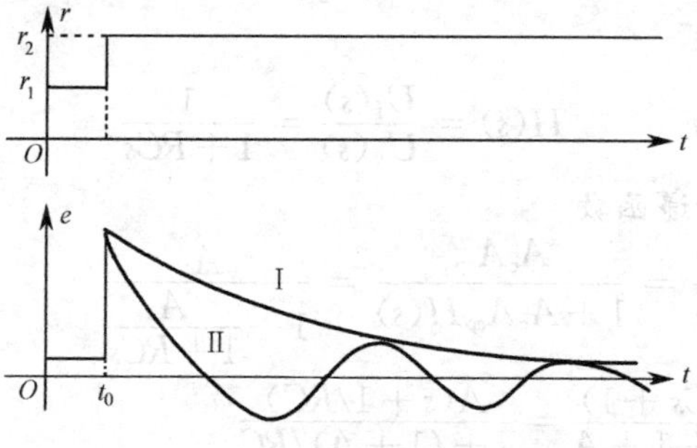

图 8.1.7 反馈控制系统的跟踪过程

当需要了解系统在跟踪过程中有没有起伏以及起伏的大小时，或者需要了解误差信号减小到某一规定值所需时间(即跟踪速度) 时，就需要了解整个跟踪过程。从数学上说，就是要求出在给定参考信号变化的形式的情况下误差信号的时间函数。但是这种计算往往是比较复杂的。

在许多实际应用中，往往不需要了解信号的跟踪过程，而只需了解系统稳定后误差信号的大小，称其为稳态误差。利用拉氏变换的终值定理和误差传递函数的表达式(8.1.15) 就可求得稳态误差值 e_{s}

$$e_{\mathrm{s}}=\lim_{t\to\infty}e(t)=\lim_{s\to 0}sE(s)=\lim_{s\to 0}\frac{sA_{\mathrm{cp}}}{1+A_{\mathrm{cp}}A_{\mathrm{c}}H(s)}R(s) \tag{8.1.16}$$

e_{s} 越小，说明系统的跟踪误差越小，跟踪特性越好。

对于例 8.1.1，在单位阶跃函数的作用下，即 $u_{\mathrm{r}}(t)=u(t)$，$U_{\mathrm{r}}(s)=1/s$，其误差信号为

$$U_e(s) = \frac{s + 1/RC}{s[s + (1+A)/RC]} \tag{8.1.17}$$

利用部分分式展开式(8.1.17)并进行逆变换，就能得到在单位阶跃信号作用下电路误差信号随时间变化的特性，即跟踪特性

$$u_e(t) = \frac{1}{1+A}u(t) + \frac{A}{1+A}\exp\left(-\frac{1+A}{RC}\right)u(t) \tag{8.1.18}$$

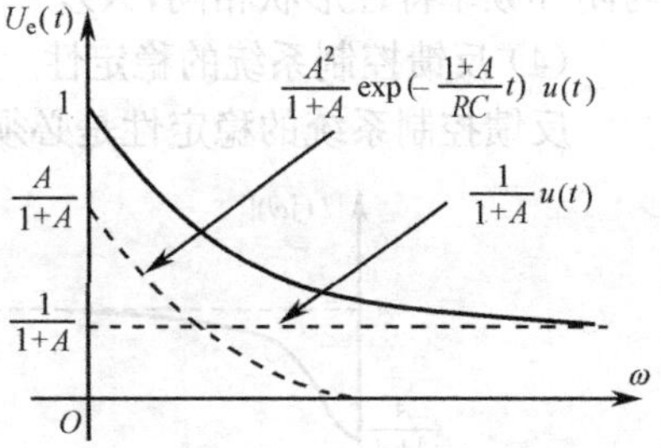

图 8.1.8　反馈放大器的跟踪特性

如图 8.1.8 所示。可见，在单位阶跃函数的作用下，这个电路的误差信号开始是1，当 $t\to\infty$ 电路达到稳定时，误差信号的值是 $1/(1+A)$，变化过程是按指数规律单调衰减的，时间常数是 $RC/(1+A)$。

利用式(8.1.16)，也可以直接求其稳态误差

$$U_{es} = \lim_{t\to\infty} u_e(t) = \lim_{s\to 0} sU_e(s) = \lim_{s\to 0}\frac{s+1/RC}{s+(1+A)/RC} = \frac{1}{1+A} \tag{8.1.19}$$

它与式(8.1.18)求得的结果是一致的。显然 A 越大，U_{es} 越小，输出信号越接近参考信号，这与式(8.1.14)的结果是符合的。

(3) 反馈控制系统的频率响应

反馈控制系统在正弦信号作用下的稳态响应称为频率响应。可以用 $j\omega$ 代替传递函数中的 s 来得到。这样一来系统的闭环频率响应为

$$T(j\omega) = \frac{Y(j\omega)}{R(j\omega)} = \frac{A_{cp}A_c}{1 + A_{cp}A_cH(j\omega)} \tag{8.1.20}$$

这时，反馈控制系统等效为一个滤波器，$T(j\omega)$ 也可以用幅频特性和相频特性表示。若参考信号的频谱函数为 $R(j\omega)$，那么经过反馈控制系统后，它的不同频率分量的幅度和相位都将发生变化。

由式(8.1.20)可以看出，反馈环节的频率响应 $H(j\omega)$ 对反馈控制系统的频率响应起决定性的作用。可以利用改变 $H(j\omega)$ 的方法调整整个系统的频率响应。

与闭环频率响应一样，用式(8.1.10)可求得误差频率响应

$$T_e(j\omega) = \frac{E(j\omega)}{R(j\omega)} = \frac{A_{cp}}{1 + A_{cp}A_cH(j\omega)} \tag{8.1.21}$$

它表示误差信号的频谱函数与参考信号频谱函数的关系。

对于例 8.1.1，其闭环频率响应为

$$T(j\omega) = \frac{U_y(j\omega)}{U_r(j\omega)} = \frac{A(j\omega CR + 1)}{j\omega CR + 1 + A} \tag{8.1.22}$$

其幅频特性为

$$|T(j\omega)| = \left|\frac{U_y(j\omega)}{U_r(j\omega)}\right| = A\sqrt{\frac{(\omega CR)^2 + 1}{(\omega CR)^2 + (1+A)^2}} \tag{8.1.23}$$

频率曲线如图 8.1.9 所示。可见，反馈放大器在阶跃信号的作用下，它的输出信号在系统稳定后是 $A/(1+A)$；当参考信号频率很高时，输出信号在系统稳定后将比参考信号在幅度上增加 A 倍。这个结果是明显的，因为对于直流信号来说，这个电路是全部负反馈，其增益为 $A/(1+A)$；而当 $\omega\to\infty$ 时，这个电路没有反馈，其增益为 A。这样的频率响应特性是由其反馈环节RC电路决定的。RC电路的频率特性为

$$H(j\omega) = \frac{1}{j\omega CR + 1} \tag{8.1.24}$$

如图 8.1.10 所示。调整 $H(j\omega)$ 的特性，就可以得到所需的整个电路的频率特性。它的误差频率特性

与闭环频率特性形状相同，只差一个系数 A。

(4) 反馈控制系统的稳定性

反馈控制系统的稳定性是必须考虑的重要问题之一。其含义是，在外来扰动的作用下，环路脱离原来的稳定状态，经瞬变过程后能回到原来的稳定状态，则系统是稳定的，反之则是不稳定的。如果反馈环路是非线性的，它的稳定与否不仅取决于环路本身的结构参数，还与外来扰动的强弱有关。但是，当扰动强度较小时，则可以作为线性化环路的稳定性问题来处理。事实上，线性化环路满足稳定工作的条件是实际环路稳定工作的前提。

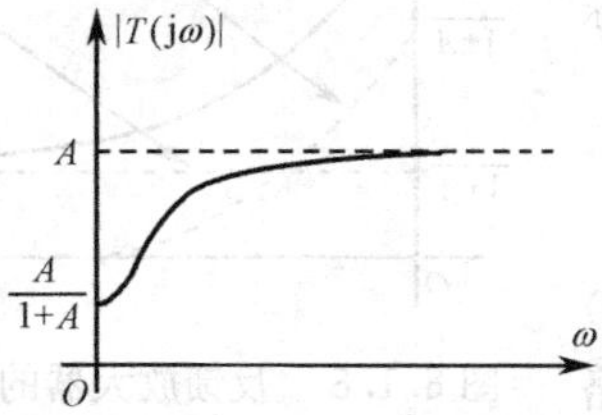

图 8.1.9　反馈放大器的闭环频率特性

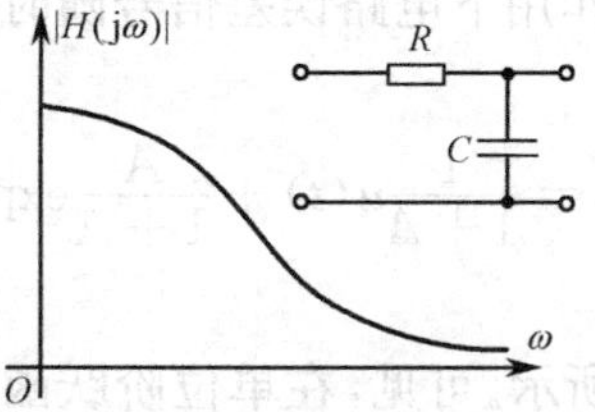

图 8.1.10　例 8.1.1 反馈电路的频率特性

若一个线性电路的传递函数 $T(s)$ 的全部极点(亦即特征方程的根)位于复平面的左半平面内，则它的瞬态响应将按指数规律衰减(不论是振荡的还是非振荡的)。这时，环路是稳定的。反之，若其中一个或一个以上极点处于复平面的右半平面或虚轴上，则环路的瞬态响应或为等幅振荡或为指数增长振荡。这时环路是不稳定的。因此，由式(8.1.7)，根据环路的特征方程

$$1 + A_{cp}A_cH(s) = 0 \tag{8.1.25}$$

便可得出全部特征根位于复平面的左半平面内是环路稳定工作的充要条件。

对于例 8.1.1，电路的稳定条件是式(8.1.12)的分母多项式根的实部为负值，即要求

$$\frac{1+A}{RC} > 0 \tag{8.1.26}$$

这意味着放大器的增益 A 应大于零，即输出信号与参考信号同极性。或者，如果输出信号与参考信号反极性，则要求 $|A| < 1$，这个结果与利用放大器电路知识分析的结果是一致的。当 $A > 0$ 时，该电路是负反馈放大器当然是稳定的。当 $A < 0$ 时，该电路是正反馈，所以只有当 $|A| < 1$ 时才是稳定的。

以上方法对二阶以下系统是适用的。若环路为高阶，要解出全部特征根往往是比较困难的。因此，有根轨迹法、劳斯 - 霍尔维茨(Routh-Hurwitz)准则、奈奎斯特(Nyquist)准则等较简便的稳定性判别方法，这些方法中还包含极坐标图(又称幅相特性图)、波特(Bode)图、对数幅相图[又称尼柯尔斯(Nichols)图]三种方法。这已超出本书范围，就不展开论述了。

(5) 反馈控制系统的控制范围

前面的分析，都是假定比较器和可控特性设备及反馈环节具有线性特性。实际上，这个假定只可能在一定的范围内成立。因为任何一个实际部件都不可能具有无穷宽的线性范围，而当系统的部件进入非线性区后，系统的自动调整功能可能被破坏。因此，任何一个实际的反馈控制系统都有一个能够正常工作的范围。如当 r 在一定范围内变动时，系统能够保证误差信号 e 足够小，而当 r 的变化超过了这个范围时，误差信号 e 明显增大，系统失去了自动控制的作用，人们称这个范围为反馈控制系统的控制范围。由于不同的系统，其组成部件的非线性特性是不同的，而一个系统的控制范围主要取决于这些部件的非线性特性，所以，控制范围随具体的控制系统的不同而不同。

在对反馈控制系统的分析中，主要是讨论参考信号与输出信号的关系，因此，输出信号究竟是可控特性设备本身产生的，还是由于输入信号激励可控特性设备而得到的响应，是无关紧要的。

8.2　自动增益控制(AGC)电路

自动增益控制电路是某些电子设备,特别是接收设备的重要的辅助电路之一,其主要作用是使设备的输出电平保持为一定的数值。因此也称自动电平控制(ALC)电路。

接收机的输出电平取决于输入信号电平和接收机的增益。由于种种原因,接收机的输入信号变化范围往往很大,微弱时可以是一微伏或几十微伏,信号强时可达几百毫伏。也就是说,最强信号和最弱信号相差可达几十分贝。这种变化范围叫做接收机的动态范围。

显然,在接收弱信号时,希望接收机的增益高,而接收强信号时则希望它的增益低。这样才能使输出信号保持适当的电平,不至于因为输入信号太小而无法正常工作,也不至于因为输入信号太大而使接收机发生饱和或堵塞,这就是自动增益控制电路所应完成的任务。所以,自动增益控制电路是输入信号电平变化时,用改变增益的方法维持输出信号电平基本不变的一种反馈控制系统。

对自动增益控制电路的主要要求是控制范围要宽,信号失真要小,要有适当的响应时间,同时,不影响接收机的噪声性能。

当输入信号的电平在一定范围内变化时,尽管 AGC 电路能够大大减小输出信号电平的变化,但它不可能完全消除电平的变化。对于 AGC 系统来说,一方面希望输出信号电平的变化越小越好,另一方面则希望输入信号电平的变化范围越大越好。在给定输出电平变化范围内,允许输入信号电平的变化范围越大,就意味着 AGC 电路的控制范围越宽。

若用
$$m_{\mathrm{i}}=\frac{U_{\mathrm{i\,max}}}{U_{\mathrm{i\,min}}}$$
代表 AGC 电路输入信号电平的变化范围,则
$$m_{\mathrm{o}}=\frac{U_{\mathrm{o\,max}}}{U_{\mathrm{o\,min}}}$$
代表AGC电路输出信号电平允许的变化范围。当给定m_{o}时,m_{i}越大的AGC系统控制范围越宽。例如,黑白电视接收机输出电平变化规定为±1.5dB,甲级机要求输入电平变化不小于 60dB,而乙级机则要求输入电平变化不小于 40dB,显然甲级机比乙级机的控制范围要宽。

取
$$n_{\mathrm{g}}=\frac{m_{\mathrm{i}}}{m_{\mathrm{o}}} \tag{8.2.1}$$
称 n_{g} 为增益控制倍数,显然 n_{g} 越大控制范围越宽。
$$n_{\mathrm{g}}=\frac{m_{\mathrm{i}}}{m_{\mathrm{o}}}=\frac{U_{\mathrm{i\,max}}/U_{\mathrm{i\,min}}}{U_{\mathrm{o\,max}}/U_{\mathrm{o\,min}}}=\frac{U_{\mathrm{o\,min}}}{U_{\mathrm{i\,min}}}\frac{U_{\mathrm{i\,max}}}{U_{\mathrm{o\,max}}}=\frac{A_{\max}}{A_{\min}} \tag{8.2.2}$$
式中,$A_{\max}=U_{\mathrm{o\,min}}/U_{\mathrm{i\,min}}$ 表示 AGC 电路的最大增益,$A_{\min}=U_{\mathrm{o\,max}}/U_{\mathrm{i\,max}}$ 表示 AGC 电路的最小增益。

可见,要想扩大 AGC 电路的控制范围,就要增大 AGC 电路的增益控制倍数,也就是要求 AGC 电路有较大的增益变化范围。

适当的响应时间是 AGC 电路应考虑的主要要求之一。AGC 电路是用来对信号电平变化进行控制的。因此,要求 AGC 电路的动作要跟得上电平变化的速度。响应时间短,自然能迅速跟上输入信号电平的变化。但是响应时间过短,AGC 电路将随着信号的内容而变化,这对有用信号产生反调制作用,导致信号失真。因此,要根据信号的性质和需要,设计适当的响应时间。

8.2.1　AGC 电路的组成、工作原理和性能分析

AGC 电路的组成如图 8.2.1 所示。它包含可控增益电路、电平检测电路、滤波器、比较器和控制信号产生器。

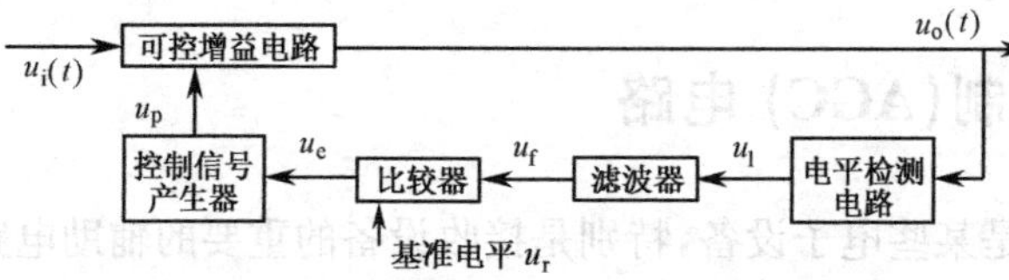

图 8.2.1 AGC 电路的组成

1. **电平检测电路**

电平检测电路的功能就是检测出输出信号的电平值。它的输入信号就是 AGC 电路的输出信号,可能是调幅波或调频波,也可能是声音或图像信号。这些信号的幅度也是随时间变化的,但变化频率较高,至少在几十赫兹以上。而其输出则是一个仅仅反映其输入信号电平的信号,如果其输入信号的电平不变,那么电平检测电路的输出信号就是一个脉动电流。一般情况下,电平信号的变化频率较低,如几赫兹左右。通常电平检测电路是由检波器担任的,其输出与输入信号电平呈线性关系,即

$$u_1 = K_d u_o \tag{8.2.3}$$

其复频域表示式为

$$U_1(s) = K_d U_o(s) \tag{8.2.4}$$

2. **滤波器**

对于以不同频率变化的电平信号,滤波器将有不同的传输特性,用此可以控制 AGC 电路的响应时间。也就是决定当输入电平以不同的频率变化时输出电平将怎样变化。常用的是单节 RC 积分电路,如图 8.2.2 所示。

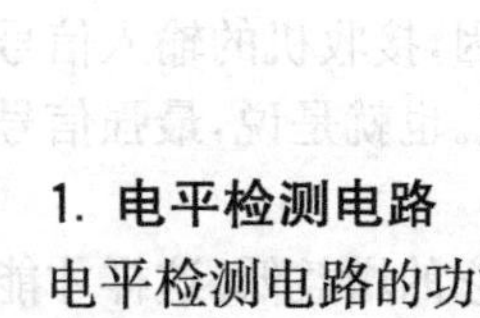

图 8.2.2 RC 积分电路

它的传输特性为

$$H(s) = \frac{U_f(s)}{U_1(s)} = \frac{1}{1 + sRC} \tag{8.2.5}$$

3. **比较器**

将给定的基准电平 U_r 与滤波器输出的 u_f 进行比较,输出误差信号为 u_e。通常 u_e 与 $(u_r - u_f)$ 成正比,所以,比较器特性的复频域表示式为

$$U_e(s) = A_{cp}[U_r(s) - U_f(s)] \tag{8.2.6}$$

其中,A_{cp} 为一比例常数。

4. **控制信号产生器**

控制信号产生器的功能是将误差信号变换为适于可变增益电路需要的控制信号。这种变换通常是幅度的放大或极性的变换。有的还设置一个初始值,以保证输入信号小于某一电平时,保持放大器的增益最大。因此,它的特性的复频域表示式为

$$U_p(s) = A_p U_e(s) \tag{8.2.7}$$

其中,A_p 为比例常数。

5. **可控增益电路**

可控增益电路能在控制电压作用下改变增益。要求这个电路在增益变化时,不使信号产生线性或非线性失真。同时要求它的增益变化范围大,它将直接影响 AGC 系统的增益控制倍数 n_g。所以,可控增益电路的性能对整个 AGC 系统的技术指标影响是很大的。

可控增益电路的增益与控制电压的关系一般是非线性的。通常最关心的是 AGC 系统的稳定情况。为简化分析,假定它的特性是线性的,即

$$G = A_g u_p \tag{8.2.8}$$

其复频域表示式为

$$G(s) = A_g U_p(s) \tag{8.2.9}$$

$$U_o(s) = G(s)U_i(s) = A_g U_i(s) U_p(s) = K_g U_p(s) \tag{8.2.10}$$

式中，$K_g = A_g U_i$，表示 U_o 与 U_p 关系中的斜率，如图 8.2.3 所示。

以上说明了 AGC 电路的组成及各部件的功能。但是，在实际 AGC 电路中并不一定都包含这些部分。例如，简单 AGC 电路中就没有比较器和控制信号产生器，但工作原理与复杂电路并没有本质区别。

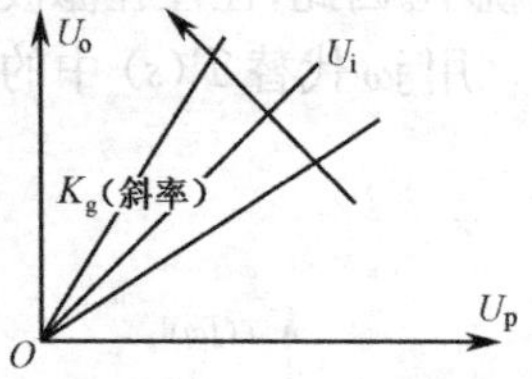

图 8.2.3　$U_o \sim U_p$ 曲线

从图 8.2.1 可以看出，它是一个反馈控制系统。当输入信号 $u_i(t)$ 的电平变化或是其他原因，使输出信号 $u_o(t)$ 的电平发生了相应的变化时，电平检测电路将检测出这个新的电平信息，并输出与之成比例的电平信号，经过滤波器送至比较器。比较电路将比较器输出电平的变化并产生相应的误差信号。经控制信号产生器进行适当的变换后，控制可控增益电路调整输出信号的电平值。只要设计合理，这个系统就可以减小由于各种原因引起的输出电平的变化，从而使这个系统的输出信号基本维持不变。将图 8.2.1 改画一下，即可得到如图 8.2.4 所示的电路模型。

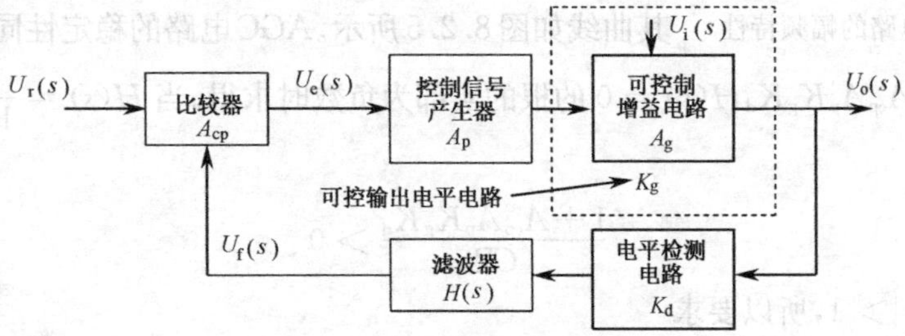

图 8.2.4　AGC 电路模型

利用对一般反馈控制系统的分析结果，由式(8.1.7) 可得 AGC 电路的闭环传递函数为

$$T(s) = \frac{U_o(s)}{U_r(s)} = \frac{A_{cp}A_pK_g}{1 + A_{cp}A_pK_gK_dH(s)} \tag{8.2.11}$$

由式(8.1.10) 可得 AGC 电路的误差传递函数为

$$T_e(s) = \frac{U_e(s)}{U_r(s)} = \frac{A_{cp}}{1 + A_{cp}A_pK_gK_dH(s)} \tag{8.2.12}$$

当 $H(s) = 1/(sCR + 1)$ 时，代入式(8.2.11) 和式(8.2.12) 可得

$$T(s) = \frac{(sCR + 1)A_{cp}A_pK_g}{sCR + 1 + A_{cp}A_pK_gK_d} \tag{8.2.13}$$

$$T_e(s) = \frac{(sCR + 1)A_{cp}}{sCR + 1 + A_{cp}A_pK_gK_d} \tag{8.2.14}$$

由式(8.1.10) 可得 AGC 电路的稳态误差为

$$U_{es} = \lim_{s \to 0} \frac{A_{cp}}{1 + A_{cp}A_pK_gK_dH(s)} sU_r(s) \tag{8.2.15}$$

这里 $U_r(s)$ 为标准电平，若变化值为 $\Delta U_r(s)$，则 $U_r(s) = \Delta U_r(s)/s$，从而可得

$$U_{es} = \frac{A_{cp}}{1 + A_{cp}A_pK_gK_dH(0)} \Delta U_r(s) \tag{8.2.16}$$

因为输出电平的误差为 $U_{oe} = A_pK_gU_{es}$，所以

$$U_{oe} = \frac{A_{cp}A_pK_g\Delta U_r}{1+A_{cp}A_pK_gK_dH(0)} \tag{8.2.17}$$

为了减小这个误差，也就是减小当输入电平变化时输出电平偏离基准电平的值，要求

① $A_{cp}A_pK_gK_dH(0) \gg 1$。

② $K_dH(0) \gg 1$，这个条件就是要求反馈放大器的增益要高。这样，输出电平偏离基准电平的值就小。因此，往往在滤波器前或后加放大器。

用 $j\omega$ 代替 $T(s)$ 中的 s，其频率特性为

$$T(j\omega) = \frac{A_{cp}A_pK_g}{1+A_{cp}A_pK_gK_dH(j\omega)} \tag{8.2.18}$$

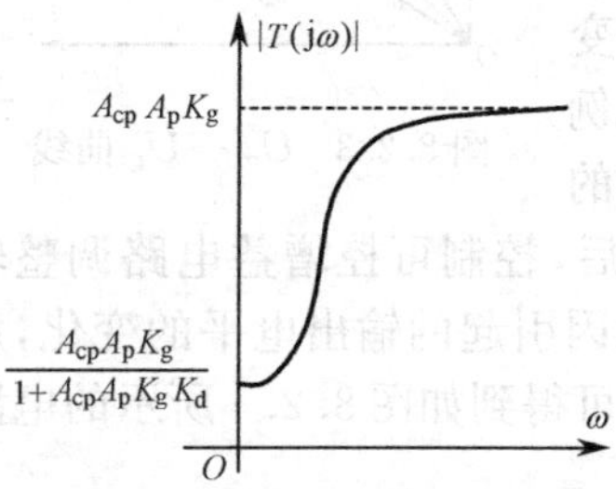

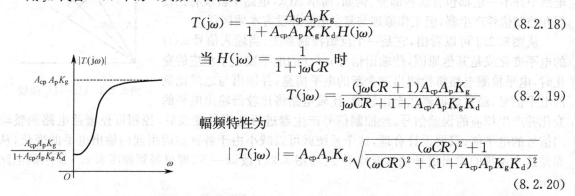

图 8.2.5 AGC电路的幅频特性

当 $H(j\omega) = \dfrac{1}{1+j\omega CR}$ 时

$$T(j\omega) = \frac{(j\omega CR+1)A_{cp}A_pK_g}{j\omega CR+1+A_{cp}A_pK_gK_d} \tag{8.2.19}$$

幅频特性为

$$|T(j\omega)| = A_{cp}A_pK_g\sqrt{\frac{(\omega CR)^2+1}{(\omega CR)^2+(1+A_{cp}A_pK_gK_d)^2}} \tag{8.2.20}$$

其曲线如图8.2.5所示。AGC电路的稳定性同样可由式(8.2.5)的分母多项式 $1+A_{cp}A_pK_gK_dH(s)=0$ 的根的实部为负数时求得。当 $H(s)=\dfrac{1}{1+sCR}$ 时，其稳定条件为

$$\frac{1+A_{cp}A_pK_gK_d}{CR} > 0 \tag{8.2.21}$$

通常 $|A_{cp}A_pK_gK_d| > 1$，所以要求

$$A_{cp}A_pK_gK_d > 0 \tag{8.2.22}$$

8.2.2 放大器的增益控制——可控增益电路

可控增益电路是在控制信号作用下改变增益，从而改变输出信号的电平，达到稳定输出电平的目的。这部分电路通常是与整个系统共用的，并不是单独属于AGC系统。例如，接收机的高、中频放大器，它既是接收机的信号通道，又是AGC系统的可控增益电路。要求可控增益电路只改变增益而不能使信号失真。如果单级增益变化范围不能满足要求，还可采用多级控制的方法。

可控增益电路通常是一个可变增益放大器。控制放大器增益的方法主要有：控制放大器本身的某些参数后，在放大器级间插入可控衰减器。

1. 利用控制放大器本身的参数改变增益

利用控制放大器本身的参数改变增益的方法有改变发射极电流，改变放大器负载，改变差分对电流分配比以及改变负反馈等多种形式。下面逐一进行介绍。

(1) 改变发射极电流 I_e

正向传输导纳 $|Y_{fe}|$ 与晶体管的工作点有关，改变发射极电流(或集电极电流)就可以使 $|Y_{fe}|$ 随之改变，从而达到控制放大器增益的目的。

图8.2.6是晶体管 $|Y_{fe}| \sim I_e$ 特性曲线，如果放大器的静态工作点选在 $|I_{EQ}|$，由图可见，当 $I_e < I_{EQ}$ 时 $|Y_{fe}|$ 随 I_e 的减小而下降，称为反向AGC；当 $I_e > I_{EQ}$ 时，$|Y_{fe}|$ 随 I_e 的增加而下降，称为正向AGC。前者要求随着输入信号的增强，使放大器的工作点电流下降，后者要求随着输入信号的增强，使放大器的工作点电流增大。控制电压 u_p 可以从发射极注入，也可以从基极注入，如图8.2.7所

示。控制电压 u_p 极性到底采用正向 AGC 还是反向 AGC，主要取决于晶体管的 $|Y_{fe}| \sim I_e$ 特性是左边好还是右边好。图 8.2.7(a) 所示电路中，$u_p \uparrow \rightarrow U_{be} \downarrow \rightarrow I_c \downarrow \rightarrow |Y_{fe}| \downarrow \rightarrow A_u \downarrow$，故是反向 AGC 电路；图 8.2.7(b) 是控制晶体管的基极电流的，因而所需的控制电流较小。

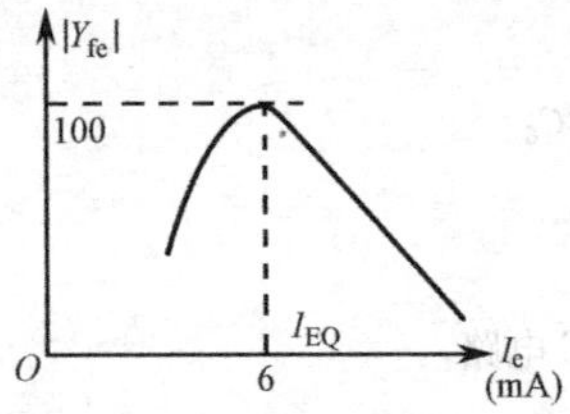

图 8.2.6　晶体管 $Y_{fe} \sim I_e$ 曲线

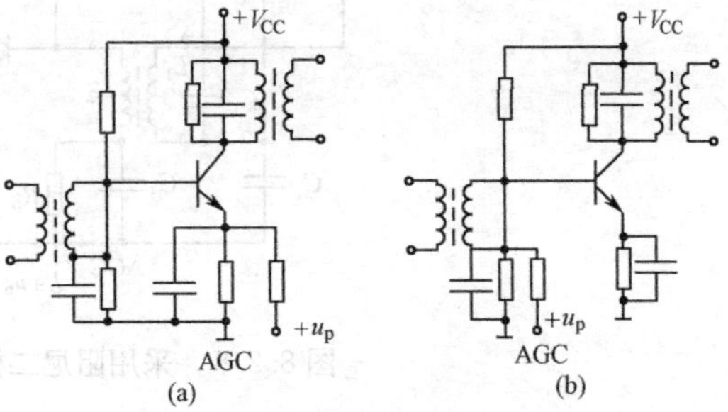

图 8.2.7　改变 I_e 的增益控制电路

国产专供增益控制用的晶体管有 3DG56，3DG79，3DG91 等，它们都是做正向 AGC 用的，这些管子的 $|Y_{fe}| \sim I_e$ 曲线右边的下降部分斜率大，线性好，且在 I_e 较大的范围内，晶体管的集电极损耗仍不会超过允许值。

这种电路的优点是电路简单，只要在一个典型的放大器上加上控制电压就可实现增益控制。缺点是，当晶体管工作电流变化时，其输出 / 输入电容和输出 / 输入电阻都会发生变化。前者将影响放大器的频率特性和相位特性，后者将影响谐振回路的 Q 值，使得在改变增益时频率响应也发生变化。为了减小工作点改变对放大器频率特性的影响，通常采用如下措施：一是加大回路的外接电容，使晶体管的输出 / 输入电容比外界电容小得多；二是降低回路的 Q 值，使受控放大器具有较宽的通频带。接收机将增益受控级做成宽带，而不受控级做成窄带，整个接收机的频率特性主要由窄带放大器决定，这样，增益控制对宽带放大器的频率特性虽有影响，但对整机的频率特性的影响就小了。

(2) 改变放大器的负载

放大器的增益与负载 Y_L 有关，调节 Y_L 也可以实现对放大器增益的控制。图 8.2.8 是广播收音机中常采用变阻二极管作为回路负载来实现增益控制的中放电路。这种电路是在反向增益控制的基础上，加上由变阻二极管 VD_1（习惯上叫做阻尼二极管）和电阻 R_1、R_2、R_3 组成的网络，借以改变回路 L_1C_1 的负载。控制电压 u_p 在 VT_2 的基极注入，当外来信号较小时 u_p 较小，VT_2 的集电极电流 I_{c2} 较大，R_3 上的压降大于 R_1 上的压降，这时 B 点的电位高于 A 点电位，阻尼二极管 VD_1 处于反向偏置，它的动态电导很小，对于回路没有什么影响；当输入信号增大时，u_p 增加，I_{c2} 减小，B 点电位降低，二极管的偏置逐渐变正，动态电导增大，因而放大器的增益减小。输入信号越强，则 VD_1 的电导越大，回路 L_1C_1 的有效 Q 值大大减小，VT_1 组成的放大器增益将显著降低。广播收音机采用这种电路，可以有效地防止因外来信号太强而出现的过载现象。

(3) 改变电流分配比

图 8.2.9 是线性集成电路中常用的差分电路。输入电压 u_i 加在晶体管 VT_3 的基极上，放大后的信号 u_o 由 VT_2 集电极输出，增益控制电压 u_p 加在 VT_1 和 VT_2 的基极。当 VT_3 基极加入电压 u_i 时，其集电极中产生相应的交变电流 i_3，而 $i_3 = i_1 + i_2$，i_1 和 i_2 分配的大小决定于控制电压 u_p，若 u_p 足够大，使得 VT_2 截止，i_3 全部流过 VT_1，$i_2 = 0$，放大器没有输出，增益等于零；若 u_p 减小，VT_2 导通，i_3 中的一部分流过 VT_2，产生输出电压 i_2R_c，这时放大器具有一定的增益，并随 u_p 的变化而变化。

因
$$i_3 = g_{m3} u_i$$

而
$$A_u = \frac{u_o}{u_i} = \frac{i_2 R_c}{i_3 / g_{m3}} = g_{m3} R_c \frac{i_2}{i_3}$$

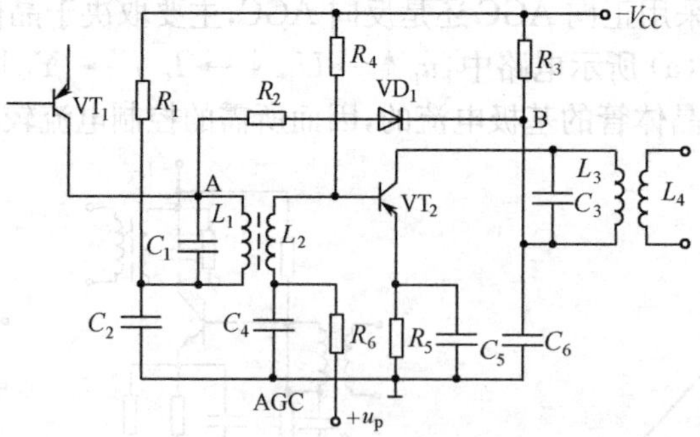

图 8.2.8　采用阻尼二极管的 AGC 电路

由式
$$\frac{i_2}{i_3}=\frac{1}{1+e^z}$$

故
$$A_u=g_{m3}R_c\frac{1}{1+e^z}=\frac{1}{1+\exp(qu_p/kT)}g_{m3}R_c \tag{8.2.23}$$

这种电路的最小增益 $A_{u(\min)}=0$，最大增益 $A_{u(\max)}=g_{m3}R_c$。它的增益控制特性如图 8.2.10 所示。

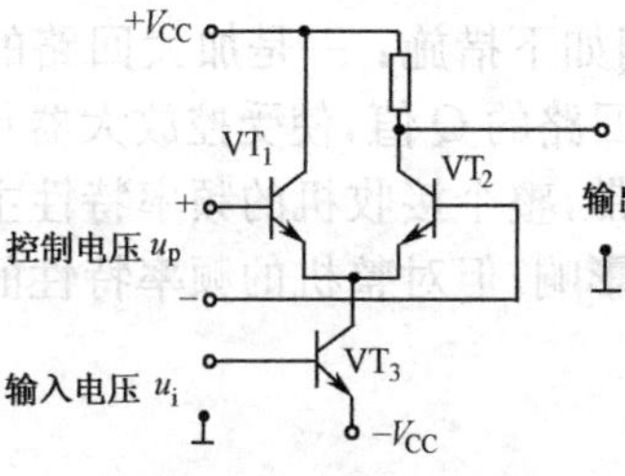

图 8.2.9　改变电流分配比的增益控制电路

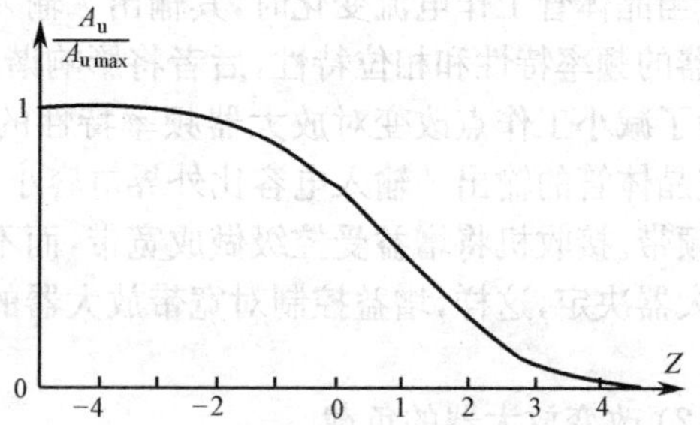

图 8.2.10　改变差分电路电流分配比的增益控制特性

利用电流分配法来控制放大器的增益，其优点是：放大器的增益受控时，只是改变了 VT$_1$ 和 VT$_2$ 的电流分配，对 VT$_3$ 没有影响。它的输入阻抗保持不变，因而放大器的频率特性、中心频率和频谱宽度都不受影响。此外，VT$_3$ 和 VT$_2$ 实质上是一个共发共基的放大电路，VT$_2$ 的输入阻抗是 VT$_3$ 的负载。由于 VT$_2$ 是共基组态，其输入阻抗低，内部反馈小，工作稳定性高。

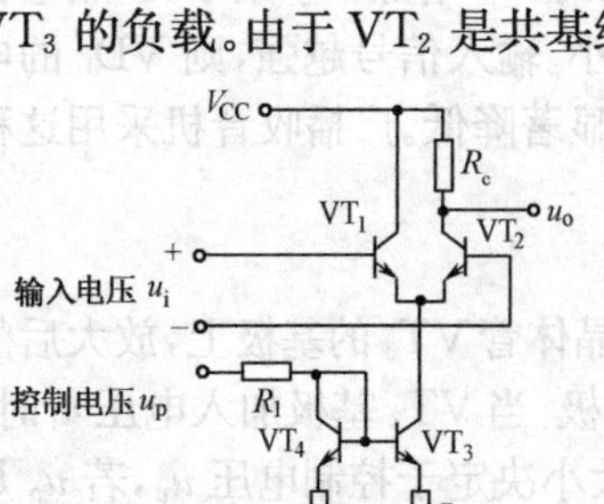

图 8.2.11　改变恒流源电流的增益控制电路

(4) 改变恒流源电流

改变恒流源电流的增益控制电路如图 8.2.11 所示。它是平衡输入，单端输出的差分放大电路。由参考文献[2]式(6.3.8)可知，该电路的小信号跨导为

$$g_m=\frac{\alpha q}{4kT}I_o$$

若 VT$_2$ 的负载电阻为 R_c，则单端输出时的电压放大倍数是

$$A_u=g_mR_c=\frac{\alpha q}{4kT}I_oR_c\approx 10I_oR_c \tag{8.2.24}$$

显然，改变 I_o 即可改变 A_u。对于输入信号 u_i 而言，改变 I_o 相当于改变了这个放大器的跨导，所以这种工作方式又称为可变跨导放大

器。I_o 的大小可由加在 VT_3 基极的控制电压 u_P 来调节。这种电路控制方法简便，是线性集成电路中广泛采用的电路之一。

2. 利用在放大器级间插入可控衰减器改变增益

在放大器各级之间插入由二极管和电阻网络构成的电控衰减器来控制增益，是增益控制的一种较好的方法。

简单的二极管电控衰减器如图 8.2.12 所示。电阻 R 和二极管 VD 的动态电阻 r_d 构成一个分压器。当控制电压 u_P 变化时，r_d 随着变化，从而改变分压器的分压比。这种电路增益控制范围较小，又因受控放大器和控制电路之间只用扼流圈 ZL 进行隔离，所以隔离度较差。

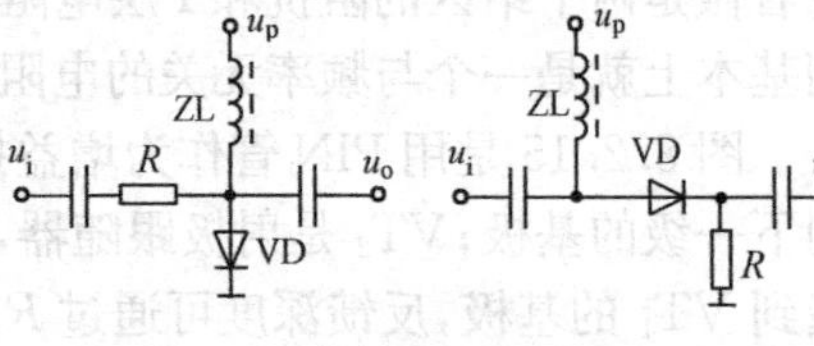

图 8.2.12　二极管电控衰减器

图 8.2.13 是一种改进电路。控制电压 u_P 通过三极管 VT 来控制 VD_1、VD_2 和 VD_3、VD_4 的动态电阻。当输入信号较弱时，控制电压 u_P 的值较小，晶体管 VT 的电流较大，流过 $VD_1 \sim VD_4$ 的电流也较大，其动态电阻 r_d 小，因而信号 u_i 从四只二极管通过时的衰减很小。当输入信号增大时，u_P 的值增大，VT 和 $VD_1 \sim VD_4$ 的电流减小，r_d 增大，使信号受到较大的衰减。由于晶体三极管的放大作用提高了增益控制的灵敏度，同时控制电路和受控电路之间有较好的隔离度，即 u_i 和 u_P 两个电路之间的相互影响减小，在该电路中，四只二极管分成对称的两组，目的是使它们对被控制的高频信号正负半周的衰减相同。

用二极管做可控衰减器时应注意极间电容的影响。极间电容越大衰减器的频率特性越差，在放大宽带信号时这个问题尤其应该注意。

近年来，广泛采用分布电容很小的 PIN 管作为增益控制器件。图 8.2.14 是这种管子的结构示意图。它的作用和一般 PN 结二极管相同，但结构有所差别，管子两边分别是重掺杂的 P 型和 N 型半导体，形成两个电极，中间插入一层本征半导体 I，故称之为 PIN 二极管。

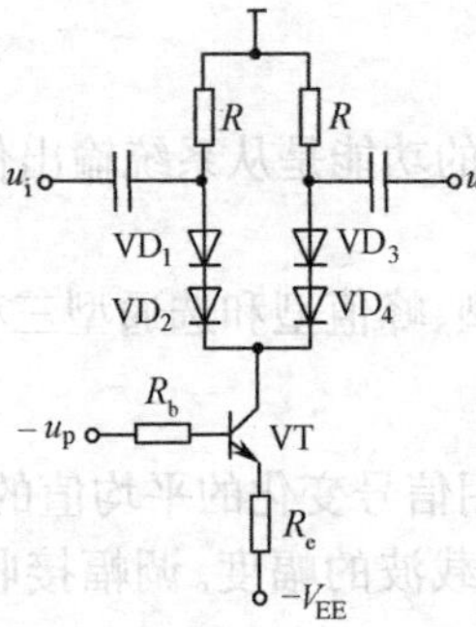

图 8.2.13　串联式二极管衰减器

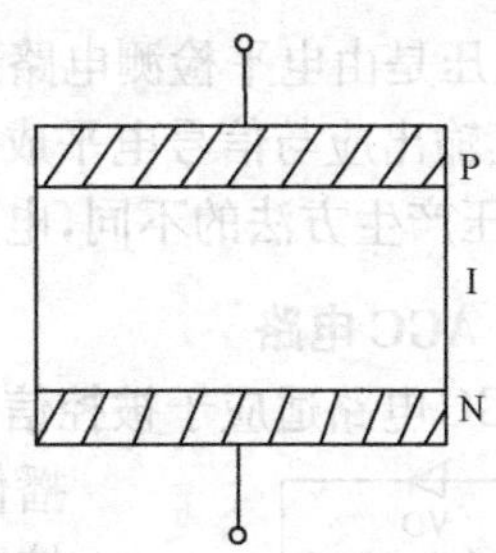

图 8.2.14　PIN 管结构示意图

本征半导体 I 层的电阻率很高，所以 PIN 管在零偏置时的电阻较大，一般可达 $7 \sim 10\text{k}\Omega$。在正偏置时，由 P 区和 N 区分别向 I 区注入空穴和电子，它们在 I 区中不断复合，而两个结层处则继续注入、补充，在满足电中性的条件下达到动态平衡。因此 I 区中存在着一定数量并按照一定规律分布的等离子体，这使原来电阻率很高的 I 区变成低阻区。正向偏置越大，注入 I 区的载流子也越多，I 区的电阻就越小。由上述过程看出，加在 PIN 管上的正向偏置可以改变它的导电率，这种现象通常叫做电导调制效应。

PIN 管的电阻与正向电流 I 的关系，可用下面的经验公式来计算

$$R \approx \frac{k}{I^{0.78}} \tag{8.2.25}$$

式中，I 是管子的正向电流，以 mA 计；k 是一个比例系数，它和 I 层电阻率及结面积有关，一般在 20 ～50 之间。

典型情况下，当偏流在零至几毫安内变化时，PIN 管的电阻变化范围约为 $10\Omega \sim 10\text{k}\Omega$。

用 PIN 管作为电调可控电阻有很多优点，首先是它的结电容比普通二极管小得多，通常是 10^{-1} pF 的量级。结电容小，不仅工作频率可大大提高，而且频率特性好。其次，PIN 管的等效阻抗可以看做是两个结区的阻抗和 I 层电阻三者串联。只要前两者的数值小于 I 层电阻，那么 PIN 管的作用基本上就是一个与频率无关的电阻，其阻值只决定于正向偏置电流。

图 8.2.15 是用 PIN 管作为增益控制器件的典型电路。图中 VT_1 是共发射极电路，它直接耦合到下一级的基极；VT_2 是射极跟随器，放大后的信号由发射极输出，同时有一部分由反馈电阻 R_f 反馈到 VT_1 的基极，反馈深度可通过 R_f 调整。因为反馈电压与输入电压并联，所以是电压并联负反馈。它可以加宽频带、增加工作稳定性、减小失真。这种放大器称为负反馈对管放大器。VD_1、VD_2 和 R_1 等则构成一个电控衰减器。当 u_p 较小时，VD_1、VD_2 的电阻很小，被放大的高频信号几乎不被衰减；当 u_p 增大时，VD_1、VD_2 电阻增加，衰减增大。在这个电路中 PIN 管的电流变化范围约为 20 ～ 200μA，增益变化为 15dB。由于放大器是射极输出，内阻很小，PIN 管的极间电容也很小，因此衰减器具有良好的频率特性。

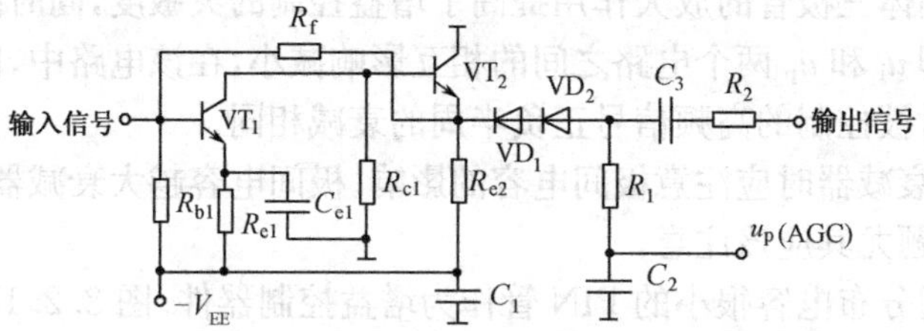

图 8.2.15　用 PIN 管作为电控衰减器的放大电路

8.2.3　AGC 控制电压的产生 —— 电平检测电路

AGC 控制电压是由电平检测电路形成的，电平检测电路的功能是从系统输出信号中取出电平信息。通常要求其输出应与信号电平成比例。

按照控制电压产生方法的不同，电压检测电路有平均值型、峰值型和选通型三种。

1. 平均值型 AGC 电路

平均值型 AGC 电路适应于被控信号中含有一个不随有用信号变化的平均值的情况。如调幅广播信号，其平均值是未调载波的幅度。调幅接收机的自动增益控制广泛采用这种电路。

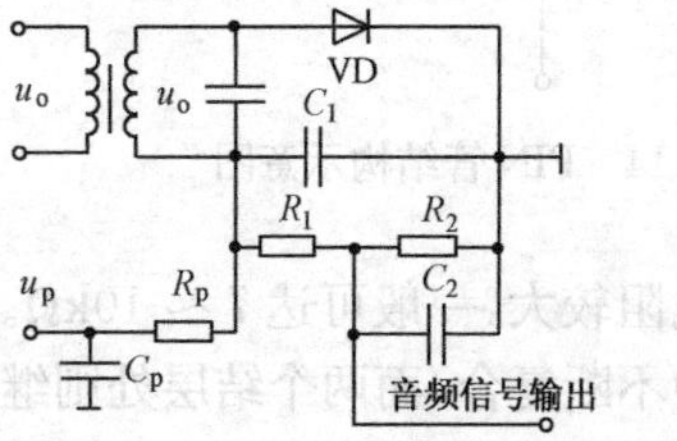

图 8.2.16　平均值型电平检测电路

图 8.2.16 是一种常用的等效电路，二极管 VD 和 R_1、R_2、C_1、C_2 构成一个检波器，中频输出信号 u_o 经检波后，除了得到音频信号之外，还有一个平均直流分量 u_p，它的大小和中频载波电平成正比，与信号的调幅度无关，这个电压就可以用做 AGC 控制电压。R_p、C_p 组成一个低通滤波器。把检波后的音频分量滤掉，使控制电平 u_p 不受音频信号的影响。

正确选择低通滤波器的时间常数是设计 AGC 电路的重要任务之一。通常在接收音频调幅信号时，时间常数 $\tau_p = R_pC_p$ 约为 0.02 ～ 0.2s；接收等幅电报时，τ_p 约为 0.1 ～ 1s。τ_p 的数值太大或太小都不合适。若 τ_p 太大，则控制电压 u_p 会跟不上外来信号电平的变化(例如由于衰落所产生的值)，接收机的增益将不能得到及时调整，失去应有的自动增益控制作用。反之，如果 τ_p 太小则将随外来信号的包络(即检波后的音频信号)而变化,如图 8.2.17(b)所示。在调幅度的顶点(t_1 瞬间),控制电压 u_p 值增大,接收机增益减小,在调幅度的谷点(t_2 瞬间),u_p 值减小,接收机增益升高。这样放大器将产生额外的反馈作用,使调幅信号受到反调制,从而降低了检波器输出音频信号电压的振幅。低通滤波器的时间常数越小调制信号的频率越低,反调制作用越厉害。其结果将使检波后音频信号的低频分量相对减弱,产生频率失真。

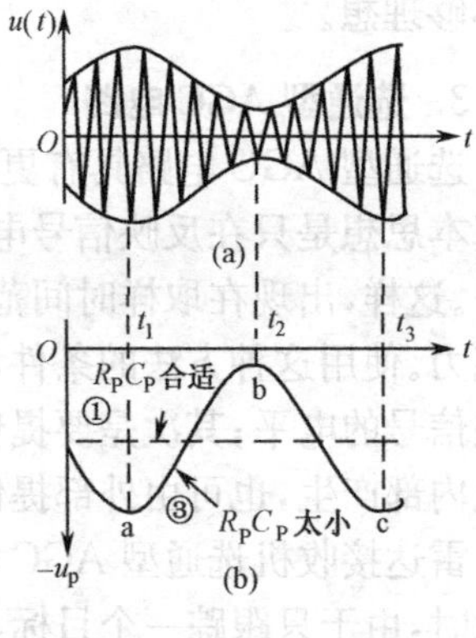

图 8.2.17　R_pC_p 的选择

根据上面的分析,为了减小反调制作用所产生的失真,时间常数 $\tau_p = R_pC_p$ 应根据调制信号的最低频率 F_L 来选择。其数值可以用下式来计算

$$C_p = \frac{5 \sim 10}{2\pi F_L R_p} \tag{8.2.26}$$

设调制信号的最低频率 $F_L = 50\text{Hz}$,滤波电路的电阻 $R_p = 4.7\text{k}\Omega$,则

$$C_p \approx \frac{5 \sim 10}{2\pi \times 50 \times 4700} \approx 4 \sim 8(\mu\text{F})$$

在调幅收音机中 C_p 通常是 $10 \sim 30\mu\text{F}$。

在高质量的接收机中,为了适应工作方式(接收电话或电报等)的改变和接收条件的变化(例如衰落的变化),时间常数 τ_p 的数值是可以改变的。使用时根据不同的情况选用不同的 R_pC_p,可以得到较好的效果。

2. 峰值型 AGC 电路

峰值型 AGC 电路适应于被控信号中含有一个不随有用信号变化的峰值的情况。如全电视信号,它的行同步脉冲的幅度是不变的,与图像信号内容无关,且就是该信号的峰值。对全电视信号进行峰值检波就能得到与信号电平成比例的电平信号。

峰值型 AGC 检波电路不能和图像信号的检波共用一个检波器,必须另外设置一个峰值检波器。图 8.2.18 就是这种检波器的电路。当输入信号为负极性时,二极管导通,电容C_1 被充电。通常二极管的内阻 r_d 为几百欧姆,若 $C_1 = 200\text{pF}$,充电电路的时间常数 $\tau_c = r_dC_1 \approx 0.02 \sim 0.05\mu\text{s}$。它比行同步脉冲宽度($4.7\mu\text{s}$)要小得多,所以,在行同步脉冲期间能够给电容器 C_1 充到峰值电平。在同步脉冲终结后紧接着到来的是图像信号,它的电平比行同步脉冲低,所以二极管 VD 截止,电容 C_1 通过电阻 R_1 放电。电阻R_1 通常很大,若$R_1 = 1\text{M}\Omega$,则放电时间常数 $\tau_0 = R_1C_1 = 200\mu\text{s}$,而两个行同步脉冲之间的时间间隔只有$64\mu\text{s}$。因此,在下一个行同步脉冲到来时,$C_1$ 的电压不会全放光,大体上只放掉原有的充电电压$20\% \sim 30\%$。下一个行同步脉冲到来时C_1 又被充电。这样反复地充放电,在C_1、R_1 两端就得到了一个近似锯齿形的直流电压,其数值反映了同步脉冲的峰值,而与图像信号电平几乎无关。锯齿形电压经 R_pC_p 低通滤波器平滑后,即给出所需的控制电压。

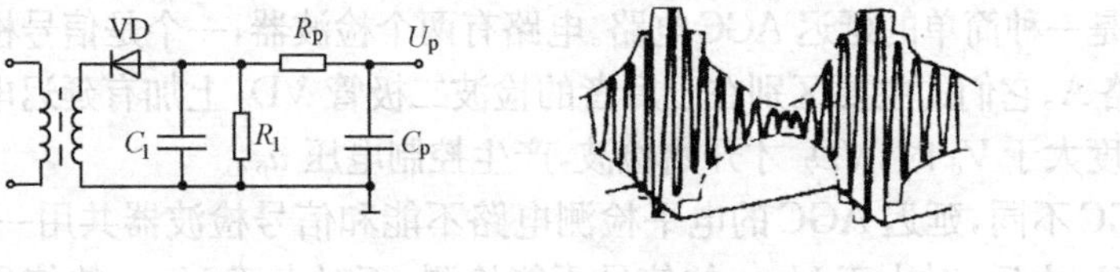

图 8.2.18　峰值型电平检测电路及其波形

峰值型 AGC 电路具有一些优点,它比平均值型 AGC 电路的输出电压要大得多,它具有较好的抗干扰能力,幅度小于同步信号的干扰,对于AGC电路的工作没有影响。但是如果干扰幅度大于同步信号,而且混入的时间较长,那么,它对AGC电路就会产生危害。因此,这种电路的抗干扰性能

还不够理想。

3. **选通型 AGC 电路**

选通型 AGC 电路具有更强的抗干扰能力,多用于高质量的电视接收机和某些雷达接收机。它的基本思想是只在反映信号电平的时间范围内对信号取样,然后利用这些取样值形成反应信号的电平。这样,出现在取样时间范围外的干扰都不会对电平值产生影响,从而大大提高了电路的抗干扰能力。使用这种方法的条件,首先是信号本身要周期性出现,在信号出现的时间内信号的幅度能反映信号的电平;其次是要提供与上述信号出现时间相对应的选通信号,这个选通信号可由 AGC 系统内部产生,也可由外部提供。

雷达接收机选通型 AGC 电路如图 8.2.19 所示。当雷达天线所指向的某空域内同时存在几个目标时,由于只跟踪一个目标,雷达操纵人员可操纵距离跟踪系统,即调节选通波门的位置,把预选的目标回波(例如回波 2) 选出,经检波、放大送到角跟踪系统。对 AGC 电路而言,则是利用选出的回波信号经峰值检波,平滑滤波后给出 AGC 控制电压。

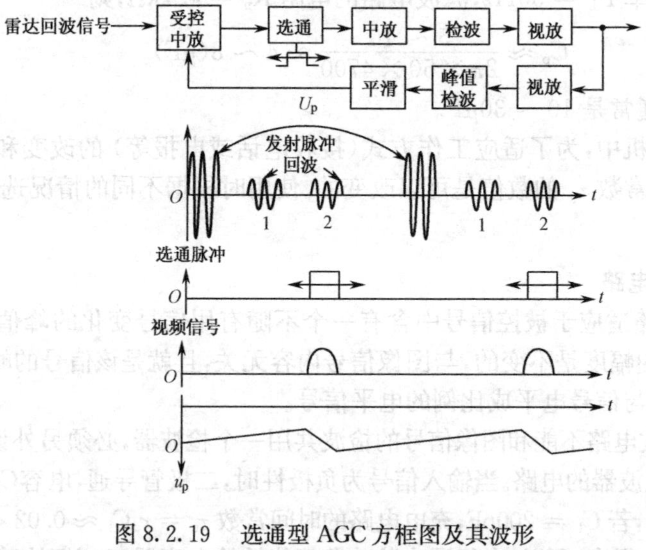

图 8.2.19　选通型 AGC 方框图及其波形

对于电视接收机来说,行同步脉冲出现的时间和周期都是确定的,而且其大小反映了信号电平,因此,可利用接收机中已分离的行同步信号作为"选通脉冲",而无须采用手动调节的方法。

为了得到反映信号电平的信号平均值或峰值,需要一个平滑滤波电路,这是一个积分电路或低通滤波器,利用它才能保证 AGC 系统对比较慢的电平变化起控制作用,而对有用信号则不响应。显然,这个系统存在一定的建立时间,对于一些特殊要求的系统,这个问题是应该考虑的。

8.2.4　AGC 电路举例

图 8.2.20 是一种简单的延迟 AGC 电路。电路有两个检波器,一个是信号检波器 S,另一个是 AGC 的电平检测电路 A。它们的主要区别在于后者的检波二极管 VD_2 上加有延迟电压 V_d。这样,只有当输出电压 u_o 的幅度大于 V_d 时,VD_2 才开始检波,产生控制电压 u_p。

与简单 AGC 不同,延迟 AGC 的电平检测电路不能和信号检波器共用一个二极管。因为检波器加上延迟电压 V_d 之后,对小于 $U_{i\min}$ 的信号不能检测,而对大于 $U_{i\max}$ 的信号将产生较大的非线性失真。

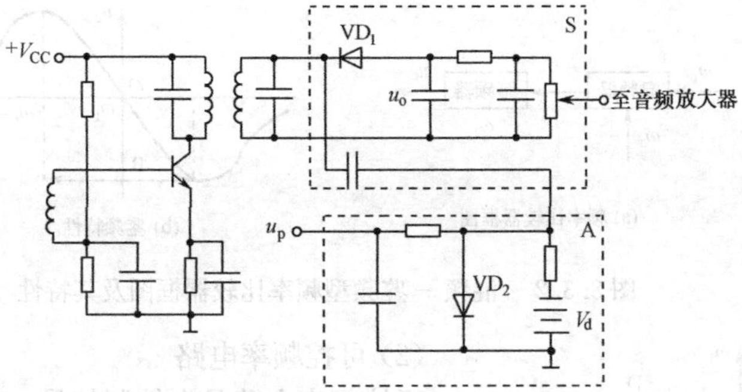

图 8.2.20　延迟 AGC 电路

8.3　自动频率控制(AFC)电路

AFC 电路也是一种反馈控制电路。它与 AGC 电路的区别在于控制对象不同，AGC 电路的控制对象是电平信号，而 AFC 电路的控制对象则是信号的频率。其主要作用是自动控制振荡器的振荡频率。如在超外差接收机中利用 AFC 电路的调节作用可自动地控制本振频率，使其与外来信号频率之差维持在近于中频的数值。在调频发射机中如果振荡频率漂移，用 AFC 电路可适当减少频率的变化，提高频率稳定度。在调频接收机中，用 AFC 电路的跟踪特性构成调频解调器，即所谓调频负反馈解调器，可改善调频解调的门限效应。

8.3.1　AFC 电路的组成和基本特性

1. AFC 电路的组成

AFC 电路的框图如图 8.3.1 所示。其基本工作过程如 8.1 节所述。需要注意的是，在反馈环路中传递的是频率信息，误差信号正比于参考频率与输出频率之差，控制对象是输出频率。不同于 AGC 电路在环路中产生的是电平信息，误差信号正比于参考电平与反馈电平之差，控制对象是输出电平。因此研究 AFC 电路应着眼于频率。下面分析环路中个部件的功能。

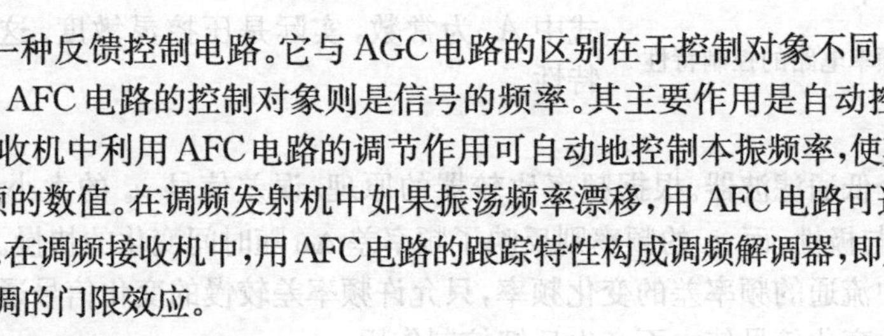

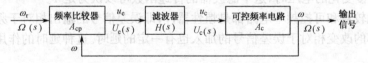

图 8.3.1　AFC 电路方框图

(1) 频率比较器

加到频率比较器的信号，一个是参考信号，另一个是反馈信号，它的输出电压 u_e 与这两个信号的频率差有关，而与这两个信号的幅度无关，称 u_e 为误差信号。

$$u_e = A_{cp}(\omega_r - \omega_o) \tag{8.3.1}$$

式中，A_{cp} 在一定的频率范围内为常数，实际上是鉴频跨导。因此，凡是能检测出两个信号的频率差并将其转换成电压(或电流) 的电路都可构成频率比较器。

常用的电路有两种形式，一是鉴频器，二是混频－鉴频器。前者无须外加参考信号，鉴频器的中心频率就起参考信号的作用。常用于将输出频率稳定在某一固定值的情况。后者则用于参考频率不变的情况，其框图如图 8.3.2(a) 所示。鉴频器的中心频率为 ω_I，当 ω_r 与 ω_o 之差等于 ω_I 时输出为零，否则就有误差信号输出，其鉴频特性如图 8.3.2(b) 所示。

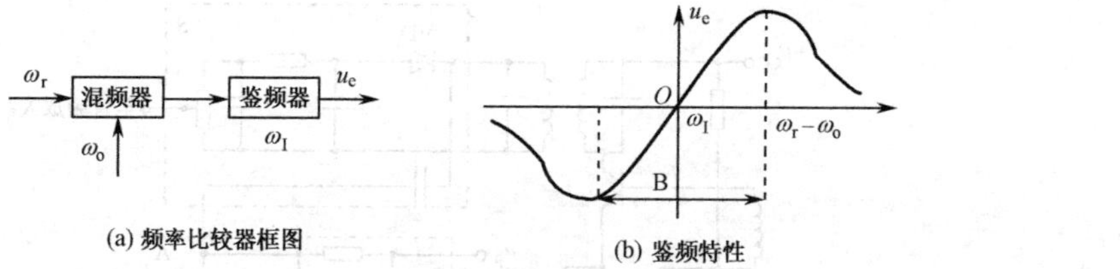

(a) 频率比较器框图　　(b) 鉴频特性

图 8.3.2　混频－鉴频型频率比较器框图及其特性

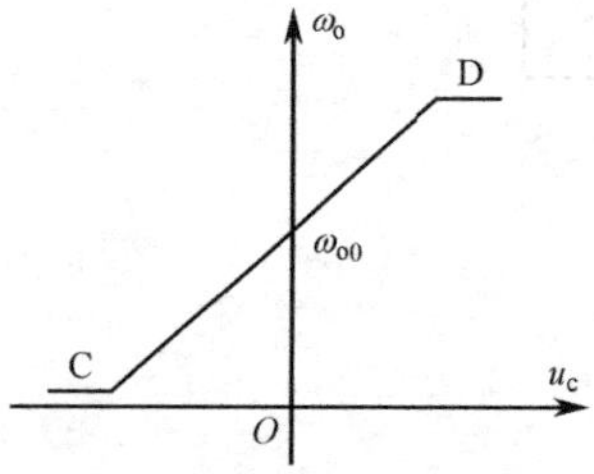

图 8.3.3　可控频率电路的控制特性

(2) 可控频率电路

可控频率电路是在控制信号 u_c 的作用下，用以改变输出信号频率的装置。显然，它是一个电压控制的振荡器，其典型特性如图 8.3.3 所示。一般这个特性也是非线性的，但在一定的范围内如 CD 段可近似表示为线性关系

$$\omega_y = A_c u_c + \omega_{o0} \tag{8.3.2}$$

式中 A_c 为常数，实际是压控灵敏度。这一特性称之为控制特性。

(3) 滤波器

这里也是一个低通滤波器。根据频率比较器的原理，误差信号 u_e 的大小与极性反映了$(\omega_r - \omega_o) = \Delta\omega$ 的大小与极性，而 u_e 的频率则反映了频率差 $\Delta\omega$ 随时间变化的快慢。因此，滤波器的作用是限制反馈环路中流通的频率差的变化频率，只允许频率差较慢的变化信号通过实施反馈控制，而滤除频率差较快的变化信号使之不产生反馈控制作用。

在图 8.3.1 中滤波器的传递函数为

$$H(s) = \frac{U_c(s)}{U_e(s)} \tag{8.3.3}$$

当滤波器为单节 RC 积分电路时

$$H(s) = \frac{1}{1 + RCs} \tag{8.3.4}$$

当误差信号 u_e 是慢变化的电压时，这个滤波器的传递函数可以认为是 1。

另外，频率比较器和可控频率电路都是惯性器件，即误差信号的输出相对于频率信号的输入有一定的延时，频率的改变相对于误差信号的加入也有一定的延时。这种延时的作用一并考虑在低通滤波器之中。

2. AFC 电路基本特性的分析

在了解各部件功能的基础上，就可分析 AFC 电路的基本特性了。可以用解析法，也可以用图解法，这里我们用图解法进行分析。

因为我们感兴趣的是稳态情况，不讨论反馈控制过程，所以，可认为滤波器的传递函数为 1，这样 AFC 的方框图如图 8.3.4(a) 所示。这样

$$u_c = u_e, \quad \omega_{r0} = \omega_{y0}, \quad \Delta\omega = \omega_{r0} - \omega_y$$

将图 8.3.4(b) 所示的鉴频特性及图 8.3.3 所示的控制特性换成 $\Delta\omega$ 的坐标，分别如图 8.3.4(b)、(c) 所示。在 AFC 电路处于平衡状态时，应是这两个部件特性方程的联立解。图解法则是将这两个特性曲线画在同一坐标轴上，找出两条曲线的交点，即为平衡点，如图 8.3.5 所示。

和所有的反馈控制系统一样，系统稳定后所具有的状态与系统的初始状态有关。AFC 电路对应于不同的初始频差 $\Delta\omega$，将有不同的剩余频差 $\Delta\omega_e$；当初始频差 $\Delta\omega$ 一定时，鉴频特性越陡(即 θ 角

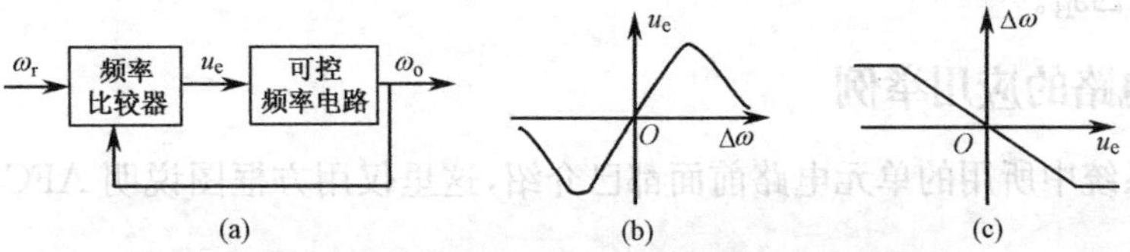

图 8.3.4　简化的 AFC 电路框图及其部件特性

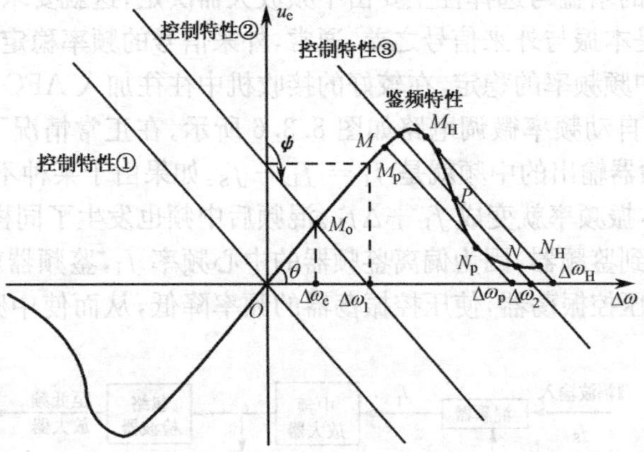

图 8.3.5　AFC 电路的工作特性

越趋近于 90°)，或控制特性越平(即 ψ 角越趋近于 90°)，则平衡点 M 越趋近于坐标原点，剩余频差就越小。

① 设初始频差 $\Delta\omega=0$，即 $\omega_0=\omega_{o0}=\omega_{r0}$，开始可控频率电路的输出频率就是标准频率，控制特性如图 8.3.5 中 ① 线所示，它与鉴频特性的交点就在坐标原点。初始频差为零，剩余频差也为零。

② 初始频差 $\Delta\omega=\Delta\omega_1$ 如"控制特性②"线所示，它代表可控频率电路未加控制电压，振荡角频率偏离 ω_{o0} 时的控制特性。它与鉴频特性的交点 M_0 就是稳定平衡点，对应的 $\Delta\omega_e$ 就是剩余频差。因为在这个平衡点上，频率比较器由 $\Delta\omega_e$ 产生的控制电压恰好使可控频率电路在这个控制电压作用下的振荡角频率误差由 $\Delta\omega_1$ 减小到 $\Delta\omega_e$，显然 $\Delta\omega_e<\Delta\omega_1$。鉴频特性越陡，控制特性越平，$\Delta\omega_e$ 就越小。

③ 初始角频率由小增大时，控制电压相应地向右平移，平衡点所对应的剩余角频差也相应地由小增大。当初始角频差为 $\Delta\omega_2$ 时，鉴频特性与控制特性出现 3 个交点，分别用 M、P、N 表示。其中 M 和 N 点是稳定点，而 P 点则是不稳定点。问题是在两个稳定平衡点中应稳定在哪个平衡点上。如果环路原先是锁定的，若工作在 M 点上，由于外因的影响使起始角频差增大到 $\Delta\omega_2$，在增大过程中环路来得及调整，则环路就稳定在 M 点上；如果环路原先是失锁的，那么必先进入 N 点，并在 N 点稳定下来，而不再转移到 M 点。在 N 点上，剩余角频差接近于起始角频差，此时环路已失去了自动调节作用，因此 N 点对 AFC 电路已无实际意义。

④ 若环路原先是锁定的，当 $\Delta\omega$ 由小增大到 $\Delta\omega=\Delta\omega_H$ 时，控制特性与鉴频特性的外部相切于 M_H 点，$\Delta\omega$ 再继续增大，就不会有交点了，这表明 $\Delta\omega_H$ 是环路能够维持锁定的最大初始频差。通常将 $2\Delta\omega_H$ 称为环路的同步带或跟踪带，而将跟得上 $\Delta\omega$ 变化的过程称为跟踪过程。

⑤ 若环路原先是失锁的，如果初始频差由大向小变化，当 $\Delta\omega=\Delta\omega_H$ 时环路首先稳定在 N_H 点，而不会转移到 M_H 点，这时环路相当于失锁。只有当初始频差继续减小到 $\Delta\omega_p$ 时，控制特性与鉴频特性相切于 N_p，相交于 M_p 点，环路由 N_p 点转移到 M_p 点稳定下来，这就表明 $\Delta\omega_p$ 是从失锁到稳定的最大初始角频差，通常将 $2\Delta\omega_p$ 称为环路的捕捉带，而将失锁到锁定的过程称为捕捉过程。

显然 $\Delta\omega_p < \Delta\omega_H$。

8.3.2 AFC 电路的应用举例

由于 AFC 系统中所用的单元电路前面都已介绍，这里仅用方框图说明 AFC 电路在无线电技术中的应用。

1. 自动频率微调电路

因为超外差接收机的增益与选择性主要由中频放大器决定，这就要求中频频率很稳定。

在接收机中，中频是本振与外来信号之差。通常，外来信号的频率稳定度较高，而本地振荡器的稳定度较低。为了保持中频频率的稳定，在较好的接收机中往往加入 AFC 电路。

用于调幅接收机的自动频率微调电路如图 8.3.6 所示。在正常情况下，接收信号载波频率为 f_S，本振频率为 f_L，混频器输出的中频就是 $f_I = f_L - f_S$。如果由于某种不稳定因素使本振频率发生了一个偏移 $+\Delta f_L$，本振频率就变成 $f_L + \Delta f_L$。混频后中频也发生了同样的偏移，成为 $f_I + \Delta f_L$，中频放大器输出信号加到鉴频器，因为偏离鉴频器的中心频率 f_I，鉴频器就给出相应的输出电压，通过低通滤波器去控制压控振荡器，使压控振荡器的频率降低，从而使中频频率减小，达到了稳定中频的目的。

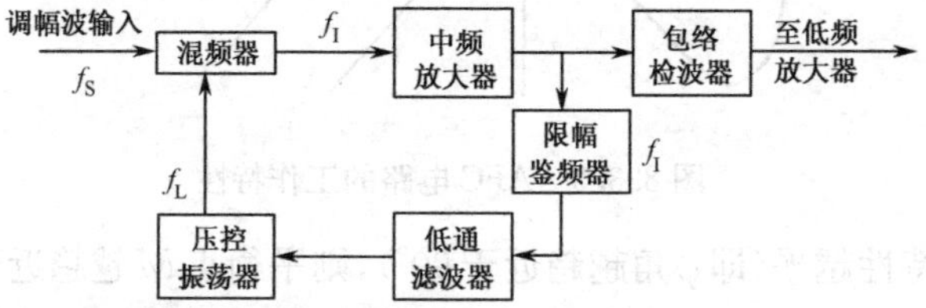

图 8.3.6 调幅接收机中 AFC 电路的组成方框图

由于调频接收机本身就具有鉴频器，因此采用自动频率微调电路时，无须再外加鉴频器。但是，必须考虑到鉴频器输出不仅含有反映中频频率变化的信号电压，而且还含有调频解调信号的电压，前者变化较慢，后者变化较快。因此，在鉴频器和压控振荡器之间，必须加入低通滤波器，以取出反映中频频率变化的慢变化信号，去控制压控振荡器。其方框图如图 8.3.7 所示。

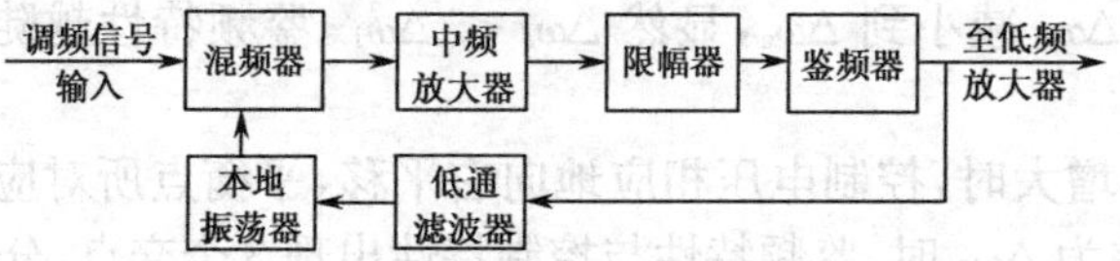

图 8.3.7 调频接收机自动频率微调系统

2. 稳定调频发射机的中心频率

为使调频发射机既有大的频偏，又有稳定的中心频率，往往采用 AFC 电路。其方框图如图 8.3.8 所示。图中，参考信号 ω_r 由高稳定度的晶体振荡器产生，输出信号是调频振荡器的中心频率 ω_o，混频输出的额定中频为$(\omega_r - \omega_o)$。由于 ω_r 的稳定度高，因此，混频器输出端产生的频率误差 $\Delta\omega$ 主要是由 ω_o 不稳定所致的。通过 AFC 电路的自动调节作用就能减少频率误差值，使 ω_o 趋于稳定。

必须注意，在这种 AFC 环境中，低通滤波器的带宽应足够窄，一般小于几十赫兹，要求能滤除调制频率分量，使加到调频振荡器的控制电压仅仅是反映调频信号中心频率漂移的缓变电压。

3. 调频负反馈解调器

当存在噪声时，调频波解调器有一个解调门限值，当其输入端的信噪比高于解调门限时，经调频波解调器解调后的输出信噪比将有所提高，且其值与输入端的信噪比呈线性关系。而当输入信噪

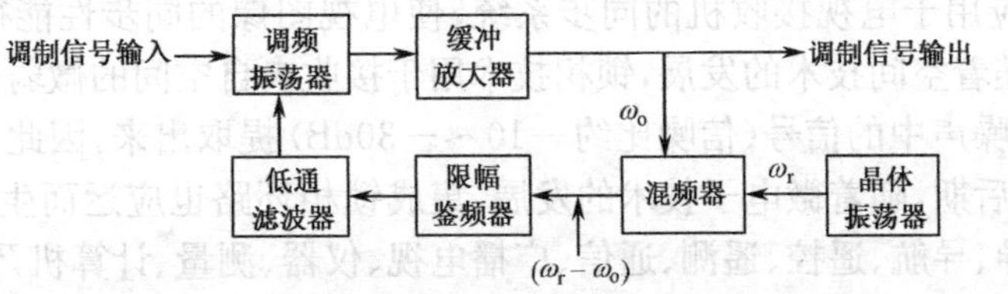

图 8.3.8　具有 AFC 电路的调频发射机方框图

比低于解调门限时，调频波解调器输出端的信噪比随输入信噪比的减小而急剧下降。因此，要保证调频波解调器有较高的输出信噪比，其输入端的信噪比必须高于解调门限值。调频负反馈解调器的解调门限值比普通的限幅鉴频器低，用调频负反馈解调器降低解调门限值，这样，接收机的灵敏度就可提高。

调频负反馈解调器如图 8.3.9 所示。和普通调频接收机相比，区别在于低通滤波器取出的解调信号又反馈给压控振荡器，作为控制电压，使压控振荡器的振荡角频率按调制信号变化。这样就要求低通滤波器的带宽必须足够宽，以便不失真地通过调制信号。对低通滤波器带宽的要求正好与上述两种电路相反。

下面分析一下调频负反馈解调器的解调门限比普通限幅鉴频器低的原因。

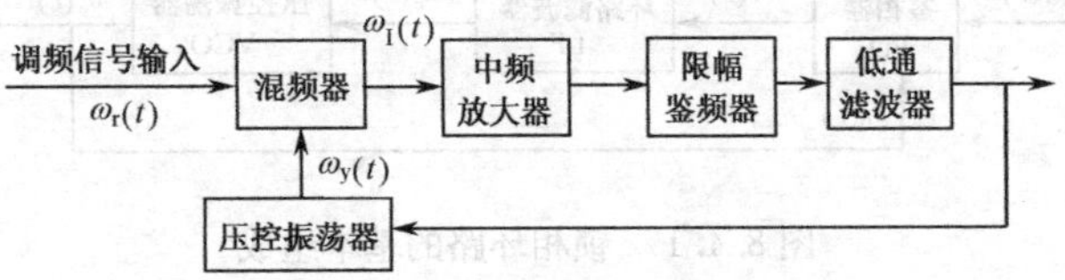

图 8.3.9　调频负反馈解调器

设混频器输入调频信号的瞬时角频率为

$$\omega_r(t)=\omega_{r0}+\Delta\omega_r\cos\Omega t$$

压控振荡器在控制信号的作用下，产生调频振荡的瞬时角频率为

$$\omega_y(t)=\omega_{y0}+\Delta\omega_y\cos\Omega t$$

则混频器输出中频信号的瞬时角频率为

$$\omega_I(t)=(\omega_{r0}-\omega_{y0})+(\Delta\omega_r-\Delta\omega_y)\cos\Omega t \tag{8.3.5}$$

其中，$\omega_{I0}=(\omega_{r0}-\omega_{y0})$ 为输出中频信号的载波角频率；$\Delta\omega_I=(\Delta\omega_r-\Delta\omega_y)$ 为输出中频信号的角频偏。可见，中频信号仍为不失真的调频波，但其角频偏比输入调频波小，与采用普通限幅鉴频的接收机比较，中频放大器的带宽可以缩小，使得加到限幅鉴频器输入端的噪声功率减小，即输入信噪比提高了；若维持限幅鉴频器输入端的信噪比不变，则采用调频负反馈解调器时，混频器输入端所需有用信号电压比普通调频接收机小，即解调门限值降低。

自动频率控制电路对频率而言是有静差系统，即输出频率与输入频率不可能完全相等，总存在一定的剩余频差。在某些工程应用中要求频率完全相同，AFC 系统就无能为力了，需要用到下面讨论的锁相回路才能满足要求。

8.4　自动相位控制(APC) 电路(锁相环路 PLL)

锁相环路(PLL) 和 AGC，AFC 电路一样，也是一种反馈控制电路。它是一个相位误差控制系统，是将参考信号与输出信号之间的相位进行比较，产生相位误差电压来调整输出信号的相位，以达到与参考信号同频的目的。在达到同频的状态下，两个信号之间的稳定相差亦可做得很小。

锁相环路早期应用于电视接收机的同步系统，使电视图像的同步性能得到了很大的改善。20世纪50年代后期，随着空间技术的发展，锁相技术用于接收来自空间的微弱信号，显示了很大的优越性，它能把深埋在噪声中的信号(信噪比约－10～－30dB)提取出来，因此，锁相技术得到迅速发展。到了60年代中、后期，随着微电子技术的发展，集成锁相环路也应运而生，因而，其应用范围越来越宽，在雷达、制导、导航、遥控、遥测、通信、广播电视、仪器、测量、计算机乃至一般工业都有不同程度的应用，遍及整个电子技术领域，而且正朝着多用途、集成化、系列化、高性能的方向进一步发展。

琐相环路可分为模拟锁相环与数字锁相环。模拟锁相环的显著特征是相位比较器(鉴相器)输出的误差信号是连续的，对环路输出信号的相位调节是连续的，而不是离散的。数字锁相环则与之相反。本节只讨论模拟锁相环。

8.4.1 锁相环路的基本工作原理

1. 锁相环路的组成与模型

基本的锁相环路是由鉴相器(PD)，环路滤波器(LF)和压控振荡器(VCO)组成的自动相位调节系统，如图8.4.1所示。

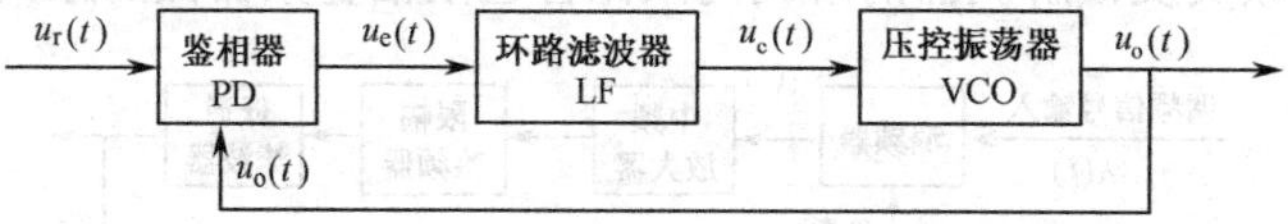

图8.4.1 锁相环路的基本组成

鉴相器是相位比较装置，用来比较参考信号$u_r(t)$与压控振荡器输出信号$u_o(t)$的相位，产生对应于这两个信号相位差的误差电压$u_e(t)$。

环路滤波器的作用是滤除误差电压$u_e(t)$中的高频分量及噪声，以保证环路所要求的性能，增加系统的稳定性。

压控振荡器受环路滤波器输出电压$u_c(t)$的控制，使振荡频率向参考信号的频率靠拢，两者的差拍频率越来越低，直至两者的频率相同、保持一个较小的剩余相差为止。所以，锁相就是压控振荡器被一个外来基准信号控制，使得压控振荡器输出信号的相位和外来基准信号的相位保持某种特定关系，达到相位同步或相位锁定的目的。

为了进一步了解环路工作过程及对环路进行必要的定量分析，有必要先分析环路三个基本部件的特性，然后得出环路相应的数学模型。

(1) 鉴相器

任何一个理想的模拟乘法器都可以用做鉴相器。当参考信号为

$$u_r(t)=U_{rm}\sin[\omega_r t+\varphi_r(t)] \tag{8.4.1}$$

压控振荡器的输出信号为

$$u_o(t)=U_{om}\cos[\omega_o t+\varphi_o(t)] \tag{8.4.2}$$

式(8.4.1)中的$\varphi_r(t)$是以$\omega_r t$为参考相位的瞬时相位；式(8.4.2)中的$\varphi_o(t)$是以$\omega_o t$为参考相位的瞬时相位。考虑一般情况，ω_o不一定等于ω_r，为便于比较两者之间的相位差，我们统一以输出信号的$\omega_o t$为参考相位。这样，$u_r(t)$的瞬时相位为

$$\begin{aligned}[\omega_r t+\varphi_r(t)]&=\omega_o t+[\omega_r-\omega_o]t+\varphi_r(t)\\&=\omega_o t+\varphi_1(t)\end{aligned} \tag{8.4.3}$$

其中 $$\varphi_1(t)=[\omega_r-\omega_o]t+\varphi_r(t)$$

$$= \Delta\omega_o t + \varphi_r(t) \tag{8.4.4}$$

$\Delta\omega_o = \omega_r - \omega_o$ 是参考信号角频率与压控振荡器振荡信号角频率之差，称为固有频差。

令 $\varphi_o(t) = \varphi_2(t)$，可将式(8.4.1)、式(8.4.2)重写如下：

$$u_r(t) = U_{rm}\sin[\omega_r t + \varphi_r(t)] = U_{rm}\sin[\omega_o t + \varphi_1(t)] \tag{8.4.1$'$}$$

$$u_o(t) = U_{om}\cos[\omega_o t + \varphi_o(t)] = U_{om}\cos[\omega_o t + \varphi_2(t)] \tag{8.4.2$'$}$$

这将给以后的分析带来方便。

将式(8.4.1)′、式(8.4.2)′所示信号作为模拟乘法器的两个输入，设乘法器的相乘系数 $A_M = 1$，则其输出

$$u_r(t)u_o(t) = \frac{1}{2}U_{rm}U_{om}\{\sin[2\omega_o t + \varphi_1(t) + \varphi_2(t)] + \sin[\varphi_1(t) - \varphi_2(t)]\} \tag{8.4.5}$$

该式第一项为高频分量，可通过环路滤波器滤除。这样，鉴相器的输出为

$$u_c(t) = \frac{1}{2}U_{rm}U_{om}\sin[\varphi_1(t) - \varphi_2(t)]$$

$$= U_{em}\sin\varphi_e(t) = A_{cp}\sin\varphi_e(t) \tag{8.4.6}$$

式中　$$\varphi_e(t) = \varphi_1(t) - \varphi_2(t) = \Delta\omega \cdot t + \varphi_r - \varphi_o \tag{8.4.7}$$

式(8.4.6)的数学模型如图 8.4.2 所示。它所表示的正弦特性就是鉴相特性，如图 8.4.3 所示。它表示鉴相器输出误差电压与现相位差之间的关系。

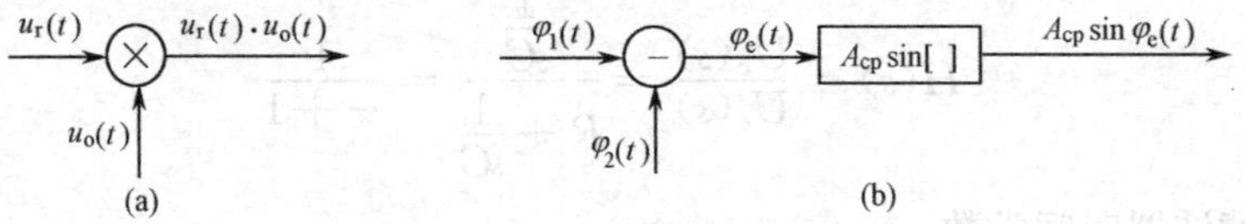

图 8.4.2　鉴相器的数学模型

(2) 压控振荡器

压控振荡器的振荡角频率 $\omega_o(t)$ 受控制电压 $u_c(t)$ 的控制。不管振荡器的形式如何，其总特性总可以用瞬时角频率 ω_o 与控制电压之间关系曲线来表示，如图 8.4.4 所示。当 $u_c = 0$，而仅有固有偏置时的振荡角频率 ω_{o0} 称为固有角频率。ω_o 以 ω_{o0} 为中心而变化。在一定的范围内，ω_o 与 u_c 呈线性关系。在线性范围内，控制特性可表示为

$$\omega_o(t) = \omega_{o0} + A_c u_c(t) \tag{8.4.8}$$

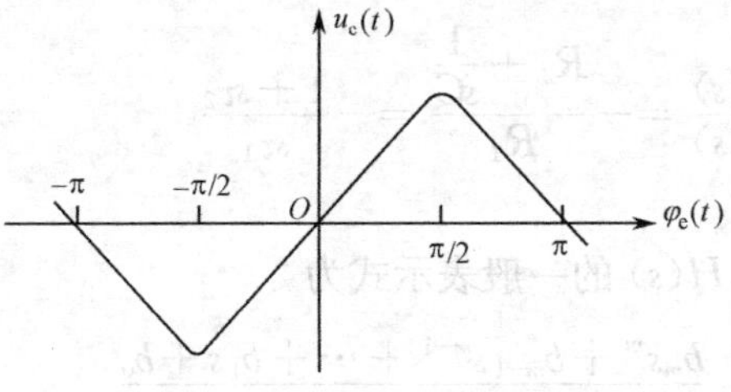

图 8.4.3　正弦鉴相特性

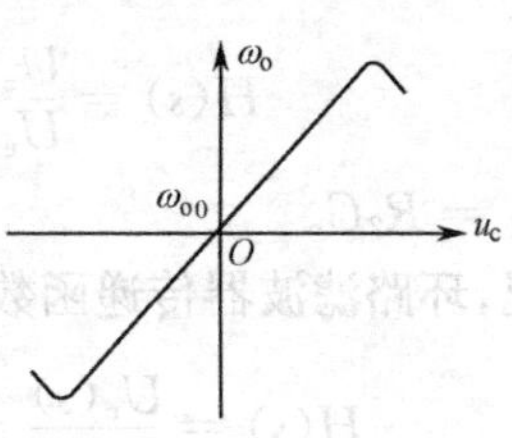

图 8.4.4　压控特性

式中，A_c 为特性斜率，单位为 rad/(sV)，称为压控灵敏度，或压控增益。因为压控振荡器的输出对鉴相器起作用的不是瞬时频率，而是它的瞬时相位，该瞬时相位可对式(8.4.8)积分求得

$$\int_0^t \omega_o(t')\mathrm{d}t' = \omega_{o0}t + A_c\int_0^t u_c(t')\mathrm{d}t' \tag{8.4.9}$$

故

$$\varphi_2(t) = A_c\int_0^t u_c(t')\mathrm{d}t' \tag{8.4.10}$$

由此可见压控振荡器在环路中起了一次理想积分的作用，因此压控振荡器是一个固有积分环节。如用微分算子 p 表示，则上式可表示为

$$\varphi_2(t)=\frac{A_c}{p}u_c(t) \tag{8.4.11}$$

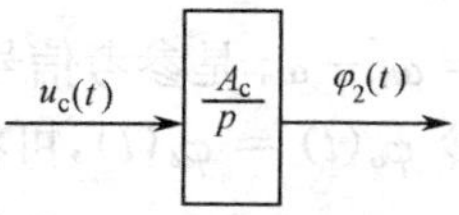

图 8.4.5 压控振荡器的数学模型

由此可得压控振荡器的数学模型如图 8.4.5 所示。

(3) 环路滤波器

环路滤波器一般是线性电路，由线性元件电阻、电容及运算放大器组成。其输出电压 $u_c(t)$ 和输入电压 $u_e(t)$ 之间可用线性微分方程来描述。常用的三种环路滤波器如图 8.4.6 所示。

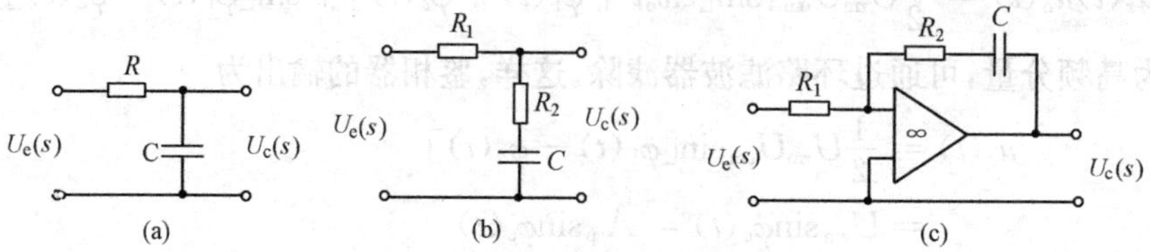

图 8.4.6 三种常用的环路滤波器

① RC 积分滤波器(如图 8.4.6(a) 所示)，其传递函数为

$$H(s)=\frac{U_c(s)}{U_e(s)}=\frac{\frac{1}{sC}}{R+\frac{1}{sC}}=\frac{1}{s\tau+1} \tag{8.4.12}$$

式中，$\tau=RC$ 为滤波器时间常数。

② 无源比例滤波器[如图 8.4.6(b) 所示]，其传递函数为

$$H(s)\frac{U_c(s)}{U_e(s)}=\frac{R_2+\frac{1}{sC}}{R_1+R_2+\frac{1}{sC}}=\frac{1+s\tau_2}{s(\tau_1+\tau_2)+1} \tag{8.4.13}$$

式中，$\tau_1=R_1C,\tau_2=R_2C$。

③ 有源比例积分滤波器[如图 8.4.6(c) 所示]，在运算放大器的输入电阻和开环增益趋于无穷大的条件下，其传递函数为

$$H(s)=\frac{U_c(s)}{U_e(s)}=-\frac{R_2+\frac{1}{sC}}{R_1}=-\frac{1+s\tau_2}{s\tau_1} \tag{8.4.14}$$

式中，$\tau_1=R_1C,\tau_2=R_2C$。

对于一般情况，环路滤波器传递函数 $H(s)$ 的一般表示式为

$$H(s)=\frac{U_c(s)}{U_e(s)}=\frac{b_ms^m+b_{m-1}s^{m-1}+\cdots+b_1s+b_0}{s^n+a_{n-1}s^{n-1}+\cdots+a_1s+a_0} \tag{8.4.15}$$

如果将式(8.4.15) 中 $H(s)$ 的 s 用微分算子 p 替换，就可以写出环路滤波器的微分方程

$$u_c(t)=H(p)u_e(t) \tag{8.4.16}$$

若系统的冲击响应为 $h(t)$，即传递函数 $H(s)$ 的拉氏反变换

$$h(t)=\mathscr{L}^{-1}[H(s)]$$

则环路滤波器的输出、输入关系的表示式又可写成

$$u_c(t)=\int_0^t h(t-\tau)u_e(\tau)\mathrm{d}\tau \tag{8.4.17}$$

可以看出，$u_c(t)$ 是冲激响应与 $u_e(t)$ 的卷积。

将三个部件按照图 8.3.9 的组成关系连接起来，就构成了锁相环的相位模型，如图 8.4.7 所示。可以看出，给定值是参考信号的相位 $\varphi_1(t)$，被控量是压控振荡器输出信号的相位 $\varphi_2(t)$。因此，它是一个自动相位控制(APC) 系统。

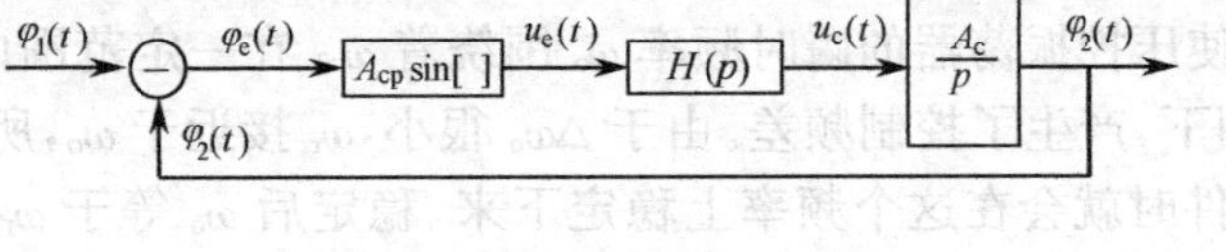

图 8.4.7　锁相环的相位模型

由图 8.4.7 可得

$$\varphi_e(t) = \varphi_1(t) - \frac{A_L}{p}H(p)\sin\varphi_e(t) \tag{8.4.18}$$

$$p\varphi_e(t) = p\varphi_1(t) - A_L H(p)\sin\varphi_e(t) \tag{8.4.19}$$

$$\frac{d\varphi_e(t)}{dt} = \frac{d\varphi_1(t)}{dt} - A_L\int_0^t h(t-\tau)[\sin\varphi_e(\tau)]d\tau \tag{8.4.20}$$

式中，$A_L = A_{cp}A_c$ 称为环路增益，量纲为 rad/s。

这三个式子虽然写法不同，但实质相同，都是无噪声时环路的基本方程。代表了锁相环路的数学模型，隐含着环路整个相位调节的动态过程，即描述了参考信号和输出信号之间的相位差随时间变化的情况。由于鉴相特性的非线性，因而方程是非线性微分方程。方程的阶次取决于环路滤波器的 $H(s)$，对于三种常用的环路滤波器，$H(s)$ 皆为一阶，所以环路的基本方程为二阶非线性方程。

2. 锁相环路的工作过程和工作状态

加到锁相环路的参考信号通常可以分为两类：一类是频率和相位固定不变(即 ω_r 与 φ_r 均为常数) 的信号，另一类是频率和相位按某种规律变化的信号。我们从最简单的情况出发考察环路在第一类信号输入时的工作过程。

因为
$$u_r(t) = U_{rm}\sin[\omega_r t + \varphi_r]$$
当 ω_r 与 φ_r 均为常数时，由式(8.4.4)
$$\varphi_1(t) = (\omega_r - \omega_o)t + \varphi_r$$
则有
$$\frac{d\varphi_1(t)}{dt} = \Delta\omega_o$$
将它代入环路方程式(8.4.20)，可得

$$\frac{d\varphi_e(t)}{dt} + A_L\int_0^t h(t-\tau)[\sin\varphi_e(\tau)]d\tau = \Delta\omega_o \tag{8.4.21}$$

或

$$p\varphi_e(t) + A_L H(p)\sin\varphi_e(t) = \Delta\omega_o \tag{8.4.22}$$

式(8.4.22) 左边第一项是瞬时相位差 $\varphi_e(t)$ 对时间的微分，代表瞬时频差；第二项是闭环后压控振荡器受控制电压 $u_c(t)$ 作用而产生的频率变化($\omega_r - \omega_o$)，称之为控制频差。右边项 $\Delta\omega_o$ 为环路的固有频差。显然，式(8.4.22) 表明，在固有频差作用下，闭环后的任何时刻瞬时频差与控制频差的代数和总是等于固有频差 $\Delta\omega_o$。

下面分几种状态来说明环路的动态过程。

(1) 失锁与锁定状态

通常在环路开始动作时,鉴相器输出的是一个差拍频率为 $\Delta\omega_o$ 的差拍电压波 $A_{cp}\sin\Delta\omega_o t$。若固有频差值 $\Delta\omega_o$ 很大,则差拍信号的拍频也很高,不容易通过环路滤波器而形成控制电压 $u_c(t)$。因此,控制频差建立不起来,环路的瞬时频差始终等于固有频差。鉴相器输出仍然是一个上下对称的正弦差拍波,环路未起控制作用。环路处于“失锁”状态。

反之,假定固有频差值 $\Delta\omega_o$ 很小,则差拍信号的拍频就很低,差拍信号容易通过环路滤波器加到压控振荡器上,使压控振荡器的瞬时频率 ω_o 围绕着 ω_{o0} 在一定范围内来回摆动,也就是说,环路在差拍电压作用下,产生了控制频差。由于 $\Delta\omega_o$ 很小,ω_r 接近于 ω_o,所以有可能使 ω_o 摆动到 ω_r 上,当满足一定条件时就会在这个频率上稳定下来。稳定后 ω_o 等于 ω_r,控制频差等于固有频差,环路瞬时频差等于零,相位差不再随时间变化。此时,鉴相器只输出一个数值较小的直流误差电压,环路就进入了“同步”或“锁定”状态。由式(8.4.22)可以看出,只有使控制频差等于固有频差,瞬时频差才能为零。而要控制频差等于固有频差,控制频差便不能为零,这只有 φ_e 不为零才能做到。由于 $\Delta\omega_o$ 很小,φ_e 也不会太大,因此,在环路处于锁定状态时,虽然参考信号和输出信号之间的频率相等,但是它们之间的相位差却不会为零,以便产生环路锁定所必需的控制信号电压(即直流误差电压)。因此,锁相环对频率而言是无静差系统。

(2) 牵引捕获状态

显然还存在一种 $\Delta\omega_o$ 值介乎以上两者之间的情况,即参考信号频率 ω_r 比较接近于 ω_o,但是其差拍信号的拍频还比较高,经环路滤波器时有一定的衰减(既非完全抑制,亦非完全通过),加到压控振荡器上使压控振荡器的频率围绕 ω_{o0} 的摆动范围较小,有可能摆不到 ω_r 上,因而鉴相器电压也不会马上变为直流,仍是一个差拍波形。由于这时压控振荡器的输出是频率受差拍电压控制的调频波,其调制频率就是差拍频率,所以鉴相器输出是一个正弦波(频率为 ω_r 的参考信号)和一个调频波的差拍。这时鉴相器输出的电压波形不再是一个正弦差拍波,而是一个上下不对称的差拍电压波形,如图 8.4.8 所示。

鉴相器输出的这样上下不对称的差拍电压波是如何形成的呢?

假设刚开始这种差拍是一个正弦波,当正半周电压通过环行滤波器去控制 VCO 时,使加在 VCO 变容二极管上的反偏电压提高,如图 8.4.9 所示。此时 C_j 的值减小,VCO 振荡的频率 ω_o 提高,经鉴相器后的差拍频率 $\omega_e=\omega_r-\omega_o$(假设 $\omega_r>\omega_o$)减小。同理,当负半周电压作用时,ω_e 将增加。差拍频率越低越容易通过环行滤波器,差拍频率越高越难通过环行滤波器。于是经过几轮之后,差拍电压的正半周宽度越来越宽,而负正周的宽度越来越窄,且幅度越来越小,形成上下不对称的波形,如图 8.4.8 所示。

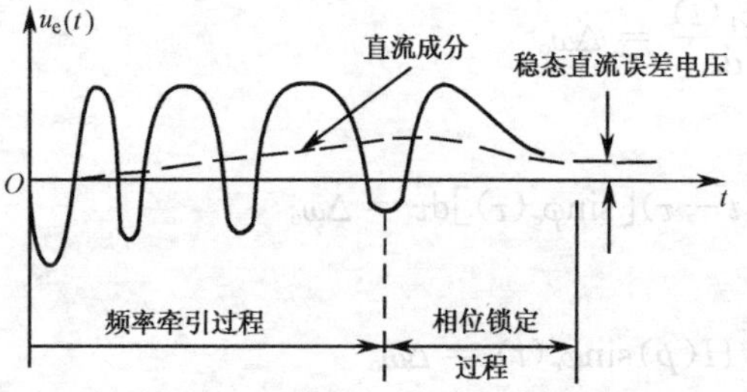

图 8.4.8 $\omega_r>\omega_o$ 的情况下牵引捕获过程 $u(t)$ 波形

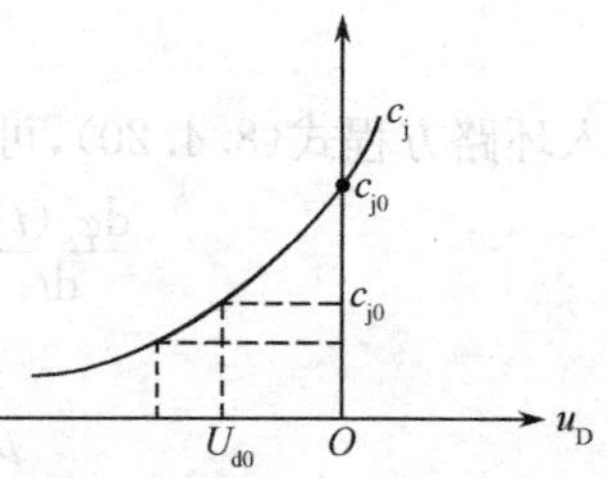

图 8.4.9 变容二极管电容量与反偏电压 u_D 的关系曲线

鉴相器输出的上下不对称的差拍电压波含有直流,基波与谐波成分,经环路滤波器滤波以后,可以近似认为只有直流与基波加到压控振荡器上。直流使压控振荡器的中心频率产生偏移(设由 ω_{o0} 变为 $\overline{\omega}_o$),基波使压控振荡器调频。其结果使压控振荡器的频率 $\omega_o(t)$ 变成一个围绕着平均频率

$\bar{\omega}_o$ 变化的正弦波。

非正弦差拍波的直流分量对于锁相环路是非常重要的。正是这个直流分量通过环路滤波器的积分作用，产生一个不断积累的直流控制电压加到压控振荡器上，使压控振荡器的平均频率 $\bar{\omega}_o$ 偏离固有振荡频率 ω_{o0} 而向 ω_r 靠近，使得两个信号的频差减小。这样将使鉴相器输出差拍波的拍频变得愈来愈低，波形的不对称性也愈来愈高，相应的直流分量更大，直流控制电压累积的速度更快，将驱使压控频率以更快的速度移向 ω_r。上述过程以极快的速度进行着，直至可能发生这样的变化：压控瞬时频率 ω_o 变化到 ω_r，且环路在这个频率上稳定下来，这时鉴相器输出也由差拍波变成直流电压，环路进入锁定状态。很明显，这种锁定状态是环路通过频率的逐步牵引而进入的，我们把这个过程叫做捕获。图 8.4.8 表示了牵引捕获过程中鉴相器输出电压变化的波形，它可用长余晖慢扫示波器看到。

当然，若 $\Delta\omega_o$ 值太大，环路通过频率牵引也可能始终进入不了锁定状态，则环路仍处于失锁状态。

(3) 跟踪状态

当环路已处于锁定状态时，如果参考信号的频率和相位稍有变化，立即会在两个信号的相位差 $\varphi_e(t)$ 上反映出来，鉴相器输出也随之改变，并驱动压控振荡器的频率和相位发生相应的变化。如果参考信号的频率和相位以一定的规律变化，只要相位变化不超过一定的范围，压控振荡器的频率和相位也会以同样规律跟着变化，这种状态就是环路的跟踪状态。如果说锁定状态是相对静止的同步状态，则跟踪状态就是相对运动的同步状态。

从环路的工作过程已经定性地看到，环路的捕获和锁定都是受到环路参数制约的。从环路开始动作到锁定，必须经由频率牵引作用的捕捉过程，频率牵引作用是使控制频差逐渐缩小到等于固有频差，这时环路的瞬时频差将等于零，即满足

$$\lim_{t\to\infty}\frac{\mathrm{d}\varphi_e(t)}{\mathrm{d}t}=0 \tag{8.4.23}$$

的条件。显然，瞬时相位差 $\varphi_e(t)$ 此时趋向一个固定的值，且一直保持下去。这意味着压控振荡器的输出信号与参考信号之间，在固有的 $\pi/2$ 相位差上只叠加一个固定的稳态相位差，而没有频差，即 $\Delta\omega_o=\omega_r-\omega_o=0$，故 $\omega_r=\omega_o$。这是锁相环路的一个重要特性。

当满足式(8.4.23)时，$\varphi_e(t)$ 为固定值，$\dfrac{\mathrm{d}\varphi_e(t)}{\mathrm{d}t}=0$，鉴相器输出电压 $u_e(t)=A_{cp}\sin\varphi_e(t)$ 是一个直流电压，于是式(8.4.22)成为

$$A_L H(0)\sin\varphi_e(\infty)=\Delta\omega_o \tag{8.4.24}$$

其中 $\varphi_e(\infty)$ 表示在时间趋于无穷大时的稳态相位差。因此

$$\varphi_e(\infty)=\arcsin\frac{\Delta\omega_o}{A_L H(0)}=\arcsin\frac{\Delta\omega_o}{A_L(0)} \tag{8.4.25}$$

式中，$A_L(0)=A_L H(0)$ 为环路的直流增益，量纲为 rad/s。

$\varphi_e(\infty)$ 的作用是使环路在锁定时，仍能维持鉴相器有一个固定的误差电压 $A_{cp}\sin\varphi_e(\infty)$ 输出，此电压通过环路滤波器加到压控振荡器上，控制电压 $A_{cp}\sin\varphi_e(\infty)$ 将其振荡频率调整到与参考信号频率同步。稳态相差的大小反映了环路的同步精度，通过环路设计可以使 $\varphi_e(\infty)$ 很小。

观察式(8.4.25)，因为

$$|\sin\varphi_e(\infty)|_{\max}=1$$

所以

$$|\Delta\omega_o|\leqslant A_L H(0)$$

这意味着初始频差 $|\Delta\omega_o|$ 的值不能超过环路的直流增益，否则环路不能锁定。

假定环路已处于锁定状态，然后缓慢地改变参考信号频率 ω_r，使固有频差指向两侧逐步增大(即正向或负向增大 $\Delta\omega_o$ 值)。由于 $|\pm\Delta\omega_o|$ 值是缓慢改变的，因而当 $\varphi_e(t)$ 值处于一定变化范围内，

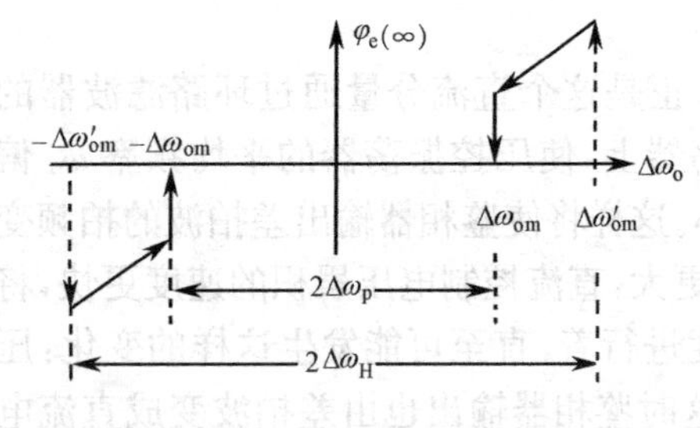

图 8.4.10 环路捕获与同步过程的特性

环路有维持锁定的能力。通常将环路可维持锁定或同步的最大固有频差 $|\pm\Delta\omega_{om}|$ 的二倍称为环路的同步带 $2\Delta\omega_H$，如图 8.4.10 所示。

因此，所讨论的基本环路的同步带是 $A_L(0)$，即 $\Delta\omega_H = A_L(0)$。因为

$$A_L(0) = \frac{1}{2}U_{rm}U_{om}A_M A_C H(0)$$

所以两个信号的幅度、乘法器的相乘系数和环路滤波器的直流特性 $H(0)$ 等都对同步带有影响。同时，如果选择信号幅度和环路参数使

$$A_L(0) \gg |\Delta\omega_o|$$

由式(8.4.25)可知，可将 $\varphi_e(\infty)$ 缩小到所需的程度。因此，锁相环可以得到一个与参考信号频率完全相同而相位很接近的输出信号。

假定环路最初处于失锁状态，然后改变参考信号频率 ω_r，使固有频差 $\Delta\omega_o$ 从两侧缓慢地减小，环路有获得牵引锁定的最大固有频差值 $|\pm\Delta\omega_{om}|$ 存在，我们将这个可获得牵引锁定的最大固有频差 $|\pm\Delta\omega_{om}|$ 值的二倍称为环路的捕捉带 $2\Delta\omega_p$，如图 8.4.10 所示。这与 AFC 电路的同步带和捕捉带类似。

8.4.2 锁相环路的跟踪性能——锁相环路的线性分析

若环路处于跟踪状态下，只要 $|\varphi_e(t)|$ 小于等于 $\pi/6$，便可认为环路处于线性跟踪状态。此时，式(8.4.6)中的 $\sin\varphi_e(t)$ 约等于 $\varphi_e(t)$，即将环路线性化。将式(8.4.19)取拉氏变换，可得

$$s\Phi_e(s) + A_L H(s)\Phi_e(s) = s\Phi_1(s) \tag{8.4.26}$$

由此式可得环路线性化相位模型，如图 8.4.11 所示。

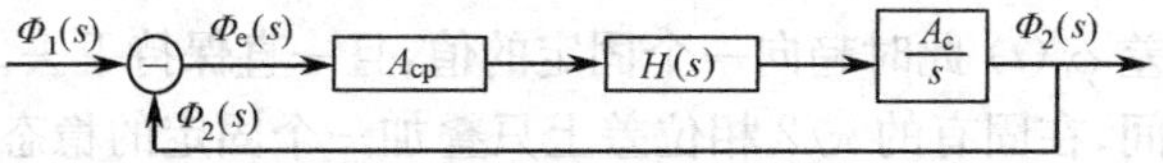

图 8.4.11 环路线性相位函数

从而可得环路的开环传递函数、闭环传递函数和误差传递函数。

(1) 开环传递函数

$$T_{op}(s) = \frac{\Phi_2(s)}{\Phi_e(s)} = \frac{A_L H(s)}{s} \tag{8.4.27}$$

式中

$$A_L = A_{cp}A_c$$

(2) 闭环传递函数

$$T(s) = \frac{\Phi_2(s)}{\Phi_1(s)}$$

因为

$$\Phi_2(s) = T_{op}(s)\Phi_e(s) = T_{op}(s)[\Phi_1(s) - \Phi_2(s)]$$

故

$$T(s) = \frac{T_{op}(s)}{1+T_{op}(s)} = \frac{A_L H(s)}{S+A_L H(s)} \tag{8.4.28}$$

表示在闭环条件下，输出相位的拉氏变化与参考信号相位的拉氏变换之比。

(3) 误差传递函数

$$T_e(s) = \frac{\Phi_e(s)}{\Phi_1(s)} = \frac{\Phi_1(s) - \Phi_2(s)}{\Phi_1(s)} = 1 - T(s) = \frac{1}{1+T_{op}(s)} = \frac{s}{s+A_L H(s)} \tag{8.4.29}$$

表示在闭环条件下，相位误差的拉氏变换与参考信号相位的拉氏变换之比。

运用 $T(s)$ 及 $T_e(s)$ 可以分析环路的稳定跟踪响应,稳态误差及线性化环路的稳定性。

将常用的 $H(s)$ 代入,可得实际二阶环路的 $T_{op}(s)$、$T(s)$ 和 $T_e(s)$。用二阶线性微分方程描述的动态系统是一个阻尼振荡系统。最合适的表征量是阻尼系数 ξ 和当 $\xi=0$ 时系统的自然谐振角频率 ω_n。对于二阶线性化环路,也可以用 ξ 与 ω_n 来表示环路的 $T_{op}(s)$,$T(s)$ 和 $T_e(s)$,如表 8.4.1 所示。

表 8.4.1

$H(s)$	$T(s)$	$T_e(s)$	$2\zeta\omega_n$	ω_n^2	ξ
$\frac{1}{1+s\tau}$	$\frac{\omega_n^2}{s^2+2\zeta\omega_n s+\omega_n^2}$	$\frac{s^2+2\zeta\omega_n s}{s^2+2\zeta\omega_n s+\omega_n^2}$	$\frac{1}{\tau}$	$\frac{A_L}{\tau}$	$\frac{1}{2}\sqrt{\frac{1}{A_L\tau}}$
$\frac{1+s\tau_2}{1+s(\tau_1+\tau_2)}$	$\frac{s\omega_n\left(2\zeta-\frac{\omega_n}{A_L}\right)+\omega_n^2}{s^2+2\zeta\omega_n s+\omega_n^2}$	$\frac{s\left(s+\frac{\omega_n^2}{A_L}\right)}{s^2+2\zeta\omega_n s+\omega_n^2}$	$\frac{1+A_L\tau_2}{\tau_1+\tau_2}$	$\frac{A_L}{\tau_1+\tau_2}$	$\frac{1}{2}\sqrt{\frac{A_L}{(\tau_1+\tau_2)}}\left(\tau_2+\frac{1}{A_L}\right)$
$\frac{1+s\tau_2}{s\tau_1}$	$\frac{2\zeta\omega_n s+\omega_n^2}{s^2+2\zeta\omega_n s+\omega_n^2}$	$\frac{s^2}{s^2+2\zeta\omega_n s+\omega_n^2}$	$\frac{A_L\tau_2}{\tau_1}$	$\frac{A_L}{\tau_1}$	$\frac{\tau_2}{2}\sqrt{\frac{A_L}{\tau_1}}$

由表 8.4.1 可见,环路滤波器的传递函数 $H(s)$ 对环路性能有很大的影响,因此环路滤波器参数的选取是十分重要的。

1. 环路的瞬态响应和正弦稳态响应

当环路输入的参考信号的频率或相位发生变化时,通过环路自身的调节作用,使压控振荡器的频率和相位跟踪参考信号的变化。如果是理想的跟踪,那么输出信号的频率和相位都应与参考信号相同。实际上,整个跟踪过程是一个瞬变过程,总是存在着瞬态相位误差 $\varphi_e(t)$ 和稳态相位误差 $\varphi_e(\infty)$。它们不仅与环路本身的参数有关,还与参考信号变化的形式有关。参考信号变化的形式往往是复杂的,但可以选择某些具有代表型的参考信号,如相位阶越(跳变)、频率阶越(跳变)、频率斜升等来研究环路的瞬态响应。这里将有关瞬态相位误差的讨论从略,仅讨论稳态相位误差。

利用环路的误差传递函数和拉氏变化的中值定理,可求得在相位阶跃、频率阶跃和频率斜升情况下的稳态相差。

按照中值定理,应有

$$\Phi_e(\infty)=\lim_{s\to 0}sT_e(s)\Phi_1(s)=\lim_{s\to 0}\frac{s^2}{s+A_L H(s)}\Phi_1(s) \tag{8.4.30}$$

几种典型的输入信号形式如下。

① 相位阶跃 $\Delta\varphi$(rad)。在 $t=0$ 的瞬间,输入信号发生幅值为 $\Delta\varphi$ 的相位阶跃,输入相位 $\varphi_1(t)$ 可以写成

$$\varphi_1(t)=\Delta\varphi u(t)$$

式中,$u(t)$ 为单位阶跃函数。$\varphi_1(t)$ 的拉氏变换为

$$\Phi_1(s)=\frac{\Delta\varphi}{s} \tag{8.4.31}$$

② 频率阶越 $\Delta\omega$(rad/s) 由称为相位斜升或相位速度输入,可以写成

$$\varphi_1(t)=\Delta\omega t u(t)$$

其拉氏变换为

$$\Phi_1(s)=\frac{\Delta\omega}{s^2} \tag{8.4.32}$$

③ 频率斜升 Rt,输入信号以速度 R(rad/s) 随时间做线性变化,相位则以加速度随时间变化,

故又成为相位加速度输入。输入相位为

$$\varphi_1(t)=\int_0^t Rt'u(t')\mathrm{d}t'=\frac{1}{2}Rt^2u(t)$$

其拉氏变换为

$$\Phi_1(s)=\frac{R}{s^3} \tag{8.4.33}$$

三种典型输入归纳在表 8.4.2 中。

将不同形式的 $\varphi(t)$ 和 $H(s)$ 代入式(8.4.30),便可得到环路的稳态相位误差 $\Phi_e(\infty)$,如表 8.4.3 所示。

表 8.4.2

输入信号形式	输入相位与输入频率波形	$\varphi_1(t)$	$\Phi_1(s)$
相位阶跃 $\Delta\varphi$	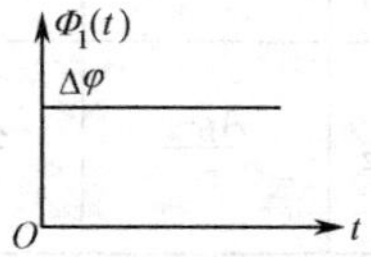	$\Delta\varphi u(t)$	$\frac{\Delta\varphi}{s}$
频率阶跃 $\Delta\omega$	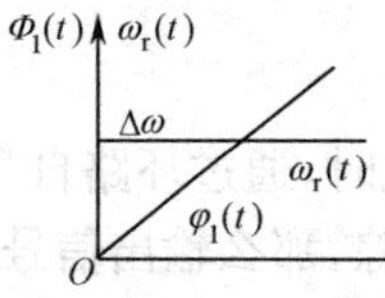	$\Delta\omega t u(t)$	$\frac{\Delta\omega}{s^2}$
频率斜升 Rt	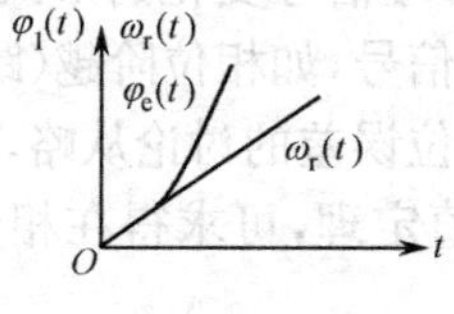	$\frac{1}{2}Rt^2u(t)$	$\frac{R}{s^3}$

表 8.4.3

$\varphi_1(t)$	$\Phi_1(s)$	$H(s)$	$\varphi_e(\infty)$
$\Delta\varphi$	$\frac{\Delta\varphi}{s}$	任　意	0
$\Delta\omega t$	$\frac{\Delta\omega}{s^2}$	$\frac{1}{1+s\tau}$	$\frac{\Delta\omega}{A_L}$
		$\frac{1+s\tau_2}{1+s\tau_1}$	
		$\frac{1+s\tau_2}{s\tau_1}$	0
$\frac{1}{2}Rt^2$	$\frac{R}{s^3}$	$\frac{1}{1+s\tau}$	∞
		$\frac{1+s\tau_2}{1+s\tau_1}$	
		$\frac{1+s\tau_2}{s\tau_1}$	$\frac{\tau_1 R}{A_L}$

由表 8.4.3 可见:

① 同一环路对于不同的 $\varphi_1(t)$ 跟踪性能是不一样的。

② 除相位阶跃外，同一 $\varphi_1(t)$ 加到不同的环路，跟踪性能的优劣也不尽相同。

③ 相位阶跃时，只要 $H(0)\neq 0$，环路都不会引起稳态相位误差。这个结论似乎不可思议，实际上，压控振荡器是理想的积分环节，自相位阶跃输入瞬间开始，压控振荡器的输出相位就不断积累保持。因此，尽管进入锁定状态时，加到压控振荡器上的控制电压消失了[由于 $\varphi_e(\infty)=0$]，但是，这个积累起来的相位量恰好等于输入的相位阶跃量，因而环路锁定。

④ 当频率阶跃加入由理想的有源比例积分滤波器构成的二阶环路时，也不产生稳态误差。这是因为环路具有两个理想积分器。当环路处于稳态时，为跟踪频率阶跃，压控振荡器需要有一个为产生频偏为 $\Delta\omega$ 的控制电压 $\Delta\omega/A_c$，这个电压由环路滤波器供给。环路在频率阶跃 $\Delta\omega$ 的作用下由暂态到稳态，暂态 $\varphi_e(t)$ 不等于零，理想比例积分器把暂态的相位误差积累起来并保持到稳态。所以在稳态时，理想比例积分滤波器仍有 $\Delta\omega/A_c$ 的控制电压输出，使 $\varphi_e(\infty)=0$，环路维持相位跟踪。

⑤ 频率斜升加到滤波器的传递函数为

$$H(s)=\frac{1}{1+s\tau},\quad H(s)=\frac{1+s\tau_2}{1+s\tau_1}$$

时，环路的稳态相差 $\varphi_e(\infty)$ 均趋于无限大，即环路失锁。这意味着环路来不及跟踪频率斜升的输入信号。

以上分析了环路的时间响应。下面分析环路的频率响应。

2. 环路的频率响应

将环路的闭环传递函数 $T(s)$ 中的 s 用 $\mathrm{j}\Omega$ 代替，即可得环路的频率特性。所谓环路的频率特性是指环路输入参考信号的相位做正弦变化时，在稳态情况下，环路输出正弦相位对输入正弦相位的比值随输入正弦相位的频率变化的特性。

例如：具有理想比例积分滤波器的环路见表 8.4.4 所示，其闭环频率特性为

$$T(\mathrm{j}\Omega)=\frac{\Phi_2(\mathrm{j}\Omega)}{\Phi_1(\mathrm{j}\Omega)}=\frac{2\xi\omega_n(\mathrm{j}\Omega)+\omega_n^2}{(\mathrm{j}\Omega)^2+2\xi\omega_n(\mathrm{j}\Omega)+\omega_n^2}$$

$$=\frac{1+\mathrm{j}2\xi\dfrac{\Omega}{\omega_n}}{1-\left(\dfrac{\Omega}{\omega_n}\right)^2+\mathrm{j}2\xi\dfrac{\Omega}{\omega_n}} \tag{8.4.34}$$

对 $T(\mathrm{j}\Omega)$ 取模，可得其幅频特性

$$|T(\mathrm{j}\Omega)|=\sqrt{\frac{1+(2\xi\Omega/\omega_n)^2}{[1-(\Omega^2/\omega_n)^2]^2+(2\xi\Omega/\omega_n)^2}} \tag{8.4.35}$$

由上式，给定不同的阻尼系数 ξ，可以做出环路的幅频特性，如图 8.4.12 所示。由图可以看出，采用理想有源比例积分滤波器的环路相当于一个低通滤波器。其低通响应的截止频率即环路的带宽，可令 $|T(\mathrm{j}\Omega)|=1/\sqrt{2}$，求得

$$B=\omega_n\left[2\xi^2+1+\sqrt{1+(2\xi^2+1)^2}\right]^{1/2}(\mathrm{rad/s}) \tag{8.4.36}$$

可见，环路带宽容易通过改变 ω_n 和 ξ 进行调整，如表 8.4.4 所示。

表 8.4.4

ξ	0.5	0.707	1
Ω/ω_n	1.82	2.06	2.48

由图 8.4.12 还可以看出，ξ 越小，低通特性的峰起越严重，截止的速度也越快。而 ξ 越大，衰减越慢。$\xi=1$ 称为临界阻尼；$\xi<1$ 称为欠阻尼；$\xi>1$ 则成为过阻尼。

分析表明，无论采用何种滤波器的二阶环，其闭环频率响应都具有低通性质。

环路带宽的选取，除了考虑信号特性外还应考虑噪声对环路性能的影响。如果仅考虑抑制伴随

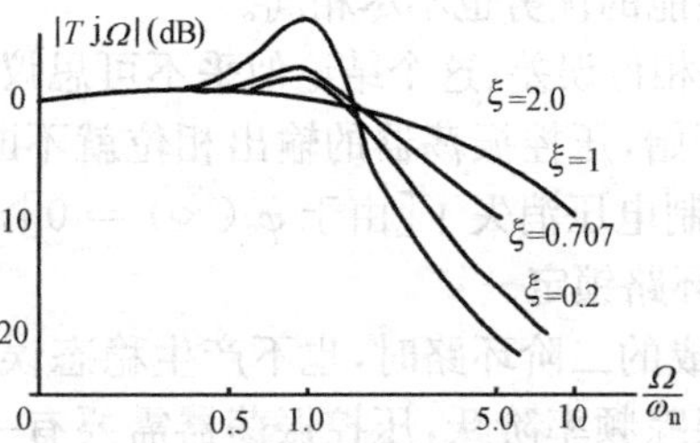

图 8.4.12　采用理想比例积分滤波器环路的幅频特性

参考信号从输入端进入环路的噪声,则选择较窄的环路带宽对抑制输入噪声较为有利。但是,这对抑制从压控振荡器输入端窜入的高频噪声不利。这是因为从VCO输入端窜入的噪声将使VCO输出相位发生变化,经鉴相器加到环路滤波器的输入端,由于环路滤波器对高频噪声的抑制作用较强,因而通过环路滤波器的分量很少,就不能有效地抵消VCO输入端的干扰噪声。所以环路带宽的选取应折中考虑,使总的输出相位噪声最小。

至于环路的稳定性,分析表明,二阶线性化环路是无条件稳定的。

8.4.3　锁相环路的应用

锁相环路之所以广泛地应用于电子技术的各个领域,是由于它具有一些特殊的性能。

(1) 良好的跟踪特性

锁相环路的输出信号频率可以精确地跟踪输入参考信号频率的变化,环路锁定后输入参考信号和输出信号之间的稳态相位误差,可以通过增加环路增益被控制在所需数值范围内。这种输出信号频率随输入参考信号频率变化的特性成为锁相环的跟踪特性。如果输入为调角信号,通过设计,可以要求环路只跟踪输入调角信号的中心频率的变化,而不跟踪反映调制规律的频率变化,即所谓的调制跟踪型锁相环路。

(2) 良好的窄带滤波特性

窄带特性在无线电技术中是非常重要的。锁相环路窄带特性的获得,是由于当压控振荡器的输出频率锁定在输入参考频率上时,位于信号频率附近的干扰成分将以低频干扰的形式进入环路,绝大部分的干扰会受到环路滤波器低通特性的抑制,从而减少了对压控振荡器的干扰作用。所以,环路对干扰的抑制作用就相当于一个窄带的高频带通滤波器,其通带可以做得很窄(如在数百兆赫兹的中心频率上,带宽可以做到几赫兹)。不仅如此,还可以通过改变环路滤波器的参数和环路增益来改变带宽,作为性能优良的跟踪滤波器,用以接收信噪比低、载频漂移大的空间信号。

(3) 环路在锁定状态时无剩余频差存在

锁相环路是一个相差控制系统,它不同于自动频率微调系统。对于有固定频差的输入信号,只要环路处于锁定状态,通过环路本身固有积分环节的作用,环路输出可以做到无剩余频差存在。而自动频率微调系统是有剩余频差的,因此,锁相环是一个理想的频率控制系统。

(4) 良好的门限特性

在调频通信中若使用普通鉴频器,由于该鉴频器是一个非线性器件,信号与噪声通过非线性相互作用对输出信噪比会发生影响。当输入信噪比降低到某个数值时,由于非线性作用噪声会对信号产生较大的抑制,使输出信噪比急剧下降,即出现了门限效应。锁相环路也是一个非线性器件,用做鉴频器时同样有门限效应存在。但是,在调制指数相同的条件下,锁相环路的门限比普通鉴频器的门限低。当锁相环路处于调制跟踪状态时,环路有反馈控制作用,跟踪相差小,这样,通过环路的作用,限制了跟踪的变化范围,减少了鉴相特性的非线性影响,所以改善了门限特性。

利用上述特性,锁相环可以实现各种性能优良的频谱变换功能,做成性能十分优越的跟踪滤波器,用以接受来自宇宙空间的信噪比很低且载频漂移大(有多普勒效应产生)的信号。下面仅对锁相环路在稳频技术、调制解调技术、锁相接收等方面的应用做原理性的讨论。

1. 在稳频技术中的应用

利用频率跟踪特性，锁相环路可实现分频、倍频、混频等频谱变换功能。综合这几种功能又可构成频率综合器与标准频率源。

(1) 锁相倍频电路

锁相倍频电路基本组成方框图如图 8.4.13 所示。它是在基本环路的反馈通道中插入分频器而组成的。当环路锁定时，鉴相器的两个比相信号的频率应该相等，即 $f_r = f_o/N$，因此，$f_o = Nf_r$。这样就完成了锁相倍频的任务，倍频次数等于分频器的分频次数。锁相倍频的优点是：频谱很纯，而且倍频次数高，可达数万次以上。

设环路的输出相位为 $\varphi_2(t)$，经分频后的相位为 $\varphi_2(t)/N$，因此环路增益下降为原值的 $1/N$，这样用 $A_{cp}A_c/N$ 取代前面分析中的 $A_{cp}A_c$，就可将 8.4.1 节中的分析式应用到锁相倍频电路，来分析其性能。

(2) 锁相分频电路

如果在基本锁相环路的反馈通道中插入倍频器，就可组成基本的锁相分频电路，如图 8.4.14 所示。当环路锁定时 $f_r = f_o N$，因此 $f_o = f_r/N$，即锁相分频电路的分频次数等于倍频器的倍频次数。同理，用 $NA_{cp}A_c$ 代替 $A_{cp}A_c$，便可用 8.4.1 节中的公式来分析锁相分频器的性能。

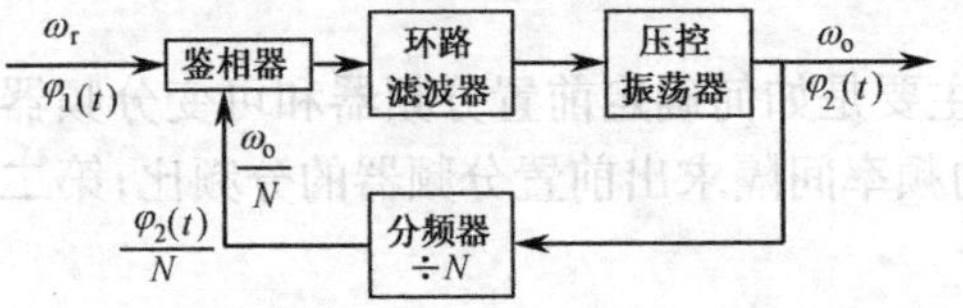

图 8.4.13　锁相倍频电路基本组成方框图

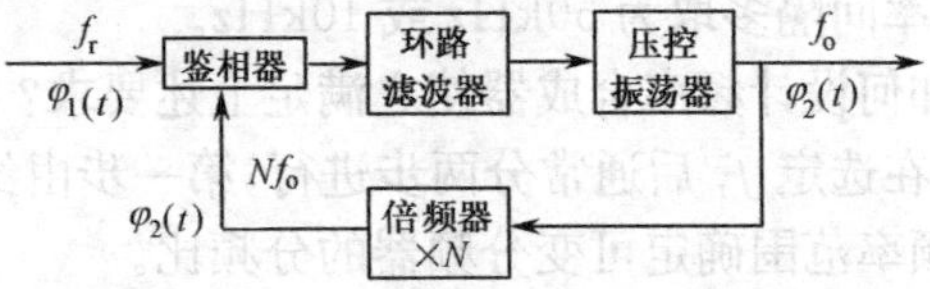

图 8.4.14　锁相分频电路基本组成方框图

(3) 锁相混频电路

锁相混频电路的方框图如图 8.4.15 所示。在反馈通道中，插入混频器和中频放大器。在混频器上外加一频率 f_L 的信号 $u_L(t)$，因此混频器输出信号的频率为 $|f_o - f_L|$，经中频放大器放大加到鉴相器上。当环路锁定时，$f_r = |f_o - f_L|$，即 $f_o = f_L \pm f_r$，这样环路就实现了混频作用。至于 f_o 是取 $f_L + f_r$ 还是取 $f_L - f_r$，在环路滤波器带宽足够窄时，取决于 VCO 输出频率 f_o 是高于还是低于 f_L，高于 f_L 时，f_o 取 $f_L + f_r$；低于 f_L 时，f_o 取 $f_L - f_r$。

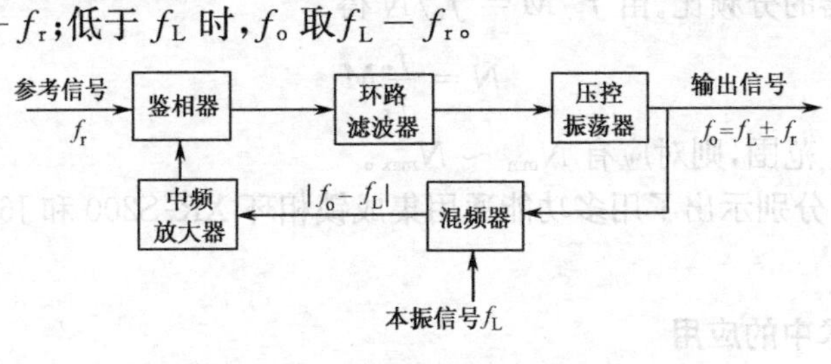

图 8.4.15　锁相混频电路的基本组成方框图

当 $f_L \gg f_r$ 时，若采用普通混频器进行混频，则由于 $f_L \pm f_r$ 很靠近 f_L，要取出 $f_L \pm f_r$ 中的任一分量，滤出另一分量，对普通混频器输出滤波器的要求就十分苛刻，尤其是需要 f_r 和 f_L 在一定的范围内变化时更是难于实现。利用锁相混频电路则是十分方便的。

(4) 频率合成器（频率综合器）

所谓频率合成器就是利用一个（或几个）晶体振荡器产生一系列（或若干个）标准频率信号的设备。其基本思想是利用综合或合成的手段，综合晶体振荡器频率稳定度、准确度高和可变频率振荡器改换频率方便的优点，克服了晶振点频工作和可变频率振荡器频率稳定度、准确度不高的缺点，而形成了频率合成技术。

频率合成器的原理框图如图 8.4.16 所示。就是在基本锁相环路的反馈支路中，接入具有高分频比的可变分频器，控制(人工或程控) 可变分频器的分频比就可得到若干个标准频率输出。为了得到所需的频率间隔，往往在电路中还加一个前置分频器。频率合成器的电路构成和锁相倍频电路是一样的，只不过频率合成器中的分频器用了可变分频器。所以，频率合成器实际上就是锁相倍频器。

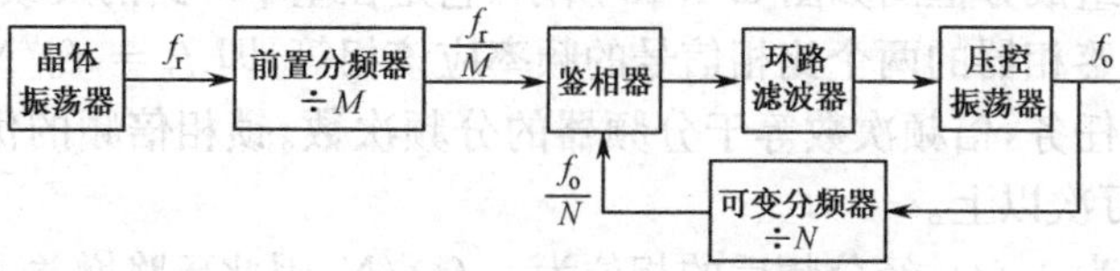

图 8.4.16　频率合成器原理框图

在工程应用中，对频率合成器的技术要求较多。其中主要要求是：

① 频率范围视用途而定。就其频段而言有短波、超短波、微波等频段。通常要求在规定的频率范围内，在任何指定的频率点(波道) 上频率合成器都能正常工作，而且能满足质量指标的要求。

② 频率间隔。频率合成器的输出频谱是不连续的。两个相邻频率之间的最小间隔，就是频率间隔。对短波单边带通信来说，现在多取频率间隔为 100Hz，有的甚至为 10Hz、1Hz；对短波通信来说，频率间隔多取为 50kHz 或 10kHz。

如何设计频率合成器使之满足上述要求？这里主要是如何确定前置分频器和可变分频器的分频比。在选定 f_r 后通常分两步进行，第一步由给定的频率间隔求出前置分频器的分频比；第二步由输出频率范围确定可变分频器的分频比。

在图 8.4.16 中：

① 确定前置分频器的分频比 M。由 $f_r/M = f_o/N$ 得

$$f_o = \frac{N}{M}f_r$$

故

$$\Delta f = f_{o(N+1)} - f_{o(N)} = \frac{N+1}{M}f_r - \frac{N}{M}f_r = \frac{1}{M}f_r \tag{8.4.37}$$

式中，Δf 为频率间隔。

② 确定可变分频器的分频比。由 $f_r/M = f_o/N$ 得

$$N = \frac{f_o}{f_r}M \tag{8.4.38}$$

若 f_o 是在 $f_{omin} \sim f_{omax}$ 范围，则对应有 $N_{min} \sim N_{max}$。

图 8.4.17(a)、(b) 分别示出了用多功能通用集成锁相环 XR-S200 和 J691 做频率合成器的接线图。

2. 在调制解调技术中的应用

(1) 锁相调频电路

锁相调频电路能够得到中心频率稳定度很高的调频信号。其原理电路如图 8.4.18 所示。实现锁相调频的条件是，调制信号的频谱要处于低通滤波器通带之外，并且调制指数不能太大。这样，调制信号不能通过低通滤波器，因而在环路内不能形成交流反馈，调制频率对环路无影响。锁相环路只对 VCO 平均中心频率不稳定所引起的分量(处于低通滤波器通带之内) 起作用，使其中心频率锁定在晶振频率上。因此，输出调频波的中心频率稳定度很高。这样，锁相调频能克服直接调频中心频率稳定度不高的缺点。这种锁相环路称为载波跟踪型 PLL。

(2) 锁相鉴频电路

调频波锁相解调电路可以与调频负反馈解调电路媲美。它的门限电平比普通鉴频器低，其电路

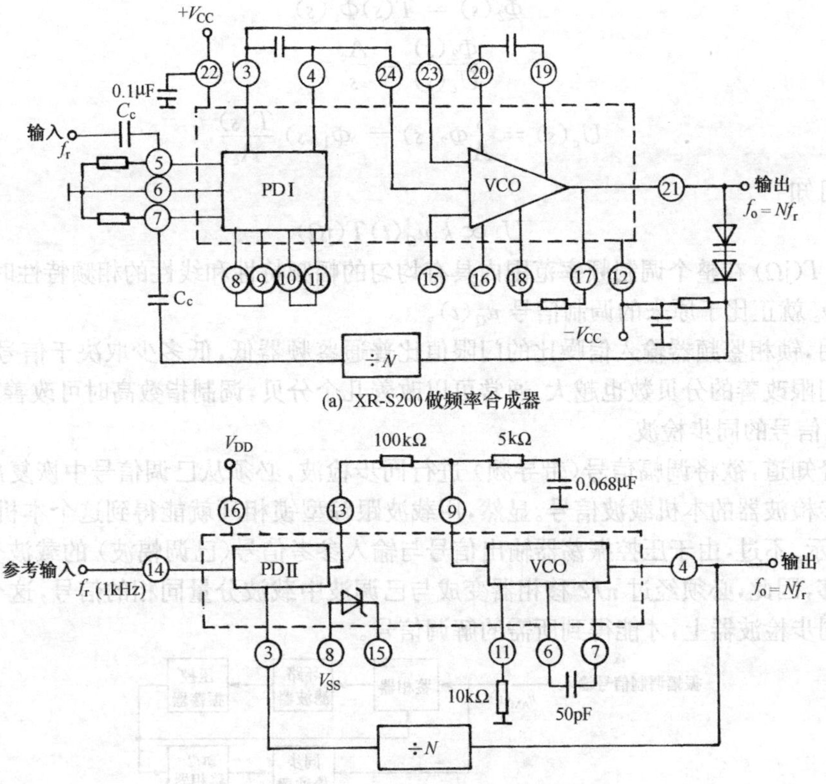

(a) XR-S200做频率合成器

(b) J691做频率合成器

图 8.4.17　频率合成器

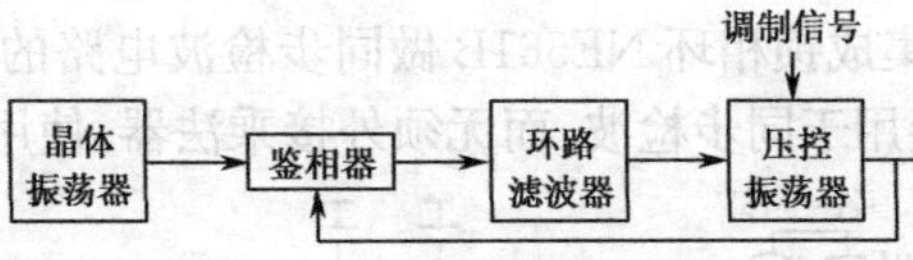

图 8.4.18　锁相调频电路原理方框图

组成如图 8.4.19 所示。当输入为调频波时，如果将环路滤波器的带宽设计得足够宽，能使鉴相器的输出电压顺利通过，则 VCO 就能跟踪输入调频波中反映调制规律变化的瞬时频率，即 VCO 的输出是一个具有相同调制规律的调频波。显然，这时环路滤波器输出的控制电压就是所需的调频波解调电压。这种电路就是调制跟踪型锁相环。

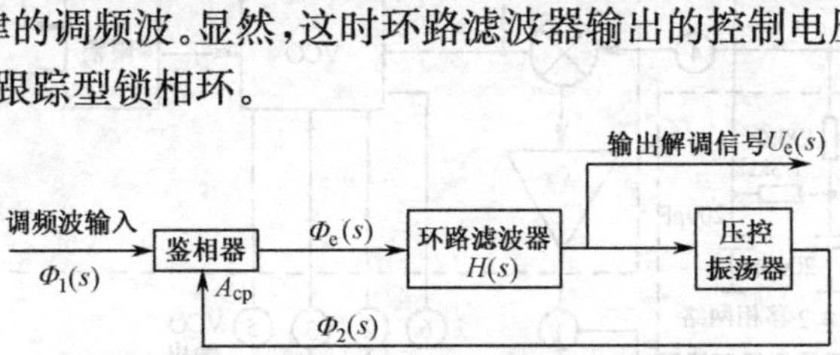

图 8.4.19　锁相鉴频电路原理方框图

若输入的调频信号为

$$u_{FM}(t)=U_m\sin[\omega_o t+k_f\int_0^t u_\Omega(t')\mathrm{d}t']=U_m\sin[\omega_o t+\varphi_1(t)]$$

式中，$\varphi_1(t)=k_f\int_0^t u_\Omega(t')\mathrm{d}t'$；$k_f$ 为调频比例系数；$u_\Omega(t)$ 为调制信号电压。

因 $$\Phi_2(s) = T(s)\Phi_1(s)$$

而 $$\frac{\Phi_2(s)}{U_c(s)} = \frac{A_c}{s}$$

得 $$U_c(s) = \frac{s}{A}\Phi_2(s) = s\Phi_1(s)\frac{T(s)}{A_c} \tag{8.4.39}$$

由拉氏变换可知

$$U_c \propto k_f u_\Omega(t) T(j\Omega)$$

可见,当 $T(j\Omega)$ 在整个调制频率范围内具有均匀的幅频特性和线性的相频特性时,环路滤波器的输出电压 u_c 就正比于原来的调制信号 $u_\Omega(t)$。

分析表明,锁相鉴频器输入信噪比的门限值比普通鉴频器低,低多少取决于信号的调制度。调制指数越高门限改善的分贝数也越大。通常可以改善几个分贝,调制指数高时可改善10dB以上。

(3) 调幅信号的同步检波

我们已经知道,欲将调幅信号(带导频)进行同步检波,必须从已调信号中恢复出同频同相的载波作为同步检波器的本机载波信号。显然,用载波跟踪型锁相环就能得到这个本机载波信号,如图8.4.20所示。不过,由于压控振荡器输出信号与输入参考信号(已调幅波)的载波分量之间有固定 π/2 的相移,因此,必须经过 π/2 移相器变成与已调波中载波分量同相的信号,这个信号与已调波共同加到同步检波器上,才能得到所需的解调信号。

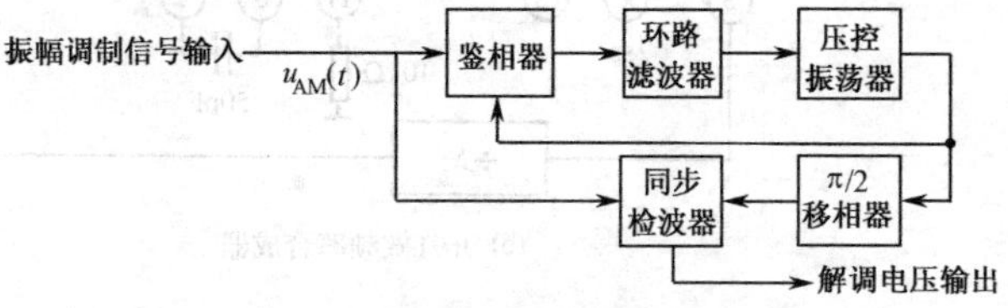

图 8.4.20 锁相同步检波电路

图8.4.21是用部分多功能集成锁相环NE561B做同步检波电路的接线图。其中除鉴相器外,还有一个模拟乘法器使之能直接用于同步检波,而无须外接乘法器,使用十分方便。

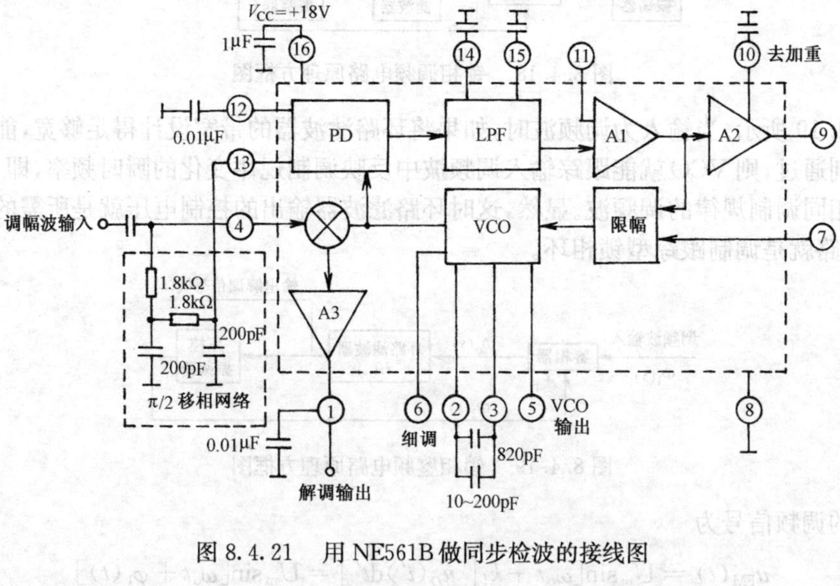

图 8.4.21 用 NE561B 做同步检波的接线图

设输入AM信号为

$$u_{AM}(t)=U_{rm}\left[1+\frac{u_{\Omega}(t)}{U_{rm}}\right]\sin\omega_r t \tag{8.4.40}$$

经 π/2 移相后变为

$$u_{AM}(t)=U_{rm}\left[1+\frac{u_{\Omega}(t)}{U_{rm}}\right]\cos\omega_r t \tag{8.4.41}$$

由 ⑬ 端送入环路。环路锁定后 VCO 输出信号为

$$u_o(t)=U_{om}\sin[\omega_o t+\varphi_e(\infty)] \tag{8.4.42}$$

式中，$\varphi_e(\infty)$ 为稳态相差，通常 $\varphi_e(\infty)\approx 0$。

将 $u_{AM}(t)$ 与 $u_o(t)$ 相乘，经放大与低通滤波器后输出为

$$u(t)=\frac{1}{2}A_M U_{rm}U_{om}\cos\varphi_e(\infty)u_{\Omega}(t)\approx\frac{1}{2}A_M U_{rm}U_{om}u_{\Omega}(t) \tag{8.4.43}$$

是与 $u_{\Omega}(t)$ 成正比的检波输出。

3. 在空间技术中的应用

当地面接收机接收卫星发送来的无线电信号时，由于卫星离地面距离远，再加上卫星发射设机的功率小，天线增益低，因此，地面接收机收到的信号是极其微弱的。此外，卫星围绕地球飞行存在着多普勒效应。地面接收机收到的信号频率将偏离卫星发射的信号频率，并且其值往往在几十赫兹到几百赫兹，而多普勒频移可以达到几千赫兹至几十千赫兹。如果采用普通的超外差接收机，中放通带就要大于这一变化范围，由于通带宽，接收机的灵敏度就低，使得对微弱信号的接收十分困难，无法检测出有用信号。

若采用锁相接收机，利用环路的窄带跟踪特性就可以有效地接收这种信号。图 8.4.22 是锁相接收机的原理方框图。图中，混频器输出经中频放大后的中频信号与本地中频标准参考信号同时加到鉴相器上，如果两者的频率有偏差，鉴相器的输出电压就去调整压控振荡器的频率，使混频器输出的中频被锁定在本地标准中频上。这样，中频放大器的通带就可以做得很窄（3 ～ 300Hz），接收机的灵敏度就高，接收微弱信号的能力就强。

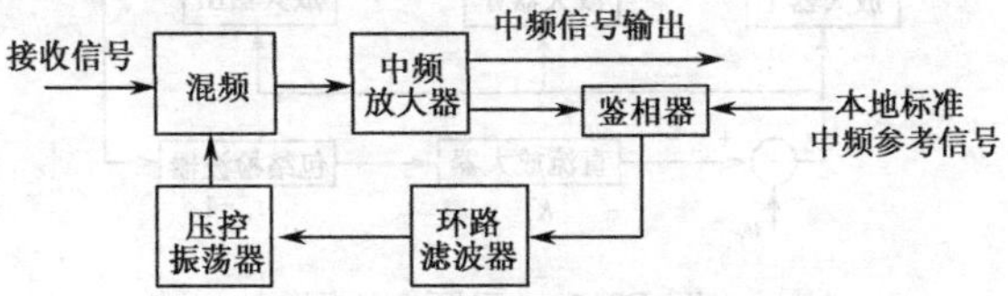

图 8.4.22　锁相接收机原理方框图

由于这种接收机的中频频率可以跟踪接收信号频率的漂移，而且中频放大器的频带又窄，所以叫做“窄带跟踪滤波器”。

还应指出，锁相接收机除了能作为窄带跟踪滤波器外，还能够用来测量飞行器的距离和多普勒频移，提供相干解调所需的载波，这些功能在空间技术中起着十分重要的作用。

我们对锁相环路的讨论，仅仅介绍了有关锁相环的基本原理、线性分析和基本应用，至于稳定性分析、非线性分析、噪声性能分析等问题均未涉及，读者遇到实际问题时可查阅有关资料。

本 章 小 结

反馈控制是现代系统工程中的一种重要技术手段。在系统受到扰动的情况下，通过反馈 控制作用，可使系统某个参数达到所需的精度，或按照一定的规律变化。电子线路中也常常应用反馈控制技术。根据控制对象参数不同，反馈控制电路可以分为以下三类：

① 自动增益控制(AGC) 电路,它主要用在无线电收发系统中,以维持整机输出恒定。

② 自动频率控制(AFC) 电路,它用来维持电子设备中工作频率的稳定。

③ 自动相位控制(APC) 电路,又称锁相环路(PLL),它主要用于锁定相位,能够实现多种功能,是应用最广的一种反馈控制电路。

反馈控制电路一般由比较器、控制信号发生器、可控器件及反馈网络四部分组成。其中比较器的作用是将参考信号 $u_r(t)$ 和反馈信号 $u_f(t)$ 进行比较,输出一个误差信号 $u_e(t)$,然后通过控制信号发生器输出一个控制信号 $u_c(t)$,对可控器件的某一个特性进行控制。对于可控器件,或者是其输入 / 输出特性受控制信号 $u_c(t)$ 的控制(如可控增益放大器),或者是在不加输入的情况下,本身输出信号的某一个参量受控制信号 $u_c(t)$ 的控制(如 VCO)。而反馈网络的作用是在输出信号 $u_o(t)$ 中提取所需要进行比较的分量,并进行比较。

根据输入比较信号参量的不同,比较器可以是电压比较器或频率比较器(鉴频器) 或相位比较器(鉴相器) 三种,所以对应的 $u_r(t)$ 和 $u_f(t)$ 可以是电压或频率或相位参量。可控器件的可控制的特性一般是增益或频率或相位,所以输出信号 $u_o(t)$ 的量纲是电压或频率或相位。

习 题 八

8.1　有哪几类反馈控制电路?每一类反馈控制电路控制的参数是什么?要达到的目的是什么?

8.2　AGC 的作用是什么? 主要的性能指标包括哪些?

8.3　AGC 的方法有哪几种? 分别画出它们的典型电路,说明其工作原理和特点。

8.4　图 P8.1 是接收机三级 AGC 电路框图。已知可控增益放大器增益 $K_v(u_c) = 20/(1+u_c)$。当输入信号 $u_{imin} = 125\mu V$ 时,对应输出信号振幅 $u_{omin} = 1V$,当 $u_{imax} = 250mV$ 时,对应的输出信号振幅 $u_{omax} = 3V$。试求直流放大器增益 K_1 和参考电压 U_r 的值。

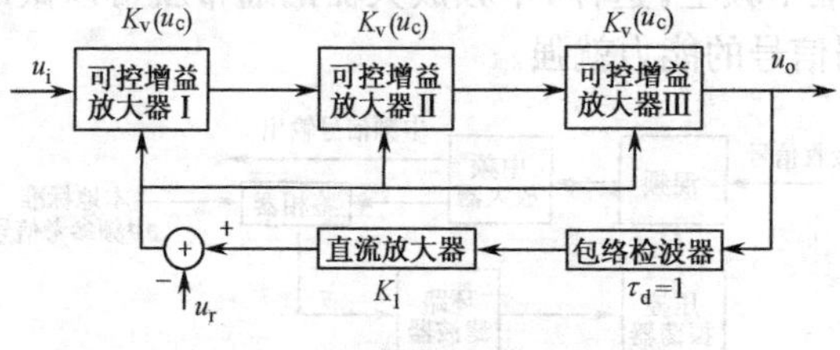

图 P8.1　习题 8.4 图

8.5　图 P8.2(a),(b) 是调频接收机 AGC 电路的两种设计方案,试分析哪一种方案可行,并加以说明。

8.6　AFC 的组成包括哪几部分?其工作原理是什么?

8.7　比较 AFC 和 AGC 系统,指出它们之间的异同。

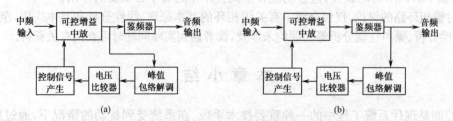

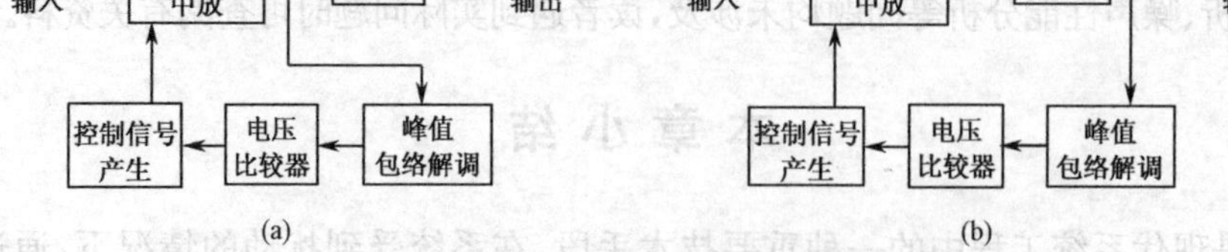

图 P8.2　习题 8.5 图

8.8　某调频通信接收机的 AFC 系统如图 P8.3 所示。试说明它的组成原理，与一般调频接收机 AFC 系统相比有什么区别？有什么优点？若将低通滤波器省去是否可正常工作？能否将低通滤波器的元件合并到其他元件中去？

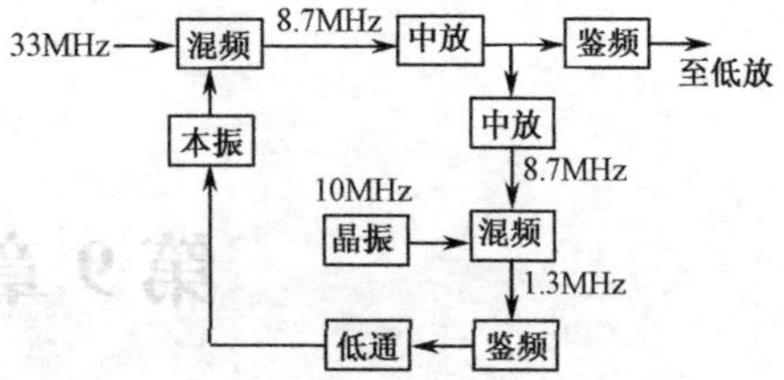

图 P8.3　习题 8.8 图

8.9　锁相与自动频率微调有何区别？为什么说锁相环相当于一个窄带跟踪滤波器？

8.10　锁相可变倍频器如图 P8.4 所示。已知鉴相器的灵敏度 $A_{cp}=0.1\text{V/rad}$，压控振荡器的灵敏度 $A_c=1.1\times10^7\text{rad/(sV)}$，环路输入端的基准信号（由晶振产生）频率为 12.5kHz，反馈支路中的固定分频器的分频比 $P=8$，可变分频器的分频比 $M=653\sim793$。试求 VCO 输出信号的频率范围及频道间隔。

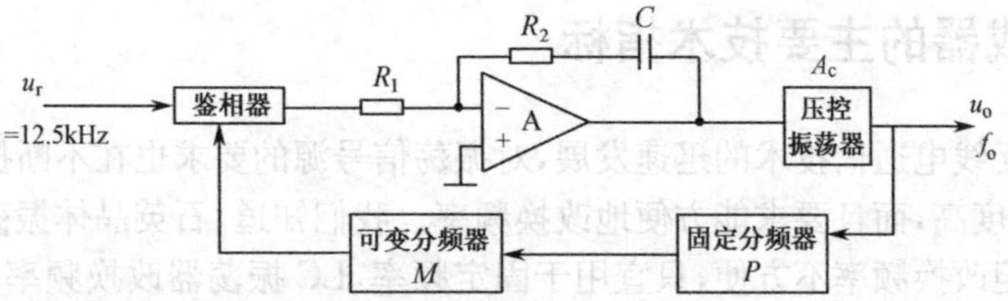

图 P8.4　习题 8.10 图

8.11　图 P8.5 所示的锁相环路用做解调调频信号。设环路的输入信号 $u_r(t)=U_{rm}\sin(\omega_r t+10\sin2\pi\times10^3 t)$。已知：$A_{cp}=250\text{mV/rad}$，$A_c=2\pi\times25\times10^3\text{rad/(sV)}$，放大器的增益 $A=40$，有源理想积分滤波器的参数为 $R_1=17.7\text{k}\Omega$，$R_2=0.94\text{k}\Omega$，$C=0.03\mu\text{F}$。试求放大器输出 1kHz 的音频电压振幅 $U_{\Omega m}$ 为多大？

8.12　频率反馈控制环路用做调频信号的解调器，如图 P8.6 所示。忽略中频放大器对输入调频信号所带来的失真和延时的影响，低通滤波器的传输系数为 1。当环路输入为单音频调频波 $u_{FM}(t)=U_m\cos(\omega_r t+m_f\sin\Omega t)$ 时，要求加到中频放大器输入端的调频波的解调指数 $m'_f=m_f/10$。试求所需的 A_c、A_{cp} 的值。

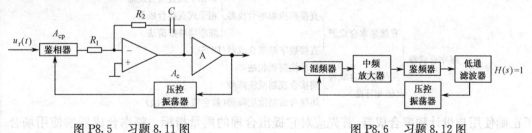

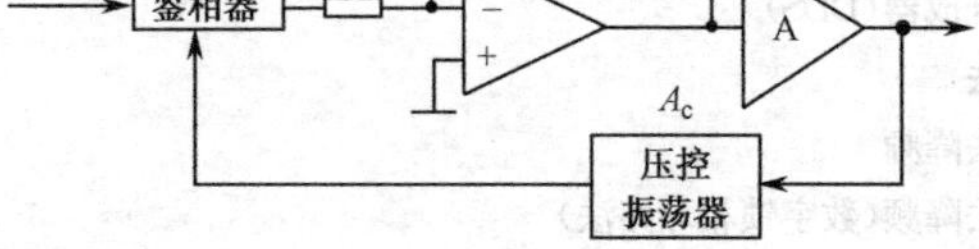

图 P8.5　习题 8.11 图

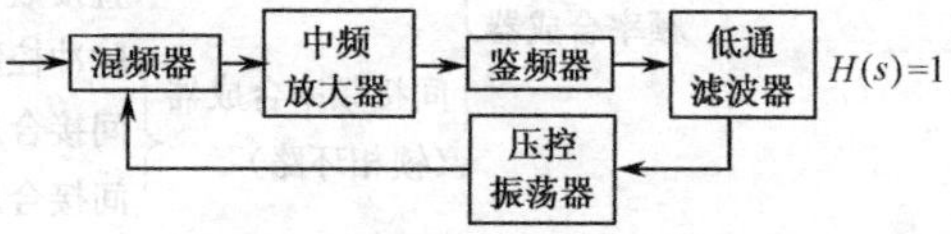

图 P8.6　习题 8.12 图

第9章 频率合成技术

内容提要

所谓频率合成器就是利用一个(或几个)晶体振荡器产生一系列(或若干个)标准频率信号的设备。本章首先介绍频率合成器的主要技术指标,然后介绍直接频率合成法和间接频率合成法。着重介绍间接合成制除法降频法(数字锁相环路法)和直接数字频率合成法(DDS)。

9.1 频率合成器的主要技术指标

近年来,随着无线电通信技术的迅速发展,对振荡信号源的要求也在不断提高。不但要求它的频率稳定度和准确度高,而且要求能方便地改换频率。我们知道,石英晶体振荡器的频率稳定度和准确度是很高的,但改换频率不方便,只宜用于固定频率,LC 振荡器改换频率方便,但频率稳定度和准确度又不够高。能不能设法将这两种振荡器的特点结合起来,既兼有较高的频率稳定度与准确度,而且又具有改换频率方便的优点呢?近年来获得迅速发展的频率合成技术,就能满足上述要求。

所谓频率合成器就是利用一个(或几个)晶体振荡器产生一系列(或若干个)标准频率信号的设备。其基本思想是利用综合或合成的手段,综合晶体振荡器的频率稳定度、准确度高和 LC 振荡器改换频率方便的优点,克服晶体点频工作和 LC 振荡的频率稳定度、准确度不高的缺点,而形成频率合成技术。

实现频率合成,有各种不同的方法,但基本上可以归纳为直接合成法与间接合成法(锁相环路法)两大类。其具体分类如下:

- 频率合成器
  - 直接频率合成器
    - 直接模拟频率合成器
      - 非相干式直接合成器
      - 相干式直接合成器
      - 频率漂移抵消法
    - 直接数字频率合成器(DDS)
  - 间接频率合成器(锁相环路)
    - 脉冲控制锁相法
    - 间接合成制减法降频
    - 间接合成制除法降频(数字锁相环路法)

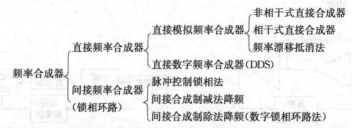

为了正确使用与设计频率合成器,首先应对它提出合理的质量指标。频率合成器的使用场合不同,对它的要求也不全相同。大体来说,有如下几项主要技术指标:频率范围、频率间隔、频率稳定度和准确度、频谱纯度(杂散输出或相位噪声)、频率转换时间等。

(1) 频率范围

频率范围是指频率合成器的工作频率范围,视其用途可分为短波、超短波、微波等频段。通常要求在规定的频率范围内,在任何指定的频率点(波道)上,频率合成器都能工作,而且电性都能满足质量指标。

(2) 频率间隔

频率合成器的输出频谱是不连续的,两个相邻频率之间的最小间隔,就是频率间隔。频率间隔又称为分辨力。对短波单边带通信来说,现在多取频率间隔为 100Hz,有的甚至取为 10Hz、1Hz

乃至 0.1Hz。对超短波通信来说，频率间隔多取为 50kHz 或 10kHz。

(3) 频率转换时间

这是指频率转换后，达到稳定工作所需要的时间。它与采用的合成方法有密切关系。

(4) 频率稳定度与准确度

频率稳定度是指在规定的时间间隔内，合成器频率偏离规定值的数值。频率准确度则是指实际工作频率偏离规定值的数值，即频率误差。这是频率合成器的两个重要指标。两者既有区别，又有联系。稳定度是准确度的前提。稳定度高也就意味着准确度高，亦即只有频率稳定，才谈得上频率准确。通常认为频率误差已包括在频率不稳定的偏差之内，因此，一般只提频率稳定度。

频率稳定度分为长期稳定度、短期稳定度与瞬间稳定度三种，它们已在第 5 章中讨论过，此处不再重复。这里只特别提一下瞬间频率稳定度，这是指在秒或毫秒时间间隔内的频率变化。引起瞬间频率变化的主要因素是各种干扰与噪声。当用频域来描述瞬间稳定度时，它表现为频率合成器的频谱不纯。下面我们着重讨论这个问题。

(5) 频谱纯度

上面已经谈到，振荡器频率的不稳定表现为频谱的不纯，如图 9.1.1 所示。在主信号 ω_c 两边出现了一些附加成分，叫做相位噪声分量与杂散，又叫残波辐射。频谱纯度是衡量合成器输出质量的一个重要指标。理想的纯净输出应该是只有 ω_c 一条谱线，可用下式表示

$$u_c = U_{cm}\cos(\omega_c t + \varphi_c) \qquad (9.1.1)$$

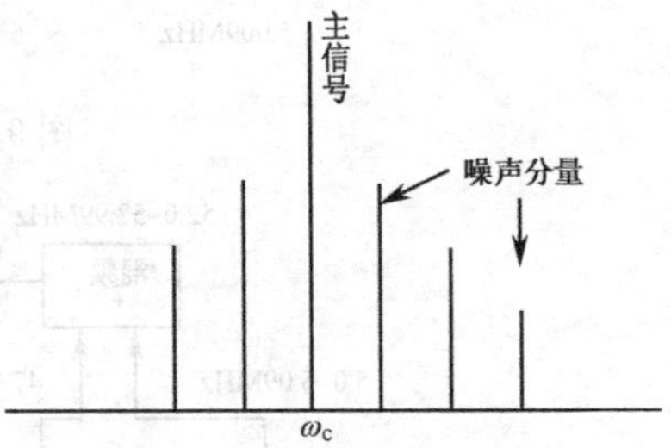

图 9.1.1 输出不纯的频谱图

式中，U_{cm}、ω_c、φ_c 均为常数，U_{cm} 表示谱线高度，ω_c 表示频谱线的位置。

但实际上，频率合成器的输出总是不可避免地有寄生调幅和寄生调相存在，如下式所示

$$u_c = U_{cm}[1 + \alpha(t)]\cos[\omega_c t + \varphi(t)] \qquad (9.1.2)$$

式中，$\alpha(t)$ 表示寄生调幅；$\varphi(t)$ 表示寄生调相。

式(9.1.2) 显然表示频谱不纯了，因为这时在主谱线 ω_c 两侧有边带噪声出现。对一个正常工作的合成器来说，寄生调幅 $\alpha(t)$ 比较小，危害不大，可以略去；而寄生调相 $\varphi(t)$ 则是产生频谱不纯的主要因素。

*9.2 直接模拟频率合成法

所谓直接模拟频率合成法是指将两个基准频率直接在混频器中进行混频，以获得所需要的新频率。这些基准频率是由石英晶体振荡器产生的。如果只用一块石英晶体作为标准频率源，产生混频的两个基准频率（通过倍频器产生的）彼此之间是相关的，就称之为相干式直接合成；否则就是非相干式直接合成。此外，还有利用外差原理来消除可变振荡器频率漂移的频率漂移抵消法（或称外差补偿法），分述如下。

9.2.1 非相干式直接合成器

图 9.2.1 为这种合成方法的原理图，图中 f_1 与 f_2 为两个石英晶体振荡器的频率，并可根据需要选用。例如，图中 f_1 可以从 5.000 ～ 5.009MHz 这 10 个频率中任选一个，f_2 可以从 6.00 ～ 6.09MHz 这 10 个频率中任选一个。所选出的两个频率在混频器中相加，通过带通滤波器取出合成频率。本例可以获得 11.000～11.099MHz 共 100 个频率点，每步相距 0.001MHz。要想获得更多的

频率点与更宽的频率范围,可根据类似的方法多用几个石英晶体振荡器与混频器来组成。例如,图 9.2.2 就是一个实际的频率合成器的方框图,输出频率自 1.000 ~ 39.999MHz 共有 39 000 个频率点,每步相距 0.001MHz。

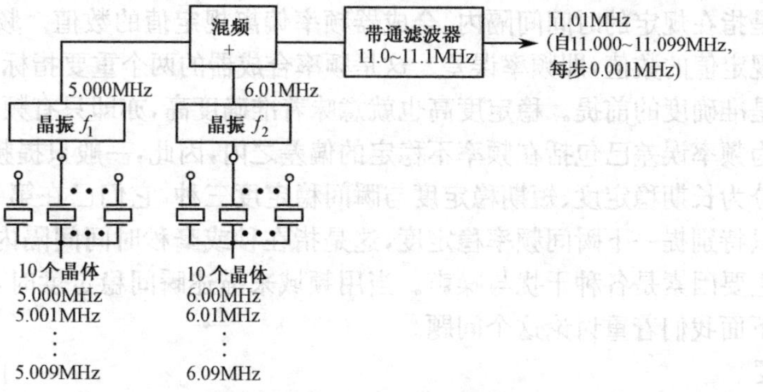

图 9.2.1　非相干式直接合成器方框图

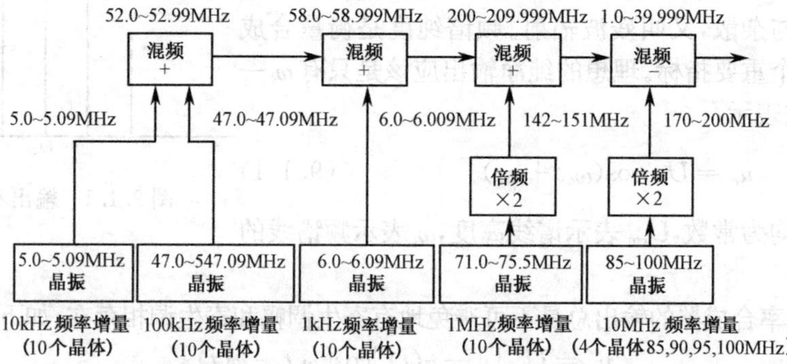

图 9.2.2　非相干式直接合成器方框图举例

这种合成方法所需用的石英晶体较多,可能产生某些落在频带之内的互调分量,形成杂波输出。因此,必须适当选择频率,以避免发生这种情况。

9.2.2　相干式直接合成器

这种方法常用来产生频率合成器中的辅助频率。图 9.2.3 是相干式直接合成器的一个实例。图中的 10 个等差数频率(2.7 ~ 3.6MHz,间隔 0.1MHz)是由石英晶体振荡器通过谐波发生器产生的多个频率。由于这些频率都是同一来源,故为相干式。所需的输出频率可以通过对这 10 个等差数列频率的选择,经过逐次混频、滤波与分频的方式来获得。例如,若需要输出 3.4509MHz 的频率,则开关 D、C、B、A 应分别旋到 4、5、0、9 的位置上,合成过程如下:

开关A在位置9,选取的数列频率为3.6MHz,它与由第一个分频器送来的固定频率0.3MHz(将3MHz分频10次的结果)相混频,取相加项,用滤波器滤掉其余不需要的信号后,得到3.9 MHz信号。将3.9 MHz 送至第二个分频器(分频比仍为 10),得到 0.39 MHz 的输出。

开关B在位置0,选取的数列频率为2.7 MHz,与上面的0.39 MHz信号混频(相加),得到3.09 MHz 的信号。然后经过滤波器及分频器,得到 0.309 MHz 的输出。

开关C在位置5,选取的数列频率为3.2 MHz,与上面的0.309 MHz信号混频(相加),得3.509 MHz 的信号。然后再经过最后一个分频器,得到 0.3509 MHz 的输出。

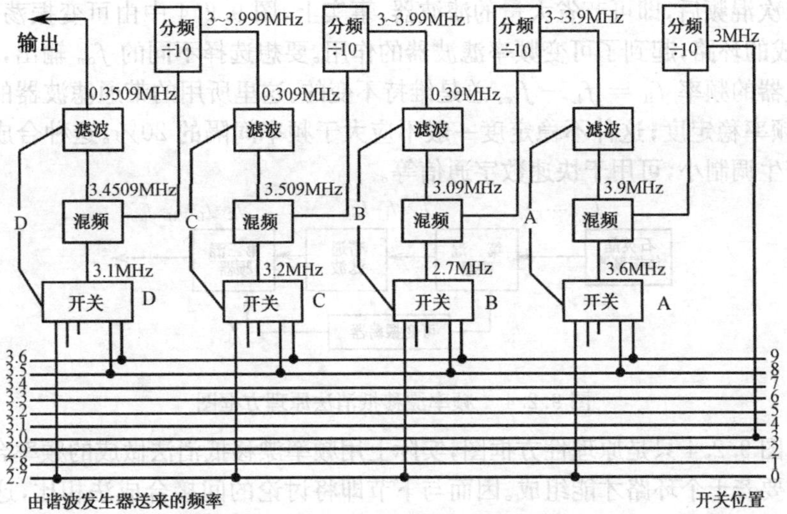

图 9.2.3 相干式直接合成器举例

开关D在位置4,选取的数列频率为3.1 MHz,与上面的0.3509 MHz信号混频(相加),经过滤波,最后得到3.4509 MHz的输出频率。

这样,开关A、B、C、D放在各种不同的位置上,就可以获得3.0000~3.9999 MHz范围内10 000个频率点,间隔为0.0001 MHz(即100Hz)。这种方案能产生任意小增量的合成频率,每增加一组选择开关、混频器、滤波器、分频器,即可使信道分辨力提高10倍。

以上两种直接合成法的优点是:比较稳定可靠,能做到任意小的频率增量,波道转换速度快(可小于0.5μs)。它的缺点是:要采用大量的滤波器、混频器等,成本高,体积大。又由于混频器存在谐波成分,易产生寄生调制,影响频率稳定度。为了减少滤波器与混频器,减少组合频率干扰,于是提出了下面要介绍的频率漂移抵消法(外差补偿法)。

9.2.3 频率漂移抵消法(外差补偿法)

这种频率合成法的工作原理可参阅图9.2.4,图中 $f_{o1}, f_{o2}, \cdots, f_{on}$ 是由标准频率源(石英晶体振荡器)产生的一系列等间隔的标准频率点,可变振荡器的频率调整是步进的,它们的间隔和标准频率的间隔相同。通过可变振荡器的频率 f_L,可以做到从 $f_{o1}, f_{o2}, \cdots, f_{on}$ 中选出一个频率 f_{om}($1 \leqslant m \leqslant n$),使它与可变频率振荡器频率之差 $f_{i1} = f_L - f_{om}$ 落在带通滤波器的通频带内,而其余频率(f_{om} 以外的频率)与 f_L 的差拍落在滤波器通频带之外,不能到达第二混频器。在第二混频器中,f_{i1} 与 f_L 再次相减,于是又得到原来的标准频率 f_{om} 输出。由此可见,可变振荡器在系统中仅起频率转换作用,输出频率与 f_L 无关。因而 f_L 的频率不稳定度对输出频率无影响。这一点可说明如下:

设可变振荡器的频率误差为 Δf,则第一混频器的输出频率为

$$f_{i1} = (f_L + \Delta f) - f_{om}$$

第二混频器的输出频率为

$$f_{i2} = (f_L + \Delta f) - f_{i1} = (f_L + \Delta f) - [(f_L + \Delta f) - f_{om}] = f_{om}$$

由此可见,输出频率 f_{i2} 的准确度仅取决于标准频率 f_{om},而与可变振荡器的频率误差 Δf 无关。由于频率误差 Δf 在两次变频过程中被抵消,故称之为频率漂移抵消法,也可叫做外差补偿法。

观察图9.2.4可能会提出这样的问题:既然输出频率是晶振频率 $f_{o1}, f_{o2}, \cdots, f_{on}$ 中的一个,那么,为什么不直接取出所需要的频率,而需要经过两次混频的过程呢?答复是,如果直接取出所需的频率,则对应于每一个频率,就应该有一个滤波器,这样势必要采用数量众多的滤波器,显然是不

经济的。采用二次混频后,即可节省大量的滤波器。事实上,图 9.2.4 中由可变振荡器、混频器与带通滤波器所组成的环路,起到了可变频率滤波器的作用。要想选择不同的 f_{om} 输出,只要改变 f_L 就行了,带通滤波器的频率 $f_{i1}=f_L-f_{om}$ 总是维持不变的。这里所用的带通滤波器的通频带取决于可变振荡器的频率稳定度;这种不稳定度一般不应大于频率间隔的 20%。这种合成法的瞬时频率稳定度很高,寄生调制小,可用于快速数字通信等。

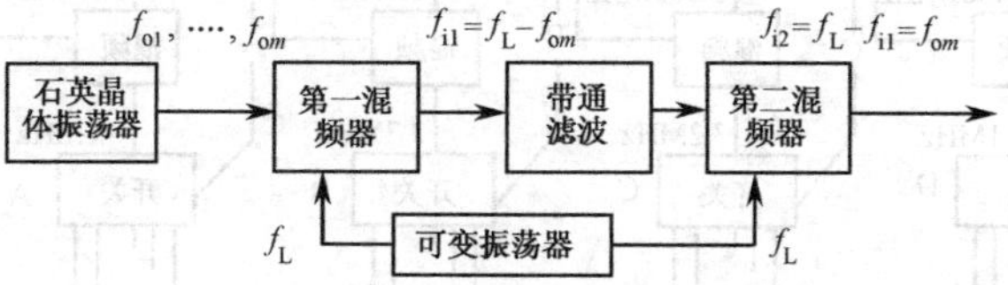

图 9.2.4　频率漂移抵消法原理方框图

应该说明,图 9.2.4 只是原理性方框图,实际上用频率漂移抵消法做成的频率合成器还是相当复杂的,往往需要若干个环路才能组成。因而与下节即将讨论的间接合成法相比,这种方法所用的混频器与滤波器较多,同时,体积大、成本高,调试也比较复杂。

9.3 直接数字频率合成法

模拟频率合成方法是通过对基准频率人为地进行加减乘除算术运算得到所需的输出频率。自 20 世纪 70 年代以来,由于大规模集成电路的发展及计算机技术的普及,开创了另一种信号合成方法——直接数字频率合成法(DDS,Direct Digital Frequency Synthests)。它突破了模拟频率合成法的原理,从"相位"的概念出发进行频率合成。这种合成方法不仅可以给出不同频率的正弦波,而且还可以给出不同初始相位的正弦波,甚至可以给出各种任意波形。这在前述模拟频率合成方法中是无法实现的。这里先讨论正弦波的合成问题,关于任意波形将在后面进行讨论。

9.3.1 直接数字合成基本原理

在微机内,若插入一块 D/A 插卡,然后编制一段小程序,如连续进行加 1 运算到一定值,然后连续进行减 1 运算回到原值,再反复运行该程序,则微机输出的数字量经 D/A 变换成小阶梯式模拟量波形,如图 9.3.1 所示。再经低通滤波器滤除引起小阶梯的高频分量,则得到三角波输出。若更换程序,令输出 1(高电平)一段时间,再令输出 0(低电平)一段时间,反复运行这段程序,则会得方波输出。实际上,可以将要输出的波形数据(如正弦函数表)预先存在 ROM(或 RAM)单元中,然后在系统标准时钟(CLK)频率下,按照一定的顺序从 ROM(或 RAM)单元中读出数据,再进行 D/A 转换,就可以得到一定频率的输出波形。

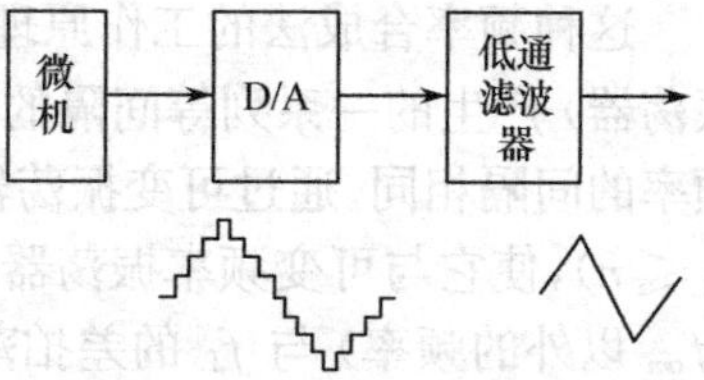

图 9.3.1　直接数字合成原理图

现以正弦波为例进一步说明如下。在正弦波一周期(360°)内,按相位划分为若干等分 $\Delta\varphi$,将各相位所对应的幅值 A 按二进制进行编码并存入 ROM。设 $\Delta\varphi=6°$,则一周期内共有 60 等分。由于正弦波对 180°为奇对称,对 90°和 270°为偶对称,因此 ROM 中只需存 0°～90°范围内的幅值码。若以 $\Delta\varphi=6°$计算,在 0°～90°之间共有 15 等分,其幅值在 ROM 中占 16 个地址单元。因为 $2^4=16$,所以可以按 4 位地址码对数据 ROM 进行寻址。现设幅值码为 5 位,则在 0°～90°范围内编码关系如表 9.3.1 所示。

表 9.3.1　正弦函数表(正弦波信号相位与幅度的关系)

地址码	相位	幅度(满度值为 1)	幅值编码
0000	0°	0.000	00000
0001	6°	0.105	00011
0010	12°	0.207	00111
0011	18°	0.309	01010
0100	24°	0.406	01101
0101	30°	0.500	10000
0110	36°	0.558	10011
0111	42°	0.669	10101
1000	48°	0.743	11000
1001	54°	0.809	11010
1010	60°	0.866	11100
1011	66°	0.914	11101
1100	72°	0.951	11110
1101	78°	0.978	11111
1110	84°	0.994	11111
1111	90°	1.000	11111

9.3.2　信号的频率关系

在图 9.3.2 中,时钟 CLK 的频率为固定值 f_c。在 CLK 的作用下,如果按照 0000,0001,0010,…,1111 的地址顺序读出 ROM 中的数据,即表 9.3.1 中的幅值编码,其输出正弦信号频率为 f_{o1};如果每隔一个地址读一次数据(即按 0000,0010,0100,…,1110 顺序),其输出信号频率为 f_{o2},且 f_{o2}将比 f_{o1} 提高一倍,即 $f_{o2}=2f_{o1}$;依次类推。这样,就可以实现直接数字频率合成器的输出频率的调节。

上述过程是由控制电路实现的,由控制电路的输出决定选择数据 ROM 的地址(即正弦波的相位)。输出信号波形的产生是相位逐渐累加的结果,这由累加器实现,称为相位累加器,如图 9.3.2 所示。在图中,K 为累加值,即相位步进码,也称频率码,如果 $K=1$,每次累加结果的增量为 1,则依次从数据 ROM 中读取数据;如果 $K=2$,则每隔一个 ROM 地址读一次数据;以此类推。因此 K 值越大,相位步进越快,输出信号波形的频率就越高。在时钟 CLK 频率一定的情况下,输出的最高信号频率为多少?或者说,在相应于 n 位常见地址的 ROM 范围内,最大的 K 值应为多少?对于 n 位地址来说,共有 2^n 个 ROM 地址,在一个正弦波中有 2^n 个样点(数据)。如果取 $K=2^n$,就意味着相位步进为 2^n,则一个信号周期中只取一个样点,它不能表示一个正弦波,因此不能取 $K=2^n$;如果取 $K=2^{n-1}$,$2^n/2^{(n-1)}=2$,则一个正弦波形中有两个样点,这在理论上满足了取样定理,但实际难以实现。一般地,限制 K 的最大值为

$$K_{max}=2^{n-2}$$

这样,一个波形中至少有 4 个样点$[2^n/2^{(n-2)}=4]$,经过 D/A 变换,相当于 4 级阶梯波,如图 9.3.2 中的 D/A 输出波形由 4 个不同的阶跃电平组成。在后继低通滤波器的作用下,可以得到较好的正弦波输出。相应地,K 为最小值($K_{min}=1$)时,一共有 2^n 个数据组成一个正弦波。

根据以上讨论,可以得到如下一些频率关系。假设控制时钟频率为 f_c,ROM 地址码的位数为 n。当 $K=K_{min}=1$ 时,输出频率 f_o 为

$$f_o=K_{min}\times\frac{f_c}{2^n}$$

故最低输出频率 f_{omin} 为

$$f_{omin}=f_c/2^n \tag{9.3.1}$$

当 $k=k_{max}=2^{n-2}$ 时,输出频率 f_o 为

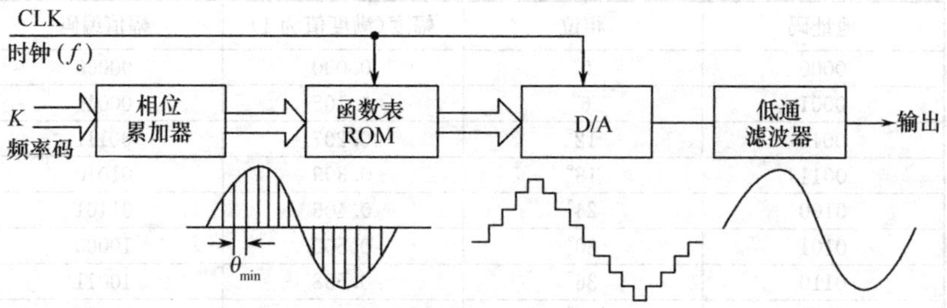

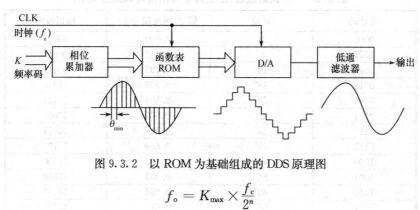

图 9.3.2 以 ROM 为基础组成的 DDS 原理图

$$f_o = K_{max} \times \frac{f_c}{2^n}$$

故最高输出频率 f_{omax} 为

$$f_{omax} = f_c/4 \tag{9.3.2}$$

在 DDS 中,输出频率点是离散的,当 f_{omax} 和 f_{omin} 已经设定时,其间可输出的频率个数 M 为

$$M = \frac{f_{omax}}{f_{omin}} = \frac{f_c/4}{f_c/2^n} = 2^{n-2} \tag{9.3.3}$$

现在讨论 DDS 的频率分辨率。如前所述,频率分辨率是两个相邻频率之间的间隔,现在定义 f_1 和 f_2 为两个相邻的频率,若

$$f_1 = K \times \frac{f_c}{2^n}$$

则

$$f_2 = (K+1) \times \frac{f_c}{2^n}$$

因此,频率分辨率 Δf 为

$$\Delta f = f_2 - f_1 = (K+1) \times \frac{f_c}{2^n} - K \times \frac{f_c}{2^n}$$

故得频率分辨率

$$\Delta f = f_c/2^n \tag{9.3.4}$$

为了改变输出信号频率,除了调节累加器的 K 值以外还有一种方法,就是调节控制时钟的频率 f_c。由于 f_c 不同,读取一轮数据所花时间不同,因此信号频率也不同。用这种方法调节频率,输出信号的阶梯仍取决于 ROM 单元的多少,只要有足够的 ROM 空间都能输出逼近正弦的波形,但调节比较麻烦。

9.3.3 噪声分析

在 DDFS 中,噪声有两种。

(1) 量化噪声

相位和幅度量化噪声,简称为量化噪声。在一定的电路中,它一般是不变的。对于合成正弦波来说,相位和幅度的量化值都是相应的相位和幅度的近似值(参见表 9.3.1),存在量化误差,或称为量化噪声。

(2) 滤波器

另一种是数模转换器产生的阶梯波中的杂散频率通过非理想低通滤波器而带来的噪声。这类噪声将随频率的增高而加大。

9.3.4 直接数字合成信号源实例

根据上述原理完全可以自行设计制作数字直接合成信号源,但是由一般通用集成电路(如累加器、存储器、D/A 等)搭建的系统性能不佳,可靠性也差。而当今由于大规模集成电路技术的发展,已有多种型号的直接数字频率合成的DDS芯片可供选用，如AD9850、AD9851、AD9852、AD9854、AD9954等。下面介绍用DDS芯片AD9850组成跳频合成信号源的方案，如图9.3.3所示。

AD9850是美国Analog Devices公司生产的DDS单片频率合成器，其内部原理框图如图9.3.4所示。图中核心部分是高速DDS，其下方是频率码输入控制电路，右边是10位DAC(数/模转换器)，同时还备有电压比较器，可将正弦波转换为方波输出。在DDFS的ROM中已预先存入正弦函数表：其幅度按二进制分辨率量化，其相位一个周期360°按 $\theta_{\min}=2\pi/2^{32}$ 的分辨率设立相位取样点，然后存入ROM的相应地址中。工作时，单片微机通过接口和缓冲器送入频率码。频率码的输入，芯片提供了两种方法：一种是并行输入，8位一字节，分5次输入，其中32位是频率码，另8位中的5位是初始相位控制码，3位是掉电控制码；另一种是串行40位输入，由用户选用。

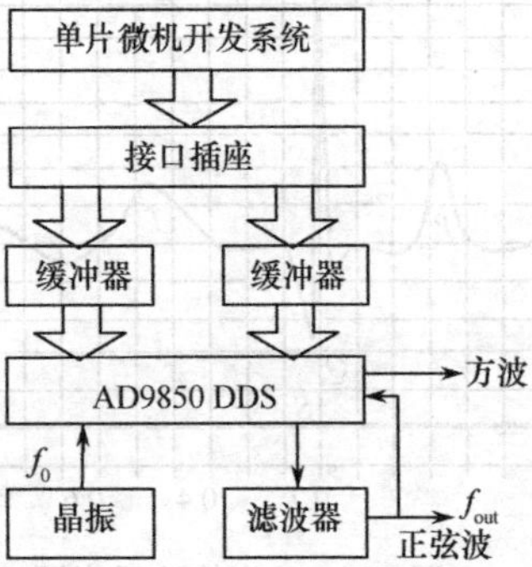

图9.3.3 DDS跳频系统组成框图

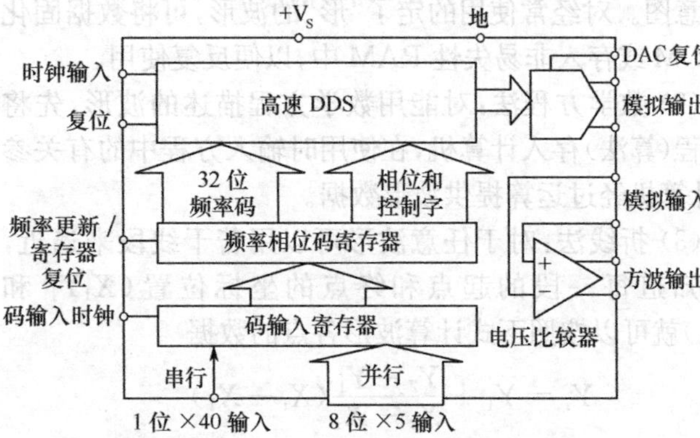

图9.3.4 AD9850内部组成框图

实用中，改变读取ROM的地址数目，即可改变输出频率。若在系统时钟频率 f_c 的控制下，依次读取全部地址中的相位点，则输出频率最低。因为这时一个周期要读取 2^{32} 个相位点，点间间隔时间为时钟周期 T_C，则 $T_{out}=2^{32}T_C$，因此这时输出频率为

$$f_{out}=\frac{f_c}{2^{32}} \tag{9.3.5}$$

若隔一个相位点读一次，则输出频率就会提高一倍。依此类推，可得输出频率的一般表达式为

$$f_{out}=k\frac{f_c}{2^{32}} \tag{9.3.6}$$

式中，k 为频率码，是个32位的二进制值，可写成

$$k=A_{31}2^{31}+A_{30}2^{30}+\cdots+A_1 2^1+A_0 2^0 \tag{9.3.7}$$

式中，$A_{31}, A_{30}, \cdots, A_1, A_0$ 对应于32位码值(0或1)。为便于看出频率码的权值对控制频率高低的影响，将式(9.3.7)代入式(9.3.6)得

$$f_{out}=\frac{f_c}{2^1}A_{31}+\frac{f_c}{2^2}A_{30}+\cdots+\frac{f_c}{2^{31}}A_1+\frac{f_c}{2^{32}}A_0 \tag{9.3.8}$$

按AD9850允许最高时钟频率 $f_c=125\text{MHz}$ 来进行具体说明。当 $A_0=1$，而 $A_{31}, A_{30}, \cdots, A_1$ 均为0时，则输出频率最低，也就是AD9850输出频率的分辨率

$$f_{outmin}=\frac{f_c}{2^{32}}=\frac{125\text{MHz}}{4294967296}=0.0291\text{Hz}$$

与上面从概念导出的结果一致。当 $A_{31}=1$，而 $A_0, A_1, \cdots, A_{30}$ 均为0时，输出频率最高

$$f_{outmax}=\frac{f_c}{2}=\frac{125}{2}=62.5\text{MHz}$$

应当指出，这时一周期只有两个取样点，已到取样定理的最小允许值，所以当 $A_{31}=1$ 后，以下

码值只能取0。实际应用中,为了得到好的波形,设计最高输出频率小于时钟频率的1/4。这样,只要改变32位频率码值,就可得到所需要的频率,且频率的准确度与时钟频率同数量级。

9.3.5 任意波形的产生方法

直接数字频率合成技术还有一个很重要的特色,就是它可以产生任意波形。从上述直接数字频率合成的原理可知,其输出波形取决于波形存储器的数据。因此,产生任意波形的方法取决于向该存储器(RAM)提供数据的方法。目前有以下几种方法。

(1) 表格法:将波形画在小方格纸上,纵坐标按幅度相对值进行二进制量化,横坐标按时间间隔编制地址,然后制成对应的数据表格,按序放入RAM中。图9.3.5给出了用表格法绘制心电图的示意图。对经常使用的定了"形"的波形,可将数据固化于ROM或存入非易失性RAM中,以便反复使用。

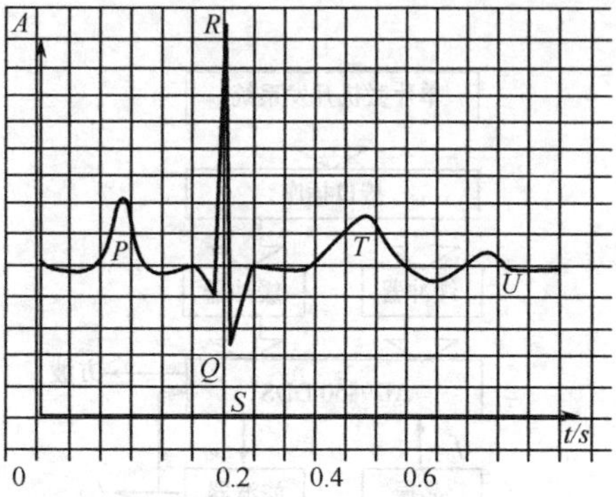

图9.3.5 表格法示意图

(2) 数学方程法:对能用数学方程描述的波形,先将其方程(算法)存入计算机,在使用时输入方程中的有关参量,计算机经过运算提供波形数据。

(3) 折线法:对于任意波形可以用若干线段来逼近,只要知道每一段的起点和终点的坐标位置(X_1Y_1 和 X_2Y_2)就可以按照下式计算波形各点的数据

$$Y_i = Y_1 + \frac{Y_2 - Y_1}{X_2 - X_1}(X_i - X_1)$$

(4) 作图法:在计算机显示器上移动光标作图,生成所需波形数据,将此数据送入RAM。

(5) 复制法:将其他仪器(如数字存储示波器,X—Y绘图仪)获得的波形数据通过微机系统总线或GPIB接口总线传输给波形数据存储器。该法适于复制不再复现的信号波形。

在自然界中有很多无规律的现象,例如,雷电、地震及机器运转时的振动等现象都是无规律的,甚至可能不再出现。为了研究这些问题,就要模拟这些现象的产生。过去只能采用很复杂的方法来实现,现在采用任意波形产生器则方便得多。国内外已有多种型号的任意波形产生器可供选用。例如,HP33120A函数/任意波形发生器可以产生10种标准波形和任意波形,采样速率为40MS/s,输出最高频率为15MHz(正弦波),波形幅度分辨率为12位。

9.3.6 设计举例

设计制作一个波形发生器(2001年全国大学生电子设计竞赛A题)

一、任务

设计制作一个波形发生器,该波形发生器能产生正弦波、方波、三角波和由用户编辑的特定形状波形。示意图如图9.3.6所示。

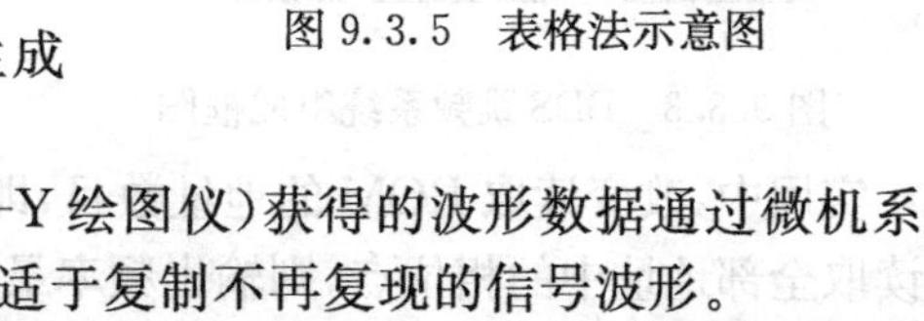

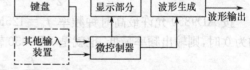

图9.3.6 波形发生器示意图

二、要求

1. 基本要求

(1) 具有产生正弦波、方波、三角波三种周期性波形的功能。

(2) 用键盘输入编辑生成上述三种波形(同周期)的线性组合波形,以及由基波及其谐波(5次以下)线性组合的波形。

(3) 具有波形存储功能。

(4) 输出波形的频率范围为 100Hz～20kHz(非正弦波频率按 10 次谐波计算)；重复频率可调，频率步进间隔≤10Hz。

(5) 输出波形幅度范围为 0～5V(峰－峰值)，可按步进 0.1V(峰－峰值)调整。

(6) 具有显示输出波形的类型、重复频率(周期)和幅度的功能。

2. 发挥部分

(1) 输出波形频率范围扩展至 100Hz～200kHz。

(2) 用键盘或其他输入装置产生任意波形。

(3) 增加稳幅输出功能，当负载变化时，输出电压幅度变化不大于±3%(负载电阻变化范围：100Ω～∞)。

(4) 具有掉电存储功能，可存储掉电前用户编辑的波形和设置。

(5) 可产生单次或多次(1000 次以下)特定波形(如产生 1 个半周期三角波输出)。

(6) 其他(如增加频谱分析、失真度分析、频率扩展>200kHz、扫描输出等功能)。

摘要

本系统由 EPLD、单片机控制模块、键盘、触摸屏、LCD 显示、RS232 输入/输出模块、输出功率放大模块、频谱分析模块组成。采用直接数字频率合成(DDFS)、双 D/A、双端口 RAM、实时计算波形值等技术，可以产生任意波形组合。该系统频率范围宽，步进小，幅度和频率的精度高。

一、方案论证与比较

1. 常见信号源制作方法

方案一：采用模拟分立元件或单片压控函数发生器 MAX038，可产生正弦波、方波、三角波，通过调整外部元件可改变输出频率，但采用模拟器件由于元件分散性太大，即使使用单片函数发生器，参数也与外部元件有关，外接的电阻、电容对参数影响很大，因而产生的频率稳定度较差、精度低、抗干扰能力低、成本也高，而且灵活性较差，不能实现任意波形以及波形运算输出等智能化的功能。

方案二：采用锁相式频率合成方案。锁相式频率合成是将一个高稳定度和高精确度的标准频率经过加减乘除的运算产生同样稳定度和精确度的大量离散频率的技术，它在一定程度上解决了既要频率稳定精确，又要频率在较大范围可变的矛盾。但频率受 VCO 可变频率范围的影响，高低频率比不可能做得很高，而且只能产生方波或正弦波，不能满足任意波形的要求。

方案三：采用 DDFS，即直接数字频率合成方案。这是目前实际应用的任意波形发生器常采用的方案。

2. 方案论证

DDFS 的基本原理框图如图 9.3.7 所示。

DDFS 的特点如下：

① DDFS 的频率分辨率在相位累加器的位数 N 足够大时，理论上可以获得相应的分辨精度，这是传统方法难以实现的。

② 在 DDFS 中无须相位反馈控制，频率建立及频率切换快，并且与频率分辨率、频谱纯度相互独立，这一点明显地优于 PPL。

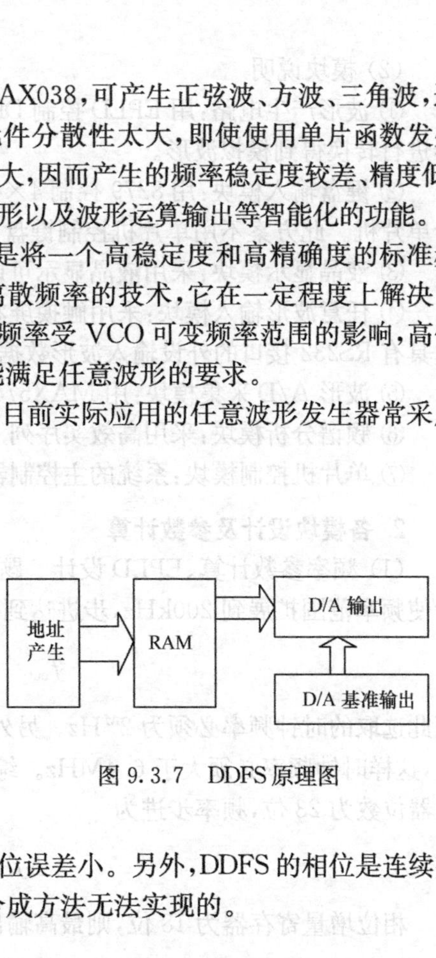

图 9.3.7　DDFS 原理图

③ DDFS 的相位误差主要依赖于时钟的相位特性，相位误差小。另外，DDFS 的相位是连续变化的，形成的信号具有良好的频谱，这是传统的直接频率合成方法无法实现的。

④ DDFS 的失真度除受 D/A 转换器本身的噪声影响外与离散点数 N' 和 D/A 字长有密切关系,设 q 为均匀量化间隔,则其近似数学关系为

$$\text{THD}=\sqrt{\left[1+\frac{q^2}{6}\right]\left[\frac{\pi/N}{\sin(\pi/N)}\right]^2-1}\times 100\%$$

按上式计算,当取样点数为 1 024 点时,失真度约为 0.260%。在最高输出频率取样点数为 32 点,量化级数为 256 时,失真度约为 5.676%,已经足够小了,可以满足系统的要求。

综合以上分析,DDFS 方案是完成此题目要求的最佳方案。

二、系统设计

1. 总体设计

(1) 系统框图　如图 9.3.8 所示。

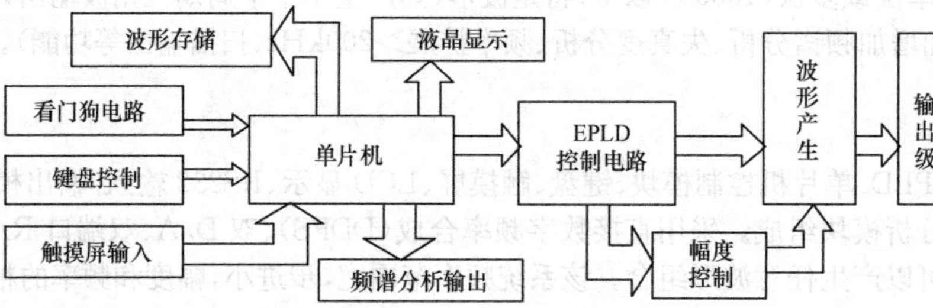

图 9.3.8　系统框图

(2) 模块说明

① 波形产生电路:用 EPLD 控制 DDFS 电路,从存储器读出波形数据,把数据交给 D/A 转换器进行转换得到模拟波形。

② 键盘输入模块:用 8279 控制 4×4 键盘,8279 得到键盘码,通过中断服务程序把键盘信息送给单片机。此方案不用单片机控制键盘,使单片机可以腾出更多资源。

③ 液晶显示模块:采用液晶显示可以显示很多信息,接口电路简单,控制方便。

④ 任意波形输入模块:采用触摸屏将手写的任意波形的数据从单片机串口送入系统,也可通过具有 RS232 接口的外设输入波形数据,供单片机处理。

⑤ 波形 A/D 采集模块:用 MAX574,以 10k 速率对输入信号进行采集。

⑥ 频谱分析模块:采用高效实序列 FFT 算法计算采样信号的频谱。

⑦ 单片机控制模块:系统的主控制器,控制其他模块协调工作。

2. 各模块设计及参数计算

(1) 频率参数计算、EPLD 设计　题目要求波形频率范围为 100Hz～200kHz,步进≤100Hz。为使频率范围扩展到 200kHz,步进达到 1Hz,根据

$$f_{\text{out}}=\frac{f_{\text{clk}}}{2^M}\cdot N,\quad \Delta f=\frac{f_{\text{clk}}}{2^M}=1$$

因此选取的时钟频率必须为 2^MHz。另外要保证 200kHz 以上时,取样点数不小于 32 点,以减小失真,这样时钟频率必须大于 6.4MHz。综合考虑,选取相位累加器时钟频率为 8.388MHz,相位累加器位数为 23 位,频率步进为

$$\Delta f=\frac{8.388\times 10^6}{2^{23}}=1(\text{Hz})$$

相位增量寄存器为 18 位,则最高输出频率为

$$f_{out}=\frac{8.388\times 2^{18}}{2^{23}}=262.125(\text{kHz})$$

最低输出频率为 1Hz。

D/A 转换器的转换时间为 100ns，可以保证在输出频率为 262kHz 时，输出 32 个样点。用 EPLD 芯片作为控制电路输出地址，从存储器读出数据送到 D/A 转换器。EPLD 芯片选择了 EPM7128SLC84－15，在 8.388MHz 频率下，时延影响可忽略。为节省单片机的输出管脚，采用串行输入的方式对 EPLD 进行控制。

控制电路的设计用 VHDL 语言实现。原理框图如图 9.3.9 所示。

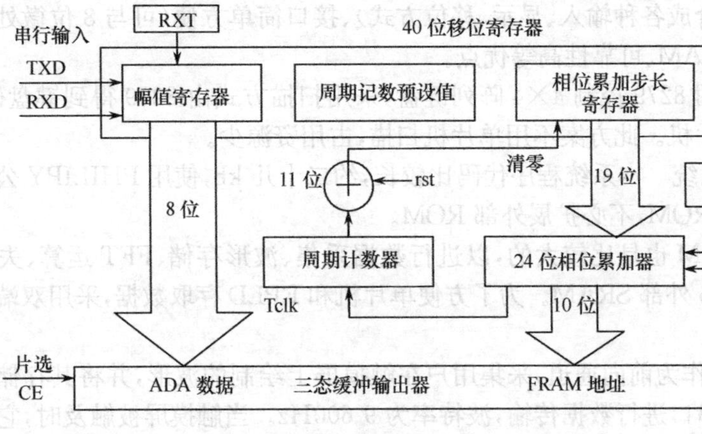

图 9.3.9　控制电路原理框图

(2) HO2 幅度控制、双 D/A 设计　双 D/A 转换是实现幅度可调和任意波形输出的关键，将第一级 D/A 的输出作为第二级 D/A 转换的参考电压，以此来控制信号发生器的输出电压。D/A 转换器的电流建立时间将直接影响到输出的最高频率。本系统采用的是 DAC0800，电流建立时间为 100ns，在最高频率点，一个周期输出 32 点，因此极限频率大概是 300kHz，本系统的设计为 250kHz。幅度控制用 8 位 D/A 控制，最高峰—峰值为 12.7V，因此幅度分辨率为 0.1V。

(3) 滤波、缓冲输出电路（见图 9.3.10）设计　D/A 输出后，通过滤波电路、输出缓冲电路，使信号平滑且具有负载能力。

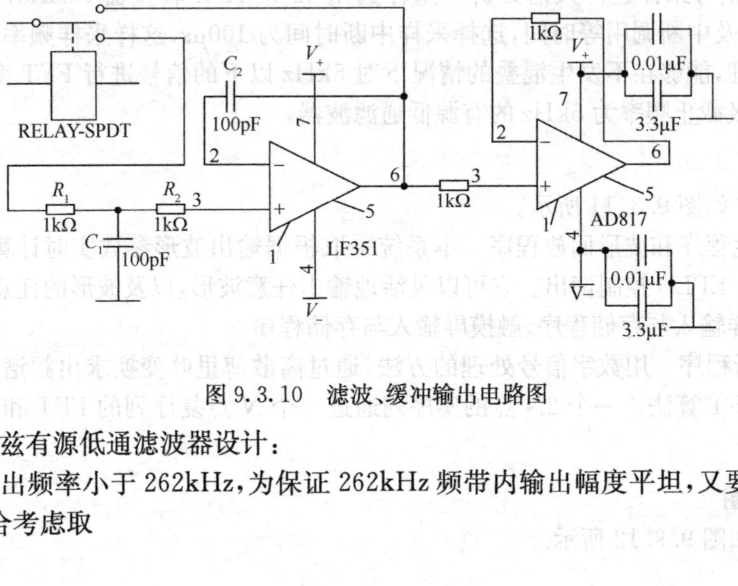

图 9.3.10　滤波、缓冲输出电路图

二阶巴特沃兹有源低通滤波器设计：

正弦波的输出频率小于 262kHz，为保证 262kHz 频带内输出幅度平坦，又要尽可能抑制谐波和高频噪声，综合考虑取

$$R_1=1\text{k}\Omega, R_2=1\text{k}\Omega, C_1=100\text{pF}, C=100\text{pF}$$

运放选用宽带运放 LF351，用 Electronics Workbench 分析表明：截止频率约为 1MHz，262kHz 以内幅度平坦。

为保证稳幅输出，选用 AD817，这是一种低功耗、高速、宽带运算放大器，具有很强的大电流驱动能力。实际电路测量结果表明：当负载 100Ω、输出电压峰－峰值 10V 时，带宽大于 500kHz，幅度变化小于±1%。

(4) 液晶显示、键盘输入　我们的显示单元是用点阵液晶显示模块。该 LCD 模块是由 LCD 驱动器、LCD 控制器、少量电阻电容以及 LCD 屏组成的，具有质量轻、体积小、功耗低、显示内容丰富、指令功能强(可组合成各种输入、显示、移位方式)、接口简单方便(可与 8 位微处理器或控制器相连)、有 8×8bit 的 RAM、可靠性高等优点。

键盘输入模块采用 8279 控制 4×4 阵列键盘，采用扫描方式由 8279 得到键盘码，并由中断服务程序把数据送给单片机。此方案不用单片机扫描，占用资源少。

(5) 单片机最小系统　本系统程序代码比较长，约二十几 kb，使用 PHILIPY 公司的 89C58 单片机，片内有 32kb 的 ROM，不必扩展外部 ROM。

本程序需要的 RAM 也是比较大的，以进行数据采集、波形存储、FFT 运算、失真度分析等操作，本系统扩展了 32kb 外部 SRAM。为了方便单片机和 EPLD 存取数据，采用双端口 RAM。

(6) 任意波形输入

方法一：以触摸屏作为前向通道，采集用户在触摸屏上绘制的波形，并将其存储和显示。触摸屏和单片机之间通过串口进行数据传输，波特率为 9 600Hz。当触摸屏被触及时，它便将被触及点的坐标值进行适当的编码，并打包传给单片机，单片机接收到数据后，对接收到的数据进行适当的处理，然后存储起来，这样就完成了一次波形的输入操作。

方法二：通过串行 RS232 接口，实现与任何带 RS232 接口的输入设备连接。只要外部通过 RS232 接口，向单片机发来数据，即可实现波形的输入。

(7) 掉电存储　对用户输入波形的存储，由于要求掉电不丢失数据，因此我们采用 EEP-ROM 2817 作为存储器件，2817 操作简单，易于实现与单片机的连接。其片选、读允许、写允许信号均与普通 RAM 接法相同。在写操作时，单片机对其 RDY 信号进行查询，有效则继续写入，无效则等待。每次输出波形之前，先对波形进行存储。

(8) 对 A/D 信号采样进行频谱分析　采样选用 12 位 A/D 转换器 MAX574，其转换时间为 25μs，考虑到存储及中断调用等时间，选择采样中断时间为 100μs，这样采样频率为 10kHz。根据奈奎斯特抽样定理，能够在不发生混叠的情况下对 5kHz 以下的信号进行 FFT 变换。因此，在输入的前级加了一级截止频率为 5kHz 的有源低通滤波器。

3. 软件系统

(1) 流程图　如图 9.3.11 所示。

(2) 波形发生程序和波形回放程序　本系统采取根据输出波形参数实时计算波形样值，把样值存入 SRAM，由 EPLD 控制读出。它可以灵活地输出任意波形，以及波形的任意组合。

(3) A/D 采样输入与存储程序、触摸屏输入与存储程序

(4) 频谱分析程序　用数字信号处理的方法，通过离散傅里叶变换求出频谱。为了减少运算量，采用实序列 FFT 算法。一个 $2N$ 点的实序列通过一个 N 点复序列的 FFT 和一些简单运算就可以完成。

4. 系统设计图

系统设计图如图 9.3.12 所示。

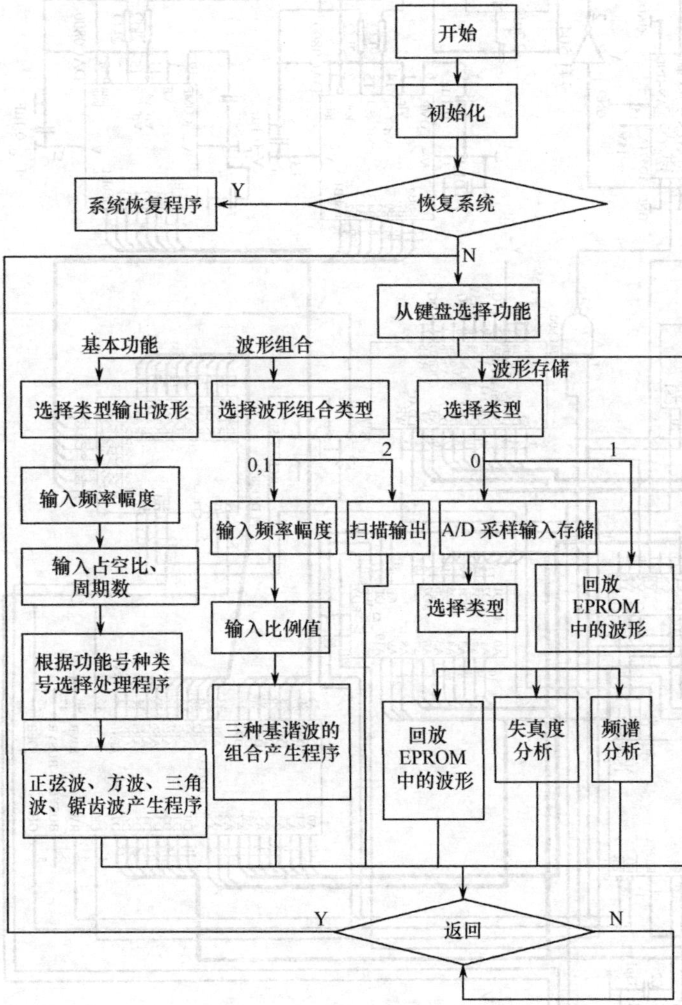
开始
初始化
恢复系统
Y
系统恢复程序
N
从键盘选择功能
基本功能
波形组合
波形存储
任意波形
选择类型输出波形
输入频率幅度
输入占空比、周期数
根据功能号种类号选择处理程序
正弦波、方波、三角波、锯齿波产生程序
选择波形组合类型
0,1
2
输入频率幅度
输入比例值
三种基谐波的组合产生程序
扫描输出
选择类型
0
1
A/D 采样输入存储
选择类型
回放EPROM中的波形
失真度分析
频谱分析
回放EPROM中的波形
0
1
触摸屏输入与存储
回放EPROM中的波形
回放EPROM中的波形
返回
Y
N

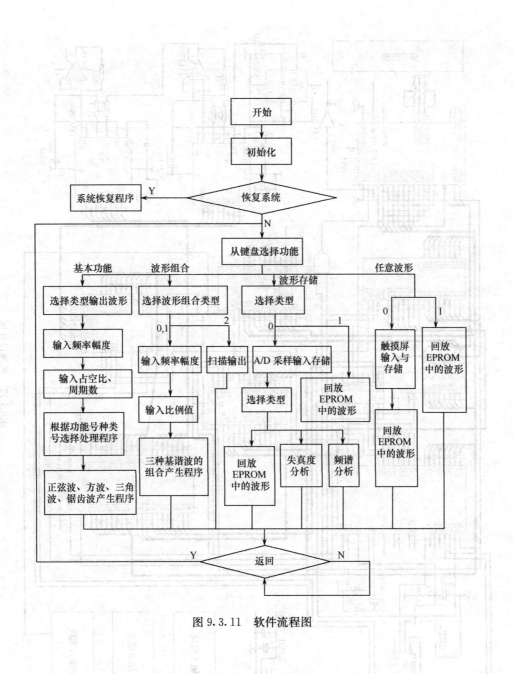

图 9.3.11　软件流程图

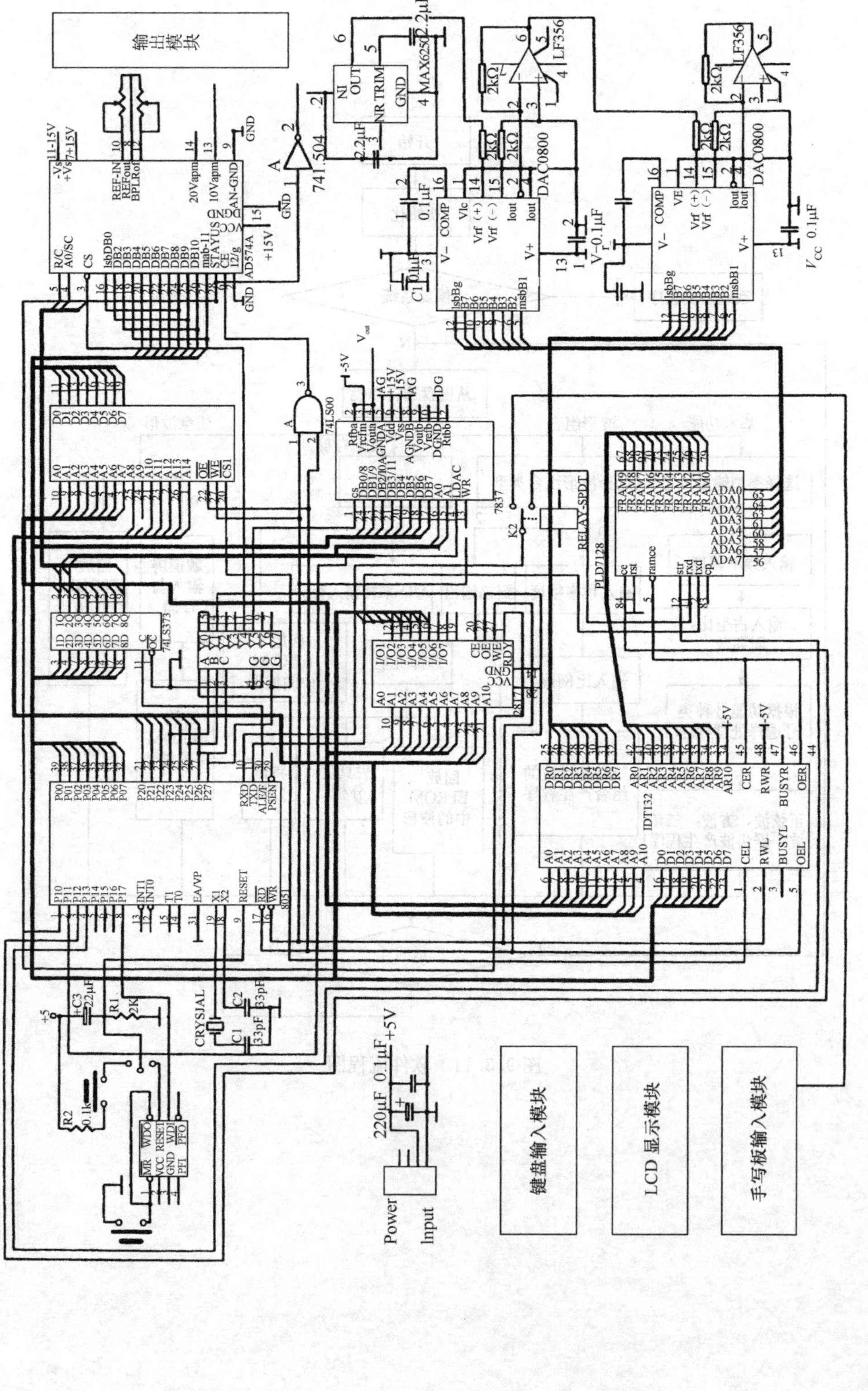
输出模块
键盘输入模块
LCD 显示模块
手写板输入模块
Power Input
AD574A
74LS373
74LS00
DAC0800
LF356
MAX6250
IDT132
PLD7128
RELAY-SPDT
8051

图9.3.12　系统设计图

9.4 间接频率合成法(锁相环路法)

由第 8 章的讨论可知,在锁相环路法的鉴相器中进行相位比较的两个频率应该是相等的。但通常参考晶振频率是固定值,而频率合成器输出的频率(即 VCO 的频率)则是多个数值的。为了使这两者的频率在鉴相器处相等,以便比较它们的相位,大致可以有以下几种方法:脉冲控制锁相法、模拟锁相环路法与数字锁相环路法。

脉冲控制锁相法是利用参考晶振频率的某次谐波(通过脉冲形成电路来获得)与 VCO 频率在鉴相器中相比较;模拟锁相环路法与数字锁相环路法则是利用适当的降频电路将 VCO 的频率降低,然后再与参考频率在鉴相器中做比较。模拟式与数字式的区别在于两者的降频方式不同:前者采用减法降频,后者采用除法降频。下面我们对这三种方法分别予以介绍。

9.4.1 脉冲控制锁相法

这种方法是将参考晶振频率通过脉冲形成电路,产生丰富的谐波,选出适当的谐波频率,与 VCO 的频率在鉴相器中进行相位比较。这种方法没有采用降频电路,图 9.4.1 就是它的原理方框图。用晶振频率 f_R 去激励脉冲形成电路,产生一个重复频率为 f_R 的尖脉冲序列,这脉冲序列含有丰富的谐波。对于不同的 VCO 频率 f_V,取相应的谐波 nf_R 在鉴相器中进行比较,通过锁相环路的作用,即可将 f_V 锁定在 nf_R 上,即 $f_V=nf_R(n=1,2,3,\cdots)$。改变 n 值,即可在不同的 f_V 值上获得锁定。由此可见,脉冲控制锁相法实际上是一个单环(即只有一个锁相环路)多波道频率合成器。

这种合成器受到 VCO 频率稳定度的限制,它的频偏必须限制在 $0.5f_R$ 以内。超过这个范围就可能出现错锁现象,也就是可能锁定在临近波道上。例如,若 VCO 的频率稳定度为 5×10^{-3},为了满足 $5\times10^{-3}f_V\leqslant0.5f_R$ 的条件,则最大可能取用的 VCO 频率 $f_V\leqslant100f_R$。为了防止错锁,还应考虑一定的富余量,一般只能取 $f_V=(40\sim50)f_R$。由此可见,这种方法所提供的波道数是有限的。

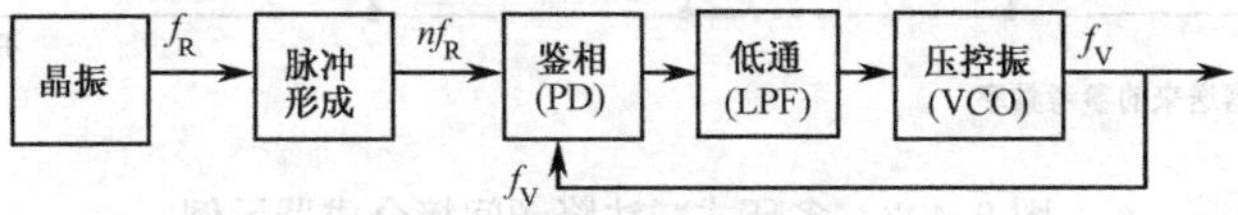

图 9.4.1　脉冲控制锁相环路原理方框图

9.4.2 间接合成制减法降频(模拟锁相环路法)

减法降频一般又可分为多环式与单环式两种,两者各有特点。下面我们只简略介绍多环式。

图 9.4.2 是多环式减法降频方框图示例。它共用了四个锁相环路,可以获得 10 000 个离散频率,间隔为 100Hz。减法降频也叫模拟锁相环路法,这是与下面即将介绍的除法降频(或数字锁相环路法)相对应的。我们仍以获得 3.4509MHz 的输出频率为例,来说明它的工作原理。

如图 9.4.2 所示,要想得到 3.4509MHz 的输出,则开关 D、C、B、A 应分别放在 4、5、0、9 的位置上。

开关 A 在位置 9,从线上送入混频器的频率为 3.6MHz,而鉴相器所需频率为 0.3MHz(这是由第一个分频器将 3MHz 频率分频 10 次后,所得到的固定频率),因此所需的 VCO 频率为 3.6MHz+0.3MHz=3.9MHz。这频率经第二个十进制分频后,得到 0.39MHz,送入第二环路的鉴相器。

开关 B 在位置 0,从线上送入分频器的频率为 2.7MHz,因此 VCO 频率为 2.7MHz+0.39MHz=3.09MHz。这频率经第三个十进制分频后,得到 0.309MHz,送入第三环路的鉴相器。

开关 C 在位置 5,从线上送入分频器的频率为 3.2MHz,因此 VCO 频率为 3.2MHz+0.309MHz=3.509MHz。这频率经第三个十进制分频后,得到 0.3509MHz,送入第四环路的鉴相器。

开关 D 在位置 4,从线上送入分频器的频率为 3.1MHz,因此 VCO 频率为 3.1MHz+0.3509MHz=3.4509MHz。这就是需要的输出频率值。

这样,只要改变 D、C、B、A 四个开关的位置,就可以得到从 3.0000~3.9999 MHz 之间的 10 000 个频率点,每两频率点的间隔为 100Hz。频率数值可由开关位置读出,例如 D、C、B、A 在 1、2、3、4 位置,则输出为 3.1234 MHz,等等。

将图 9.4.2 与图 9.2.3 相对照,可见两者是很相似的,只不过在图 9.2.3 中是用频率相加的方法,而在图 9.4.2 中则是用频率相减的方法。

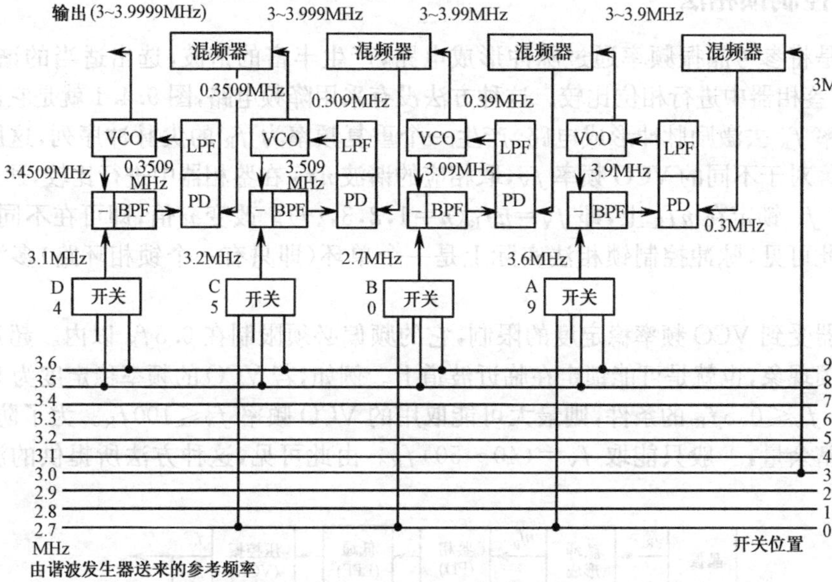

图 9.4.2　多环式减法降频间接合成器示例

这种方案的优点是:

① 与直接模拟合成法相似,这种方法也能得到任意小的频率间隔。例如,在本例中再加一个锁相环路,则频率间隔可降低为 10Hz;如加两个环路,则可降低为 1Hz;最小频率间隔甚至可做到 0.1Hz。

② 鉴相器的工作频率不高,频率变化范围也不太大(本例为 300~400 kHz),比较好做。带内带外噪声和锁定时间等问题都易于处理。

③ 有点类似于直接合成器,但不需要直接合成法所用的昂贵的晶体滤波器。

本方法的缺点是:每次循环只能分辨 10 个频率,在 1 MHz 范围内辨认到 100 Hz,要重复四次,电路超小型化和集成化比较复杂。

9.4.3　间接合成制除法降频(数字锁相环路法)

这是在无线通信电台、调频广播电台、CATV 电视台、对讲机系统等收发设备中广泛采用的一种频率合成方式。它的原理是:应用数字逻辑电路把 VCO 频率一次或多次降低,再与参考频率在鉴相电路中进行比较，所产生的误差信号用来控制 VCO 的频率，使之锁定在参考频率的稳定度上。假定要求波道辨识能力为 100Hz，则鉴相器工作频率就取为 100Hz。图 9.4.3 表示这一方案的基本原理方框图，图中数字为举例说明。这种方案通常称为可变分频法，也习惯叫做数字式频率合成器。这种方案的最大特点是便于实现集成化与超小型化，因而特别实用。

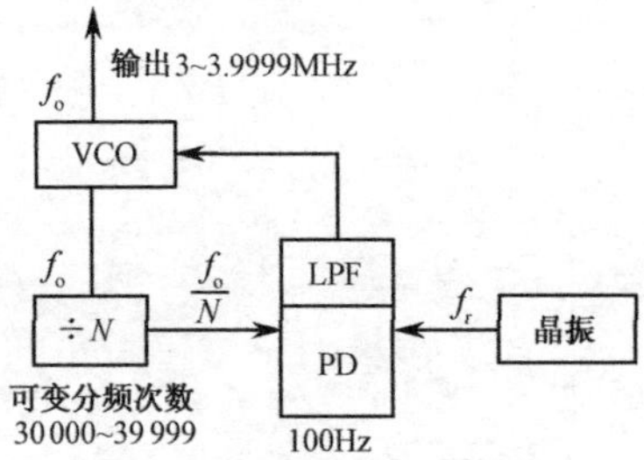

图 9.4.3　间接合成制除法降频基本原理

实际上，由于分频比很大，因此它往往分为固定分频与可变分频两部分。晶体参考振荡频率也需经过适当的分频器降至鉴频/鉴相器工作频率上。因此方框图可改为如图9.4.4的形式。本图可适用于 VCO 频率高于 10MHz 的场合，图中举例是锁相式频率合成器原理框图，工作频率为 87～108MHz。

下面以目前应用比较广泛的调频广播发射机中锁相式频率合成器为例，进一步说明其工作原理。电路图如图 9.4.5 所示。

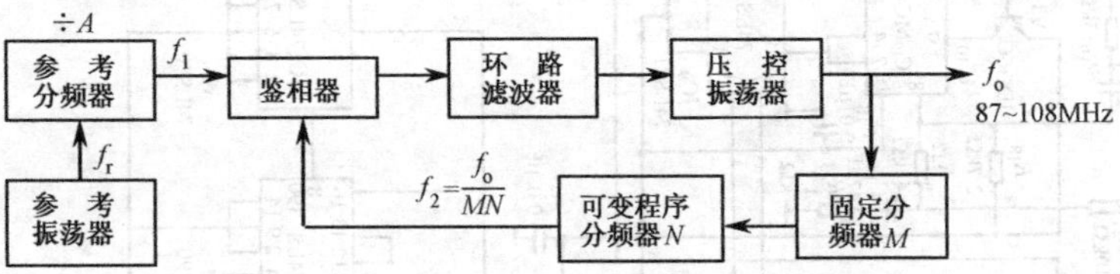

图 9.4.4　FM 广播调制器的除法降频解决方案(单环式)

1. 可变程序分频器(射频取样分频器)

它是由 10 分频器 IC_1 和程序分频器 $IC_{2\sim4}$ 组成的。10 分频器采用一块 11C9D(也可采用 E12013)数字集成块，被固定 10 分频，电平为 ECL 电平，但最后转换为 TTL 电平，送到程序分频器上。程序分频器由三块 SN74LS193 二进制计数器和三组四刀两位微型预置开关 K_1、K_2、K_3 组成。通过预置开关编程，可使分频次数在 1740～2160 之间变化(实际上程序表是 1739～2159，间隔为 2)，最后输出固定的 5kHz 信号。因此，分频次数的多少取决于发射频率的多少。具体公式如下。理论分频次数：

$$N=\frac{A}{M}\frac{f_0}{f_r} \tag{9.4.1}$$

因“0000，0000，0000”为一状态，故实际编程数需要减 1，即

$$N=\frac{A}{M}\frac{f_0}{f_r}-1 \tag{9.4.2}$$

式中，A 为参考振荡频率固定分频数，M 为预分频数，f_r 为参考振荡频率。

这里设 $A=200$，$M=10$，$f_r=1\text{MHz}$，于是

$$N=\frac{200}{10}\frac{f_0}{1}-1=20f_0(\text{MHz})-1 \tag{9.4.3}$$

一块 74LS193 最大只能构成十六进制减法计数器，而对于 1740～2160 次分频数，就需要有三块 74LS193 组成三位十六进制计数器来完成。

K_3，K_2，K_1 分别是 IC_4，IC_3，IC_2 的输入预置数，有四位$(DCBA)_2$。因此确定分频次数 N 时，先将十进制转化为十六进制，对应 K_3、K_2、K_1 再转化成二进制。由此确定 K_3、K_2、K_1 各开关的位置。

【例 9.4.1】　当发射频率 $f_0=100\text{MHz}$ 时，求程序分频编程是多少？

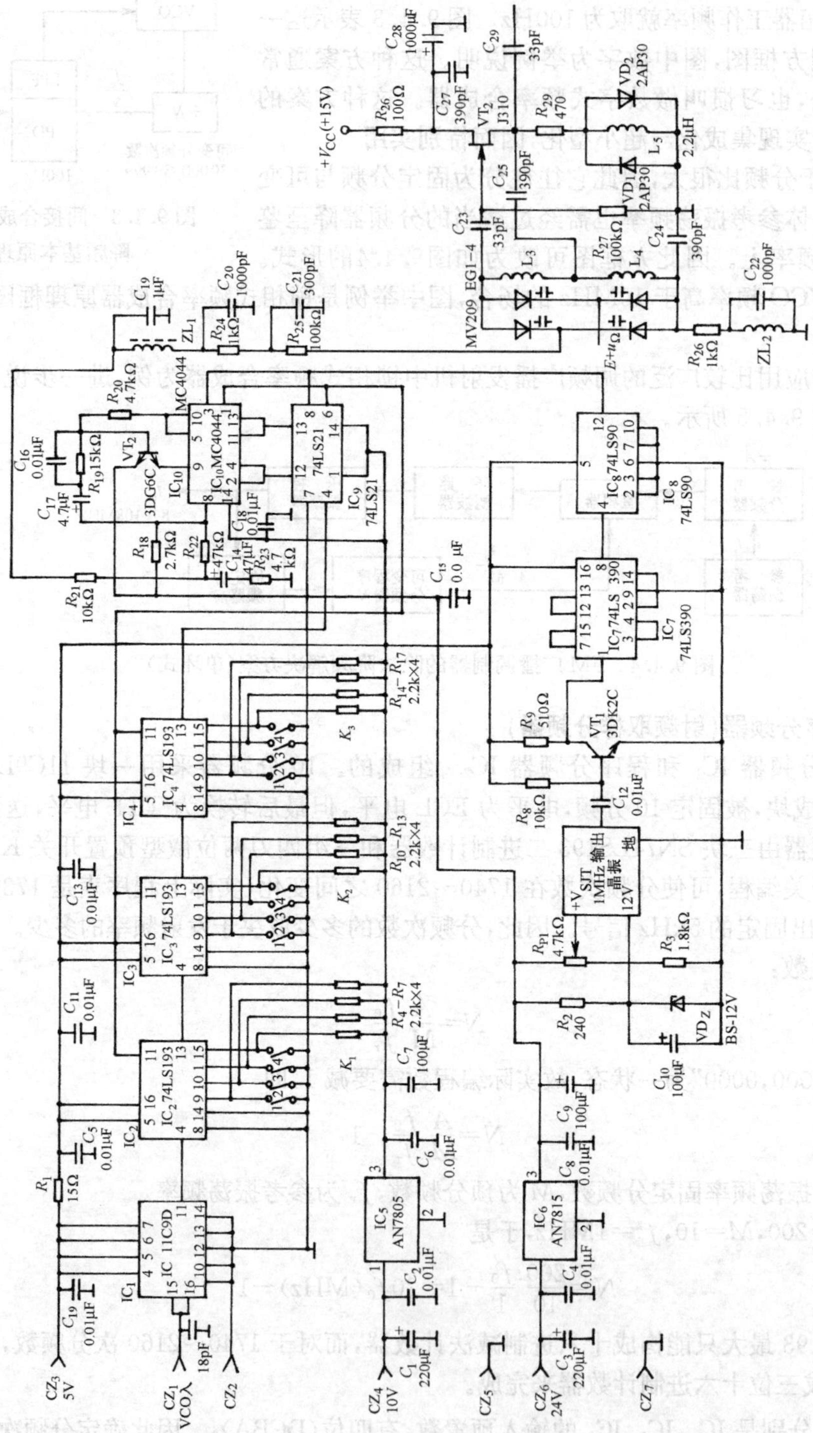

图9.4.5 87~108MHz 频率合成器

解 分频次数 $N=20f_0-1=20\times100-1=1999$ 次

利用除16取余法，将十进制变为十六进制。

$1999\div16=124$ ……余 $15=K_1$

$124\div16=7$ ……余 $12=K_2$

$7\div16=0$ ……余 $7=K_3$

事实上：$N=(7CF)_{16}=1999$

因此，IC_2 的预置数为 $K_1=(F)_{16}=(1111)_2=(DCBA)_2$

IC_3 的预置数为 $K_2=(C)_{16}=(1100)_2=(DCBA)_2$

IC_4 的预置数为 $K_3=(7)_{16}=(0111)_2=(DCBA)_2$

所以由上述得出100MHz的实际编程数是1999。

程序编码为 $K_1=1111$，$K_2=1100$，$K_3=0111$

即 $\underbrace{0111}_{K_3}\underbrace{1100}_{K_2}\underbrace{1111}_{K_1}$

开关预置"on"为0，预置"off"为1(0为低电平0V，1为高电平5V)。把K_1上的1,2,3,4开关拨到off处即为1111，把K_2上的1,2开关拨到off处，3、4开关拨到on处即为1100；把K_3上的1开关拨到on处，2,3,4开关拨到off处即为0111，如图9.4.6所示。

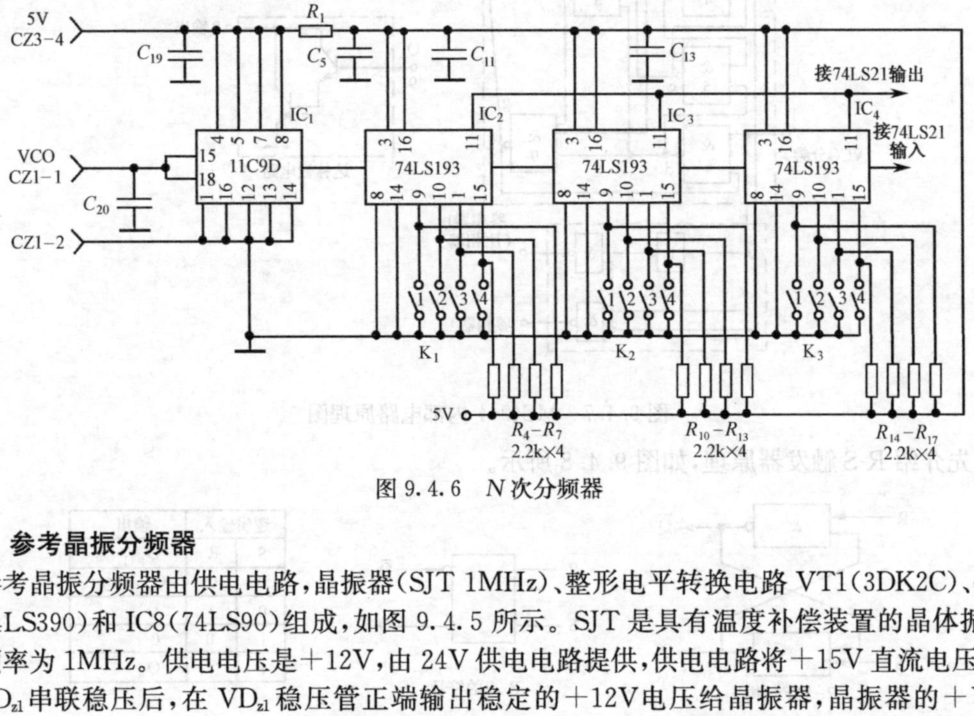

图9.4.6 *N*次分频器

2. 参考晶振分频器

参考晶振分频器由供电电路，晶振器(SJT 1MHz)、整形电平转换电路VT1(3DK2C)、分频器IC7(74LS390)和IC8(74LS90)组成，如图9.4.5所示。SJT是具有温度补偿装置的晶体振荡器，振荡频率为1MHz。供电电压是+12V，由24V供电电路提供，供电电路将+15V直流电压经R_2，C_{10}，VD_{z1}串联稳压后，在VD_{z1}稳压管正端输出稳定的+12V电压给晶振器，晶振器的+V端由R_{P1}，和R_3分压提供，微调R_{P1}，可使晶振频率得到微调，从而得到较准确的1MHz参考频率。整形电路由VT_1、R_8、R_9组成，目的是把晶振器输出的1MHz正弦波整形成近似方波，并把晶振器输出电平转换成TTL电路电平，以触发74LS390固定100分频，再触发74LS90固定的2分频，即将1MHz晶振进行固定200分频后变成5kHz方波脉冲，作为参考频率，送鉴频/鉴相器MC4044与射频取样分频器来的5kHz脉冲进行比较。

3. 鉴相器

鉴相器由MC4044构成，它是一种新型数字式鉴频/鉴相中规模集成电路，具有鉴频和鉴相的功能,无须辅助捕捉电路即能实现宽带捕捉和保持。此集成电路包括比相器、恒压泵电路和达林顿电路三部分。比相器主要对两路信号进行相位比较,由相位差大小决定输出脉冲宽度。泵源电路是将输入的脉冲电压的宽度转成电流形式输出。达林顿电路是由两级晶体管组成的。

鉴频器 MC4044 电路原理图如图 9.4.7 所示。鉴相器由鉴相器Ⅰ和鉴相器Ⅱ两部分组成,实际只使用鉴相器Ⅰ,其原理是:

鉴频器Ⅰ由 9 个“与非”门组成,门 1 及门 7,门 6 及门 9 各组成一个 R-S 触发器,门 2 及门 3,门 4 及门 5 各组成 R-S 触发器,R、V 分别表示参考信号(基准信号)和压控振荡器分频信号(5kHz)的输入端,f、g 为其输出端。

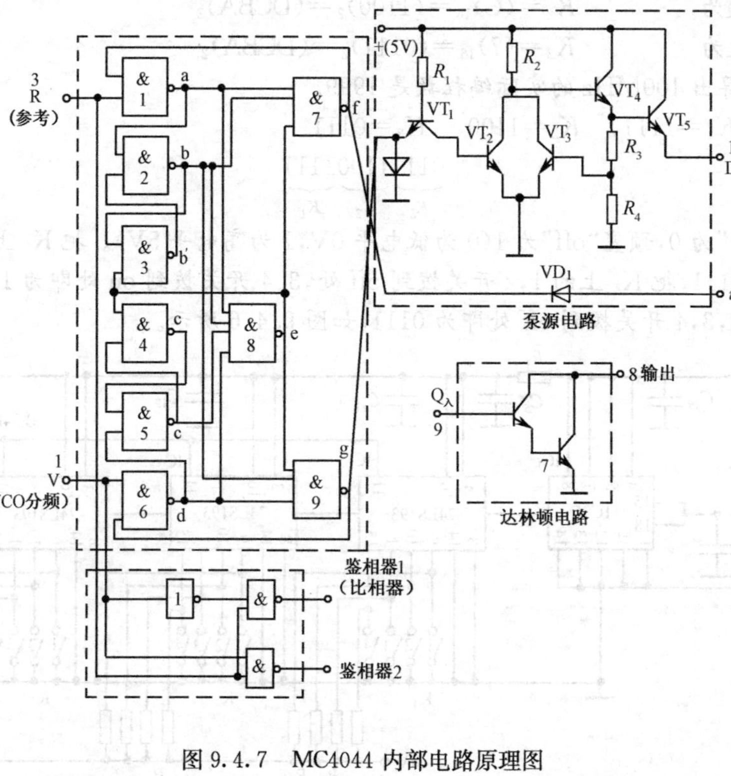

图 9.4.7 MC4044 内部电路原理图

首先介绍 R-S 触发器原理,如图 9.4.8 所示。

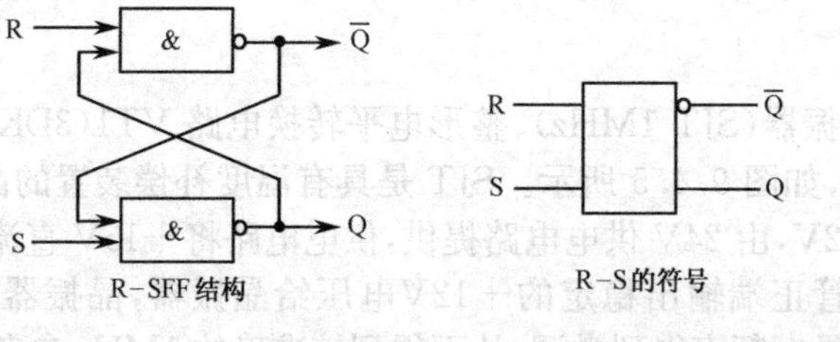

逻辑输入		输出
S	R	Q_{n+1}
0	0	Q_n 不定
0	1	1
1	0	0
1	1	Q_n

图 9.4.8 R-S 触发器原理图及其真值表

R-S 触发器由两个与非门组成,当两个输入端为 1 时,输出状态不变。当 R=0,S=1 时,则 Q=0。当 R=1,S=0 时,则 Q=1。R-S 触发器实质是一个存储单元。

由图 9.4.7 可知,比相器Ⅰ上各点的逻辑关系如下

$$a=\overline{R \cdot f}$$

$$d=\overline{V \cdot g}$$

$$f=\overline{a\cdot b\cdot e}$$

$$g=\overline{c\cdot d\cdot e}$$

$$e=\overline{a\cdot b\cdot c\cdot d}$$

从上述关系式可知：

① e 端总是高电平。因为 a、b、c、d 端中实际总有一个低电平，故 e 端为高电平。假如 e 端为低电平，则 a、b、c、d 端必然都为高电平。而 e 端为低电平，从比相器Ⅰ图中知，b′，c′端必然为高电平，这样，使 a 端与 b 端，c 端与 d 端必然相反。与假设 e 端为低电平矛盾，从而可以证明 e 端不可能为低电平。

② f、g 端不可能同时为低电平。因为 e 端总是高电平，故 a、b、c、d 端不可能同时为高电平，f、g 端就不可能同时为低电平。

③ f、g 端可以同时为高电平。

④ f、g 端可以一个是高电平，一个是低电平。

由比相器Ⅰ部分逻辑图，画出在输入信号各种情况下的波形如图 9.4.9 所示。设输入信号占空比为 1∶1，从图中可以看出，不管 f_R 和 f_V 之间存在相位差还是频率差，输出误差脉冲都起始于先后来到两个输入脉冲的下降沿。

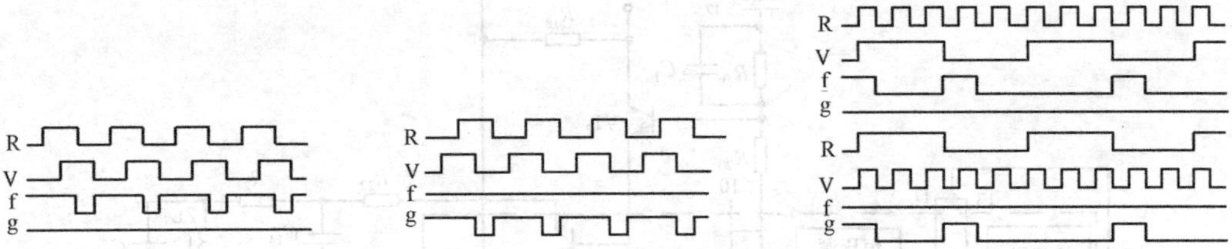

图 9.4.9　在输入信号各种情况下比相器Ⅰ输出波形图

① 在 $f_R=f_V$ 的情形下，f_R 相位超前 f_V，则 f 端输出负脉冲，g 端输出稳定的高电平。设 θ_e 为负脉冲的宽度，V_m 为脉冲幅度，则比相器部分输出电压为

$$V_o=V_g-V_f=V_m\theta_e/2\pi$$

② 当 f_R 相位滞后 $f_V(f_R=f_V)$，则 f 端输出脉冲始终为高电平，g 端有负脉冲输出。此时比相器部分输出电压

$$V_o=V_g-V_f=-V_m\theta_e/2\pi。$$

由上两式可以得到鉴相特性，如图 9.4.10 所示。

输出负脉冲宽度 θ_e 包含两输入信号的相位信息，相位差越大，输出负脉冲宽度愈宽，最后比相器部分输出脉冲幅度最大。

鉴相灵敏度 $K_a=dV_o/d\theta_e=V_m/2\pi$。

MC4044 的鉴相灵敏度为 0.12V/弧度，其鉴相范围为 $\pm2\pi$。

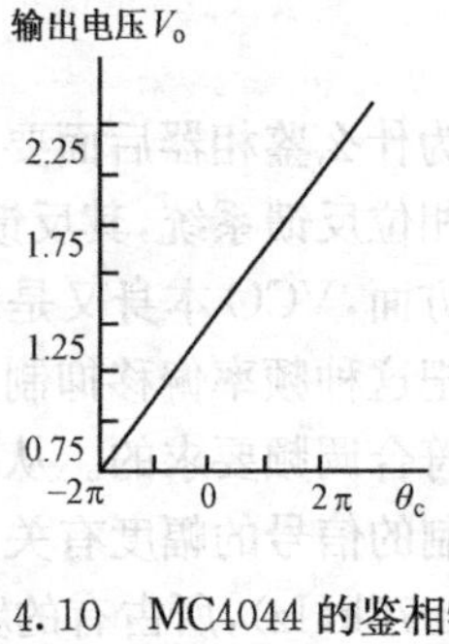

图 9.4.10　MC4044 的鉴相特性

③ $f_R\neq f_V$ 时，比相器部分以鉴频方式工作。当 $f_R>f_V$ 时，f 端输出负脉冲，g 端输出高电平。比相器部分输出电压为

$$V_o=V_g-V_f=V_m(1-f_V/f_R)$$

式中，f_R 为 R 端输入信号频率；f_V 为 V 端输入信号频率；V_m 为脉冲的幅度。

④ 当 $f_R\neq f_V$，且 $f_R<f_V$ 时，f 端输出高电压，g 端输出负脉冲。比相器部分输出电压为

$$V_o=V_g-V_f=-V_m(f_R/f_V-1)$$

因此，频率相差愈大，输出电压愈大。

由上述分析可知，MC4044 鉴相器既有鉴相能力，又有鉴频能力。

MC4044 有一个泵源电路，它有两个输入端与比相器部分两个输出端相连，泵源输出端直接与

有源滤波器相连,比相器 f 端与泵源 VD_1 负极相连,当 f 端为低电平时,VD_1 导通,当 f 端为高电平时,VD_1 截止。比相器 g 端与 VT_1 的发射极 e 相连,当 g 端为低电平时,VT_1 的 be 结导通,VT_2 的 b 极电位降低,VT_2 导通减弱,其 c 极电位升高,促使 VT_4、VT_5 导通。VT_3 的 b 极电位取自 VT_4 的 e 极电阻一部分。由于 VT_3 与 VT_2 组成具有恒流作用的差分放大器,这样促使 VT_3,VT_2 的电流重新分配,达到新的平衡,使 VT_5 持续地输出电流。当 g 端由低电平转为高电平时,VT_1 的 be 结截止,VT_2 的 b 极电位升高,VT_2 导通,VT_4、VT_5 截止。由此,泵源电路起着一个开关作用,它输出一个恒定电流,其持续时间对应于比相器输出脉冲宽度。这个电流送到有源滤波器中,使 VT_2 和达林顿管导通,C_{17} 充电,如图 9.4.11 所示。这个电流持续时间越长,C_{17} 充电电压越大,这个电流结束后,VT_2 和达林顿管就截止,有源滤波器输出电压为 MC4044(8 脚)C_{17} 上的电压。

4. 环路滤波器

如图 9.4.11 所示,环路滤波器由有源滤波器和无源低通滤波器组成,而有源滤波器由 VT_2 跟随器和 MC4044 内部达林顿管组成,它是一个电压并联负反馈放大器,负反馈支路(C_{17}、C_{16}、R_{19})对高频成分反馈量很大,增益低。对低频反馈量小,增益高,从而起到滤除高频成分的作用。由 R_{22}、R_{21}、C_{14}、R_{23}、ZL_1、C_{19}、R_{24}、C_{20}、R_{25}、C_{21} 组成低通滤波器,使输出只保留直流成分。

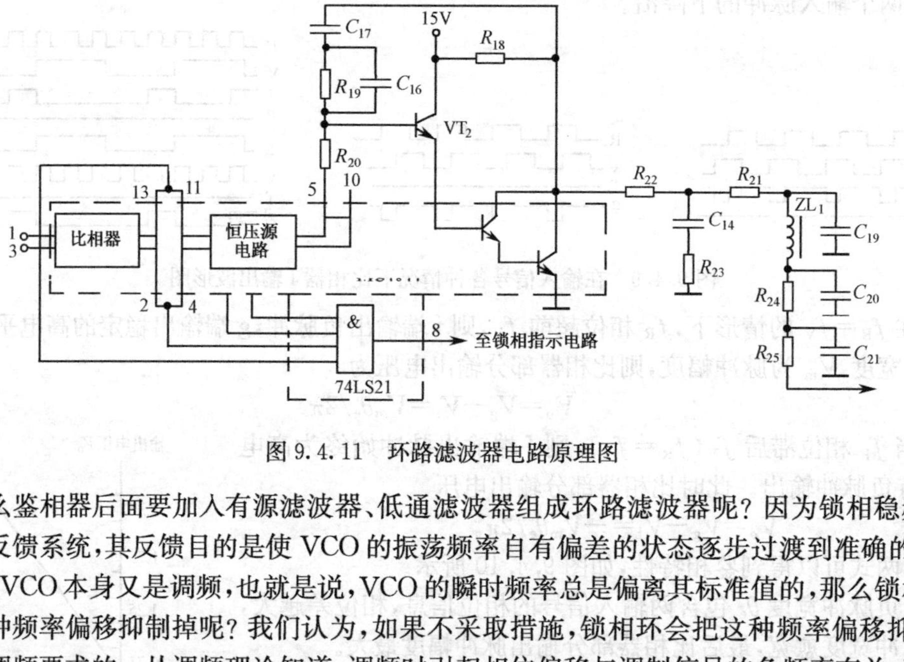

图 9.4.11 环路滤波器电路原理图

为什么鉴相器后面要加入有源滤波器、低通滤波器组成环路滤波器呢?因为锁相稳频系统是一个相位反馈系统,其反馈目的是使 VCO 的振荡频率自有偏差的状态逐步过渡到准确的标准值。另一方面,VCO 本身又是调频,也就是说,VCO 的瞬时频率总是偏离其标准值的,那么锁相环路是否会把这种频率偏移抑制掉呢?我们认为,如果不采取措施,锁相环会把这种频率偏移抑制掉,这是不符合调频要求的。从调频理论知道,调频时引起相位偏移与调制信号的角频率有关,而频偏与被调制的信号的幅度有关,根据部颁标准,最大频偏为±75kHz。由此说明由音频信号产生的频偏(0~±75kHz),所占有的频带较宽,而受温度、湿度、机振影响引起的 VCO 的频率变化较缓慢,且频偏较小。有源滤波器对前者负反馈强,增益低,而对后者反馈就小得多,增益高。

另一方面,鉴相器的输出是一个脉冲波,要变成一个直流电压去控制 VCO 就需要平滑滤波器,把所有脉冲的交流成分(包括基波及其各次谐波)全部滤除,保留其直流成分。对滤波器的要求是严格的,因为只要有残留交流成分存在,它送到 VCO 就会产生调频噪声,这是不允许的。所以,一般在鉴相器的输出端加入一套环路滤波器。环路滤波器包括一级有源滤波器和一级低通滤波器,以滤除比相器输出脉冲的基波和谐波成分,其总幅频特性的通带约在几赫兹以下,以阻止调制的音频信号再送到 VCO 去起调制作用,既保证锁相环路调整只控制载频处于准确的标准值,又不影响调频。

由射频取样分频器和参考晶振分频器来的脉冲分别送至 MC4044 的 1,3 脚上,由后沿触发鉴相器工作。当两频率不同或相位不同时,鉴相器 13 脚或 2 脚有低电位脉冲输出,两者(两频率)相差越大,低电位的脉冲就越宽。13 脚或 2 脚分别分两路输出,一路送到 74LS21 的 12,13 脚的四与门输入端,使 8 脚(输出端)为低电平去控制锁相指示电路,锁相指示灯不亮。另一路经泵源电路控制有源滤波器的充放电,输出一个与低电位脉宽成比例的误差电压,该电压由 R_{22}、C_{14}、R_{23}、R_{19}、C_{19}、ZL_1、C_{20}、R_{24}、C_{21}、R_{25} 组成低通滤波器,作为 V_{APC} 送到 VCO 的变容管 VD_1、VD_2 之间,使振荡中心频率和相位产生相应变化,反复循环,最终使其回到由参考晶振所决定的频率和相位上,实现相位锁定,此时使 74LS21 的 12,13 脚都为高电平,其 8 脚输出一个负尖脉冲(长时间高电平)去控制锁相指示电路,锁定后锁相指示灯亮,如图 9.4.11 所示。

5. 压控振荡器

压控振荡器(简称 VCO)如图 9.4.12 所示。它属于电感三点式振荡器,用低噪声场效应管 J310 做振荡管,用两对变容二极管直接接入振荡回路做压控器件。

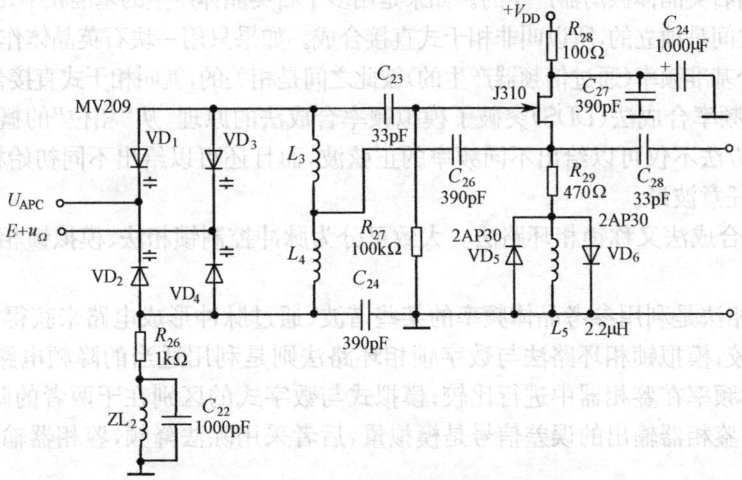

图 9.4.12　压控振荡器(VCO)电路原理图

图 9.4.12 所示电路可以简化成如图 9.4.13 所示的电路。

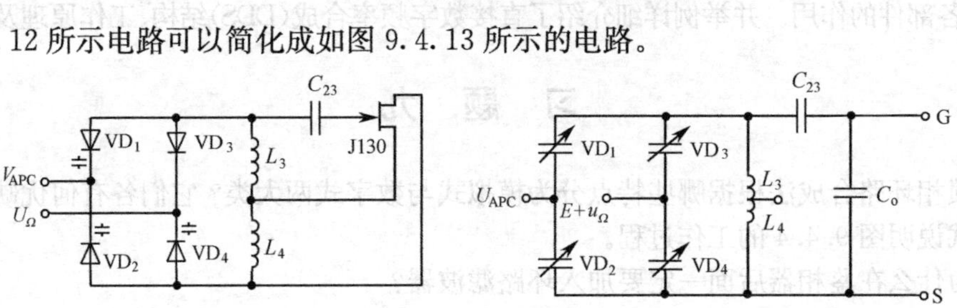

图 9.4.13　VCO 简化电路

振荡频率
$$f_0=1/[2\pi(LC)^{1/2}]$$
式中
$$L=L_3+L_4+2M$$
$$C=\frac{1}{2}(C_{VD1}+C_{VD3})+\frac{C_0C_{23}}{C_0+C_{23}}$$

由变容二极管特性曲线得知,当 u_Ω 变化时,C_{VD_3}、C_{VD_4} 也随着 u_Ω 而变化,因此 f 也随着变化而形成调频波。

本章小结

本章介绍频率合成器,包括直接合成法和间接合成法。

1. 所谓频率合成器就是利用一个(或几个)晶体振荡器产生一系列(或若干个)标准频率信号的设备。其基本思想就是利用综合或合成的手段,综合晶体振荡器的频率稳定度、准确度高和LC振荡器改换频率方便的优点,克服晶体点频工作和LC振荡的频率稳定度、准确度不高的缺点,而形成频率合成技术。

2. 频率稳定度是指在规定的时间间隔内,合成器频率偏离规定值的数值。频率准确度则是指实际工作频率偏离规定值的数值,即频率偏差。这是频率合成器的两个重要指标。两者既有区别,又有联系。稳定度是准确度的前提。稳定度高也就意味着准确度高,亦即只有频率稳定,才能谈得上频率准确。

3. 所谓直接模拟频率合成法是将两个基准频率直接在混频器中进行混频,以获得所需的新频率。这些基准频率是由石英晶体振荡器产生的。如果是用多个石英晶体产生的基准频率,因而产生混频的两个基准频率相互之间是独立的,所以叫非相干式直接合成。如果只用一块石英晶体作为标准频率源,因而加至混频的两个基准频率(通过倍频器产生的)彼此之间是相关的,就叫相干式直接合成。

4. 直接数字频率合成法(DDS)突破了模拟频率合成法的原理,从"相位"的概念出发进行频率合成。这种合成方法不仅可以给出不同频率的正弦波,而且还可以给出不同初始相位的正弦波,甚至可以给出各种任意波形。

5. 间接频率合成法又称锁相环路法。大致可分为脉冲控制锁相法、模拟锁相环路法与数字锁相环路法。

脉冲控制锁相法是利用参考晶体频率的某些谐波(通过脉冲形成电路来获得)与VCO频率在鉴相器中进行比较;模拟锁相环路法与数字锁相环路法则是利用适当的降频电路将VCO的频率降低,然后与参考频率在鉴相器中进行比较;模拟式与数字式的区别在于两者的降频方式不同:前者采用减法降频,鉴相器输出的误差信号是模拟量,后者采用除法降频,鉴相器输出的误差信号是脉冲式的数字量。

6. 本章以FM广播调制器的除法降频方案为例,详细地介绍了单环式数字频率合成器的结构、工作原理和各部件的作用。并举例详细介绍了直接数字频率合成(DDS)结构、工作原理及设计方法。

习 题 九

9.1 锁相环路合成法根据哪些特点分为模拟式与数字式两大类?它们各有何优缺点?

9.2 试说明图9.4.4的工作过程。

9.3 为什么在鉴相器后面一定要加入环路滤波器?

9.4 如图9.4.4所示,当$A=200$,$M=10$,$f_r=1\text{MHz}$,$f_o=108\text{MHz}$,求可变分频数N。并化为十六进制。

9.5 设计一个FM调制器。技术指标如下:

频率范围:68~88MHz

输出阻抗:50Ω

输出电平:100mW

音频输入:600Ω,300mV

电源电压:24V,1A

9.6 试述DDS的原理。

第 10 章　无线电接收与发射设备

内容提要

无线电接收与发射设备是高频电子线路的综合应用，是现代通信系统、广播与电视系统、无线安全防范系统、无线遥控和遥测系统、雷达系统、电子对抗系统、无线电制导系统等必不可少的设备。

本章介绍了以 CXA1019 芯片和 CXA1238 芯片构成的多波段收音机的组成和电路分析。同时介绍了数字调谐收音机的基本原理和线路分析。介绍了调频发射机的主要技术指标，电路组成和线路分析。最后介绍了单工无线呼叫系统设计和正弦信号发生器设计。

10.1　概述

无线电接收与发射设备是高频电子线路的综合应用，是现代通信系统、广播与电视系统、报警系统、遥控遥测系统、雷达系统、电子对抗系统、无线电制导系统等必不可少的核心设备。

无线电收发系统按照调制方式可分为调幅(AM)收发系统、调频(FM)收发系统、调相(PM)收发系统以及它们的组合调制系统。实现上述三种基本调制方法可采用模拟调制，亦可采用数字调制方法。以调频广播为例，其接收和发射设备的典型框图如图 10.1.1 和图 10.1.2 所示。

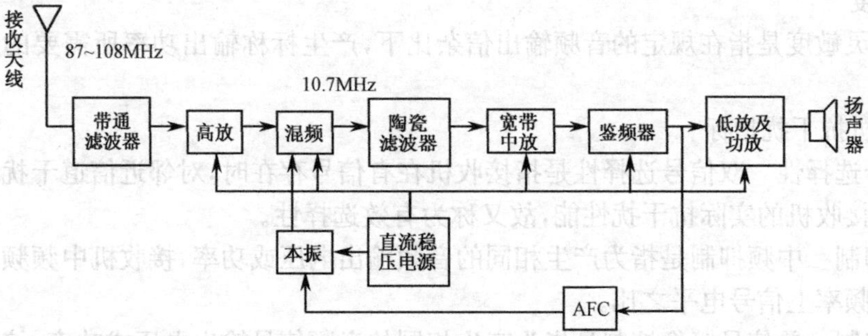

图 10.1.1　调频接收机原理框图

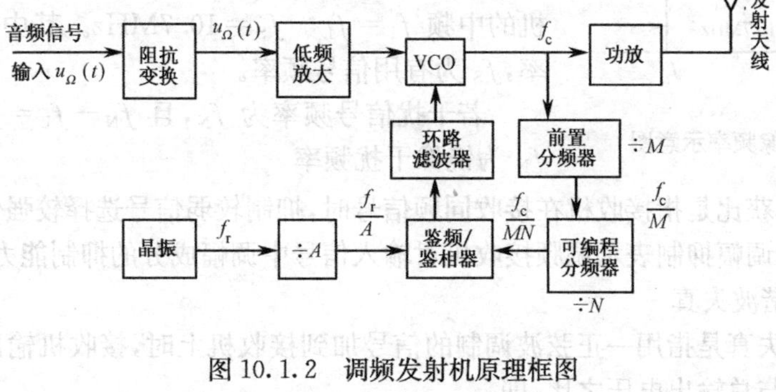

图 10.1.2　调频发射机原理框图

随着无线电通信、广播电视、雷达、电子对抗、报警等领域的高速发展、空间各种频率信号日益密集、复杂,对发射设备的残波辐射(即频谱纯度)有严格要求,接收机的抗干扰问题也显得非常重要。特别是台站设备,FM 广播、电视是同台共建,收转设备与发射设备同时安放在一个机房内,收发隔离问题就显得特别重要。

10.2 无线电接收机

无线电接收机经历了电子管、晶体管、中小规模集成电路和大规模集成电路四个阶段。它们的原理框图大同小异。这里我们以调频广播接收机为例进行介绍,其原理框图如图 10.1.1 所示。它属于典型的超外差接收机,由接收天线、高频带通滤波器、高频放大器、本振、混频、陶瓷滤波器、宽带中频放大器、鉴频器(检波器)、低放及功放、AFC 电路和扬声器等组成。目前已将高放、本振、混频、中放、鉴频、AFC、低放和功放全部集成在一个集成电路内。例如 CXA1019 大规模集成电路于 20 世纪 80 年代就进入我国市场,90 年代已被推广使用。后来又在 CXA1019 的基础上做了某些改进,CXA1191 和 CXA1619 就是它的改进型。因其改进的部分很小,且灵敏度还不如 CXA1019 高,所以我们以 CXA1019 为例深入介绍。

10.2.1 无线电接收机的主要技术指标

(1) 信噪比

信噪比是指在一定的输入信号电平下,接收机的输出端的信号电压与噪声电压之比。

$$S/N=\frac{S+D+N}{D+N} \tag{10.2.1}$$

式中,S 为有用信号,D 为谐波失真,N 为噪声。

(2) 灵敏度

接收机的灵敏度是指在规定的音频输出信杂比下,产生标称输出功率所需要的最小输入信号电平。

(3) 接收机抗干扰指标

① 双信号选择性　双信号选择性是指接收机在有信号存在时,对邻近信道干扰信号的抑制能力。它反映了接收机的实际抗干扰性能,故又称为有效选择性。

② 中频抑制　中频抑制是指为产生相同的音频输出电压或功率,接收机中频频率上的输入信号电平与调谐频率上信号电平之比。

③ 镜像抑制　单信号镜像抑制是指为产生相同的音频信号输出电压或功率,接收机镜像频率上的输入信号与调频频率上的输入信号之比。

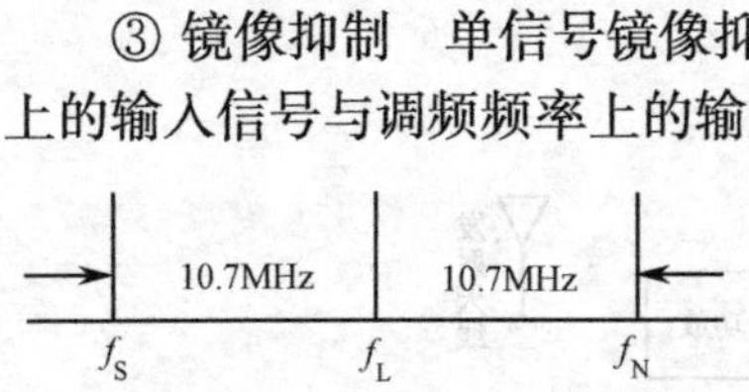

图 10.2.1　镜像频率示意图

何谓镜像频率呢? 如图 10.2.1 所示。外差式调频接收机的中频 $f_I=f_L-f_S=10.7\text{MHz}$。其中 f_L 为本振信号频率,f_S 为有用信号频率。

若干扰信号频率为 f_N,且 $f_N-f_L=f_I=10.7\text{MHz}$,则 f_N 为镜像干扰频率。

④ 俘获比　俘获比是指接收机在接收同频信号时,抑制较弱信号选择较强信号的能力。

⑤ 调幅抑制　调幅抑制表示调频接收机对输入信号中调幅成分的抑制能力。

(4) 整机电压谐波失真

整机电压谐波失真是指用一正弦波调制的信号加到接收机上时,接收机输出端出现的各次谐波分量的均方根值与总输出电压之比,即

$$D=\frac{\sqrt{U_2^2+U_3^2+\cdots}}{\sqrt{U_1^2+U_2^2+U_3^2+\cdots}}\times 100\% \qquad (10.2.2)$$

(5) 整机电压频率特性(简称频响)

整机电压频率特性是指输出端上的负载电压与调制频率的关系。

(6) 中频频率

调频广播国家标准为 10.7MHz 。

(7) 去加重

国家标准要求为 50μs。

(8) 最大有用功率

整机电压谐波失真为 10%时的输出功率称为最大有用功率。

(9) 频率范围

在保证整机性能技术指标的前提下,接收机能接收的频率范围。根据国际电工委员会(IEC)推荐的广播波段接收频率范围为:

长波: 150～400kHz

中波: 535～1605kHz

短波: 2.3～26.1MHz

米波: 41～223MHz

分米波: 470～960MHz

以上所列长波、中波、短波采用调幅(AM)方式。米波、分米波采用调频(FM)方式(包括电视广播)。

我国目前规定的广播波段为中波、短波和 87～108MHz 的调频波段。

10.2.2　CXA1019 芯片构成的多波段收音机

1. CXA1019P(M)介绍

CXA1019P(M)是日本索尼公司研制的单片大规模收音机优选电路。该电路集成度高,外围元件少,性能优良,在我国已相当流行。该公司后来又研制的 CXA1191 和 CXA1619 也是在它的基础上进行了个别性能的改进的新产品。然而经使用,CXA1191 和 CXA1619 与 CXA1019 相比,只是在静噪方面有所改善,这种改善是以降低灵敏度为代价的,也就是说,灵敏度这项指标还不如 CXA1019 高。根据国情,因我国幅员广大,地形复杂,灵敏度这项指标显得更重要,所以我们仍以 CXA1019 为例进行详细介绍。它的外形结构为 28 脚塑料封装形式,其中 CXA1019M 为扁平封装,体积很小,CXA1019P 是双列直插封装。

图 10.2.2 是 CXA1019 的内部电路方框图。从图可见,该电路包括了 AM/FM 收音机从天线输入、高放、混频、本振、中放、检波直至音频功率放大的全部功能。除此之外,还具有调谐指示、电子音量控制等一些辅助功能。

CXA1019 内设波段转换开关电路,所以,只需简单控制第 15 脚的高低电平就可以改变调频或调幅两种接收状态。电路内还设有调幅 AGC 和调频 AFC 功能。

CXA1019P(M)电路使用的电源电压范围也较宽,从 2～8.5V 均可得到稳定的电性能。它的功耗很小,在 3V 工作的情况下,FM 波段的静态电流为 7mA,AM 波段为 3.5mA,而输出功率比较大,在 6V 电源电压下,8Ω 负载阻抗,输出功率可达 500mW。

2. 咏梅 898 型 AM/FM 九波段袖珍收音机

国产 898F 型 AM/FM 九波段袖珍收音机就采用 CXA1019P 集成电路,其实际应用电路如图

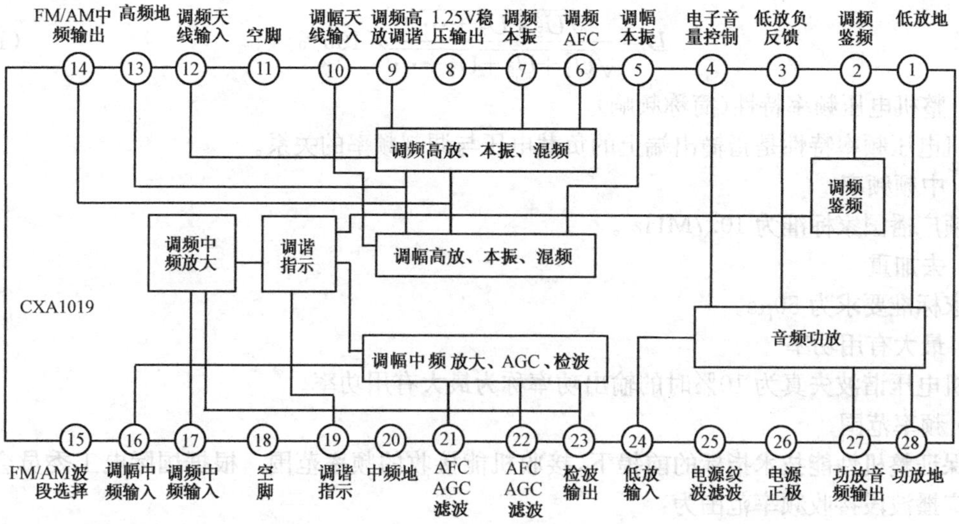

图 10.2.2 CXA1019 内部电路方框图

10.2.3 所示。整机电路工作原理如下:

(1) 调幅中波(MW)接收电路

波段开关置于M挡,S_{1-1}将拉杆天线高频接地,不起作用。S_{1-4}接通中波天线输入电路,它是由磁棒天线T_1,四连可变电容器的AM天线连C_{4-4}及其补偿微调电容等组成的接收调谐回路。所接收的中波AM信号从CXA1019P(以下简称IC)的10脚馈入。

中波本振回路由振荡线圈T_2、可变电容C_{4-3}等组成,C_9是中波垫整电容。振荡信号经过S_{1-3}和S_{1-6}转接后从IC的5管脚AM本振端引入,在电路内部与AM天线接收的有用信号混频后差一个465kHz调幅中频信号,由IC的14脚输出。

电容C_{22}(100pF)和电阻R_5(2kΩ)组成中频耦合与网络匹配。T_3为中频变压器,Z_1是AM中频陶瓷滤波器,465kHz中频信号经选频、滤波之后从16脚进入IC内部调幅中频放大、自动增益控制及检波电路。

波段开关S_{1-2}在调幅时使得15脚接地,这时IC内部电子开关置于AM状态。

21脚为AGC/AFC控制端。在AM状态时,中放AGC起作用。C_{24}为AGC滤波电容,决定中放AGC作用的时间常数。22脚适用于J波段(日本低本振接收制式)的AGC/AFC控制作用,在此不起作用。

19脚是调谐指示输出端,端电压随接收信号场强的增大而下降。来自26脚直流电压通过发光二极管,R_8到19脚构成回路。当调准台时,信号较强,19脚电位下降,使发光二极管发亮。

经中放和检波后的音频信号由23脚输出,并经过耦合电容C_{35}耦合至IC的音频功放输入端24脚。C_{26}为中频滤波电容,用以去除残存的中频干扰信号。

26脚为电源输入端,C_{29}为电源滤波电容,C_{28}是内部稳压电路的滤波电容,用以抑制电源纹波。

经音频功率放大后的信号从27脚输出,由C_{32}耦合至扬声器。C_{30},C_{31}用以改善频率响应,C_{30}最好选用高频介电常数较高的电容,用以防止自激噪声。

(2) 调幅短波(SW_{1-7})接收电路

接收短波(SW)信号时,功能开关S_1置于"SW"位置。这是S_{1-1}将拉杆天线经C_1接入天线回路。S_{1-3}将T_2断开,转到S_{3-2}接入短波本振线圈,并串联入SW垫整电容C_{10},而C_{36},C_{11},C_{12}为振荡补偿电容。以上四个电容与C_9一起组成了短波米波段展宽电路。微调C_{12}可以确定短波1(49m)的低端覆盖起始频率,该波段也是调整收音机覆盖的基准波段。

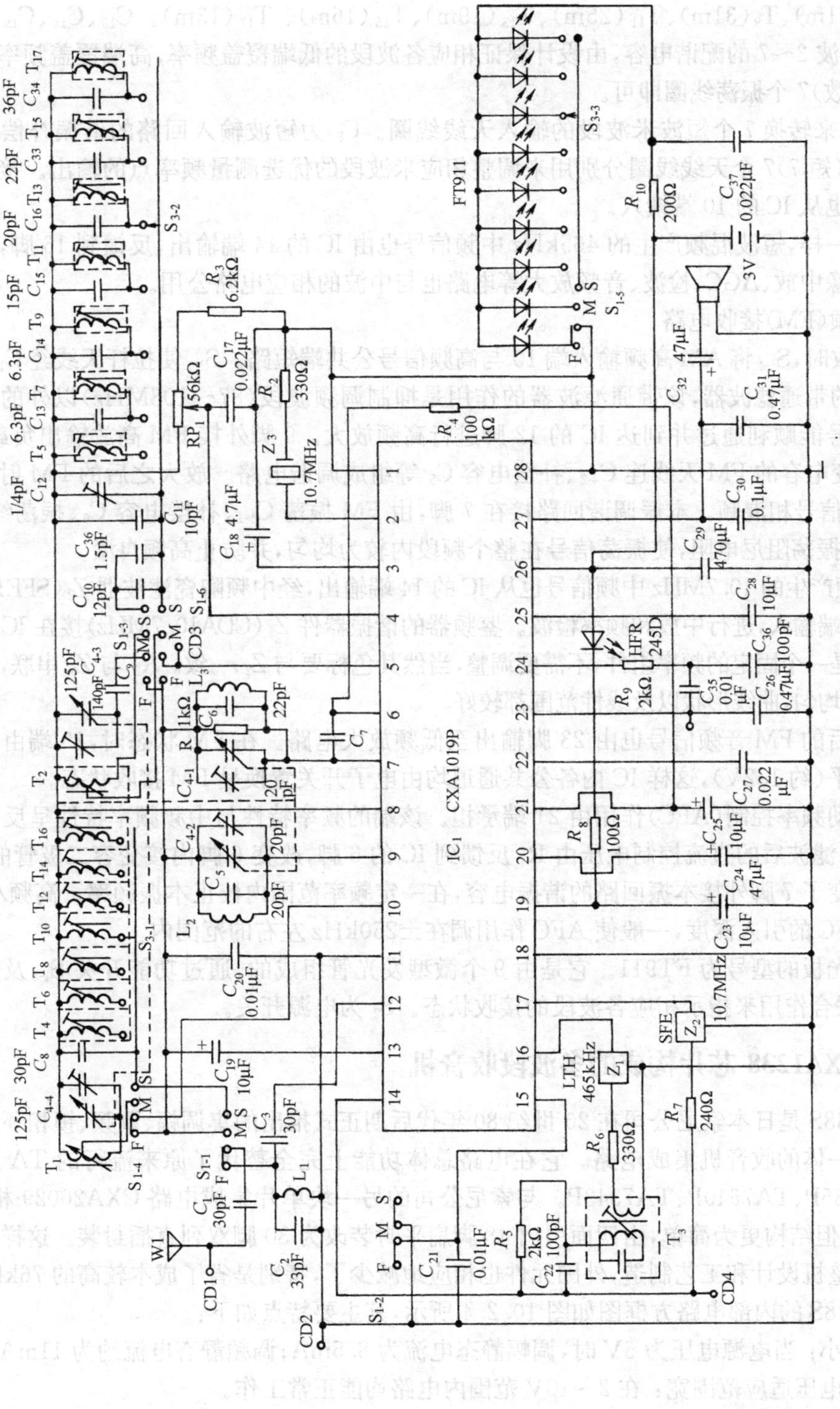

图10.2.3　咏梅898F型AM/FM九波段袖珍收音机电路图

这里用了7个波段：其波长分别为49m,41m,31m,25m,19m,16m,13m。

短波振荡信号(约100mV),经过S_{1-6}转接,也从IC的5端引入。

短波7个波段的转换由一只7位波段开关S_3完成,S_{3-2}分别接通短波1～7个振荡线圈,即T_5(49m)、T_7(41m)、T_9(31m)、T_{11}(25m)、T_{13}(19m)、T_{15}(16m)、T_{17}(13m)。C_{13}、C_{14}、C_{15}、C_{16}、C_{33}、C_{34}分别为短波2～7的配谐电容,由设计保证相应各波段的低端覆盖频率,高端覆盖频率分别调整T_5～T_{17}(单数)7个振荡线圈即可。

S_{3-1}则用来转换7个短波米波段的输入天线线圈。C_8为短波输入回路的谐振补偿电容。T_4(短1)～T_{16}(短7)7个天线线圈分别用来调整相应米波段的优选测量频率点的输出。接收到的短波高频信号也从IC的10端馈入。

同中波一样,短波混频产生的465kHz中频信号也由IC的14端输出,反馈到16脚,进入调幅中放。其他像中放、AGC、检波、音频放大等电路也与中波的相应电路公用。

(3) 调频(FM)接收电路

FM接收时,S_{1-4}将AM高频输入端10与高频信号公共端短路。S_{1-1}使拉杆天线经C_1接通C_2、L_1、C_3组成的带通滤波器,该带通滤波器的作用是抑制调频波段(87～108MHz)以外的干扰信号而使带内信号能顺利通过并到达IC的12脚进行高频放大。9脚外接FM高放输出负载,由天线线圈L_2、可变电容的FM天线连C_{4-2}、补偿电容C_5等组成调谐电路。放大之后的FM射频信号在IC内与振荡信号相混频。本振调谐回路接在7脚,由FM振荡C_{4-1}、补偿电容C_6、振荡线圈L_3等组成。R_1为振荡阻尼电阻,使振荡信号在整个频段内较为均匀,并防止高频自激。

FM混频产生的10.7MHz中频信号也从IC的14端输出,经中频陶瓷滤波器Z_2(SFE10.7MHz)选频后由17端输入,进行中放和频率检波。鉴频器的谐振器件Z_3(CDA10.7MHz)接在IC的2端对地之间。这是一个固定的频率组件,不需要调整,当然其色标要与Z_2一致。R_2与Z_3串联,使得S曲线增益适中、均匀,曲线形状以及线性范围都较好。

鉴频之后的FM音频信号也由23脚输出至低频放大电路。在FM状态时,15端由波段开关控制呈高电平(约1.2V),这样IC内各公共通道均由电子开关置换呈FM接收状态。

调频自动频率控制(AFC)作用由21端承担。该端的频率特性与中频频率特性呈反S曲线的关系。经C_{25}滤波后的直流控制电压由R_4反馈到IC的6脚,改变6脚内接变容二极管的结电容,实际也就改变了7脚外接本振回路的谐振电容,在一定频率范围内校正本振频率。高频小电容C_7用来调节AFC的引入深度,一般使AFC作用调在±250kHz左右的范围内。

组合发光板的型号为FT911。它是由9个微型发光管组成的,通过功能开关S_{1-5}及短波波段开关S_{3-3}的联合作用来指示相应各波段的接收状态。S_2为电源开关。

10.2.3 CXA1238芯片构成的多波段收音机

CXA1238S是日本索尼公司在20世纪80年代后期正式推出的集调幅、调频、锁相环立体声译码等电路为一体的收音机集成电路。它在电路总体功能上完全替代了原来流行的TA三片机电路,即TA7335P、TA7640P、TA7343P。与索尼公司的另一块单片集成电路CXA20029相比较,功能基本相同,但结构更为简单,由四面引出48脚扁平封装改为30脚双列直插封装。这样在很大程度上方便了整机设计和工艺制造,外围元件也相应地减少了,特别是省了成本较高的76kHz晶体。

CXA1238S的内部电路方框图如图10.2.4所示,其主要特点如下:

① 耗电小：当电源电压为6V时,调幅静态电流为8.5mA;调频静态电流约为11mA。

② 电源电压适应范围宽：在2～10V范围内电路均能正常工作。

③ 具有调谐指示LED驱动电路。

④ 具有立体声指示LED驱动电路。

⑤ 具有 FM 静噪功能。

⑥ 调整简单。

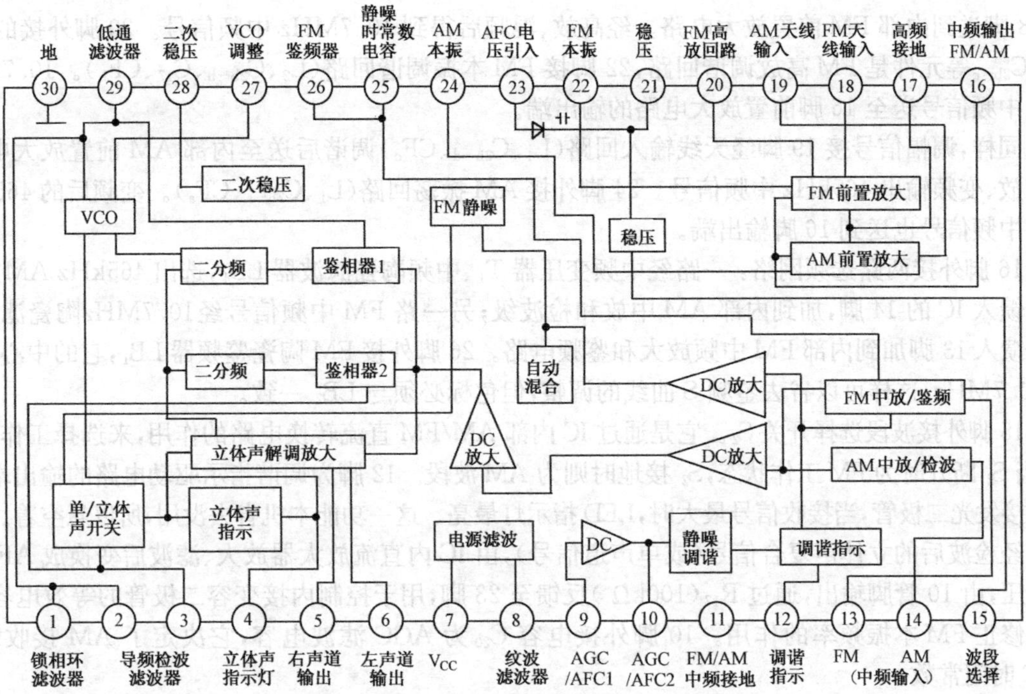

图 10.2.4　CXA1238S 的内部电路方框图

由 CXA1238S 组装的莺歌牌 HP2202 型 AM/FM 立体声收音机电路，如图 10.2.5 所示，其工作原理如下。

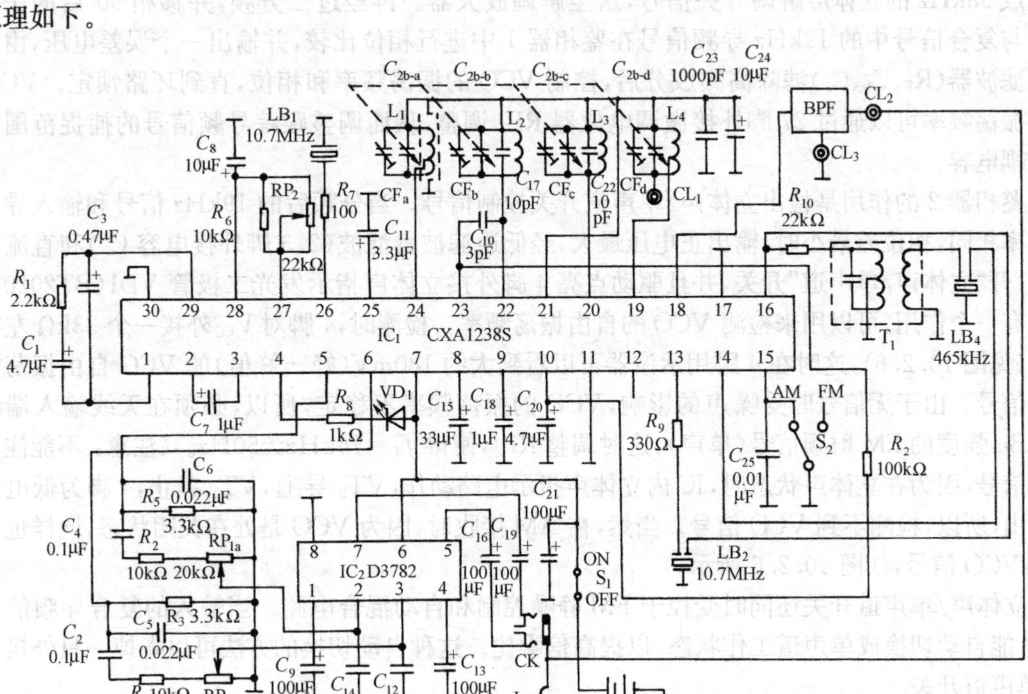

图 10.2.5　莺歌 HP2202 型收音机电路图

1. **调频/调幅接收电路**

由天线接收的高频信号经过 87～108MHz 带通滤波器(BPF)加到 CXA1238S(以下简称 IC)的 18 脚送到内部 FM 前置放大电路。经高放、混频后得到 10.7MHz 中频信号。20 脚外接的 L_3、C_{22}、C_{2b-c}等元件是 FM 高放调谐回路,22 脚接 FM 本振调谐回路(L_2、C_{2b-b}、C_{17}、CF_b)。10.7MHz 调频中频信号送至 16 脚前置放大电路的输出端。

同样,调幅信号接 19 脚经天线输入回路(L_4、C_{2b-d}、CF_d)调谐后送至内部 AM 前置放大电路。经高放、变频输出 465kHz 中频信号。24 脚外接 AM 振荡回路(L_1、C_{2b-a}、CF_a)。变频后的 465kHz 调幅中频信号也送到 16 脚输出端。

16 脚外接两路选频网络:一路经中频变压器 T_1、中频陶瓷滤波器 LB_4,选出 465kHz AM 中频信号馈入 IC 的 14 脚,加到内部 AM 中放和检波级;另一路 FM 中频信号经10.7MHz陶瓷滤波器 LB_2 馈入 13 脚加到内部 FM 中频放大和鉴频电路。26 脚外接 FM 陶瓷鉴频器 LB_1,它的中心频率为 10.7MHz,这样可以省去鉴频 S 曲线的调整,但色标必须与 LB_2 一致。

15 脚外接波段选择开关 S_2。它是通过 IC 内部 AM/FM 直流转换电路的作用,来选择工作状态的;当 S_2 断开时为 FM 工作状态,S_2 接地时则为 AM 波段。12 脚为调谐指示驱动电路的输出端,可以外接发光二极管,当接收信号最大时,LED 指示灯最亮。这一功能本机省去没用,所以悬空着。

经检波后的立体声复合信号(或单声道信号),由 IC 内直流放大器放大、滤波后变换成 AFC 控制电压,由 10 管脚输出,通过 R_{17}(100kΩ)反馈至 23 脚,用于控制内接变容二极管的等效电容,以达到修正 FM 本振频率的作用。10 脚外接电容 C_{20} 为 AGC 滤波电容,它决定了 AM 接收时的 AGC 时间常数。

立体声复合信号经放大后,分别送到 IC 内立体声解调器、鉴相器 1 和鉴相器 2(见图 10.2.4)。

鉴相器 1、压控振荡器(VCO)和分频器组成锁相环路。VCO 产生 76kHz 振荡信号,经二分频后变成 38kHz 的立体声解调开关信号,送至解调放大器。再经过二分频,并移相 90°后的 19kHz 信号与复合信号中的 19kHz 导频信号在鉴相器 1 中进行相位比较,并输出一个误差电压,由外接低通滤波器(R_1、C_1、C_3)滤除高频成分后,控制 VCO 的振荡频率和相位,直到环路锁定。VCO 的自由振荡频率可以通过 27 脚外接微调电位器 RP_2 调整,从而调整跟踪导频信号的捕捉范围。C_8 为去耦电容。

鉴相器 2 的作用是检出立体声/单声道开关控制信号。当分频后的 19kHz 信号和输入导频信号频率相同,相位差最小时,输出正电压最大,经低通滤波器滤波(2、3 脚外接电容 C_7)和直流放大后,打开"立体声/单声道"开关,并且驱动点亮 4 脚外接立体声指示发光二极管 VD1(BT2020)。4 脚还有一个作用,可以用来检测 VCO 的自由振荡频率。检测时,4 脚对 V_{CC}外接一个 33kΩ 左右的电阻(见图 10.2.6),这时在 4 脚用示波器可以看到大约 180mV(峰－峰值)的 VCO 自由振荡方波脉冲信号。由于无信号时受噪声的影响,VCO 的振荡频率不稳定,所以,必须在天线输入端注入 600dBμ 强度的 FM 射频信号(单声),这时调整 RP_2,使得 f_4＝76kHz±50Hz。(注意:不能注入立体声信号,因为在立体声状态时,IC 内立体声指示电路动作,VT_2 导通,VT_1 截止,4 脚为低电平驱动输出,所以,检测不到 VCO 信号。当然,在 AM 接收时,因为 VCO 是处在关闭状态,同样也检测不到 VCO 信号,如图 10.2.6 所示。)

立体声/单声道开关还同时受控于 FM 静噪控制和自动混合电路。当输入的复合导频信号较小时,能自动切换成单声道工作状态,以提高信噪比。这种自动切换的方法可以省掉一只外接立体声/单声道开关。

解调放大输出的左、右声道信号,分别从 6 脚和 5 脚输出,至音频放大电路。外接电阻 R_3、C_5、R_5、C_6 分别为去加重网络(约 50μs)。

2. 音频放大电路

音频放大部分采用美国史普拉斯公司出品的(ULN-3782M)。这是一块 8 脚双列直插塑料封装的双功放电路。主要优点是体积小(约 7mm×10mm×5mm),外围元件少,电源电压适应范围宽(2～9V),其他电性能指标也优良(见表 10.2.1)。图 10.2.7 为 ULN-3782M 的方框图和引出端功能。

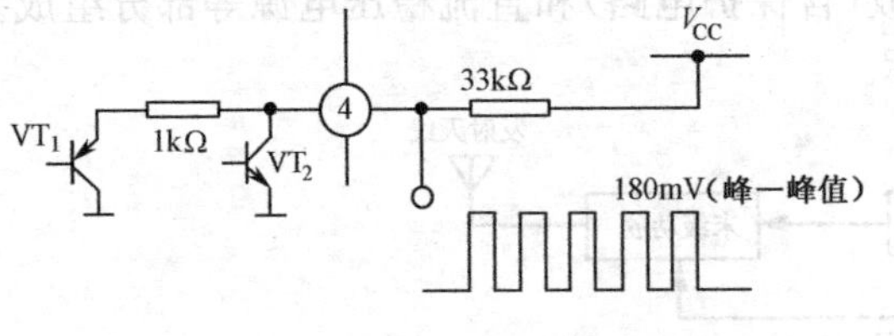

图 10.2.6 立体声 VCO 检测方法

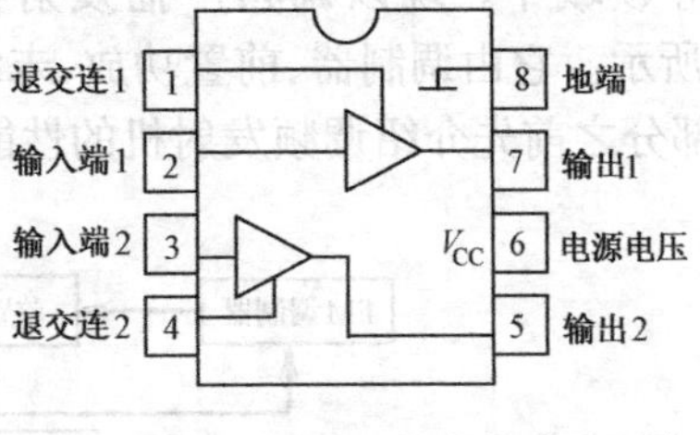

图 10.2.7 ULN-3782M 的方框图及引脚功能

表 10.2.1 ULN-3782M 的电参数

参数	符号	测试条件	最小值	典型值	最大值	单位
电源电压范围	V_{CC}		1.8	6.0	9.0	V
静态电流	I_{CQ}	$V_{CC}=4.5V$	—	13	—	mA
		$V_{CC}=6.0V$	—	15	25	mA
		$V_{CC}=9.0V$	—	20	—	mA
电压增益	A_u		—	42	—	dB
声道平衡度	ΔA_u		—	±1	±3	dB
分离度			35	55	—	dB
音频功率输出	P_o	$R_L=8\Omega, V_{CC}=4.5V, THD=10\%$	—	220	—	mW
		$R_L=8\Omega, V_{CC}=6.0V, THD=10\%$	250	430	—	mW
		$R_L=16\Omega, V_{CC}=4.5V, THD=10\%$	—	125	—	mW
		$R_L=16\Omega, V_{CC}=6.0V, THD=10\%$	150	240	—	mW
		$R_L=16\Omega, V_{CC}=9.0V, THD=10\%$	—	600	—	mW
		$R_L=32\Omega, V_{CC}=4.5V, THD=10\%$	—	60	—	mW
		$R_L=32\Omega, V_{CC}=6.0V, THD=10\%$	85	110	—	mW
		$R_L=32\Omega, V_{CC}=9.0V, THD=10\%$	—	310	—	mW
输出失真度	THD	$P_{OUT}=50mV, R_L=32\Omega$	—	0.4	1.0	%
		$P_{OUT}=50mV, R_L=16\Omega$	—	0.5	—	%
输出端噪声	V_{NO}	输入端短路,频宽 = 80kHz	—	225	—	μV
输入阻抗	R_{IN}	第二脚或第三脚	—	250	—	kΩ
电源纹波抑制比	PSRR	$CD=500\mu F, F=120Hz$	—	34	—	dB

立体声左右声道音频信号分别从 D3782M(IC2)的 2,3 端输入。C_9,C_{13} 为去耦滤波电容。RP_1 为超小型立体声双连电位器(20kΩ×2),同时控制左右声道的音量。放大后的信号分别从 5、7 端输出。CK 为立体声插座,可用于外接立体声耳机。同时,耳机引线还兼做 FM 天线,由 CL_2 引入高频信号。

10.3 调频发射机

发射机按调制方式可分为调幅(AM)、调频(FM)、调相(PM)和脉冲调制四大类,他们又有模拟和数字之分。这里只讨论调频发射机,因为它广泛地应用于广播、电视、通信、报警、遥控、遥测、电子对抗等领域中。现以调频广播发射机为例介绍它的组成和工作原理。其原理方框图如图 10.3.1所示。它由调制器、前置功放、末级功放(含保护电路)和直流稳压电源等部分组成。在介绍各个部分之前先介绍调频发射机的性能指标。

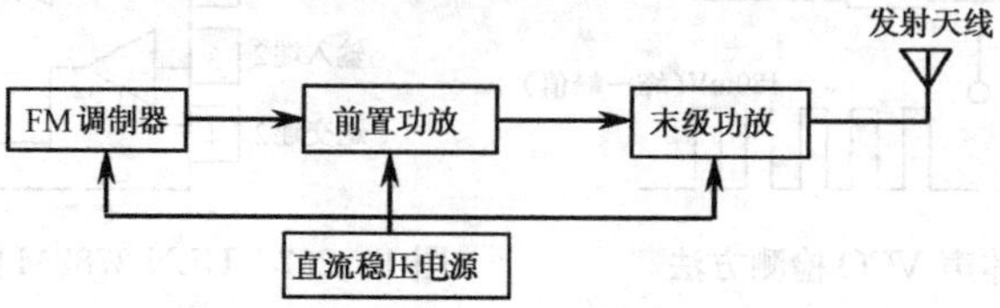

图 10.3.1　FM 发射机原理方框图

10.3.1　调频发射机的性能指标

① 发射频率 f_0 和频率范围　所谓发射频率 f_0 是指载波频率,频率范围是指可以变动的范围。例如调频广播频段规定为 87～108MHz。

② 发射功率 $P_\sim$　发射功率 $P_\sim$ 是指接上负载后实际输出的功率。

③ 输出阻抗　对调频广播而言,一般要求输出阻抗为 50Ω;对电视差转而言一般要求为 75Ω。

④ 残波辐射　残波辐射是指杂波与输出功率之比。

⑤ 音频输入阻抗和电平　音频输入端要求的阻抗和输入电平。

⑥ 信杂比　信杂比是指已调波在规定频偏的情况下经理想解调后有用信号功率与噪声功率之比。

⑦ 失真度　失真度是指已调波在规定频偏的情况下经理想解调后单音频信号的失真度。

⑧ 频率响应　频率响应是指已调波在规定频偏的情况下经理想解调后输出音频的幅频响应。

⑨ 效率　效率是指输出功率 $P_\sim$ 与电源消耗的总功率 P_W 之比。一般用 η 表示。

$$\eta=\frac{P_\sim}{P_W}$$

10.3.2　FM 调制器

20 世纪末广泛采用以中小规模集成块构成的 FM 调制器,近几年大规模集成块构成的 FM 调制器已经进入市场。现分别予以介绍。

1. 中小规模集成块构成的 FM 调制器

(1) 电路原理方框图

由中小规模集成块构成的 FM 调制器原理方框图如图 10.3.2 所示。它由三部分组成,即Ⅰ为频率合成器;Ⅱ为音频处理器;Ⅲ为 FM 波的射频缓冲放大器。

频率合成器的作用是产生一个振荡频率稳定度极高的 FM 波信号,它是调制器的核心部件。

音频处理器的作用是将各种各样的音频信号经过处理后,变成输出阻抗和电平基本一样的信号,再将这些信号加至压控振荡器的变容二极管上。

射频缓冲放大器起缓冲、放大、匹配和滤波的作用。

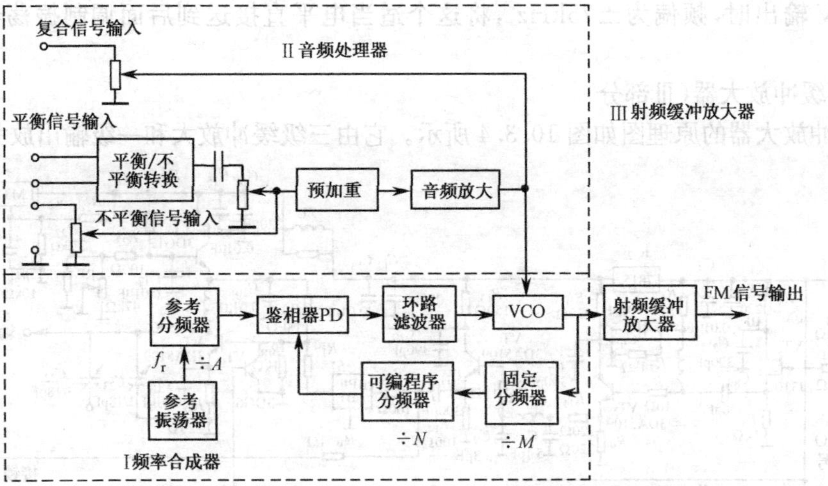

图 10.3.2　中小规模集成块构成的 FM 调制器原理方框图

(2) 线路分析

① 频率合成器（Ⅰ部分）

由中小规模集成块构成的频率合成器原理图如图 9.4.5 所示。它产生一个频率稳定度与参考晶体振荡器相同的高频振荡。其原理说明详见 9.4.3 节，这里不再重复。

② 音频信号处理器(Ⅱ部分)

音频信号处理器如图 10.3.3 所示。IC_1 和其外围电路组成平衡转换为不平衡及放大电路。RP_1 是用来调节共模抑制比的，抑制像交流声之类的共模信号，从而提高共模抑制比 K_{CMR}。单声道平衡输入信号经过共模抑制电阻网络送到运放 IC_1 进行放大并转成单端信号，再经 RP_4 调节至适当电平输出，使之在 1kHz 0dBm 输入时频偏为 ±75kHz，然后再把这个电平送给由 C_{10}(1000pF)和电阻 R_{12}(51kΩ)组成的 50μs 预加重网络，使音频高端信号得到提升。目的是减少发射与接收时高音频端的调频噪声的影响。

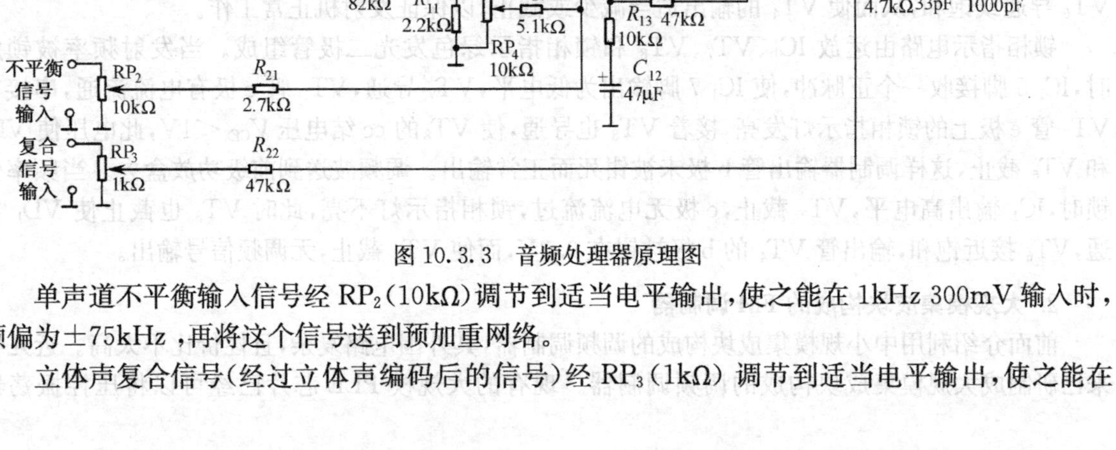

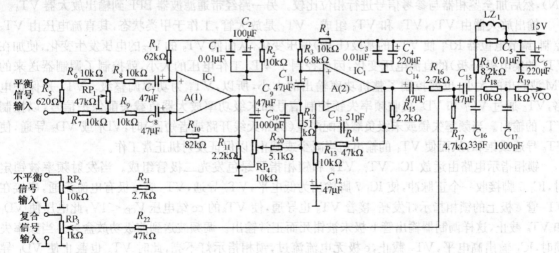

图 10.3.3　音频处理器原理图

单声道不平衡输入信号经 RP_2(10kΩ)调节到适当电平输出，使之能在 1kHz 300mV 输入时，频偏为±75kHz，再将这个信号送到预加重网络。

立体声复合信号(经过立体声编码后的信号)经 RP_3(1kΩ) 调节到适当电平输出，使之能在

1kHz 300mV 输出时,频偏为±75kHz ,将这个适当电平直接送到后面调制振荡器的变容二极管上。

③ 射频缓冲放大器(Ⅲ部分)

射频缓冲放大器的原理图如图 10.3.4 所示。它由三级缓冲放大和一级输出放大器组成。

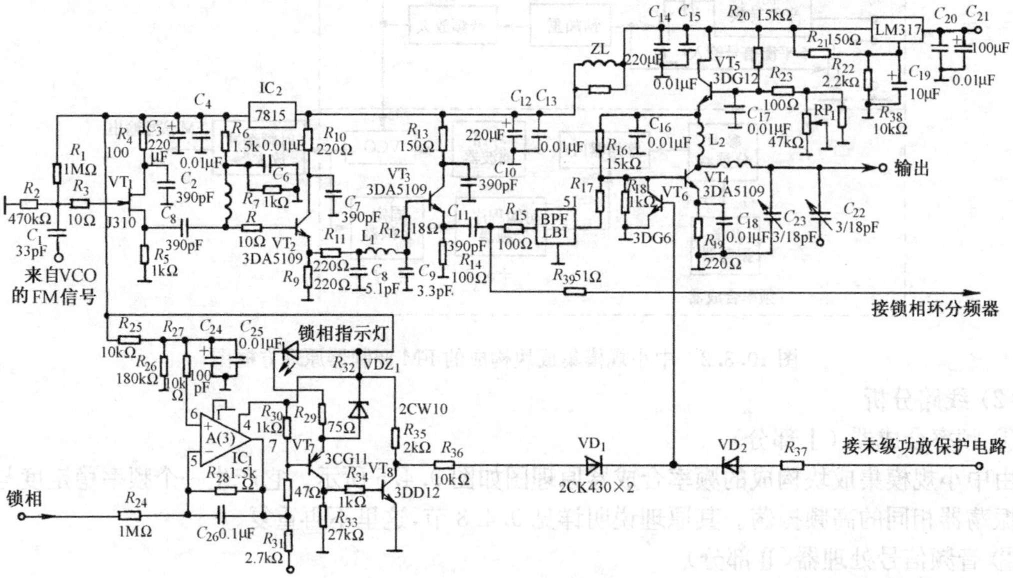

图 10.3.4 射频缓冲放大器

来自压控振荡器(VCO)的 FM 信号,经过三级缓冲放大,由 VT_1、VT_2 和 VT_3 组成,主要起缓冲隔离和电流放大作用,减轻振荡级的负载,提高频率稳定度。VT_1 采用低噪声场效应管 J130 或 3DJ9,这三级均为射极跟随器。L_1,C_8 和 C_9 组成低通滤波器。信号经过三级缓冲放大后,在 VT_3 的发射极(e 极)分两路,一路经 R_{39}(51Ω)接至频率合成器分频端,经固定 10 分频,可编程序分频(*N*),然后加至鉴相器与参考信号进行相位比较。另一路经带通滤波器 BPF 到输出放大器 VT_4。

输出放大器由 VT_4,VT_5 和 VT_6 组成。VT_4 是放大管,工作于甲类状态,其直流电压由 VT_5 控制,调节电位器 RP_1 使 VT_5 的基极(b 极)偏压变化,从而使 VT_5 的 V_{CE}的电压发生变化,使加在 VT_4 的集电极(c 极)的直流电压变化,因此控制了 VT_4 工作电压的大小,就控制了调制器送来的 FM 波输出的大小,也就控制了整机功率输出的大小,所以,VT_5 为功率调整级。VT_6 是保护电路,VT_6 通过 VD_1 和 VD_2 接收频率失锁控制信号和末级功率放大器负载失配保护信号,以控制 VT_4 的输出。当频率失锁或末级负载失配严重(例如天线开路或者短路)时,VD_1 或 VD_2 导通,使 VT_6 导通或饱和,从而使 VT_4 的输出适当减少或截止,以保证发射机正常工作。

锁相指示电路由运放 IC_1、VT_7、VT_8 和锁相指示绿色发光二极管组成。当发射频率被锁定时,IC_1 5 脚接收一个正脉冲,使 IC_1 7 脚输出为低电平,VT_7 导通,VT_7 管 e 极有电流流通,串接在 VT_7 管 e 极上的锁相指示灯发亮,接着 VT_8 也导通,使 VT_8的 ce 结电压 $V_{CE2}<1V$,此电压使 VD_1 和 VT_6 截止,这样调制器输出管 b 极未被钳死而正常输出。调频波送到前级功放盒去。当频率失锁时,IC_1 输出高电平,VT_7 截止,e 极无电流流过,锁相指示灯不亮,此时 VT_8 也截止使 VD_1 导通,VT_6 接近饱和,输出管 VT_4 的 b 极被钳在 0.3V,而使 VT_4 截止,无调频信号输出。

2. 大规模集成块构成的 FM 调制器

前面介绍利用中小规模集成块构成的调频调制器,其外围电路复杂,且性价比不太高。近几年来已研制成大规模集成块构成的调频调制器。现有的大规模 PLL 芯片已经可以将压控振荡器

(VCO)、可编程分频器、鉴频鉴相器(FDPD)、低通有源滤波器(LPF)全部集成在一个芯块内。MC145152 为并入数据的大规模 PLL 芯片,广泛地应用于 FM 发射机的调制器中,该芯片内部结构如图 10.3.5 所示。

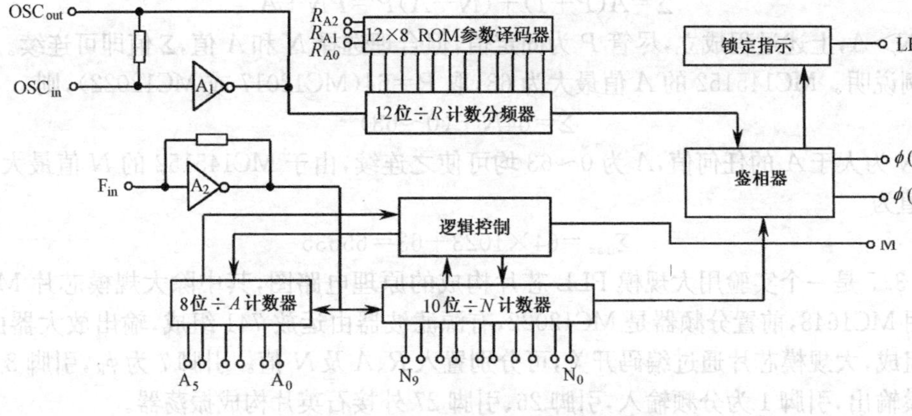

图 10.3.5 MC145152 内部结构图

外部稳定参考源由 OSC_{in} 输入,经 12 位分频将输入频率 ÷ R,然后送入 FD/PD。R 值由 R_{A0}、R_{A1}、R_{A2} 上的电平决定,只有 8 个值可选,见表 10.3.1。之所以从分频器取得 f_r 是因为 f_r 通常很低,不便直接由石英振荡器产生。该芯片 A_1 亦可有石英振荡器功能。这时将石英片接于 OSC_{out} 和 OSC_{in} 并接入分压电容即可,如图 10.3.7 所示。

表 10.3.1 由 R_{A0}、R_{A1}、R_{A2} 决定的 R 值

R_{A2}	0	0	0	0	1	1	1	1
R_{A1}	0	0	1	1	0	0	1	1
R_{A0}	0	1	0	1	0	1	0	1
R	8	64	128	256	512	1024	1160	2048

关于分频器,因一般可编程分频器只能工作到几十兆赫兹,频率再高时就要在 VCO 与 ÷N 分频器之间加入一个前置分频器,将 VCO 的频率降到几十兆赫兹。前置分频器通常是 ECL 器件,它只能有固定的 1~2 个分频比,以 P 表示。这时 f 被锁定在:

$$f=N\times P\times f_r$$

虽然 N 是任意值,但 $N\times P$ 则为离散的,吞咽脉冲技术可以方便地使总分频比为连续数。如图 10.3.6 所示,除 P 或 $P+1$ 前置分频器外,其他均为芯片 MC145152 内部所有,前置分频器有两种分频比,由 M 电平决定。当 $M=1$ 时分频比为 $P+1$,当 $M=0$ 时分频比为 P。内部 ÷N 计数器和 ÷A 计数器均为减法计数器,当减到零时,÷A 计数器输出由高变低,÷N 计数器减到零时输出一脉冲到 FD/PD 并同时将预置 N 和 A 值重新置入 ÷A 和 ÷N 计数器中。

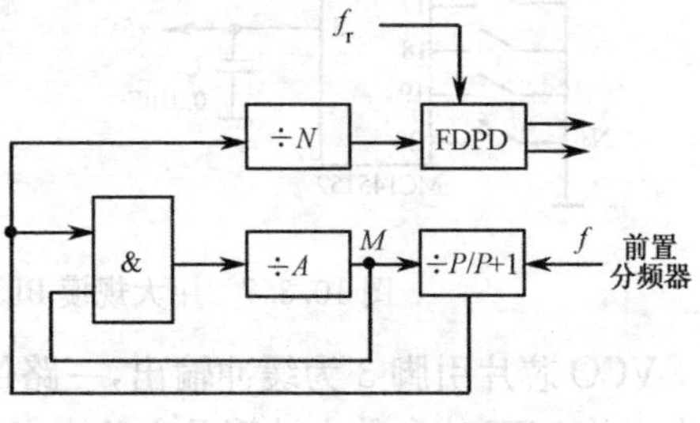

图 10.3.6 $P/P+1$ 前置分频器方框图

N 值和 A 值由人工置入,开始时因 A 中有数,$M=1$,前置分频比为 $P+1$,当减法计数到输入为 $A(P+1)$ 个周期时,÷A 计数器为零,$M=0$,以后前置分频比为 P。同时 ÷N 计数器仍有数 $N-A$,由于与门的作用,÷A 计数器为零以后停止计数,M 保持为 $M=0$,÷N 计数器则继续减法计数,当

计数到 $P(N-A)$ 个 f 周期后 $N=0$,输出一个计数脉冲到 FDPD 进行闭环反馈。同时将置入数 A 和 N 重新写入 $\div A$ 和 $\div N$ 计数器中(图中这部分略去),M 因而为 1。以后重复上述过程,整个过程输入的 f 周期数为

$$\Sigma=A(P+1)+(N-A)P=PN+A$$

只要 $N>A$,上述过程成立,尽管 P 为固定值,但合理选择 N 和 A 值,Σ 值即可连续。

现举例说明。MC145152 的 A 值最大为 63,取 $P=64$(MC12017 或 MC12022),则

$$\Sigma=64N+(0\sim63)$$

可见 N 为大于 A 的任何值,A 为 0～63 均可使之连续,由于 MC145152 的 N 值最大为 1023,则 Σ 最大值为

$$\Sigma_{max}=64\times1023+63=65535$$

图 10.3.7 是一个实验用大规模 PLL 芯片构成的原理电路图,其中除大规模芯片 MC145152 外,VCO 用 MC1648,前置分频器是 MC12022,有源滤波器由运放 741 组成,输出放大器由三极管 2SC3355 组成,大规模芯片通过编码开关,可分别置入 R、A 及 N 值。引脚 7 为 ϕ_R,引脚 8 为 ϕ_U,引脚 9 是变模输出,引脚 1 为分频输入,引脚 26、引脚 27 外接石英片构成振荡器。

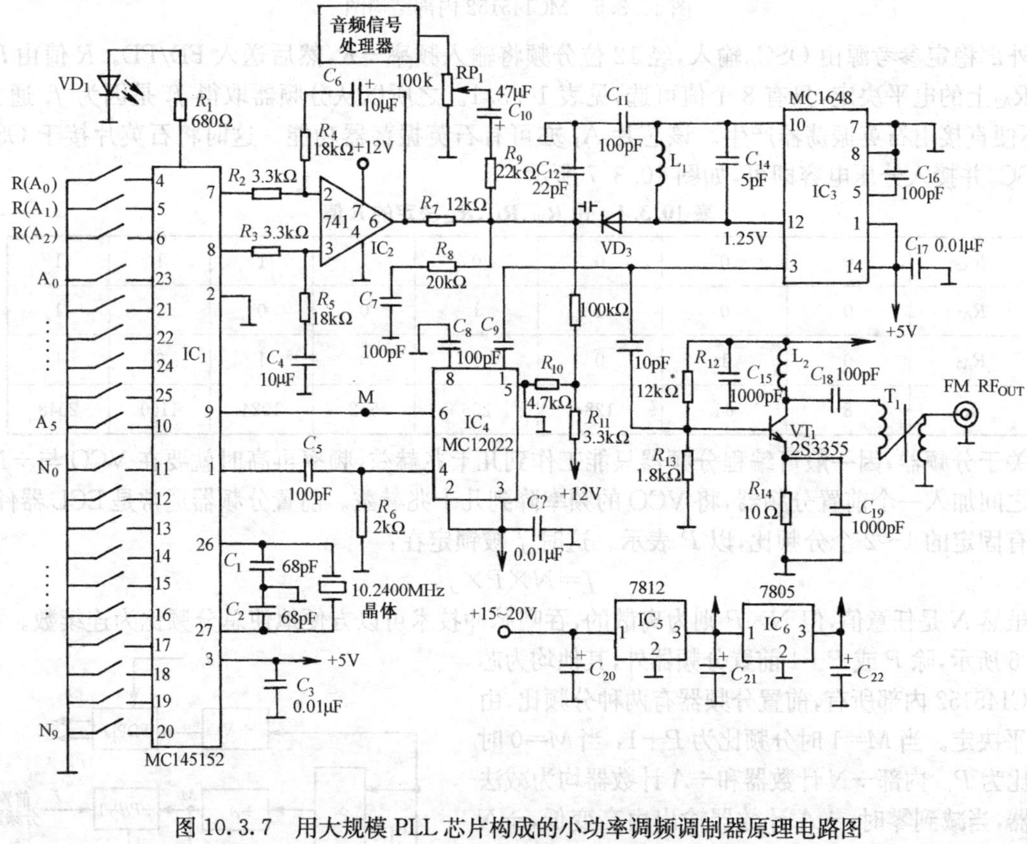

图 10.3.7 用大规模 PLL 芯片构成的小功率调频调制器原理电路图

VCO 芯片引脚 3 为缓冲输出,一路供前置分频器 MC12022,另一路供 2SC3355 放大后输出,图中有关 LPF 的参数由计算及实验决定。

由于芯片集成度高,大大简化了 PLL 的设计,我们要做的主要是确定 f_r 和设计 LPF。

确定 f_r 时应满足:①f_r 为步长(频点间隔)的整分数;②石英频率为商品值并与芯片的 R 值配合可产生 f_r;③由 f_r 确定的 N 值和 A 值应在芯片范围内,而且必须满足 $N>A$;f_r 不应落在调制频率基带内。

调频 PLL 的低通滤波器截止频率应低于调制基带的最低频率，由于低通滤波器的幅频特性不是很陡峭，为避免反馈而造成失真和调制频偏的变化，LPF 的截止频率应为基带最低频率的(1/10)～(1/100)。这时，系统捕捉时间会达到秒级，但一般不影响使用，因为工作进入锁相后再没有捕捉过程了。

研究 PLL 工作过程和状态，主要观测其输出信号的频率及频谱，测量频率快速变化需要有高速的频率电压(或电流)变换。在频率很高时是有困难的，可以通过观察 VCO 的控制电压来间接获得频率的信息，因这个电压与振荡频率有既定的关系，在小范围内是线性的，因此，捕捉过程，环路自激过程，频谱纯度都可以反映出来，寻找不正常的 PLL 故障也大多从这个电压开始，控制电压通常由示波器检测。

音频处理器可以借用图 10.3.3 所示的电路。平衡音频信号，不平衡音频信号，立体声复合信号经过音频信号处理后，均变成不平衡音频信号，并调整电平使之 VCO 最大频偏为±75kHz。这部分内容已详细介绍，这里不再重复。

该调制器的输出功率为 50mW，阻抗为 50Ω。

10.3.3　前级功率放大器

前置功放单元是由三个功率放大晶体管组成的三级宽带放大器构成的，具体电路如图 10.3.8 所示。这三级总增益约 30dB，输出功率为 15～20W。

第一级由输入匹配网络和 VT_1(FA531)及其直流偏置电路组成。输入匹配网络由 C_1、C_2、L_1、C_3、C_4 组成 π 型低通滤波型阻抗变换器，它不但使输入端 50Ω 阻抗与第一级晶体管的基极阻抗(低阻抗，小于 50Ω)相匹配而且有抑制高次谐波的作用，调整 C_2 可以达到宽带匹配，同时 C_1 和 C_2 对输入信号起分压作用。FA531 工作在甲类状态，EQ_1 和 EQ_2 为退耦元件，目的是通直流和去除高频交流，以减少交流通过电源引起的相互串扰。

第二级由 VT_2(3DA92C)功放管及前后级间匹配网络、直流偏置电路组成，工作在甲乙类。C_{14}、L_3、R_6、C_{15}、C_{16}、C_{17}组成级间匹配网络，使第一级输出阻抗变换到第二级输入阻抗，从而达到匹配，同时 C_{14}和 C_{17}也起分压作用。L_3、R_6、C_{15}、C_{16}组成吸收回路，滤出 87MHz 以下的残波。R_7 串在基极回路内以防止寄生振荡。

第三级由 VT_3(3DA825C)功放管及级间匹配网络及直流偏置电路组成。工作在乙类状态。级间耦合匹配网络由 C_{27}、L_5、C_{28}、C_{29}、L_6 组成，这是一个 T 型低通滤波器型阻抗变换器，调频信号经 3DA825C 放大后，分两路：一路经输出匹配网络到末级功放；另一路从 VT_3 e 极取样经 R_{16}送至测量开关，用做电流测量，正常工作时电流在 1.2～1.7A 之间。输出匹配网络由 L_8、C_{43}、C_{44}、C_{45}、C_{46}组成，这是一个 Γ 型低通滤波器型的阻抗变换器。C_{44}也用来调节宽带匹配。

前置盒三级功放中的基极直流偏置电路形式一样，均为并联馈电方式。为使晶体管工作在甲类或甲乙类状态，采用分压式供电与发射极共用一个电源。同时考虑减少基极直流外电路对晶体管基极输入阻抗的影响。在分压供电外电路中串入高频阻流圈，对直流供电提供通路，而对高频电流而言供电电路相当于开路，减少高频电流对电源的串扰。

应该指出：如果三级均调谐在某一个频点上(例如中心频率 f_0 上)是很难满足总带宽要求的，必须利用扫频仪进行参差调谐，才能满足总带宽要求。

10.3.4　末级功率放大器

末级功放根据输出功率不同，其输出电路也不一样，根据广电总局的标准分为 30W，50W，100W，300W，…，目前用全固态器件采用功率合成技术可以做到高达 3000～5000W。单管输出功率可达到 100～300W。例如 MFR317 就可以获得 100W 的输出功率。现以 50W 功放为例，说明

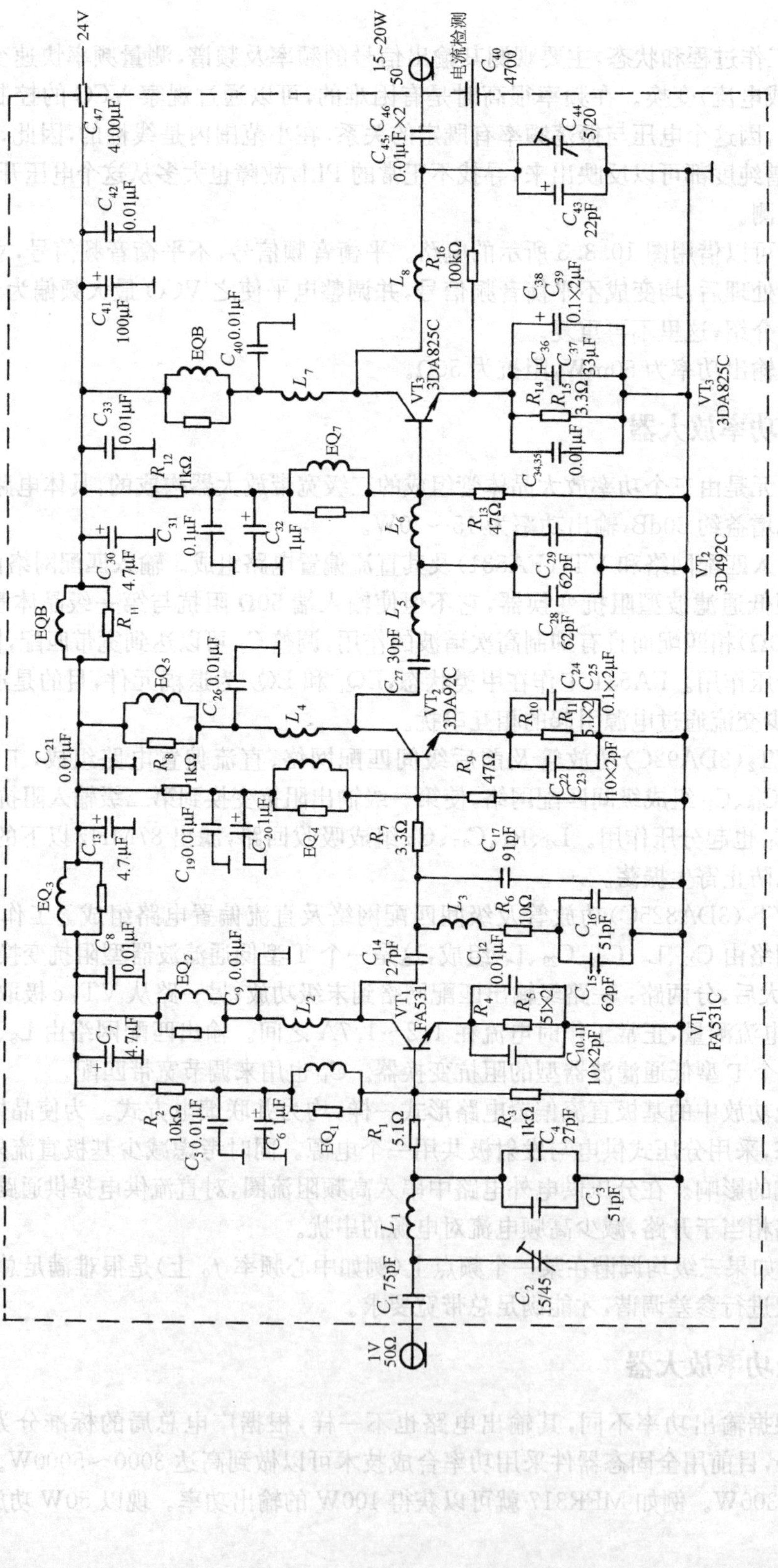

图 10.3.8 高频放大器（前置功放）电路原理图

末级功放的工作原理。原理框图如图 10.3.9 所示。其输入阻抗为 50Ω，电平为 10W；输出功率为 50W，阻抗为 50Ω。所提供直流电压为 24V。功率放大器原理图如图 10.3.10 所示。下面从设计角度进行详细介绍。

图 10.3.9　50W 末级功放原理框图

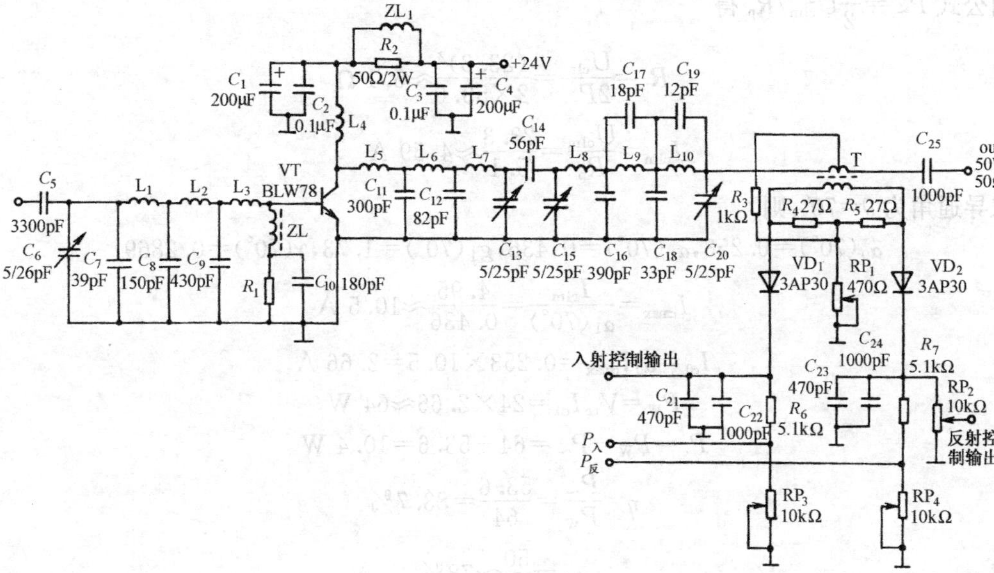

图 10.3.10　末级功率放大器(50W)原理图

1. 工作状态的选取

为了提高效率，末级功放一般采用丙类放大，且选取半导通角为 $\theta=70°$。根据放大器的动态特性，随着信号的加大，动态范围将由放大延伸至饱和区。集电极电流 i_C 将由标准的余弦尖顶脉冲到凹顶脉冲。考虑到凹顶脉冲产生的失真会增大，残波辐射会增加，选取临界状态是比较合适的。这时输出功率较大，集电极效率高，残波辐射小。在晶体管功率放大器中，可以从改变激励电压、基极偏压、集电极直流供电电压来改变放大器的工作状态。如图 10.3.11 所示的是通过改变基极偏压 V_{bb} 就可以改变放大器的工作状态。

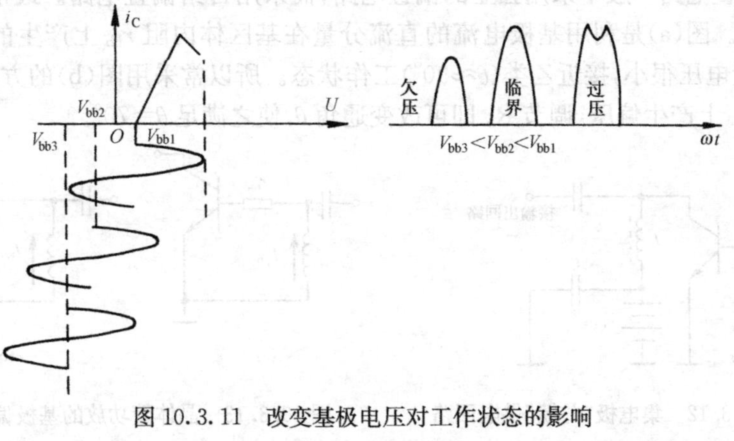

图 10.3.11　改变基极电压对工作状态的影响

2. 末级功放参数的计算

考虑输出匹配网络和输出滤波器的插入损耗 0.3dB,则末级晶体管的实际输出功率要求达到 53.6W 。作为工程近似计算,可以认为集电极最小瞬时电压为饱和导通压降: $U_{ces}=0.7\text{V}$,于是 $U_{c1m}=V_{cc}-U_{ces}=24-0.7=23.3\text{ V}$。

其电压利用系数为
$$\zeta=\frac{U_{c1m}}{V_{cc}}=\frac{23.3}{24}=0.97$$

由公式 $P_{\sim}=\frac{1}{2}U_{c1m}^2/R_p$ 得

$$R_p=\frac{U_{c1m}^2}{2P_{\sim}}=\frac{(23.3)^2}{2\times 53.6}\approx 5.1\ \Omega$$

所以
$$I_{c1m}=\frac{U_{c1m}}{R_p}=\frac{23.3}{5.1}\approx 4.59\text{ A}$$

取导通角为 $\theta=70°$,则

$$\alpha_0(70°)=0.253,\alpha_1(70°)=0.436,g_1(70°)=1.73,\gamma(70°)=0.2869$$

则
$$I_{cmax}=\frac{I_{c1m}}{\alpha_1(70°)}=\frac{4.95}{0.436}\approx 10.5\text{ A}$$

$$I_{c0}=\alpha_0 I_{cmax}=0.253\times 10.5=2.66\text{ A}$$

$$P_W=V_{cc}I_{c0}=24\times 2.66\approx 64\text{ W}$$

$$P_c=P_W-P_{\sim}=64-53.6=10.4\text{ W}$$

$$\eta=\frac{P_{\sim}}{P_W}=\frac{53.6}{64}=83.7\%$$

总效率
$$\eta_{总}=\frac{50}{64}\approx 78\%$$

3. 功放管的选取

末级选取 BLW78,基极输入阻抗约为 1.5Ω,转换到输入端阻抗为 50Ω。根据上述分析,负载阻抗 $R_L=50\Omega$ 也要转换为末级所要求的阻抗 $R_p=5.1\Omega$。

4. 集电极电源电路和基极偏置电路

对于集电极电源电路,要求调制信号经过放大后不至于使信杂比恶化,所以对电源的波纹要有一定的要求。在供电电路中要考虑把直流回路与基波回路分开,常采用“并馈”方式,如图 10.3.12 所示。图中 L、C 用来抑制射频和去耦,使 I_{c0} 只通过晶体管。

对于基极偏置电路一般不采用独立的偏置电路,而采用自给偏置电路。最常用的有两种。如图 10.3.13 所示。图(a)是利用基极电流的直流分量在基区体内阻 $r_{bb'}$ 上产生的偏置电压。由于 $r_{bb'}$ 很小所以偏置电压很小,接近乙类($\theta\approx 90°$)工作状态。所以常采用图(b)的方法,利用基极电流的直流分量在 R_b 上产生偏压,调节 R_b 即可改变通角 θ,使之满足 $\theta=70°$。

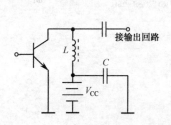

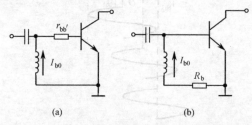

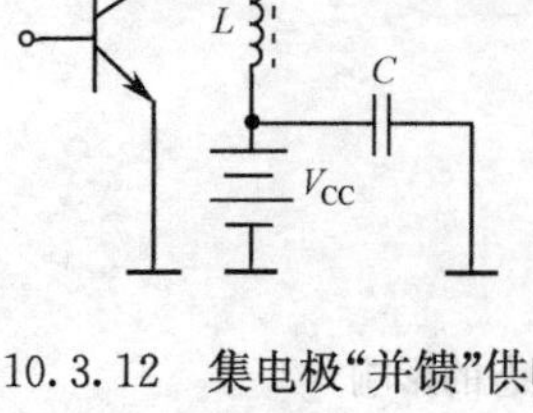

图 10.3.12 集电极“并馈”供电回路

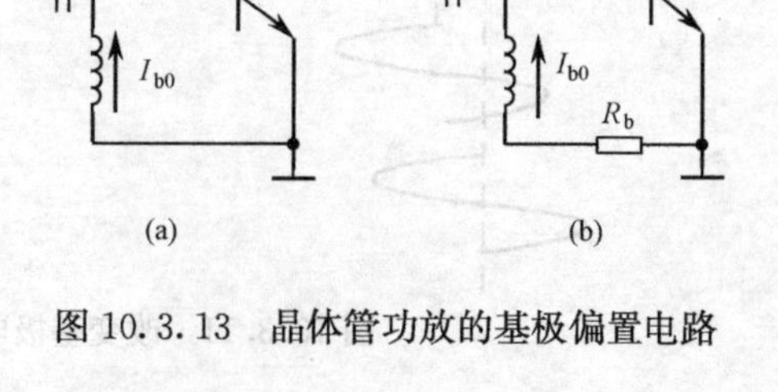

图 10.3.13 晶体管功放的基极偏置电路

5. 宽带匹配网络

宽带放大器和窄带放大器没有本质的区别，就晶体管工作状态以及集电极电路、偏置电路等而言，两者是完全一致的，区别仅在于输入、输出电路及级间匹配电路，要实现宽带放大，必须采用宽带匹配网络。

输入、输出匹配电路两者没有实质区别，都是阻抗变换及匹配网络。输入电路就是将晶体管的基极输入阻抗（50W 功放管 BLW78 的基极输入阻抗约在 1.5Ω 左右）转换为放大器的输入阻抗（例如 50Ω）。输出电路就是将放大器的输出阻抗（例如 50Ω）转换为晶体管 BLW78 希望得到的负载电阻（5.1Ω）。

在宽带匹配网络中，常采用传输线变压器、多节 LC 网络、微带等多种形式，前者适用于小功率放大匹配网络，对于大功率放大器，有磁心发热以及体积大等问题，故很少采用。微带匹配网络因篇幅限制，这里不详细介绍，放到微波电路进行介绍，这里重点介绍多节 LC 网络。

我们先看看单节 LC 网络是怎样实现阻抗匹配的。LC 电路有 π 形、T 形、L 形等电路。前两种电路为三个电抗元件，后者为两个元件。在计算这些元件值时要同时满足谐振和阻抗变换两个条件。L 形电路只有两个元件，两个要求，所以它的解是唯一的。而 π 形电路、T 形电路，在计算元件值除满足以上两个条件外，还必须假设一个回路 Q 值才能解出三个元件值，因此它的解不是唯一的。下面以 L 形电路为例，介绍匹配原理和计算方法。如图 10.3.14 所示。R_1，R_2 为欲匹配的电阻值，求 C_1、L_2 的值。根据 L 形降阻网络公式，则

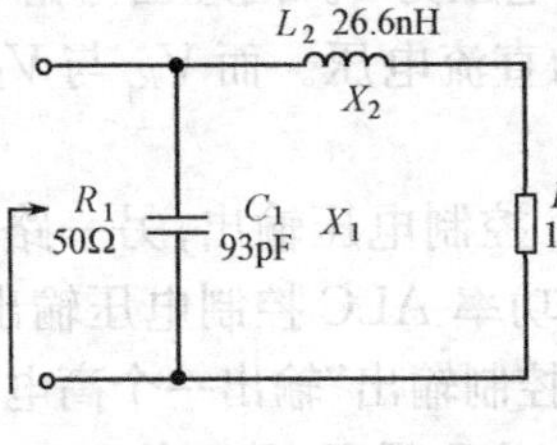

图 10.3.14　L 形匹配网络

$$|X_1|=\frac{1}{\omega C_1}=R_1\sqrt{\frac{R_2}{R_1-R_2}} \tag{10.3.1}$$

$$|X_2|=\omega L_2=\sqrt{R_2(R_1-R_2)} \tag{10.3.2}$$

解此方程组得

$$C_1=\frac{\sqrt{R_1-R_2}}{\omega R_1\sqrt{R_2}},\quad L_2=\frac{\sqrt{R_2(R_1-R_2)}}{\omega} \tag{10.3.3}$$

当 $R_1 \gg R_2$ 时，则

$$C_1\approx\frac{1}{\omega\sqrt{R_1R_2}},\quad L_2\approx\frac{\sqrt{R_1R_2}}{\omega} \tag{10.3.4}$$

以输入回路为例，$R_1=50\Omega$，$R_2=1.5\Omega$，$f_0=100\text{MHz}$，则

$$C_1=\frac{1}{2\pi\times100\times10^6\sqrt{50\times1.5}}\approx93\ (\text{pF}) \tag{10.3.5}$$

$$L_2=\frac{\sqrt{50\times1.5}}{2\pi\times100\times10^6}\approx26.6(\text{nH})$$

如图 10.3.14 所示，若 $C_1=93\text{pF}$，$L_2=26.6\text{nH}$，则构成的匹配网络属窄带网络，难以满足频率从 87～108MHz 整个频段内都匹配的要求。为了使匹配电路增加带宽，可以采用多节 LC 网络，使每一级的阻抗匹配变换缓慢以换取带宽特性。例如将一级改为三级，其变换阻值为：50Ω→16Ω→4.8Ω→1.5Ω，则计算出来的元件值如图 10.3.15 所示。

上述计算方法同样适用于级间匹配网络和输出回路。不过输出回路最后需再增加切比雪夫滤波器，主要抑制二次、三次谐波，降低残波辐射，提高频谱纯度。

同理可以计算输出回路的匹配网络的元件值，如图 10.3.16 所示。

实用电路（通过实验得到的）与上述计算值有较大差异，这是因为上述计算时未考虑分布参数和晶体管的极间电容的影响。

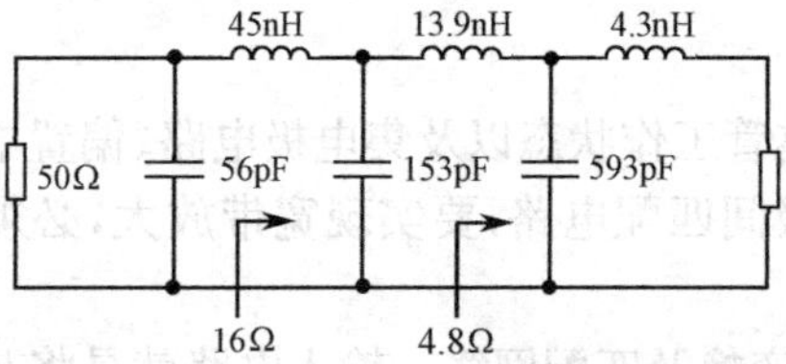

图 10.3.15 多节 LC 构成宽带匹配网络

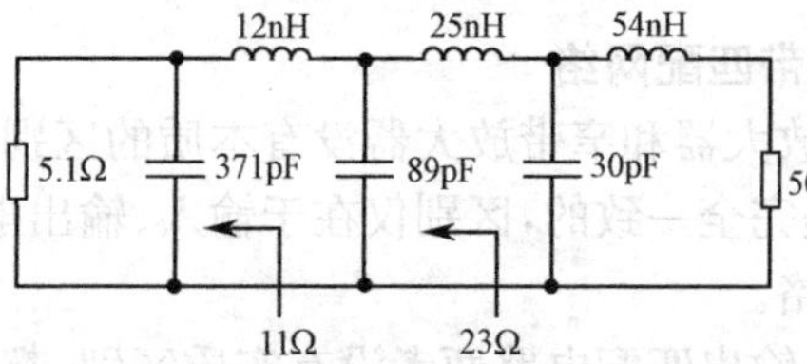

图 10.3.16 50W 输出匹配网络

在图 10.3.10 中 C_6、C_7、L_1、C_8、L_2、C_9 和 L_3 组成输入回路匹配网络；L_5、C_{11}、L_6、C_{12}、L_7 和 C_{13} 组成输出回路匹配网络，C_{14} 是隔直流电容；C_{15}、L_8、C_{17}、L_9、C_{16}、C_{18}、L_{10}、C_{19}、C_{20} 组成切比雪夫滤波器(低通滤波器)，其中 C_{17}(18pF)、L_9 组成二次谐波并联谐振回路(吸收二次谐波成分)，C_{19}(12pF)、L_{10} 组成三次谐波并联谐振回路(吸收三次谐波成分)；ZL、C_{10}、R_1 构成功放级偏置电路，调整 R_1 的大小改变功放级的工作状态，使之在额定功率输出时其导通角为 70°左右(丙类工作状态)。

在这个电路中采用的定向耦合电路是传感器，它提供输出的入射功率和反射功率的测量和控制、保护电压。T 是铁氧体电流互感器，工作在宽频带，改变频率不用调整。T 用来检测带状线上的电流，而 R_3 和 RP_1 组成分压器将输出带状线的电压分压取样，通过桥式得出相应的入射和反射功率。当只考虑 I_I 时，T 次级感应电压为左正右负，使 R_4 上的电压 V_{R_4} 与 RP_1 上的电压 V_{RP_1} 是同相叠加的，经 VD_1 检波后输出与入射功率成正比的直流电压。而 R_5 上的电压 V_{R_5} 与 RP_1 上的电压 V_{RP_1} 是反射叠加的。当调节 RP_1 使 $V_{RP_1}=V_{R_5}$ 时，经 VD_2 检波输出电压为 0。同理当考虑 I_R 时，V_{R_5} 电压与 V_{RP_1} 同相，经 TD_2 检波后，输出一个与反射功率成正比的直流电压。而 V_{R_4} 与 V_{RP_1} 反相，当 $V_{R_4}=V_{RP_1}$ 时，经 VD_1 后的直流电压为 0。

定向耦合器有四路输出，一路是"入射控制输出"，即入射功率 ALC 控制电压输出；另一路是入射功率的指示输出(P_I)。另外两路，一路是"反射控制输出"，即反射功率 ALC 控制电压输出，接至调制器的输出级，如天线开路、短路或接触不良等，反射过强，"反射控制输出"输出一个高电平加到图 10.3.4 中的 R_{37} 端，然后经 R_{37}、VD_2 加到 VT_6 的基极上，使 VT_6 饱和导通，从而使 VT_4 的增益大大下降，导致激励功率下降，起到天线开路短路保护作用，"反射控制输出"输出电平是通过 RP_2 进行调节的；另一路是反射功率指示，RP_3 可调节 $P_入$ 的大小，而 RP_4 可调节 $P_反$ 的大小。

10.3.5 直流稳压电源

50W 调频发射机直流稳压电源原理图如图 10.3.17 所示。B 为电源变压器，IC(AN7824)是基准电源，其值为 24V，VT(3DD8B)为调整管。其输出电压在 23.3V 左右。VD_1 为保护管。

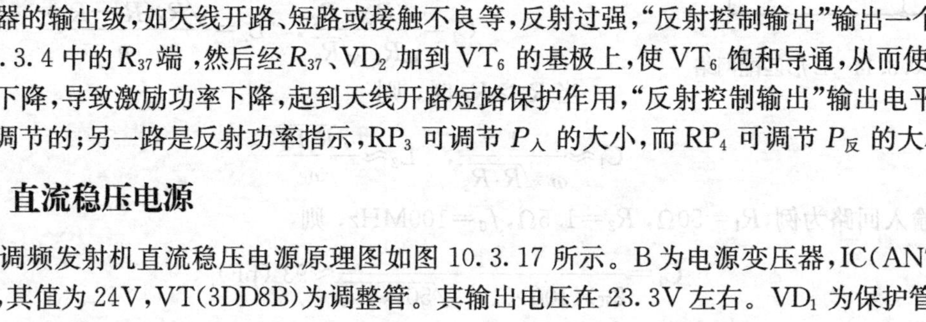

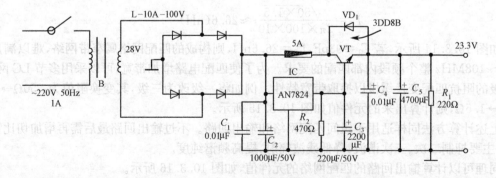

图 10.3.17 24V 4A 直流稳压电源原理图

此稳压源既简单又可靠，所选取的元器件数值均有较大的富余量。实践证明，作为一个电子设备，其可靠性电源占 70%～90%左右。只有电源部分可靠地工作，才能保证整机可靠地工作。

*10.4　系统设计举例

要设计一个系统，首先要弄清题意，然后收集资料，再进行系统设计，画出系统原理图，选择元器件并进行组装，经过反复调试，发现问题，并设法解决它，直至达到全面满足技术指标要求。下面通过具体例子，掌握设计过程。

举例：单工无线呼叫系统设计(2005 年全国大学生电子设计竞赛 D 题)

一、任务

设计并制作一个单工无线呼叫系统，实现主站至从站间的单工语言及数据传输业务。

二、要求

1. 基本要求

(1) 设计并制作一个主站，传送一路语音信号，其发射频率在 30～40MHz 之间自行选择，发射峰值功率不大于 20mW(50Ω 假负载电阻上测定)，射频信号带宽及调制方式自定，主站传送信号的输入采用话筒和线路输入两种方式；

(2) 设计并制作一个从站，其接收频率与主站相对应，从站必须采用电池组供电，用耳机收听语音信号；

(3) 当传送信号为 300～3400Hz 的正弦波时，去掉收、发天线，用一个功率衰减 20dB 左右的衰减器连接主、从站天线端子，通过示波器观察从站耳机两端的接收波形，波形应无明显失真；

(4) 主、从站室内通信距离不小于 5m，题目中的通信距离是指主、从站两设备(含天线)间的最近距离；

(5) 主、从站收发天线采用拉杆天线或导线，长度小于或等于 1m。

2. 发挥部分

(1) 从站数量扩展至 8 个(实际制作 1 个从站)，构成一点对多点的单工无线呼叫系统，要求从站号码可任意改变，主站具有拨号选呼和群呼功能；

(2) 增加英文短信的数据传输业务，实现主站英文短信的输入发送和从站英文短信的接收显示功能；

(3) 当发射峰值功率不大于 20mW 时，尽可能地加大主、从站间的通信距离；

(4) 其他。

设计

一、弄清题意

根据任务，要设计一个单工无线呼叫系统，实现主站至从站间的单工语音及数据传输业务。所谓单工，即主站只管发射信息，从站只管接收信息，单向传输信息，信息不需要返回。

根据要求：要建立一个主站(一台发射机)、8 个从站(8 个接收机)，考虑时间限制只要求做一台接收机，但必须具有单呼和群呼功能。

主站信号系统至少考虑三种或三种以上输入：一是话筒输入，话筒型号多种，一般有高阻和低阻两类，若采用低阻话筒，其输入阻抗为 600Ω，电平为 100mV 左右；二是线路输入，按广电总局标准，线路输入要求阻抗为 600Ω，0dBm(0.775V)；三是基带信号输入，其阻抗考虑为 600Ω，电平为±2V。

根据题目要求，发射机输出端接小于或等于 1m 的拉杆天线，而测试发射机的功率时却用 50Ω

的假负载。对于小于或等于1m的拉杆天线,在工作频率为30～40MHz情况下,其阻抗等于多少必须事先计算出来。利用MATLAB仿真结果,在$f=35$MHz,拉杆天线长度为1m,直径3mm的情况下,其阻抗为$Z_L=R_L+jX_L=5.44-j115.1$。这个数值经过多次仿真,其值不太一样,与周边与试验情况有关,例如天线的方向,天线距离地面的高度和周边环境有关。但这个数值足以说明,天线与发射机输出阻抗是严重失配的,且呈容性。如不采取措施直接相连,势必辐射出去的功率很少,作用距离短,达不到题目要求。这里必须进行阻抗匹配。

对接收机而言,同样存在天线与接收机的输入端的阻抗匹配问题。接收机解调后的输出形式多样,音频部分要做相应处理,对于语音信号用耳机监听(功率为mW级),对于主站呼叫能识别单呼还是群呼,对于英文短信能显示等。

系统功能:

(1) 传送语音信息;

(2) 主站对从站(8个)具有拨号选呼和群呼功能;

(3) 传送英文短信数据,并能显示短信内容。

技术指标:

主站(发射系统)主要技术指标:

(1) 输入信号电平和阻抗

话筒输入:600Ω,100mV

线路输入:600Ω,0dBm(0.775V)

基带输入:±2V

正弦波输入:300～3400Hz,600Ω,0dBm(0.775V)

(2) 频率范围:30～40MHz

(3) 发射功率

$P_{V-V}\leqslant 20$mW(在接50Ω假负载的情况下)

(4) 负载

拉杆天线(≤1m)

假负载50Ω

从站(接收机)主要技术指标:

(1) 输出音频功率≤100mW

(2) 天线,≤1m的拉杆天线(或导线)

系统技术指标

(1) 作用距离:>5m,越大越好

(2) 失真度:无明显失真(<2%)

(3) 频率响应:

语言:300～3400Hz

音乐:50～13000Hz

(满足发挥部分其他要求)

(4) 发射机和接收机频率稳定度(满足发挥部分其他要求):10^{-5}

二、方案论证

在弄清题意之后就应该进行方案论证,根据题目要完成的主要功能和技术指标进行论证。

1. 调制体制的选择

要完成语音信号传送常采用普通调幅波调制(AM)和调频波调制(FM)两大类。要完成主站对从站(8 个)具有拨码选呼、群呼功能和英文短信数据传送功能常采用幅度键控(ASK)调制、频率键控(FSK)调制和相位键控(PSK)调制三大类。考虑到 FM 比 AM 抗干扰性强,本方案为语音传送采用 FM 体制,拨码呼叫、群呼和英文短信数据传送采用 2FSK 调制体制。

2. FM 方案的选择

目前稳定度较高的载波的产生常采用频率合成技术,而频率合成法又分为直接频率合成法和间接频率合成法两大类,而直接频率合成法又分为直接模拟频率合成法和直接数字频率合成法(DDS),间接频率合成法(锁相环法 PLL)又分为脉冲控制锁相法、间接合成制减法降频法和间接合成制除法降频法。考虑到语音信号(随机信号)和选呼、群呼、英文短信数据的调频,采用间接合成制除法降频法会更简单和方便些,故选取该方案。

3. 关于传输距离的分析

传输距离是单工无线呼叫系统的综合性能指标。单工无线通信最大传输距离公式为

$$R_{max}=K\sqrt{\frac{P_tG_tG_r}{S_{min}}} \tag{10.4.1}$$

式中,P_t 为发射机天线端辐射的有效功率,S_{min} 为接收机的最小检测功率,G_t、G_r 分别为发射机天线和接收机天线的增益,K 值在发射频率确定的情况下基本是一个常量。

要增大传输距离 R_{max} 应从如下几个方面考虑:

① 在发射机接 50Ω 假负载,其功率不大于 20mW 的情况下,尽量提高发射机天线辐射的有效功率 P_t。当 $f=35$MHz 时,$\lambda=8.5657$m,当拉杆天线长 1m,直径 3mm 时,通过 MATLAB 仿真计算可得,拉杆天线的等效阻抗 Z_r 为

$$Z_r=R_L-jX_L=5.44-j115.1$$

由此可见,发射机输出端阻抗与天线严重失配。为使天线辐射功率最大,如图 10.4.1所示,必须在天线端口接一个电感 L,使 L 与 C_L 形成串联谐振,抵消 C_L 的作用。同时使发射机输出阻抗 $R_o=50\Omega$ 与 R_L 匹配,中间必须接一个降阻网络。

② 提高接收机灵敏度。由式(10.4.1)可知,提高接收机灵敏度(即降低接收机的 S_{min})与提高发射机天线辐射功率 P_t 对增加传输距离是同等重要的。故接收机采用超外差体制,并且对接收机要调准,使接收机灵敏度最高。

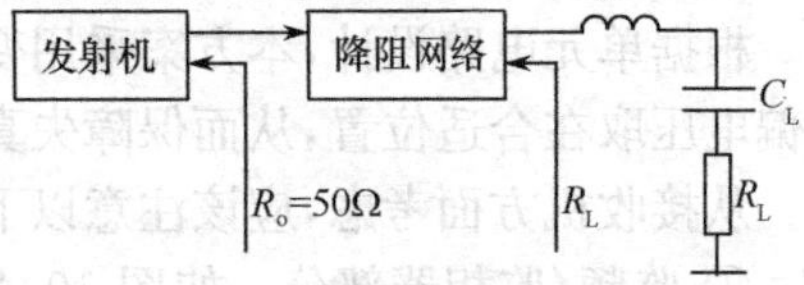

图 10.4.1 发射部分阻抗匹配示意图

③ 在接收机输入端和拉杆天线之间必须加装升阻网络。一方面使天线阻抗与接收机输入阻抗匹配,同时加装一个电感,使之与天线等效电容形成串联谐振,接收机高放电路采用低阻抗输入的共基电路。本设计采用的 CXA1238S 芯片内部已集成了该电路。如果在天线输入端再加一级低噪声天线放大器,则会提高接收机的灵敏度从而增加作用距离。

④ 因本设计收发天线均采用拉杆天线或导线,其长度小于或等于 1m,为提高收发天线的增益,应使拉杆天线的长度等于 1m 或略小于 1m。并且要注意收、发信号时,使收发天线的极化一致,且方向调在最合适的位置。

⑤ 当频率为 35MHz 时,波长 λ 为 8.6m,其传输特性按直线传输,如果中间有障碍物则会产生反射和折射现象,对传输距离有很大的影响。所以测试应在空旷地方,中间不能有障碍物或屏蔽物。

⑥ 根据电波传输理论,在距离为$(2n-1)\lambda/4$ 时,磁场强度较弱,电场强度较强;在距离为 $n\lambda/2$ 时,则与之相反,其中 n 为自然数,如图 10.4.2 所示。在进行传输距离测试时,要转动天线方向,使接收效果最佳为止。

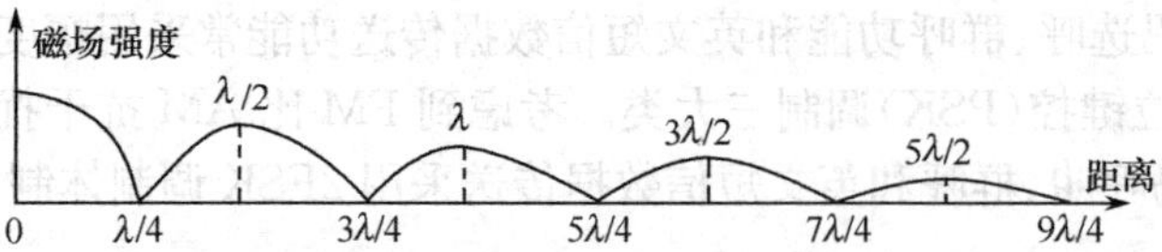

图 10.4.2　电波传输理论示意图

4. 关于尽量减小系统输出信号失真度的分析

输出信号失真度也是单工无线呼叫系统的重要指标。该指标的优劣取决于接收和发射两个分机。对可能产生波形失真的原因要分析清楚,从而采取有效措施,才能保证系统输出波形无明显失真。

从发射机方面考虑,应该注意以下几个方面:

① 音频放大部分。音频输入来自两个方面,一是话筒,其输入阻抗为高阻(10kΩ)或低阻(600Ω),电平较低,一般要加低频放大电路。二是线路输入,阻抗为 600Ω,输入电平为 0dBm(即 0.775V),一般不需要放大。对于需要进行放大的低频信号,其放大器应工作在放大器件的线性段,且负反馈深度要大,确保音频信号经过音频放大器后不产生失真。应采用低噪声放大器,有利于提高整机的信杂比,也有利于改善输出波形失真这项指标。

② 调制器部分。由上述分析可知,收发系统均采用调频(FM)体制,要求调频波的瞬时频率与输入信号(即调制信号)$u_\Omega(t)$呈线性关系,即

$$\omega(t)=\omega_c+ku_\Omega(t) \tag{10.4.2}$$

而调制器采用的 VCO 电路,以变容二极管做调谐元件。其变容二极管结电容 $C_j=\dfrac{C_{jQ}}{(1+u/V_D)^r}$,式中,$r$ 为电容变化指数。

若变容二极管作为振荡回路的总电容时,则瞬时角频率 $\omega(x)$ 为

$$\omega(x)=1/\sqrt{LC_j}=\omega_c\left[1+\frac{u_\Omega(t)}{V_D+V_Q}\right]^{\frac{r}{2}}=\omega_c(1+x)^{\frac{r}{2}} \tag{10.4.3}$$

为使角频率 $\omega(x)$ 与调制信号 $u_\Omega(t)$ 呈线性关系,必须选取 $r=2$ 的变容二极管。

若变容二极管部分接入振荡回路时,应取电容变化指数 $r=1$。

根据单元电路设计,本方案采用变容二极管部分接入振荡回路,故取 $r=1$,且变容二极管静态反偏电压取在合适位置,从而保障失真度最小。

从接收机方面考虑,应该注意以下几点:

① 鉴频/鉴相器部分。如图 10.4.3 所示,鉴频/鉴相器鉴频特性应取其线性部分,线性度要好,且静态工作点应选择在图形的中点,最大频偏$|\Delta f_{max}|<\Delta f_m$。广电总局标准 Δf_{max} 为±75kHz。实际工作时应使$|\Delta f_{max}|$小于 75kHz,这样鉴频/鉴相器引起的波形失真才会最小。

② 音频低放与功率放大器部分。从鉴频/鉴相器出来的音频信号是很弱的,需要经过低频小信号放大和低频功率放大。这里需注意的是,鉴频/鉴相器到低频小信号放大级之间应防止干扰信号串入,如输入线较长应采用屏蔽线。低放与功放应采用线性放大电路,以确保输出波形失真小。

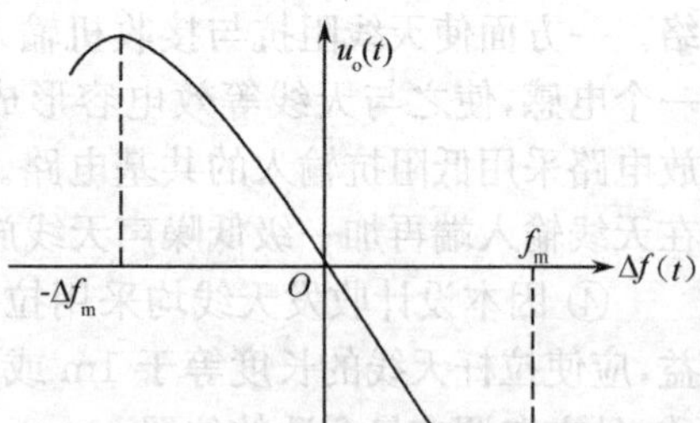

图 10.4.3　鉴频/鉴相器鉴频特性

从系统方面考虑:

收发系统要调整正常,两者的频率要对准,直流稳压电源纹波要小,还要防止外部干扰(特别是市电干扰)串入系统。故发射机音频放大级最好能屏蔽。

5. 基带信号形成器方案论证

主站对从站(8 个)拨码选呼、群呼和英文短信数据的产生(编码)和解码可以用分立元件或中小规模集成片在单片机控制下可以实现,这种方案,外围元件太多、调试工作量大。目前市面上已有专用基带信号的编码/解码电路供购买。例如 PT2262/2272 组成的编码/解码芯片可以完成上述功能。PT2262/2272 是一对 CMOS 工艺制造的低功耗低价位带地址、数据编码/解码功能的集成芯片。PT2262/2272 构成的基带信号编码/解码原理框图如图 10.4.4 和图 10.4.5 所示。

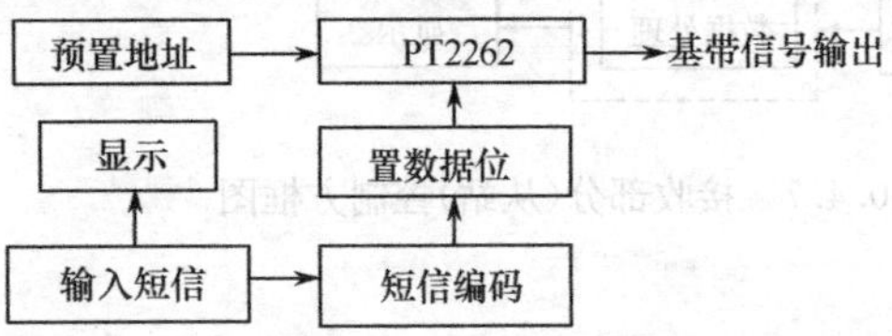

图 10.4.4　采用 PT2262 编码电路的原理框图

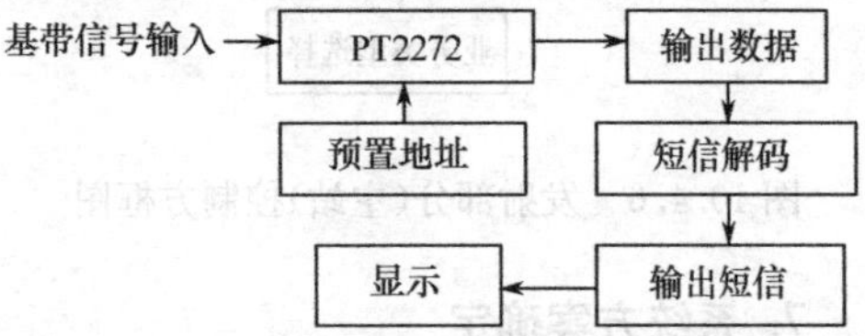

图 10.4.5　采用 PT2272 解码电路的原理框图

主站对从站(8 个)拨码选呼、群呼编码可采用 4 位二进制编码来实现,如表 10.4.1 所示。采用图 10.4.4 可以实现编码功能。采用图 10.4.5 可实现解码功能。但这个方案存在一个问题,因 PT2272 一次只能预置一个地址码,如果预置选呼码,则群呼码不能预置。反之亦然。为了解决这个问题,对于每个从站必须采用 2 片 PT2272。一片管群呼,另一片管选呼。然后将群呼和选呼通过或门再输出。英文短信数据编码可模仿 ASCII 码来实现,如表 10.4.2 所示。根据题意只需发送英文短信,而英文字母只有 26 个,大写与小写加起来才 52 个,用 6 位编码就足够了。

表 10.4.1　选呼、群呼编码表

A	B	C	D	功　能
0	1	1	1	群　呼
1	0	0	0	选呼从台 0
1	0	0	1	选呼从台 1
1	0	1	0	选呼从台 2
1	0	1	1	选呼从台 3
1	1	0	0	选呼从台 4
1	1	0	1	选呼从台 5
1	1	1	0	选呼从台 6
1	1	1	1	选呼从台 7

表 10.4.2　美国信息交换代码 ASCII CODE

$b_3 b_2 b_1 b_0$ \ $b_6 b_5 b_4$	000	001	010	011	100	101	110	111
0 0 0 0	NUL	DLE	SP	0	@	P	,	p
0 0 0 1	SOM	DC	!	1	A	Q	a	q
0 0 1 0	STX	DC	”	2	B	R	b	r
0 0 1 1	ETX	DC	#	3	C	S	c	s
0 1 0 0	EOT	DC	$	4	D	T	d	t
0 1 0 1	ENQ	NAK	%	5	E	U	e	u
0 1 1 0	ACK	SYN	&	6	F	V	f	v
0 1 1 1	BEL	ETB	,	7	G	W	g	w
1 0 0 0	BS	CAN	(	8	H	X	h	x
1 0 0 1	HT	EM	)	9	I	Y	i	y
1 0 1 0	LF	SUB	*	:	J	Z	j	z
1 0 1 1	VT	ESC	+	;	K	[	k	
1 1 0 0	FF	FS	,	<	L	\	l	|
1 1 0 1	CR	GS	—	=	M	]	m	
1 1 1 0	SO	RS	.	>	N		n	~
1 1 1 1	SI	US	/	?	O	←	o	DEL

根据以上分析,地址码占 4 位,数据码占 6 位。采用 1 个 PT2262 和 2 个 PT2272 就完全可以实现选呼、群呼和英文短信数据编码任务。

6. 自动控制模块设计方案论证

单工无线呼叫系统的自动控制部分直接关系到系统“智能化”与“自动化”的实现。相对而言,单工无线控制部分不是十分复杂的,采用 FPGA(现场可编程逻辑门阵列)作为系统的控制核心或采用单片机作为系统的控制核心均可。考虑到单片机技术非常成熟,开发过程中可供利用的资源和工具丰富,而且价格便宜、成本低,故选定单片机为核心的控制方案。发射部分(主站)控制方框图如图 10.4.6 所示,接收部分(从站)控制方框图如图 10.4.7所示。

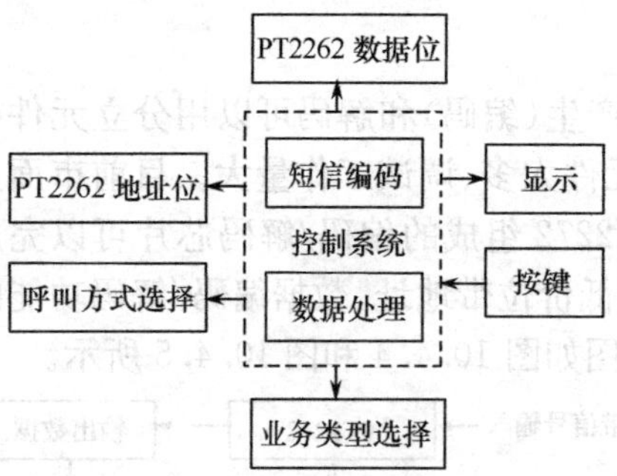

图 10.4.6　发射部分(主站)控制方框图

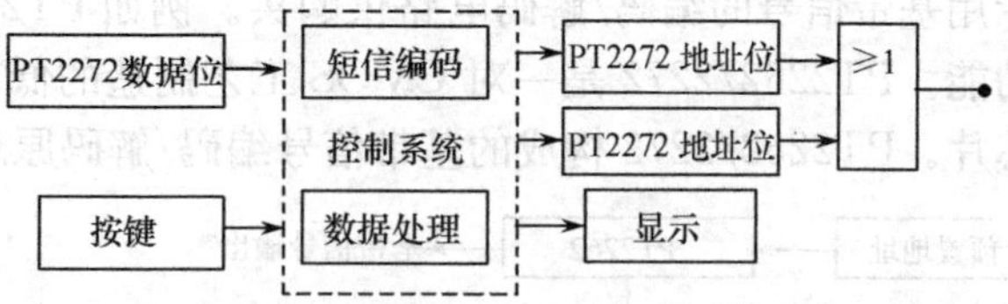

图 10.4.7　接收部分(从站)控制方框图

7. 系统方案确定

系统由发射机和接收机两部分构成,经过上述分析和方案论证,发射机和接收机原理方框图分别如图 10.4.8 和图 10.4.9 所示。由图 10.4.8 可见,发射机由 FM 调制器、控制与基带信号产生器、功率放大器及阻抗匹配网络、天线、输入信号接口电路等组成。其中 FM 调制器由集成电路 MC145152、MC1648、MC12022、环路滤波器、音频处理器等组成。控制与基带信号产生器由单片机、PT2262、键盘、显示器等组成。调制信号来自由拨码选呼、群呼、英文短信构成的基带信号、正弦波信号(300～3400Hz、600Ω、0dBm)、线路输入信号(600Ω,0dBm)和话筒输入信号(600Ω,100mV)。由图 10.4.9 可见,接收机由天线、天线匹配网络、接收芯片及外围电路、音频放大、耳机、基带信号放大及整形、解码片(PT2272)、单片机和显示单元等组成。

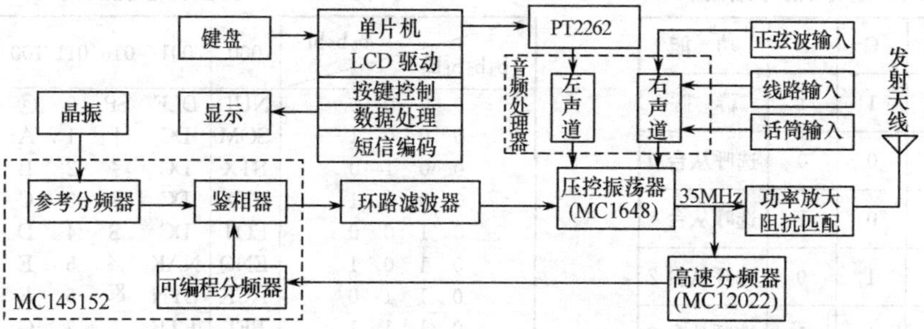

图 10.4.8　发射机原理方框图

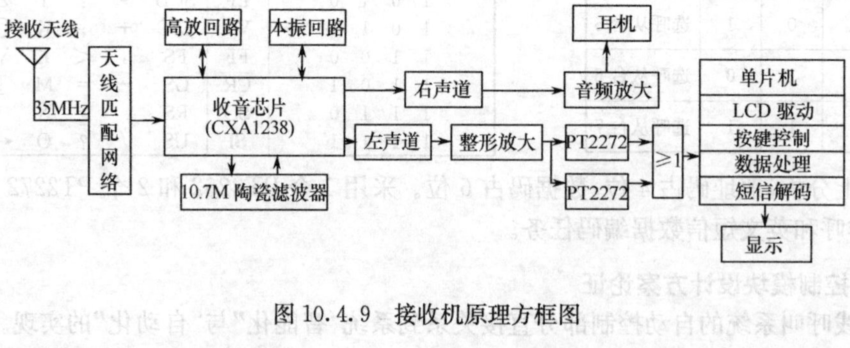

图 10.4.9　接收机原理方框图

三、硬件设计

(一)发射机设计

发射机原理方框图如图 10.4.8 所示。它由 FM 调制器、功放、匹配网络、音频处理器、控制及基带信号产生器等组成。

(1) FM 调制器与功率放大器采用图 10.3.7 所示电路。原理说明见 10.3.2 节的叙述，这里不再重复。但需要强调一点，图 10.3.7 所示电路是按频率范围为 87～108MHz 设计的，根据本题目要求，应将频率范围改在 30～40MHz。振荡回路参数 L_1、C_{12} 和 VD_3 的电容量均按比例增加。因 VD_3 是部分接入振荡回路，故取电容变化指数 $r=1$，这样有利于提高系数的失真度这项指标。

(2) 音频处理器如图 10.4.10 所示。由图可见，运放 A(1) 主要起到将平衡输入变为不平衡输出，运放 A(2) 完成电压放大作用。音频处理器的作用就是将不同输入阻抗、不同输入电平变成基本一样的输出阻抗和 VCO 所需要的电平（一般在几百 mV 至几伏之间），视最大频偏而异。

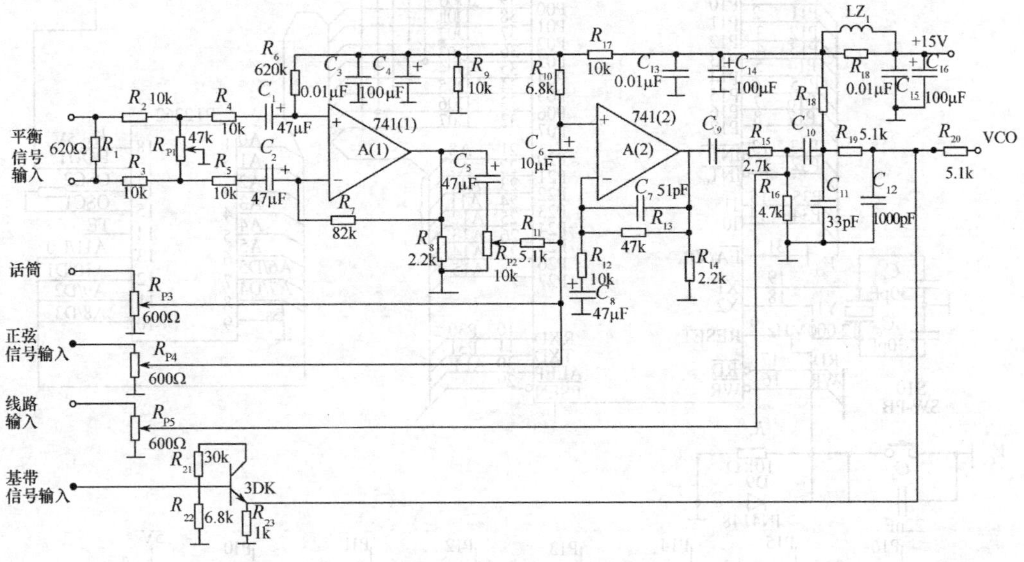

图 10.4.10　音频处理器原理图

(3) 发射机的控制器及主站对从站的选呼、群呼、英文短信数据编码器的设计如图 10.4.11 所示。它主要由单片机 AT89S51 和编码芯片 PT2262 构成。

PT2262/PT2272 是一对带地址、数据编码功能的芯片。编码芯片 PT2262 具有地址和数据编码功能，解码芯片具有地址和数据解码功能，它们两者必须配套使用。PT2262 编码芯片引脚端功能如表 10.4.3 所示。

表 10.4.3　PT2262 引脚端功能表

引　脚　端	功　　能
Pin1～Pin6(A0～A5)	地址输入端，可编成“1”、“0”和“开路”三种状态
Pin7、Pin8、Pin10～Pin13 (A6/D0～A11/D5)	地址或数据输入端，地址输入时用 Pin1～Pin6，做数据输入时只可编成“1”、“0”两种状态
Pin14(TE)	发射使能端，低电平有效
Pin15、Pin16(OSC1、OSC2)	外接振荡电阻，决定振荡的时钟频率
Pin17(Dout)	数据输出端，编码由此脚串行输出
Pin9、Pin18(V_{DD},V_{SS})	电源＋、－输入端

PT2262 发射芯片地址编码输入有“1”、“0”和“开路”三种状态，数据输入有“1”和“0”两种状态，由各地址、数据的不同脚状态决定，编码信号从输出端 17 脚(Dout)输出。Dout 输出的编码信号是调制在载波上的，通过改变 15 脚(OSC1)和 16 脚(OSC2)之间所接的电阻值的大小，即可改变 17 脚输出的时钟频率。6 个数据位(D_0～D_5)和 6 个地址位分别由单片机(P20～P25)和(P00～

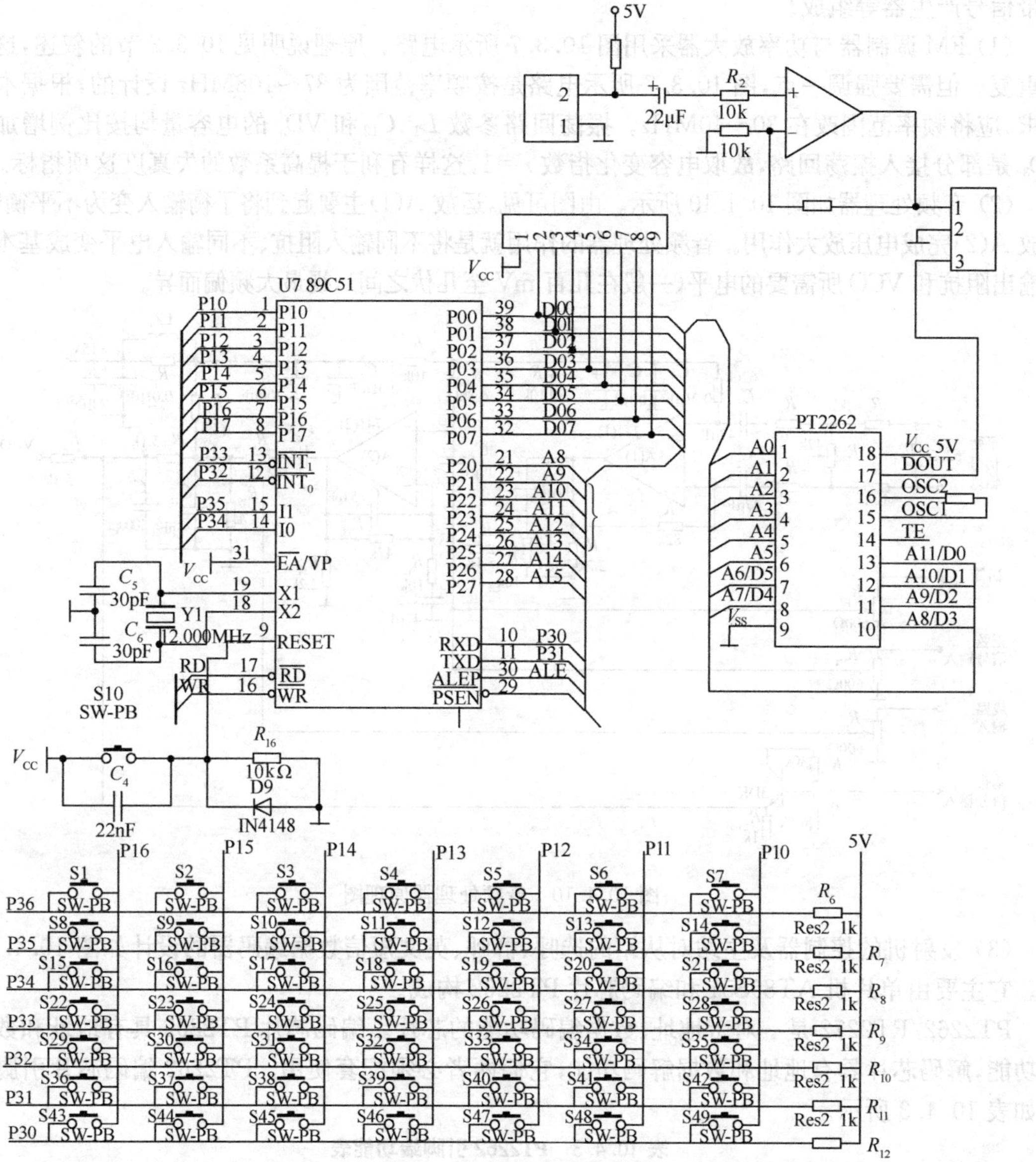

图 10.4.11 发射机控制器和数据编码器原理图

P05）预置。整个编码和控制均是由单片机通过编程实现的。

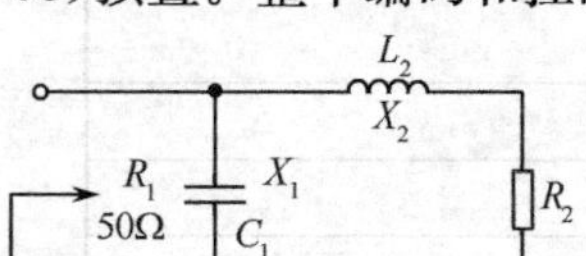

图 10.4.12 L 型匹配网络

4. 阻抗变换电路设计。根据 MATLAB 仿真，对于长 1m 的拉杆天线，当 $f=35\text{MHz}$ 时，其等效阻抗为 $Z=R+\text{j}X=5.44-\text{j}115.1$。要使发射机的输出阻抗 50Ω 与天线匹配，必须加装降阻匹配网络，又因 1m 长的天线呈容性阻抗，必须采用串联谐振，使之天线辐射出去的功率最大。本设计采用的是 L 型的 LC 网络来实现阻抗匹配，L 型电路只有两个元件，两个要求，所以它的解是唯一的，下面为 L 型电路的匹配原理和计算方法。如图 10.4.12 所示，R_1、R_2 为欲匹配的电阻值。

因为

$$\frac{R_1\cdot X_1}{R_1+X_1}+X_2=\frac{R_1X_1(R_1-X_1)}{R_1^2-X_1^2}+X_2=\frac{R_1^2X_1}{R_1^2-X_1^2}-\frac{R_1X_1^2}{R_1^2-X_1^2}+X_2$$

$$=\left(\frac{R_1^2X_1}{R_1^2-X_1^2}+X_2\right)-\frac{R_1X_1^2}{R_1^2-X_1^2}=R_2$$

令上式虚部等于 0，实部等于 R_2，则

$$\frac{R_1^2X_1}{R_1^2-X_1^2}+X_2=0,\quad -\frac{R_1X_1^2}{R_1^2-X_1^2}=R_2$$

解此方程组得

$$\begin{cases}|X_2|=\omega L_2=\sqrt{R_2(R_1-R_2)}\\ |X_1|=\sqrt{\dfrac{R_1^2R_2}{R_2-R_1}}=R_1\sqrt{\dfrac{R_2}{R_2-R_1}}\end{cases}$$

又因为 $|X_1|=\dfrac{1}{\omega C_1}$，$|X_2|=\omega L_2$，于是

$$C_1=\frac{\sqrt{R_1-R_2}}{\omega R_1\sqrt{R_2}}\qquad L_2=\frac{\sqrt{R_2(R_1-R_2)}}{\omega}$$

本设计的阻抗变换采用两节 LC 网络，使每一级的阻抗匹配变换缓慢以换取带宽特性，其变换阻值为 50Ω→16Ω→5.4Ω。电路如图 10.4.13 所示，$R_1=50\Omega$，经 MATLAB 计算，天线呈容性，其阻抗 $Z=R_L-jX_L=5.44-j115.1$，$f_o=35$MHz，采用串联谐振电路，即接一电感 L_3 抵消天线呈容性负载的影响。其计算可得：

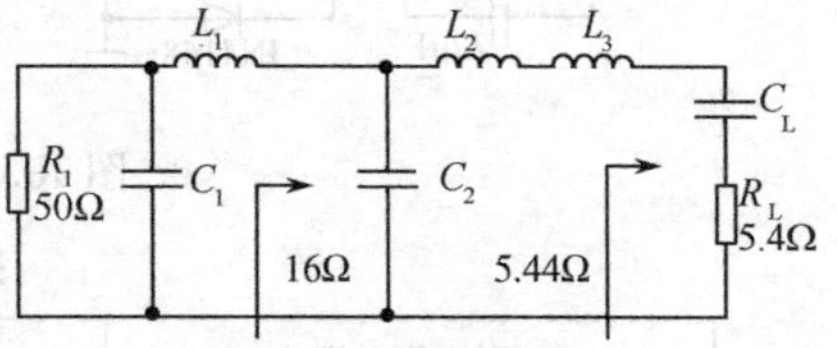

图 10.4.13　阻抗变换电路

$$C_1\approx160.8\text{pF},L_1\approx76\text{nH},C_2=281.2\text{pF},L_2\approx13.4\text{nH},L_3\approx523.49\text{nH}$$

(二)接收机设计

接收机原理框图如图 10.4.9 所示。它由天线、天线匹配网络、正常调频接收部分（以 CXA1238 收音芯片为核心，包含高放回路、本振回路、右声道、音频放大等）、接收机控制器及数据解码器（含左声道、整形电路、PT2272、单片机、显示模块）组成。

正常调频接收部分可采用图 10.2.7 所示收音机电路图。其原理说明详见 10.2.3 节叙述，这里不再重复。不过，图 10.2.7 所示的收音机的频率范围为 87～108MHz，根据本题要求改在 30～40MHz 即可。

1. 接收机控制器及数据解码器的设计

接收机控制器及解码器原理图如图 10.4.14 所示。它主要由单片机 89C51 和解码芯片 PT2272 组成。

PT2262/2272 是一对带地址、数据编码/解码芯片。发射端采用了编码芯片 PT2262，接收端数据解调必须采用 PT2272。PT2272 的数据输出具有“暂存”和“锁存”两种方式，方便用户使用。后缀为“M”称暂存型，后缀为“L”为锁存型，其数据输出又分为 0、2、4、6 不同的输出。例如，PT2272-M6 则表示数据输出为 6 位的暂存型无线接收芯片，本设计就是采用 PT2272-M6 解码芯片。其管脚功能如表 10.4.4 所示。

当从站接收到主站信号后，先经鉴频鉴相器，音频信号从右声道输出，数据信号由左声道，经整形放大后进入数据解码器 PT2272 的 14 脚(D_{in})，再经 PT2272 解码后，将串行的地址、数据码转换成并行的地址、数据码，其地址码经过两次比较核对后，VT 才输出高电平。

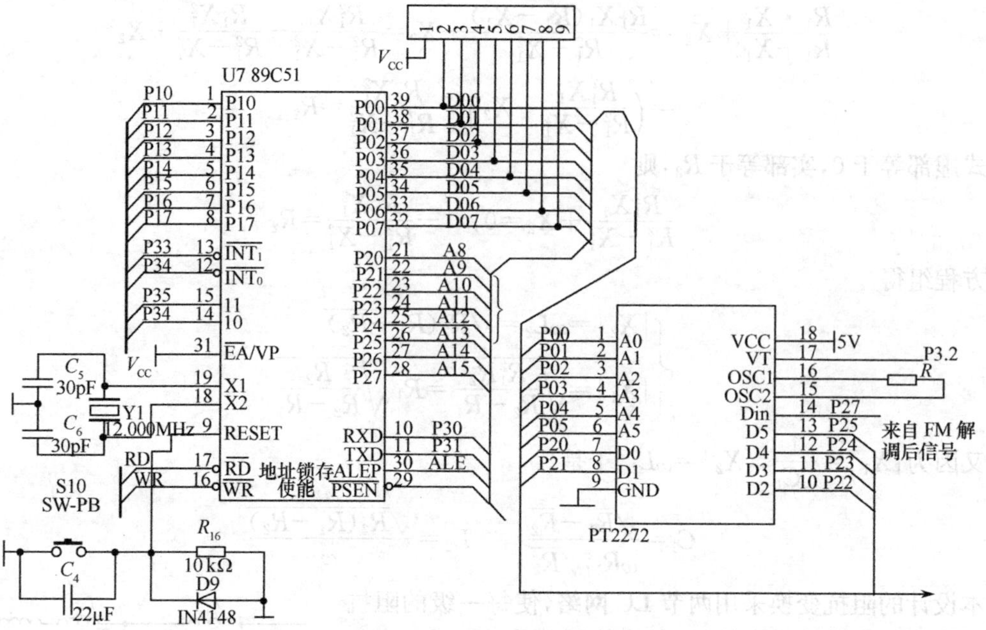

图 10.4.14 接收机控制器和解码器原理图

表 10.4.4 PT2272 引脚功能表

引 脚 端	功 能
Pin1～Pin6(A0-A5)	地址输入端,可编成“1”、“0”和“开路”三种状态。要求与 PT2262 设定的状态一致
Pin7、Pin8、Pin10～Pin13 (D_0～D_5)	数据输出端,分暂存和锁存两种状态
Pin14(DI)	脉冲编码信号输入端
Pin15、Pin16(OSC1、OSC2)	外接振荡电阻,决定振荡的时钟频率
Pin17(VT)	输出端,接收有效信号时,VT 端由低电平变为高电平
Pin9、Pin18(V_{DD},V_{SS})	电源+、-输入端

与此同时,数据通过(D_0～D_5)传送给单片机,由单片机完成处理任务,最后显示出英文短信。

2. 天线输入网络

要设计天线匹配网络,事先必须计算出拉杆天线的等效阻抗和测量接收机的输入阻抗。利用 MATLAB 仿真,对于 $L=1\text{m}$,$D=5\text{mm}$ 的拉杆天线,在 $f=35\text{MHz}$ 时其等效阻抗为 $Z=R-\text{j}X=5.44-\text{j}115.1$。电路图如图 10.4.15 所示。阻抗变换为 5.4Ω～16Ω～50Ω。

用换算法测接收机输入电阻 R_i,测试电路图如图 10.4.16 所示。

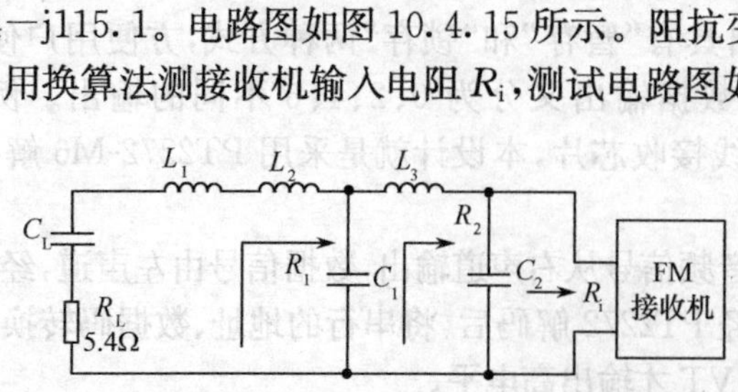

图 10.4.15 天线匹配网络电路图

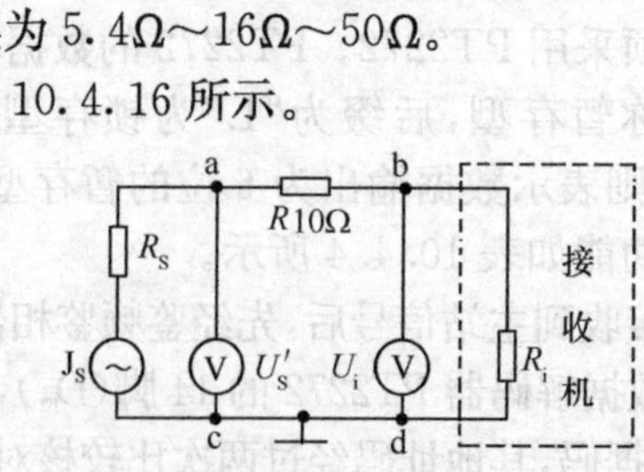

图 10.4.16 换算法测输入电阻示意图

设 $R=10\Omega$，只要分别测出 U_{ac} 和 U_{bd}，则输入电阻为

$$R_i=\frac{R}{\frac{U'_s}{U_i}-1} \tag{10.4.4}$$

实测 $R_i\approx50\Omega$，然后根据公式，可求得

$$L_1=523.49\text{nH},C_1\approx281.2\text{pF},L_2\approx13.4\text{nH},C_2\approx160.8\text{pF},L_3\approx76\text{nH}$$

(三)20dB 衰减器的设计

根据 MATLAB 仿真结果，天线等效阻抗为 $Z=5.44-\text{j}115.1$。

可以计算出 $C_L=\frac{1}{\omega_c X_c}=\frac{1}{2\pi\times35\times10^6\times115.1}\approx439.5\text{pF}$

当观察系统的失真度时，在去掉拉杆天线的情况下，接一个 20dB 的衰减器。必须将天线的等效阻抗考虑进去。如图 10.4.17 所示，采用三级衰减，每级衰减量为 6.02dB，共衰减 18.06dB。

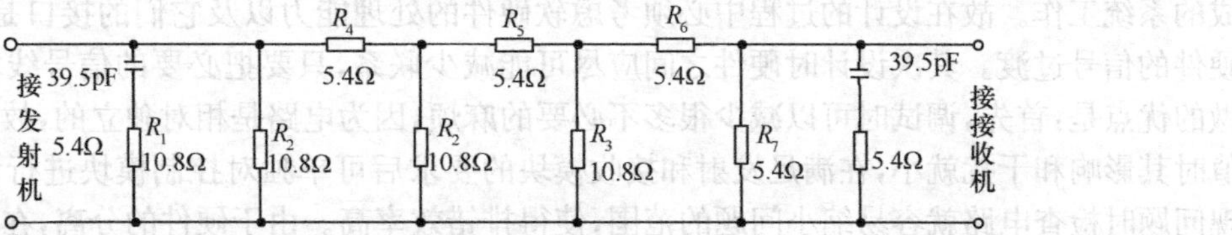

图 10.4.17　20dB 的衰减器电路图

(四)抗干扰措施

本系统既有低频信号，又有中频和高频信号；既有模拟信号，又有低频基带的数字(脉冲)信号和锁相环生成的各种频率的数字(脉冲)信号。它们互相交调会形成频谱很宽的内部干扰信号，加上外部各类干扰信号，特别是 50Hz 的市电干扰信号，是无时不有，无孔不入的。这些干扰信号不仅影响音频信号的传输质量，更重要的是还会影响主从站的呼叫，英文短信的传输质量，甚至造成呼叫出差错和英文短信出错误。因此，抗干扰措施必须做得很好才能保证语音信号高质量传送和呼叫信号、英文短信无误传送。

① 将发射机调制器之前的音频输入级加以屏蔽，防止 50Hz 市电干扰和数字(脉冲)信号干扰。

② 电源隔离。模拟部分和数字部分的电源单独供电，如共用一个直流稳压电源，必须采用电感和电容去耦合。

③ 地线隔离。地线一般要粗，甚至大面积接地，除了元器件引线、电源走线、信号线之外，其余部分均作为地线。同时模拟地要与数字地分开。

④ 模数隔离。模拟部分会受数字部分的脉冲干扰影响，必须将数字部分和模拟部分分开排版，并拉开一定的距离。

⑤ 数数隔离。本系统采用了锁相环，会产生各种频率的脉冲信号。呼叫信号和英文短信也是数字信号，这两类数字信号要相互隔离，前者会干扰后者，造成呼叫或英文短信传递出差错，后者会干扰前者分频错误，从而影响它正确锁定。

⑥ 加装屏蔽线。例如线路输入线、话筒输入线，接收机鉴频/鉴相器至音频放大器之间的引线，均要加装屏蔽线。

⑦ 凡是用电解电容作为耦合元件的地方，一定要并接一个容量较小的瓷片电容，并千万注意电解电容的极性不能反接，否则会产生很大的噪声干扰。例如图 10.3.7 中电解电容 C_{10}(47μF)如果极性接反了，会使 VCO 输出的噪声大大增加，应该避免。

四、软件设计

鉴于单片机技术比较成熟,且开发过程中可供利用的资源和工具丰富、价格便宜、成本低,故设计用C语言对其编程并烧录到芯片内部,C语言表达和运算能力比较强,且具有很好的可移植性和硬件控制能力。采用KEIL51的C51编译器。KEIL Uvision2是众多单片机应用开发软件中的优秀软件之一,它支持众多不同公司的51构架的芯片,集编辑、编译、仿真等于一体,同时还支持PLM,汇编和C语言的程序设计,它的界面和常用的微软VC++的界面相似,界面友好,易学易用,在调试程序,软件仿真方面也有很强的功能。程序分为发射部分和接收部分。

(一)软件设计和硬件设计的关系

硬件设计和软件设计是电子设计中必不可少的内容,为了满足设计的功能和指标的要求,我们必须在开始设计的时候就要考虑到硬件和软件的协调,不然不是造成硬件资源的浪费就是增加软件实现时的困难和复杂程度,甚至造成信号的断层,即使硬件和软件能单独使用,也不能使它们组成的系统工作。故在设计的过程中必须考虑软硬件的处理能力以及它们的接口是否兼容,实现软硬件的信号过渡。其次设计时硬件之间应尽可能减少联系,只要把必要的信号线相连即可。这样做的优点是:首先,调试时可以减少很多不必要的麻烦,因为电路是相对独立的,故在调整电路参数值时其影响和干扰就小,在满足发射和接收模块的要求后可单独对控制模块进行调整;再者,当出现问题时检查电路就容易缩小问题的范围,使得排错效率高。由于硬件的分离,在软件的调试时就可以单独针对控制模块。

(二)发射部分程序设计

发射部分的程序主要可分为按键处理模块、液晶显示模块、数据处理模块以及字符转换模块4大部分。主要程序流程图如图10.4.18所示。

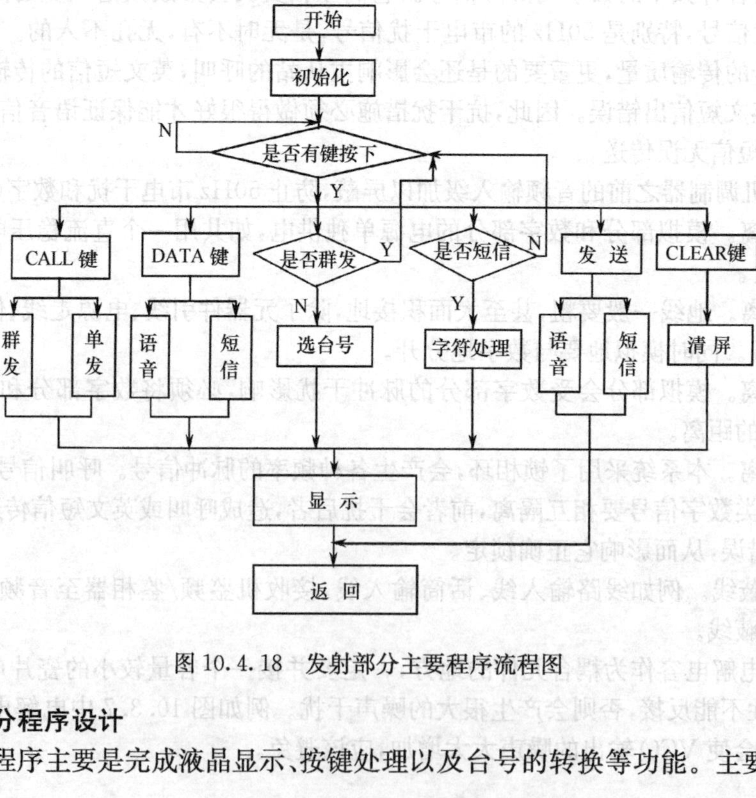

图 10.4.18　发射部分主要程序流程图

(三)接收部分程序设计

接收部分的程序主要是完成液晶显示、按键处理以及台号的转换等功能。主要程序流程图如图10.4.19所示。

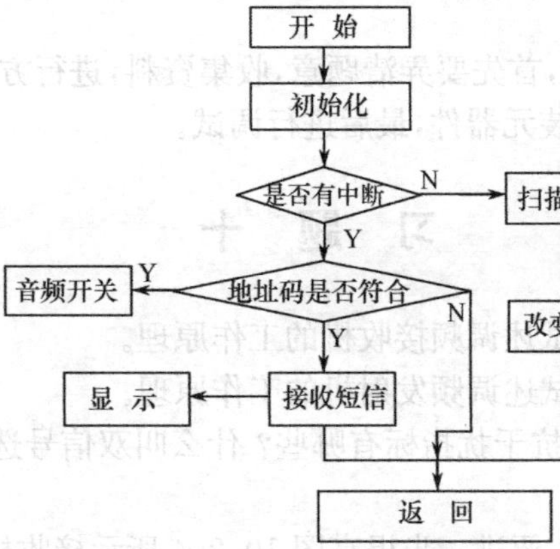

图 10.4.19 接收部分主要程序流程图

五、结论

经测试,完成了题目要求的各项功能和技术指标。接收机灵敏度≤10μV,系统信杂比优于 5×10^{-6}、失真度≤2%,频率响应为 50~1300Hz±1dB、作用距离>50m。群呼、选呼以及英文短信传送误码率小于 1%。而且在抗干扰方面和天线匹配方面有特色。

本章小结

1. 无线电收发设备广泛应用于现代通信系统、广播、电视系统、无线安全防范系统、无线遥控遥测系统、雷达系统、电子对抗系统、无线电制导系统等领域中。同时也是高频电子线路的综合应用。

2. 超外差接收机主要技术指标有:灵敏度、信噪比、双信号选择性、镜像抑制、失真度和频响等。

3. CXA1019P(M)是日本索尼公司研制的大规模接收集成电路,它将高放、本振、混频、中放、解调、音频低放与功放、AGC 及 AFC 等集成在一个块电路内。性能优良,外围元件较小,近几年在我国非常畅销。CXA1191 和 CXA1619 是在它的基础上进行了少许改进的两类新产品。

4. CXA1238 也属日本索尼公司出品的另一种类型的接收机模块,它除了具有 CXA1019 P(M)全部功能外,还有立体声解码电路。

5. FM 发射机一般由 FM 调制器、前置功放、末级功放和稳压电路组成。它的主要技术指标有:发射频率 f_0、发射功率 $P_\sim$、输出阻抗、残波辐射、信杂比、失真度、频响及效率等。

6. FM 调制器是 FM 发射机的核心部件,它的任务就是要产生一个中心频率稳定度极高的且受音频信号调制的调制波。我们知道,要获得稳定度极高的高频振荡可采用 PLL 技术。单环 PLL 一般由晶振、鉴频鉴相器、低通滤波器、VCO、固定分频器和可编程分频器等组成。一个振荡器中心频率不稳主要由温度、湿度、直流电源等外界因素的变化而引起,其变化是缓慢的,而 VCO 产生调频波是一个快变化,根据广电总局要求,其最大频偏为 ±75kHz。PLL 的环路滤波器其上限截止频率只要几赫兹,对于慢变化的误差信号可以通过,而音频调制信号产生的快变化误差信号不能通过。从而实现了既稳频又调频的目的。

7. 末级功放采用丙类放大。丙类功率放大的特点是输出功率大、效率高,但波形失真大,且二次、三次谐波辐射大,为了克服这个缺点,输出级采用了多节 LC 谐振回路和切比雪夫滤波网络,同时为防止天线失配,末级还采用 $P_入$、$P_反$ 的指示装置,由于整个系统还采用 AGC 措施,一方面正常工作时使输出稳定,另一方面如天线开路、短路时能自动切断中间级的激励信号,从而保护了末级功放管免受损坏。

8. 要设计一个现代电子产品,首先要弄清题意,收集资料,进行方案论证,画出系统原理图,列出元器件清单,再制作电路板,安装元器件,最后进行调试。

习　题　十

10.1　根据图 10.1.1 所示,试述调频接收机的工作原理。

10.2　根据图 10.1.2 所示,试述调频发射机的工作原理。

10.3　就你所知,FM 接收机抗干扰指标有哪些?什么叫双信号选择性?双信号选择性主要由哪一级来保障?

10.4　什么叫接收机灵敏度?要进一步提高图 10.2.4 所示接收机的灵敏度应采取什么措施?

10.5　什么叫镜像抑制?根据图 10.2.19 所示,FM 波段镜像抑制主要取决哪级、哪些元件?如果要进一步提高 FM 波段的镜像抑制,应采取什么措施?

10.6　FM 发射机有哪些主要技术指标?什么叫残波辐射?

10.7　根据图 9.4.5,试述 FM 调制器的工作原理。

10.8　根据图 10.3.7,试述大规模 PLL 芯片构成的小功率 FM 调制器的工作原理,并叙述该调制器既可以稳频又能调频的道理。

10.9　为什么 FM 发射机末级功放的工作状态一般选择丙类?对于丙类放大器带来波形失真大应采取什么措施?

10.10　试述负载(天线)开路、短路保护电路的工作原理。

*10.11　电压控制 LC 振荡器的设计(2003 年全国大学生电子制作大赛考题 A 题)。

1. 设计任务

设计并制作一个电压控制 LC 振荡器。

2. 设计要求

(1) 基本要求

① 振荡器输出为正弦波,波形无明显失真;

② 输出频率范围:15～35MHz;

③ 输出频率稳定度:优于 10^{-3};

④ 输出电压峰—峰值:$V_{P-P}=1V\pm0.1V$;

⑤ 实时测量并显示振荡器输出电压峰—峰值,精度优于 10%;

⑥ 可实现输出频率步进,步进间隔为 1MHz±100kHz。

(2) 发挥部分

① 进一步扩大输出频率范围;

② 采用锁相环进一步提高输出频率稳定度,输出频率步进间隔为 100kHz;

③ 实时测量并显示振荡器的输出频率;

④ 制作一个功率放大器,放大 LC 振荡器输出的 30MHz 正弦信号,限定使用 $E=12V$ 的单直流电源为功率放大器供电,要求在 50Ω 纯电阻负载上的输出功率≥20mW,尽可能提高功率放大器的效率;

⑤ 功率放大器负载改为 50Ω 电阻与 20pF 电容串联,在此条件下 50Ω 电阻上的输出功率≥20mW,尽可能提高放大器效率;

⑥ 其他。

第 11 章　大规模集成 VCO 的宽带频率合成器

11.1　概述

本章的内容是第 9 章频率合成器内容的扩展。考虑到教学规律，先介绍基本原理（第 8 章 8.4 节自动相位控制（APC）电路（锁相环路 PLL）），然后在第 9 章频率合成频率中主要介绍中小规模集成芯片构成的频率合成器，目的在于讲清频率合成器构成的方法及组成。在第 10 章中介绍了上个世纪末流行的大规模锁相环集成芯片 MC145152 的原理及其应用。本章主要介绍更大规模的频率合成器。（ADF4351 内含有 36，955G CMOS 管和 986 个双极性管）。

当代频率合成器应用最多的是两种，一是直接数字频率合成器（DDS），二是由锁相环（PLL）构成的频率合成器。DDS 由于受到时钟频率（f_c）和数模转换器（DAC）的限制，低频段采用 DDS，高频段采用 PLL 构成的频率器，显然存在一个中界频率 f_M。即 $f \leqslant f_m$ 采用 DDS，$f > f_M$ 则采用 PLL 构成的频率合成器。而 f_M 的值随着电子技术的发展而变化。例如 AD 公司早期研制的 AD9831 中，时钟频率只为 25MHz。后来改进的产品 AD9850 的时钟为 125MHz，AD9852、AD9854 的时钟为 300GHz。AD9854 芯片内采用高新技术（内插法），最高可产生 120MHz 的不失真的正弦波和方波。显然这个中界频率就应该为 120MHz。查阅 AD9854 资料，时钟频率为 300MHz，不是由硅晶体直接生成的，而是 AD9854 内部采用 PLL 合成器生成的。

表 11.1.1　AD 公司 DDS 芯片选型表

型号	时钟 (MHz)	DAC (Bits)	调节字 (Bits)	电源(V)	消耗电流(mA)	输出电流 (mA)	输出电压 (V)	时钟倍频	比较器	I/O 接口	封装	其他
AD5930	50	10	24	单(2.3 to 5.5)	8	3.1	0.8	无	无	串	TSSOP—20	
AD5932	50	10	24	单(2.3 to 5.5)	8	n/a	n/a	是	无	串	TSSOP—16	
AD9830	50	10	32	单(5)	60	20	1	无	无	并	TQFP—48	
AD9831	25	10	32	单(3.3;3.6;5)	15	4	1.5	无	无	并	TQFP—48	
AD9832	25	10	32	单(3.3;3.6;5)	15	4	1.35	无	无	串	TSSOP—16	
AD9833	25	10	28	单(2.3 to 5.5)	5.5	3	0.65	无	无	串	MSOP—10	
AD9834	75	10	28	单(2.3 to 5.5)	8.7	3	0.8	无	有	串	TSSOP—20	
AD9835	50	10	32	单(5)	40	4	1.35	无	无	串	TSSOP—16	
AD9850	125	10	32	单(3.3;5)	96	20	1.5	无	有	并;串	SSOP—28	
AD9851	180	10	32	单(3;3.3;3.6;5)	130	20	1.5	是	有	并;串	SSOP—28	
AD9852	300	12	48	单(3.3)	922	20	1	是	有	并;串	LQFP—80	
AD984	300	12	48	单(3.3)	1210	10	1	是	有	并;串	LQFP—80; TQFP—80	
AD9858	1000	10	32	多(3.3,5)	n/a	40	3.8	无	无	并;串	LQFP—ED—100	
AD9859	400	10	32	多(1.8,3.3)	n/a	20	2.05	是	无	串	TQFP—EP—48	

续表

型号	时钟(MHz)	DAC(Bits)	调节字(Bits)	电源(V)	消耗电流(mA)	输出电流(mA)	输出电压(V)	时钟倍频	比较器	I/O接口	封装	其他
AD9910	1000	14	32	单(1.8;3.3)	n/a	20	0.5	是	无	并;串	TQFP/EP—100	
AD9911	500	10	32	单(1.8)	73	10	1.8	是	—	串	LFCSP—56	
AD9912	1000	14	48	多(1.8,3.3)	394	—	0.5	是	有	串	LFCSP—64	
AD9913	250	10	32	单(1.8)	63.5	4.6	0.8	是	无	并;串	LFCSP—VQ—32	
AD9951	400	14	32	多(1.8,3.3);单(1,8)	n/a	10	2.05	是	无	串	TQFP—EP—48	
AD9952	400	14	32	多(1.8,3.3);单(1.8)	n/a	10	2.05	是	有	串	TQFP—EP—48	
AD9953	400	14	32	多(1.8,3.3);单(1.8)	n/a	10	2.05	是	无	串	TQFP—EP—48	
AD9954	400	14	32	多(1.8,3.3);单(1.8)	n/a	10	2.05	是	有	串	TQFP—EP—48	
AD9956	400	14	48	多(1.8,3.3)	n/a	10	2.3	无	无	串	LFCSP—48	
AD9958	500	10	32	多(1.8,3.3)	105	10	2.3	是	—	串	LFCSP—56	
AD9959	500	10	32	多(1.8,3.3)	180	10	2.3	是	—	串	LFCSP—56	

表 11.1.1 列出 AD 公司 DDS 芯片选型表。从中可以了解 DDS 的发展趋势。

由 PLL 构成的超大规模的宽带频率合成器近几年得到高速发展。新产品不断涌现。其中 ADF4351 输出频率范围为 35MHz～4400MHz，MAX2870、MAX2871 输出频率范围为 23.5MHz～6000MHz，MAX7880 输出频率范围为 250MHz～12.4GHz。它们的结构、工作原理及应用等均大同小异。下面以 ADF4351 为例进行详细介绍。

11.2 大规模集成 VCO 宽带频率合成器 ADF4351 介绍

11.2.1 概述

ADF4351 结合外部环路滤波器和外部参考频率使用时，可实现小数 N 分频或整数 N 分频锁相环(PLL)频率合成器。内部集成了 VCO，其基波输出频率范围为 2200MHz 至 4400MHz。此外，利用 1/2/4/8/16/32/64 分频电路，用户可以产生低至 35MHz 的射频输出频率。对于要求隔离的应用，射频输出级可以实现静音。静音功能既可以通过引脚控制，也可以通过软件控制。同时提供辅助射频输出，且不用时可以关断。所有片内寄存器均通过简单的三线式接口进行控制。该器件采用 3.0V 至 3.6V 电源供电，不用时可以关断。

11.2.2 特性

输出频率范围，35MHz～4400MHz

小数 N 分频合成器和整数 N 分频器

具有低相位噪声的 VCO

可编程的 1/2/4/8/16/32/64 分频输出

典型抖动：0.395rms
EVM(典型值，2.1GHz)：0.4%
电源：3.0～3.6V
逻辑兼容性：1.8V
可编程双模预分频器：4/5 或 8/9
可编程的输出功率
RF 输出静音功能
三线式串行接口
模拟和数字锁定检测
在宽带内快速锁定模式
周跳减少

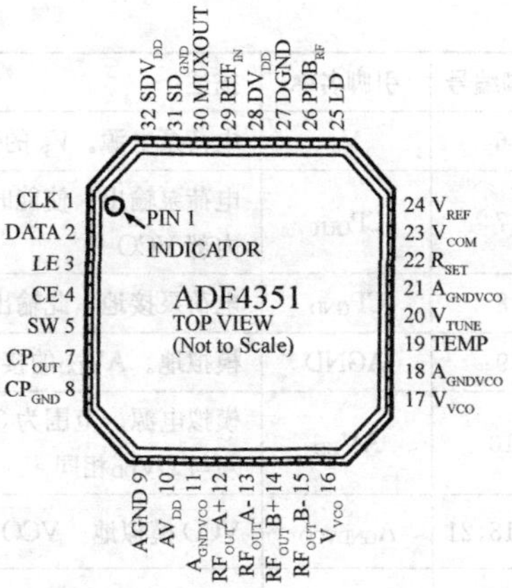

NOTES
1. THE LFCSP HAS AN EXPOSED PAD THAT MUST BE CONNECTED TO GND.

图 11.2.1 引脚配置

11.2.3 ADF4351 内部功能框图、引脚图及功能描述

ADF4351 引脚图如图 11.2.1 所示。

功能框图如图 11.2.2 所示。

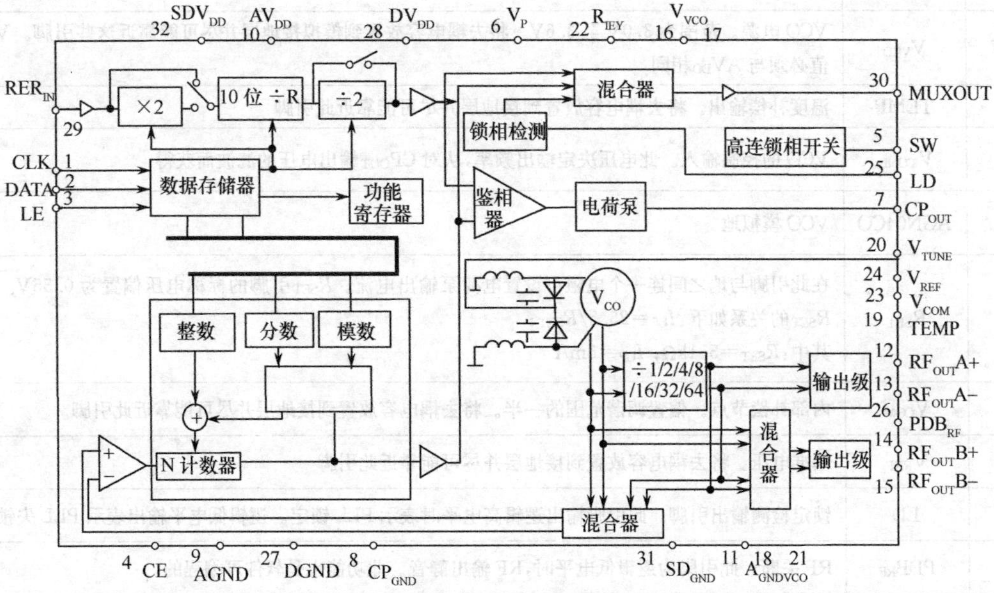

图 11.2.2 功能框图

功能描述见表 11.2.1。

表 11.2.1 引脚功能描述

引脚编号	引脚名称	描 述
1	CLK	串行时钟输入。数据在 CLK 上升沿时逐个输入 32 位移位寄存器。此输入为高阻抗 CMOS 输入
2	DATA	串行数据输入。串和行数据以 MSB 优先方式加载，三个 LSB 用作控制位。此输入为高阻抗 CMOS 输入
3	LE	加载使能。当 LE 变为高电平时，存储在 32 位移位寄存器中的数据载入三个控制位所选择的寄存器。此输入为高阻抗 CMOS 输入
4	CE	芯片使能。此引脚的逻辑低电平将关断器件，并使电荷泵进入三态模式。根据关断位的状态不同，此引脚的逻辑高电平将使器件上电
5	SW	快速锁定开关。使用快速锁定模式时，必须将环路滤波器与此引脚相连

续表

引脚编号	引脚名称	描述
6	V_P	电荷泵电源。V_P 的值必须与 AV_{DD}相同。将去耦电容放置到接地层并尽可能靠近此引脚
7	CP_{OUT}	电荷泵输出。使能时,此输出向外部环路滤波器提供$\pm I_{CP}$。环路滤波器的输出连到 V_{TUNE},以驱动内部 VCO
8	CP_{GND}	电荷泵接地。此输出是 CP_{OUT}的接地回路引脚
9	AGND	模拟地。AV_{DD}的接地回路引脚
10	AV_{DD}	模拟电源。范围为 3.0～3.6V。将去耦电容放置到模拟接地层并尽可能靠近此引脚。AV_{DD}的值必须与 DV_{DD}相同
11,18,21	A_{GNDVCO}	VCO 模拟地。VCO 的接地回路引脚
12	$RF_{OUT}A+$	VCO 输出。输出电平可编程。提供 VCO 基波输出或分频输出
13	$RF_{OUT}A-$	互补 VCO 输出。输出电平可编程。提供 VCO 基波输出或分频输出
14	$RF_{OUT}B+$	辅助 VCO 输出。输出电平可编程。提供 VCO 基波输出或分频输出
15	$RF_{OUT}B-$	互补辅助 VCO 输出。输出电平可编程。提供 VCO 基波输出或分频输出
16,17	V_{VCD}	VCO 电源。范围为 3.0V 至 3.6V。将去耦电容放置到模拟接地层并尽可能靠近这些引脚。V_{VCO}的值必须与 AV_{DD}相同
19	TEMP	温度补偿输出。将去耦电容放置到接地层并尽可能靠近此引脚
20	V_{TUNE}	VCO 的控制输入。此电压决定输出频率,从对 CP_{OUT}输出电压的滤波而获得
21	AGN04CO	VCO 模拟地
22	R_{SET}	在此引脚与地之间连一个电阻可设置电荷泵输出电流。R_{SET}引脚的标称电压偏置为 0.55V。I_{CP}与 R_{SET}的关系如下:$I_{CP}=25.5/R_{SET}$; 其中:$R_{SET}=5.1\text{k}\Omega$; $I_{CP}=5\text{mA}$
23	V_{COM}	内部补偿节点。偏置调谐范围的一半。将去耦电容放置到接地层并尽可能靠近此引脚
24	V_{REF}	基准电压。将去耦电容放置到接地层并尽可能靠近此引脚
25	LD	锁定检测输出引脚。此引脚输出逻辑高电平时表示 PLL 锁定。逻辑低电平输出表示 PLL 失锁
26	PDB_{RF}	RF 关断。此引脚为逻辑低电平时,RF 输出静音。此功能也是软件可编程的
27	DGND	数字地。DV_{DD}的接地回路引脚
28	DV_{DD}	数字电源。DV_{DD}的值必须与 AV_{DD}相同。将去耦电容放置到接地层并尽可能是靠近此引脚
29	REF_{IN}	基准输入。这是一个 CMOS 输入,标称阈值为 $AV_{DD}/2$,并具有 100kΩ 的直流等效输入电阻。此输入可以采用 TTL 或 CMOS 晶振驱动,或者交流耦合
30	MUXOUT	多路复用器输出。此多路复用器输出允许从外部访问锁定检测值,N 分频器或 R 分频器值
31	SD_{GND}	数字 Σ-Δ 调制器地。Σ-Δ 调制器的接地回路引脚
32	SDV_{DD}	数字 Σ-Δ 调制器的电源引脚。SDV_{DD}的值必须与 AV_{DD}相同。将去耦电容放置到接地层并尽可能靠近此引脚
EP	Exposed Pad	裸露焊盘。LFCSP 具有一个必须连接至 GND 的裸露焊盘

11.2.4　技术规格

除非另有说明，$AV_{DD}=DV_{DD}=V_{VCO}=SDV_{DD}=V_P=3.3V\pm10\%$；AGND=DGND=0V，工作温度范围为−40℃至 85℃。ADF4351 技术规格如表现 11.2.2 所示。

表 11.2.2　ADF4351 技术规格

参考	最小值	典型值	最大值	单位	测试条件/注释
REF_{IN}特性					
输入频率	10		250	MHz	如果 $f<10MHz$，确保压摆率大于 $21V/\mu s$
输入灵敏度	0.7		AV_{DD}	V_{P-P}	偏压 $AV_{DD}/2$；交流耦合确保
输入电容		10		PF	$AV_{DD}/2$ 偏置
输入电流			±60	μA	
鉴频鉴相器(PFD)					
鉴相频率			32	MHz	小数 N 分频
			45	MHz	整数 N 分频(频段选择使能)
			90	MHz	整数 N 分频(频段选择禁用)
电荷泵					
I_{cp}吸/源电流					$R_{SET}=5.1k\Omega$
高值		5		mA	
低值		0.312		mA	
R_{SET}范围	3.9		10	kΩ	
吸电流与源电流匹配		2		%	$0.5V\leqslant V_{cp}\leqslant2.5V$
I_{cp}与V_{CP}		1.5		%	$0.5V\leqslant V_{cp}\leqslant2.5V$
I_{cp}与温度		2		%	$V_{cp}=2.0V$
逻辑输入					
输入高电压	1.5			V	
输入低电压			0.6	V	
输入电流 I_{INN}/I_{INL}			±1	μA	
输入电容		3.0		PF	
逻辑输出					
输出高电压	$DV_{DD}-0.4$			V	选择 CMOS 输出
输出高电流			506	μA	
输出低电压			0.4	V	$I_{OL}=500\mu A$
电源					
AV_{DD}	3.0		3.6	V	
DV_{DD}，V_{VCO}，SDV_{DD}，V_P		AV_{DD}			这些电压必须等于 AV_{DD}
$DI_{DD}+AI_{DD}$		21	27	mA	
输出分频器		6～36		mA	每个二分频消耗 6mA
I_{VCO}		70	80	mA	
I_{RFOUT}		21	26	mA	RF 输出级可编程

续表

参 考	最小值	典型值	最大值	单 位	测试条件/注释
低功耗休眠模式		7	10	μA	
RF 输出特性					
VCO 输出频率	2200		4400	MHz	基波 VCO 模式
使用分频器时最小 VCO 输出频率	34.785			MHz	2200MHz 基波输出,选择 64 分频
VCO 灵敏度		40		MHz/V	
最小 RF 输出功率		−4		dBm	可以 3dB 步进编程
最大 RF 输出功率		5		dBm	
输出功率波动		±1		dB	

11.2.5 时序特性

时序图如图 11.2.3 所示。

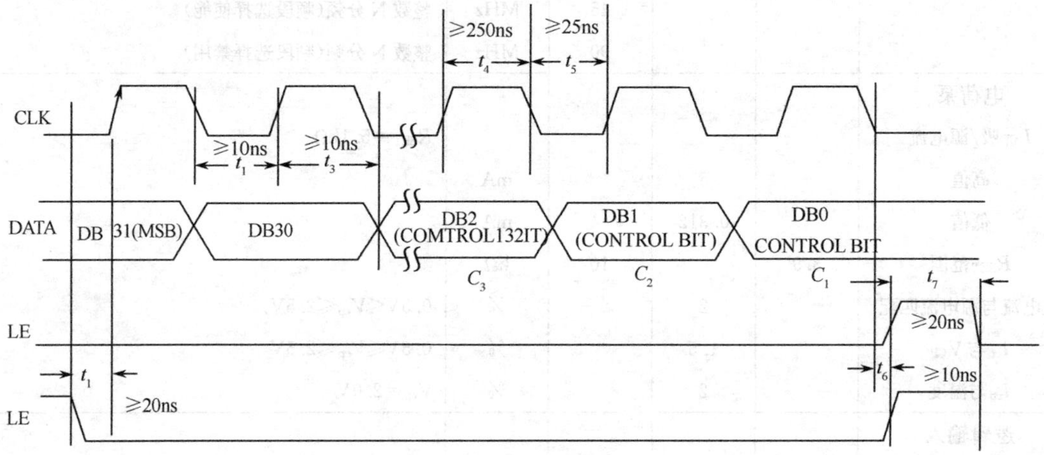

图 11.2.3 时序图

除非另有说明,$AV_{DD}=DV_{DD}=V_{VCO}=SDV_{DD}=V_P=3.3V\pm10\%$;$AGND=DGND=0V$;使用 1.8V 和 3V 逻辑电平,$T_A=T_{MIN}$至 T_{MAX}。详见表 11.2.3。

表 11.2.3

参数	限值	单位	描述
t_1	20	ns(最小值)	LE 建立时间
t_2	10	ns(最小值)	DATA 到 CLK 建立时间
t_3	10	ns(最小值)	DATA 到 CLK 保持时间
t_4	25	ns(最小值)	CLK 高电平持续时间
t_5	25	ns(最小值)	CLK 低电平持续时间
t_6	10	ns(最小值)	CLK 到 LE 建立时间
t_7	20	ns(最小值)	LE 脉冲宽度

11.2.6 绝对最大额定值

除非另有说明,$T_A=25℃$。

额定值见表 11.2.4。

注意：超过上述绝对最大额定值可能会导致器件永久性损坏。这只是额定最值，不表示在这些条件下或者在任何其他超出本技术规范操作章节中所示规格的条件下，器件能够正常工作。长期在绝对最大额定值条件下工作会影响器件的可靠性。

本器件为高性能 RF 集成电路，ESD 额定值小于 1.5kV，对 ESD（静电放电）敏感。搬运和装配时应采取适当的防范措施。

晶体管数量：ADF 4351 的晶体管数量为 36,955（CMOS）和 986（双极性）。

热阻：热阻（θ_{JA}）针对裸露焊盘焊接到 GND 的器件指定。

表 11.2.4　额性值一览表

参　数	额 定 值
AV_{DD}至 GND	−0.3～+3.9V
AV_{DD}至 DV_{DD}	−0.3～+0.3V
V_{CO}至 GND	−0.3～+3.9V
V_{VCO}至 AV_{DD}	−0.3～+0.3V
数字 I/O 电压至 GND	−0.3～V_{DD}+0.3V
模拟 I/O 电压至 GND	−0.3～V_{DD}+0.3V
REF_{IN}至 GND	−0.3～V_{DD}+0.3V
工作温度范围	−40～85℃
存储温度范围	−65～+125℃
最高结温	150℃
回流焊	
峰值温度	260℃
峰值温度时间	40s

11.2.7　电路描述

1. 参考输入级

参考输入级如图 11.2.4 所示。SW1 和 SW2 为常闭开关。SW3 为常开开关。启动关断程序后，SW3 闭合，SW1 和 SW2 断开，确保关断期间 REF_{IN}引脚无负载。

2. RF N 分频器

RF N 分频器可以在 PLL 反馈路径中提供一个分频比。分频比由构成此分频器的 INT、FRAC 和 MOD 的值决定（见图 11.2.5）。

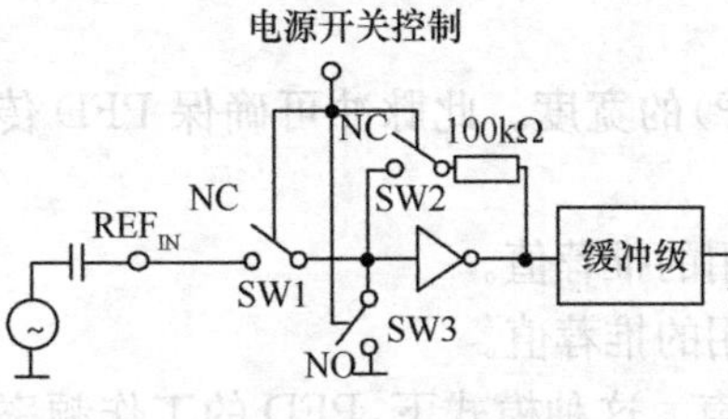

图 11.2.4　参考输入级

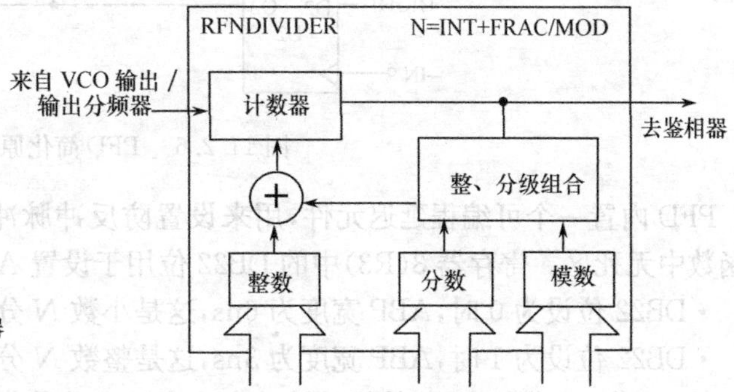

图 11.2.5　RFN 分频器

3. INT、FRAC、MOD 与 R 分频器的关系

利用 INT、FRAC 和 MOD 的值以及 R 分频器，可以产生间隔为 PFD 频率的分类的输出频率。详情见“RF 频率合成器：一个成功范例”部分。

RF VCO 频率（RF_{OUT}）公式为：

$$RF_{OUT} = f_{PFD} \times (INT + (FRAC/MOD)) \tag{11.2.1}$$

式中：

RF_{OUT} 是电压控制振荡器（VCO）的输出频率。

INT 是二进制 16 位计数器的预设分频比（4/5 预分频器为 23 ～ 65535，8/9 预分频器为 75 ～ 65,535）。

FRAC 是小数分频的分子($0 \sim MOD-1$)。MOD 是预设的小数模数($2 \sim 4095$)。

PFD 频率(f_{PFD})为:

$$f_{PFD} = REF_{IN} \times [(1+D)/(R \times (1+T))] \quad (11.2.2)$$

式中:REF_{IN} 是参考输入频率;D 是 REF_{IN} 倍频器位(0 或 1);R 是二进制 10 位可编程参考计数器的预设分频比($1 \sim 1023$);T 是 REF_{IN}2 分频位(0 或 1)。

4. 整数 *N* 分频模式

如果 FRAC=0 且寄存器 2 的 DB8(LDF)设为 1,则频率合成器工作在整数 N 分频模式。若要进行整数 N 数字锁定检测,应将寄存器 2 的 DB8 设为 1。

5. R 分频器

利用 10 位 R 分频器,可以细分输入参考频率(REF_{IN})以产生 PFD 的参考时钟。分频比可以为 1~1023。

6. 鉴频鉴相器(PFD)和电荷泵

鉴频鉴相器(PFD)接受 R 分频器和 N 分频器的输入,产生与二者的相位和频率差成比例的输出。图 11.2.6 是该览频览相器的原理示意图。

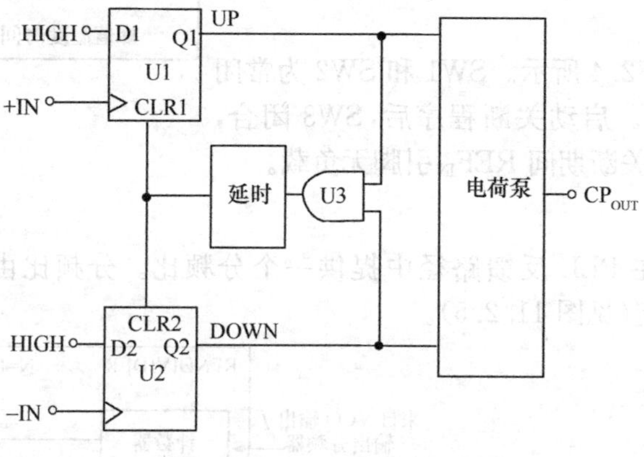

图 11.2.6 PFD 简化原理图

PFD 内置一个可编程延迟元件,用来设置防反冲脉冲(ABP)的宽度。此脉冲可确保 PFD 传递函数中无死区。寄存器 3(R3)中的 DB22 位用于设置 ABP;

- DB22 位设为 0 时,ABP 宽度为 6ns,这是小数 N 分频应用的推荐值。
- DB22 位设为 1 时,ABP 宽度为 3ns,这是整数 N 分频应用的推荐值。

对于整数 N 分频应用,较短的脉冲宽度有助于改善带内噪声。这种模式下,PFD 的工作频率最高可达 90MHz。当 PFD 工作频率高于 45MHz 时,必须将寄存器 1 中的相位调整位(DB28)设置为 1 以禁用 VCO 频段选择。

7. MUXOUT 和锁定检测

ADF4351 的多路复用器输出允许用户访问芯片的各种内部点。MUXOUT 状态由寄存器 2 中的 M3、M2 和 M1 位控制图 11.2.16。图 11.2.7 以框图形式显示了 MUXOUT 部分。

8. 输入移位寄存器

ADF4351 数字部分包括一个 10 位 RFR 计数器、一个 16 位 RFN 计数器、一个 12 位 FRAC 计数器和一个 12 位模数计数器。数据在 CLK 的每个上升沿时逐个输入 32 位移位寄存器。数据输入方式是 MSB 优先。在 LE 上升沿时,数据从移位寄存器传输至六个锁存器之一。目标锁存器由

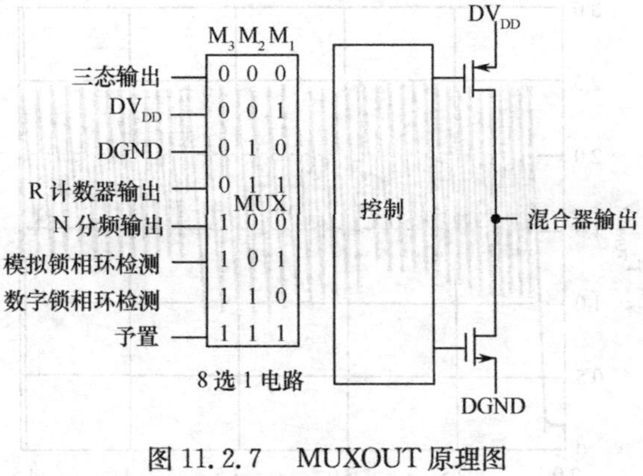

图 11.2.7　MUXOUT 原理图

移位寄存器中的三个控制位(C3、C2 和 C1)的状态决定。图 11.2.3 所示,这些控制位是三个 LSB:DB2、DB1 和 DB0。表 11.2.5 是这些位的真值表。图 11.2.11 总结了这些锁存器的编程方式。

表 11.2.5　C3、C2 和 C1 控制位的真值表

控制位			寄存器
C3	C2	C1	
0	0	0	寄存器 0(R0)
0	0	1	寄存器 1(R1)
0	1	0	寄存器 2(R2)
0	1	1	寄存器 3(R3)
1	0	0	寄存器 4(R4)
1	0	1	寄存器 5(R5)

9. 编程模式

表 11.2.5 和图 11.2.11 至图 11.2.17 显示了如何设置 ADF4351 的编程模式。

ADF4351 的下列设置采用双缓冲:相位值、模数值、参考倍频器、参考 2 分频、R 分频器值和电荷泵电流设置。器件要使用任何双缓冲设置的新值,必须发生两个事件:

(1) 通过写入适当的寄存器,将新值锁存至器件中。

(2) 对寄存器 0(R0)执行一次新的写操作。

例如,更新模数值时,必须写入寄存器 0(R0),以确保模数值正确加载。寄存器 4(R4)中的分频器选择值也是双缓冲,但条件是寄存器 2(R2)的 DB13 位设为 1。

10. VCO

ADF4351 的 VCO 内核由三个独立 VCO 组成,每个 VCO 使用 16 个重叠频段,如图 11.2.8 所示,以便覆盖较宽的频率范围,而 VCO 灵敏度(K_V)则较小,不会导致相位噪声和杂散性能较差。

上电时或寄存器 0(R0)更新时,VCO 和频段选择逻辑会自动选择正确的 VCO 和频段。

VCO 和频段选择取 10 个 PFD 周期与频段选择时钟分频器值的乘积。VCO V_{TUNE}与环路滤波器的输出断开,连到内部基准电压。

R 计数器用作频段选择逻辑的时钟。R 计数器输出端有一个可编程分频器,允许进行 1 至 255 整数分频,该分频器值由寄存器 4(R4)中的位[DB19:DB12]设置。当所需 PFD 频率高于 125kHz 时,应设置分频比,以为正确选择频段提供足够的时间。

频段选择需要 10 个 PFD 周期,也就是 80μs。如果需要更快的锁定时间,必须将寄存器 3(R3)的 DB23 位设置为 1。此设置允许用户选择最高 500kHz 的频段选择时钟频率,从而最短频段选择

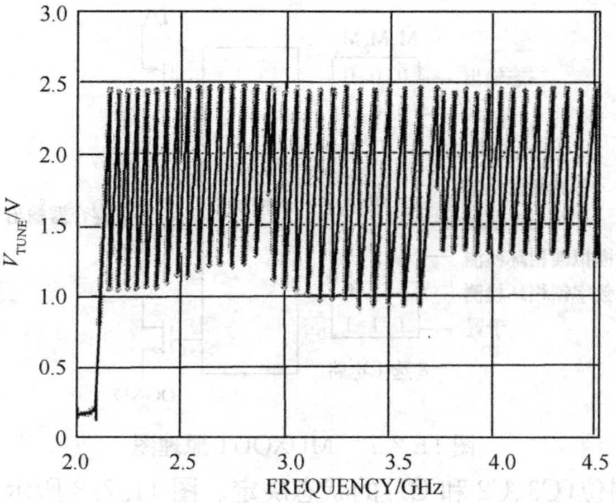

图 11.2.8 V_{TUNE}与频率的关系

时间缩短到 20μs。对于相位调整小频率(<1MHz)调整,用户可以将寄存器 1(R1)的 DB28 位设置为 1,从而禁用 VCO 频段选择。此设置选择相位调整特性。

选择频段之后,恢复正常 PLL 操作。当 N 分频器采用 VCO 输出或此值除以 D 的商驱动时,K_V 的标称值为 40 MHz/V。如果 N 分频器采用 RF 分频器输出驱动(由寄存器 4 中的编程位[DB22:DB20]予以选择),则 D 为输出分频器值。ADF4351 内置线性电路,用以将 I_{cp}与 K_V 乘积的变化降至最小,从而保持环路带宽不变。

V_{TUNE}在频段内和频段间变化时,VCO 的 K_V 随之变化。针对频率范围较宽(且输出分频器不断变化)的宽带应用,40MHz/V 是最精确的 K_V 值,因为它最接近平均值。图 11.2.9 显示了 K_V 随 VCO 基频的变化以及频段的平均值。使用窄带设计时,用户可能更倾向于使用此图。

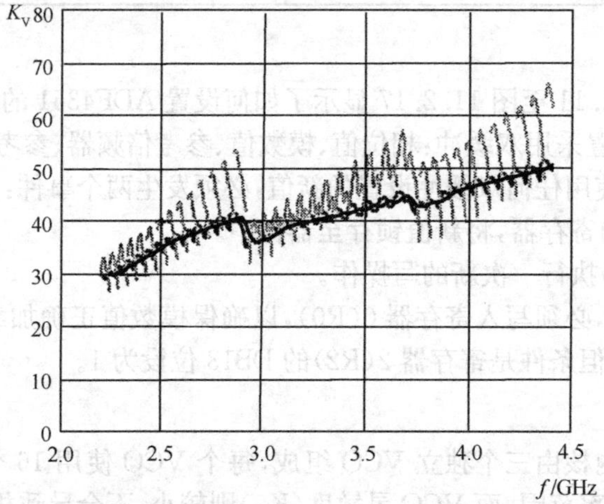

图 11.2.9 VCO 灵敏度(K_V)与频率的关系

11. 输出级

ADF4351 的 $RF_{OUT}A_+$ 和 $RF_{UUT}A_-$ 引脚连到由 VCO 的缓冲输出驱动的 NPN 差分对的集电极,如图 11.2.10 所示。

为了优化功耗与输出功率之间的关系,用户可以通过寄存器 4(R4)中的位[DB4:DB3]设置该差分对的尾电流。可以设置 4 种电流水平。使用 50Ω 电阻与 AV_{DD} 相连并交流耦合至 50Ω 负载时,这些电流水平分别提供−4dBm、−1dBm、+2dBm 和+5 dBm 的输出功率水平。此外,也可以将两路输出合并在一个 1+1:1 变压器或 180°微带耦合器中(参见“输出匹配”部分)。

如果单独使用这些输出,则最佳输出级应包含一个与 V_{VCO}相连的分流电感。未使用的互补输出必须用与已使用输出相似的电路端接。

引脚 $RF_{OUT}B_+$ 和 $RF_{OUT}B_-$ 上存在一个辅助输出级,可提供第二组差分输出,用来驱动其他电路。辅助输出级只能在已使能主要输出的情况下使用。如果不使用辅助输出级,可以将其关断。

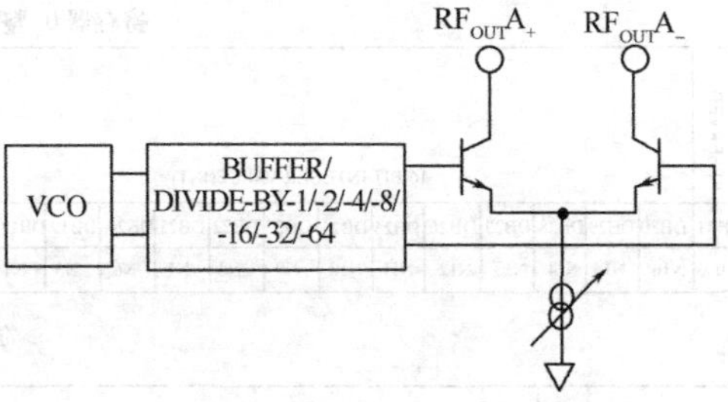

图 11.2.10　输出级

ADF4351 的另一个特性是可以切断 RF 输出级的电源电流,直到数字锁定检测电路检测到器件实现锁定为止。此特性可通过设置寄存器 4(R4)中的“静音至检测到锁定”(MTLD)位使能。

11.2.8　寄存器映射

寄存器映射如图 11.2.11 所示。

一、寄存器 0

控制位

当位［C3:C1］设置为 000 时,可对寄存器 0 进行编程。图 11.2.12 显示对此寄存器进行编程的输入数据格式。

16 位整数值(INT)

这 16 个 INT 位(位[DB30:DB15])设置 INT 值,它决定反馈分频系数的整数部分,用于公式 11.2.1(参见“INT、FRAC、MOD 与 R 分频器的关系”部分)。对于 4/5 预分频器,可以设置 23 到 65,535 的整数值;对于 8/9 预分频器,最小整数值为 75。

12 位小数值(FRAC)

12 个 FRAC 位(位[DB14:DB3])设置Σ-Δ 调制器小数输入的分子。它与 INT 值一起指定频率合成器所锁定的新频率通道,参见“RF 频率合成器:一个成功范例”部分。FRAC 值的范围是从 0 到(MOD—1),所涵盖的通道频率范围与 PFD 基准频率相同。

二、寄存器 1

控制位

当位[C3:C1]设置为 0016 寸,可对寄存器 1 进行编程。图 11.2.13 显示对此寄存器进行编程的输入数据格式。

相位调整

相位调整位(位 DB28)决定是否允许对给定输出频率的输出相位进行调整。相位调整使能(位 DB28 设为 1)时,器件在寄存器 0 更新时不执行 VCO 频段选择或相位再同步。相位调整禁用(位 DB28 设为 0)时,器件在寄存器 0 更新时执行 VCO 频段选择和相位再同步(前提是寄存器 3 中的相位再同步(位[DB16:DB15])使能)。建议不要禁用 VCO 频段选择,除非是固定频率应用或相对于原始选择频率的偏差小于 1MHz。

预分频器值

双模预分频器(P/P+1)与 INT、FRAC 和 MOD 值一起,决定从 VCO 输出到 PFD 输入的整体分频比。寄存器 1 中的 PR1 位(DB27)设置预分频器值。

预分频器工作在 CML 电平,从 VCO 输出获得时钟,并针对分频器进行分频。预分频器基于

寄存器0 整数N和分数F寄存器

RESERVED	16-BIT INTEGER VALUE(INT)																12-BIT FRACTIONAL VALUE(FRAC)												CONTROL BITS		
DB31	DB30	DB29	DB28	DB27	DB26	DB25	DB24	DB23	DB22	DB21	DB20	DB19	DB18	DB17	DB16	DB15	DB14	DB13	DB12	DB11	DB10	DB9	DB8	DB7	DB6	DB5	DB4	DB3	DB2	DB1	DB0
0	N16	N15	N14	N13	N12	N11	N10	N9	N8	N7	N6	N5	N4	N3	N2	N1	F12	F11	F10	F9	F8	F7	F6	F5	F4	F3	F2	F1	C3(0)	C2(0)	C1(0)
																													0	0	0

寄存器1 模数M和相位P寄存器

RESERVED			PHASE ADJUST	PRESCALER	12-BIT PHASE VALUE(PHASE) DBR[1]												12-BIT MODULUS VALUE(MOD) DBR[1]												CONTROL BITS		
DB31	DB30	DB29	DB28	DB27	DB26	DB25	DB24	DB23	DB22	DB21	DB20	DB19	DB18	DB17	DB16	DB15	DB14	DB13	DB12	DB11	DB10	DB9	DB8	DB7	DB6	DB5	DB4	DB3	DB2	DB1	DB0
0	0	0	PH1	PR1	P12	P11	P10	P9	P8	P7	P6	P5	P4	P3	P2	P1	M12	M11	M10	M9	M8	M7	M6	M5	M4	M3	M2	M1	C3(0)	C2(0)	C1(1)
																													0	0	1

寄存器2 参考信号R分频、×2、÷2混合输出、电荷泵I_{CP}等寄存器

RESERVED	LOW NOISE AND LOW SPUR MODES		MUXOUT			REFERENCE DOUBLER DBR[1]	RDIV2 DBR[1]	10-BIT R COUNTER DBR[1]										DOUBLE BUFFER	CHARGE PUMP CURRENT SETTING DBR[1]				LDF	LDP	PD POLARITY	POWER-DOWN	CP THREE-STATE	COUNTER RESET	CONTROL BITS		
DB31	DB30	DB29	DB28	DB27	DB26	DB25	DB24	DB23	DB22	DB21	DB20	DB19	DB18	DB17	DB16	DB15	DB14	DB13	DB12	DB11	DB10	DB9	DB8	DB7	DB6	DB5	DB4	DB3	DB2	DB1	DB0
0	L2	L1	M3	M2	M1	RD2	RD1	R10	R9	R8	R7	R6	R5	R4	R3	R2	R1	D1	CP4	CP3	CP2	CP1	U6	U5	U4	U3	U2	U1	C3(0)	C2(1)	C1(0)
																													0	1	0

寄存器3 时钟D分频寄存器

RESERVED								BAND SELECT CLOCK MODE	ABP	CHARGE CANCEL	RESERVED		CSR	RESERVED	CLK DIV MODE		12-BIT CLOCK DIVIDER VALUE												CONTROL BITS		
DB31	DB30	DB29	DB28	DB27	DB26	DB25	DB24	DB23	DB22	DB21	DB20	DB19	DB18	DB17	DB16	DB15	DB14	DB13	DB12	DB11	DB10	DB9	DB8	DB7	DB6	DB5	DB4	DB3	DB2	DB1	DB0
0	0	0	0	0	0	0	0	F4	F3	F2	0	0	F1	0	C2	C1	D12	D11	D10	D9	F8	D7	D6	D5	D4	D3	D2	D1	C3(0)	C2(1)	C1(1)
																													0	1	1

寄存器4 RF分频及频段时钟选择寄存器

RESERVED								FEEDBACK SELECT	DDB[2] RF DIVIDER SELECT			8-BIT BAND SELECT CLOCK DIVIDER VALUE								VCO POWER-ROWN	MTLD	AUX OUTPUT SELECT	AUX OUTPUT ENABLE	AUX OUTPUT POWER		RF OUTPUT ENABLE	OUTPUT POWER		CONTROL BITS		
DB31	DB30	DB29	DB28	DB27	DB26	DB25	DB24	DB23	DB22	DB21	DB20	DB19	DB18	DB17	DB16	DB15	DB14	DB13	DB12	DB11	DB10	DB9	DB8	DB7	DB6	DB5	DB4	DB3	DB2	DB1	DB0
0	0	0	0	0	0	0	0	D13	D12	D11	D10	BS8	BS7	BS6	BS5	BS4	BS3	BS2	BS1	D9	D8	D7	D6	D5	D4	D3	D2	D1	C3(1)	C2(0)	C1(0)
																													1	0	0

寄存器5 锁定检测工作方式寄存器

RESERVED								LD PIN MODE		RESERVED	RESERVED		RESERVED																CONTROL BITS		
DB31	DB30	DB29	DB28	DB27	DB26	DB25	DB24	DB23	DB22	DB21	DB20	DB19	DB18	DB17	DB16	DB15	DB14	DB13	DB12	DB11	DB10	DB9	DB8	DB7	DB6	DB5	DB4	DB3	DB2	DB1	DB0
0	0	0	0	0	0	0	0	D15	D14	0	1	1	0	0	0	0	0	0	0	0	0	0	0	0	0	0	0	0	C3(1)	C2(0)	C1(1)
																													1	0	1

[1]DBR=DOUBLE-BUFFERED REGISTER--BUFFERED BY THE WRITE TO REGISTER O.

[2]DBB=DOUBLE-BUFFERED BITS_BUFFERED BY THE WRITE TO REGISTER 0, IF AND ONLY IF DB13 OF REGISTER 2 IS HIGH.

图 11.2.11 寄存器小结

同步4/5内核。当预分频器设置为4/5时,容许的最大RF频率为3.6GHz。因此,当ADF4351的工作频率超过3.6GHz时,必须将预分频器设置为8/9。预分频器会限制INT值:

- 预分频器=4/5:N_{MIN}=23
- 预分频器=8/9:N_{MIN}=75

12位相位置

位[DB26:DB15]控制相位字。相位字必须小于寄存器1中设置的MOD值。相位字用来设置RF输出相位,从0°到360°,分辨率为360°/MOD(参见"相位再同步"部分)。

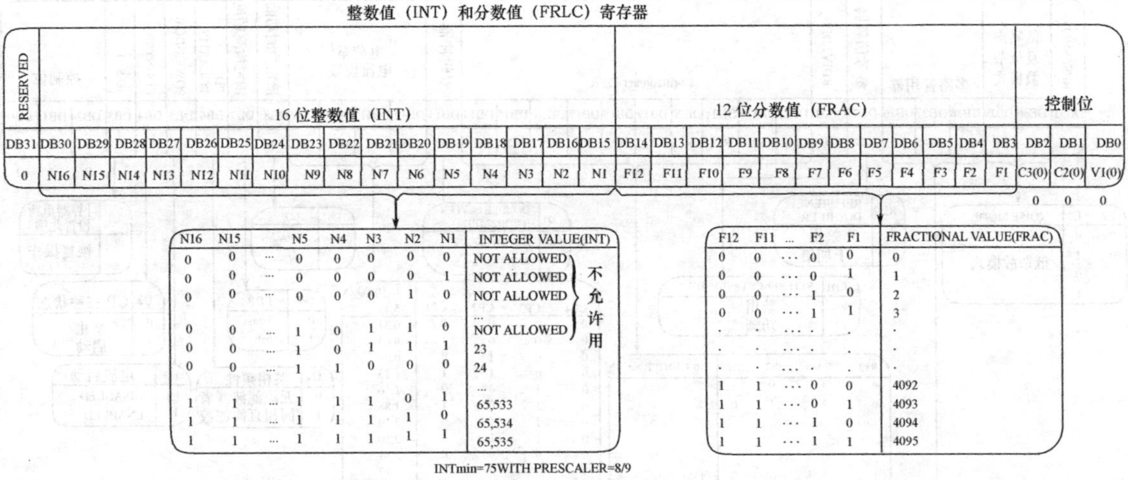

图 11.2.12　寄存器 0(R0)

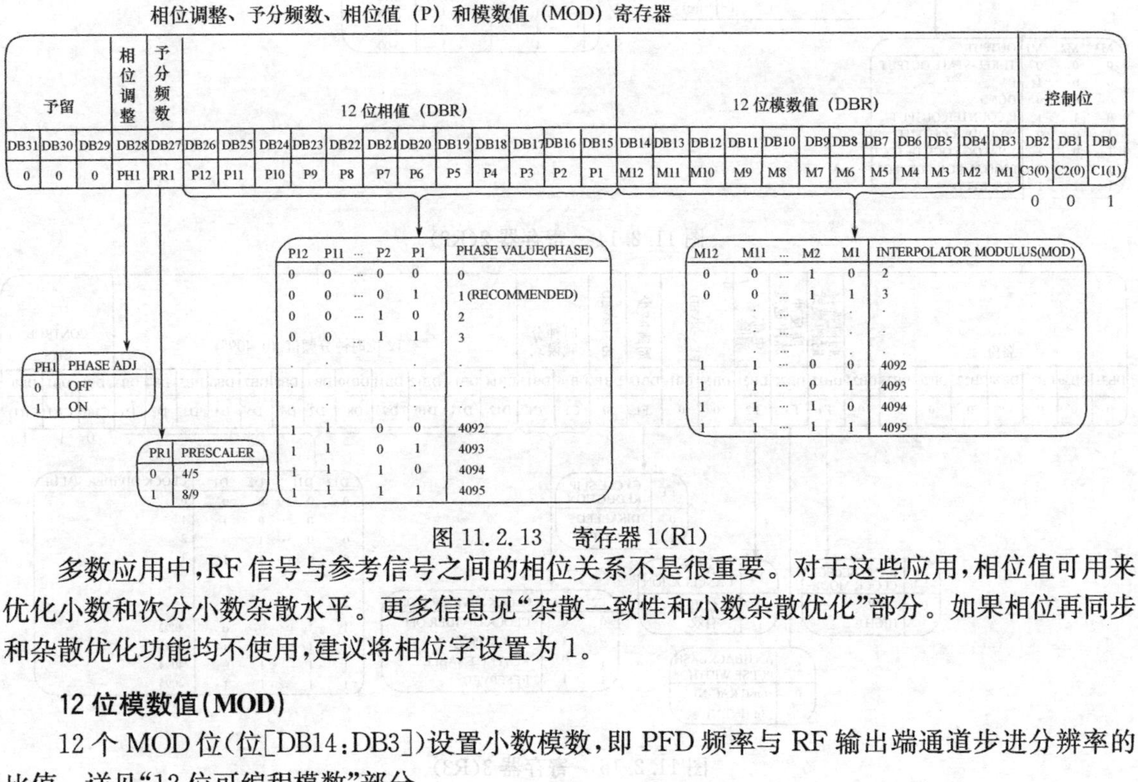

图 11.2.13　寄存器 1(R1)

多数应用中，RF 信号与参考信号之间的相位关系不是很重要。对于这些应用，相位值可用来优化小数和次分小数杂散水平。更多信息见“杂散一致性和小数杂散优化”部分。如果相位再同步和杂散优化功能均不使用，建议将相位字设置为 1。

12 位模数值(MOD)

12 个 MOD 位（位[DB14:DB3]）设置小数模数，即 PFD 频率与 RF 输出端通道步进分辨率的比值。详见“12 位可编程模数”部分。

三、寄存器 2

控制位

当位[C3:C1]设置为 010 时，可对寄存器 2 进行编程。图 11.2.14 显示对此寄存器进行编程的输入数据格式。

低噪声和低杂散模式

ADF4351 的噪声模式由寄存器 2 中的位[DB30:DB29]控制（参见图 11.2.14）。噪声模式允许用户优化设计，以改善杂散性能或相位噪声性能。

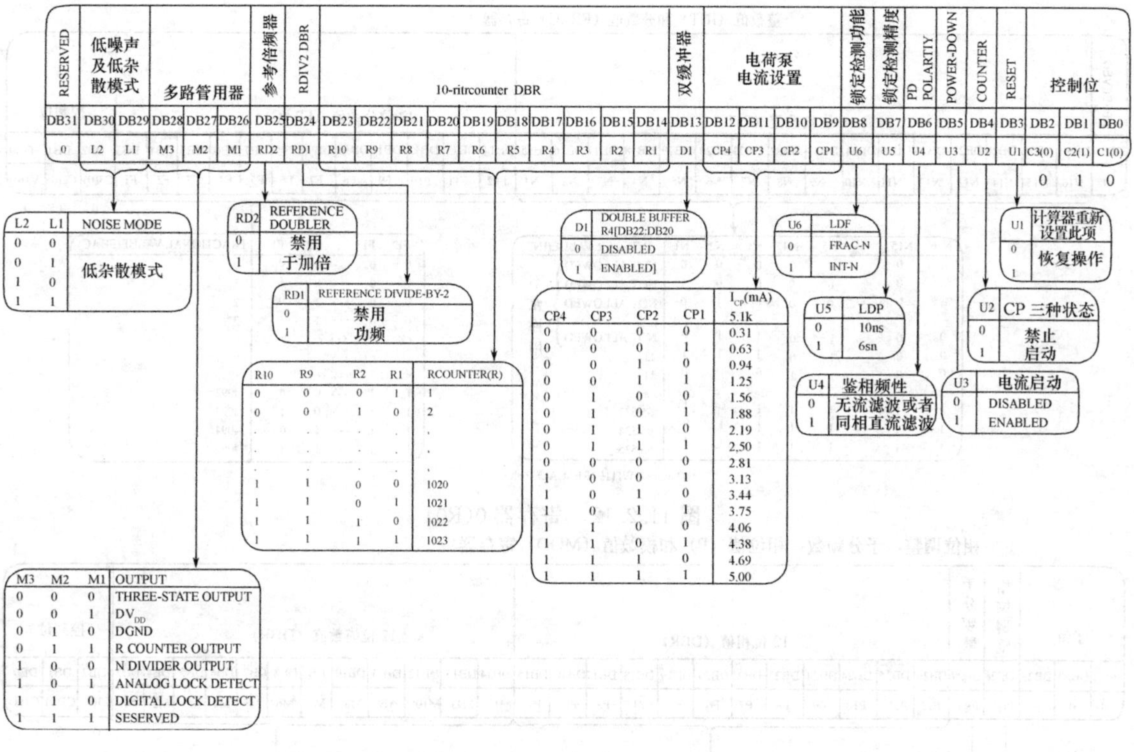

图 11.2.14 寄存器 2(R2)

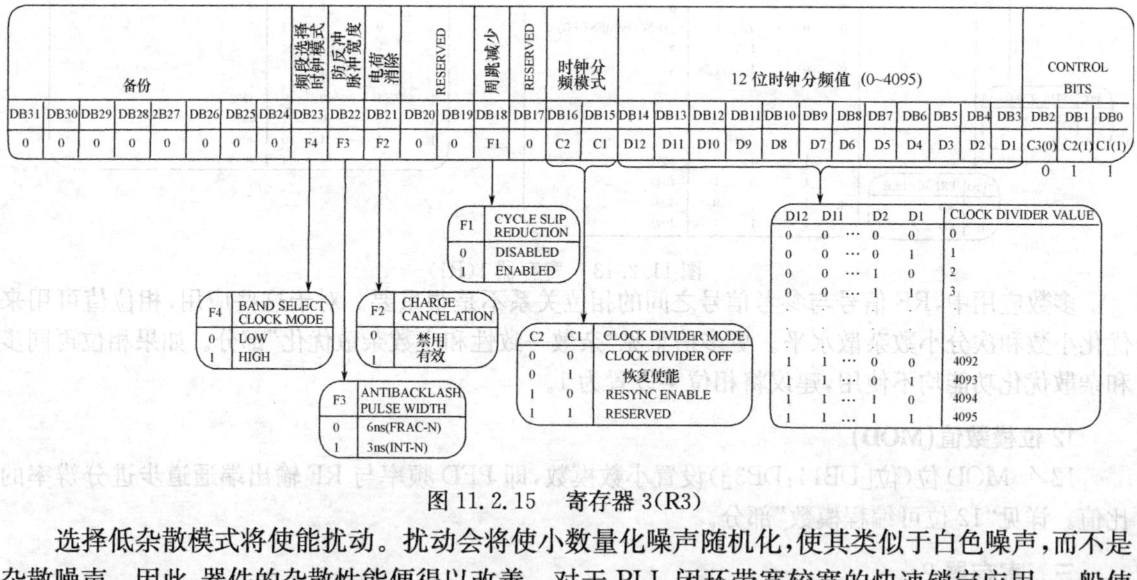

图 11.2.15 寄存器 3(R3)

选择低杂散模式将使能扰动。扰动会将使小数量化噪声随机化,使其类似于白色噪声,而不是杂散噪声。因此,器件的杂散性能便得以改善。对于 PLL 闭环带宽较宽的快速锁定应用,一般使用低杂散模式。宽环路带宽是指大于 RF_{OUT}通道步进分辨率(f_{RES})1/10 的环路带宽。宽环路滤波器无法将杂散衰减到与窄环路带宽相同的水平。

为获得最佳噪声性能,可以使用低噪声模式选项。选择低噪声模式将禁用扰动。此模式会确保电荷泵工作在使噪声性能最佳的区域。当环路滤波器带宽较窄时,低噪声模式非常有用。频率合成器会确保噪声极低,滤波器则会衰减杂散。

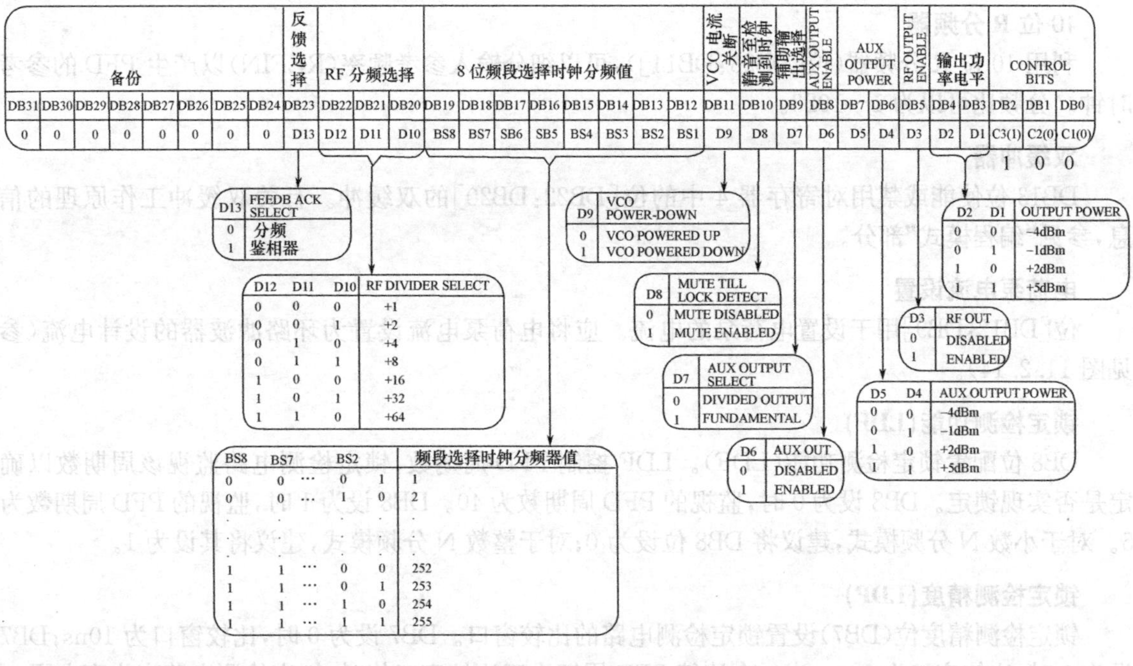

图 11.2.16　寄存器 4(R4)

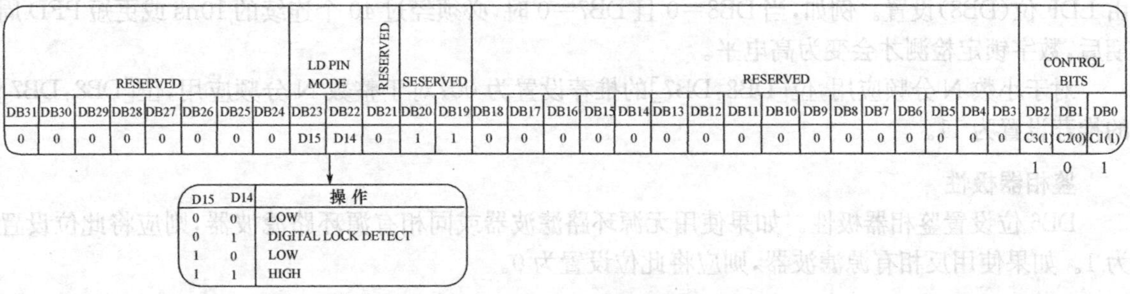

图 11.2.17　寄存器 5(R5)

MUXOUT

片内多路复用器由位[DB28:DB26]控制(参见图 11.2.14)。注意,为使 VCO 频段选择正常工作,必须禁用 N 分频器输出。

参考倍频器

当 DB25 位设置为 0 时,倍频器禁用,REFIN 信号直接输入 10 位 R 分频器。当此位设置为 1 时,REFIN 频率加倍,然后输入 10 位 R 分频器。倍频器禁用时,REFIN 下降沿是小数频率合成器的 PFD 输入端的有效沿。倍频器使能时,KEFIN 的上升沿和下降沿均是 PFD 输入端的有效沿。

当使能倍频器且选择低杂散模式时,带内相位噪声性能对 KEFIN 占空比敏感。对于 45%~55%范围之外的 REFIN 占空比,相位噪声性能下降可能多达 5 dB。在低噪声模式下,并且倍频器禁用时,相位噪声性能对 REFIN 占空比不敏感。

倍频器使能时,最大容许 REFIN 频率为 30MHz。

RDIV2

当 DB24 位设置为 1 时,R 分频器与 PFD 之间将插入一个二分频触发器,以扩大 REFIN 最大输入速率。此功能使得 PFD 输入端信号占空比为 50%,这对于减少周跳是必要的。

10 位 R 分频器

利用 10 位 R 分频器(位[DB23:DB14]),可以细分输入参考频率(REFIN)以产生 PFD 的参考时钟。分频比可以为 1～1023。

双缓冲器

DB13 位使能或禁用对寄存器 4 中的位[DB22:DB20]的双缓冲。有关双缓冲工作原理的信息,参见“编程模式”部分。

电荷泵电流设置

位[DB12:DB9]用于设置电荷泵的电流。应将电荷泵电流设置为环路滤波器的设计电流(参见图 11.2.14)。

锁定检测功能(LDF)

DB8 位配置锁定检测功能(LDF)。LDF 控制 PFD 周期数,锁定检测电路监视该周期数以确定是否实现锁定。DB8 设为 0 时,监视的 PFD 周期数为 40。DB8 设为 1 时,监视的 PFD 周期数为 5。对于小数 N 分频模式,建议将 DB8 位设为 0;对于整数 N 分频模式,建议将其设为 1。

锁定检测精度(LDP)

锁定检测精度位(DB7)设置锁定检测电路的比较窗口。DB7 设为 0 时,比较窗口为 10ns;DB7 设为 1 时,比较窗口为 6ns。当 n 个连续 PFD 周期小于比较窗口值时,锁定检测电路变为高电平;n 由 LDF 位(DB8)设置。例如,当 DB8=0 且 DB7=0 时,必须经过 40 个连续的 10ns 或更短 PFD 周期后,数字锁定检测才会变为高电平。

对于小数 N 分频应用,位[DB8:DB7]的推荐设置为 00;对于整数 N 分频应用,位[DB8:DB7]的推荐设置为 11。

鉴相器极性

DB6 位设置鉴相器极性。如果使用无源环路滤波器或同相有源环路滤波器,则应将此位设置为 1。如果使用反相有源滤波器,则应将此位设置为 0。

关断(PD)

DB5 位提供可编程关断模式。当此位设置为 1 时,执行关断程序。当此位设置为 0 时,频率合成器恢复正常工作。在软件关断模式下,器件会保留寄存器中的所有信息。只有当切断电源时,寄存器内容才会丢失。

激活关断时,将发生下列事件:

- 强制频率合成器的分频器进入加载状态。
- VCO 关断。
- 强制电荷泵进入三态模式。
- 数字锁定检测电路复位。
- RF_{OUT} 缓冲器禁用。
- 输入寄存器保持活动状态,能够加载并锁存数据。

电荷泵三态

DB4 位设置为 1 时,电荷泵进入三态模式。正常工作时,应将此位设置为 0。

分频器复位

DB3 位是 ADF4351 的 R 分频器和 N 分频器的复位位。当此位设为 1 时,RF 频率合成器 N 分频器和 R 分频器处于复位状态。正常工作时,此位应设置为 0。

四、寄存器 3

控制位

当位[C3:C1]设置为 011 时，可对寄存器 3 进行编程。图 11.2.15 显示对此寄存器进行编程的输入数据格式。

频段选择时钟模式

DB23 位设为 1 时，选择较快的频段选择逻辑序列，这种设置适合高 PFD 频率，对于快速锁定应用是必要的。对于低 PFD(<125kHz)值，建议将 DB23 位设为 0。对于较快的频段选择逻辑模式(DB23 设为 1)，频段选择时钟分频器的值必须小于或等于 254。

防反冲脉冲宽度(ABP)

DB22 位设置 PFD 防反冲脉冲宽度。DB22 位设为 0 时，PFD 防反冲脉冲宽度为 6ns。建议小数 N 分频使用此设置。DB22 位设为 1 时，PFD 防反冲脉冲宽度为 3ns，可改善整数 N 分频操作的相位噪声和杂散性能。对于小数 N 分频操作，不建议使用 3ns 设置。

电荷消除

DB21 位设为 1 将使能电荷泵电荷消除功能，这可以降低整数 N 分频模式下的 PFD 杂散。在小数 N 分频模式下，此位应设置为 0。

CSR 使能

DB18 位设置为 1 将使能周跳减少(CSR)功能。利用此功能可缩短锁定时间。请注意，为使周跳减少有效，鉴频鉴相器(PFD)的信号必须有 50%的占空比。电荷泵电流设置也必须设置为最小值。详情见“减少周跳以缩短锁定时间”部分。

时钟分频器模式

位[DB16:DB15]设置为 10 时将激活相位再同步(参见“相位再同步”部分)，设置为 01 时将激活快速锁定(参见“快速锁定定时器和寄存器序列”部分)，设置为 00 时将禁用时钟分频器(参见图 11.2.15)。

12 位时钟分频器值

位[DB14:DB3]设置 12 位时钟分频器值。此值是激活相位再同步的超时计数器(参见“相位再同步”部分)。时钟分频器值还设置快速锁定的超时计数器(参见“快速锁定定时器和寄存器序列”部分)。

五、寄存器 4

控制位

当位[C3:C1)设置为 100 时，可对寄存器 4 进行编程。图 11.2.16 显示对此寄存器进行编程的输入数据格式。

反馈选择

DB23 位选择从 VCO 输出到 N 计数器的反馈。此位设置为 1 时，信号直接从 VCO 获得。此位设置为 0 时，信号从输出分频器的输出获得。这些分频器使得输出可涵盖较宽的频率范围(34.375MHz至 4.4GHz)。当分频器使能且反馈信号从其输出获得时，两个独立配置 PLL 的 RF 输出信号同相。这在需要对信号进行正干涉以提高功率的一些应用中很有用。

RF 分频器选择

位[DB22:DB20]选择 RF 输出分频器的值(参见图 11.2.16)。

频段选择时钟分频器值

位[DB19:DB12]设置频段选择逻辑时钟中输入的分频器。R分频器的输出默认用作频段选择逻辑时钟，但如果此值太大(>125 kHz)，则可以启用一个分频器，以将R分频器输出细分为较小的值(参见11.2.16)。

VCO关断

DB11位设为0时，VCO上电；设为1时，VCO关断。

静音至检测到锁定(MTLD)

如果DB10位设置为1，则切断RF输出级的电源电流，直到数字锁定检测电路检测到器件实现锁定为止。

辅助输出选择

DB9位设置辅助RF输出。DB9设为0时，辅助RF输出为RF分频器的输出；DB9设为16寸，辅助RF输出为VCO基频。

辅助输出使能

DB8位使能或禁用辅助RF输出。DB8设为0时，辅助RF输出禁用；DB8设为1时，辅助RF输出使能。

辅助输出功率

位[DB7:DB6]设置辅助RF输出功率水平的值(参见图11.2.16)。

RF输出使能

DB5位使能或禁用主RF输出。DB5设为0时，主RF输出禁用；DB5设为1时，主RF输出使能。

输出功率

位[DB4:DB3]设置主RF输出功率水平的值(参见图11.2.16)。

六、寄存器5

控制位

当位[C3:C1]设置为101时，可对寄存器5进行编程。图11.2.17显示对此寄存器进行编程的输入数据格式。

锁定检测引脚工作方式

位[DB23:DB22]设置锁定检测(LD)引脚的工作方式(参见图11.2.17)。

七、寄存器初始化序列

初始上电时，对电源引脚施加正确的电压后，ADF4351寄存器应按以下顺序启动：

1. 寄存器5　2. 寄存器4　3. 寄存器3　4. 寄存器2　5. 寄存器1　6. 寄存器0。

八、RF频率合成器：一个成功范例

下面的公式用于对ADF4351频率合成器进行编程：

$$RF_{OUT}=[INT+(FRAC/MOD)]\times(f_{PFD}/RF\ D_{ivider}) \tag{11.2.3}$$

式中：RF_{OUT}是RF频率输出；INT是整数分频系数；FRAC是小数分频的分子(0～MOD－1)；MOD是预设的小数模数(2～4095)；RF D_{ivider}是细分VCO频率的输出分频器的分频数。

$$f_{PFD} = REF_{IN} \times [(1+D)/(R\times(1+T))] \quad (11.2.4)$$

式中：REF_{IN}是参考频率输入；D 是 RF REF_{IN}倍频器位（0 或 1）；R 是 RF 参考分频系数（1 至 1023）；T 是参考 2 分频位（0 或 1）。例如，一个 UMTS 系统要求 2112.6MHzRF 频率输出（RF_{OUT}），参考频率输入（REF_{IN}）为 10MHz，并且 RF 输出要求 200kHz 通道分辨率（f_{RESOUT}）。

请注意，ADF4351 VCO 工作在 2.2～4.4 GHz 频率范围内。因此，应使用 RF 二分频（VCO 频率＝4225.2MHz，RF_{OUT}＝VCO 频率/RF 分频器＝4225.2MHz/2＝2112.6MHz）。

方法 1：分数法

环路何处闭合也很重要。本例中，环路在输出分频器之前闭合如图 11.2.18 所示。

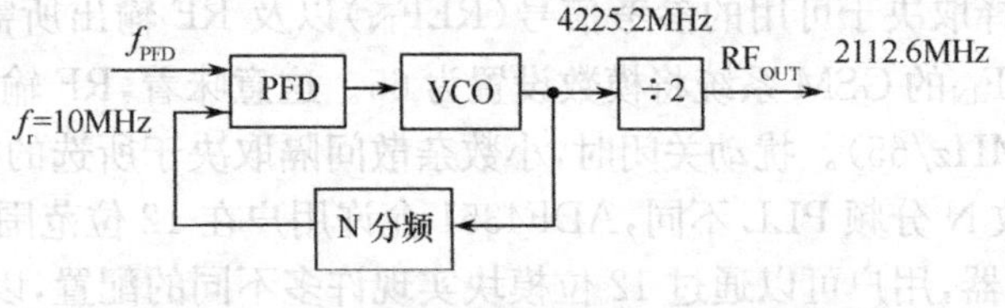

图 11.2.18　环路在输出分频器之前闭合

RF 分频器的输出要求 200kHz 通道分辨率（f_{RESOUT}）。因此，VCO 输出的通道分辨率（f_{RES}）需为 f_{RESOUT}的两倍，即 400 kHz。

$$MOD = REF_{IN}/f_{RES}$$

$$MOD = 10MHz/400kHz = 25 = (0000,0001,1001)_2$$

根据式(11.2.4)有

$$f_{PFD} = [10MHz\times(1+0)/1] = 10MHz \quad (11.2.5)$$

$$2112.6MHz = 10MHz\times[(INT+(FRAC/25))/2] \quad (11.2.6)$$

其中：

$$INT = 422 = (0000,0001,1010,0110)_2$$

$$FRAC = 13. = (0000,0000,1101)_2$$

方法 2：整数法

取 $D=0$，$T=0$，$f_{PFD}=400kHz$，则

$$R = \frac{REF_{IN}}{f_{PFD}} = \frac{10,000kHz}{400kHz} = 25 = (0000011001)_2$$

$$N = \frac{f_{VCO}}{f_{PFD}} = \frac{4225.2MHz}{400kHz} = 10563 = (0010\ 1001\ 01000011)_2$$

其频率合成器原理方块图如图 11.2.19 所示。

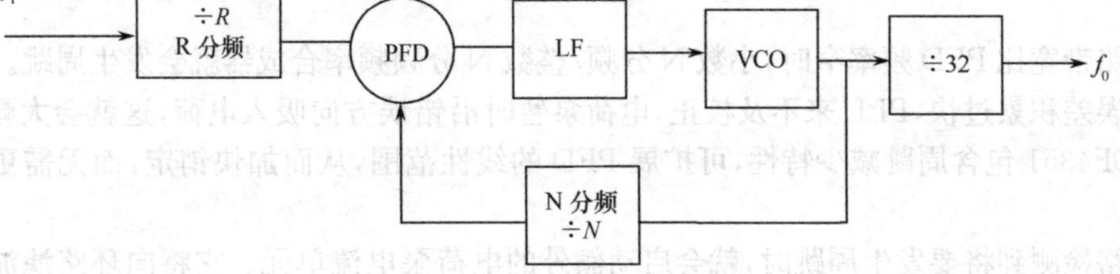

图 11.2.19　频率合成器原理框图

九、参考倍频器和参考分频器

片内参考倍频器可以使输入参考信号频率加倍，参考信号频率加倍意味着 PFD 比较频率加倍，这可以改善系统的噪声性能。PFD 频率加倍一般可使噪声性能改善 3dB。注意，在小数 N 分频模式下，由于 N 分频器的 Σ-Δ 电路存在速度限制，PFD 的工作频率不能高于 32MHz。对于整数 N 分频应用，PFD 的工作频率最高可达 90MHz。

参考二分频将参考信号除以 2，得到 50%占空比的 PFD 频率。这是周跳减少(CSR)功能正常工作所必需的。详情见“减少周跳以缩短锁定时间”部分。

十、12 位可编程模数

模数(MOD)的选择取决于可用的参考信号(REF_{IN})以及 RF 输出所需的通道分辨率(f_{RES})。例如，一个 13MHz REF_{IN}的 GSM 系统将模数设置为 65。这意味着，RF 输出分辨率(f_{RES})为 GSM 所必需的 200kHz(13MHz/65)。扰动关闭时，小数杂散间隔取决于所选的模数值。

与其他大多数小数 N 分频 PLL 不同，ADF4351 允许用户在 12 位范围内设置模数。结合参考倍频器和 10 位 R 分频器，用户可以通过 12 位模块实现许多不同的配置，以适合各种应用。

例如，考虑一个要求 1.75GHz 的 RF 频率输出和 200kHz 通道步进分辨率的应用。该系统具有 13MHz 参考信号。

一种可能的设置是将 13MHz 参考信号直接馈入 PFD，并将模数设置为除以 65，这样就能获得所需的 200kHz 分辨率。另一种可能的设置是使用参考倍频器，从 13MHz 输入信号产生 26MHz 信号。然后，将此 26MHz 馈入模数设置为 130 的 PFD，这样也能获得 200kHz 分辨率，而且相位噪声性能优于前一种设置。

可编程模数对于多标准应用也非常有用。例如，如果双模电话要求支持 PDC 和 GSM1800 两种标准，则可编程模数非常有利。

PDC 要求 25kHz 通道步进分辨率，GSM1800 则要求 200kHz 通道设置分辨率。可以将 13MHz 参考信号直接馈入 PFD，在 PDC 模式下，模数设置为 520(13MHz/520＝25kHz)。在 GSM 1800 模式下，必须将模数设置为 65(13MHz/65＝200kHz)。

PFD 频率必须保持恒定(本例中为 13 MHz)，以便用户为两种设置设计一个环路滤波器，而不会发生不稳定问题。注意，RF 频率与 PFD 频率之比原则上会影响环路滤波器设计，而不是实际的通道间隔。

十一、减少周跳以缩短锁定时间

如“低噪声和低杂散模式”部分所述，ADF4351 有多种特性可用来优化噪声性能。但是，快速锁定应用一般要求宽环路带宽，因此滤波器不能大幅衰减杂散。如果启用周跳减少特性，则可以针对杂散衰减保持窄环路带宽，同时仍能实现较快的锁定时间。

周跳

当环路带宽比 PFD 频率窄时，小数 N 分频/整数 N 分频频率合成器就会发生周跳。PFD 输入端的相位误差积累过快，PLL 来不及校正，电荷泵暂时沿错误方向吸入电荷，这就会大幅延缓锁定时间。ADF4351 包含周跳减少特性，可扩展 PFD 的线性范围，从而加快销定，而无需更改环路滤波器电路。

当电路检测到将要发生周跳时，就会启动额外的电荷泵电流单元。它将向环路滤波器输出恒定的电流，或者从环路滤波器移除恒定的电流(取决于是要提高还是降低 VCO 调谐电压，以便得到新的频率)。其结果是，PFD 的线性范围得以扩展。环路仍然保持稳定，因为该电流恒定且不是脉冲电流。

如果相位误差再次增大到可能又要发生周跳，ADF4351 将再启动一个电荷泵单元。这一过程将持续下去，直至 ADF4351 检测到 VCO 频率已超过所需的频率。额外的电荷泵单元逐个关闭，直至所有额外电荷泵单元都已禁用，并且频率在初始环路滤波器带宽下达到稳定。

最多可以启动 7 个额外电荷泵电流。大多数应用中，这足以彻底消除周跳，从而大幅缩短锁定时间。

将寄存器 3 中的 DB18 位设置为 1 可使能周跳减少。请注意，为使周跳减少（CSR）正常工作，PFD 要求 45%～55%的占空比。如果 REF_{IN} 频率没有合适的占空比，使能 RDIV2 模式（寄存器 2 中的 DB24 位）可确保 PFD 的输入具有 50%占空比。

十二、杂散优化和快速锁定

窄环路带宽可以滤除不需要的杂散信号，但锁定时间一般较长。较宽的环路带宽可以实现较快的锁定时间，但环路带宽内的杂散信号可能会增加。

快速锁定特性不仅可以实现与较宽带宽一样的快速锁定时间，而且具有较窄最终环路带宽的优势，可以保持低杂散。

十三、快速锁定定时器和寄存器序列

如果使用快速锁定模式，必须将一个定时器值载入 PLL，以确定宽带宽模式的持续时间。当寄存器 3 中的位[DB16:DB15]设置为 01（快速锁定使能）时，该定时器值由 12 位时钟分频器值（寄存器 3 中的位[DB14:DB3]）加载。要使用快速锁定，必须设置以下序列：

① 启动初始化序列（参见“寄存器初始化序列”部分）。器件上电后，此序列仅发生一次。

② 加载寄存器 3，将位[DB16:DB15]设置为 01，并设置所选的快速锁定时间值（位[DB14:DB3]）。PLL 保持宽带宽模式的持续时间等于快速锁定时间除以 f_{PFD}。

十四、快速锁定范例

如果 PLL 具有 13 MHz 的参考频率，f_{PFD}=13 MHz，并且要求 60μs 的锁定时间，则将 PLL 的宽带宽模式持续时间设置为 20μs。本例假设模数为 65，以实现 200kHz 的通道间隔。同时必须考虑 VCO 校准时间 20μs（利用寄存器 3 的 DB23 位设置较高频段选择时钟模式来实现）。

如果宽带宽模式下 PLL 锁定时间为 20μs，则：

快速锁定定时器值＝（VCO 频段选择时间＋宽带宽模式下的 PLL 锁定时间）× f_{PFD}/MOD

快速锁定定时器值＝（20μs＋20μs）×13MHz/65＝8

因此，必须将值 8 载入寄存器 3 中的时钟分频器值（见“快速锁定计时器和寄存器序列”部分中的第二步）。

十五、快速锁定环路滤波器拓扑

要使用快速锁定模式，需将环路滤波器中的阻尼电阻降至宽带宽模式下该电阻值的 1/4。为实现较宽的环路滤波器带宽，电荷泵电流增大 16 倍，而为了保持环路稳定，阻尼电阻必须减小1/4。要使能快速锁定，需将寄存器 3 中的位[DB16:DB15]设置为 01，使 SW 引脚对 AGND 引脚短路。可用的拓扑结构有两种：

- 阻尼电阻（R1）分为两个值（R1 和 R1A），二者之比为 1:3（参见图 11.2.20）。
- 直接从 SW 连一个额外电阻（R1A），如图 32 所示。该额外电阻与阻尼电阻（R1）的并联结果应为 R1 初始值的 1/4（参见图(11.2.21)。

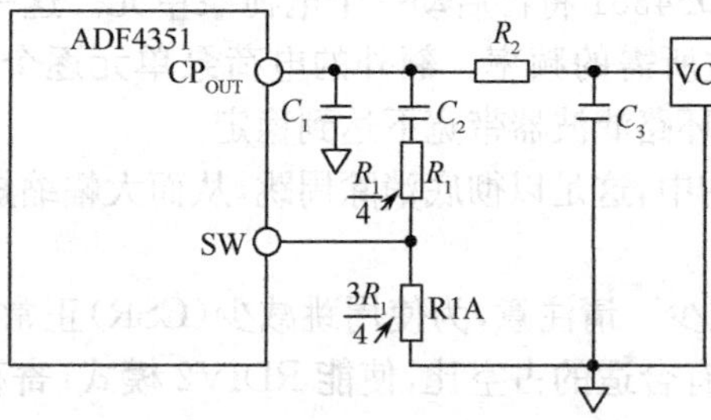

图 11.2.20　快速锁定环路滤波器拓扑 1

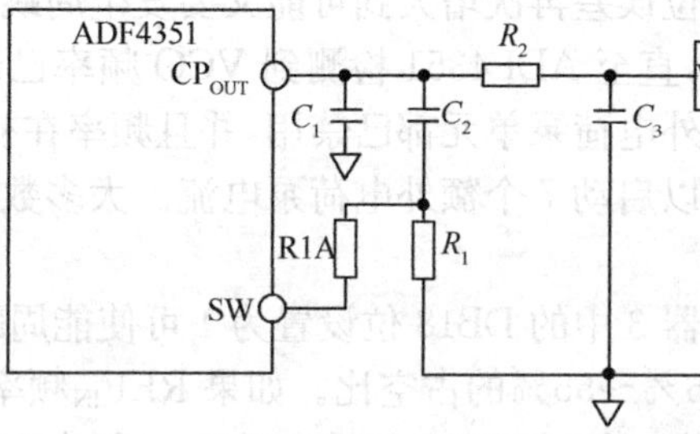

图 11.2.21　快速锁定环路滤波器拓扑 2

十六、杂散机制

本部分说明小数 N 分频频率合成器的三种不向杂散机制，以及如何降低 ADF4351 的杂散。

小数杂散

ADF4351 中的小数插值器是一种三阶 Σ-Δ 调制器，其模数(MOD)可设置为 2～4095 的任意整数值。在低杂散模式下(使能扰动)，MOD 的最小容许值为 50。Σ-Δ 调制器的时钟频率为 PFD 参考频率(f_{PFD})，允许 PLL 输出频率以 f_{PFD}/MOD 的通道步进分辨率合成。

在低噪声模式下(禁用扰动)，来自 Σ-Δ 调制器的量化噪声作为小数杂散出现。杂散之间的间隔为 f_{PFD}/L，其中 L 是数字 Σ-Δ 调制器中码序列的重复长度。对于 ADF4351 所用的三阶 Σ-Δ 调制器，该重复长度取决于 MOD 值(参见表 11.2.6)。

表 11.2.6　禁用扰动时的小数杂散(低噪声模式)

MOD 值(扰禁用)	重复长度	杂散间隔
MOD 能被 2 整除，但不能被 3 整除	2×MOD	通道步进/2
MOD 能被 3 整除，但不能被 2 整除	3×MOD	通道步进/3
MOD 能被 6 整除	6×MOD	通道步进/6
MOD 不能被 2、3、6 整除	MOD	通道步进

在低杂散模式下(使能扰动)，重复长度扩展至 2^{21} 个周期，与 MOD 值无关，使得量化误差频谱看起来像宽带噪声。这可能会使 PLL 输出端的带内相位噪声性能下降多达 10dB。为了获得最低噪声，禁用扰动是更好的选择，尤其是当最终环路带宽低到足以衰减最低频率小数杂散时。

整数边界杂散

小数杂散的另一个产生机制是 RFVCO 频率与基准频率的交互作用。当这些频率不是整数关系时(小数 N 分频频率合成器的意义所在)，杂散边带将以一定的偏移频率出现在 VCO 输出频谱上，该偏移频率与整数倍数的基准频率和 VCO 频率之间的拍频或差频相对应。这些杂散由环路滤波器予以衰减，在靠近基准频率整数倍数的通道上表现得更为明显；对于这些通道，差频率可能位于环路带宽以内，“整数边界杂散”的名称正是由此而来。

参考杂散

在小数 N 分频频率合成器中，参考杂散一般不是问题，因为参考偏移远远超出了环路带宽。不过，旁路环路的任何参考馈通机制可能会引起问题。耦合到 VCO 的低电平片内参考切换噪声的馈通，可能会产生高达－80dBc 的参考杂散。PCB 布局必须确保 VCO 电路与输入参考之间充分隔离，避免电路板上可能出现馈通路径。

十七、杂散一致性和小数杂散优化

扰动关闭时，Σ-Δ 调制器量化噪声所引起的小数杂散码也取决于作为调制器种子值的特定相位字。

可以改变相位字，以优化任何特定频率上的小数和次分小数杂散水平。因此，可以创建一个与各频率相对应的相位值查找表，以便在对 ADF4351 进行编程时使用。

如果不使用查找表，则应保持相位字不变，确保任一特定频率上的杂散水平保持一致。

十八、相位再同步

当 MOD 为小数模数时，小数 N 分频 PLL 的输出可以建立至相对于输入参考的任何一个 MOD 相位偏移。ADF4351 的相位再同步特性可产生相对于输入参考的一致输出相位偏移。对于输出相位和频率十分重要的应用，如数字波束形成等，这种相位偏移是必需的。使用相位再同步时，特定 RF 输出相位编程请参见“相位编程”部分。

将寄存器 3 中的位[DB16:DB15]设置为 10 时，可使能相位再同步。当相位再同步使能时，内部定时器以下式所给出的间隔 t_{SYNC} 产生同步信号：

$$t_{SYNC}=\text{CLK\_DIV\_VALUE}\times \text{MOD}\times t_{PFD}$$

其中，CLK_DIV_VALUE 是寄存器 3 的位[DB14:DB3]所设置的小数值，此值可以是 1～4095 的任意整数；MOD 是寄存器 1(R1)的位[DB14:DB3]所设置的模数值；t_{PFD} 是 PFD 参考周期。

新频率设置后，LE 上升沿后的第二个同步脉冲用来使输出相位与参考重新同步。t_{sync} 时间的设置值至少应与最差情况下的锁定时间相同，以保证相位再同步发生于 PLL 建立瞬态中的最后一个周跳之后。

在图 11.2.22 所示的例子中，PFD 参考为 25 MHz，MOD=125，因而通道间隔为 200kHz。将 CLK_DIV_VALUE 设置为 80，从而 t_{SYNC} 等于 400μs。

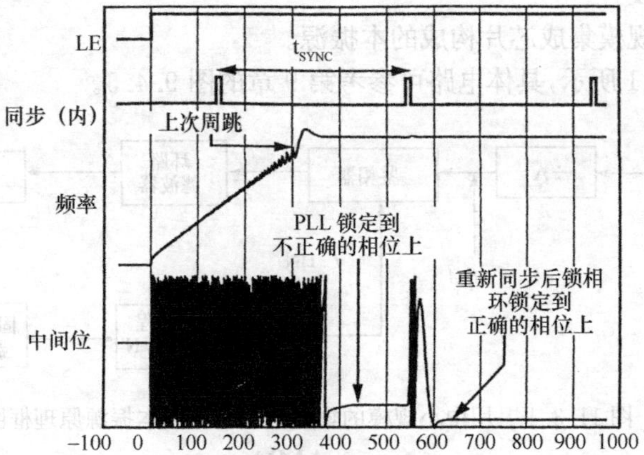

图 11.2.22　相位再同步示例

相位编程

寄存器 1 中的相位字控制 RF 输出相位。当此相位字从 0 扫至 MOD 时，RF 输出相位以 360°/MOD 的步进扫过 360°范围。许多应用中，建议将寄存器 1(R1)的 DB28 位设为 1，从而禁用 VCO 频段选择。此设置选择相位调整特性。

高 PFD 频率

为确保选择适合相关频率的正确 VCO 频段，必须使能 VCO 频段选择功能。使用高 VCO 频段选择模式(寄存器 3 中的 DB23 位设为 1)，VCO 频段选择可以支持最高 45MHz 的 PFD 频率。

对于45MHz以上的PFD频率，建议用户执行以下步骤：

① 禁用相位调整(寄存器1中的DB28位设为0)，设置所需的VCO频率。确保PFD频率小于45MHz。

② 达到正确的频率后，使能相位调整(寄存器1中的DB28位设为1)。

③ 只有整数N分频应用才允许使用32MHz以上的PFD频率，因此，将防反冲脉冲宽度设为3ns(寄存器3中的DB22位设为1)。

④ 使用所需的PFD频率设置参考R和反馈N分频器的合适值。

按照这一程序操作，可以实现最低的RMS带内相位噪声。

11.3 ADF4351应用

11.3.1 设计并制作一个基于锁相环的本振源

2015年全国大学生电子设计竞赛试题(E题)基本部分一。

(1) 频率范围：90MHz～110MHz；

(2) 频率步进：100kHz；

(3) 输出电压幅度：10～100mV，可调；

(4) 在整个频率范围内可自动扫描，扫描时间在1～5s，可调；可手动扫描；还可以予置在某一个特定频率；

(5) 显示频率；

(6) 制作一个附加电路，用于观察整个锁定过程；

(7) 锁定时间小于1ms。

一、总体方案比较

方案1：采用中小规模集成芯片构成的本振源。

方框图如图11.3.1所示，具体电路可参考第9章的图9.4.5。

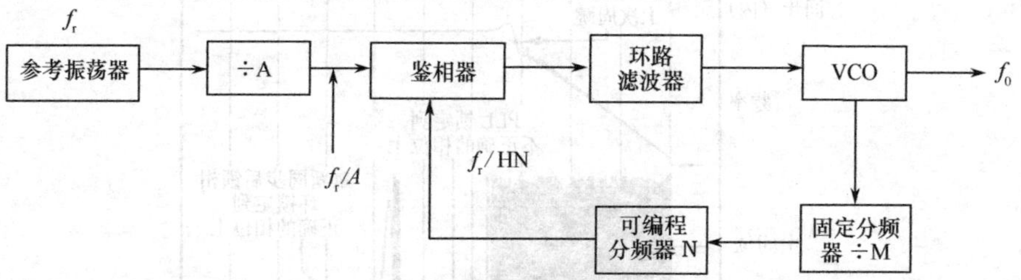

图11.3.1 用中小规模的集成芯片构成的本振源原理框图

输出频率为

$$f_0=\frac{AMN}{A}f_r \tag{11.3.1}$$

优点：方案成熟，原理清晰。

缺点：外围元件多，无锁定过程检测电路。锁定时间较长。

方案2：采用大规模集成芯片构成的本振源。

原理方框图如图11.3.2所示，具体电路图参考第10章图10.3.7。

输出频率为

$$f_0\frac{PN+A}{R}f_r \tag{11.3.2}$$

优点：方案成熟，原理清楚，波形失真小。

缺点：外围元器件较多，调试工作量较大，无锁定过程检测电路，锁定时间较长。

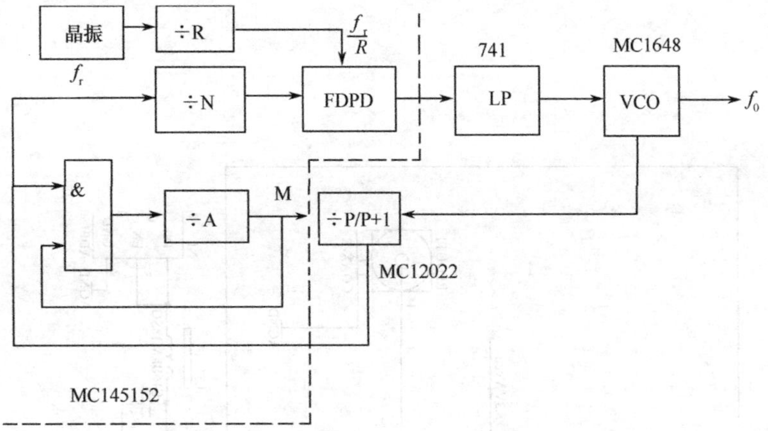

图 11.3.2　采用 MC145152 构建的本振源方框图

方案 3:采用集成 VCO 的宽带频率合成器 ADF4351 构建的本振源。

ADF4351 内含有 36955 个 CMOS 管和 986 个双极性晶体管,属于更大规模 PLL 构成的频率合成器。只要外加小量元器件就可以构建一个理想的本振源。

该方案比上述两种方案功能更强大,频率范围可扩展,且内部含有锁定检测电路,且锁定时间更小,容易控制。ADF4351 属于现代应用广泛的 PLL 构成的频率合成器。故最后决定采用方案 3。

二、电路设计

由 ADF4351 构成的本振源如图 11.3.3 所示。

时钟信号(CLK),数据信号(DATA)和加载使能信号(LE)分别从 1 脚、2 脚和 3 脚输入。这些信号全部由单片机提供。参考信号从 29 脚引入。射频信号从 12 脚、13 脚输出。鉴相器输出的误差信号从 7 脚引出,经过 C45、R8、C44、R7、C47 组成环路滤波器后得到的控制信号加到 20 脚上。控制 VCO 的频率,达到稳定频率的目的。25 脚(LD)是锁相检测端口,用数字示波器可以观察锁相过程,并测量锁定时间。

三、理论计算

根据题目要求,输出频率范围为 90～110MHz,频率步进为 100kHz。而 ADF4351 的 VCO 输出的频率范围为 2.2～4.4GHz。故取射频分频器的分频数 $k=32$,可得输出频率范围为 68.75～137.5MHz,安全可以满足题目要求(90～110MHz)。

反过来射频输出 90MHz～110MHz 对应 VCO 输出的频率范围应该是 2880MHz～3520MHz;射频输出的频率步进为 100kHz,VCO 输出频率步进应该为 32×100kHz＝3.2MHz。

取 $f_{PFD}=3.2\text{MHz}$

$$N_{min}=\frac{2880}{3.2}=900=(0000,0011,1000,0100)_2$$

$$N_{max}=\frac{3520}{3.2}=1100=(0000,0100,0100,1100)_2$$

令 FRAC＝0,$D=T=0$,$R=1$。

由 90MHz～110MHz 按 100kHz 频率步进,则总的步数为

$$M=\frac{110-90}{0.1}=200(\text{步})$$

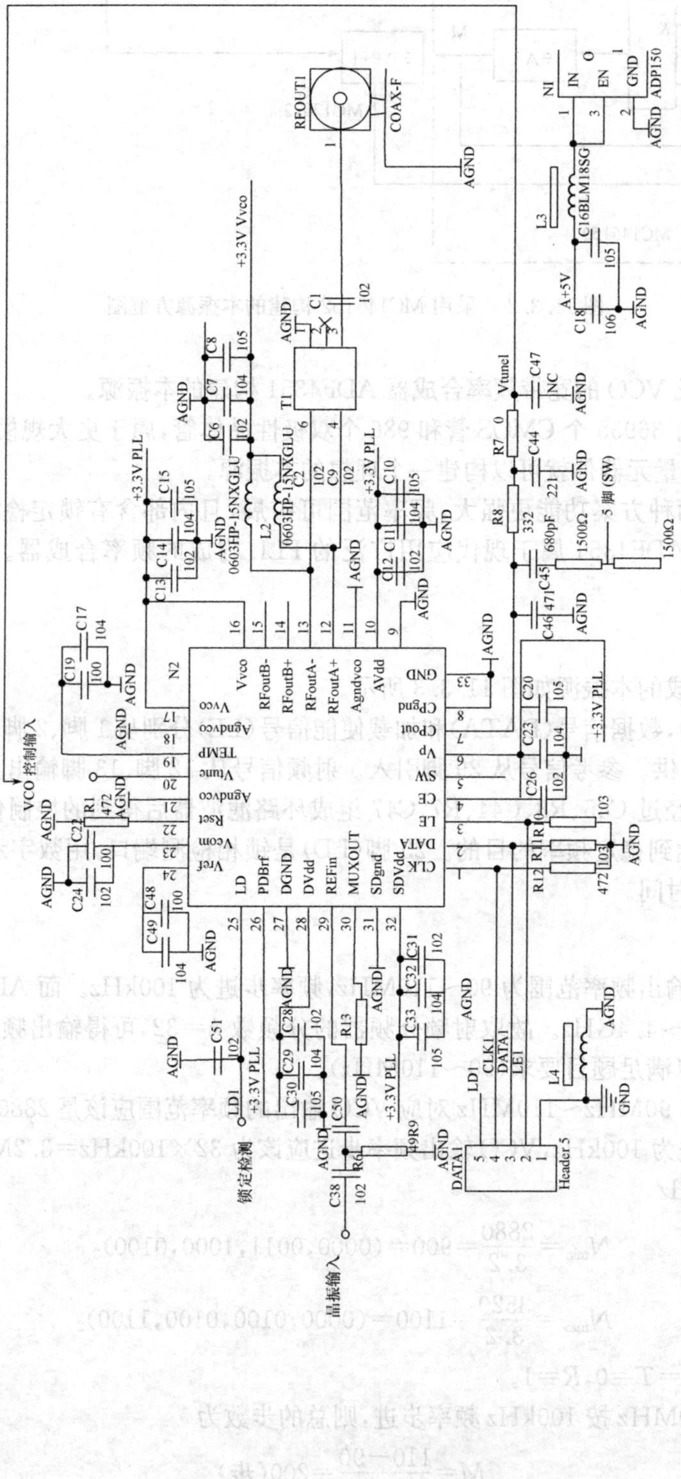

图 11.3.3 ADF4351 构成的 VCO

$$N_{max}-N_{min}=1100-900=200$$

根据射频输出公式

$$\begin{cases} RF_{VCO}=f_{PFD}\times\left(INT+\dfrac{FRAC}{MOD}\right) & 11.2.1\\ f_{PFD}=REF_{IN}\times[(1+D)/(r(1+T))] & 11.2.2\\ RF_{OUT}=RF_{VCO}/RF_{Diuider} & 11.2.3 \end{cases}$$

将上述 FRAC=0,$D=T=0$,$R=1$,$RF_{Divide}=32$ 代入上面方程组得

$$RF_{OUT}=\frac{INT\times f_{PFD}}{32}=\frac{INT\times REF_{IN}}{32}=\frac{N\times f_{REF}}{32}$$

$$\frac{3.2\times N}{32}=0.1\times N(MHz) \tag{11.3.1}$$

由式(11.3.1)可以得出如下结论：

(1) 只要输入 N 数值，就立刻计算出射频输出值。如 N=900，则 $RF_{OUT}=90(MHz)$；

(2) 在单片机内，编一句程序 N 累加 1，就可实现步进为 100kHz 的自动扫描；

(3) 单片机与按键配合使用，手动扫描也变得非常简单；

(4) 只要予置某一个特定的 N 数值，就可以得到一个特定频率值。并显示该予置频率值。

四、减小锁定时间的方法

要减小 PLL 锁定时间，必须要弄清楚影响锁定时间的因素有哪些。然后研究减小锁定时间的方法。

1. 影响锁定时间的因素

(1) PLL 的环路滤波器的带宽的影响

环路滤波器的带宽越宽，PLL 锁定时间就越短。例如第 9 章图 9.4.5 87～108MHz 频率合成器和第 10 章图 10.3.7 用大规模 PLL 芯片构成的小功率调频调制器原理电路，其环路滤波器的带宽<10Hz，故 PLL 的锁定时间就长(≥50ms)。我们曾做过这样的实验，将环路滤波器带宽减小到 5Hz 左右，其锁定时间则增加到≥100ms；若将环路滤波器的带宽增加到 50kHz，则锁定时间≤1ms。说明环路滤波器带宽对锁定时间影响极大。

环路滤波器带宽的设计要根据需求而异，例如 PLL 构成的 FM 调制器，它要求对环境温度、湿度引起的频率的慢变化能实现中心频率稳定，而对调制信号(例如音、视频信号)快速变频 PLL 不起作用。故 FM 调制器带宽要选窄一些。而本题要求快速锁定，故环路滤波器带宽要选得宽一些好。

由于鉴频鉴相器(FD/PD)对参考信号 f_r 和反馈信号 f_F 进行鉴频鉴相时，其输出必须存在一个差信号(低频信号)和一个和信号(高频信号)，环路滤波器的作用是差信号通过形成 VCO 的控制信号，不让和信号通过。若环路滤波器的上限频率 f_H 大于鉴频鉴相的输入频率 f_{PFD}(即 $f_H>f_{PFD}$)，则差信号与和信号均可以通过环路滤波器形成复合控制信号。此时 VCO 不再受控制，故 $f_H<f_{PFD}$。另外，f_H太大时，系统的杂散干扰也会增加。

(2) 周跳影响

当环路滤波器带宽(f_H)小于 f_{PFD}时，小数 N 分数/整数 N 分频频率合成器就会发生周跳。PFD 输入端的相位误差累积过快，PLL 来不及校正，电荷泵暂时沿错误的方向吸入电荷，这就会大幅延缓锁定时间。

(3) PLL 芯片的影响

不同 PLL 芯片构成的 VCO 频率合成器，采用相同的缩短锁定时间措施，为什么锁定时间会有较大差异。这里面存在一个 PLL 芯片选型问题，要选快速锁定集成芯片。

2. **减小锁定时间的方法**

根据题意该系统的锁定时间小于1ms。采用如下措施确保该项指标：

(1) 从网上查阅PLL集成芯片。ADF4351可以满足此项指标，由图11.2.22可知，锁定时间为600μs。

(2) 环路滤波器的带宽选定为200kHz左右，比f_{PFD}=3.2MHz低了一个数量级。详见图11.3.3。

(3) 减小周跳以缩短锁定时间，启动周跳减少特性，则可以针对杂散衰减保持窄环路带宽，同时仍能实现较快的锁定时间，同ADF4351包含周跳减少特性，可扩展PFD的线性范围，从而加快锁定。

(4) 快速锁定定时器和寄存器序列

若使用快速锁定模式，必须将一个定时器值载入PLL，以确定宽带宽模式的持续时间。

当寄存器3中的位[DB16:DB15]设置为01(快速锁定使能)时，该定时器值由12位时钟分频器值(寄存器3中的位[DB14:DB3])加载。要使用快速锁定，必须设计以下序列：

① 启动初始化序列(参见"寄存器初始化序列"部分)。器件上电后，此序列仅发生一次。

② 加载寄存器3，将位[DB16:DB15]设置为01，并设置所选的快速锁定时间值(位[DB14:DB3])。PLL保持宽带宽模式的持续时间等于快速锁定时间除以f_{PFD}。

(5) 本系统采用整数分频，比分式分频锁定时间短。

最后实测锁定时间为500μs。满足题目要求。

11.3.2 直接变频调制器

基站发射机正越来越多地采用直接变频结构。图11.3.4为如何利用ADI公司器件来实现该系统。

图11.3.4显示AD9788 TxDAC®与ADL5375一起使用。使用双通道集成DAC，例如额定增益和偏移特性分别为±2% FSR和+0.001% FSR的AD9788，可确保此部分信号链所贡献的误差(在整个温度范围内)极小。

本振(LO)利用ADF4351来实现。低通滤波器用ADIsimPLL™来设计，通道间隔为200kHz，闭环带宽为35kHz。

ADL5375的LO端口可以用ADF4351的互补RF_{OUT}A±输出以差分方式驱动。与单端LO驱动器相比，这种设置可提供更佳的性能，并且不需要使用巴伦来将单端LO输入转换为更适合ADL5375的差分LO输入。这种配置中，LO的典型均方根相位噪声(100Hz至5MHz)为0.61°rms。

ADL5375接受−6dBm至+6dBm的LO驱动功率。最佳LO功率可以通过软件在ADF4351上设置，各路输出可提供−4dBm至+5dBm的功率。

RF输出用来驱动50Ω负载，但必须交流耦合，如图11.3.4所示。如果用2V峰峰值信号以正交方式驱动I和Q输入，则ADL5375调制器所产生的输出功率约为2dBm。

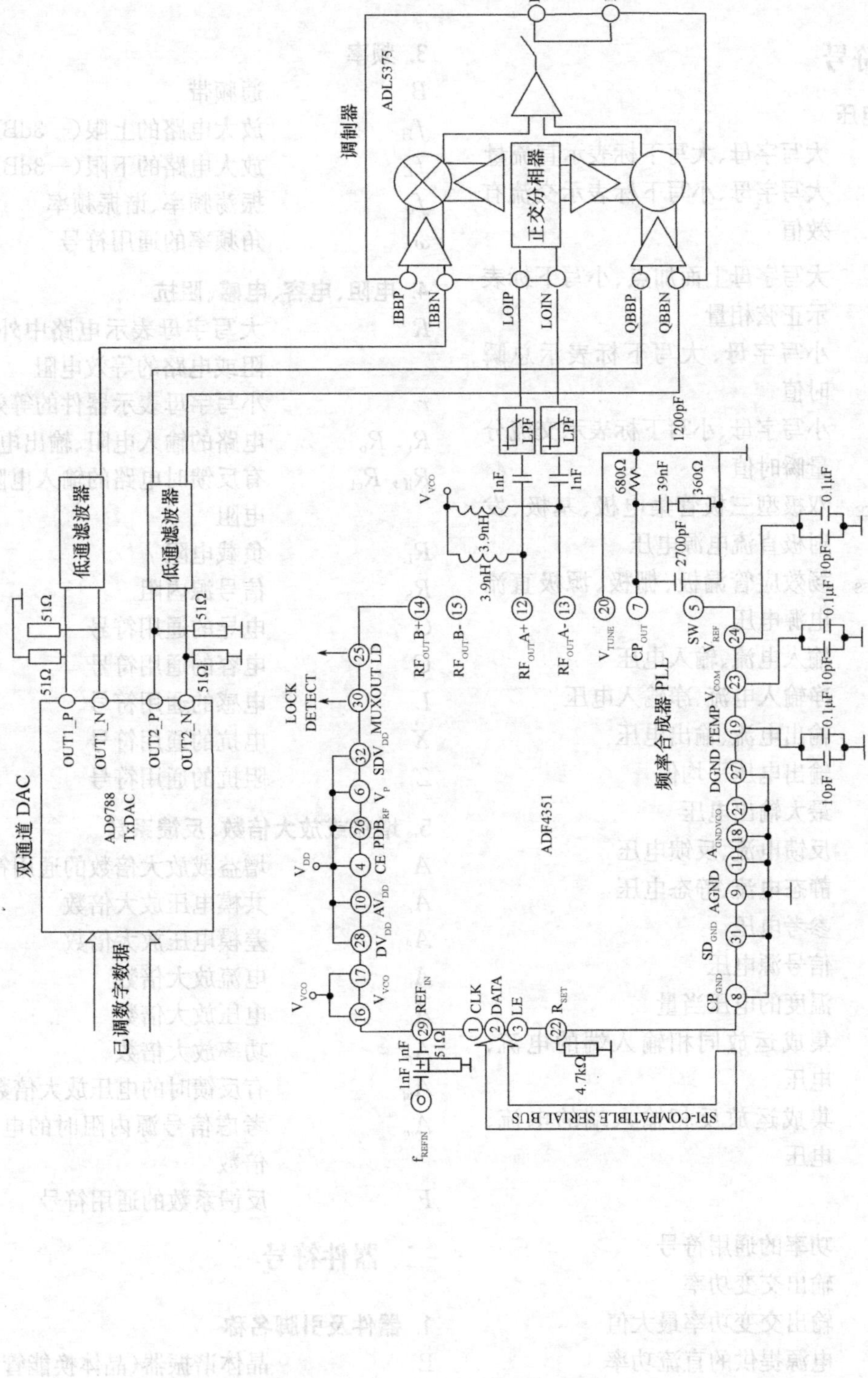

图 11.3.4　直接变频调制器

常用文字符号说明

一、基本符号

1. 电流和电压

I_B, U_{BE}	大写字母、大写下标表示直流量
I_b, U_{be}	大写字母、小写下标表示交流有效值
$\dot{I}_b, \dot{U}_{be}$	大写字母上面加点、小写下标表示正弦相量
i_B, u_B	小写字母、大写下标表示总瞬时值
i_{be}, u_{be}	小写字母、小写下标表示交流分量瞬时值
V_{CC}, V_{BB}, V_{EE}	双极型三极管集电极、基极、发射极直流电源电压
V_{DD}, V_{GG}, V_{SS}	场效应管漏极、栅极、源极直流电源电压
I_i, U_i	输入电流、输入电压
I'_i, U'_i	净输入电流、净输入电压
I_o, U_o	输出电流、输出电压
$U_{o(AV)}$	输出电压平均值
U_{om}	最大输出电压
I_f, U_f	反馈电流、反馈电压
I_Q, U_Q	静态电流、静态电压
U_{REF}	参考电压
U_S	信号源电压
U_T	温度的电压当量
I_+, U_+	集成运放同相输入端的电流、电压
I_-, U_-	集成运放反相输入端的电流、电压

2. 功率

P	功率的通用符号
P_o	输出交变功率
P_{om}	输出交变功率最大值
P_v	电源提供的直流功率

3. 频率

B	通频带
f_H	放大电路的上限(－3dB)频率
f_L	放大电路的下限(－3dB)频率
f_0	振荡频率、谐振频率
ω	角频率的通用符号

4. 电阻、电容、电感、阻抗

R	大写字母表示电路中外接的电阻或电路的等效电阻
r	小写字母表示器件的等效电阻
R_i, R_o	电路的输入电阻、输出电阻
R_{if}, R_{of}	有反馈时电路的输入电阻、输出电阻
R_L	负载电阻
R_S	信号源内阻
G	电导的通用符号
C	电容的通用符号
L	电感的通用符号
X	电抗的通用符号
Z	阻抗的通用符号

5. 增益或放大倍数、反馈系数

A	增益或放大倍数的通用符号
A_c	共模电压放大倍数
A_d	差模电压放大倍数
A_i	电流放大倍数
A_u	电压放大倍数
A_p	功率放大倍数
A_{uf}	有反馈时的电压放大倍数
A_{us}	考虑信号源内阻时的电压放大倍数
F	反馈系数的通用符号

二、器件符号

1. 器件及引脚名称

B	晶体谐振器(晶体换能管)

b，c，e　双极型三极管的基极、集电极、发射极

D，G，S　场效应晶体管的漏极、栅极、源极

T　变压器

VD　二极管

VD_Z　稳压管

VT　双极型三极管(晶体管)、场效应管

2. 器件参数

A_{od}　集成运放的开环差模电压增益

$C_{b'e}$，$C_{b'c}$　发射结、集电结等效电容

I_{CBO}　集电极－基极之间的反向饱和电流

I_{CEO}　集电极－发射之间的穿透电流

I_{CM}　集电极最大允许电流

$I_{D(AV)}$　整流二极管平均电流

I_S　二极管反向饱和电流

I_Z　稳压管稳定电流

I_{IB}　集成运放输入偏置电流

I_{IO}　集成运放输入失调电流

P_{CM}　集电极最大允许耗散功率

P_{DM}　漏极最大允许耗散功率

S_R　集成运放转换速率

U_Z　稳压管稳定电压

$U_{(BR)(CBO)}$　发射极开路时集电极－基极之间的反向击穿电压

$U_{(BR)(CEO)}$　基极开路时集电极－发射极之间的反向击穿电压

$U_{(BR)(EBO)}$　集电极开路时发射极－基极之间的反向击穿电压

U_{CES}　集电极－发射极之间的饱和管压降

U_{Icm}　集成运放最大共模输入电压

U_{Idm}　集成运放最大差模输入电压

U_{IQ}　集成运放输入失调电压

U_P　场效应管的夹断电压

U_T　场效应管的开启电压

B_G　集成运放的单位增益带宽

f_T　双极型三极管的特征频率

f_α，f_β　共基极截止频率、共射极截止频率

g_m　跨导

$r_{bb'}$　基区体电阻

$r_{b'e}$　发射结微变等效电阻

r_{be}　共射接法下基极－发射极之间的微变等效电阻

r_{ce}　共射接法下集电极－发射极之间的微变等效电阻

r_{DS}　场效应管漏极－源极之间的微变等效电阻

r_{GS}　场效应管栅极－源极之间的微变等效电阻

r_{id}　集成运放差模输入电阻

α,β　共基极、共射极电流放大系数

$\bar{\alpha},\bar{\beta}$　共基极、共射极直流电流放大系数

三、其他符号

D　非线性失真系数

K_{CMR}　共模抑制比

M　互感系数

Q　品质因数

S　整流电路的脉动系数

S_r　稳压系数

T　周期，温度

η　效率

τ　时间常数

φ　相位角

参考文献

[1] 高吉祥,高广珠．高频电子线路(第三版)．北京:电子工业出版社,2012.
[2] 高吉祥．高频电子线路学习辅导及习题详解．北京:电子工业出版社,2005.1.
[3] 高吉祥．全国大学生电子设计竞赛培训系列教材—高频电子线路设计．北京:高等教育出版社,2013.
[4] 高吉祥．电子技术基础实验与课程设计(第三版)．北京:电子工业出版社,2011.
[5] 胡见堂,谭博文,余德泉．固态高频电路(第二版)．长沙:国防科技大学出版社,1999.
[6] 张肃文,陆兆熊．高频电子线路(第三版)．北京:高等教育出版社,1995.
[7] 谢嘉奎．电子线路——非线性部分(第4版)．北京:高等教育出版社,2001.
[8] 曾兴雯,刘乃安,陈健．高频电路原理与分析．西安:西安电子科大出版社,2001.
[9] 秦士,姚玉洁译．[美]H.L. 克劳斯等著．固态无线电技术．北京:高等教育出版社,2004.
[10] 杨素行．模拟电子技术基础(第2版)．北京:高等教育出版社,1999.
[11] 高吉祥．模拟电子技术(第三版)．北京:电子工业出版社,2011.
[12] 高吉祥,丁文霞．数字电子技术(第三版)．北京:电子工业出版社,2011.